KB092983

차량기술사

SERIES 2

변속기· 동력전달장치· 섀시
주행성능· 차체의장· 친환경자동차

GoldenBell

자동차 산업은 고도의 첨단 기술을 요하는 기술 집약 산업으로, 자동차 수요층의 다양한 요구 증대와 시장구조의 변화, 이에 따른 자동차 생산 업체 간 치열한 경쟁 등으로 인해 자동차는 끊임없이 새롭게 개발되고 있습니다. 특히 환경을 고려한 배기가스의 감축과 대체에너지용 엔진 개발, 리사이클링을 통한 자원 순환 등 자동차 관련 기술력을 높이고, 차세대 자동차를 개발하기 위한 노력은 계속되고 있습니다.

이러한 자동차 산업에서 차량기술사는 자동차에 관한 공학 원리를 이용하여 자동차의 구조재·파워트레인·안전장치·편의장치 및 기타 자동차 관련 설비에 대한 새로운 디자인을 설계하거나 개발하며, 자동차의 성능, 경제성, 안전성, 환경 보전 등을 연구, 분석, 시험, 운영, 평가 또는 이에 대한 지도, 감리 등의 기술 업무를 수행하고 있습니다.

기술사는 국가기술 자격 제도의 최고 자격인 만큼 차량기술사 자격을 취득하기 위해서는 여러 가지 응시 자격을 갖춰야 하고, 필답형의 1차 시험과 구술형의 까다로운 2차 면접까지 통과해야 합니다. 그런 후에 명예로운 [차량기술사] 자격을 취득하게 됩니다.

(1) 1차 시험 - 필답형(논술시험)

1차 시험은 필기 시험으로 서론, 본론, 결론의 형식을 갖춰야 하는 논술형이다.

따라서 객관식 시험인 기사(자격증) 시험보다 방대한 양의 학습이 필요하며, 이것을 서술형으로 풀어낼 수 있는 글쓰기(작문) 실력을 요하고 있다(1차 합격률은 보통 10~20% 이내).

원리를 정확하고 충분히 알고 있어야 서술하는데 막힘이 없고, 주어진 답지를 모두 작성할 수 있으므로 드디어 명쾌한 반열에 오르게 된다.

만약, 주어진 문항에서 답안의 필요·충분 조건을 기술할 수 없다면 원하는 점수를 얻을 수 없다.

(2) 2차시험 - 구술형(면접시험)

2차 시험은 구술형으로서 면접시험으로 평가를 가름한다.

면접관은 보통 차량기술사 두 분과 대학교수 한 분으로 구성되어 있으며, 총 30여 분 정도 구술로 시험을 보게 된다.

필기시험 합격 후 2년 동안 2차 시험이 유효하며, 면접에서는 기술사로서의 자질, 품위, 일반상식, 전공 상식 등을 심층적으로 질문한다. 문제는 차량기술사의 경우 면접에서 탈락할 확률은 매우 높다(2차 구술형 면접 합격비율은 약 20~30% 정도).

1차에 합격할 정도로 차량이나 기출문제에 대해 잘 알고 있다 하더라도 쓰는 것과 말하는 것은 다른 영역이며, 차량기술사는 다른 기술사와는 달리 학원도 거의 없고 모의 면접시험을 연습할 수 있는 환경도 조성되어 있지 않아 구술시험을 효율적으로 준비하기가 어려운 상황입니다. 따라서 평상시 수험 준비하실 때, 녹음이나 스터디 그룹을 통한 문답 연습하시는 것을 추천드립니다.

차량기술사를 준비하면서 시간이 부족하시거나, 역량은 뛰어나지만 답안 작성이 익숙지 못한 분들에게 조금이나마 도움이 되고자 집필하게 되었습니다. 따라서, 이 책이 제시하고 있는 답안이 100% 완벽하진 않겠지만, 적어도 방대한 차량기술사 기출문제를 정리하고 답안을 작성하는 데 도움이 되는 방향성을 제시하려고 노력하였습니다. 본 서에 수록된 내용을 참고하여 좀 더 전문화된 수검자의 노하우와 경험을 덧붙인다면 합격 점수인 60점을 훨씬 넘을 것으로 예상합니다.

끝으로 초고를 마친 후 바쁘다는 이유로 미처 교정하지 못한 내용을 수정해주시고, 적절한 그림과 사진 등을 선정해 주신 이상호 간사님, 편집에 불철주야 몰두해주신 김현하 선생님, 조경미 국장님, 책이 출간될 수 있게 물심양면으로 지원해주신 ㈜골든벨 김길현 대표님을 비롯한 모든 임직원분들께 고마움을 전합니다.

또한 방대한 분량을 집필하는데 시간과 노력을 아끼지 않고 헌신한 노선일기술사께 감사드리며 어려운 집필을 위하여 내조로 힘써 준 집사람과 가족 그리고, 항상 응원해주신 지도교수님께 감사드립니다.

이 책이 수험생 여러분들의 합격에 진정한 마중물이 되기를 기원드립니다.
감사합니다.

2022. 11월
표상학, 노선일

이 책의 집필 구도와 주안점

❶ 포괄적 집필 구도는 …… ?

① 다양한 기출문제마다 관련된 참고자료를 찾아볼 시간을 단축

② 문제 유형별로 명확하게 구분한 다음 연상 기법을 통해 짧은 시간에 정확한 답을 유도

③ 10여 년간 수집된 기출문제를 일일이 분석하여 출제빈도가 잦은 총 1,350여 문제를 각출

❷ 집필 방법의 주안점은 … ?

① 문제 유형별로 어떻게 구성해야 할지 모르는 문제들에 대해서 구성 예시를 보여주어 1차 답안작성에 도움이 되게 만들었다.

② 그림, 표 등을 적절히 넣어주어 이해가 쉽고, 답안 작성에 도움이 되게 만들었다.

③ 어려운 단어를 최대한 쉽게 풀어써서 이해하기 쉽도록 하였고, 실제 시험에서도 활용이 가능할 수 있도록 만들었다.

④ 중복되는 문제들에 대해 유형별로 분류하여 효율적으로 공부할 수 있도록 하였다.

⑤ 기출 문제뿐만 아니라 예상 문제를 수록하여 기술사 시험에 합격할 수 있는 확률을 높이는 데 도움이 될 수 있도록 하였다.

❸ 차량기술사 시험정보 및 수험전략

1. 수험자 기초 통계 자료

2. 필기 출제기준 및 수험전략

3. 면접 출제기준 및 수험전력

    ※ 자세한 내용은 큐넷 (https://www.q-net.or.kr)에 있습니다.

❹ 시험 세부 항목별 분석표

Main			Sub Subject	문항수
1	연료	1	연료	33
		2	대체연료	18
		3	윤활유	26
2	엔진_1	4	엔진 흡기_밸브_과급	46
		5	엔진 기계장치_연소실	28
		6	엔진 종류_가솔린_디젤_LPG_전자제어	62
		7	엔진 센서_냉각장치	35
3	엔진_2	8	점화 점화장치	17
		9	엔진 공연비_혼합기	31
		10	엔진 연소_노킹	44
		11	엔진 열역학	20
4	엔진_3	12	엔진 연비_연비규제_시험	28
		13	엔진 배출가스_배기후처리장치	97
		14	엔진 배기규제_시험	58
5	변속기	15	변속기	59
6	동력전달	16	4WD_동력전달	27
7	섀시	17	현가_현가장치	35
		18	현가_컴플라이언스, 동역학	34
		19	현가_휠얼라인먼트	25
		20	제동	52
		21	제동_VDC, ESP	28
		22	타이어	45
		23	조향장치	24
		24	공조_램프	33
8	소음진동	25	소음진동_엔진	17
		26	소음진동_차량현가	20
		27	소음진동_차체타이어	21
9	주행성능	28	주행성능	58
10	전기	29	배터리	21
		30	전동기	11
		31	발전기	14
11	친환경	32	전기자동차	45
		33	하이브리드자동차	32
		34	수소연료전지차	28
12	전자	35	ITS_미래기술 등	34
		36	전장품(이모빌라이저, SMK 등), EMC, EMI	
13	안전충돌	37	에어백/안전벨트	13
		38	충돌관련 법규	20
		39	자율주행	34
16	차체_의장	40	차체	15
		41	의장	
17	제품설계	42	설계_기타	56
18	소재	43	소재, 가공	43
19	생산품질	44	생산 품질_모듈화	25
			총 문항수	1412

저는 개인적으로 차량기술사를 준비하면서 너무 막막했었고 시간이 많이 걸렸던 것 같습니다. 제가 차량기술사를 준비하면서 어려웠던 점과 이에 대한 대책을 간단히 정리를 해보았습니다.

❶ 차량기술사 시험을 준비하면서 막막했던 점과 그 대책들…!

① 분량이 너무 방대해서 어디서부터 어떻게 시작해야 할지 막막하다?

⇨ 아는 분야부터 시작, 기출문제가 잘 정리된 서적으로 공부를 시작하는 것을 추천

② 아는 분야도 문제를 정리하려니 시간이 많이 걸린다?

⇨ 기출문제가 잘 정리된 서적에 본인이 정리한 부분을 추가하는 방법을 추천 (시간이 단축됨)

③ 모르는 분야는 용어도 생소해서 공부하는데 시간이 많이 걸린다?

⇨ 쉬운 용어로 정리된 책으로 공부를 시작해서 일단 이해를 하고 어려운 전문 용어로 된 책을 보는 것을 추천

④ 분량이 많으니 외워도 외워도 끝이 없는 것 같다?

⇨ 분야별, 종류별, 문제유형별로 분류하는 것을 추천 (큰 줄기에서 보면 비슷한 부분이 여서 충분히 답변할 수 있음, 용어를 약간 바꿔서 문제를 내는 경우도 있음)

⑤ 자동차 분야 서적이 너무 방대해서 차량기술사를 준비하려고 하면 어떤 책을 봐야 할지 모르겠다?

⇨ 기출문제가 잘 정리된 기본 서적 한~두 권, 「(주)골든벨」서적 추천(최신자동차공학시리즈-김재휘 저, 모터팬 등)

⑥ 차량기술사 시험에 맞게 정리되어 있는 자료가 많지 않다?

⇨ 그래서 이 책을 만들었고 앞으로도 더 좋은 책들이 나오길 기대한다.

⑦ 필기시험을 어느 정도까지 써야 하고 구술 면접은 어떻게 준비해야 할지 모르겠다?

⇨ 이 책에 있는 정도로만 쓰면 70점~80점 정도로 합격점수(60점)를 충분히 넘을 수 있을 것으로 기대된다. (실제, 제 경험상 1차 시험 시 이 서적에 나와 있는 답변의 80% 정도만 쓴 것 같지만 64.66점으로 합격했다).

⑧ 어떻게 합격하는지 잘 모르겠다. 다른 사람은 잘만 붙는데...?

⇨ 아는 문제에 최대한 집중해서 쓰고 모르는 문제라도 최대한 아는 한도 내에서 답변을 하려고 노력하면 부분 점수가 있다. 이것을 최대한 활용해야 한다. 정확하고 어려운 용어를 쓰는 것이 좋지만 생각이 안 나면 쉽고 자주 사용하는 말로 대체해서 쓸 수 있어야 한다.

⑨ 왜 이 시험이 이렇게 어려운지 모르겠다. 내가 왜 이렇게 어렵게 공부해야 하는지 모르겠다(실질적인 이득도 별로 없는데...)?

⇨ 차량기술사는 자동차 분야에서 상징적인 자격증입니다. 실질적인 이득은 차량 기술이 어떻게 시작해서 어떻게 발전해 가는지 이해하게 되고 쓸 수 있고 말 할 수 있게 된다는 점이다. 또한 생소한 분야를 공부할 때, 어떻게 공부를 시작하고, 정리를 하고, 말을 해야 할지 공부할 수 있는 계기가 된다는 것이다. 따라서 합격 여부와 관계없이 자동차 분야에 몸담고 있는 분들에게는 자기계발을 할 수 있는 아주 좋은 기회라고 생각한다.

❷ 기존 차량기술사 서적으로 공부했을 때의 문제점

① 문제에 대한 답안 형식이 아니어서 구성을 어떻게 해야 할지 막막하다.

② 나에게 맞는 방식으로 새롭게 정리하려면 시간이 많이 소요된다.

③ 어려운 단어가 많아서 이해하기 어렵고 찾아보는데 시간이 많이 소요된다.

CONTENTS

PART I · 변속기

1 변속기, 플라이 휠, P.T.O

2 ✦ 자동변속장치

✦ 자동변속기의 구조와 작용

5 ✦ 자동변속기의 히스테리시스

✦ 자동변속기에서 다음 사항 설명

1) 히스테리시스(hysteresis) 2) 킥다운(kick down)

3) 킥업(kick up) 4) 리프트 풋업(lift foot up)

7 ✦ 오버 드라이브

9 ✦ 자동변속기에서 킥다운 브레이크(kick down brake)

11 ✦ 유성 기어 장치

✦ 자동변속기(Automatic Transmission)에서 유성 기어 장치의 작동 원리

✦ 유성 기어에서 6가지 작용 상태를 설명하시오.

✦ 자동변속기 요소인 유성치차 장치(Planetary Gear System)의 6가지 작동 상태

✦ 자동변속기에 적용되는 유성 기어 장치의 증속, 감속, 후진, 직결에 대하여 설명

✦ 자동차의 유압식 자동변속기의 변속 원리

13 ✦ 자동변속기의 댐퍼 클러치(록업 클러치)가 작동하지 않는 경우를 5가지 이상 설명

15 ✦ 동력전달장치에서 토션 댐퍼

17 ✦ 자동차용 클러치 저더(Clutch Judder) 현상과 방지 대책

19 ✦ 자동변속기 차량이 수동변속기 차량에 비해 경사로 출발이 쉽고 등판능력이 큰 이유

✦ 자동변속기의 Torque Converter가 필요한 이유

✦ 자동변속기에서 토크 컨버터가 하는 역할 2가지

21 ✦ 유체 커플링

✦ 동력전달장치 중 유체 커플링과 유체 토크 컨버터의 차이와 기능

24 ✦ 클러치의 용량과 전달 효율

25 ✦ 자동변속기의 capacity factor

27 ✦ 자동변속기 동력전달장치에서

① 토크 컨버터의 효율, 토크비, 속도비, 용량 계수(cf:capacity factor)의 관계를 도시화하고,

② 토크 변환 영역, 커플링 영역을 구분하고,

③ 가속 성능, 연비에 미치는 영향을 설명

✦ 토크 컨버터의 성능 곡선을 도시하고 속도비, 토크비, 전달 효율 기술

30 ✦ 자동변속기 승용차의 Stall test

✦ 자동변속기의 Stall rpm

31 ✦ 자동변속기의 효율 개선을 위한 요소기술 개발 동향을 발진장치와 오일 펌프 중심으로 설명

✦ 자동변속기의 동력전달 효율에 영향을 미치는 요소 3가지

33 ✦ 자동변속기 다단화의 필요성과 장단점 및 기술 동향

36 ✦ 드래그 토크(Drag Torque)

38 ✦ 자동차용 부축 기어식 변속기에서 변속비를 결정하는 요소를 자동차 속도로부터 유도

　✦ 변속기의 변속비를 결정하는 주요 인자

　✦ 기관 최대 출력 시 회전수 NH에서 최고 속도 41.1km/h, 최대 토크 시 회전수 NT에서 최고 속도가 4.5km/h이고. NH/NT=1/31인 대형 트럭에서 변속기를 4단으로 할 때 각 변속단에서 변속비

42 ✦ 엔진 및 변속기 ECU의 학습제어

　✦ 학습 기능(Adaptive Function)을 설명

45 ✦ C.V.T(Continuous Variable Transmission)

　✦ 무단변속기(CVT:Continuously Variable Transmission) 특징

　✦ 전자제어 무단변속기(CVT)시스템에서 ECU에 입력과 출력되는 요소를 각 5가지씩 기술하고 기능 설명

　✦ 국내 차량에 적용된 CVT(Continuously Variable Transmission) 종류와 그들의 장단점

　✦ 현재 국내 차량에 적용하여 사용되고 있는 CVT의 개요와 CVT의 일반적 사항(필요성, 특징, 장점), 동력전달 방식의 구분, 가변 풀리의 원리

　✦ CVT(Continuously Variable Transmission)의 동력전달방식 및 가변 풀리(pulley)의 원리

　✦ 하이브리드 무단변속기의 작동 원리와 구성 부품별 특징

51 ✦ DCT(Double Clutch Transmission) 방식의 자동변속기를 정의하고, DCT에 적용되는 습식과 건식 클러치를 비교 설명

　✦ 자동차용 DCT(double clutch transmission)에 대하여 정의하고, 전달 효율과 연비향상 효과 설명

56 ✦ 자동화 수동변속기(AMT:Automated Manual Transmission)의 종류에 따른 연비 성능, 특징

　✦ AMT 또는 ASG의 구성 요소와 작동 특성

60 ✦ 변속기용 싱크로나이저의 원리와 동력 흐름

64 ✦ 그림의 치차열의 입력은 1200rpm에서 69.15kg・m이다(단, 표시된 숫자는 잇수임). 다음 물음에 답하시오.

　1) 입력 마력은 몇 마력인가?

　2) 출력축의 속도는?

　3) 출력은 몇 마력인가?

　4) 위 전달 효율에서 출력 토크는?

65 ✦ 플라이 휠(Fly Wheel)의 구조와 기능

　✦ 플라이 휠(Fly Wheel)의 역할

　✦ 플라이 휠(Fly Wheel)의 설계 방법

68 ✦ 자동차의 런치 컨트롤(Launch Control)의 기능

69 ✦ 동력 인출 장치(PTO=Power Take Off)

　✦ P.T.O(Power Take Off) 설명

CONTENTS

PART II 동력전달장치

1 동력전달 4WD 차동장치 CV 조인트

72 ✦ 4륜 구동 방식의 특성과 장·단점을 2륜 구동 방식과 비교 설명
  ✦ 4륜 구동 장치(4WD) 시스템에서 나타나는 타이트 코너 브레이크(tight corner brake)현상

75 ✦ 4륜 구동(4WD) 자동차와 상시 구동(AWD) 자동차를 구별하여 설명
  ✦ 자동차용 4WD(4Wheel Drive)와 AWD(All Wheel Drive) 시스템에 대하여 다음을 설명
    가. 주행성능 향상 원인(오프로드, 코너링, 등판성능 측면)
    나. 4WD의 작동 원리   다. AWD의 작동 원리

83 ✦ 전자제어 토크 스플릿 방식의 4WD(Wheel Drive) 시스템을 정의하고 특성 설명
  ✦ 기존의 풀 타임 4WD(4 Wheel Drive)대비 TOD(Torque On Demand) 시스템의 장점 5가지

86 ✦ 상시 4륜 구동 방식에서 TOD(Torque On Demand) 방식과 ITM 방식

87 ✦ 동력전달장치에서 험프(hump) 현상

89 ✦ 차동장치
  ✦ 차동장치의 구조와 원리
  ✦ 차동 기어 시스템

91 ✦ 자동차 감속 기어의 종류를 기술하고 그 장단점 비교
  ✦ 최종 감속 장치의 하이포이드 기어
  ✦ 감속 기어 중 스파이럴 베벨 기어와 하이포이드 기어
  ✦ 종감속 기어 및 차동 장치(Final Gear and Differential System)3)

95 ✦ 차동 제한 장치
  ✦ LSD를 정의하고, 회전수 감응형, 토크 감응형, 하이브리드 형의 작동 원리 설명
  ✦ 차동 제한 장치(LSD, Limited Slip Differential)
  ✦ 논 슬립 차동 장치(Non Slip Differential)
  ✦ 차동 제한 장치(LSD: limited Slip Differential)에서 토르센 형의 주요 특성

102 ✦ 구동 장치에서 torque vectoring system을 정의하고 설명

105 ✦ 유니버설 조인트(Universal Joint)의 회전특성
  ✦ 구동축과 피동축을 연결하는 훅 조인트와 등속 조인트
  ✦ 훅 조인트와 등속 조인트의 구조, 사용처와 회전 속도의 전달 특성 상호 비교

110 ✦ 좀머펠트 변수(Sommerfeld Variable)

PART Ⅲ 　섀시

❶ 현가장치

114 ✦ 차량 현가장치의 종류와 진동 방지 대책

118 ✦ 승용 자동차의 진동 중 스프링 상부에 작용하는 질량 진동의 종류 4가지

　　✦ 자동차의 스프링 위 질량과 스프링 아래 질량을 정의하고, 각각의 질량 진동 설명

　　✦ 자동차의 스프링 위 중량과 스프링 아래 중량을 구분하여 정의하고, 주행 특성에 미치는 영향 설명

　　✦ 자동차에서 x(종축 방향), y(횡축 방향), z(수직축 방향) 진동을 구분하고, 진동현상과 원인 설명

121 ✦ 독립 현가장치

　　✦ 독립식 현가장치의 특성

126 ✦ 독립 현가장치의 SLA(Short, Long Arm) Type

　　✦ 전(前) 차축식 현가장치 중 위시본형 장치의 차이점

128 ✦ 맥퍼슨 스트럿 설명

　　✦ 맥퍼슨형의 특성

130 ✦ 자동차 현가장치에서 서스펜션 지오메트리(Suspension Geometry)를 정의하고, 위시본(Wishbone)과
　　　 듀얼 링크 스트럿(Dual Link Strut) 형식의 지오메트리 설계 특성 설명

　　✦ 승용차의 서스펜션 중 맥퍼슨 스트럿과 더블 위시본 방식의 특성을 엔진룸 레이아웃 측면과
　　　 지오메트리/캠버의 변화 측면에서 비교 설명

　　✦ 자동차의 현가장치 지오메트리(suspension geometry)를 정의하고, 듀얼 링크 스트럿(dual link
　　　 strut) 형식에서의 앤티 다이브(anti-dive) 효과 설명

134 ✦ 자동차의 퍼센트 안티 다이브(Percent Anti-Dive)를 정의하고, 100% 안티 다이브가 되도록 앞
　　　 현가장치를 설계하기 어려운 이유를 승차감 측면에서 설명

136 ✦ 차축의 롤 센터(roll center)

137 ✦ CTBA에 대해 설명(면접)

　　✦ 토션 빔 액슬 서스펜션(TBA : Torsion Beam Axle)에 대해 설명(예상)

139 ✦ 섀시 스프링.

　　✦ 현가장치에 사용되는 스프링의 종류

143 ✦ 스태빌라이저

144 ✦ 리어 엔드 토크(Rear End Torque)

145 ✦ 호치키스 구동 방식(Hotch kiss Drive Type)

147 ✦ 전자제어 현가장치에서 적응형 방식과 반능동형 방식

　　✦ 능동 현가장치(Active Suspension)

　　✦ 현가장치의 주요 기능을 3가지로 구분하고 이상적인 현가장치를 실현하기 위한 방안 설명

　　✦ 전자제어 현가장치를 제어 수단과 목적에 따라 분류하고 설명

152 ✦ 액티브 전자제어 현가장치(AECS : active electronic control suspension)의 기능 중 프리뷰
　　　 제어(preview control), 퍼지 제어(fuzzy control), 스카이 훅 제어(sky hook control) 설명

153 ✦ 수퍼 소닉 센서를 이용한 현가장치

CONTENTS

154 ✦ 전자제어 현가장치의 서스펜션 특성 절환 기능

✦ 전자제어 현가장치의 자세 제어를 정의하고 그 종류 5가지 설명

156 ✦ 공기 현가장치의 기능과 구성 요소 설명

158 ✦ 차량 자세 제어 시스템(Active Roll Control System)

160 ✦ 모노 튜브, 트윈 튜브 쇽업소버의 특성 비교 설명

163 ✦ 현가장치에 적용되는 진폭 감응형 댐퍼의 구조 및 특성

164 ✦ 차고 조절용 쇽업소버를 작동 방식에 대해 분류하고 설명

❷ 현가장치 컴플라이언스 동역학

167 ✦ 서스펜션이 바디와 연결되는 부분에 장착되는 러버 부시의 역할과 러버 부시의 변형에 의해 발생되는 컴플라이언스 스티어를 정의하고, 조종 안정성에 미치는 영향과 대응 방안 설명

✦ 자동차 현가장치의 컴플라이언스(Compliance) 특성에 의한 조향 효과와 설계 적용 방법의 대표적인 3가지 경우 설명

171 ✦ 조향장치에서 컴플라이언스 스티어(compliance steer) 및 SAT(self aligning torque)에 대해 설명

✦ 자동 중심 조정 토크(SAT : self aligning torque)

173 ✦ 롤 스티어(Roll Steer)와 롤 스티어 계수(Roll Steer Coefficient)

175 ✦ 앞 엔진 앞바퀴 굴림 방식(FF방식)의 차량에서 언더 스티어(Under Steer)가 발생하기 쉬운 이유

✦ 앞 엔진 앞 구동(FF) 방식의 자동차가 가지는 의의

✦ 언더 스티어(Under steer) 차량의 주행 특성

178 ✦ 전륜(前輪) 구동과 후륜(後輪) 구동의 주행 특성 상호 비교

181 ✦ 자동차의 조향장치에서 리버스 스티어(Reverse Steer)에 대해 설명

182 ✦ 전륜 구동 자동차에서 발생하는 택인(tack-in) 현상

183 ✦ 앞 엔진 앞바퀴 구동식(Front Engine Front Wheel Drive) 자동차의 동력전달 경로와 그 특징

✦ FF 자동차의 동력전달장치

187 ✦ 코너링 포스(Cornering Force)를 설명

✦ 자동차의 코너링 포스에 대해 서술

✦ 코너링 포스가 생기는 이유와 특성

✦ 차량이 선회할 때 발생되는 코너링 포스에 대해 기술하고, 오버 스티어와 언더 스티어 현상을 해석

✦ 차량이 선회할 때 발생되는 구심력(코너링 포스)에 대해 설명하고, 이것이 조향에 미치는 영향을 서술

✦ 조향장치에서 선회 구심력과 조향 특성의 관계 설명

187 ✦ 자동차가 주행 중 일어나는 슬립 앵글(slip angle)과 코너링 포스(cornering force)를 정의하고, 마찰과 선회 능력에 미치는 영향 설명

✦ 코너링 포스, 횡력(Side thrust), 코너링 저항, 항력, 복원 모멘트 등을 도시하고 설명

192 ✦ 차량의 주행 중 발생하는 스워브(swerve) 현상

193 ✦ Wheel Lift

195 ✦ 자동차의 횡 동역학(Lateral Dynamics) 해석을 위한 2-자유도계 자전거 모델을 정립한 후, 정상 상
      태(Steady State) 및 과도 상태(Transient State)에서의 주행 운동 특성에 대해 기술
    ✦ 특성 속도(Characteristic Velocity) 및 한계 속도(Critical Velocity)
    ✦ 선회 시 발생하는 휠 리프트(Wheel Lift) 현상을 정의하고, 한계 선회속도를 유도
200 ✦ 저속 시 선회 주행에서 의 산출근거를 선회 조향기구를 예로 도식하여 설명(단, L=축간 거리(m),
      K=전차축의 좌/우 킹핀 중심 간의 거리(m), 조향 시 전륜 좌우 조향 각 A, B)
203 ✦ 차량의 스핀(Spin) 현상
204 ✦ 자동차의 선회 한계속도에 영향을 주는 인자와 선회 시 풍력과 무게 중심이 스핀 방향에 미치는 영향
207 ✦ 차륜과 노면 사이의 횡마찰계수가 0.408인 자동차가 있다. 이 자동차가 곡률 반경이 100m인 도로를
      선회 주행할 때 미끄러지지 않고, 정상 선회할 수 있는 최고 속도
208 ✦ 토크 스티어(Torque Steer)를 정의하고, 방지 대책 설명
210 ✦ 제동 시 방향 안정성에서 전륜 로크 시의 방향 안정성과 후륜 로크 시의 방향 안정성을 서술
212 ✦ 차량의 속도와 방향 변화 시 하중 이동 설명

❸ 현가장치 휠 얼라인먼트

214 ✦ 프런트 엔드 지오메트리(Front-end Geometry)를 설명하고 캠버, 캐스터, 조향축 기울기, 토인, 토
      아웃에 대해 기술
    ✦ 앞바퀴 정렬(Front Wheel Alignment)
    ✦ 앞바퀴 정렬과 관련된 다음 사항을 설명 – 캠버, 킹핀 경사각, 캐스터, 토인, 사이드 슬립 시험기
    ✦ 자동차의 앞바퀴 정렬에 관계되는 요소 4가지
    ✦ 앞바퀴 정렬의 인자별 기능
    ✦ 자동차의 전륜 얼라인먼트
    ✦ 자동차의 앞바퀴 얼라인먼트의 필요성과 각 요소의 구체적 기능
220 ✦ 휠 얼라인먼트(Wheel Alignment)의 정의와 목적, 얻을 수 있는 5가지 이점
222 ✦ 인클루디드 앵글(Included Angle)을 정의하고, 좌우 편차 발생시 문제점 설명
223 ✦ 조향장치의 조향각(Included Angle)
    ✦ 조향축 경사각(Steering Axis Inclination)의 정의 및 설정 목적 5가지
225 ✦ 뒷바퀴 캠버가 변화하는 원인과 이로 인하여 발생하는 문제 및 조정 시 유의사항
228 ✦ 스러스트 각(Thrust Angle)
    ✦ 셋 백(Set Back)
    ✦ 자동차 4휠 얼라인먼트에서 셋-백(Set-back)과 트러스트 각(Thrust Angle)
    ✦ 차륜정렬 요소 중 셋백(Set Back)과 추력각(Thrust Angle)의 정의 및 주행에 미치는 영향
    ✦ 차량 주행 중 스러스트 앵글의 변화의 영향을 주는 요소를 열거하고, 변화 폭이 커짐으로써 생기는 피해
      설명
230 ✦ 자동차의 휠 옵셋(wheel off-set)을 정의하고, 휠 옵셋이 휠 얼라인먼트에 미치는 영향 설명

CONTENTS

234 ✦ 자동차의 휠 얼라인먼트에서 스크러브 반경(scrub radius)을 정의하고 정(+), 제로(0), 부(-)의
스크러브 반경의 특성 설명

✦ 스크러브 레디어스(Scrub Radius)

236 ✦ 휠 정렬(Wheel Alignment)에서 미끄러운 노면 제동 시 스핀(Spin)을 방지하기 위한 요소의 명칭과
원리

237 ✦ 휠 밸런스 및 휠 얼라인먼트 불량에 의하여 발생하는 자동차의 현상과 타이어 트레드 패턴 마모
형태에 대해 기술

④ 타이어

240 ✦ 타이어의 종류와 특징

✦ 타이어를 형상에 따라 분류하고, 이에 대한 특징, 장점, 단점 설명

✦ 타이어 트레드 패턴

245 ✦ 런 플랫 타이어(Run Flat Tire)

✦ 승용 자동차에 런 플랫 타이어를 장착할 경우 안전성과 편의성 두 가지 측면으로 나누어 설명

247 ✦ 셀프 실링 타이어와 런 플랫 타이어 비교 설명

249 ✦ 비공기식 타이어(non-pneumatic tire)

250 ✦ 스터드 리스 타이어(Stud less Tire)가 스파이크 없이 접지력을 유지하는 요소

253 ✦ 타이어의 크기 규격이 'P215 65R 15 95H'라고 한다면 각 문자와 숫자가 나타내는 의미

✦ 타이어 측면의 '185/70R 13 84H'로 기술된 의미 설명

255 ✦ 타이어의 호칭기호 중 플라이 레이팅(PR; Ply Rating)

256 ✦ 타이어의 동하중 반경

258 ✦ 자동차 주행 거리계 종류와 오차 원인

259 ✦ 하이드로(닝) 플래닝

✦ 수막 현상(Hydroplaning)

✦ 타이어 수막 현상

260 ✦ 스탠딩 웨이브와 하이드로 플래닝 현상

✦ 타이어의 발열 원인과 히트 세퍼레이션(Heat Separation) 현상

✦ Tire Heat Separation 현상

262 ✦ 플랫 스폿 현상 설명

264 ✦ 타이어와 도로의 접지에 있어서 래터럴 포스 디비에이션(Lateral Force Deviation)에 대해 설명

✦ 타이어의 코니시티(conicity)를 정의하고 특성 설명

268 ✦ 휠의 정적 평형과 동적 평형

270 ✦ 일반 타이어의 림 종류와 구조

272 ✦ 스틸 휠(Steel Wheel) 대비 알루미늄 휠(Aluminum Wheel)의 장점 및 특징

274 ✦ 타이어 에너지 소비효율 등급 제도의 주요 내용과 시험 방법

280 ✦ 타이어의 회전저항(Rolling Resistance)과 젖은 노면 제동(Wet Grip) 규제에 대응한 고성능 타이어
기술

282 ✦ 미끄럼 저항 시험기(portable skid resistance tester)

✦ 타이어 노면 마찰 특성에서 BSN과 SN 차이점

285 ✦ PBC(Peak Braking Coefficient)

287 ✦ 정지 마찰 계수와 동 마찰 계수

289 ✦ 타이어의 구름저항을 정의하고, 구름저항의 발생 원인 및 영향 인자 5가지 설명

✦ 차량의 구름저항의 발생 원인 5가지를 나열하고, 주행속도와 구름저항과의 관계 설명

292 ✦ 타이어 편평비(Aspect Ratio)

✦ 타이어의 편평비가 다음 각 항목에 미치는 영향

　1) 승차감 　2) 조종 안정성 　3) 제동능력 　4) 발진 가속성능 　5) 구름저항

296 ✦ 타이어 설계 시 타이어가 만족해야 할 주요 특성과 대표적인 Trade-Off 성능에 대해 설명

300 ✦ T.P.M.S(Tire Pressure Monitoring System)

✦ TPMS에서 로 라인과 하이 라인 비교

✦ 타이어 공기압 경보장치의 구성부품을 나열하고 작동 설명

✦ 법규적으로 적용 차량은 어떻게 되는가?(면접)

5 조향장치

305 ✦ 기계식 조향 장치의 기본 작동 원리와 주요 구성품의 기능 흐름도 설명

310 ✦ 동력 조향 장치에 대해 종류별로 구분하고, 구성 요소 및 작동 원리 설명

✦ 동력식 조향 장치의 작동 원리와 장점

✦ 파워 스티어링(Power Steering)

✦ 파워 스티어링 장치를 보조 동력 관점에서 2가지로 분류, 특성 설명

✦ Power Steering 장치를 보조 동력 관점에서 2가지로 분류하고 각 특성 설명

✦ 속도 감응식 유압 파워 스티어링 장치의 개요와 개략도를 그림으로 나타내고 설명

314 ✦ 전동식 파워 스티어링 중 순수 전기식 파워 스티어링 시스템을 구성에 따라 분류하고 설명

✦ 전동식 전자제어 동력 조향 장치(MDPS : Motor Driven Power Steering)를 정의하고 특징 설명

✦ 전기식 파워 스티어링(Electric Power Steering) 시스템의 장단점과 작동 원리

✦ 전자제어 방식이 적용된 조향 장치를 구분하고 설명

317 ✦ EPS(Electric Power Steering) 시스템의 모터 제어기능 6가지

✦ 전동식 동력 조향장치의 보상 제어를 정의하고, 보상 제어의 종류 3가지 설명

320 ✦ 스티어링(Steering)에서의 비가역식을 설명

✦ 조향장치의 비가역식(Non-Reversible Type)에 대해 설명

322 ✦ 핸들 회전 시 발생하는 복원력

323 ✦ 자동차의 조향 장치에서 다이렉트 필링(Direct Feeling)

324 ✦ 차량 주행 상황에 맞춰 응답성을 변화시키는 능동형 스티어링

✦ AFS(Active Front Steering)

327 ✦ 4WS(4 Wheel Steering System)에서 뒷바퀴 조향 각도의 설정 방법

✦ 4WS(4 wheel steering)의 제어에서 조향각 비례제어, 요 레이트(yaw rate) 비례제어

✦ 4WS(Wheel Steering) 시스템에서 조향각 비례제어와 요레이트(Yaw-Rate) 비례제어에 대해 설명

✦ 4륜 조향 장치(Four Wheel Steering System)

CONTENTS

6 공조 램프

332 ✦ 자동차 에어 컨디셔너(Air Conditioner)에서 냉매량 조절 방식은 팽창 밸브(Expansion Valve) 타입과 오리피스 튜브(Orifice Tube) 타입으로 대별된다. 이 두 타입의 다른 점을 서술
　✦ 냉동 사이클의 종류 중 CCOT 방식과 TXV 방식에 대해 설명

336 ✦ TXV 방식의 냉동 사이클을 그림으로 그리고, 냉매의 상태(기체, 액체, 온도, 압력)와 특성 설명
　✦ 차량 에어 컨디셔닝 시스템에서 냉매의 열교환시 상태변화 과정을 순서대로 설명

338 ✦ 자동차 에어컨 장치에서 과냉각도와 과열도를 P-H선도 상에 도시하고, 이들이 냉동 성능에 미치는 영향 설명

340 ✦ 자동차의 공기조화 장치에서 열 부하에 대해 설명

342 ✦ 차량용 에어컨 압축기 중 가변-변위 압축기의 기능에 대해 설명

345 ✦ 자동차 에어컨용 냉매의 구비조건을 물리적, 화학적 측면에서 설명

347 ✦ CO_2(R-744) 냉매 시스템

351 ✦ 자동차의 FATC(Full Automatic Temperature Control) 장치에 장착되는 입력 센서의 종류 7가지를 열거하고, 열거된 센서의 역할 설명
　✦ FATC 자동차 에어컨에서 운전자의 설정 온도로 차량의 실내 온도가 제어되는 원리

354 ✦ FATC(Full Automatic Temperature Control)의 기능
　✦ 차량의 에어 컨디셔닝 시스템에서 애프터 블로워(after blower)의 기능

356 ✦ 자동차 실내의 공기질 향상에 대해 설명

358 ✦ 자동차의 새차 증후군이 휘발성 유기화합물(VOCs)에 의한 발생원인과 인체에 미치는 영향

359 ✦ AQS의 특성과 기능
　✦ 다음의 AQS의 회로를 참조하여 시스템의 작동 방법 설명

361 ✦ 자동차 창유리 가시광선 투과율의 기준

363 ✦ 가니쉬

364 ✦ 세이프티 파워 윈도(safety power window)

366 ✦ 승용차에 적용되고 있는 HID(High Intensity Discharge) 전조등
　✦ 자동차 등화장치에 적용되고 있는 HID(High Intensity Discharge) 램프와 LED(Light Emitting Diode) 램프의 개요 및 특징(단, HID 램프의 특징은 할로겐 램프와 비교하여 설명할 것)

369 ✦ LED(Light Emitting Diode) 램프
　✦ 발광 다이오드(Light Emitted Diode) 전조등의 장점

371 ✦ DRL(Daytime Running Light)

373 ✦ 전조등의 명암 한계선(cut-off line)
　✦ 전조등의 Cut-Off line

377 ✦ 오토 헤드램프 레벨링 시스템 기능과 구성 부품

379 ✦ 배광 가변형 전조등 시스템(AFS : Adaptive Front Lighting System)
　✦ AFS(Adaptive Front Lighting System)

381 ✦ 다음 회로는 자동 전조등 회로(Auto Light System)이다. 다음 조건에서 회로의 작동 방법 설명
　　1) 자동차 주위가 밝을 때　2) 자동차 주위가 어두울 때

384 ✦ 감광식 룸 램프의 타임차트를 보고 작동 방식 설명

PART Ⅳ 주행 성능

1 주행 성능

388 ✦ 자동차의 주행저항

✦ 자동차 주행저항에 대하여 요소별로 제시하고 설명

✦ 차량이 주행 중 여러 가지 저항을 받는다. 그 저항의 종류를 들고 설명

✦ 주행 중인 차량이 받는 저항을 들고 전 주행저항을 기술

✦ 자동차의 주행저항을 기술

✦ 자동차 주행저항에 대하여 설명

✦ 자동차의 전 주행저항의 의미와 각 저항에 대하여 논하시오.

✦ 자동차의 주행저항과 동력성능에 대하여 기술

388 ✦ 차량이 주행할 때 받는 저항의 예를 들고, 차량 총중량 W 인 차량의 총 주행저항 R_t

✦ 차량의 주행 중 받는 저항을 분석하고, 평탄로를 일정한 속도로 주행할 때의 주행저항 R

✦ 차량 총중량이 5,000kg의 트럭이 구배 5%의 자갈길을 20km/h의 일정한 속도로 올라갈 때의 전 주행저항

✦ 평탄로를 60km/h로 주행 중인 자동차가 앞지르기 위해 가속하였더니, 10초 후에 96km/h가 되었다. 이때의 가속저항

394 ✦ 주행저항 중 공기저항의 발생 원인

✦ 자동차의 공기저항을 줄일 수 있는 방법을 공기저항계수와 투영면적의 관점에서 설명

398 ✦ 자동차에 작용하는 공기력과 모멘트를 정의하고, 이들이 자동차 성능에 미치는 영향을 설명

✦ 주행 시 차체에 미치는 공기저항의 6분력을 좌표계에 도시하고 공력 계수를 서술

✦ 자동차에 작용하는 3가지 공기역학적인 힘, 항력(Drag), 양력(Lift) 및 측력(Side Force)과 경계층의 박리

✦ 자동차 주행 시 발생하는 양력의 발생 원인과 그 저감 대책

✦ 자동차에 작용하는 공기역학적인 힘 중에 항력(Drag Force)과 항력 계수(Cd, Drag Coefficient)

✦ 자동차에 작용하는 항력(Drag)과 항력계수(Cd, Drag Coefficient)

406 ✦ 회전상당중량

407 ✦ 여유구동력

✦ 자동차의 주행저항과 구동력의 관계에서 여유구동력에 대하여 설명

✦ 자동차의 주행저항과 구동력의 관계에서 여유구동력(Available Tractive Power)에 대해 설명

✦ 차량의 주행저항을 말하고 주행 마력과 엔진 마력과의 관계를 서술하시오.(31)

409 ✦ 엔진출력이 일정한 상태에서 가속성능을 향상시키는 방안 5가지

411 ✦ 차량 주행성능을 결정하는 구성 요소와 주행성능 향상 방안

✦ 자동차 주행성능 선도를 그리고, 이를 통하여 확인할 수 있는 성능 항목을 설명

✦ 차량속도를 높이기 위해 종감속 기어비 설정 및 주행저항의 감소 방법에 대하여 설명

✦ 가솔린 4행정 사이클 기관에서 ① 제동마력 [또는 일률(kw)], ② 제동마력과 차량에 필요한 구동력과 차속과의 관계, ③ 제동마력이 일정한 상태로 차량이 언덕을 올라갈 때 구동력과 차속상태의 변화를 설명

CONTENTS

419 ✦ 자동차의 동력성능에 영향을 미치는 요소들을 열거·설명하고, 가속을 계산하는 식 유도

   ✦ 동력성능에서 마력(Horse Power)과 회전력(Torque)을 각각 정의하고 설명

   ✦ 자동차의 구동력에 대하여 설명하고 식으로 표시

   ✦ 엔진 토크가 12.5kgf.m, 총감속비 14.66, 차량 중량이 900kgf, 타이어 반경이 0.279m인 자동차는 몇 도의 경사로를 오를 수 있는지 계산

   ✦ 다음 표와 같은 자동차가 있다. (a) 1단에서 차속이 10km/h인 경우 그 때의 엔진 회전수 (b) 이 자동차가 1단 20km의 속도로 언덕을 올라갈 때 최대 등판 능력을 근사적으로(cosθ≒1) 구하시오.

425 ✦ 엔진의 성능 선도에서 탄성영역(elastic range)

   ✦ 일반적인 기관의 전개 성능 곡선(Full Throttle)을 기관 회전수에 대하여 도시하고 특징 설명

427 ✦ 자동차 동력성능 시험의 주요항목 4종류 설명

   ✦ 자동차 동력성능 시험에 대하여 논술

430 ✦ 자동차 타행 성능(惰行性能)에 대하여 논하시오

   ✦ 타행 성능에 대하여 설명

   ✦ 타행 성능(Casting Performance) 설명

   ✦ 자동차의 타행 주행(Coast down)시험 설명

431 ✦ 와전류 동력계(Eddy Current Dynamometer)

   ✦ 엔진 동력계의 종류를 2가지 이상 열거하고 그 기본 원리 설명

   ✦ 엔진 동력계의 종류와 그 특성 설명

435 ✦ 자동차의 풍동(Wind Tunnel) 시험의 종류를 나열하고 각각에 대하여 설명

437 ✦ 슬립 사인(Slip Sign)과 슬립 스트림(Slip Stream)에 대하여 설명

439 ✦ 그림을 보고 연쇄 추돌 관계식을 설명하시오.(81-4-6)

   ✦ 동일한 자동차 B, C가 브레이크가 풀린 채 정지하고 있다. 이때 같은 모델의 자동차 A가 2.5m/s의 속도로 B와 충돌하면, 이후 B와 C가 다시 충돌하게 되어 결국 3대의 자동차가 연쇄 충돌한다. 이때, B와 C가 충돌한 직후의 C의 속도(m/s)를 구하시오.

442 ✦ 우리나라 현행 자동차 관리법상의 자동차 성능 시험 설명

448 ✦ 프루빙 그라운드(Proving Ground)의 목적과

     1) 고속주회로, 2) 종합시험로, 3) 선회시험로에 대해 설명

   ✦ 자동차의 개발 및 성능향상에 이용되는 특수 내구 주행시험로에 대하여 설명

451 ✦ 신차 개발 시 시행하는 주요 테스트(Test)에 대하여 5항목 이상을 기술하고 각 항목에 대하여 설명

453 ✦ 슬라롬 시험(slalom test) 방법

   ✦ 슬라럼 시험(slalom test)

454 ✦ 열화계수(DF:Deterioration Factor)

PART V 차체 의장

1 차체 의장

458 ✦ 자동차 수리비의 구성 요소인 공임과 표준 작업시간

460 ✦ 자동차 필러(pillar)의 강성(stiffness)을 정의하고, 강성을 증가시키는 방법을 구조적 측면에서 설명

463 ✦ 핫 스탬핑 공법으로 제작된 초고장력 강판의 B-필러 중간부분이 사고로 인하여 바깥쪽으로 돌출되었다. 수리 절차 설명

465 ✦ 차체수리 시 강판의 탄성, 소성, 가공경화, 열 변형, 크라운을 정의하고, 변형 특성 설명

468 ✦ 액티브 후드 시스템(Active Hood System)

470 ✦ 스페이스 프레임 타입(Space Frame Type)의 차체 구조와 특징

✦ 자동차 프레임 중 백본형(Back Bone Type), 플랫폼형(Platform Type), 페리미터형(Perimeter Type), 트러스트(Trust Type)의 특징 설명

472 ✦ 알루미늄 합금 차체를 사용하는 이유를 설명하고, 강재 차체와 비교하여 장단점 설명

476 ✦ 자동차 차체 구조 설계 시 고려되어야 하는 요구 기능을 정의하고, 검증 방법 설명

✦ 차체가 갖춰야 할 역할 3가지와 요구 기능 5가지 설명

✦ 자동차 차체 설계 시 차체의 역할과 요구 성능

477 ✦ 요즈음 국내 차량에 적용되어 있는 파워 슬라이딩 도어(PSD:Power Sliding Door)와 파워 테일 게이트(PTG:Power Tail Gate)의 개요와 작동

480 ✦ 모노코크 바디와 프레임 바디의 특징

✦ 모노코크 보디(Monocoque Body)

482 ✦ 플러시 타입 도어 핸들의 개요 및 특징 3가지 설명

PART VI 친환경 자동차

1 전기 자동차

484 ✦ 대표적인 저공해 자동차의 종류와 특성 설명

✦ 환경친화적인 자동차 설계기술 5가지 항목을 나열하고 설명

✦ 환경친화적인 차량 설계 방안

✦ Green 운동과 관련하여 환경친화적인 자동차 설계 방안에 대하여 기술

✦ 대체연료 및 저공해 차량으로 각광받는 차량용 신동력원 개념을 5가지 들고, 그 중 전기 자동차에 대해 기술

✦ 자동차용 대체 에너지

✦ 탈석유 대체연료 자동차의 필요성과 그 예 4가지 이상 설명

✦ 연료 대체 및 무공해와 관련해 논의되고 있는 신동력원 5가지를 들고 그 중 하나를 선택하여 서술

✦ 탈석유 연료 및 무공해 원동기 차량용 신동력원을 5가지 들고 그 중 하나에 대하여 원리 및 장단점 서술

CONTENTS

✦ 대체연료 및 배출물 측면에서 고려되고 있는 차량용 신동력원을 들고 설명

✦ 신에너지 자동차

✦ 화석연료 이외의 대체연료 자동차에의 응용에 대해서 논하고 현재까지의 각 대체연료 이용을 위한 개발 정도와 실용 가능성에 대하여 논하시오.

✦ 대체연료 기관을 3가지 이상 열거하고 각각의 원리와 장점을 설명

492 ✦ 전기 자동차의 보급 및 확산을 위하여 가격, 성능 및 환경에 대한 문제점과 해결책에 대하여 설명

✦ 전기 자동차가 환경에 미치는 영향

495 ✦ 전기 자동차에서 고전압을 사용하는 이유를 설명하고 BEV(Battery Electronic Vehicle) 차량의 충전방식 중 완속, 급속, 회생 제동을 설명

✦ 전기 자동차의 개발 목적과 아래의 4가지 수행 모드에 대하여 설명
  1) 출발·가속 2) 감속 3) 완속 충전 4) 급속 충전

497 ✦ 국토교통부령으로 정하는 저속 전기 자동차의 기준

498 ✦ 전기 자동차에서 고전압 회로 및 고전압 배터리 시스템의 구성 요소

✦ 고전압 장치(high voltage system)의 주요 부품에

501 ✦ 전기 자동차에 적용되는 고전압 인터록(Inter Lock)회로

503 ✦ 고전압 배터리에서 PRA(Power Relay Assembly)의 구성 요소와 기능

505 ✦ 전기 자동차의 탑재형 충전기(On Board Charger)와 외장형 충전기(Off Board Charger)를 비교하고, 외장형 충전기의 주요 구성 부품에 대하여 설명

✦ 전기 자동차의 직접 충전방식에서 완속과 급속 충전의 특성 설명

510 ✦ 전기 자동차 급속 충전기

511 ✦ 플러그 인 하이브리드 자동차에 요구되는 배터리의 특징과 BMS

✦ 전기 자동차의 축전지 에너지 관리 시스템(battery energy management system) 제어 기능

515 ✦ 하이브리드 자동차 배터리의 셀 밸런싱 제어

✦ 배터리 시스템(BMS)에서 셀 밸런싱(Cell Balancing)의 필요성과 제어 방법

✦ 리튬이온 폴리머 배터리에 적용되는 셀 밸런싱(Cell Balancing)의 필요성과 제어 방법

517 ✦ ISG(Idle Stop & Go) 장착 차량에 적용한 DC/DC Converter

✦ 전기 자동차용 전력 변환장치의 구성 시스템을 도시하고 설명

✦ 전기 자동차에서 인버터(Inverter)와 컨버터(Converter)의 기능에 대하여 설명

520 ✦ 전기 자동차 구동 모터의 VVVF 제어, 구동 모터의 회전수 및 토크 제어 원리 서

✦ 전기 자동차 VVVF 인버터의 기본 원리

524 ✦ 전기 자동차의 인휠 드라이브 구동 방식

✦ 전기 자동차의 동력원으로 사용 가능한 인휠 모터(in-wheel motor)의 장점

✦ 차세대 전기 자동차에서 인휠 모터(In wheel Motor)의 기능과 특성

527 ✦ 전기 자동차에 사용되는 PTC 히터

529 ✦ 친환경 차량에 히트 펌프 시스템(heat pump system)을 정의하고 특성 설명

531 ✦ 최근 전기 자동차의 에너지 저장기로 적용되는 전기 이중층 커패시터의 작동 원리와 특성

533 ✦ 가상 엔진 사운드 시스템(VESS: Vritual Engine Sound System)을 정의하고, 동작 가능조건 설명
  ✦ 소리 발생 장치(AVAS; Acoustic Vehicle Alert System)
536 ✦ 엔진의 액티브 사운드 디자인(active sound design) 제어
  ✦ ANCS(Active Noise Control System)
539 ✦ 12V 전원을 사용하는 일반 승용차에 비해 고전압을 사용하는 친환경 자동차에서 고전원 전기장치의 안전기준
  ✦ 고전압을 사용하는 친환경 자동차에서 고전원 전기장치를 정의하고, 충돌 안전시험 기준에 대하여 설명

❷ 하이브리드 자동차

541 ✦ 하이브리드 자동차의 동력 전달 방식을 분류하고, 장단점 설명
  ✦ 하이브리드 자동차를 동력 장치 배치방식(시리즈 타입, 패럴렐 타입, 파워 스플릿 타입)에 따라 설명
  ✦ 하이브리드(Hybrid) 자동차의 종류와 작동 원리
  ✦ 하이브리드 기관의 종류와 그 특징
  ✦ 하이브리드 자동차의 차량 예를 들고 각 요소에 대하여 서술
  ✦ 하이브리드 전기 자동차의 종류와 직렬 하이브리드 전기 자동차의 체인지 익스텐더와 자립형에 대해서 설명
  ✦ 병렬식 하이브리드 자동차(Hybrid Vehicle)
  ✦ 에너지 절약형 하이브리드 차량의 방법을 두 가지 제시하고 그 원리 설명
550 ✦ 병렬형 하드 타입 하이브리드 자동차의 특징 설명
  ✦ 소프트 타입 병렬 하이브리드 자동차 설명
  ✦ HEV 분류에서 소프트 타입과 하드 타입을 설명하고, 하이브리드 시스템 구성 서술
  ✦ 하이브리드 방식 중 패럴렐 타입(Parallel Type)에서 TMED 형식에 사용되는 하이브리드 기동 발전기(Hybrid Starter Generator)의 기능과 제어 메커니즘 설명
554 ✦ 2 Liter Car
555 ✦ 48V 마일드 하이브리드 시스템(Mild Hybrid System)을 정의하고, 주요 구성 부품과 작동 방식 설명
  ✦ 하이브리드 자동차 기술 중 "Mild Hybrid System"
559 ✦ 플러그인 하이브리드 차량과 순수 전기 자동차의 장·단점 비교
  ✦ HEV. PHEV > EV의 특성을 다음 항목에 대하여 설명
  1) 엔진 필요 여부 2) 모터 유무 3) 배터리 용량(대. 중. 소) 4) 충전기 필요 여부
562 ✦ 액화석유가스 하이브리드 자동차
565 ✦ 하이브리드 자동차의 연비 향상 요인
  ✦ 하이브리드 전기 자동차의 연비 향상 요인
  ✦ Hybrid 자동차가 기존 내연기관 자동차에 비해 연비 향상 및 배출가스 저감 요인에 대하여 설명
  ✦ 내연기관(가솔린 · 디젤) 하이브리드 자동차의 연비를 높일 수 있는 동력원이나 전달 장치의 주요 기술 설명

CONTENTS

567 ✦ 하이브리드 가솔린 엔진에서 엔진과 모터의 에너지 손실 및 토크 특성을 다음과 같이 비교하여 설명
  1. 엔진과 모터에서 손실되는 에너지 항목 3가지 비교
  2. 엔진과 모터의 회전수에 따른 토크 특성에 따른 효율 비교

570 ✦ 하이브리드 자동차에서 회생 브레이크 시스템을 적용하는 이유
  ✦ 회생 브레이크 시스템
  ✦ 회생 브레이크 시스템(Brake energy re-generation system)
  ✦ 회생 제동(RBS: Regenerative Braking System)

573 ✦ 하이브리드 자동차에서 회생 제동을 이용한 에너지 회수와 아이들-스톱(Idle-Stop)
  ✦ 하이브리드 자동차에서 아이들 정지 모드의 정의와 아이들 정지 모드가 수행되는 조건 5가지
  ✦ 자동차의 연료 향상을 위하여 오토 스톱이 적용된다. 오토 스톱의 만족 조건 5가지

577 ✦ 하이브리드 자동차에서 모터 시동 금지 조건

578 ✦ 하이브리드 차량(Hybrid vehicle)에 적용된 모터의 리졸버 센서(Resolver sensor)의 역할

③ 수소 연료전지

581 ✦ 친환경 자동차에 적용된 수소 연료전지(Hydrogen fuel cell)
  ✦ 연료전지(Fuel Cell)
  ✦ 자동차에 적용되는 수소 연료전지
  ✦ 연료전지(Fuel Cell) 자동차의 연료전지 작동 원리
  ✦ 수소 연료전지 자동차에 사용되는 수소 연료전지의 작동 원리와 특성을
  ✦ 연료전지 자동차의 연료전지 주요 구성부품 3가지를 들어 그 역할을 설명, 연료전지 스택(fuel cell
    stack)의 발전 원리를 화학식으로 설명
  ✦ 연료전지(Fuel Cell) 장점
  ✦ 환경 친화적 특성을 가진 연료전지의 장점과 단점

585 ✦ 연료전지 자동차를 사용하는 전해질에 따라, 또 사용되는 연료에 따라 분류, 설명하고 환경 영향
    측면에서 평가
  ✦ Fuel Cell 차량의 연료전지 종류에 따른 환경 영향 및 특성
  ✦ 연료전지 자동차의 전지를 고온형과 저온형으로 구분하고 특징 설명
  ✦ 전해질에 따른 연료전지의 종류 및 특징과 PEM FC의 원리

589 ✦ PEMFC(Proton Exchange Membrane Fuel Cell)
  ✦ 고분자 전해질 연료전지(Polymer Electrolyte Fuel Cell)의 장단점

592 ✦ 메탄올 연료전지

594 ✦ 수소 연료전지 자동차가 공기 중의 미세먼지 농도를 개선하는 원리

596 ✦ 내연기관에 비해 연료전지 자동차의 효율이 높은 이유를 기술하고 연료 저장기술 방식 구분 설명

    ✦ 수소 자동차에서 수소 충전 방법 4가지

599 ✦ 연료전지 자동차의 상용화 문제점

602 ✦ 수소 연료전지 자동차의 연료 소비율(연비) 측정 방법

    ✦ 수소 연료전지(Fuel Cell) 자동차의 연료 소모량 측정법 3가지와 연비 계산법

    ✦ 수소 전기 자동차에서 수소 연료 소모량 측정 방법 및 측정 장치의 정도

606 ✦ 수소 연료전지 자동차에 사용되는 수소의 제조법 5가지

    ✦ 수소 자동차의 수소 탑재법의 특징과 수소 생성 방법의 종류

    ✦ 수소 자동차의 수소를 생산하기 위하여 물을 전기 분해하는 과정과 방법)

610 ✦ 공기-수소 직접 연소 방식에 의해 운전되는 Hydrogen ICE(Internal Combustion Engine)의 특징과 운전 시 문제점

    ✦ 수소 엔진의 연소 특성

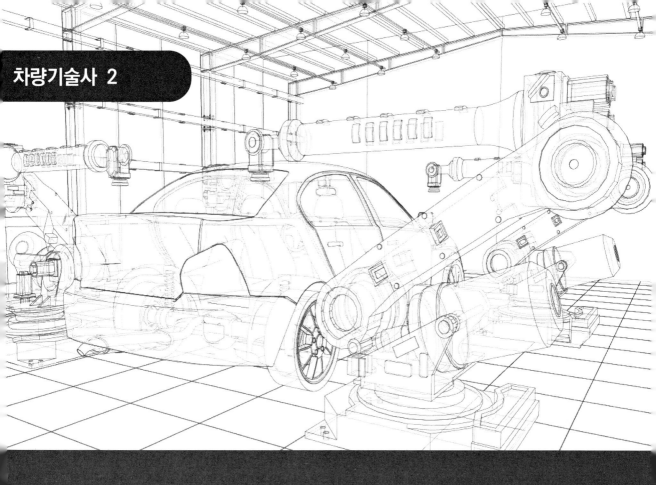

PART 1. 변속기

❶ 변속기, 플라이 휠, P.T.O

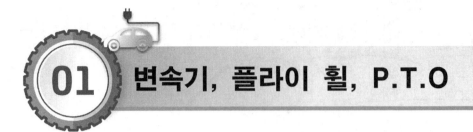

01 변속기, 플라이 휠, P.T.O

기출문제 유형

✦ 자동변속장치를 설명하시오(56-1-5)

✦자동변속기의 구조와 작용에 대하여 서술하시오.(57-3-1)

01 개요

자동차의 변속기는 동력을 발생시키는 동력원(내연기관)과 종감속·차동장치 사이에 배치되어 동력원에서 발생되는 동력을 전달하는 역할을 한다. 엔진에서 발생한 동력을 자동차의 주행 속도와 주행 상태에 맞게 회전력을 증대시키거나 감소시켜 바퀴에 전달하며 엔진의 동력을 차단하거나 후진하는 역할을 수행한다. 자동변속기는 주행 중 주행 속도와 부하에 따라 기어비를 자동으로 변환해 주는 장치로써 수동변속기와 다르게 클러치 조작을 할 필요가 없어서 운전 편의성이 크게 향상되었다.

02 자동변속장치의 정의

엔진에서 발생한 동력을 단속하며 속도나 엔진 회전수에 따라 기어비를 자동으로 바꾸어 주는 변속기이다.

(1) 토크 컨버터(Torque Converter)

유체를 이용해 동력을 전달하는 부품으로 발진 클러치, 토크 증대 기능, 플라이휠 기능등을 담당한다.

(2) 유성 기어 장치(Planetary Gear Set)

선 기어, 링 기어, 캐리어 기어 등으로 구성이 되어 있으며 주행 속도와 부하에 따라 조합을 다르게 하여 토크와 회전 속도, 회전 방향을 변환시킨다.

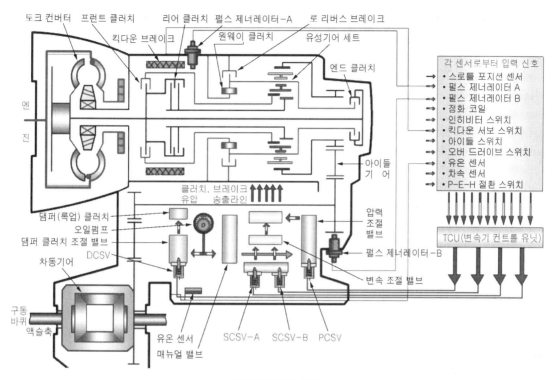

자동변속기의 구조

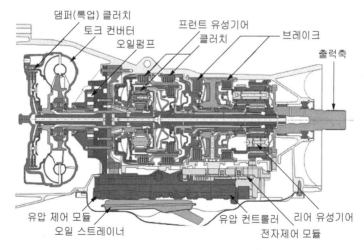

자동변속기의 구성

(3) 유압 제어 장치

토크 컨버터나 기어 세트를 동작시키는 작동 매체로 오일이 사용되며 오일을 제어하기 위해 오일 펌프, 솔레노이드 밸브가 사용된다.

(4) 자동변속기 제어기(TCU : Transmission Control Unit), 각종 센서

주행 속도와 스로틀 밸브의 개도, 기어 레버 위치 스위치(인히비터 스위치), 각종 센서(입·출력 속도 센서, 오일 온도 센서 등) 등의 정보를 고려하여 변속을 제어해 준다.

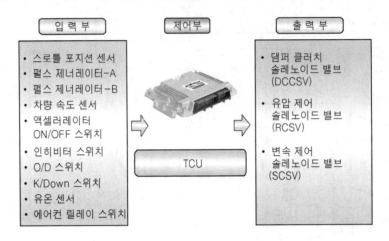

입력부	제어부	출력부
• 스로틀 포지션 센서 • 펄스 제너레이터-A • 펄스 제너레이터-B • 차량 속도 센서 • 액셀러레이터 ON/OFF 스위치 • 인히비터 스위치 • O/D 스위치 • K/Down 스위치 • 유온 센서 • 에어컨 릴레이 스위치	TCU	• 댐퍼 클러치 솔레노이드 밸브 (DCCSV) • 유압 제어 솔레노이드 밸브 (RCSV) • 변속 제어 솔레노이드 밸브 (SCSV)

03 자동변속장치의 작용

(1) 엔진 동력의 전달 – 차단

토크 컨버터를 이용하여 자동으로 엔진의 동력을 차단하거나 전달한다. 정차 시 동력 전달을 차단하여 엔진의 공전 운전을 가능하게 하며 동력전달 시 토크 컨버터의 유체에 의해 충격이 완화되어 변속 충격이 저감되고 엔진이 보호되어 수명이 향상된다.

(2) 토크 증대

토크 컨버터 내의 스테이터(Stator)에 의해 토크가 증대되어 경사로 출발이 쉽고 최대 등판능력이 향상된다.

(3) 변속비 자동 변경

주행 속도와 부하에 따라 변속비가 자동으로 변환된다. 내부 유성 기어 세트에서 유압에 의해 자동으로 기어비가 변경되기 때문에 클러치의 조작이 필요 없어 조작 미숙으로 인한 엔진 정지를 방지해줄 수 있다.

04 자동변속장치의 특징

(1) 장점

① 저속 구동력이 커서 경사로 출발이 쉽고 최대 등판능력이 크다.

② 토크 컨버터의 유체를 작동유로 사용하기 때문에 동력전달과정에서 충격이 저감되어 기어 및 엔진이 보호된다.

③ 클러치 조작이 필요 없어 조작의 미숙에 의한 엔진 정지를 방지할 수 있다.

④ 정체 상황 및 저속 시 브레이크만으로 조작하며 운전할 수 있으므로 수동 변속기에 비해 운전 편의성이 향상된다.

(2) 단점

① 작동유를 사용하므로 중량이 증대되고 토크 컨버터의 슬립 현상 등으로 인해 동력전달 효율이 저하되어 연비가 저하된다.

② 수동변속기에 비해 기기가 더 복잡하므로 비용이 증가하며 유지 비용 및 정비 비용이 증가한다.

기출문제 유형

✦ 자동변속기의 히스테리시스를 설명하시오.(53-1-7)

✦ 자동변속기에서 다음 사항을 설명하시오.(114-2-3)
  1) 히스테리시스(hysteresis)
  2) 킥다운(kick down)
  3) 킥업(kick up)
  4) 리프트 풋업(lift foot up)

---

01 개요

(1) 배경

자동변속기는 주행 속도와 부하에 따라 기어비를 자동으로 변환해 주는 장치로서 자동차의 속도와 스로틀 밸브의 개도를 기준으로 변속 시점을 결정해 준다. 이러한 변속 패턴을 나타낸 것이 변속 선도이며 이 변속 선도에는 기어비가 올라가는 시프트 업 선도, 기어비가 내려가는 시프트 다운 선도 등이 나타나 있다.

(2) 변속 선도의 정의

차속과 스로틀 개도량에 따른 변속 시점을 설정한 선도로 시프트 업, 시프트 다운 선도가 있다.

02 자동변속기의 변속 패턴

자동변속기는 기본적으로 정해진 조건과 구간에서 자동으로 변속을 한다. 연비와 정숙성, 운전성 등 여러 가지 조건을 고려해서 스로틀 밸브의 개도량과 부하량을 기준으로 변속이 되도록 설정되어 있는데 이 기준이 되는 지점을 변속 패턴이라고 하며 그림과 같이 나타낸다.

변속 패턴은 단수가 올라갈 때는 ▲선(시프트 업선)을 기준으로 올라가고 단수가 내려갈 때는 ▼선(시프트 다운선)을 기준으로 내려간다. 기본적인 변속 기능 외에도 언덕길 주행, 급가속, 추월 가속 시 구동력 확보가 가능하도록 기능이 구현되어 있다.

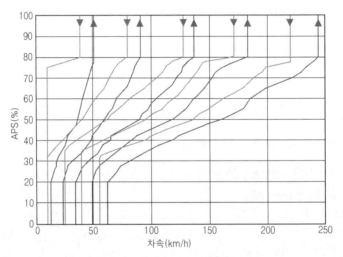

히스테리시스를 고려한 변속 패턴

(1) 히스테리시스(Hysteresis)

히스테리시스는 "이력 현상"으로 어떤 물질이 변화하고 복원 될 때 변화되었던 그 시점의 물리 조건만으로 복원이 결정되지 않고 다른 조건에 의존(history-dependent)하는 특성을 말한다. 자동변속기의 히스테리시스는 변속 선도의 시프트 업과 시프트 다운 선도의 변속 시점의 차이를 나타내는 말이다.

자동변속기가 변속 선도의 조건에 의해 변속될 때 시프트 업과 시프트 다운이 발생하게 되는데 동일한 기준으로 변속 단수를 결정하면 수시로 변속단이 바뀌게 되어 변속기에 무리가 가게 되고 내구성이 저하된다. 또한 차종에 따라서 변속 충격이 발생하게 된다. 따라서 시프트 업과 시프트 다운 선도의 기준을 다르게 하여 빈번한 변속을 방지해준다. 급가속이나 정지 전 다운 시프트의 경우 잦은 변속을 피하기 위해 스킵 시프트 로직을 적용하여 두 단수를 한꺼번에 내리거나 올림으로써 변속 충격을 방지해준다.

(2) 킥 다운(Kick-Down)

주행 중 급가속이나 오르막 길 주행을 위해 액셀러레이터 페달을 깊게 밟으면 기어 단수가 1~2단 낮은 기어로 변속이 된다. 이러한 현상을 킥 다운 현상이라고 하며 단수가 내려가기 때문에 토크가 증대되어 가속력을 얻을 수 있게 된다. 변속선도에서 살펴보면 차량의 속도가 같은 지점에서 스로틀 밸브의 개도량이 증가할 때 시프트 다운 선도를 지나서 변속단이 내려가게 된다. 차량의 속도 100km/h에서 스로틀 밸브의 개도가 50%일 때 변속단은 4단으로 연결되어 있다. 같은 속도에서 스로틀 밸브의 개도를 80%로 올리면 위로 올라가게 되고 시프트 다운 선도를 지나 3단으로 기어가 변속된다. 따라서 가속에 필요한 큰 힘을 낼 수 있게 된다.(변속단이 올라갈 때는 파란색선 기준, 내려갈 때는 빨간색선 기준) 급가속을 해야 할 상황이나, 오르막길을 오를 때에는 1~2단 낮은 기어로 변속해 주면 효율적으로 가속을 할 수 있다.

(3) 킥 업(Kick-Up)

킥 다운 후 액셀러레이터 페달을 계속 같은 개도로 밟고 있으면 자연스럽게 차량의 속도가 올라가서 변속단이 올라가게 되는 현상을 킥 업이라고 한다.

(4) 리프트 풋 업(Lift Foot Up)

스로틀 밸브가 많이 열려있는 주행 상태(고 rpm 영역)에서 속도를 줄여주거나 가속을 더 이상 하지 않기 위해 액셀러레이터 페달에서 발을 떼면 APS(Accelerator Pedal Sensor)의 값이 급격히 저하된다. 이때 변속단은 시프트 업 선도를 지나 증가하게 되는데 이런 현상을 리프트 풋업이라고 한다.

기출문제 유형

✦ 오버 드라이브를 설명하시오.(63-1-11)

---

01 개요

자동차의 변속기는 엔진에서 발생한 동력을 자동차의 주행 속도와 주행 상태에 맞게 회전력을 증대시키거나 감소시켜 바퀴에 전달하는 역할을 수행한다. 주행 중 주행 속도와 부하에 따라 기어비를 자동으로 변환해 주는데 이때 미리 설정된 시점에서 증·감속이 된다. 변속기의 단수가 높아질수록 토크는 감소되고 회전수는 증대된다.

따라서 고속 주행 시에는 엔진의 회전수보다 변속기의 회전수가 더 빠른 높은 변속단이 유리하다. 오버 드라이브는 엔진 대비 변속기의 회전비가 1보다 큰 단수로 고속 주행 및 연비 주행이 가능하다. 과거 4단 변속기에 주로 사용되었으며 현재는 거의 사용되지 않는다.

02 오버 드라이브(O/D : Over Drive)의 정의 및 구분

오버 드라이브는 자동 증속 장치를 뜻하는 말로 엔진과 드라이브의 출력비를 구분할 때 쓰는 용어이다. 엔진의 회전수보다 변속기의 회전수가 더 빠른 변속 단수를 지칭한다. 4단 변속기의 경우 3단의 변속단은 엔진 대비 변속기의 회전속도가 같고 4단은 엔진 대비 변속기의 회전속도가 더 빠르다. 따라서 3속을 넘는 단수를 오버 드라이브라고 한다.

① 언더 드라이브 : 엔진 속도보다 자동변속기 출력축의 속도가 느린 경우
② 다이렉트 드라이브 : 엔진 속도와 자동변속기 출력축의 속도가 같은 경우
③ 오버 드라이브 : 엔진 속도보다 자동변속기 출력축의 속도가 빠른 경우

03 오버 드라이브 연결 방법

유성 기어 장치에서 오버 드라이브는 유성 캐리어 기어로 입력이 되고 링 기어로 출력이 되도록 구성해 준다. 선 기어는 고정을 한다.

04 오버 드라이브의 기능

(1) 오버 드라이브 스위치 "ON"

고속으로 주행하는 경우 오버 드라이브 스위치를 사용하여 ON 위치에 놓는다. 이 경우 엔진 대비 변속기의 회전 속도가 빨라지기 때문에 엔진 회전수가 낮아지고 연비가 향상된다. 또한 소음도 저감된다.

(2) 오버 드라이브 스위치 "OFF"

오르막 길, 추월 시 오버 드라이브 스위치를 OFF 위치에 놓으면 4속에서 강제로 3속으로 변속 단수가 내려가 토크가 증대되어 계속 가속력을 얻을 수 있는 장점이 있다. 또한 고속으로 주행 중 갑자기 주행 속도를 줄여야 하는 경우가 발생한 경우 O/D 스위치를 OFF시키면 엔진 브레이크가 걸리게 되어 효과적으로 속도를 제어할 수 있다.

05 오버 드라이브의 장단점

(1) 장점

주행 시 오버 드라이브를 사용하면 엔진의 회전수를 낮출 수 있어 연비가 향상되고 소음이 저감된다. 속도가 30% 가량 향상되어 고속 주행이 가능해진다.

(2) 단점

① 기어 구조가 복잡해지고 중량이 증가하며, 가격이 비싸다.

② 차량이 많은 복잡한 시내 주행 시 오버 드라이브를 사용하면 과도한 변속이 발생되어 연비가 저하될 수 있다. 따라서 시내 주행 시에는 오버 드라이브를 사용하지 않는 것이 효과적이다.

③ 경사로 주행 시나 순간 가속 시에는 오버 드라이브 스위치를 OFF시켜 가속력을 얻는 것이 효과적이고 주행 속도를 제어할 경우에도 O/D 스위치를 OFF시켜 엔진 브레이크를 이용하는 것이 효과적이다.

기출문제 유형

✦ 자동변속기에서 킥다운 브레이크(kick down brake)를 설명하시오.(92-1-9)

01 개요

주행 중 추월이나 오르막 길 주행을 위해 액셀러레이터 페달을 깊게 밟으면 기어 단수가 1~2단 낮은 기어로 변속이 된다. 이러한 현상을 킥 다운 현상이라고 한다. 단수가 내려가기 때문에 토크가 증대된다. 킥 다운을 해주기 위해 킥 다운 브레이크가 사용된다.

02 킥 다운 브레이크(K/D Brake)의 정의 및 기능

유성 기어 장치 내부의 브레이크 장치로 전진 2속과 4속으로 주행 중 스로틀 밸브의 개도가 급격히 증가할 경우 유성 기어 장치의 리버스 선 기어를 잡아주어 변속 단수를 내려주는 역할을 한다. 추월 시 사용하므로 패싱 기어(Passing Gear)라고도 한다.

03 킥 다운 브레이크의 구조

킥다운 드럼, 킥다운 밴드, 킥다운 스위치, 킥다운 피스톤, 킥다운 슬리브, 킥다운 조정 로드 실링, 리턴 스프링으로 구성되어 있다.

킥다운 드럼

킥다운 밴드

04 킥 다운 브레이크의 작동

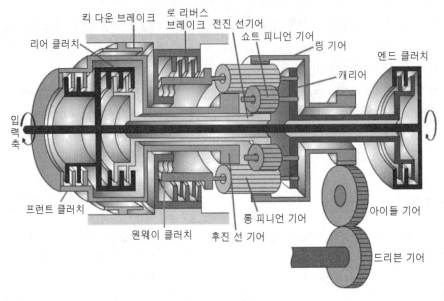

자동변속기 동력전달 경로

① 유압에 의해 킥다운 브레이크 밴드가 제어되어 킥다운 드럼을 고정시킨다. 킥다운 드럼은 유성 기어 장치의 리버스 선 기어를 고정하게 된다.

② **동력전달경로** : 킥다운 브레이크 → 킥다운 드럼 → 후진 선 기어 고정

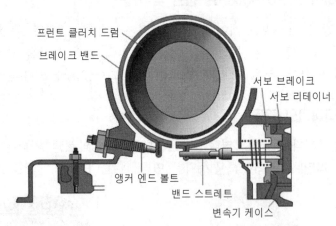

킥 다운 브레이크의 구조

✦ 유성 기어 장치를 설명하시오.(57-1-4)

✦ 자동변속기(Automatic Transmission)에서 유성 기어 장치의 작동원리에 대하여 설명하시오.(80-3-4)

✦ 유성 기어에서 6가지 작용 상태를 설명하시오.(62-3-4)

✦ 자동변속기 요소인 유성치차 장치(Planetary Gear System)의 6가지 작동 상태를 설명하시오.(71-3-5)

✦ 자동변속기에 적용되는 유성 기어 장치의 증속, 감속, 후진, 직결에 대하여 설명하시오.(114-4-3)

✦ 자동차의 유압식 자동변속기의 변속 원리에 대하여 서술하시오.(35)

01 개요

(1) 배경

자동변속기는 주행 중 주행 속도와 부하에 따라 기어비를 자동으로 변환해 주는 장치로써 수동변속기와는 다르게 클러치를 조작할 필요가 없어 운전 편의성이 크게 향상되었다. 자동변속기를 구성하는 부품은 토크 컨버터, 유성 기어 장치, 유압제어기구 등이 있으며 유성 기어 장치는 자동으로 변속을 해주는 핵심 부품이다.

(2) 유성 기어 장치(Planetary Gear Set)의 정의

선 기어, 링 기어, 유성 기어, 유성 기어 캐리어로 구성되어 있는 기어 장치로 입력과 출력의 조합에 따라 증속과 감속이 되는 장치이다.

(3) 유성 기어 장치의 종류

한 세트의 유성 기어 장치로는 좋은 감속비를 얻을 수 없으므로 자동차용 변속기로는 두 개의 유성 기어 장치를 연결시킨 심프슨 기어장치(Simpson Gear System)나 라비뇨 기어 장치(Ravigneaux Gear System)를 사용한다.

02 유성 기어 장치의 구성

단순 유성 기어 세트는 선 기어(Sun Gear), 링 기어(Ring Gear), 유성 기어(Planet Gear), 유성 기어 캐리어(Planet Gear Carrier)로 구성되어 있다. 자동변속기에 적용되는 유성 기어 장치(라비뇨)는 두 개의 유성 기어 세트를 연결한 구조로 포워드 선 기어(전진 선 기어), 리버스 선 기어(후진 선 기어), 쇼트

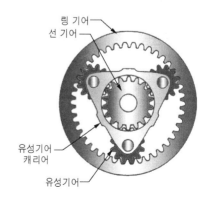

링 기어
선 기어
유성기어 캐리어
유성기어

피니언 기어, 롱 피니언 기어, 피니언 기어 샤프트를 지지하는 캐리어로 구성되어 있다.

03 유성 기어의 6가지 작동 상태

선 기어, 링 기어, 유성 기어를 입력, 출력, 고정 요소로 설정하여 증속, 감속, 역전 회전이 되도록 한다. 한 개의 유성 기어만으로 2가지 감속, 2가지 증속을 만들 수 있다.

(1) 감속 1(2단 기어 변속)

① 입력 : 링 기어, 출력 : 유성 기어

고정 : 선 기어

② 선 기어 잇수(20), 링 기어 잇수(80)일 경우 감속비는 (20+80)/80 = 1.25이다.

(2) 감속2(1단 기어 변속)

① 입력 : 선 기어, 출력 : 유성 기어, 고정 : 링 기어

② 선 기어 잇수(20), 링 기어 잇수(80) 일 경우 감속비는 (20+80)/20 = 5이다.

(3) 증속(오버 드라이브 변속)

① 입력 : 캐리어 기어, 출력 : 링 기어, 고정 : 선 기어

② 선 기어 잇수(20), 링 기어 잇수(80) 일 경우 증속비는 80/(20+80) = 0.8 이다.

(4) 역전(후진 기어)

① 입력 : 선 기어, 출력 : 링 기어, 고정 : 캐리어 기어

② 선 기어 잇수(20), 링 기어 잇수(80) 일 경우 감속비는 −80/20 = −4 이다.

(5) 직결

선 기어, 유성 기어, 링 기어 중에서 2개의 기어를 고정시키면 유성 기어 세트는 일반 축처럼 움직인다. 입력과 출력축 사이의 속도와 방향은 변하지 않고 변속비는 1이 된다.

(6) 중립

클러치나 밴드가 작동되지 않아서 유성 기어 세트가 고정되지 않는 상태이다. 유성 기어 세트를 통해 동력이 전달되지 않는다.

기출문제 유형

✦ 자동변속기의 댐퍼 클러치(록업 클러치)가 작동하지 않는 경우를 5가지 이상 설명하시오.(93-1-10)

01 개요

(1) 배경

자동변속기는 자동변속기 오일(Automatic Transmission Fluid : ATF)의 유체를 이용해 동력을 전달하거나 단속을 하는 토크 컨버터 구조를 갖고 있다. 토크 컨버터를 사용하면 동력전달이 부드러워지지만 기계적으로 연결되는 구조가 아니기 때문에 토크 슬립이 발생된다.

따라서 동력 손실이 발생하게 되어 동력전달 효율이 저하된다. 이를 방지하기 위해 일정 속도 이상의 고속 주행일 경우에 엔진과 변속기를 기계적으로 연결시켜주는 장치가 록업 클러치이다.

(2) 록업 클러치(Lock Up Clutch)의 정의

토크 컨버터 내부의 펌프 임펠러와 터빈 러너를 기계적으로 직결하는 장치, 댐퍼 클러치라고도 한다.

(3) 록업 클러치의 목적

유체로 동력이 전달되는 펌프 임펠러와 터빈 러너의 슬립에 의한 회전차를 없애기 위해 일정 속도 이상이 되면 두 회전체를 기계적으로 직결시켜 주는 역할을 한다.

02 록업 클러치의 작동 과정

① 록업 클러치는 터빈 러너와 프런트 커버(Front Cover) 사이에 배치되어 있다. 특정 속도 이상의 고속이 되면 록업 클러치가 프런트 커버와 기계적으로 직결 되어 자동변속기 입력축에 직접 동력을 전달하게 된다. 고속으로 회전하는 프런트 커버에 록업 클러치가 직결될 때 발생하는 충격을 줄이기 위해 회전형 댐퍼와 스프링이 장착되어 있다.

② 동력전달 과정 : 엔진 → 프런트 커버 → 록업 클러치 → 펌프 임펠러, 터빈 러너 → 자동변속기 입력축

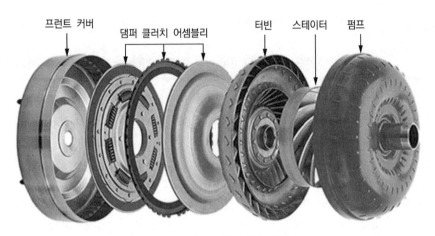

프런트 커버 댐퍼 클러치 어셈블리 터빈 스테이터 펌프

록업(댐퍼) 클러치 배치 위치

03 록업 클러치 제어 및 작동 조건

스로틀 밸브의 열림량과 엔진 회전속도에 따라 록업 클러치의 작동 구간과 목표 슬립량이 자동변속기 제어기(TCU)에 프로그래밍 되어 있다. 조건이 충족되면 록업 클러치가 작동을 하고 조건이 충족되지 않으면 록업 클러치는 작동되지 않는다.

저속 회전 영역에서는 약간 SLIP(미소 SLIP)이 발생하도록 부분적으로 록업 제어를 한다. 고속 회전 영역에서는 완전 직결로 제어를 한다. 5% 이상의 언덕길을 1.5초 이상 유지하면 직결 된다.(제조사 별로 상세 작동 조건은 차이가 있다.)

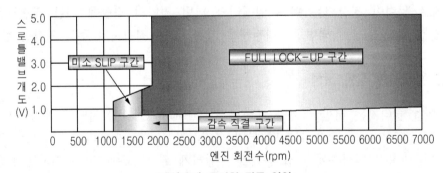

록업(댐퍼) 클러치 작동 영역

① 전진 레인지이며 2속 이상일 것(단, 2속에서 록업 클러치의 작동은 유온이 125°C 이상이어야 한다)
② 변속 레버를 이동하지 않는 상태일 것(N → D, N → R 제어 중이 아닐 것)
③ 완전 직결 시 유온이 50°C 이상일 것
④ 미소 슬립 시 유온이 70°C 이상일 것
⑤ Fail Safe(3속 HOLDING) 상태가 아닐 것

04 록업 클러치가 작동하지 않는 조건

① 스로틀 밸브의 열림량이 급격히 감소할 때, 가속 페달을 밟고 있지 않을 때
② 1속 및 후진 시
③ 시프트 다운(3속 → 2속)시, 엔진 브레이크 시
④ 공회전 시, 변속 시, 가속 시
⑤ Fail Safe(3속 HOLDING) 상태일 경우
⑥ 냉각수온 50℃ 이하이거나 자동변속기 오일(ATF)의 온도가 65℃ 이하일 때
⑦ 브레이크 스위치 ON 상태 시

05 록업 클러치의 장단점

(1) 장점

① 토크 컨버터의 슬립이 저감되어 동력전달 효율이 증가되고 연비가 향상된다.
② 변속기의 다단화, 첨단화로 1~2단을 제외한 구간에서 모두 록업 클러치가 적용 가능해져 연비가 향상된다.

(2) 단점

① 록업 클러치가 연결되어 있을 때는 변속이 불가능하고 작동 구간에서 기계적 마찰이 발생한다.
② 가속 페달을 계속 밟고 있어야 하므로 운전 피로도가 증가된다.

기출문제 유형

✦ 동력전달장치에서 토션 댐퍼를 설명하시오.(92-1-3)

---

01 개요

자동차의 변속기는 엔진에서 발생한 동력을 차단하거나 연결해 주는 역할을 한다. 동력은 크랭크축을 거쳐 변속기로 전달이 되는데 크랭크축이 회전하고 있을 때 변속기가 연결되기 때문에 동력 연결 시 진동과 충격이 발생한다. 토션 댐퍼는 동력 연결 시 진동을 감소시켜줄 수 있는 장치로 과도한 회전 진동이 변속기 내부에 전달되는 것을 차단시켜 주는 역할을 한다.

02 토션 댐퍼(torsion dampers)의 정의

토션 댐퍼는 비틀림 진동을 감쇄시켜 주는 장치이다. 주로 엔진의 동력원과 변속기 사이에 설치되어 진동 및 소음을 감소시켜 준다. 수동변속기에서는 클러치 디스크에 적용되고 자동변속기에서는 록업 클러치에 적용된다.

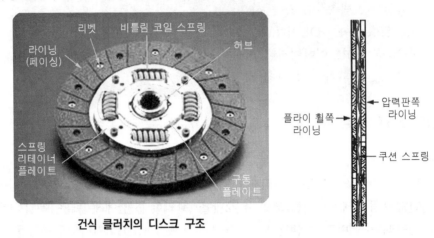

건식 클러치의 디스크 구조

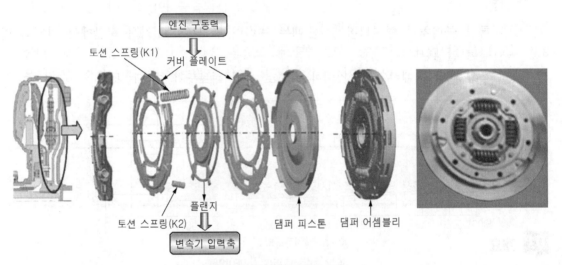

자동변속기의 댐퍼 클러치 구조

03 토션 댐퍼(torsion dampers)의 역할과 기능

토션 댐퍼는 엔진으로부터 전달되는 비틀림 진동을 감쇄시키는 기능을 하며, 동시에 동력전달장치로부터의 비틀림 진동도 차단한다. 따라서 변속기로부터의 변속 소음(예 : 덜컹거리는 소음)을 감쇄시키고 기어이의 손상도 방지한다.

04 토션 댐퍼의 구조

토션 댐퍼는 클러치 디스크나 록업 클러치의 한 부분으로 마찰 링, 비틀림 코일 스프링, 허브, 디스크 스프링, 구동 디스크로 구성되어 있다. 클러치 디스크에 부하가 가해지면 클러치 허브와 페이싱 기판 사이에 제한된 회전운동이 발생하게 된다.

클러치 허브는 약간의 회전이 가능한 구조로 설치되어 있으며, 다수의 댐퍼 스프링을 통해 구동 판 (drive plate)과 카운터 판(counter plate) 연결 시 진동이 저감되도록 구성되어 있다.

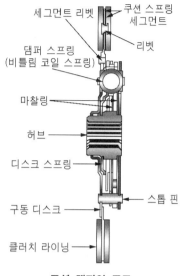

세그먼트 리벳
쿠션 스프링
세그먼트
댐퍼 스프링
(비틀림 코일 스프링)
리벳
마찰링
허브
디스크 스프링
스톱 핀
구동 디스크
클러치 라이닝

토션 댐퍼의 구조

기출문제 유형

✦ 자동차용 클러치 저더(Clutch Judder) 현상과 방지 대책을 설명하시오.(107-3-5)

---

01 개요

(1) 배경

자동차의 변속기는 엔진에서 발생한 동력을 차단하거나 연결해 주는 역할을 한다. 동력은 크랭크축을 거쳐 변속기로 전달이 되는데 크랭크축이 회전되고 있을 때 변속기가 연결되기 때문에 동력 연결 시 진동과 충격이 발생한다. 클러치는 회전수가 다른 회전체를 연결해 주는 부품으로 주로 수동변속기에서 엔진과 변속기의 연결을 위해 사용된다.

(2) 클러치 저더(Clutch Judder)의 정의

클러치 조작과 동시에 차체에서 느껴지는 차량 전후 방향의 격렬한 진동 현상을 클러치 저더라고 한다.

02 클러치 저더 현상

수동변속기 차량이나 자동화 수동 변속기에 적용되는 클러치 디스크는 엔진의 동력을 변속기에 전달하거나 차단해 주는 역할을 한다. 시동을 걸 때나 변속을 할 때는 클러치를 차단하고 연결하는 조작하는데 이때 클러치 디스크의 마찰 면에서 스퀼 소음이 발생되거나 차량 전후 방향으로 격렬한 차체의 진동이 발생된다.

03 클러치 저더 현상의 원인

(1) 클러치 디스크의 변형

클러치 저더는 동력전달과정에서 발생하는 비틀림 진동 현상과 클러치 디스크의 마찰 특성에 의해 발생한다. 주로 휠 얼라인먼트가 불량으로 부품의 공차가 적합하지 않거나 디스크가 변형되어 휘었을 때 발생한다. 공차가 설계 시 클러치 디스크가 정규 사양으로 제작되지 않았거나 오조립 되었을 때, 주행 중 충격으로 인해 휠 얼라인먼트가 불량해졌을 때 발생한다. 클러치 디스크의 변형은 과도한 클러치 작동 시 마찰에 의해 열이 발생하며 이로 인해 뒤틀림이나 열 변형이 된다. 클러치 디스크가 변형이 된 경우 클러치 작동 시 소음과 진동이 발생된다.

(2) 클러치 디스크의 마찰 특성 저하

클러치 디스크의 마찰면이 불균일하거나 마찰판인 라이닝의 편마모나 손상이 발생한 경우 클러치 저더 현상이 발생한다.

(3) 자동차 부품의 공진

클러치 작동 시 진동이 발생 할 때 10~20Hz로 차량 구동계 부품의 고유 진동수와 공진 현상을 일으켜 진동이 증폭된다.

클러치 디스크의 변형 및 토션 스프링의 파손

04 클러치 저더의 방지 대책

① 과도한 클러치의 사용을 자제하여 열 변형 및 뒤틀림을 방지한다.
② 휠 얼라인먼트의 점검으로 부품 간의 공차를 최소화시킨다.
③ 2중 질량 플라이 휠(Dual Mass Flywheel)을 장착한다.
④ 비틀림 강성과 감쇄 스프링의 특성을 개선한 클러치 디스크를 장착한다.
⑤ 경사로 밀림방지 제어 시스템(HAC : Hill-start Assist Control)을 적용한다.

기출문제 유형

✦ 자동변속기 차량이 수동변속기 차량에 비해 경사로 출발이 쉽고 등판능력이 큰 이유를 설명하시오.(101-2-1)

✦ 자동변속기의 Torque Converter가 필요한 이유를 설명하시오.(87-1-9)

✦ 자동변속기에서 토크 컨버터가 하는 역할 2가지를 쓰시오.(42)

01 개요

자동차의 변속기는 동력을 발생시키는 동력원(내연기관)과 종감속·차동장치 사이에 배치되어 동력원에서 발생되는 동력을 전달해 주는 역할을 한다. 엔진에서 발생한 동력을 자동차의 주행 속도와 주행 상태에 맞게 회전력을 증대시키거나 감소시켜 바퀴에 전달하며 엔진의 동력을 차단하거나 후진하는 역할을 수행한다. 자동변속기는 주행 중 주행 속도와 부하에 따라 기어비를 자동으로 변환해 주는 장치로써 수동변속기의 클러치를 토크 컨버터로 대체하여 운전 편의성을 크게 향상시켰다.

02 토크 컨버터의 정의

자동변속기 오일을 작동 유체로 사용하여 엔진에서 발생된 토크를 변환하여 자동변속기에 전달 또는 차단하는 역할을 한다.

03 토크 컨버터의 역할(토크 컨버터가 필요한 이유)

(1) 동력 전달·차단

토크 컨버터는 엔진과 유성 기어 세트 사이에 배치되어 자동변속기 오일을 작동 유체로 사용하여 엔진에서 발생된 동력을 차단하거나 전달하는 역할을 한다. 수동 변속기의 클러치 역할을 한다. 기계적으로 연결되어 있지 않기 때문에 주행 부하가 크더라도 엔진에 전달되는 토크가 감소하여 시동 꺼짐의 현상이 발생되지 않는다.

(2) 토크 증대

엔진에서 발생된 토크는 토크 컨버터 내부의 스테이터를 거치면서 증대된다. 스테이터는 구조상 터빈에서 나온 유체를 더욱 가속시켜 펌프에 힘을 가하도록 설계되어 있다. 펌프는 엔진의 플라이 휠과 기계적으로 연결되어 있다. 따라서 엔진이 작동하면 펌프도 회전을 하여 토크 컨버터 내에 있는 오일은 원심력에 의해 펌프의 날개 사이로 배출된다.

펌프의 날개 사이에서 배출된 오일은 터빈의 날개를 쳐서 터빈을 회전시킨다. 스테이터는 터빈으로부터 되돌아오는 오일의 회전 방향을 펌프의 회전 방향과 같도록 바꾸어 준다. 따라서 오일의 흐름은 펌프를 회전시키는 엔진의 회전 방향과 동일하게 됨으로써 터빈을 회전시키는 오일의 힘이 증대되어 엔진에서 전달되는 동력과 토크가 증가하는 효과를 얻을 수 있다.

(3) 동력전달 시 충격 저감

토크 컨버터는 유체를 이용하여 동력을 전달하기 때문에 동력전달 시 충격이 저감된다. 엔진에서 발생되는 토크는 크랭크축을 통해 토크 컨버터로 전달된다. 토크 컨버터 내부에서는 유체를 통해 동력이 전달되므로 기계적 장치를 사용하는 것보다 동력전달시 충격이 저감되고 크랭크축의 비틀림을 완화시켜 준다. 따라서 주행 중 자동으로 변속이 가능하고 부드러운 변속이 가능해 진다.

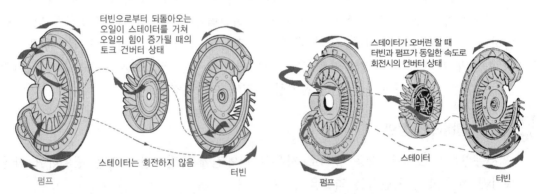

스테이터가 정지되어 있을 때 오일의 흐름 　　스테이터가 회전할 때 오일의 흐름

04 경사로 출발이 쉽고 등판능력이 큰 이유

수동변속기는 클러치가 플라이 휠에 직접 연결되기 때문에 경사로 출발과 같이 바퀴에서 전달되는 부하가 커질 경우 엔진의 시동이 꺼지게 된다. 자동변속기는 토크 컨버터 내부의 유체를 이용하여 동력을 전달하기 때문에 경사로 출발과 같이 큰 토크를 필요로 하는 곳에서도 엔진의 토크만큼만 부하가 전달되고 슬립이 되기 때문에 시동 꺼짐의 현상이 방지된다. 또한 토크 컨버터의 토크 증대 기능으로 인해 저속 토크가 증가하여 시동 꺼짐 없이 동력을 유지시킬 수 있고, 전자제어기를 통해서 변속기의 최적 변속단을 적용하여 등판 성능을 높일 수 있어서 경사로 출발이 쉽고 등판능력이 커진다.

① 바퀴로부터 과부하가 전달될 경우 유체에 의해 슬립이 발생하여 엔진의 스톨이 방지된다.

② 토크 컨버터 내부의 스테이터 작용으로 토크가 증대된다.

③ 변속기 제어기(TCU : Transmission Control Unit)의 제어를 통해 최적의 변속단을 적용할 수 있다.

05 토크 컨버터의 장단점

(1) 장점

① 엔진의 동력이 오일을 매개로 변속기에 전달되므로 크랭크축의 비틀림 진동이 흡수된다. 특히 저속회전 영역에서 진동이 감소된다.

② 엔진의 동력을 차단하지 않고 변속을 할 수 있어서 변속 중에 발생하는 급격한 토크의 변동과 구동축의 급격한 하중 변화가 저감된다.

③ 토크 증대로 저속 출발의 성능이 향상되어 경사로 출발 시 운전이 용이해진다.

④ 주행 중 정지 시 수동변속기와 같이 동력 차단 장치(클러치)를 조작해 주지 않아도 엔진의 시동이 정지되지 않아 운전 편의성이 향상된다.

(2) 단점

① 작동 유체로 오일을 사용하므로 펌프와 터빈 사이에 항상 오일의 미끄럼이 발생하여 효율이 저하된다(효율 향상을 위해 토크 컨버터 내에 록업(댐퍼) 클러치를 설치한다).

② 작동 유체로 오일을 사용하므로 중량과 부피, 유지비가 증가한다.

③ 록업 클러치 설치로 토크 컨버터의 구조가 복잡하게 되고 무게와 가격이 상승한다.

기출문제 유형

✦ 유체 커플링을 설명하시오.(57-1-8)

✦ 동력전달장치 중 유체 커플링과 유체 토크 컨버터의 차이와 기능을 설명하시오.(46)

01 개요

수동변속기의 클러치는 엔진에서 발생된 동력을 기계적으로 변속기에 전달하거나 차단하는 역할을 한다. 수동으로 조작을 해야 하고 기계적으로 연결이 되기 때문에 운전 편의성이 저하되고 경사로 출발 시 시동이 잘 꺼지며 동력 연결 시 진동과 변속 충격이 발생되는 문제점이 있다. 이를 개선하고자 유체 커플링 장치를 적용하였다.

02 유체 커플링(Fluid Coupling)의 정의

자동변속기의 오일을 작동 유체로 이용하여 엔진의 동력을 자동변속기로 전달하는 장치로 유체 클러치(Fluid Clutch)라고도 한다.

03 유체 커플링의 구조

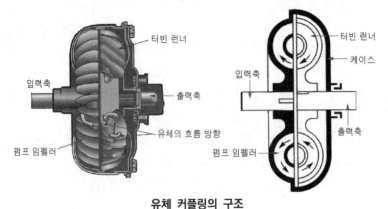

유체 커플링의 구조

(자료 : mecholic.com/2017/06/fluid-coupling-fluid-clutch.html)

유체 커플링은 엔진의 크랭크축과 연결된 펌프(pump, impeller)와 변속기 입력축과 연결된 터빈(turbine, runner)으로 구성되어 있으며, 내부는 동작 유체로 채워져 있다. 유체 커플링의 하우징은 엔진의 플라이 휠에 고정되어 플라이 휠의 일부로서 기능한다. 펌프는 커플링 하우징 내부에 고정되어 있고, 펌프와 마주보고 설치된 터빈은 자유롭게 회전할 수 있다. 펌프와 터빈의 안쪽에는 각각 직선 날개(vane)가 방사선으로 설치되어 있다.

04 유체 커플링의 작동 원리

(a) 펌프 정지(원심력 없음)　　(b) 펌프 구동(원심력 발생)　　(c) 터빈에 회전력 전달(원심력에 의해)

유체 커플링의 작동 원리

유체 클러치의 펌프는 엔진에 연결되어 있고 내부는 오일로 가득 차 있다. 이때 펌프를 회전시켜 주면 원심력에 의해 오일은 외부 방향으로 나가려고 한다. 터빈은 펌프의 맞은편에서 원통을 형성하고 있기 때문에 원심력에 의해 나가려는 오일은 터빈으로 들어가게 되어 회전력을 발생시키게 된다. 엔진의 동력을 오일의 운동 에너지로 바꾸고, 이 에너지를 다시 토크로 바꾸어 자동변속기로 전달한다.

05 유체 커플링의 기능

(1) 동력 전달 · 차단

유체 커플링 엔진과 자동변속기 오일을 작동 유체로 사용하여 엔진에서 발생된 동력을 차단하거나 전달하는 역할을 한다. 수동 변속기의 클러치 역할을 한다.

(2) 동력전달 시 충격 저감

유체 커플링은 유체를 이용하여 동력을 전달하기 때문에 동력전달 시 충격이 저감된다.

06 유체 커플링의 장단점

(1) 장점

① 동력전달 시 동작 유체(fluid)를 사용하므로 충격이 없고 비틀림 진동이 감소된다.
② 펌프와 터빈이 기계적으로 연결이 되어 있지 않아 마모가 발생하지 않는다.

(2) 단점

마찰 클러치는 엔진에서 발생된 동력을 모두(100%) 변속기 입력축에 전달할 수 있지만 유체 클러치는 슬립(slip) 때문에 동력전달 효율이 낮다(최대 96~98% 정도).

07 유체 커플링과 유체 토크 컨버터의 차이

(1) 스테이터

유체 토크 컨버터에는 유체 커플링에 스테이터를 추가로 배치한 구조이다. 스테이터는 구조상 터빈에서 나온 유체를 더욱 가속시켜 펌프 임펠러에 힘을 가하도록 설계되어 있다. 엔진에서 발생된 토크는 토크 컨버터 내부의 스테이터를 거치면서 증대된다.

(2) 록업(댐퍼) 클러치

토크 컨버터에는 록업 클러치가 설치되어 작동 유체의 미끄러짐에 의한 손실을 최소화 하고 있다. 록업 클러치는 자동차의 주행속도가 일정 값에 도달하면 토크 컨버터의 펌프와 터빈을 기계적으로 직결시켜 주는 장치로 터빈과 토크 컨버터 커버 사이에 설치되어 있다. 동력전달순서는 엔진 → 프런트 커버 → 록업 클러치 → 자동변속기 입력축으로 전달된다.

기출문제 유형

✦ 클러치의 용량과 전달 효율을 설명하시오.(59-1-8, 52)

01 개요

수동변속기의 클러치는 엔진에서 발생된 동력을 기계적으로 변속기에 전달하거나 차단하는 역할을 한다. 기계적으로 연결이 되기 때문에 연결 시 마찰과 진동이 발생하며 부하 용량에 따라서 시동 꺼짐이 발생한다. 따라서 클러치 용량을 엔진 토크에 맞게 설계해 주어야 한다.

02 클러치 용량의 정의

클러치가 전달할 수 있는 회전력의 크기를 클러치 용량이라 한다.

03 클러치 용량 상세 내용

클러치 용량은 일반적으로 사용하는 엔진 회전력의 1.5~2.5배 정도로 클러치 용량이 너무 크면 클러치가 엔진 플라이 휠에 접속될 때 엔진이 정지되기 쉬우며, 반대로 너무 작으면 클러치가 미끄러져 클러치 디스크의 라이닝 마멸이 촉진된다.

【클러치 용량 계산 공식】

$$T_c \infty \mu P_r$$

여기서, T_c : 전달 토크(cm kgf)

P : 클러치 하중(kgf)

μ : 클러치 라이닝과 압력판 사이의 마찰계수

r : 평균 유효 반지름

04 클러치 전달 효율

클러치 전달 효율은 클러치에 입력된 동력 대비 출력된 동력의 비율을 나타내는 것으로 계산 공식은 다음과 같다.

$$전달효율 = \frac{클러치에서\ 나온\ 동력}{클러치에\ 들어간\ 동력} \qquad \therefore\ \eta = \frac{T_c \times n_c}{T_E \times n_E}$$

여기서, T_E : 엔진 발생 토크

T_c : 클러치 출력 토크

n_E : 엔진 회전수

n_c : 클러치 회전수

05 클러치 요구 조건

① 관성 모멘트가 작고 전달 토크가 커야 한다.
② 엔진과 변속기의 연결과 단속의 작동이 원활해야 한다.
③ 방열성이 크고 잦은 단속에도 과열되지 않아야 한다.
④ 구조가 간단하고 점검과 보수가 용이해야 한다.

기출문제 유형

✦ 자동변속기의 Capacity Factor를 설명하시오.(92-1-12)

01 개요

토크 컨버터(Torque Converter)는 엔진에서 생성된 동력을 자동변속기 오일(ATF : Automatic Transmission Fluid)을 작동 유체로 하여 자동변속기에 전달한다. 펌프 임 펠러와 터빈 러너 사이에 스테이터(Stator)를 배치하여 엔진측과 변속기측의 자동변속기 오일의 흐름 방향을 같은 방향으로 변환시켜 발진 능력을 향상시킨다.

토크 컨버터의 성능을 결정하는 설계 변수로 토크비(TR : Torque Ratio), 용량 계수 (Cf : Capacity Factor) 등이 있다. 용량계수(Capacity Factor)가 높을수록 동력전달측 면에서는 유리하지만, 연비 측면에서는 불리하다. 따라서 최적의 용량 계수 값을 얻을 수 있도록 토크 컨버터를 설계하여야 한다.

02 용량 계수(Capacity Factor)의 정의

용량 계수는 토크 컨버터에서 흡수하여 변속기로 전달할 수 있는 토크를 나타내는 수로 토크 컨버터로 입력되는 엔진의 토크를 회전속도의 제곱으로 나눠준 값이다.

$$C = \frac{T_i}{n_i^{\,2}}$$

$$C_f = \frac{\text{입력 토크}}{\text{입력 rpm}^2} = \frac{\text{펌프 임펠러 토크}}{\text{펌프 임펠러 회전속도}^2}\,[\text{Kgf}\cdot\text{m/rpm}^2]$$

03 용량 계수에 영향을 미치는 요인

① rpm : rpm이 급격히 증가하면 슬립량이 늘어나서 용량 계수가 낮아진다.
② 입력 토크 : 동일한 가속도 상에서 입력 토크가 좋으면 용량 계수가 증가한다.
③ 토크 컨버터의 지름 : 토크 컨버터의 유효 반경인 토러스(Torus)의 크기가 커지면 용량 계수가 증가한다.
④ 펌프 임펠러 출구 각도, 스테이터 각도 : 유체의 회전방향과 반대 방향으로 펌프 임펠러의 날개(tip-bending)를 굽혀 주면 입력 용량 계수를 쉽게 증가시킬 수 있다. 또한 스테이터 블레이드 형상이 용량 계수에 영향을 미친다.

04 용량 계수와 성능과의 관계

토크 컨버터의 시작 구간에서 가속 성능을 향상시키기 위해서는 큰 토크 비와 입력 용량 계수가 필요하다. 반면에 유체 커플링 범위에서 연비를 높이기 위해서는 높은 효율과 동력이 요구된다. 이러한 요구들은 서로 상반되는데, 이것은 토크 컨버터 스테이터가 시작 구간과 커플링 범위에서 다른 유체의 유동에 접하기 때문이다.

스테이터가 시작 구간에서 만족스런 특성을 가진다면 커플링 범위에서는 동력이나 효율 면에서 낮게 된다. 높은 토크 비를 얻기 위해서 스테이터의 형상은 큰 각의 곡선과 좁은 피치가 필요하다. 이에 반하여 낮은 유동 저항을 갖기 위해서는 스테이터 블레이드는 얇은 형태와 넓은 블레이드 피치와 공간을 가져야 한다.

05 용량 계수의 증대방안

① 록업 클러치(댐퍼 클러치)를 연결하면 회전속도가 증가해도 슬립을 줄일 수 있어서 용량 계수가 증대된다.
② 토크 컨버터의 유체 회전 반경인 토러스(Torus)를 증대시켜 용량 계수를 높게 설계한다.

✦ 자동변속기 동력전달장치에서 ① 토크 컨버터의 효율, 토크비, 속도비, 용량 계수(cf : capacity factor)의 관계를 도시화하고, ② 토크 변환 영역, 커플링 영역을 구분하고, ③ 가속 성능, 연비에 미치는 영향을 설명하시오.(92-3-6)

✦ 토크 컨버터의 성능 곡선을 도시하고 속도비, 토크비, 전달 효율을 기술하시오.(42)

01 개요

(1) 배경

토크 컨버터(Torque Converter)는 자동변속기 오일(ATF : Automatic Transmission Fluid)을 작동 유체로 이용하여 엔진에서 생성된 동력을 자동변속기로 전달하는 장치이다. 펌프 임펠러와 터빈 러너 사이에 스테이터(Stator)를 배치하여 엔진측과 변속기측의 자동변속기 오일의 흐름 방향을 같은 방향으로 변환시켜 발진 능력을 향상시킨다.

토크 컨버터의 성능을 결정하는 설계 변수로 토크비(TR : Torque Ratio), 용량 계수 (Cf : Capacity Factor) 등이 있다. 용량 계수(Capacity Factor)가 높을수록 동력전달 측면에서는 유리하지만, 연비 측면에서는 불리하다.

02 토크 컨버터의 효율, 토크비, 속도비, 용량 계수의 관계

토크비는 속도비에 비례하여 감소되고 용량 계수는 속도비의 제곱에 비례하여 감소된다. 효율은 속도비 0.8 까지는 토크 변환 영역으로 증가하고 그 이후에는 유체 커플링 영역을 따라서 증가한다.

(1) 토크 컨버터 효율의 정의

토크 컨버터로 입력된 동력 대비 토크 컨버터에서 출력되는 동력의 비율로 펌프 임펠러의 토크와 회전수 대비 터빈 러너의 토크와 회전수의 비율을 말한다.

$$n_c = \frac{N_T}{N_P} = \frac{\mu \cdot \psi \cdot N_P}{N_P} = \mu \cdot \psi$$

여기서, N_T : 터빈의 출력, N_P : 펌프의 출력

ψ : 속도비, μ : 토크비

(2) 속도비

토크 컨버터로 입력된 속도 대비 토크 컨버터에서 출력되는 속도의 비율로 펌프 임펠러의 속도 대비 터빈 러너의 속도의 비율을 말한다.

$$\psi = \frac{n_t}{n_p}$$

여기서, n_p : 펌프의 회전속도, n_t : 터빈의 회전속도

(3) 토크비

토크 컨버터로 입력된 동력 대비 토크 컨버터에서 출력되는 동력의 비율

$$\mu = \frac{M_T}{M_P}$$

여기서, M_T : 터빈의 토크, N_P : 펌프의 토크

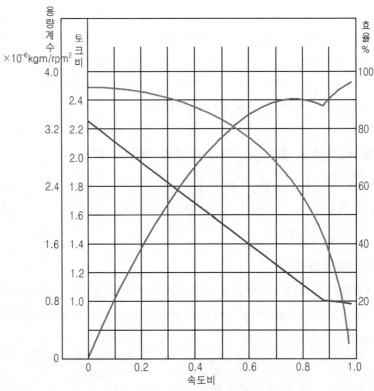

토크 컨버터의 효율, 토크비, 속도비, 용량계수의 관계

(자료 : 한국기계연구원 신뢰성평가센터, 대용량클러치)

(4) 용량 계수(Capacity Factor)의 정의

토크 컨버터에서 흡수하여 변속기로 전달할 수 있는 토크를 나타내는 수로 토크 컨버터로 입력되는 엔진의 토크를 회전속도의 제곱으로 나눠준 값이다.

$$C = \frac{T_i}{n_i^2}$$

$$C_f = \frac{입력\ 토크}{입력\ rpm^2} = \frac{펌프\ 임펠러\ 토크}{펌프\ 임펠러\ 회전속도^2}[Kgf \cdot m/rpm^2]$$

03 토크 변환 영역, 커플링 영역에서 가속 성능, 연비에 미치는 영향

펌프 임펠러로부터 유출된 오일은 터빈 러너를 구동하고, 스테이터를 통해 다시 임펠러로 되돌아 올 때 스테이터에 의해 토크비는 1.0에서 2.0~2.5 정도로 증대된다. 속도비가 0일 때 터빈은 정지하고 있으며 이 점을 스톨 포인트(Stall Point)라 한다. 터빈 러너의 회전수가 0일 때는 유체가 갖는 에너지가 최대가 된다. 따라서 이때 토크비는 최대가 된다.

터빈의 속도가 증가하기 시작하면 토크비는 저하되고 입력과 출력의 토크비가 거의 1이 되는 순간이 오는데 이 때를 클러치 점(커플링 포인트)이라 한다. 클러치 점 이상의 속도비에서는 터빈의 회전속도가 펌프의 회전속도와 같아지므로 원 웨이 클러치가 동작하고 스테이터의 토크 증대 작용이 없어져 토크 컨버터는 유체커플링과 같은 작용을 하게 된다. 토크 변환 영역에서는 스테이터가 고정되어 있

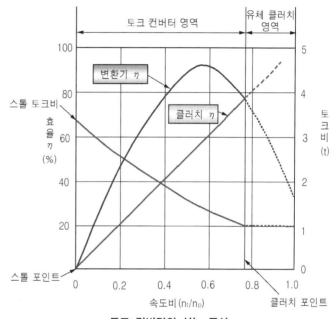

토크 컨버터의 성능 곡선

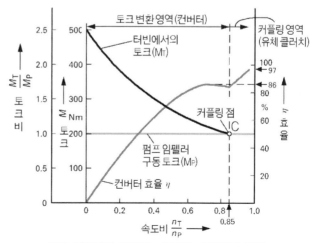

토크 컨버터의 토크비, 속도비, 효율과의 관계

고 커플링 영역에서는 스테이커가 회전한다.

　따라서 가속 성능은 토크비가 제일 큰 지점, 즉, 속도비 0에서 가장 크며 연비는 효율이 가장 큰 지점, 즉, 유체 클러치(커플링) 영역에서 속도비가 약 1이 가까워진 지점에서 가장 좋다고 할 수 있다. 하지만 유체 클러치의 동력전달 효율은 슬립에 의해 최대 96~98% 정도 밖에 되지 않으므로 록업(댐퍼) 클러치를 이용하여 효율을 높여주고 있다.

기출문제 유형

✦ 자동변속기 승용차의 Stall test를 설명하시오.(63-1-2)

✦ 자동변속기의 Stall rpm 을 설명하시오.(74-1-10)

01 개요

　자동변속기는 토크 컨버터와 유성 기어 세트, 유압 제어장치로 구성되어 있으며 미세한 오일 통로를 흐르는 유압으로 제어되는 장치이다. 특히 토크 컨버터(Torque Converter)는 자동변속기 오일(ATF : Automatic Transmission Fluid)을 작동 유체로 이용하여 엔진에서 생성된 동력을 자동변속기로 전달하는 장치이다. 펌프 임펠러와 터빈 러너, 스테이터(Stator)로 구성되어 있으며 펌프 임펠러와 터빈 러너 사이에는 자동변속기 오일이 채워져 있다.

02 Stall Test의 정의

　자동변속기를 장착한 자동차의 변속기 슬립(Slip) 시험으로 자동변속기 내에 있는 마찰 요소의 이상(Slip)이나 유압 관련 부품의 기능을 확인할 수 있다. Stall Speed Test 라고도 한다.

03 Stall Test의 필요성

　자동변속기에서는 기계에너지가 오일의 열로 변환되므로 변속기 오일의 온도가 급상승하게 된다. 오일이 열화 되면 클러치, 밴드 브레이크, 고무 실 등에 스트레스가 가해져 손상이 된다. 자동변속기 오일이 부족하거나 너무 많으면 변속이 어렵고 주행 중 슬립이 발생된다. 또한 가속이 되지 않고 있다가 충격이 발생하며 전진하는 경우가 발생된다. 이러한 경우 자동변속기의 상태를 점검하기 위해 Stall Speed Test를 실시한다.

04 Stall Test 방법

① 자동차를 일정 시간 주행하여 웜업시킨 후 정차시키고 바퀴에 고임목을 괸다.

② 핸드 브레이크, 풋 브레이크를 동작시킨다.

③ 변속 레버를 R, D레인지 등에 위치시킨다.

④ 가속 페달을 서서히 밟아 rpm을 증가시킨다.

⑤ WOT(Wide Open Throttle) 지점에서 rpm을 기록한다.

05 Stall rpm(Stall Speed) 분석 방법

Stall Speed의 규정값은 차량마다 다르지만 보통 1,500~3,000rpm이다.

(1) Stall Speed 규정값(약 1,500rpm) 이하

가속 페달을 밟아도 엔진 rpm이 올라가지 않는 현상으로 엔진에 이상이 있어서 출력이 낮은 상태, 스테이터나 토크 컨버터 자체에 이상이 있는 것으로 볼 수 있다.

(2) Stall Speed 규정값(약 3,000rpm) 이상

가속 페달을 밟을 때 엔진 rpm이 과다하게 올라가는 현상이다. 변속기에 문제가 있는 것으로 클러치 노화나 파손으로 인한 슬립이 원인이 된다. 또한 자동변속기 오일 부족, 열화, 오일 압력 낮음, 유로 막힘이 원인이다.

기출문제 유형

✦ 자동변속기의 효율 개선을 위한 요소기술 개발 동향을 발진장치와 오일 펌프 중심으로 설명하시오.(102-4-3)

✦ 자동변속기의 동력전달 효율에 영향을 미치는 요소 3가지에 대하여 설명하시오.(105-2-1)

01 개요

(1) 배경

최근 자동차 산업계는 지역별로 강화되는 연비 규제에 대응하기 엔진, 변속기의 파워 트레인 기술부터 차량 경량화를 포함한 차량 전 영역까지 연비의 개선을 위한 새로운 기술 발굴에 노력을 경주하고 있다. 특히 변속기는 연비 개선을 위해 동력전달 효율 개선, 구동계 손실 저감 방향으로 개발되고 있다.

(2) 자동변속기 효율에 영향을 미치는 3가지 요소

자동변속기는 엔진의 동력을 토크 컨버터를 통해 유성 기어 세트로 전달해 주고 유성 기어 세트는 유압의 제어에 의해 작동 된다. 따라서 자동변속기 효율에 영향을 미치는 요소는 첫째, 토크 컨버터의 동력전달 효율, 두 번째, 유성 기어의 다단화, 세 번째, 오일 펌프가 있다. 기타, 오일의 점도가 자동변속기 효율에 영향을 미친다.

02 자동변속기 효율 개선을 위한 요소기술 개발 동향

(1) 토크 컨버터(발진장치)

토크 컨버터(Torque Converter)는 자동변속기 오일(ATF : Automatic Transmission Fluid)을 작동 유체로 이용하여 엔진에서 생성된 동력을 자동변속기로 전달하는 장치이다. 펌프 임펠러와 터빈 러너, 스테이터(Stator)로 구성되어 있으며 펌프 임펠러와 터빈 러너 사이에는 자동변속기 오일이 채워져 있다. 따라서 기계적인 연결보다 효율이 저하되며 무게가 증가하기 때문에 연비가 저하된다.

이에 대해 토크 컨버터의 하우징을 알루미늄으로, 오일 팬은 경량 마그네슘 알로이로 제작하여 중량을 최대한 저감시키고 있으며 유압 서킷을 새로 디자인하여 효율을 높였다. 토크 컨버터의 효율을 높이는 가장 좋은 방법은 기계적인 직결이 되도록 하는 것이다. 따라서 록업 클러치(댐퍼 클러치)의 작동 영역을 확대하여 저속에서도 록업 클러치를 사용할 수 있게 하여 효율을 높였다. 저속 시 록업 클러치를 사용하면 진동이 증가하는데 CPA(Centrifugal Pendulum Absorber) 기술이 적용된 DMF(Dual Mass Flywheel)을 사용하여 저감시켜 주고 있다.

(2) 오일 펌프

변속기에는 적정한 양의 오일이 공급되어야 한다. 오일 공급 시스템은 고압-저유량을 요구하는 클러치 시스템과 저압-고유량을 요구하는 쿨링·윤활 시스템에 적절한 양의 오일을 공급한다. 하나의 오일 펌프로 공급 하면 효율이 저하되어 최근에는 메르세데스-벤츠 등에서 두 개의 오일 펌프를 적용하고 있다. 엔진에 의해서 구동되는 소용량 기계식 오일 펌프와 전동식 오일 펌프를 함께 사용하는 투-펌프 시스템을 적용하여 효율을 높여주고 있다.

(3) 변속기 다단화

변속기는 엔진의 회전수를 일정하게 유지하면서 토크와 회전력을 조절하는 역할을 한다. 변속기를 다단화하면 정속주행 시 엔진의 회전수를 최대로 낮추면서도 자동차의 운전 성능에 악영향을 주지 않는다. 즉, 연료의 효율성을 높이기 위해서 변속기 최고 단수의 기어비를 낮추고 동시에 확대된 기어비의 폭을 세밀하게 제어하기 위해서 더 많은 단수를 사용하는 것이다.

주행 속도에 따라 좀 더 세밀하게 토크와 회전력을 조절할 수 있게 되고 연료의 사용량이 저감되어 공기 중으로 배출되는 유해물질의 양도 줄어든다. 2019년 기준으로 승용자동차에 적용되는 자동변속기는 국내 업체(현대·기아차)의 경우에는 8단 변속기가 적용되고 있으며 해외 업체(벤츠, 크라이슬러 등)에서는 ZF사에서 개발한 9단 변속기를 적용하고 있고 포드는 11단 변속기의 기술을 미국 특허청에 신청한 상태이다.

기출문제 유형

✦ 자동변속기 다단화의 필요성과 장단점 및 기술 동향에 대하여 설명하시오.(102-4-5)

---

01 개요

(1) 배경

최근 자동차 산업계는 지역별로 강화되는 연비 규제에 대응하기 위해 엔진, 변속기의 파워트레인 기술부터 차량의 경량화를 포함한 차량 전 영역까지 연비의 개선을 위한 새로운 기술 발굴에 노력을 경주하고 있다. 특히 변속기는 연비의 개선을 위해 동력전달 효율의 개선, 구동계의 손실 저감 방향으로 개발되고 있다.

(2) 변속기 다단화의 정의

변속기의 변속 단수를 기존보다 더 세분화하여 나누는 것으로 다단화를 함으로써 효율이 증대되고 연비가 개선되는 효과가 발생한다.

02 변속기 다단화의 필요성

자동차의 효율을 높일 수 있는 방법은 엔진의 성능을 개선하는 것과 변속기의 효율을 개선하는 것이다. 엔진의 성능이 개선되어도 요구 부하에 따라 엔진의 회전속도를 제대로 제어하지 못하면 연비가 저하되고 공해 물질이 더 많이 배출되게 된다. 변속기는 엔진의 회전수를 일정하게 유지하면서 토크와 회전력을 조절하는 역할을 한다.

변속기를 다단화하면 정속주행 시 엔진의 회전수를 최대로 낮추면서도 자동차의 운전 성능에 악영향을 주지 않는다. 즉, 연료의 효율성을 높이기 위해서 변속기 최고 단수의 기어비를 낮추고 동시에 확대된 기어비의 폭을 세밀하게 제어하기 위해서 더 많은 단수를 사용하는 것이다. 주행 속도에 따라 좀 더 세밀하게 토크와 회전력을 조절할 수 있게 되고 연료의 사용량이 저감되어 공기 중으로 배출되는 유해물질의 양도 줄어든다.

03 변속기 다단화의 필요성

(1) 장점

① 주행조건에 맞춰 엔진의 회전수를 훨씬 더 다양하게 제어할 수 있기 때문에 엔진의 다운 스피딩을 가능하게 하여 보통 5~10% 정도로 연비가 향상된다.

② 변속단의 기어비 차이가 줄어들기 때문에 변속 시 변속 충격이 저감되어 정숙성이 향상된다. 또한 가속 성능이 높아진다.

③ 최고 단수(Top 단)의 기어비가 저감되기 때문에 운전 가속도가 증대될수록 연비의 개선 효과가 나타난다.(예 : 벤츠에 적용된 9단 변속기 차량으로 120km/h를 주행할 경우 엔진 회전수가 1,350rpm에 불과하다.)

(2) 단점

① 기어 단수가 많아져 부품의 수가 증가하고 차량의 무게가 증가한다.

② 제조 원가가 높아지고 정비성이 저하되며 유지비, 정비 비용이 증가한다.

③ 구조가 복잡해져 내구성의 문제가 발생할 수 있다.

04 변속기 다단화의 기술 동향

2019년 기준으로 승용자동차에 적용되는 자동변속기는 국내 업체(현대·기아차)의 경우에는 8단 변속기가 적용되고 있으며 해외 업체(벤츠, 크라이슬러 등)에서는 ZF사에서 개발한 9단 변속기를 적용하고 있고 포드는 11단 변속기 기술을 미국 특허청에 신청한 상태이다. 기존 6단 자동변속기는 유성 기어세트 2개(싱글, 더블), 클러치 3개(O/D, UD, Reverse), 브레이크 2개(LR, 2ND)로 구성된다.

8단 자동변속기는 유성 기어세트 4개, 클러치 3개, 브레이크 2개로 구성되어 있다. 메르세데스-벤츠 자동차에 적용하고 있는 9단 자동변속기는 공인 연비가 18.87km/L로 향상 되었고 외부 소음은 9dB 감소하였다. 토크 컨버터의 하우징을 알루미늄, 오일 팬은 경량 마그네슘 알로이로 제작하여 기어를 추가하여도 전체적인 무게가 감소되었다.

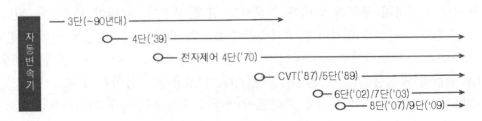

자동변속기 발전 과정
(자료 : 미래에셋대우 투자정보지원부)

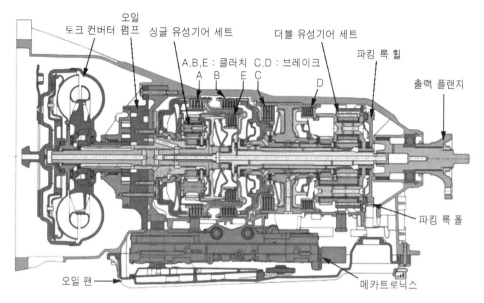

현대자동차 6속 자동변속기

ZF 8속 자동변속기

(자료 : http://blog.naver.com/PostView.nhn?blogId=cogram&logNo=220610546290)

✦ 드래그 토크(Drag Torque)에 대하여 설명하시오.(113-1-1, 65-1-1)

01 개요

자동차는 엔진의 동력을 바퀴로 전달하여 구동하는 기계 장치이다. 엔진을 시동한 후 각 부품을 동작시키기 위해서는 엔진의 동력을 동력전달계통을 통해 전달하여야 하는데 이때 각 부품에서는 마찰과 회전, 오일의 점성에 의한 토크가 발생된다. 드래그 토크는 부하가 걸려있지 않은 상태에서 동력전달계통을 회전시키는데 필요한 토크를 말하는 것으로 자동차에서 발생하는 에너지 손실의 주요 원인이 된다.

02 드래그 토크의 정의

드래그 토크는 동력전달계통의 회전저항을 말한다. 변속기의 토크 컨버터나 클러치, 종감속 기어, 베어링의 마찰, 회전저항, 브레이크의 잔여 저항, 오일의 교반 저항 등을 말한다. 특히 유체 커플링에서 슬립률 100%인 경우의 입력축 토크를 말하기도 한다. 즉, 토크 컨버터의 터빈이 회전하지 않을 때 펌프에서 전달되는 회전력으로서 펌프의 회전수와 터빈의 회전비가 "0" 인 회전력이 최대인 지점을 말하며 스톨 포인트라고도 한다.

03 드래그 토크의 발생 과정

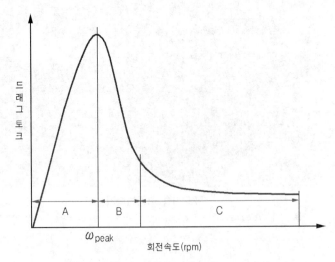

자동변속기 습식 클러치의 드래그 토크 변화

(자료 : 123dok.co/document/y4wj3d55-effect-density-grooves-friction-segments-torque-automatic-transmission.html)

(한국 윤활학회 논문, 류진석)

평행한 두 평판 사이에 유체가 채워져 있을 때 한 쪽 판이 움직이면 유체의 전단 응력에 의해 정지되어 있는 다른 쪽 판도 같은 방향으로 움직이려는 성질을 나타내게 된다. 이렇게 접촉되어 있지 않지만 유체에 의해 토크가 발생되고 이는 의도치 않은 동력 손실을 발생시킨다. 드래그 토크는 구동축의 회전속도에 따라 초기에는 거의 선형적으로 증가하다가 최대값에 도달한 후에 급격하게 감소하는 경향을 보인다.

04 부품별 드래그 토크

(1) 클러치의 드래그 토크

자동변속기의 습식 클러치는 여러 개의 마찰 판(Friction Plate)과 분리 판(Separate Plate), 오일로 구성되어 있다. 평행한 두 판(Plate) 사이에 유체가 있기 때문에 비결합(Disengagement) 상태에서도 미세한 간격(Clearance) 내의 자동변속기 오일에 의한 드래그 토크로 인하여 동력 및 연료 손실이 발생하게 된다. 클러치의 드래그 토크를 발생시키는 가장 중요한 설계의 변수는 ATF 유량, Plate 사이의 간격과 접촉면적, 마찰판의 회전속도 등이다.

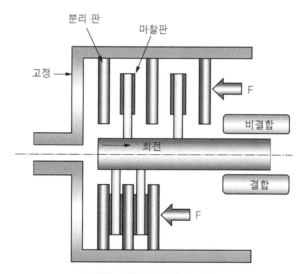

클러치 결합 및 해제의 개략도

(자료 : 123dok.co/document/y4wj3d55-effect-density-grooves-friction-segments-torque-automatic-transmission.html)
(한국 윤활학회 논문, 류진석)

(2) 브레이크의 드래그 토크

주행 중 제동 후 브레이크 내의 피스톤이 본래의 위치로 완전하게 되돌아가지 않고 마찰 패드를 눌러줄 때 브레이크의 드래그 토크가 발생한다. 이로 인해 불필요한 제동이 발생하게 되고 주행 연비가 저하되게 된다.

(3) 토크 컨버터의 드래그 토크

토크 컨버터의 펌프가 회전을 하면 유체가 동작하기 시작하지만 터빈은 회전하지 않는 지점을 스톨 포인트라고 하고 이 지점에서의 토크비가 가장 크다. 이 토크비를 스톨 토크비, 드래그 토크라고 한다. 펌프가 회전을 시작할 때 드래그 토크가 발생하고 터빈이 회전을 시작하면서 감소된다.(토크 컨버터의 성능 곡선은 펌프 대 터빈의 속도비가 있을 때의 곡선이기 때문에 드래그 토크가 선형적으로 증가되는 부분은 존재하지 않는다.)

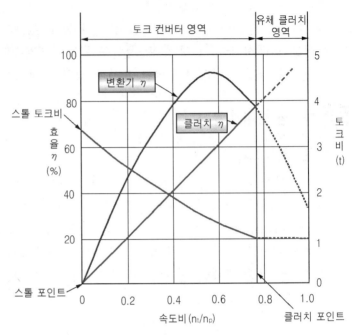

토크 컨버터의 성능 곡선

기출문제 유형

✦ 자동차용 부축 기어식 변속기에서 변속비를 결정하는 요소를 자동차 속도로부터 유도하여 설명하시오.(99-3-3)

✦ 변속기의 변속비를 결정하는 주요 인자에 대하여 설명하시오.(63-4-1)

✦ 기관 최대 출력 시 회전수 NH에서 최고 속도 41.1km/h, 최대 토크 시 회전수 NT에서 최고 속도가 4.5km/h이고 NH/NT=1/31인 대형 트럭에서 변속기를 4단으로 할 때 각 변속단에서 변속비를 제시하시오.(53-4-4)

01 개요

(1) 배경

변속기는 엔진의 회전력을 구동 특성에 맞도록 변환하여 적절한 변속비를 얻는 기구이다. 변속비는 엔진에서 입력되는 기어의 회전수와 출력되는 기어의 회전수의 비율을 말하는 것으로 주로 감속이 되므로 감속비라고 한다. 변속비는 동력 성능과 연비에 중요한 요소이다.

(2) 변속비(Gear Ratio)의 정의

변속기 입력축의 회전수와 출력축의 회전수와의 비율로 저속에서는 변속비가 크고, 고속에서는 변속비가 작아진다. 기어비, 감속비라고도 한다.

02 감속비 설정 시 고려사항

① 구동력과 주행저항, 여유 구동력, 차량 제원(중량, 면적, 길이), 엔진의 특성(토크, 회전속도, 출력)
② 토크 컨버터의 특성(용량 계수, 전달 효율), 차량의 요구 성능(최고속도), 최고 속도, 가속능력 및 연료 소비율, 최대 등판능력

03 감속비의 관련 인자

차량 총중량, 엔진 최대 토크, 타이어 유효 반경, 구름 저항 계수, 공기 저항 계수, 전면 투영 면적

04 변속비 산출 방법(변속비를 결정하는 주요 인자)

자동차용 변속기의 단수 분할은 자동차의 최고속도($V_F \cdot \max$)와 최대 등판각($\tan\theta \max$)을 먼저 고려하여 최대 변속비(i_{GZ})와 최저 변속비(i_{G1})를 결정한 다음, 중간 단들의 변속비를 결정한다.

$$V_F\max = (1 - S_A) \cdot \frac{u_A}{i_G \cdot i_D} \cdot n_M$$

$$i_{GZ} = (1 - S_A) \cdot \frac{u_A}{i_D} \cdot \frac{n_{Mn}}{V_{Fn}}$$

여기서, u_A : 구동바퀴의 원둘레, S_A : 구동바퀴의 슬립률, i_G : 변속기 변속비,
i_D : 종감속비, n_M : 엔진 회전수, n_{Mn} : 엔진 정격회전수,
i_{GZ} : 최고단 변속비, V_{Fn} : 자동차 정격 주행속도

구동바퀴의 슬립률 $S_A = 0$일 경우, 최고단 변속비 i_{GZ}는 다음과 같다.

$$i_{GZ} = \frac{u_A}{i_D} \cdot \frac{n_{Mn}}{V_{Fn}}$$

최대 변속비 즉, 최저단에서 최대 등판각($\tan\theta\max$)을 얻을 수 있다. "최대 등판각($\tan\theta\max$)≈최대 등판능력"이며, 최저 단으로 등판 주행할 경우, 주행속도가 낮기 때문에 공기저항은 무시할 수 있다. 이 경우, 자동차의 구동력과 총 저항과의 관계는 다음 식으로 표시할 수 있다.

$$f_R \cdot m \cdot g \cdot \cos\theta + m \cdot g \cdot \sin\theta = \frac{i_{G1} \cdot i_D}{T_A} \cdot M_{Mmax} \cdot \eta_A$$

위 식을 최저단 변속비(i_{G1})에 관하여 정리하면 다음과 같다.

$$i_{G1} = \frac{r_A}{i_D} \cdot \frac{(f_n \cdot \cos\theta + \sin\theta)}{M_{Mmax} \cdot \eta_A} \cdot m \cdot g$$

또는 최대 전동저항계수($\mu_{kmax} \approx 0.8 \sim (1.0)$)를 이용하여, 구동력과 총 저항과의 관계를 정리하면 다음과 같다.

$$\mu_{kmax} \cdot m \cdot g = \frac{i_{G1} \cdot i_D}{r_A} \cdot M_{Mmax} \cdot \eta_A$$

위 식을 최저단 변속비(i_{G1})에 관하여 정리하면 다음과 같다.

$$i_{G1} = \frac{r_A}{i_D} \cdot \frac{\mu_{kmax}}{M_{Mmax}} \cdot \frac{m_A \cdot g}{\eta_A}$$

여기서, r_A : 구동바퀴의 동하중 반경

m_A : 구동축의 질량

M_{Mmax} : 엔진의 최대 회전력

η_A : 동력전달계 효율

그리고 최고단 변속비(i_{GZ})와 최저단 변속비(i_{G1})가 결정되면, 이들 두 변속비의 상대 변속비(i_{rel})는 다음 식으로 구한다.

$$i_{rel} = \frac{i_{G1}}{i_{GZ}}$$

중간 단(段)들의 변속비는 변속기의 상대 변속비(i_{rel})를 경험적으로 또는 규칙적으로 분할한다.

$$\psi = {}^{z-1}\sqrt{i_{rel}} = {}^{z-1}\sqrt{\left(\frac{i_{G1}}{i_{G2}}\right)}$$

$$i_z$$
$$i_{z-1} = \psi \cdot i_z \quad = \psi \cdot i_z$$
$$i_{z-2} = \psi \cdot i_{z-1} = \psi^2 \cdot i_z$$
$$i_{z-3} = \psi \cdot i_{z-2} = \psi^3 \cdot i_z$$
$$\vdots \qquad \vdots \qquad \vdots$$
$$i_1 = \psi \cdot i_2 \quad = \psi^{z-1} \cdot i_z$$

05 각 변속단에서의 변속비

우측 그림은 엔진 회전수와 자동차의 속도에 따른 변속기의 단수 그래프이다. N_T는 각 변속단에서 최대 토크 시 엔진 회전수이고 N_H는 최대 출력 시 회전수이다. 따라서 각 단수 내에서는 N_H에서 자동차의 속도가 가장 빠르다. 변속기 1속에서 엔진 회전수를 높이면 차량의 속도는 V_1이 된다. 이때 2속으로 변속을 하면 2속 선도에서 엔진의 최대 토크 N_T에서 자동차 속도는 V_1이 되고 엔진의 회전수를 높이면 차량의 속도는 V_2가 된다. 2속 선도의 최대 자동차의 속도는 3속 선도의 최대 토크 속도가 되고

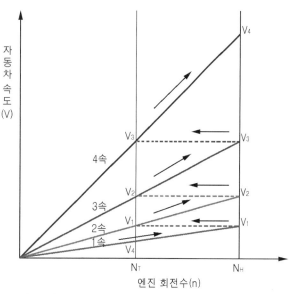

엔진 회전수와 자동차의 속도에 따른 변속기의 단수

3속 선도의 최대 자동차의 속도는 4속 선도의 최대 토크 속도가 된다. 각 변속단에서의 기울기가 변속비가 된다.

문제에서 나온 N_H/N_T의 비율은 1속에서의 엔진 회전수 비율을 말하는 것으로 중간단의 변속비는 최고 속도와 최저 속도비를 구한 후 계산할 수 있다. N_H지점에서의 자동차의 속도, N_T지점에서의 자동차의 속도를 알면 변속비를 구할 수 있다.

V_1의 속도는 비례식에 의해 다음과 같이 계산할 수 있다. 여기에서 N_H/N_T는 1속에서의 엔진 회전수를 의미한다.

$$V_1 = V_A \left(\frac{N_H}{N_T} \right) = 4.5 \times 1.31 = 5.895 \text{km/h}$$

최고 속도는 41.1km/h이므로 최저 속도로 나눠주면 상대 변속비를 구할 수 있다.

$$i_a = \frac{V_4}{V_1} = 6.972$$

여기서, i_a : 상대 변속비, V_4 : 최대 출력 시 최대 속도(km/h),

V_1 : 최대 출력 시 최저 속도(km/h)

중간단의 변속비는 상대 변속비를 규칙적으로 급수비로 분할한다. 4단 변속기의 1속 변속비가 7인 경우에 중간단의 변속비는 다음과 같이 구할 수 있다.

$$\text{분할비 } \Phi = \sqrt[k-1]{i_a} = \sqrt[4-1]{7} = 1.91$$

여기서, Φ : 단 분할비, k : 단수,

i_a : 상대 변속비(최대 속도/최저 속도, 최저단 변속비/최고단 변속비)

따라서, 4속의 변속비는 1, 3속의 변속비는 1×1.91=1.91,

2속의 변속비는 1.91×1.91 =3.65, 1속의 변속비는 1.91×3.65=6.972가 된다.

기출문제 유형

✦ 엔진 및 변속기 ECU의 학습제어에 대하여 설명하시오.(111-3-5)

✦ 학습 기능(Adaptive Function)을 설명하시오.(74-1-7)

01 개요

(1) 배경

자동차에 사용되는 전자제어장치는 대부분 피드백 제어(Feed Back Control, Closed Loop Control) 방식을 사용하고 있다. 센서를 통해 제어 대상에 대한 상태를 제어기가 인식하여 액추에이터를 동작시키며 다시 액추에이터의 동작에 따른 제어 대상의 상태를 센서가 감지하여 제어기로 보내면 제어기는 센서의 신호를 통해 제어 대상의 상태에 따라 액추에이터를 제어한다.

하지만 자동차는 수명이 길고 그 사용 조건이 다양하기 때문에 초기의 제어 패턴이

시간이 지남에 따라 맞지 않는 경우가 발생한다. 또한 제조 시 부품간의 편차가 발생하여 성능에 문제가 발생할 수 있다. 학습 제어(Adaptive Control)는 이러한 센서의 열화, 자동차 부품의 노화, 제조 시 편차 등으로 인한 성능의 저하를 방지하기 위해 사용된다.

(2) 학습 제어(Adaptive Control)의 정의

주행 상태나 시간의 변화에 대해 제어 성능의 변수를 기억하고 그 기억 값에 따른 최적의 제어 상수를 설정하는 제어를 학습 제어라 한다.

02 엔진 ECU 학습 제어

엔진에는 상당히 많은 센서들이 사용되고 있으며, 엔진 ECU의 학습 제어는 공연비 보정, 노킹 보정, 공회전 속도 보정, TPS 열화 보정 등에 사용되고 있다. 엔진 ECU의 룩-업 테이블(Look-up table-mapping)에 있는 정보를 조금씩 조정함으로써 학습 제어를 수행한다.

(1) 공연비 보정

엔진에 흡입되는 공기는 시간이 지남에 따라 스로틀 밸브나 바이패스 통로, 흡기 밸브의 카본 누적 등으로 인해 적어지게 된다. 또한 제조 시 각 구성 부품의 편차에 따라 공기량이 자동차마다 차이가 있다. 이렇게 설정된 공연비보다 이탈된 값이 계측 될 때 공연비 보정을 해준다. 산소 센서의 신호에 의해 공연비를 판별하고 공기가 줄어들거나 늘어난 만큼 연료 분사량을 조절해 준다.

(2) 공회전 속도 보정

엔진 ECU의 목표 공회전수는 여러 가지 원인에 의해 변하게 된다. 따라서 엔진 ECU는 목표 공회전수에서 이탈이 될 때 각종 센서(엔진 속도 센서, 산소 센서, 스로틀 포지션 센서) 등의 정보를 이용하여 현재 엔진의 공회전수와 공연비, 연료 분사량 등을 분석하고, 제어하여 엔진 회전수를 보정해 준다.

(3) 연료 분사량 보정

연료 분사장치의 인젝터가 부분적으로 막혀 있을 경우 산소 센서의 값은 '희박'으로 계측이 된다. 이 경우 인젝터의 분사시간을 조정하여 감소된 연료를 보상해 준다.

03 자동변속기 ECU의 학습 제어

차량이 처음 생산되었을 때, 배터리 리셋, 엔진 교환, TCU를 교환을 했을 때 주행 시 변속 충격이나 슬립이 발생하는 경우가 있다. 이런 경우 변속기의 수동 학습을 통해 변속 충격과 슬립을 방지해 줄 수 있다. 또한 주행 시 운전자의 운전 습관, 주행 상황에 따라 자동적으로 변속 패턴이 학습된다.

(1) 수동 변속 학습 제어

자동변속기의 안정된 변속 응답성이 확보되도록 수동으로 하는 학습 제어이다. 자동변속기의 생산 중 발생하는 기계적인 편차, 조립 정도의 차이, 사용 중 발생하는 마모에 따른 내구도의 차이에 따라 자동변속기의 성능 편차가 발생한다. 이를 보완하기 위해 변속기를 학습시켜 준다. 방법은 다음과 같다.

① "R", "D"단 학습 : 공회전 상태에서 브레이크를 밟고 N 위치에서 3초간 대기한 후 D 위치로 이동한 후 3초간 대기한다. 이 과정을 5회 이상 반복한다. 같은 방법으로 R 학습을 실시한다.

② "D" 주행 학습 : 변속레버를 D에 위치하고 가속 페달을 조작하여 스로틀 밸브의 열림량을 약 30~40% 정도로 유지하면서 1단에서 최고단까지 변속을 5회 반복 실시한다.

(2) 자동 변속 학습 제어(적응식)

적응식 학습제어는 자동차 주행 시 변속되는 여러 가지 변수들에 가중치를 부여하여 변속 패턴이나 변속 모드를 자동적으로 선택하는 기능을 말한다. 가속 페달의 밟는 양, 가속 페달의 조작 속도, 차속, 브레이크 신호 등을 받아 현재의 주행 조건을 판단하여 최적의 변속단을 출력한다.

1) 운전 습관 학습 제어

가속 페달의 조작 속도가 빠르면 출력 위주의 변속 프로그램으로 학습되고 조작 속도가 느리면 연비 위주의 변속 프로그램으로 학습된다. 가속 페달을 끝까지 밟으면 출력 위주의 변속이 되며 1~2단계 낮은 단으로 변속된다. 정속 주행을 할 경우 연비의 최적화 변속 프로그램으로 변환되고 가능한 최고단으로 변속된다.

2) 환경, 주행 상황 학습 제어

겨울철을 인식했을 경우 시스템은 높은 변속단을 이용하여 발진을 한다. 언덕길이나 트레일러 견인 등을 할 때에는 토크가 최적화되도록 선택한다.

3) 도로 조건별 최적 기어단 학습 제어

커브를 인식했을 경우 시스템은 부하 변동의 반작용을 피하기 위해 상·하향 변속을 하지 않는다. 내리막길 주행을 인식했을 경우 엔진 브레이크 효과를 극대화시키기 위해 상향 변속을 방지한다.(내리막길 Down Shift 기능) 운전자가 갑자기 가속 페달에서 발을 뗄 때에는 현재의 변속단을 그대로 유지한다. 오르막길에서는 구동력을 확보하기 위해 불필요한 상향 변속을 하지 않는다.(오르막길 Up Shift 방지 기능)

* **하이백 제어(HIVEC : Hyundai Intelligent Vehicle Electronic Control)** : 현대자동차에서 개발한 프로그램으로 다양한 도로조건(커브, 오르막, 내리막길)을 운전할 경우 운전자가 원하는 최적의 변속단을 얻을 수 있도록 전 운전 영역에서 최적 제어를 해주고 운전자의 기호와 습성에 맞게 변속시점을 변환시켜 주는 학습 제어를 해준다.

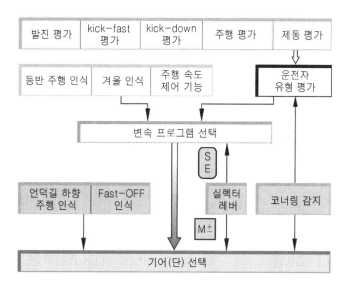

적응식 변속기 제어의 프로그램 구조

기출문제 유형

✦ C.V.T(Continuous Variable Transmission)를 설명하시오.(84-1-8)

✦ 무단변속기(CVT : Continuously Variable Transmission) 특징에 대하여 설명하시오.(102-1-6)

✦ 전자제어 무단변속기(CVT)시스템에서 ECU에 입력과 출력되는 요소를 각 5가지씩 기술하고 기능을 설명하시오.(99-1-4)

✦ 국내 차량에 적용된 CVT(Continuously Variable Transmission) 종류와 그들의 장단점에 대해 설명하시오.(69-4-6)

✦ 현재 국내 차량에 적용하여 사용되고 있는 CVT의 개요와 CVT의 일반적 사항(필요성, 특징, 장점), 동력전달방식의 구분, 가변 풀리의 원리를 서술하시오.(65-3-1)

✦ CVT(Continuously Variable Transmission)의 동력전달방식 및 가변 풀리(pulley)의 원리를 서술하시오.(90-2-3)

✦ 하이브리드 무단변속기(HCVT: Hybrid Continuously Variable Transmission)의 작동 원리와 구성 부품별 특징을 설명하시오.(93-4-2)

01 개요

변속기는 엔진의 출력을 바퀴로 전달하는 부품으로 자동차의 주행 성능에 많은 영향을 미친다. 특히 동력을 전달하는 과정에서 연비에 적지 않은 영향을 미친다. 세계 자동차업체나 변속기 업체들은 연비를 높이기 위해 기존 수동변속기와 자동변속기를 개량하여 다단화 자동변속기(AT)와 듀얼 클러치(DCT), 무단변속기(CVT) 등을 개발하여 양산하고 있다. 이 중에서 무단변속기는 단수가 없는 변속기로 연비 개선 효과가 높고 변속 충격이 없어 부드러운 주행이 가능하다. 또한 부피가 작고 비용적인 측면에서도 강점을 지니고 있다.

02 무단변속기(C.V.T : Continuous Variable Transmission)의 정의

전 운전 영역에서 변속비를 무단계로 변경할 수 있는 변속기를 말한다.

참고 하이브리드 무단변속기(HCVT: Hybrid Continuously Variable Transmission)는 하이브리드 차량에 적용되는 무단변속기를 말한다.

03 무단변속기(C.V.T : Continuous Variable Transmission)의 특징

유단변속기는 변속비가 직선을 따라 변화하기 때문에 동력의 손실 부분이 발생한다. 무단변속기는 엔진의 회전속도와 거의 무관하게 변속비를 선택할 수 있고 기어 변속의 범위를 가장 경제적인 곡선과 가장 스포티한 곡선 사이에서 자유롭게 선택할 수 있다.

따라서 이론적으로는 엔진을 항상 최적의 회전속도 영역(최저 연비, 최저 소음, 최저 유해 배출물)에서 운전되도록 할 수 있다. 다음의 그림에서 CVT는 변속 시 엔진의 회전속도가 떨어지지 않으면서 가장 스포티한 곡선을 추종하며 변속이 된다. AT는 각 기어 단수가 변경이 될 때마다 엔진의 회전속도가 급격하게 저하되어 동력 손실이 발생된다.

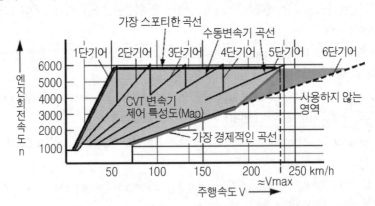

유단 변속 곡선과 무단 변속 곡선(예 : Multitronic)

(1) 장점

① 변속단이 없기 때문에 변속 충격이 전혀 없고 가속 성능이 개선된다.
② 변속 중에도 동력전달이 중단되지 않고 엔진의 구동력이 바퀴에 전달된다.
③ 전 운전 영역에 걸쳐서 엔진을 단 시간 내에 최대 출력 상태 또는 최저 연비 상태로 제어할 수 있다.

(2) 단점

① 잦은 변속이나 변속기에 과부하가 걸릴 때 오일의 온도가 올라가 과열되고 벨트에 슬립이 발생하여 부품이 마모되고 동력전달 효율이 저하된다.

② 일정 수준 이상의 높은 엔진 출력을 감당하지 못한다.

③ 부하가 걸리는 주행 상태, 언덕, 과속, 추월, 만차 상태 등에서는 벨트의 부담을 덜어주고 벨트의 슬립을 막기 위해 기어비를 저단으로 구성해서 연비가 저하된다.

04 전자제어 무단변속기(CVT) 시스템의 ECU에 입출력 요소

(1) 입력 요소

① 오일 온도(유온)센서 : 댐퍼 클러치 작동 및 미작동 영역을 검출하고, 변속 시 유압 제어 정보 등으로 사용된다.

② 유압 센서(Oil Pressure Sensor) : 라인 압력 또는 1차 풀리쪽 압력 검출용과 2차 풀리쪽 압력 검출용 2개가 있다.

③ 회전 속도 센서(홀 센서 타입) : 터빈 회전 속도 센서, 1차 / 2차 풀리 회전 속도 센서가 있다.

④ 인히비터 스위치 : 운전자 의지(P/R/N/D/Sports)를 판단하는 역할을 한다.

⑤ 브레이크 스위치 : 브레이크 페달 작동 유무에 따라 변속 시프트 판단한다.

(2) 출력 요소

① 라인 압력 제어 솔레노이드 밸브 : 2차 풀리로 공급하는 유압을 제어한다.

② 변속제어 솔레노이드 밸브 : 유압을 제어하여 변속비를 제어한다.

③ 클러치 압력 제어 솔레노이드 밸브 : 전진 클러치 및 후진 브레이크로 보내는 유압을 제어한다.

④ 댐퍼 클러치 제어 솔레노이드 밸브 : 직결 · 비직결, 미끄러짐을 제어한다.

⑤ 경고등 제어 : 시스템 고장 유무를 CAN 통신으로 제어기에 전달하여 경고등을 점등시킨다.

05 전국내 차량에 적용된 CVT(Continuously Variable Transmission)의 종류, 동력전달 방식과 장단점

단변속기는 발진 장치, 중립 및 전·후진 변환 장치, 변속 장치, 유압제어, 전자 제어부로 구성된다. 변속 장치로는 벨트, 체인 구동방식과 토로이덜(Toroidal or roller-based) 구동방식이 있다. 발진 장치는 엔진의 동력을 전달하는 부품인데 토크 컨버터를 이용하는 방식과 전자 마그네틱 파우더 클러치를 이용하는 방식이 있다.

국내 차량에는 벨트, 체인 구동방식만 사용되었고 토로이덜 구동방식은 일본의 닛산 차량에 적용되고 있다. 발진 장치 중 전자 마그네틱 파우더 클러치를 GM대우 마티즈에 적용 되었고 토크 컨버터 방식은 르노코리아자동차의 SM3, SM5, QM6 등 닛산의 자트코 엑스트로닉 CVT가 적용된 차량과 현대 기아 자동차의 쏘나타, 아반떼, 포르테 하이브리드, 모닝, 레이 등에 사용되고 있다.

(1) 벨트 및 체인 타입 CVT(가변 지름 풀리 방식)

가변 지름 풀리 방식 변속기의 변속 장치인 풀리는 구동 풀리, 종동 풀리로 구성되어 있고, 벨트에 의하여 동력이 전달된다. 저속 시에는 엔진에 연결된 구동 측의 반경은 작아지고 종동축에 걸리는 접촉 반경은 커진다. 고속 시에는 엔진에 연결된 구동축의 접촉 반경은 커지고 종동축의 접촉 반경은 작아진다. 비교적 구조가 간단해 변속기가 작고 가볍지만, 벨트와 풀리 조절장치의 정확성 및 내구성이 전반적인 성능에 영향을 미친다.

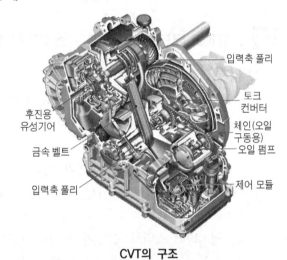

CVT의 구조

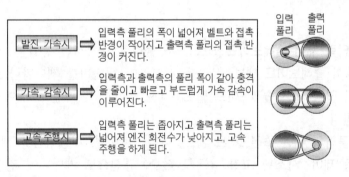

발진, 가속시	⇒	입력측 풀리의 폭이 넓어져 벨트와 접촉 반경이 작아지고 출력측 풀리의 접촉 반경이 커진다.
가속, 감속시	⇒	입력측과 출력측의 풀리 폭이 같아 충격을 줄이고 빠르고 부드럽게 가속 감속이 이루어진다.
고속 주행시	⇒	입력측 풀리는 좁아지고 출력측 풀리는 넓어져 엔진 회전수가 낮아지고, 고속 주행을 하게 된다.

벨트와 풀리의 작동

(2) 토로이덜(Toroidal) 타입 CVT

곡면을 지닌 원판과 롤러를 이용하고, 원판 사이의 롤러 각도를 조절함으로써 동력전달 비율을 조절하는 방식이다. 롤러를 사용하기 때문에 롤러 방식이라고도 부른다. 벨트 방식보다 복잡하고 부피가 크지만, 내구성이 뛰어나고 더 높은 토크에도 견딜 수 있다.

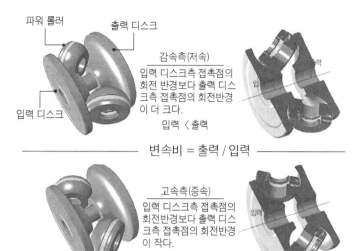

파워 롤러   출력 디스크

감속측(저속)
입력 디스크측 접촉점의
회전 반경보다 출력 디스
크측 접촉점의 회전반경
이 더 크다.

입력 디스크

입력 〈 출력

─── 변속비 = 출력 / 입력 ───

고속측(증속)
입력 디스크측 접촉점의
회전반경보다 출력 디스
크측 접촉점의 회전반경
이 작다.

입력〉출력

트로이덜식 CVT 작동 원리

(3) 토크 컨버터 방식 발진 장치

동력전달방식은 댐퍼 클러치가 부착된 토크 컨버터, 유성 기어 장치, 체인을 사용하는 형식이다. 발진할 때는 컨버터 댐퍼 클러치가 사용된다. 엔진의 동력은 토크 컨버터를 통해 유성 기어 세트로 전달되며 유성 기어 세트는 전진과 후진 클러치를 이용하여 회전방향을 결정한다. 1차 풀리와 2차 풀리의 기어비에 의해 동력이 전달되어 바퀴가 구동된다. 국내에서 생산되는 현대 기아자동차, 르노 닛산자동차의 무단변속기에 적용되는 방식이다.

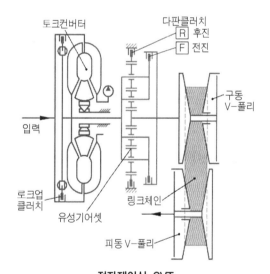

토크컨버터   다판클러치
R 후진
F 전진

구동
V-풀리

입력

로크업
클러치
유성기어셋

링크체인

피동 V-풀리

전자제어식 CVT

장점으로는 변속 충격이 없고 구조가 단순하며 고장이 적고 기어비가 넓은 범위를 구현할 수 있어서 연비가 좋다. 단점으로는 동력전달 효율이 약 80%로 낮고(AT : 90%, DCT : 99~100%), 풀리 벨트의 슬립이 발생하여 마모가 되며 큰 부하를 감당하기 힘들다. 전자 마그네틱 파우더 클러치 방식에 비해 유성 기어 세트가 적용되어 구조가 복잡하고 무게가 증가한다.

(4) 전자 마그네틱 파우더 클러치 방식 발진 장치

동력전달은 토크 컨버터 대신 전자 마그네틱 파우더 클러치가 장착되어 있는 방식이다. CVT 제어기는 엔진 회전속도, 가속 페달의 밟는 양, 차속 등을 입력 받아 전자 마그네틱 파우더 클러치를 제어한다. 전자 마그네틱 파우더 클러치는 클러치에 금속 입자를 넣어서 자성을 인가하면 잠기고, 자성을 제거하면 풀리는 기술을 적용하였다.

운전 조건에 따라 R (후진), D(주행), Ds(스포티 주행), P(주차) 및 N (중립)의 5가지 모드를 가지고 있다. 전·후진 전환기구는 입력축에 설치되어 있으며 전진과 후진을 수동으로 전환시킨

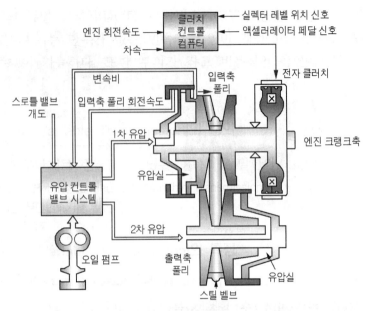

유압 컨트롤 시스템

다. 구조가 간단하고 무게가 저감되는 장점이 있다. 단점으로는 벨트의 슬립이 발생하고 고출력을 감당하지 못한다는 것 외에 파우더 클러치를 작동시키는데 엔진의 출력이 과다하게 들어가고 파우더 클러치가 자주 고장이 발생하여 차량이 정지하는 경우가 발생한다는 것이다.

06 무단변속기 가변 풀리의 원리

무단변속기는 발진 장치, 중립 및 전·후진 변환 장치, 변속 장치, 유압제어, 전자제어부로 구성된다. 이중 변속 장치는 1차 풀리와 2차 풀리, 벨트로 구성이 되어 유압에 의해 제어된다. 1차 풀리와 2차 풀리는 유압에 의해 유효 반경이 제어된다.

(1) 발진, 저속 시

입력축 풀리(1차 풀리)에 유압을 해제하여 풀리의 폭을 크게 함으로써 유효 반경이 작아져 벨트와 접촉 반경은 작아지게 된다. 출력측 풀리(2차 풀리)는 유압을 인가하여 풀리의 폭을 작게 함으로써 유효 반경이 크게 되어 벨트와 접촉 반경이 크게 된다. 따라서 입력측 대 출력측 기어비가 1보다 크게 형성되어 효과적인 저속 주행 토크가 이루어지도록 한다.

(2) 가속, 감속 시

입력측과 출력측 풀리의 유효 반경을 같게 하여 변속 충격을 줄이고 빠르고 부드럽게 가감속이 되도록 한다. 이때 입력측 대 출력측의 기어비는 1이 되도록 한다.

(3) 고속 주행 시

입력측 풀리는 유압을 인가하여 유효 반경을 크게 만들고 출력측 풀리는 유압을 해제하여 유효 반경을 작게 만든다. 엔진에서 발생하는 회전수보다 출력측에서 발생하는 회전수가 높게 되어 효과적인 오버 드라이브가 되게 만든다.

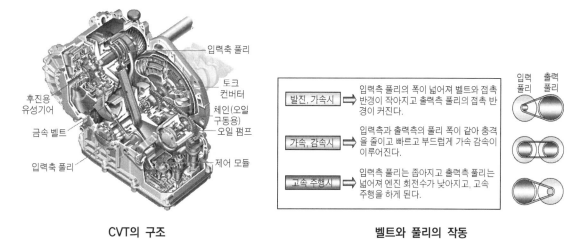

CVT의 구조   벨트와 풀리의 작동

01 개요

(1) 배경

변속기는 차량의 동력 흐름을 담당하는 중요 장치이며 자동차의 주행 성능에 많은 영향을 미친다. 변속기의 종류는 크게 수동변속기와 자동변속기 및 무단변속기 형태로 나눌 수 있다. 현재는 조작 편의성을 갖는 자동변속기가 보편적으로 널리 사용되고 있지만 동력전달 효율이 낮기 때문에 연비 향상과 성능 측면에서 한계가 있다. 이를 극복하고자 새로운 형태의 변속기들이 개발, 양산되고 있는데 그 중 DCT(Double Clutch Transmission)는 수동변속기의 응답성과 성능을 기반으로 자동변속기의 편의성을 갖춘 변속기로 적용 범위가 점차 확대되고 있다.

(2) DCT(Double Clutch Transmission)의 정의

두 개의 클러치로 구성된 자동화 수동변속기로 자동변속기 대비 에너지 손실이 적은 수동변속기의 장점과 변속의 편리함을 지니고 있는 자동변속기의 장점을 각각 결합한 장치이다. 듀얼 클러치 트랜스미션으로도 호칭된다.

* **제조 업체별 명칭** : 폭스바겐 DSG(Dual Shift Gearbox), 포르쉐 PDK(Porsche Doppel Kupplung), 마세라티 DuoSelect, 미쓰비시 TC-SST(Twin Cluth Sport Shift Transmission)

02 전달 효율과 연비 향상의 효과

DCT는 두 개의 클러치를 활용하여 수동변속기의 자동화를 구현한 변속기로 기계적으로 동력이 전달되므로 이론적으로 수동변속기와 같은 동력전달 효율을 나타낸다.

구분	7단 DCT 적용 전	변화	7단 DCT 적용 후
엑센트	16.5km/L	▲10.9%	18.3km/L
i40(살룬)	15.1km/L	▲10.6%	16.7km/L
i30	16.2km/L	▲9.9%	17.8km/L
벨로스터	11.8km/L	▲4.2%	12.3km/L

현대차 DCT 적용 차량의 연비

(자료 : 현대차, 미래에셋대우 투자정보지원부)

또한 수동변속기에서는 하나의 클러치로 동력이 전달되므로 동력 손실 구간이 발생하지만 DCT는 두 개의 클러치가 자동으로 교체하며 작동하기 때문에 전달 효율이 증가하여 연비가 향상된다. 변속이 민첩하고 승차감도 부드러워진다. 통상적으로 DCT는 자동변속기 대비 연비가 6~10% 높다.

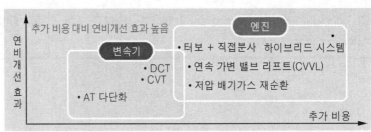

	자동변속기(AT)	무단변속기(CVT)	듀얼클러치(DCT)
변속감	★★	★★★	★
응답성	★★	★	★★★
연비개선	★	★★	★★★
저비용	★★★	★★	★

주 : ★★★(상), ★★(중). ★(하)

※ 자료 : KARI(HS 자료 인용)

연비개선 변속기별 특성

03 DCT의 종류

(1) 건식 DCT

건식 DCT의 구조는 건식 마찰 클러치 두 개가 내장되어 각 변속단을 순차적 변속하여 한 변속단 작동 중 차기 변속단이 작동 가능하도록 대기하는 변속 구조이다. 변속감이 우수하고 다단화가 가능하다. 건식 DCT는 클러치의 표면이 오일이나 다른 액체에 의해 젖어 있지 않은 상태로 작동하는 방식으로 오일을 사용하지 않기 때문에 오일 관련한 부품들이 없어 구조가 간단하고 수리, 유지, 보수비용이 습식에 비해 저렴하다. 하지만 오일이 없기 때문에 냉각에 불리하고 동력 전달·차단 시 변속 충격이 발생할 수 있다. 허용 토크가 낮기 때문에 고 토크, 고 성능의 엔진에는 사용이 어렵다.

(2) 습식 DCT

습식 DCT는 두 개의 유체 클러치를 사용하고 클러치 표면이나 내부의 부품들이 변속기 오일에 젖어 있는 상태로 작동하는 방식을 말한다. 오일을 사용하기 때문에 오일을 통한 냉각 효과로 마찰열에도 강하고 마모가 적으며 큰 토크, 고성능 엔진에도 사용이 가능하다. 하지만 오일 관련 부품들이 적용돼 무게가 증가하게 되고 가격 및 수리, 유지비용도 상승한다.

(3) 습식 클러치와 건식 클러치의 비교

건식 클러치는 오일을 적게 사용하고, 공기의 흐름만으로 클러치를 냉각시키기 때문에 냉각 효율과 내구성이 상대적으로 떨어진다. 또한 변속기 자체에서 허용하는 토크가 낮다. 하지만 건식은 습식보다 구조가 더 단순하고 사이즈가 작아 단가가 낮으며 효율성이 뛰어나다. 습식은 오일을 이용하기 때문에 냉각 성능이 뛰어나고 토크 허용치가 높아 주로 고성능 차량에 많이 적용되지만, 건식에 비해 부피가 더 크고 무겁다.

습식 - 건식 클러치 비교

	건식	습식
오일유무	없음	있음
냉각	불리	유리
허용 토크	낮음	높음
구조	단순	복잡
무게	작음	큼
단가	낮음	높음

04 DCT의 원리

DCT는 두개의 클러치로 구성되어 있다. 하나의 클러치 샤프트는 홀수 단(1, 3, 5단) 기어 트레인으로 연결되어 있고 다른 클러치는 짝수 단(2, 4, 6단) 기어 트레인으로 연결되어 있다. 두 개의 기어 트레인은 모두 하나의 출력축으로 연결되어 있다.

1단 주행 시 엔진에서 온 동력은 빨간색 클러치를 통해 1단 기어로 연결이 되고 동력은 차동장치를 통해 출력된다. 이때 짝수단의 기어 트레인은 도그 클러치가 이미 2단 기어에 연결되어 있는 상태로 대기하고 있다가 2단 변속 시점이 오면 클러치만 연결시켜 주어 동력의 단절 없이 변속이 이루어지게 된다.

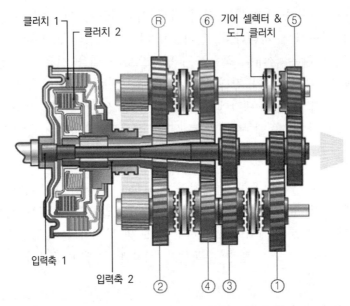

DCT 구조 개략도

(자료 : auto.howstuffworks.com/dual-clutch-transmission.htm)

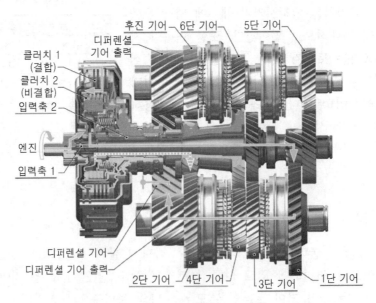

DCT 실물 구조

(자료 : audiworld.com/forums/audi-a3-s3-rs-3-13/animated-dsg-image-1991342/)

05 DCT 시스템의 구성

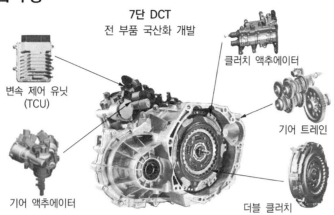

7단 DCT
전 부품 국산화 개발

클러치 액추에이터

변속 제어 유닛
(TCU)

기어 트레인

기어 액추에이터

더블 클러치

DCT 시스템의 구성
(자료 : www.motorgraph.com/news/articleView.html?idxno=5672)

(1) 자동변속기 제어기(TCU : Transmission Control Unit)

짝수 단과 홀수 단 속도 센서와 엔진 회전수, 자동차 속도, TGS 레버 입력을 통해 클러치 액추에이터와 기어 액추에이터를 제어하여 변속단을 제어해 준다.

(2) 속도 센서

① 속도 센서 1 : 짝수 단(2단, 4단, 6단) 입력축 기어의 회전수를 검출한다.
② 속도 센서 2 : 홀수 단(1단, 3단, 5단) 입력축 기어의 회전수를 검출한다.
→ Hall IC 타입으로 자기장의 변화를 검출한다.

(3) 클러치 액추에이터

클러치를 동작시켜 주는 부품으로 모터로 동작된다. 홀수 단, 짝수 단 클러치를 각각 제어한다.

(4) TGS 레버

변속 레버로 운전자의 변속 의지를 반영한다.

(5) 기어 액추에이터

홀수 단과 짝수 단의 기어를 연결시켜 주기 위한 액추에이터로 셀렉터, 시프트 기어 액추에이터가 있다.

06 DCT의 장단점

(1) 장점

① 기어 변속이 빠르다. 수동변속기는 1단에서 2단으로 변속할 때 클러치의 연결을 해제하고 기어를 넣고 다시 클러치를 연결하기 때문에 동력의 단절이 발생하여

변속 충격이 발생한다. DCT는 1단 기어가 연결된 상태에서 이미 다른 축에 있는 2단 기어가 연결된 상태이기 때문에 동력의 단절 없이 변속이 가능하다.

② 동력전달 효율이 우수하다. DCT는 유체를 이용하는 토크 컨버터를 사용하지 않고 벨트를 통해 동력이 전달되지 않아서 슬립이 발생하지 않아 고 토크의 전달이 가능하며 동력전달 효율이 우수하다. 연비가 개선된다.

(2) 단점

① 발진 성능이 저하된다. 토크 컨버터는 토크 증대의 기능이 있어서 발진 성능이 좋다. DCT는 구조상 마찰면 넓이가 작고 부피와 무게가 크기 때문에 발진 성능이 저하된다.

② 내구성이 취약하다. 잦은 변속 시 클러치에 열이 발생하여 내구성이 저하된다. 특히 건식 DCT는 정체 구간이나 오르막길에서 변속기에 과열이 발생할 수 있다.

기출문제 유형

✦ 자동화 수동변속기(AMT : Automated Manual Transmission)의 종류에 따른 연비 성능, 특징 등에 대해 설명하시오.(81-3-3)

✦ AMT(Automated Manual Transmission) 또는 ASG(Automated Shift Gearbox)의 구성 요소와 작동 특성을 설명하시오.(87-4-5)

---

01 개요

(1) 배경

변속기는 차량의 동력 흐름을 담당하는 중요 장치이며 자동차 주행 성능에 많은 영향을 미친다. 변속기의 종류는 크게 수동변속기와 자동변속기 및 무단변속기 형태로 나눌 수 있다. 현재는 조작 편의성을 갖는 자동변속기가 보편적으로 널리 사용되고 있지만 동력전달 효율이 낮기 때문에 연비 향상과 성능 측면에서 한계가 있다.

이를 극복하고자 새로운 형태의 변속기들이 개발, 양산되고 있다. 그 중에서 AMT(Automated-Manual Transmission)는 수동 변속기를 기반으로 하여 클러치 조작이나 변속 과정을 자동화한 변속기로 운전 편의성을 향상시키면서 경제적인 측면을 동시에 만족시켜 준다.

(2) AMT(Automated-Manual Transmission)의 정의

자동화 된 수동변속기로 수동변속기이지만 전기 모터, 유압 기구에 의해 변속과 클러치 조작이 자동으로 수행되는 변속기 시스템이다. ASG(Automated Shift Transmission)라고 부르기도 한다.

02 자동화 수동변속기의 종류

수동변속기를 기반으로 한 자동변속기는 크게 클러치만 자동화한 SAT, 클러치와 기어 변속을 모두 자동화 한 AMT, DCT가 있다.

(1) SAT(Semi-Automatic Transmission)

SAT는 기어 레버 조작만으로 클러치의 연결이 자동으로 이루어져 변속이 가능한 시스템으로 변속 레버는 수동변속기와 동일하고 클러치만 삭제된 구조이다. 운전자가 변속을 하기 위해 변속 레버를 조작하면 전자제어장치(SAT ECU)는 각종 센서(기어 위치 센서, 엔진 속도 센서, 기어박스 속도 센서, 스로틀 위치 센서, 액추에이터 위치 센서, 푸시·풀 센서 등)로부터 현재 변속단의 위치, 가속 페달의 밟는 양, 엔진 회전수 등을 입력받아 차량의 상태에 적합한 클러치의 작동 시간을 계산하여 클러치 액추에이터를 작동시켜 변속이 되도록 한다.

동기치합식 변속기를 사용하며 원가를 절감하기 위해 클러치만 자동 제어한다. 이론적으로 자동변속기보다 연비가 유리하지만 클러치 제어 타이밍이 적합하지 않을 때가 많아 변속 충격이 자주 발생하며 연비도 저하된다. 현재에는 대부분 퇴출되고 DCT로 대체되고 있다.

(2) AMT(Automated-Manual Transmission)

AMT는 변속기 내부 구조는 수동변속기이지만 클러치의 작동과 변속이 자동화되어 있는 변속기로 운전자의 조작 방식이 일반 자동변속기와 같다는 점이 특징이다. 변속 속도 향상에 유리한 구조인 시퀀셜 트랜스미션과 도그 클러치를 조합한 방식과 동기치합식 수동변속기에 클러치와 시프트 셀렉터(변속 레버)를 자동화 시킨 방식으로 나눌 수 있다. 시퀀셜 트랜스미션과 도그 클러치를 조합한 방식은 변속 시간이 매우 빠르고 변속을 위한 동작이 간단하여 주로 스포츠카에 사용된다.

DCT에 비해 구조가 간단하고 정비성이 좋다. 내구성과 연비가 좋다. 동기치합식 변속기 기반의 AMT는 가격이 저렴하고 내구성, 신뢰성, 유지 보수성이 좋다. 하지만 변속 속도가 느리고 급경사길에서 1단으로 저단 변속이 쉽게 이루어지지 않아 시동이 쉽게 꺼지는 단점이 있다. 버스나 대형트럭 등 대형 상용차량에서 가장 널리 사용되는 구조로 원가 절감, 유지비 절감 차원에서 승용차에도 적용되고 있다.

(3) DCT(Dual Clutch Transmission)

하나의 변속기에 이중으로 변속기를 내장한 시스템으로 홀수 단 축과 짝수 단 축으로 기어 트레인이 나누어져 있고 동력의 단속을 두 개의 클러치가 담당하여 동력의 단절감 없이 변속이 이뤄지도록 하였다. 수동변속기 기반이기 때문에 동력전달 효율성이 높아 연비가 좋고 변속이 부드럽게 이뤄지기 때문에 변속 충격이 저감되는 특징이 있다. 구조가 복잡하여 고장의 우려가 높고 가격이 비싸다.

03 AMT의 구성 요소, 작동 특징

AMT는 대표적으로 LUK가 개발한 동기치합식 기반의 '이지트로닉(Easytronic)', BMW가 개발한 시퀀셜 트랜스미션 기반의 '시퀀셜 M 기어박스(SMG)', 마그네티 마렐리의 '셀레스피드' 등이 있다.(지면 관계상 이지트로닉 AMT 위주로 작성하였다.)

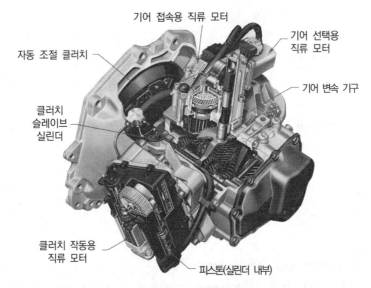

ATM(Automated-Manual Transmission)의 구성

(자료 : x-engineer.org/automotive-engineering/drivetrain/transmissions/automated-manual-transmissions-amt/)

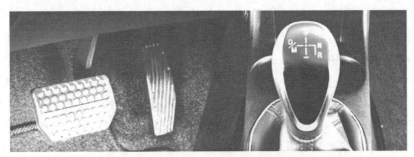

가속 페달과 브레이크 페달 및 전용 변속레버

(자료 : blog.gm-korea.co.kr/5348)

(1) 클러치 액추에이터

클러치를 제어하기 위해 모터를 사용하거나 유압을 사용한다. 전자 모터 방식 전자제어 클러치는 전기 모터를 사용하는 방식으로 부하 저감(Reduced-load) 기능, 자기 조정(Self-adjusting) 기능, 토크 트래킹 기능 등이 있으며 변속기 제어기의 신호에 맞춰 클러치를 제어해 준다.

토크 트래킹 기능은 엔진의 토크를 안전하게 전달할 수 있도록 클러치의 토크를 엔진 토크보다 약간만 높게 제어하는 기능이다. 유압제어식 전자제어 클러치는 유압을 솔레노이드 밸브로 제어하는 시스템으로 전자 모터 방식보다 응답속도가 빠르다. 하지만 특수 실린더가 사용되어 구조가 복잡하고 유체가 사용되어 무게가 증가된다. 따라서 유압식은 고급 자동차에 주로 적용된다.

(2) 기어 액추에이터

전자 유압식이나 전기식 액추에이터를 사용하여 자동으로 변속을 해준다.

(3) AMT 변속기 제어기

엔진 회전수, 차량 속도, 클러치 디스크의 위치, 기어 레버 위치, 브레이크 센서, 가속 페달 등의 상태를 분석하여 클러치 액추에이터를 제어하고 변속기 기어 변환 액추에이터를 제어해 준다.

(4) 센서부

입력 샤프트 속도 센서, 엔진 스피드 센서, 클러치 위치 센서, 기어 선택 및 결합 위치 센서, 변속 레버 위치 센서, 유체 압력 및 온도 센서(전기 유압식 작동 시스템의 경우), 가속 페달 센서, 브레이크 스위치 등이 있다.

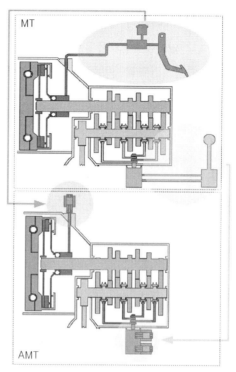

MT에서 AMT로 변환

(자료 : x-engineer.org/automotive-engineering/drivetrain/
transmissions/automated-manual-transmissions-amt/)

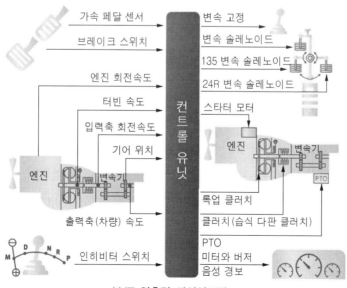

AMT 입출력 다이어그램

(자료 : transtron.com/en/products/control/autogears.html)

04 AMT의 장단점

AMT의 변속은 자동으로 이루어지지만 기본 변속 방식은 수동변속기이기 때문에 가격, 중량, 연비와 가속 성능이 좋으며 유체 클러치가 아닌 건식 단판 클러치가 주를 이루기 때문에 클러치 부분에서 효율이 우수하다. 수동변속기의 변속 방식인 Shift, Select가 자동으로 수행되고, 변속과정시의 동력 차단 과정 또한 기계로 자동으로 수행되므로 자동변속기의 편리함을 모두 갖추고 있다.

(1) 장점

① MT 자동차에 비해 운전 편의성이 증가하여 운전자의 피로가 감소된다.
② 원가 절감 효과가 크며 동력전달 효율이 좋기 때문에 연비가 향상되며 유지 보수가 용이하다.

(2) 단점

① 변속 속도가 느리고 급경사길에서 1단으로 저단 변속이 쉽게 이루어지지 않아 시동이 쉽게 꺼진다.
② 변속 시 하나의 클러치를 해제하고 결합을 하기 때문에 토크 단절감이 발생하여 변속감이 저하된다.

기출문제 유형

✦ 변속기용 싱크로나이저의 원리와 동력 흐름을 설명하시오.(72-3-2)

01 개요

(1) 배경

변속기는 차량의 동력 흐름을 담당하는 중요 장치이며 자동차의 주행 성능에 많은 영향을 미친다. 변속기의 종류는 크게 수동 변속기와 자동변속기 및 무단변속기 형태로 나눌 수 있다. 수동 변속기는 구조가 간단하며 무게가 자동변속기보다 가볍다는 장점이 있다. 수동 변속기는 크게 클러치, 입력축, 주축 기어, 부축 기어로 이루어져 있다. 종류로는 섭동 기어 형식(Sliding Gear Type), 상시 치합 형식(Constant Mesh Type), 동기 치합 형식(Synchro Mesh Type)이 있다.

(2) 동기 치합 형식(Synchro Mesh Type)의 정의

섭동식이나 상시 물림식을 개량한 것으로 싱크로 메시 기구를 이용한 방식의 수동 변속기이다. 싱크로 메시 기구를 사용하여 소음이 적고 기어 파손율이 적으며 기계 효율이 좋다.

02 동기 치합 형식의 구조

엔진의 회전력은 크랭크 축, 플라이 휠, 클러치 등을 통해서 변속기의 입력축으로 전달된다. 입력축과 출력축은 서로 떨어져 있으며 부축 기어로 동력이 전달된다. 부축 기어는 단 기어가 샤프트와 일체형으로 장착되어 있고 이 단 기어는 입력축과 출력축의 1~4단 기어에 연결되어 있다. 출력축의 단 기어는 샤프트와 연결되어 있지 않으며 샤프트에는 클러치 허브가 세레이션으로 연결되어 있다. 변속 레버가 작동되면 클러치 슬리브를 움직여서 클러치 허브와 단 기어를 연결시켜 변속이 되도록 한다.

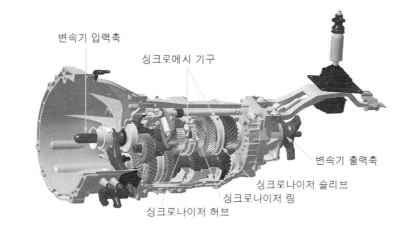

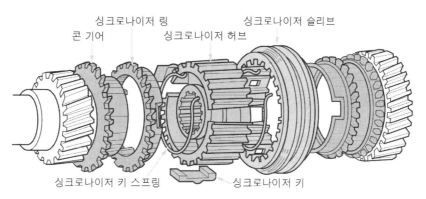

동기 치합식 변속기의 구조

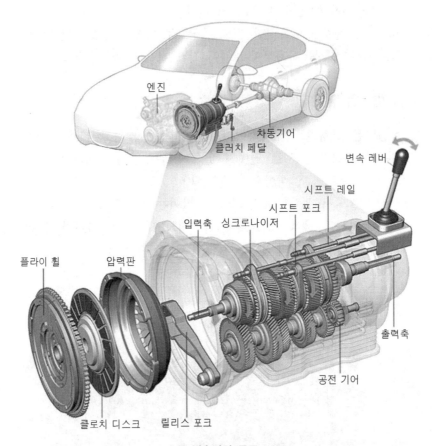

수동 변속기의 구조
(자료 : terms.naver.com/entry.naver?docId=1225278&cid=40942&categoryId=32358)

03 싱크로 메시 기구의 원리(싱크로나이저의 원리)

싱크로 메시 기구는 클러치 슬리브(셀렉터 슬리브), 싱크로나이저 링, 클러치(싱크로 나이저) 허브, 단 기어 휠, 시프트 기어이(싱크로나이저 콘)로 구성되어 있다. 출력축의 기어들은 서로 다른 속도로 회전하기 때문에 클러치 슬리브를 연결해줄 때 마모가 발생한다.

싱크로 메시 기구는 싱크로나이저 링을 통해 클러치 슬리브의 파손을 방지한다. 클러치 슬리브가 변속레버에 의해 동작되면 클러치 슬리브는 싱크로나이저 링을 밀어주면서 클러치 허브와 싱크로나이저 링을 연결한다. 이 상태에서 좀 더 싱크로나이저 링을 밀어주면 싱크로나이저 링은 단 기어 휠의 싱크로나이저 콘과 마찰되기 시작하고 두 개의 속도가 같아지게 된다. 이때 클러치 슬리브는 클러치 허브와 싱크로나이저 콘을 연결시켜 클러치 허브와 연결되는 단 기어를 변경함으로써 변속이 완료된다.

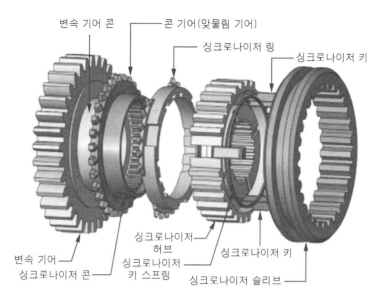

변속 기어 콘 ── 콘 기어(맞물림 기어)

싱크로나이저 링

싱크로나이저 키

싱크로나이저 허브

싱크로나이저 키 스프링

변속 기어 ──

싱크로나이저 콘 ──

싱크로나이저 키

싱크로나이저 슬리브 ──

싱크로나이저 콘 & 콘 기어

04 동력 흐름

① **1~4 단 기어** : 입력축에 연결된 부축 기어로 동력이 전달되고 주축 기어의 1~4단에 클러치 슬리브가 연결되어 동력이 전달된다.

② **중립** : 클러치 슬리브가 동작하지 않아 단 기어에 연결되지 않는다.

③ **후진** : 부축 기어와 주축 기어 사이에 아이들 기어를 배치하여 회전을 역전시킨다.

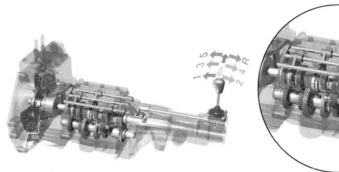

변속기의 동력 흐름

기출문제 유형

✦ 그림의 치차열의 입력은 1200rpm에서 69.15kg · m이다(단, 표시된 숫자는 잇수임).
   다음 물음에 답하시오.

  A : 15, B : 32, C : 22, D : 10, F : 17, E : 18

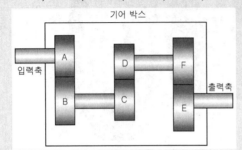

1) 입력 마력은 몇 마력(ps)인가?
2) 출력축의 속도(rpm)는?
3) 출력은 몇 마력(ps)인가?
4) 위 전달 효율에서 출력 토크(kg · m)는?

01 개요

(1) 입력 마력

$$BHP = \frac{(2\pi \times N T)}{(75 \times 60)} = \frac{2 \times 3.14 \times 1,200 \times 69.15}{75 \times 60} = 115.86 PS$$

여기서, N : 회전수 [rpm], T : 토크 [kg · m]

(2) 출력축의 속도

$$변속비(i) = \frac{엔진의\ 회전수}{추진축의\ 회전수} = \frac{입력축의\ 구동기어\ 회전수}{출력축의\ 구동기어\ 회전수}$$

$$= \left(\frac{부축\ 기어}{주축\ 기어\ 잇수}\right) \times \left(\frac{주축\ 기어\ 잇수}{부축\ 기어\ 잇수}\right) = \frac{(32 \times 10 \times 18)}{(15 \times 22 \times 17)} = 1.027$$

$$출력축의\ 회전수 = \frac{입력축의\ 회전수}{변속비} = \frac{1,200}{1.027} = 1,168rpm$$

(3) 출력

$$출력마력 = 입력마력 \times 전달효율 = \frac{115.86 \times 87}{100} = 100.79 PS$$

(4) 위 전달 효율에서 출력 토크

$$BHP = \frac{(2\pi \times NT)}{(75 \times 60)}$$

$$100.8 = \frac{(2\pi \times 1,168 \times T)}{(75 \times 60)} \Rightarrow T = 61.83\,PS$$

기출문제 유형

✦ 플라이 휠(Fly Wheel)의 구조와 기능에 대하여 설명하시오.(80-1-11)

✦ 플라이 휠(Fly Wheel)의 역할을 설명하시오.(74-1-3)

✦ 플라이 휠(Fly Wheel)의 설계 방법에 대하여 서술하시오.(56-3-2)

01 개요

(1) 배경

엔진에서 연료의 연소에 의해 만들어진 에너지는 피스톤과 커넥팅 로드를 거쳐 회전 운동으로 변환되어 크랭크 샤프트에 전달된다. 보통 4행정 사이클 엔진에서는 흡입, 압축, 폭발, 배기의 과정을 거친다. 따라서 크랭크축이 두 번 회전할 때 한번 폭발이 일어나게 되어 회전의 불규칙성이 나타나게 된다. 회전의 불규칙성이 나타나게 되면 진동이 심해지고 심할 경우 부품의 파손이 발생할 수 있다. 이러한 현상을 보완하기 위해 고안된 것이 '플라이 휠'이다.

(2) 플라이 휠(Fly Wheel)의 정의

플라이 휠은 크랭크 샤프트의 한쪽 축에 연결된 큰 원판형의 금속 회전판으로 회전 에너지를 일시적으로 저장하여 크랭크 샤프트의 회전 불균형과 회전 진동을 억제하는 역할을 하는 장치이다.

02 플라이 휠의 구조

(1) 싱글 매스 플라이 휠

크랭크축과 일체형으로 구성되어 있으며 반대쪽은 클러치가 장착되어 클러치 디스크와 마찰된다. 플라이 휠의 원주에는 엔진 시동용 링 기어가 있다. 플라이 휠의 재료는 강철 또는 주철이며 플라이 휠과 크랭크축은 조립된 상태에서 동적으로 밸런싱되어 있어야만 한다. 자동변속기에도 플라이 휠이 적용되지만 토크 컨버터가 플라이 휠의 역할을 하여 굵기가 얇다.(2~3mm)

플라이 휠
(자료 : puredieselpower.com/blog/signs-flywheel-bad-shape)

플라이 휠 및 클러치 구조

(2) 듀얼 매스 플라이 휠

듀얼 매스 플라이 휠의 구조
(자료 : clutchviaweb.blogspot.com/p/dual-mass-flywheel-dmf.html)

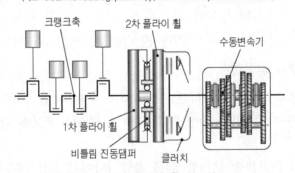

듀얼 매스 플라이 휠 시스템

기존의 플라이 휠 질량을 두 부분으로 분리하고 이들을 비틀림 진동 댐퍼 스프링으로 연결한 구조이다. 1차 플라이 휠 질량과 2차 플라이 휠 질량, 비틀림 진동 댐퍼로 구성되어 있다. 1차 플라이 휠 질량은 크랭크 기구와 연결되어 있고 2차 플라이 휠 질량은 클러치 기구에 연결되어 있다. 비틀림 진동 댐퍼는 엔진의 회전 진동 질량을 변속기와 동력전달 시스템으로부터 격리시킨다.

03 플라이 휠의 기능 및 역할

(1) 회전 관성 저장

크랭크축의 출력 측에 설치되어 엔진의 폭발 행정에서 발생되는 에너지를 일시적으로 저장하였다가 다시 방출하여 폭발 행정 이외의 행정에서도 관성력으로 크랭크축이 회전할 수 있도록 보조해 준다.

(2) 진동 저감

엔진의 폭발 행정에서 발생하는 에너지를 저장하고 이 축적된 회전 에너지(관성모멘트)를 이용하여 크랭크축의 회전 불균형과 회전 진동을 억제하는 역할을 한다.

(3) 동력 전달

엔진에서 발생하는 안정된 회전력을 클러치에 전달하는 입력측 원판으로서 기능하고 시동 시 시동 모터로부터 동력을 전달받아 크랭크축을 회전시켜 폭발 행정 전에 일정 시간 동안 엔진을 구동시키는 역할을 한다.

04 플라이 휠의 설계 방법

일반적으로 플라이 휠은 폭발 행정 시 공급되는 회전력을 공급받아 운동에너지로 저장하는 장치로서, 운동에너지의 양은 플라이 휠의 회전 관성과 회전속도의 제곱에 비례한다. 회전 관성은 토크가 클수록 커지며, 토크의 크기는 힘의 크기와 축의 중심으로부터 힘이 걸리는 지점까지의 거리를 곱한 것이다.

힘의 크기는 관성 질량에 비례하기 때문에 플라이 휠이 무겁고, 외경이 클수록 커지며 같은 크기라면 주변(周邊)이 무거울수록 플라이 휠이 저장하는 에너지도 커지게 된다. 따라서 질량이 무겁고 외경이 큰 플라이 휠이 질량이 가볍고 외경이 작은 플라이 휠보다 관성력이 커서 회전 관성을 잘 저장하고 엔진의 진동을 저감시켜줄 수 있다.

따라서 회전속도가 낮을 때나 아이들링 상태에서 엔진을 원활하게 회전시키기 위해서는 플라이 휠의 관성 질량은 가능한 한 큰 것이 좋다. 하지만 지나치게 관성 질량이 큰 경우 엔진의 응답성이 낮아진다. 관성력이 커서 엔진의 회전속도를 변화시키기 어렵기 때문에 액셀러레이터 페달을 밟아도 엔진의 회전속도가 신속하게 높아지지 않으며, 반대로 페달을 놓았을 때는 엔진의 회전속도가 낮아지지 않아 가속과 감속이 어려워지기 때문에 연비(燃費)가 나빠지는 원인이 될 수 있다.

플라이 휠의 크기와 무게는 엔진이 장착되는 차량의 사용 목적에 적합하게 설계해야 한다. 스포츠카와 같이 응답성이 요구되는 차량에는 작은 직경과 중량의 플라이 휠이 적용되어야 하며, 패밀리카와 같이 안정성이 요구되는 차량에는 큰 직경과 중량의 플라이 휠이 적용되도록 설계해야 한다.

✦ 자동차의 런치 컨트롤(Launch Control)의 기능을 설명하시오.(113-1-8)

01 개요

고성능 자동차는 정지 상태에서 시속 100km에 도달할 때까지 걸리는 시간을 나타내는 "제로 백"이 성능을 나타내는 중요한 지표로 사용된다. 제로 백 측정 방식은 크게 '아이들(idle) 스타트'와 '스톨(stall) 스타트'로 나뉜다. 아이들 방식은 액셀러레이터 페달과 브레이크 페달에서 모두 발을 뗀 상태에서 대기하다가 출발할 때 액셀러레이터 페달을 밟는다. 스톨 방식은 액셀러레이터 페달과 브레이크 페달을 모두 밟은 상태에서 엔진 회전수(rpm)를 최대한 끌어올렸다가 출발 신호와 함께 브레이크 페달을 놓는다.

아이들 방식에 비해 차량이 더 빨리 나가며 제로 백 기록도 좋은 편이다. 운전자가 브레이크 페달과 액셀러레이터 페달 및 기어를 조절하여 최대 가속이 되도록 조정할 수 있지만 이러한 작업은 매우 까다로운 일이다. 최대 가속을 위해 조정할 때 타이어가 미끄러지지 않아야 하고 또한 엔진과 변속기에 무리가 가지 않아야 하기 때문이다. 런치 컨트롤은 이러한 작업을 ECU에서 자동으로 수행하는 기능이다.

02 런치 컨트롤(Launch Control)의 정의

차량이 정지한 상태에서 출발 시 최적의 성능으로 가속할 수 있도록 자동으로 제어하는 기능으로 출발 전에 엔진을 최적의 회전수로 동작시킨 후 브레이크 페달에서 발을 떼는 순간 구동력을 전달하여 출발한다.

03 런치 컨트롤(Launch Control)의 기능

① 브레이크 페달과 액셀러레이터 페달의 신호가 동시에 입력되면 엔진을 최적의 회전수로 동작시킨다.
② 브레이크가 해제되면 TCS 기능을 통해 휠 스핀을 최대한 방지해 준다.
③ 가속 능력은 최대한 높여주고 엔진과 변속기의 과부하는 방지해 준다.

04 런치 컨트롤(Launch Control)의 동작 방법

자동변속기의 런치 컨트롤은 런치 컨트롤 스위치를 켠 상태에서 브레이크 페달과 액셀러레이터 페달을 동시에 밟아 엔진 rpm을 높인 상태에서 브레이크 페달을 놓으면 급가속되면서 런치 컨트롤이 동작한다. 수동변속기의 런치 컨트롤은 런치 컨트롤 스위치를 켠 상태에서 클러치 페달과 액셀러레이터 페달을 동시에 밟아 엔진 rpm을 높인 상태에서 클러치 페달을 놓으면 급가속된다. rpm은 약 4,000rpm 정도에서 브레이크 페달이나 클러치 페달을 서서히 놓아준다.

런치 컨트롤을 사용하기 전에 자동변속기 오일이 적정한 온도에서 동작할 수 있도록 예열이 필요하며 한번 런치 컨트롤을 사용한 상태라면 충분한 후열을 거쳐 냉각 시간을 갖도록 한다. 정지 상태의 차량에 순간적으로 2,200rpm으로 회전하는 엔진의 토크가 전달되면 변속기에 강한 마찰로 인한 부하가 걸리고 이로 인해 열이 발생한다. 따라서 런치 컨트롤 후에는 60km/h 이상 속력으로 최소 10~20분간 정속 주행을 해주어야 한다.

기출문제 유형

✦ 동력인출장치(PTO : Power Take Off)를 설명하시오.(59-1-5)

✦ P.T.O(Power Take Off)를 설명하시오.(68-1-9)

01 개요

농기계 및 특수 기계(소방차)에 연결하여 별도의 동력이 필요할 때 사용할 수 있는 장치로 엔진의 동력을 차량 주행이라는 주목적 외에 부가적인 용도로 이용하기 위해 변속기 옆면에 설치하여 벨트 또는 기어를 연결할 수 있도록 부축 기어 등이 배치되어 있다. 동력 공급이 원활하지 않은 곳에서 주로 사용되며 소방 자동차의 물 펌프 구동, 덤프 트럭의 오일 펌프 구동 등에 이용한다.

02 P.T.O(Power Take Over)의 정의

자동차의 주 동력원에서 발생된 동력을 인출하여 다른 동력 장치에 연결해서 사용할 수 있도록 변속기에 마련된 장치로 조작 장치는 운전실에 있으며 주로 유압 펌프 구동에 많이 사용된다.

03 구조

부축 기어에 연결시키는 공전기어부, 외부 장치에 연결되는 외부 장비 연결부로 구성된다.

현대 1톤 PTO 일반식

현대 1톤 PTO 진공식

(자료 : blog.naver.com/cgt0203/222668058623)

04 P.T.O(Power Take Over)의 종류

(1) 종속형 동력인출장치

동력인출장치가 종속적으로 장착된 방식으로 엔진이 공회전 상태 일 때만 사용이 가능하다. 주로 특수 차량에 적용되며 이동 중에도 사용할 필요가 없는 차량에 적합하다. 출력과 속도는 엔진 회전속도와 기어비에 의해 결정된다.

(2) 독립 클러치 동력인출장치

모든 유형의 변속기에 장착할 수 있는 방식으로 수동변속기에는 엔진과 변속기 사이에 장착되어 플라이 휠에 연결되어 구동되고 자동변속기에는 기어 박스 위에 장착되어 토크 컨버터를 통해 엔진의 플라이 휠에 의해 구동된다. 동력인출장치(PTO)에 지속적으로 접근해야 하는 자동차에 적합하다.

05 P.T.O(Power Take Over)의 사용방법

엔진이 공회전 상태에서 클러치 페달을 밟고 실내의 PTO 스위치를 누른 후 클러치 페달을 서서히 놓으면 부축 기어와 P.T.O의 공전 기어가 연결된다. P.T.O.를 연결한 상태에서 주행하면 부품이 파손될 수 있다.

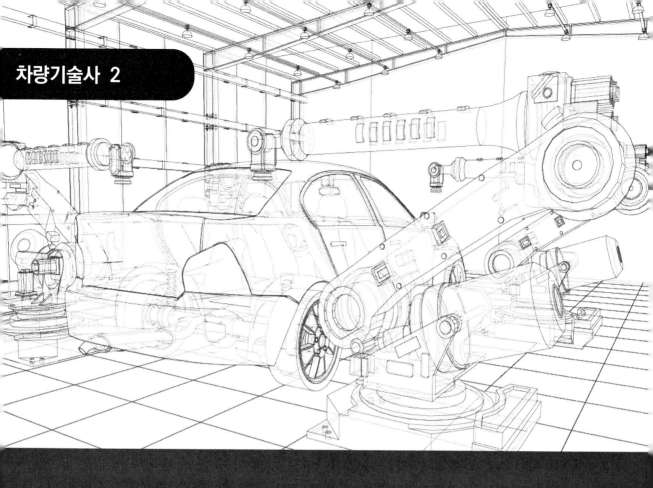

PART 2. 동력전달장치

❶ 동력전달 4WD 차동장치 CV 조인트

01 동력전달 4WD 차동장치 CV 조인트

기출문제 유형

✦ 4륜 구동 방식의 특성과 장·단점을 2륜 구동 방식과 비교하여 설명 하시오.(98-3-4)

✦ 4륜 구동장치(4WD) 시스템에서 나타나는 타이트 코너 브레이크(tight corner brake)현상에 대하여 정의하고, 특성을 설명하시오.(114-4-1)

01 개요

(1) 배경

자동차의 구동 방식에는 2륜 구동(Two Wheel Drive) 방식과 4륜 구동(Four Wheel Drive) 방식이 있다. 2륜 구동 방식은 네 바퀴 중에 두 개의 바퀴로 구동하는 방식이고 4륜 구동은 네 바퀴에 모두 동력을 전달하여 구동 하는 방식이다. 보통 2륜 구동 자동차는 앞바 퀴와 뒷바퀴 중 하나만으로 구동을 하는데 이에 따른 장단점이 발생한다. 4륜 구동은 2륜 구동 자동차의 단점을 보완하면서 보다 안전하게 주행성능을 향상시킬 수 있다.

(2) 4륜 구동 방식의 정의

네 바퀴에 모두 동력이 전달되는 방식의 차 량으로 전륜 구동(全輪驅動)으로 부르며, 4WD 라고도 부른다.

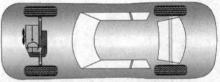

(a) 앞바퀴 구동 방식(FWD)

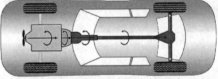

(b) 뒷바퀴 구동 방식(RWD)

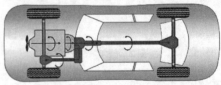

(c) 4륜 구동 방식(4WD)

○엔진　　●변속기
○토크 컨버터　　●종감속 장치 및 구동축

2륜 구동 방식과 4륜 구동 방식 자동차

(자료 : reddit.com/r/coolguides/comments/ouxtof
/front_wheel_drive_vs_rear_wheel_drive_vs_4_wheel/)

02 4륜 구동 방식의 종류

4륜 구동 방식은 일시 4륜 구동(파트 타임 4WD)과 상시 4륜 구동(풀타임 4WD)으로 나뉜다. 일시 4륜 구동 방식은 4륜 구동의 기본방식으로, 대부분의 4륜 구동 자동차들은 이 방식을 채택하고 있다. 보통 때는 두 바퀴만으로 구동하다가 험로를 만났을 때 선택적으로 4륜 구동을 하는 방식으로, 4륜 구동에 따른 에너지의 손실과 소음을 감소시킬 수 있다는 장점이 있다.

상시 4륜 구동 방식은 항상 4륜 구동으로 주행하는 방식으로, 미끄러짐이 줄어들고 구동력이 향상되어 험로, 굽은 길 등에서 주행성이 향상된다. 하지만 항상 4륜 구동으로 주행하기 때문에 에너지의 소비 효율이 저하되며 소음이 발생한다는 단점이 있다.

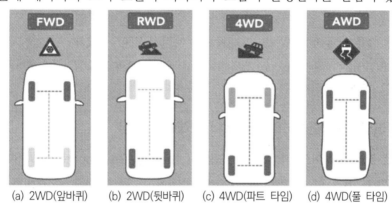

(a) 2WD(앞바퀴)　(b) 2WD(뒷바퀴)　(c) 4WD(파트 타임)　(d) 4WD(풀 타임)

2WD와 4WD의 종류

(자료 : twitter.com/autoxpresskenya/status/1281587227521318917)

03 4륜 구동 방식의 특성

4륜 구동 방식은 엔진에서 나오는 동력이 트랜스퍼 케이스(Transfer Case)를 거쳐 앞뒤 바퀴에 전달되기 때문에 2륜 구동 방식에 대비하여 추진력이 향상된다는 장점이 있다. 따라서 비포장도로와 같은 험로, 경사가 아주 급한 도로 및 노면이 미끄러운 도로를 주행할 때 성능이 좋다. 초기에는 주로 군용이나 험로 주행용(Off-Load) 차량에 장착되었으나 점차 주행성 향상을 위하여 일반도로 주행용 차량, 승용차에도 채택되었다.

(1) 4WD의 장점

① 오프로드, 눈길, 빙판길, 모랫길에서 노면과 바퀴 사이의 접지력이 뛰어나 안정적인 주행이 가능하다.

② 험로 주행 시 한쪽 바퀴의 구동력이 상실되어도 동력전달이 가능하다.

③ 심한 경사로 주행 시 차량의 무게 중심 변동에 따른 대응 능력이 향상된다.

④ 구동력 배분이 네 바퀴에 모두 전달되어 미끄러운 노면에서 타이어의 점착력을 향상시켜 직진성능이 향상된다.

⑤ 선회 시 네 바퀴에 구동력이 배분되어 큰 사이드 포스(Side Force)를 발생시켜 선회가 유리하다.

(2) 4WD의 단점

① 2WD에 비해 연비가 불리해진다. 차량의 부품이 증가하여 무게가 증가하고 네 바퀴 모두 접지력이 발생하기 때문에 주행 시 연료 소비율이 증가된다.

② 일부 4WD(기계식, 파트 타임 4WD)의 경우 타이트 코너 브레이크(TCB : Tight Corner Braking) 현상으로 소음이 발생하고 구성품의 손상이 발생한다.

③ 차량의 부품이 증가하여 구조가 복잡해지고 정비성이 저하된다.

④ 차량의 구성 부품 증가로 원가가 상승한다.

⑤ 4륜 구동 시 앞바퀴와 뒷바퀴가 기계적으로 연결이 되므로 회전 반경이 같아야 구동 계통에 문제가 발생하지 않는다. 따라서 타이어 교체, 관리 시 주의가 필요하다.

* **TCB(Tight Corner Braking)** : 반지름이 작은 커브를 선회할 때 앞바퀴와 뒷바퀴의 선회 반지름이 달라서 브레이크가 걸린 듯이 뻑뻑해지는 현상

04 4WD 이상 작동 현상 - 타이트 코너 브레이크 현상

(1) 타이트 코너 브레이크 현상(Tight Corner Braking Development)의 정의

4륜 구동 차량이 선회할 때 브레이크가 걸린 듯, 뻑뻑해져 소음과 진동이 발생하는 현상으로 앞바퀴와 뒷바퀴의 선회 반지름이 달라서 발생한다.

(2) 타이트 코너 브레이크 현상 발생 과정, 특성

자동차가 선회 시 앞바퀴와 뒷바퀴는 각각 선회 반지름이 달라진다. 아래의 그림을 보면 자동차가 선회할 때 가상의 중심점(O)을 중심으로 선회를 한다. 이때 앞바퀴의 선회 반지름은 OA, OB가 되고 뒷바퀴의 선회 반지름은 OC, OD가 된다. 보통 OA가 가장 길고 OD가 가장 짧다.

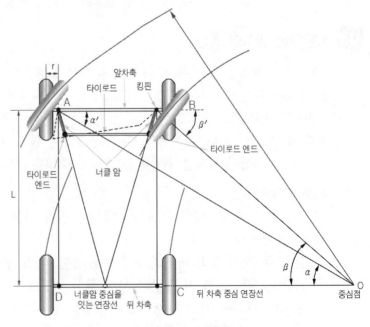

타이트 코너 현상

따라서 2륜 구동일 경우에는 앞바퀴의 회전속도보다 뒷바퀴의 회전속도가 빨라서 문제가 되지 않으나 4륜 구동일 경우에는 앞바퀴와 뒷바퀴가 기계적으로 연결되어 있기 때문에 선회를 할 때 앞바퀴는 선회가 되어도 뒷바퀴는 본래의 선회 곡선을 추종하지 못하고 미끄러지게 된다. 이때 타이어는 슬립을 발생하게 되고 동력전달 계통에 저항이 발생한다. 이 상태에서 가속페달을 밟으면 동력계통이 마찰, 마모되며 소음이 발생하게 되고 심할 경우 파손된다.

(3) 타이트 코너 브레이킹 현상 대책

파트 타임 4WD 차량은 평지 주행에서 선회할 경우 4WD 모드를 선택하지 않는다. 선회 시 소음이 발생하고 타이트 코너 브레이킹 현상이 발생하면 즉시 2WD로 모드를 변경한다.

기출문제 유형

✦ 4륜 구동(4WD) 자동차와 상시 구동(AWD) 자동차를 구별하여 설명하시오.(80-1-10)

✦ 자동차용 4WD(4Wheel Drive)와 AWD(All Wheel Drive) 시스템에 대하여 다음을 설명하시오.(110-3-1)
　가. 주행성능 향상 원인(오프로드, 코너링, 등판성능 측면)
　나. 4WD의 작동원리　　다. AWD의 작동원리

---

01 개요

(1) 배경

자동차의 4륜 구동 방식은 네 바퀴에 모두 동력이 전달되는 방식의 차량으로 전륜 구동(全輪驅動), 4WD라고도 부른다. 4륜 구동 방식은 일시 4륜 구동(파트 타임 4WD)과 상시 4륜 구동(풀타임 4WD, AWD)으로 나뉜다.

일시 4륜 구동 방식은 보통 때는 두 바퀴만으로 구동하다가 험로를 만났을 때 선택적으로 4륜 구동으로 전환하는 방식이고 상시 4륜 구동 방식은 항상 4륜으로 구동하는 방식이다. 초기에는 주로 군용이나 험로 주행용(Off-Load) 차량에 장착되어 일시 4륜 구동 방식이 많이 사용되었으나 점차 고급 승용차에 적용되면서 상시 4륜 구동이 승용차에도 확산, 적용되고 있다.

(2) 4WD의 정의

네 바퀴에 동력이 전달되는 방식의 전륜 구동(全輪驅動)을 말한다. 4WD 종류로 파트 타임 4WD, 풀 타임 4WD가 있다. 파트 타임 4WD는 선택적 4WD로 평상시에는 2륜으로 주행을 하다가 험로나 경사로 등에서 4륜으로 전환하여 사용한다. 풀 타임 4WD는 상시 4WD로 항상 4륜 구동으로 주행하는 방식이다. 풀 타임 4WD는 AWD(All Wheel Drive) 명칭으로도 불린다.

(3) AWD의 정의

상시 네 바퀴에 동력이 전달되는 방식의 차량으로 주로 뒷바퀴 구동을 베이스로 하는 승용차에 사용되는 시스템이다. 주로 록(Lock) 스위치가 없고 주행 조건에 맞춰 앞바퀴와 뒷바퀴의 회전속도를 조절하는 풀 타임 4WD를 말한다.

02 4WD의 구분

(1) 파트 타임(Part Time) 4WD

파트 타임 4WD는 트랜스미션에 부착된 트랜스퍼 케이스에서 앞바퀴 혹은 뒷바퀴로 동력을 전달한다. 2WD와 4WD의 모드를 전환하는 방식에 따라서 수동으로 조작하는 방식, 기계적으로 직결하는 방식, 전기적으로 조작하는 방식이 있다. 전기식으로는 EST(Electric Shift Transfer)가 있으며 구동 모드로 2H, 4H, 4L이 있다. 80km/h 이하에서 주행 중 2WD ↔ 4WD 전환이 가능하며 4WD(4HIGH) ↔ 4WD(4LOW) 전환은 차량이 정차한 후 가능하다.

파트 타임 4WD 종류 및 특징

구분	종류			특징
파트 타임 4WD	기계식	수동		• 차량 외부에서 앞바퀴 허브에 있는 "LOCK/FREE"다이얼을 돌려 드라이브 샤프트와 허브 록을 연결하여 2WD → 4WD 전환한다. • 정지상태에서만 전환이 가능하다.
		자동	스퍼기어 방식	• 40km/h 이하 주행 중 2WD, 4WD 전환이 가능하다. • 4WD → 2WD 전환 시 차량을 정지한 후 뒤로 1~2m 주행하여야 전환이 가능하다.
			유성기어 방식	
	전기식	EST (Electric Shift Transfer)	진공	• 구동 모드로 2H, 4H, 4L이 있다. • 80km/h 이하에서 주행 중 2WD ↔ 4WD 전환이 가능하다. • 4WD(4H) ↔ 4WD(4L) 전환은 차량을 정지한 후 가능하다.

(2) 풀 타임(Full Time) 4WD, AWD

전·후륜의 회전 속도차를 고려하여 구동력을 모든 바퀴에 상시 전달하는 구조이다. 구동력의 배분이 항상 일정한 비율로 고정되어 있는 고정 분배식과 노면 상황이나 주행 상태 등에 따라서 구동력의 분배가 가변하는 가변 분배식으로 분류된다. 가변 분배식은 비스커스 커플링을 이용하는 방식, 센터 디퍼런셜 방식, 전자제어 방식이 있다. 전자제어 방식은 TOD, ATT와 능동형 토크 제어식인 ITM, ITCC, DHEA, ITA, ATC로 구분할 수 있다.

AWD(All Wheel Drive)는 시대에 따라 그 의미가 달라졌다. 초기에는 구동력의 배분이 항상 4:6으로 되는 차량을 의미했다. 현재에는 풀 타임 4WD와 동일한 의미로 사용되지만 주로 4륜 고정(Lock) 기능이 없는 능동형 토크 제어방식의 풀 타임 4WD를 의미하며 편의상 SUV나 RV는 풀 타임 4WD, 승용차는 AWD로 구분하기도 한다.

풀 타임 4WD의 종류 및 특징

종류				특징	
토크 분배 고정식				별도의 4WD 전환 없이 상시 4WD로 작동	
풀타임 4WD AWD	토크 분배 가변식	기계식	비스커스 커플링 방식	실리콘 오일의 온도가 올라가면 부피가 늘어나면서 직결되어 4륜으로 구동이 된다.	
			센터 디퍼렌셜 방식, 토크 센싱	디퍼렌셜 기능을 제한하는 장치를 배치하여 한쪽으로만 구동력이 전달되는 것을 방지한다.	
		전자 제어식	전자 제어 트랜스퍼 케이스	ATT (ActiveTorque Transfer)	• 구동 모드로 AUTO, LOW가 있고 AUTO 모드 시 자동으로 앞·뒷바퀴에 구동력을 배분한다. • 정지한 후 AUTO-4L 모드로 변환이 가능하다. • 4LOW는 험로 탈출이 필요한 구간에서 사용한다. • TOD는 FR에 사용하고 구동력의 비율 5:5~1:9 • ATT는 FF에 사용하며 구동력의 분배 비율 9:1~5:5	Borg-Warner
				TOD (TorqueOn Demand)	
			능동형 토크 제어식	ITM (InterActive Torque Management)	• 주로 SUV, RV 전륜 구동에서 사용 • 상시 4륜 구동 모드로 4WD LOCK 버튼이 있다. • 각종 센서(Wheel Speed Sensor, Steering Angle Sensor, TPS)의 데이터를 기준으로 ECU에서 구동력을 분배한다.	Borg-Warner
				ITCC (Intelligent TorqueControlled Coupling)	JTEKT
				DHEA (DirectElectro Hydraulic Actuator)	WIA
				ITA (Integrated Transfercase Actuator)	• 주로 승용차 뒷바퀴 구동에서 사용한다. • 볼 램프 내 스틸 볼로 클러치 마찰	WIA MAGNA
				ATC (Active Transfercase Actuator)	• 주로 승용차 뒷바퀴 구동에서 사용한다. • 유압(모터)으로 직접 클러치 마찰	WIA

03 4WD 주행 성능 향상 원리

(1) 오프 로드 성능

자동차의 2륜 구동 차량은 앞이나 뒷바퀴 2개에만 엔진의 동력이 전달되는 방식으로 험로를 주행할 때나 미끄러운 노면에서 구동 바퀴가 공중에 뜨거나 미끄러워지면 주행 성능이 불리해진다. 4륜 구동 차량은 앞바퀴와 뒷바퀴 모두 구동력이 배분되기 때문에 험로나 미끄러운 노면에서도 주행 성능의 저하를 방지해 준다.

(2) 코너링 성능

FF(Front Engine, Front Drive) 차량은 엔진, 변속기 등이 차량의 앞부분에 배치되어 있기 때문에 전체적인 차량의 무게 배분이 60:40 정도로 앞쪽으로 쏠려 있다. 선회 시 앞바퀴의 구동력이 증가함에 따라 뒷바퀴로 하중이 실리게 되고, 앞바퀴는 접지력을 잃게 되어 앞부분이 선회 곡선을 이탈하는 언더 스티어 현상이 발생하게 된다.

FR(Front Engine, Rear Drive) 차량은 FF 차량과 다르게 선회 시 뒷바퀴의 구동력이 증가하면서 마찰력이 감소하여 차량의 뒷부분이 선회 곡선에서 벗어나게 되는 오버 스티어 현상이 발생한다. 4WD 차량은 앞바퀴와 뒷바퀴의 구동력 배분이 나눠져 있기 때문에 선회 시 네 바퀴 모두 코너링 포스가 발생하여 접지력이 유지된다. 따라서 선회 시 주행 성능이 향상된다.

(3) 등판 성능

등판 시 자동차의 무게 배분은 뒷바퀴 쪽으로 증가한다. 따라서 차량의 접지력은 뒷바퀴 부분으로 증가하여 2륜 구동 차량 중에서 뒷바퀴 구동이 앞바퀴 구동보다 유리하다. 4륜 구동은 네 바퀴에 구동력이 모두 전달되므로 등판 성능이 증가한다.

(4) 직진 성능

4륜 구동 차량은 네 바퀴에 모두 구동력이 전달되므로 타이어의 접지력이 향상된다. 2륜 구동 차량에서는 가속, 감속 시에 무게 중심이 이동하는데 이에 따라 접지력이 저하되어 주행 성능이 저하된다. 4륜 구동 차량은 접지력이 앞·뒷바퀴에 모두 전달되기 때문에 하중 이동의 영향을 덜 받게 되어 직진 성능이 향상된다.

04 4WD의 작동 원리

파트 타임 4WD로 사용자가 원할 때 2WD에서 4WD로 전환할 수 있다. 기계식과 전기식이 있으며 전기식으로 EST가 있다. EST는 트랜스퍼 케이스를 장착하고 있으며 모드 선택 스위치에 따라 모드가 전환된다. 모드 선택 스위치는 2H, 4H, 4L이 있다. (*지면 관계상 파트 타임 4WD의 대표적인 시스템인 EST에 대해서만 기술한다.)

(1) 전기식 트랜스퍼 케이스(EST : Electric Shift Transfer case) 시스템의 구성

1) EST 제어기, TCCU(Transfer Case Control Unit)

각종 센서 및 스위치 신호를 입력 받아 운전자가 선택한 주행 모드로 시프트 모터를 작동시킨다.

2) 센서부

① MPS(Motor Position Sensor) : 시프트 모터의 회전 방향과 위치를 파악한다. 원형의 자석이 회전하면서 발생되는 자기장에 의해서 모터 포지션을 인식한다.

② 스피드 센서 : 출력축의 속도를 검출하여 4WD LOW 작동 시 3km/h 이하에서만 작동 되도록 한다.

3) 스위치부

2H, 4H, 4L 모드 스위치가 있다. 주행 중 80km/h 이내에서 2WD에서 4WD로 변환이 가능하며 변속이 완료되면 4WD HIGH Lamp가 점등한다. 4L 모드는 3km/h 이내에서 변환이 가능하며 AT 차량의 경우 "N"단, MT 차량의 경우 클러치 "On" 시 변환된다. 변속이 완료되면 4WD LOW Lamp가 점등한다.

4) 출력부

모드 선택 스위치의 조작에 따라 트랜스퍼 케이스 내부의 시프트 모터가 동작하여 시프트 샤프트와 시프트 캠을 거쳐 리덕션 포크와 록업 포크를 제어하여 4WD 모드를 4WD LOW로 변환시킨다. EMC(Electro Magnetic Clutch)는 4WD 모드에서 동작하며 TCCU에 의해 EMC Coil에 전류가 흐르면 코일이 자화되어 록업 허브를 당겨 구동력이 전달된다.

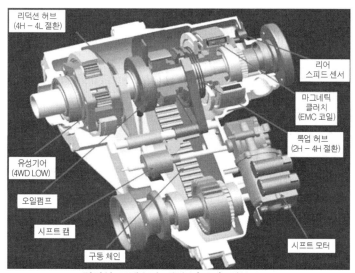

전기식 트랜스퍼 케이스(EST) 내부 구조
자료 : docsplayer.org/

20060641-15-%EC%84%80%EC%8B%9C%EC%8B%9C%EC%8A%A4%ED%85%9C%EC%84%A4%EA%B3%84-hwp.html [P.307]

(2) 전기식 트랜스퍼 케이스(EST : Electric Shift Transfer case)의 작동 원리

1) 2륜 구동(2H 모드)

① 2H 모드는 일반도로 주행 시 사용하는 모드로써 트랜스퍼 케이스가 1:1로 직결되어 구동력은 뒷바퀴로만 전달된다.

② 동력전달 경로 : 변속기 → 트랜스퍼 케이스 → 리어 프로펠러 샤프트 → 리어 액슬 → 리어 휠

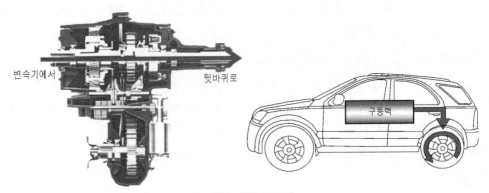

2WD 작동 시(2H 모드)
자료 : docsplayer.org/
20060641-15-%EC%84%80%EC%8B%9C%EC%8B%9C%EC%8A%A4%ED%85%9C%EC%84%A4%EA%B3%84-hwp.html [P.304]

2) 4륜 구동

① 4H 모드는 험로, 경사로 등에서 사용하는 모드로써 트랜스퍼 케이스 내부에서 구동 력이 앞·뒷바퀴에 50:50으로 배분된다.

② 동력전달 경로 : 변속기 → 트랜스퍼 케이스 → 리어 프로펠러 샤프트 → 리어 액슬 → 리어 휠 → 프런트 프로펠러 샤프트 → 프런트 액슬 → 프런트 휠

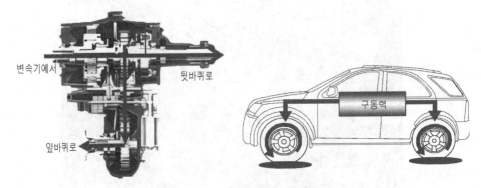

4WD HIGH 작동 시(4H 모드)
자료 : docsplayer.org/
20060641-15-%EC%84%80%EC%8B%9C%EC%8B%9C%EC%8A%A4%ED%85%9C%EC%84%A4%EA%B3%84-hwp.html [P.305]

3) 4륜 저속

트랜스퍼 케이스 내부의 4WD LOW 작동부와 유성기어 세트를 경유하여 기어비가 감속되고 구동력은 앞·뒷바퀴에 50:50으로 배분된다.

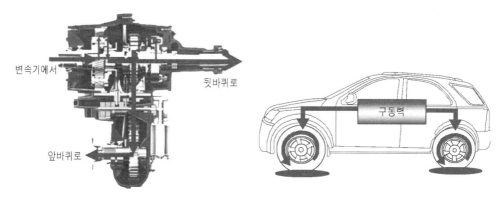

4WD LOW 작동 시(4L 모드)

자료 : docsplayer.org/
20060641-15-%EC%84%80%EC%8B%9C%EC%8B%9C%EC%8A%A4%ED%85%9C%EC%84%A4%EA%B3%84-hwp.html [P.306]

05 AWD의 작동 원리

AWD는 상시 4륜 구동, 풀 타임 4WD를 의미하는 것으로 주로 승용차에 적용되는 풀 타임 4WD를 AWD로 구분한다. 풀 타임 4WD는 TOD, ATT, ITM 등 여러 가지가 있다. (*지면 관계상 ITM에 대해서만 기술한다.)

(1) ITM(Inter Active Torque Management)의 구성

1) 4WD ECU

각종 센서 및 스위치 신호를 입력 받아 EMC(Electric Magnet Clutch)를 듀티 제어하여 구동력을 배분하거나 4WD LOCK 모드를 제어한다.

2) 센서부

조향각 센서(선회 시 TCB(Tight Corner Braking) 방지), 휠 속도 센서, ABS 신호 (ABS·ESC 제어 시 구동력 배분 고정)

3) 스위치부

4WD LOCK 스위치 : 견인력이 필요하거나 비포장도로를 주행할 때 작동하는 스위치로 EMC 듀티 비율을 100%로 제어하여 4WD의 구동력이 50:50으로 고정된다.

4) 출력부

EMC(Electro Magnetic Clutch) : EMC는 EMC Coil에 흐르는 전류량을 제어하여 적절한 토크를 전륜으로 분배한다.

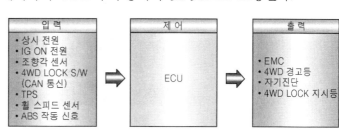

ITM의 입·출력 다이어그램

(자료 : en.ppt-online.org/154964)

(2) ITM의 작동 원리

각 센서들의 데이터를 실시간으로 받아서 ECU가 4WD 커플링 내부에 장착된 마그네틱 클러치를 듀티 제어하여 노면의 조건 및 주행 상황에 따라 앞·뒷바퀴에 구동력을 가변 배분한다.

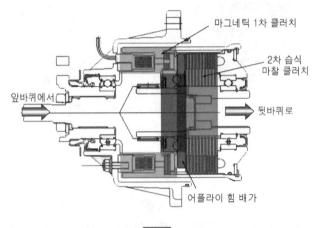

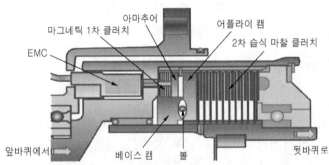

ITM의 내부 구조

자료 : docsplayer.org/
20060641-15-%EC%84%80%EC%8B%9C%EC%8B%9C%EC%8A%A4%ED%85%9C%EC%84%A4%EA%B3%84-hwp.html [P.320]

ITM의 4WD 커플링 장치 구조

(자료 : en.ppt-online.org/154964)

ECU가 EMC(Electro Magnetic Clutch)의 듀티를 제어하여 자화시키면 아마추어가 당겨진다. 1차 클러치가 마찰되고 베이스 캠이 앞바퀴와 함께 회전한다. 베이스 캠과 어플라이 캠의 회전수 차이가 발생하면서 스틸 볼이 이동하고 어플라이 캠이 뒤로 밀린다.

어플라이 캠이 뒤로 밀림에 따라 2차 클러치가 마찰되어 뒷바퀴로 구동력이 전달된다. EMC 듀티율에 의해 어플라이 캠이 다판 클러치를 압착하는 힘이 변하게 되고 이 힘에 따라 앞·뒷바퀴로의 구동력이 100:0~50:50으로 제어된다.

기출문제 유형

✦ 전자제어 토크 스플릿 방식의 4WD(Wheel Drive) 시스템을 정의하고 특성을 설명하시오.(107-2-2)

✦ 기존의 풀 타임 4WD(4 Wheel Drive)대비 TOD(Torque On Demand) 시스템의 장점 5가지에 대하여 설명하시오.(102-1-3)

---

01 개요

(1) 배경

4륜 구동 방식은 험로나 미끄러운 노면에서도 접지력을 유지하기 위해 개발되었다. 초기에 4륜 구동은 단순히 네 바퀴로 동력을 나누어 타이어 1개당 부담을 줄여 주는 것으로 충분했지만 시대가 변하고 소비자의 취향이 다양해지면서 파트 타임 4륜 구동에서 풀 타임 4륜 구동으로, 기계식에서 전자식으로 발전했다.

4WD는 트랜스퍼 케이스(Transfer Case)에서 동력을 앞바퀴와 뒷바퀴로 배분시켜주는데 변속기와 뒷바퀴 출력축 사이에 설치되어 토크를 분배(Split)해 준다. TOD, ATT, ITA, ATC 등의 제품은 전자제어를 통해 토크 분배를 해주는 방식의 4WD이다.

(2) 전자제어 토크 스플릿 방식 4WD 시스템의 정의

전자제어를 통해 앞·뒷바퀴의 구동력을 분배하는 시스템으로 트랜스퍼 케이스 내부에 전자 클러치(EMC)를 내장하여 제어기의 제어에 따라 변속기 출력축에서 입력되는 동력을 앞바퀴와 뒷바퀴로 나누어 준다. 대표적으로 보그워너사에서 개발한 TOD, ATT 시스템이 있고 현재에는 위아, 마그나에서 개발한 ITA(Integrated Transfer case Actuator), ATC(Active Transfer case Actuator)를 주로 사용한다. (TOD, ATT는 초기에 만들어진 시스템으로 ITA, ATC가 보다 진보한 시스템이라고 할 수 있다.)

(3) TOD(Torque On Demand)의 정의

부하에 따라 자동으로 구동력을 배분해 주는 상시 4륜 구동 시스템으로 평소에는 주

구동축으로 동력을 전달하다가 각종 노면 조건과 차량의 상태가 변하면 이에 대응하여 동력의 일부를 보조 구동축에 전달하는 시스템이다.(보그워너사의 등록상표로 우리나라에서는 99년 코란도에 적용되었다.)

02 전자제어 토크 스플릿 방식의 특성(TOD 시스템의 장점)

풀 타임 4WD는 앞·뒷바퀴의 회전속도 차이를 고려하여 구동력을 모든 바퀴에 상시 전달하는 구조이다. 기존의 풀 타임 4륜 구동 방식은 엔진과 트랜스미션을 통해 트랜스퍼 케이스로 전달되는 동력을 유체와 기계 시스템을 이용하여 앞바퀴와 뒷바퀴로 분배하였다.

일률적으로 동력이 분배되기 때문에 연비가 저하되는 단점이 있었다. TOD는 상시 4륜 구동 시스템으로 기존의 상시 4륜 구동 시스템에 비해 구동력을 필요할 때, 동력을 분배하는 비율을 가변적으로 배분해 줌으로써 연비를 향상시켜 준다.

① 차량의 주행 상태에 따라 구동력을 분배하는 비율을 가변적으로 배분하여 기존의 풀 타임 4WD 대비 연비가 향상된다. 기본적으로 포장도로에서 중·저속 주행을 할 때는 뒷바퀴로 97~100%의 동력이 전달되다가 뒷바퀴의 슬립이 감지되면 적절한 양의 동력이 앞바퀴로 전달되어 최대 50:50으로 동력이 분배된다.

② 노면의 상태와 차량의 주행 상태에 따라 각 바퀴에 최적의 접지력이 발휘된다. 따라서 최적의 주행 성능을 유지할 수 있고 선회 시 안정성과 ABS 제동 시 효율이 향상된다.

③ ECU에 의해 제어 되므로 운전 편의성이 향상되고, 자동으로 구동력을 변화시켜 주기 때문에 노면의 변화에 대한 응답성이 빠르다.

④ 내부 구조가 간단하고 기존의 4WD보다 경량화가 가능하다.

⑤ ABS와 협조 제어로 주행 성능이 향상되어 포장, 비포장도로에서 정지 시 안전성이 향상된다.

03 TOD 시스템의 구성

1) TOD ECU

각종 센서 및 스위치 신호를 입력 받아 EMC(Electro-Magnetic Clutch)를 듀티 제어하여 구동력을 배분하거나 4WD LOW 모드를 제어한다. Auto·Low 모드 스위치의 선택에 따라 앞·뒷바퀴의 구동력을 자동적으로 배분하며, 각 모드에서도 노면의 상태 및 운행 조건에 적절하게 구동력이 배분되도록 출력부를 제어한다. 또한 시스템의 고장 유무를 파악하기 위해 자기진단 기능도 갖추고 있다.

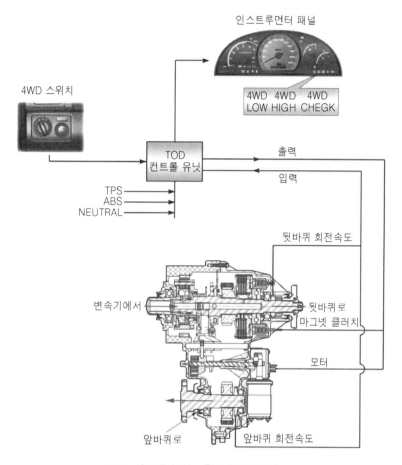

TOD 시스템의 입 · 출력 다이어그램

(자료 : neon.lofis.net/SsangYong/Service_Manuals/Y286/Y286_WML_706.pdf)

2) 센서부

① MPS(Motor Position Sensor) : 시프트 모터의 회전방향과 위치를 파악한다. 원형 자석이 회전하면서 발생되는 자기장에 의해서 모터 포지션을 인식한다.

② 프런트 · 리어 속도 센서 : 프로펠러 샤프트의 입력과 출력 속도를 비교하여 구동력을 배분한다.

③ 기타 스로틀 포지션 센서, ABS 신호, "N"단 신호 등이 있다.

3) 스위치부

모드 선택 스위치는 AUTO 및 LOW 두 가지 모드가 있다. AUTO 모드는 일반적으로 사용되는 모드이며 앞 · 뒷바퀴에 구동력을 자동으로 배분한다. LOW 모드는 전기식 트랜스퍼 케이스의 4L 모드와 동일한 모드이며 앞 · 뒷바퀴에 최대 50:50의 구동력을 배분시켜 4WD 상태에서 최대의 구동력 발휘하도록 한다.

4) 출력부

트랜스퍼 케이스 내부에 전자 마그네틱 클러치와 시프트 모터가 장착되어 있다. TOD 제어기가 트랜스퍼 케이스의 프로펠러 샤프트 스피드 센서로부터 앞·뒷바퀴의 회전속도를 받고, 엔진 컨트롤 유닛으로부터 엔진의 출력 상태에 대한 정보를 받아 분석하고 그 값에 따라 전자식 다판 클러치(Electro Magnetic Clutch)의 압착력을 변화시키면 구동력이 분배된다. 모드 선택 스위치에서 4L(LOW) 모드를 선택하면 시프트 모터가 동작하여 시프트 포크가 2.48:1의 감속위치로 변한다.

기출문제 유형

✦ 상시 4륜 구동 방식에서 TOD(Torque On Demand) 방식과 ITM(Interactive Torque Management) 방식을 비교하여 설명하시오.(101-4-1)

---

01 개요

(1) 배경

4륜 구동 방식 중 상시 4륜 구동 방식은 앞·뒷바퀴의 회전속도 차이를 고려하여 구동력을 모든 바퀴에 상시 전달하는 구조이다. 구동력의 배분이 항상 일정한 비율로 고정되어 있는 고정 분배식과 노면의 상황이나 주행의 상태 등에 따라 토크 분배가 가변하는 가변 분배식으로 분류된다. 가변 분배식 중 전자제어 방식이 있는데 전자제어 방식은 전자제어 트랜스퍼 케이스 구조인 TOD, ATT와 능동형 토크 제어식인 ITM, ITCC, DHEA, ITA, ATC로 구분할 수 있다.

(2) TOD(Torque On Demand)의 정의

부하에 따라 자동으로 구동력을 배분해 주는 상시 4륜 구동 시스템으로 평소에는 주구동축으로 동력을 전달하다가 각종 노면의 조건과 차량의 상태가 변하면 이에 대응하여 동력의 일부를 보조 구동축에 전달하는 시스템이다.

(3) ITM(Interactive Torque Management)의 정의

전륜 구동 기반 전자제어 AWD로 4WD 커플링 내부에 장착된 전자 마그네틱 클러치를 제어하여 구동력을 가변하여 배분하는 시스템이다.

02 TOD와 ITM의 4륜 구동 방식 비교

TOD는 주로 FR 차량의 뒷바퀴 구동 차량에 적용되는 전자제어식 4WD 시스템이고

ITM은 주로 FF 차량, 전륜 구동 차량에 적용되는 능동형 전자제어식 4WD 시스템이다. 가장 큰 차이점은 TOD는 4WD LOW 단이 있고 ITM 은 4WD LOCK이 있는 것이다. 따라서 시프트 모터와 포크가 없어서 TOD 보다 ITM 시스템의 구성이 단순하며 무게도 저감된다.

TOD와 ITM 시스템의 비교

시스템	TOD	ITM
모드 선택	AUTO-LOW	4WD Lock
모드 변환	2WD ↔ 4WD 자동 변환	2WD ↔ 4WD 자동 변환
	정차 후 Auto-4WD Low 감속비 2.48:1	주행 중 4WD Lock 구동력 비율 50:50

03 TOD 시스템의 구성

참조 p.83 기존의 풀 타임 4WD(4 Wheel Drive)대비 TOD(Torque On Demand) 시스템의 장점 5가지에 대하여 설명하시오.(102-1-3)

04 ITM 시스템의 구성

참조 p.75 자동차용 4WD(4 Wheel Drive)와 AWD(All Wheel Drive) 시스템에 대하여 다음을 설명하시오.(110-3-1) (다) AWD의 작동원리

기출문제 유형

✦ 동력전달장치에서 험프(hump) 현상을 설명하시오.(92-1-2)

01 개요

차동장치에서 한쪽 바퀴로만 동력이 과도하게 전달될 때, 4륜 구동 자동차에서 구동바퀴가 공중에 뜨거나 미끄러질 때, 구동력을 다른 쪽으로 전달하기 위한 방안이 필요하다. 일반적인 상황에서는 동력전달이 되지 않다가 한쪽으로만 과도하게 동력이 전달될 때 동력의 편차를 줄여주기 위한 상황으로 이를 위해 토크 센싱 방식이나 비스코스 커플링 방식의 장치를 사용한다. 비스코스 커플링 방식은 실리콘 오일을 사용하기 때문에 과도한 회전차가 발생할 경우 험프 현상이 발생한다.

02 험프(Hump) 현상의 정의

비스코스 커플링 장치에서 발생하는 현상으로 비스코스 커플링 내의 실리콘 오일이 플레이트에 의해 심한 전단을 받으면 오일 온도가 급격하게 상승하여 실리콘 오일이 팽창하고 이로 인해 이너 플레이트와 아우터 플레이트가 직결되어 동력이 전달되는 현상이다.

03 험프 현상의 원리

비스코스 커플링은 입력축에 연결된 판(Inner Plate)과 출력축에 연결된 판(Outer Plate)으로 구성되어 있고 그 사이에는 실리콘 오일이 채워져 있다. 입력축이 적당한 속도로 회전할 때는 실리콘 오일의 온도 변화가 크지 않아 회전이 가능하다. 입력축의 속도가 급격하게 증가하면 실리콘 오일의 온도가 상승하게 되어 실리콘 오일이 팽창하게 된다.

따라서 입력축 판과 출력축 판은 실리콘 오일에 의해 직결되는 효과

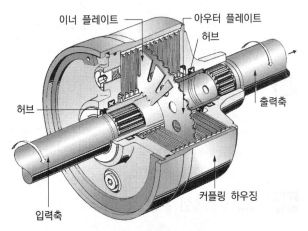

비스커스 커플링 험프 현상
(자료 : vw-kern.at/viscous-coupling)

가 발생하여 입력축의 동력이 출력축으로 전달된다. 비스코스 커플링은 이러한 험프 현상을 이용하여 기계식 4WD 장치나 LSD(Limited Slip Differential)에 적용된다. 소음이 적고 구조가 간단하여 비용이 저렴한 장점이 있지만 응답 속도가 느리고 기온에 민감하다는 단점이 있다.

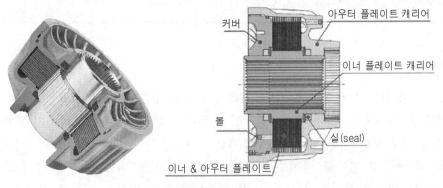

비스코스 커플링 내부 구조

기출문제 유형

✦ 차동장치를 설명하시오.(56-1-1)

✦ 차동장치의 구조와 원리를 설명하시오.(31)

✦ 차동 기어 시스템을 설명하시오.(48)

01 개요

자동차가 선회 주행을 할 때 선회 내측 바퀴와 선회 외측 바퀴는 선회 반경의 중심점으로부터 자동차의 윤간 거리(윤거)만큼 차이가 발생한다. 따라서 내측의 바퀴는 작은 원을 그리고 외측의 바퀴는 큰 원을 그리게 됨에 따라 내·외측의 바퀴가 서로 다른 회전수를 가지고 회전한다. 또한 지형이 고르지 않은 노면에서 주행할 때도 좌우 바퀴의 회전수는 다르게 된다.

이와 같은 이유로 선회 주행을 할 때나 지형이 고르지 않은 노면에서 좌우 바퀴에 생기는 회전차를 자동적으로 조정하여 원활히 회전을 할 수 있는 장치가 필요하다. 좌우의 회전차를 자동으로 조정해 주는 장치를 차동장치라고 하며 주로 종감속 기어와 일체로 되어 있으며 액슬 하우징에 설치되어 있다. 내부는 점성이 높은 윤활유가 채워져 있으며, 종감속 기어는 주로 스파이럴 베벨 기어와 하이포이드 기어가 사용되고 있다.

02 차동장치(Differential Gear)의 정의

자동차 좌우 바퀴의 회전수 차이가 발생할 경우 자동으로 회전수 차이를 조절하여 원활히 주행할 수 있도록 하는 기어 장치이다.

03 차동장치의 구조

차동기어 장치는 구동 피니언 기어와 맞물리는 링 기어와 링 기어가 고정되어 있는 차동 기어 케이스에 배치되어 있는 차동 피니언 기어, 차동 피니언 기어와 맞물린 차동 사이드 기어로 구성되어 있다. 차동 사이드 기어의 스플라인에 연결되어 있는 구동축을 경유하여 좌우 바퀴로 동력이 전달된다.

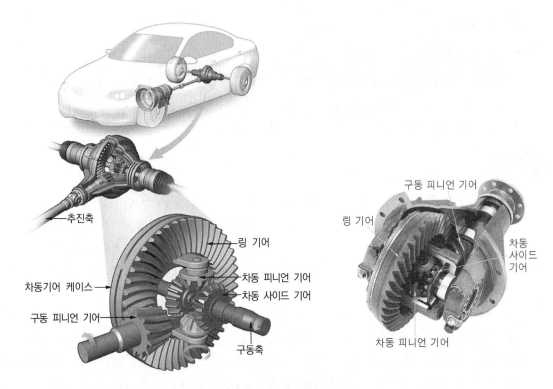

차동 기어 장치의 구조
(자료 : terms.naver.com/entry.nhn?docId=1145334&cid=40942&categoryId=32351)

04 차동장치의 동작 원리

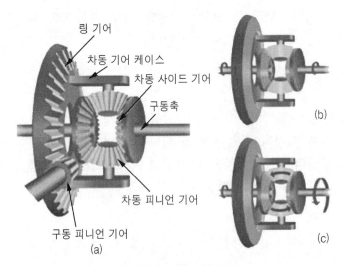

차동장치의 작동 원리
(자료 : onlinelibrary.wiley.com/doi/pdf/10.1002/9781118392393.ins)

구동 피니언 축에서 동력이 전달되면 링 기어가 회전한다. 이때 좌우 바퀴의 회전수 차이가 없는 직진 주행의 경우 링 기어와 일체로 연결되어 있는 차동 기어 케이스를 통해 동력이 차동 사이드 기어로 동일하게 전달된다.

하지만 좌우 바퀴의 회전수 차이가 있는 선회 주행의 경우 차동 기어 케이스가 회전을 해도 차동 피니언 기어가 회전하면서 좌우로 동일하게 구동력이 전달되지 않고 선회 안쪽 바퀴의 회전수가 감소한 만큼 차동 피니언 기어가 회전하여 바깥쪽 바퀴를 증속시킨다.

기출문제 유형

✦ 자동차 감속 기어의 종류를 기술하고 그 장단점을 비교하시오.(59-4-4)

✦ 최종 감속 장치의 하이포이드 기어에 대하여 설명하시오.(52)

✦ 감속 기어 중 스파이럴 베벨 기어와 하이포이드 기어에 대하여 설명하시오.(60-3-6)

✦ 종감속 기어 및 차동장치(Final Gear and Differential System)에 대하여 상술하시오.(57-2-3)

---

01 개요

(1) 배경

엔진에서 발생한 동력으로 자동차를 주행하고 가속하기 위해서는 자동차의 무게와 노면의 부하에 대해 충분히 큰 토크가 필요하다. 엔진에서 발생한 토크만으로는 이러한 부하(주행 저항)를 감당할 수 없기 때문에 기어 감속이 필요하다. 자동차에서는 변속기를 통해 일차적으로 감속을 하고 최종 감속 기어 장치를 통해 이차적으로 감속을 한다.

자동차 감속 기어는 보통 최종 감속기, 종감속기를 뜻하는 말로 종감속기는 동력의 전달 및 회전 방향을 변경해 주고 감속을 통해 회전력을 증대시켜 주는 역할을 한다.

(2) 감속 기어(Reduction Gear)의 정의

입력되는 회전수보다 출력되는 회전수를 줄이는 기어로 맞물리는 기어의 비율 차이를 이용하여 속도를 감속시키는 장치이다. 자동차에서는 주 구동원의 회전수를 필요한 회전수로 감속하여 더 높은 토크를 얻을 수 있도록 만든 장치로 감속기, 감속 기어, 감속장치 등으로 명칭하고 있다.

02 감속 기어의 원리

기어비는 입력축이 1회전할 때 출력축이 몇 번 회전하는가를 비율로 나타낸 것이다. 입력축이 1회전할 때 출력축이 1회전하면 기어비는 1:1이 되고 입력축이 2회전할 때 출력축이 1회전하면 기어비는 2:1이 된다. 기어비가 높을수록 회전수, 회전속도는 작아지고 회전력, 즉, 토크는 높아진다. 토크는 T, 회전수는 N, 기어 반경은 R, 기어 잇수는 Z라고 할 때 다음과 같은 식이 성립한다.

$$\frac{R_2}{R_1} = \frac{N_1}{N_2} = \frac{Z_2}{Z_1}$$

회전속도는 $2\pi RN$이므로 토크는 반경과 잇수에 비례한다.

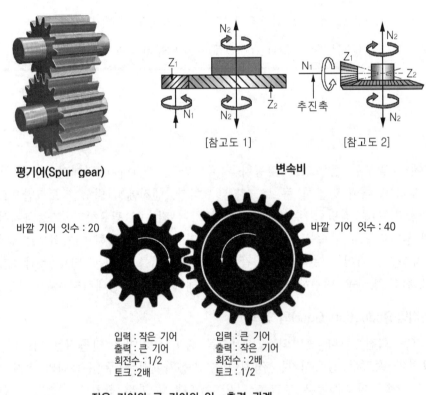

평기어(Spur gear)

[참고도 1]   [참고도 2]

변속비

바깥 기어 잇수 : 20   바깥 기어 잇수 : 40

입력 : 작은 기어
출력 : 큰 기어
회전수 : 1/2
토크 : 2배

입력 : 큰 기어
출력 : 작은 기어
회전수 : 2배
토크 : 1/2

작은 기어와 큰 기어의 입·출력 관계

03 종감속 기어의 종류

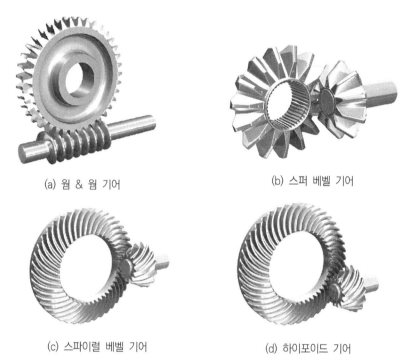

(a) 웜 & 웜 기어

(b) 스퍼 베벨 기어

(c) 스파이럴 베벨 기어

(d) 하이포이드 기어

종감속 기어의 종류

(1) 스파이럴 베벨 기어(Spiral Bevel Gear)

스파이럴 베벨 기어는 사전적으로 나선형의 베벨 기어를 뜻하는 말로, 기존 베벨 기어의 직선 기어이 형상을 나선형으로 만든 기어이다. 나선형의 기어이 형상으로 인해 한 번에 접촉하는 길이가 커서 스퍼 베벨 기어보다 소음·진동이 적고, 동력전달이 유리하다. 스퍼 베벨 기어보다 제작이 어렵지만 강하고 조용한 기어로 폭 넓게 사용되고 있다.

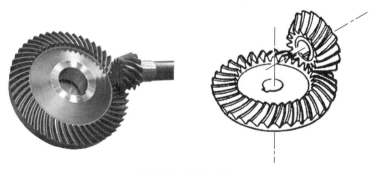

스파이럴 베벨 기어

(2) 하이포이드 기어(Hypoid Gear)

하이포이드 기어는 스파이럴 베벨 기어와 비슷하게 생긴 구조로 축간의 편심(Offset)을 적용하였다. 입력축과 출력축의 중심이 서로 직교하지 않게 입력축 구동 피니언 기어를 출력축 링 기어의 중심에 비해 낮춰서 설치한 구조이다.

링 기어의 위치가 고정된 상태에서 구동 피니언 기어를 낮게 설치하면, 동일한 기어 박스의 위치 대비 추진축의 높이를 낮출 수 있어서 차량 내부의 공간 활용이 가능한 장점이 있다. 기어 이의 폭 방향으로도 미끄럼 접촉을 하기 때문에 극압성 윤활유를 사용해야 하며 가격이 비싸다는 단점이 있다.

 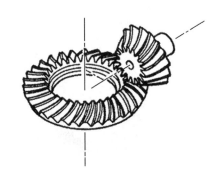

하이포이드 기어(Hypoid Gear)

(3) 웜 기어(Worm Gear)

웜기어는 제작비가 비싸서 승용 자동차의 종감속 장치로는 거의 사용되지 않지만, 무거운 승합차 등에서는 현재에도 사용된다. 또한 차동제한 장치나 4WD에서 토르센 방식 기어 장치로 사용되고 있다. 가격이 비싸고 효율이 94% 정도로 낮지만 정숙성이 뛰어나고 수명이 길다는 장점이 있다. 크기에 대비하여 높은 감속비를 제공한다.

웜 기어

- ✦ 차동 제한 장치를 설명하시오.(57-1-7)
- ✦ LSD(Limited Slip Differential)를 정의하고, 회전수 감응형, 토크 감응형, 하이브리드 형의 작동원리를 각각 설명하시오.(110-4-1)
- ✦ 차동 제한 장치(LSD, Limited Slip Differential)를 설명하시오.(80-1-7)
- ✦ 논 슬립 차동장치(Non Slip Differential)에 대하여 설명하시오.(62-3-6)
- ✦ 차동 제한 장치(LSD : limited Slip Differential)에서 토르센 형의 주요 특성에 대하여 설명하시오.(95-4-6)

01 개요

(1) 배경

차동장치는 자동차 좌우 바퀴의 회전수 차이가 발생할 경우 자동으로 회전수 차이를 흡수하여 원활한 주행이 가능하도록 만든 기어 장치이다. 하지만 한쪽 휠이 진흙이나 눈길 등 마찰이 적은 노면에 있을 경우 구동력은 회전속도 차이를 극복하기 위해 미끄러운 쪽으로만 전달된다.

따라서 전체적인 구동력이 작아져 주행이 불가능한 상태가 된다. 이러한 문제점을 방지하기 위해서 차동 기어가 동작하지 않아야 할 때 차동 기능을 제한하여 구동력을 확보하는 차동 제한 장치(LSD)가 개발되었다.

(2) 차동 제한 장치(LSD : Limited Slip Differential)의 정의

차동장치의 작동으로 인해 주행이 불가능한 상태에서 차동 기능을 제한하여 좌우 바퀴에 균등한 구동력을 제공하여 원활한 주행이 가능하도록 만든 장치이다. 논 슬립 차동장치(None Slip Differential)라고도 한다.

02 차동 제한 장치의 필요성 및 작동 원리

(1) 차동 제한 장치의 필요성

차동장치의 경우, 작동 구조상 좌우 바퀴에 토크를 동일하게 전달하기 때문에 한쪽 바퀴가 진흙이나 눈길 등으로 인해 슬립이 발생하면 토크가 다른 쪽 바퀴로 전달되지 않고 대부분 미끄러운 쪽 바퀴로만 전달되어 주행이 불가능하게 된다. 정상적인 노면에서 급발진을 하는 경우에도 양쪽 바퀴와 노면과의 마찰력 차이가 존재하기 때문에 마찰력이 작은 쪽 바퀴가 미끄러지며 발진하게 된다. 차량의 발진에 따라 좌우 노면의 마찰력이 변하게 되므로 좌우 바퀴의 미끄러짐이 번갈아 일어나는 경우도 발생하여 주행이 불안정하게 된다.

눈길이나 얼음길 등의 노면 상태가 나쁜 도로 주행 및 급발진, 급제동 주행 시 미끄러짐이 발생하기 쉬우며, 급선회 시에는 외측 바퀴에 걸리는 하중이 증가하게 되고 내측의 바퀴에는 하중이 작게 걸리게 되므로 진흙에 빠진 것과 비슷한 미끄러짐이 발생하기 쉽다. 이러한 상황에서 차동 제한 장치는 구동력의 손실을 방지하여 차량의 운동성을 향상하고 주행의 안정성을 확보해 준다.

(2) 차동 제한 장치의 작동 과정

차동 제한 장치는 자동 장치의 작동으로 인해 구동력이 양쪽 바퀴로 전달되지 않아 주행이 불가능한 상황에서 차동 기능을 제한하여 양쪽 바퀴로 모두 구동력을 전달해 준다. 이를 위해 차동장치 내부에 마찰저항이 발생되는 기구를 설치하여 회전력의 전달을 회복시킴으로써 바퀴의 공회전을 방지할 뿐만 아니라 반대쪽 바퀴의 구동력을 증대시켜 차량의 구동력을 높여준다. 마찰 기구의 종류로는 비스코스 커플링 방식, 토크 센싱 방식, 다판 클러치 방식, 전자 제어 방식 등이 있다.

03 차동 제한 장치의 특징

① 진흙이나 눈길, 얼음길, 험로 등 노면의 상태가 좋지 않고 미끄러운 길에서 구동력이 양쪽 바퀴에 모두 전달되어 구동력이 증대된다.
② 급가속, 급발진, 선회를 할 때, 횡풍에 의해서 외력을 받을 때 주행 안정성을 유지한다.
③ 차동 기능이 제한되므로 경사로에서 주·정차가 쉽다.

04 개요

(1) 회전수(속도) 감응형

비스코스 커플링(Viscous Coupling) 방식

(2) 토크 감응형

다판 클러치 방식, 토르센(Torsen) 방식

(3) 하이브리드형

비스코스 커플링＋토르센＋다판 클러치 방식(BMW의 Variable M Differential Lok)

(4) 전자 제어형

유압 제어 방식, 전자 클러치 방식

05 차동 제한 장치의 종류별 상세 설명

(1) 회전수(속도) 감응형_비스코스 커플링(Viscous Coupling) 방식

1) 구조 및 구성

양쪽 드라이브 샤프트로 연결된 두 개의 회전판과 유체(실리콘유)로 구성되어 있다.

2) 원리

LSD 내부에는 두 개의 회전판과 그 사이에 점성이 높은 실리콘 오일이 채워져 있다. 선회 시 양쪽 바퀴의 회전차가 느리고 일정하게 발생할 경우에는 분리된 상태를 유지한다. 미끄러운 노면에서 한쪽 바퀴가 과도하게 회전하는 경우에는 LSD 내부의 실리콘 오일에 유체 저항이 발생하여 온도가 올라가고 부피가 팽창하여 두 개의 회전판이 직결되어 회전하게 된다.

3) 특징

① 유체식이므로 내부 구성품의 마모가 적고 소음이 없다.

② 오프로드에서의 탈출성이 우수하다.

③ 유체를 이용하기 때문에 좌우 차동 제한 성능이 저하되고 응답성이 떨어진다.(스포츠 주행용 차량으로는 거의 사용되지 않고 SUV의 험로 탈출 목적으로 주로 사용된다.)

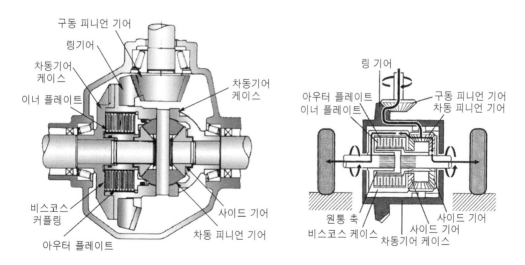

비스코스 커플링식 LSD의 구조

(2) 토크 감응형_다판 클러치 방식

1) 구조 및 구성

① 기본적으로 차동 기어와 같은 구조를 갖고 있다. 구동 피니언 기어에서 링 기어로 동력이 전달되고 링 기어와 일체형인 디퍼렌셜 케이스 내부에는 차동 사이드 기어와 차동 피니언 기어(스파이더 기어)가 배치되어 있고 사이드 기어 외부 쪽에는 다판 클러치가 양쪽으로 배치되어 있다. 다판 클러치는 디퍼렌셜 케이스와 연결된 스틸 플레이트(Steel Plate)와 드라이브 샤프트 축에 연결된 마찰판(Friction Disc)으로 구성되어 있다.

② 클러치 팩, 코일 스프링, 구동축, 차동 사이드 기어, 차동 피니언 기어

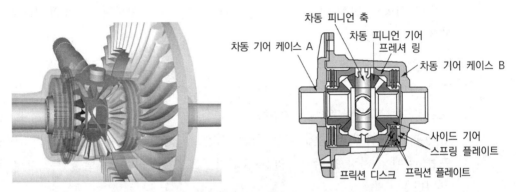

다판 클러치식 LSD의 구조
(자료 : aston1936.com/2021/05/08/differential-fluid-for-an-aston-martin-db9/)

2) 원리

코일 스프링 구조는 차동 피니언 기어와 차동 사이드 기어 사이에 코일 스프링이 있어서 기본적으로 차동 사이드 기어에 부하를 전달해 주고 있다. 하지만 이 힘은 크지 않아서 다판 클러치를 압착할 정도까지는 되지 않는다. 한쪽 바퀴가 미끄러짐이 발생할 때 바퀴와 연결된 드라이브 샤프트가 회전하고 이는 차동 사이드 기어를 회전시킨다. 이때 차동 피니언 기어는 회전하게 되고 디스크를 압착하는 힘을 가하게 되어 디퍼렌셜 케이스를 회전시키고 링 기어를 회전시킨다. 따라서 반대쪽 바퀴로도 동력이 전달되어 차동장치가 제한된다.

3) 특징

적은 회전차가 발생하는 경우에도 차동을 제한하는 성능이 우수하다. 특수 오일을 적용해야 하며 스프링의 예압력에 따른 토크 분배력이 크다. 기능을 일정하게 유지하기 위하여 다판 클러치의 마모에 따른 보수를 필요로 한다.

(3) 토크 감응형_토르센(Torsen) 방식

1) 구조 및 구성

차동장치 내부의 사이드 기어와 차동 피니언 기어가 웜 기어와 웜 휠 기어로 대체되어 있는 구조로 되어 있다. 좌우 드라이브 샤프트로 연결되는 사이드 기어 부분에 웜 기어가 설치되어 있고 웜 기어 주위로 3개씩 1세트(모두 6개)의 웜 휠 기어가 연결되어 있다. 웜 휠 기어는 서로 스퍼 기어로 맞물려 있다. 웜 휠 기어는 차동기어 케이스와 연결되어 있어서 링 기어가 회전할 때 동일하게 회전한다.

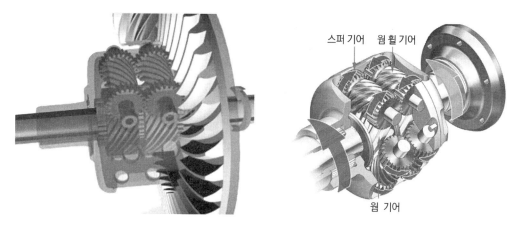

토르센식 LSD의 구조

(자료 : lesics.com/torsen-differential-how-does-it-work.html)

2) 원리

기본적으로 웜 기어는 웜 휠 기어로 동력을 전달하지만 웜 휠 기어는 웜 기어로 동력을 전달하지 못한다. 토르센 기어는 이러한 원리를 이용한 차동 제한 장치이다. 직진 주행 시에는 차동 기어 케이스와 웜 휠 기어, 웜 기어는 일체형으로 동작하고 선회 시에는 양쪽 바퀴의 회전 차이에 의해 웜 기어가 다르게 회전하며 웜 휠 기어도 다른 속도로 회전한다. 이때 차동 기어 케이스와 링 기어는 회전하고 있는 상태이다.

한쪽 바퀴에 미끄러짐이 발생하면 링 기어와 차동 기어 케이스는 회전하지 않는 상태에서 한쪽 웜 기어와 웜 휠 기어만 회전하려고 한다. 웜 휠 기어의 스퍼 기어는 맞은편으로 연결되어 있다. 스퍼 기어를 통해 동력을 전달받은 맞은편 웜 휠 기어는 웜기어를 동작시키지 못하기 때문에 차동이 제한되고 차동 기어 케이스와 링 기어를 회전시키게 된다. 따라서 구동력이 양쪽으로 모두 전달되어 미끄러운 노면을 탈출할 수 있게 된다.

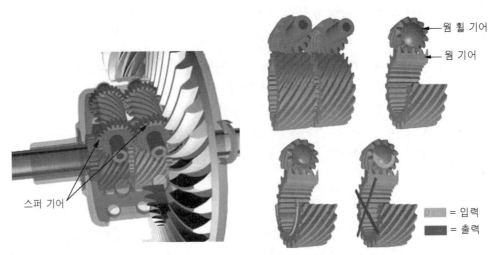

토르센식 LSD의 원리

3) 특징

① 경량이며 기어의 맞물림으로 작동하기 때문에 동력전달의 효율성과 응답성, 내구성이 높다.

② 좌우 회전수 분배의 정확성이 높다.

③ 작동 소음이 발생하며 구성하는 기어의 수가 많아서 구조가 복잡하다. \

(3) 하이브리드형

1) 구조 및 구성

기어 결합은 토르센식으로 되어 있고 내부의 동력전달에는 비스코스 커플링 방식이 사용되며 좌우 구동력 배분 위치에는 다판 클러치가 장착되어 있는 구조이다. (BMW의 Variable M Differential Lock)

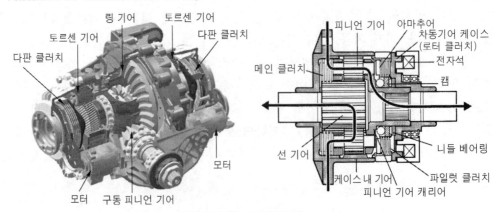

하이브리드형 LSD의 구조

2) 원리

좌우 마찰력의 차이가 발생하여 한쪽으로만 구동력이 인가되면 토르센 기어, 즉, 우측 헬리컬 기어의 마찰저항에 의해 차동이 제한된다. 좌우 회전차가 일정량 이상 발생하면 비스커스 커플링의 험프 작용에 의해 좌측 하단 펌프 디스크를 동작시켜 다판 클러치를 압박하여 클러치의 마찰력이 증가하게 되어 차동이 제한된다. 평소에는 클러치가 약간 여유역이 되어 있어서 토르센 방식으로 차동이 제한되고, 좌우 회전차에 의해 비스코스 커플링의 유체 압력이 증가하면 다판 클러치를 동작시키는 방식의 차동 제한 장치이다.

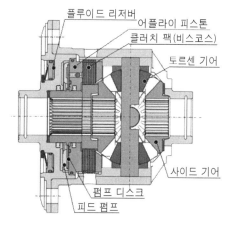

하이브리드형 LSD

3) 특징

① 토르센 방식 보다 차동 제한 성능이 높고 다판 클러치 방식보다 좋지 않다.

② 다판 클러치의 유격이 있어 평상시 마찰 및 마찰 소음 발생이 저감되지만 약간의 소음은 발생된다.

③ 다판 클러치 방식보다 내구성이 높고 차동 제한 동작 시 충격 및 작동 소음이 적다.

④ 구조가 복잡하고 응답성이 저하된다.

(4) 전자 제어형

1) 구조 및 구성

① 기본적으로 토크 감응형 중 다판 클러치 방식의 구조에 유압 서보 장치나 모터를 추가하여 구성된다.

② 다판 클러치, 유압제어 솔레노이드 or 모터, 차동장치

2) 원리

제어기는 차량의 현재 상태를 파악하고 다판 클러치의 마찰력을 제어하여 차동 제한 기능을 작동 한다. 차동 제한 토크의 설정은 차동 기어의 고정 분배비, 차량의 주행 조건, 특성 등을 고려해서 결정한다.

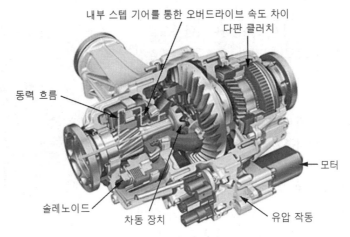

전자제어형 LSD의 구조

3) 특징

① 전자제어로 차동 제한 토크를 연속적으로 가변 제어하기 때문에 제어성이 좋고 응답성이 우수하다.

② 다양한 주행 환경에 대한 대응성이 좋다.

③ 제작 비용이 고가이고 중량이 무거운 단점이 있다.

④ ABS, TCS와 연계되거나 토크 벡터링 시스템 등의 시스템으로 발전하고 있다.

기출문제 유형

◆ 구동장치에서 torque vectoring system을 정의하고 설명하시오.(92-1-13)

---

01 개요

자동차의 차동장치는 원활한 선회를 위해 좌우 바퀴의 회전수 차이를 조절해 주는 장치이다. 회전 저항에 따라 수동적으로 반응하기 때문에 운전자의 의지와는 상관없이 주행 상태에 따라 좌우 바퀴로 배분되는 토크 비율이 달라진다. 따라서 노면의 조건에 따라 충분한 토크가 전달되지 않는 경우가 발생한다. 토크 벡터링 시스템(torque vectoring system)은 수동적으로 작동하는 차동장치나 차동 제한 장치의 물리적 한계를 극복하기 위해 개발되었다.(전자제어식 차동 제한 장치를 보다 전문화시킨 방식이다.)

02 토크 벡터링 시스템(torque vectoring system)의 정의

각 바퀴로 전달되는 토크의 크기를 독립적으로 자유롭게 조절하기 위한 기술로 능동적으로 차동장치의 기능을 제어함으로써 주행 성능을 향상시킨다. 액티브 디퍼렌셜(Active Differential), 전자제어 차동 제한 디퍼렌셜이라는 명칭으로 사용하기도 한다.

03 구성

사이드 기어
차동 기어 축
로테이팅 하우징
크라운 휠 구동 차축

차동 피니언 기어 4
특 핀
구동 스플라인

아우터 플레이트
이너 플레이트
나사 링

(자료 : carexpert.com.au/car-news/torque-vectoring-explained)

① 제어부 : 센서의 신호를 입력받아 다판 클러치를 제어하여 구동력을 제어하고 브레이크를 독립적으로 제어한다.
② 센서부 : 주행속도, 조향각 센서, 요레이트 센서, 횡가속도 센서, 휠 속도 센서
③ 출력부 : 다판 클러치, 유압 제어 장치

04 작동 원리

토크를 제어하는 방법은 다판 클러치를 사용하는 방식과 브레이크를 사용하는 방식이 있다. 선회 시 안쪽 바퀴에는 제동을 하고 바깥쪽 바퀴에는 토크를 전달하여 보다 정밀하게 선회가 될 수 있도록 한다.

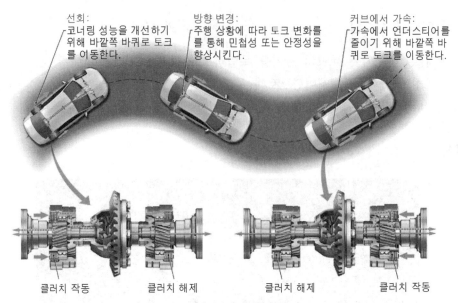

선회:
코너링 성능을 개선하기 위해 바깥쪽 바퀴로 토크를 이동한다.

방향 변경:
주행 상황에 따라 토크 변화를 를 통해 민첩성 또는 안정성을 향상시킨다.

커브에서 가속:
가속에서 언더스티어를 줄이기 위해 바깥쪽 바퀴로 토크를 이동한다.

클러치 작동   클러치 해제   클러치 해제   클러치 작동

토크 벡터링의 작동 원리

05 토크 벡터링 시스템의 종류 및 특징

(1) 클러치 제어 방식

양쪽의 다판 클러치를 제어하여 토크를 제어한다. 좌우 바퀴로 전달하는 토크에 차이가 있어도 토크의 합은 일정하다. 가속, 감속 상황에서도 토크를 제어할 수 있다. 뒷바퀴 구동이나 AWD의 뒷바퀴 차동장치에 주로 사용한다. BMW 차량에서 사용하며 DPC(Dynamic Performance Control)이라고 부른다.

클러치 제어방식의 구조
(자료 : youtube.com/watch?time_continue=19&v=kVLmigf-mSg&feature=emb_title)

(2) 브레이크 제어 방식

각 바퀴의 브레이크를 독립적으로 제어하여 인위적으로 토크를 조절하는 방식이다. 앞바퀴 구동 자동차에 사용할 경우 언더 스티어를 감소시킬 수 있다. 하지만 토크의 크

기를 줄이는 방식이므로 토크의 크기가 제한되고 속도가 저하되어 주행 역동성이 떨어질 수 있다. 폭스 바겐 차량에서 사용하며 XDS라고 불리운다.

(3) 클러치 제어 방식과 브레이크 제어 방식

클러치 제어와 브레이크 제어를 혼합하여 사용하는 방식으로 보다 정밀도가 높고 성능이 향상된다. 미쓰비시 S-AWC와 일부 아우디 차량에 적용되었다.

기출문제 유형

✦ 유니버설 조인트(Universal Joint)의 회전특성에 대하여 서술하시오.(56-4-3)

✦ 구동축과 피동축을 연결하는 훅 조인트와 등속 조인트를 설명하시오.(60-4-6)

✦ 훅 조인트와 등속 조인트의 구조, 사용처와 회전 속도의 전달 특성을 상호 비교 설명하시오.(72-1-3)

01 개요

(1) 배경

엔진의 동력은 변속기를 거쳐 프로펠러 샤프트를 경유하여 종감속 & 차동장치와 드라이브 샤프트 및 바퀴까지 전달된다. 도로 주행 시 노면의 상태에 따라 바퀴의 움직임이 발생하고 이에 따라 샤프트의 길이 및 각도가 변동된다. 길이나 각도 변동에 따라서 엔진의 동력을 원활하게 차축에 전달하기 위해 슬립 이음(Slip Joint)과 자재 이음(Universal Joint)을 사용한다. 길이의 변동을 흡수해 주는 장치를 슬립 이음(Slip Joint)라고 하고 각도의 변동을 흡수해 주는 장치를 자재 이음(Universal Joint)이라고 한다.

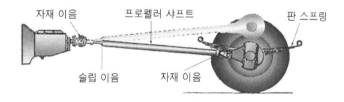

드라이브 라인의 구성

(2) 자재 이음(Universal Joint)의 정의

두 축이 비교적 떨어진 위치에 있는 경우나 두 축의 각도(편각)가 큰 경우, 두 축을 연결하기 위하여 사용되는 축이음(커플링)의 일종이다. 자동차의 프로펠러 샤프트나 드라이브 샤프트의 연결부, 자동차의 스터어링 기구 등에 사용된다.

02 유니버설 조인트의 종류

(1) 부등속 자재이음

등속도로 동력이 전달되지 않는 자재 이음이다. 십자형 자재 이음(훅 조인트)와 플렉시블 자재 이음이 있다.

① 십자형 자재 이음(Hook's Joint)
② 플렉시블 자재 이음(Flexible Joint)

(2) 등속 자재이음(Constant Velocity Universal Joint)

등속도로 동력이 전달되는 자재 이음이다. 이중 십자형, 트리포드, 더블-오프셋, 볼 자재 이음 등이 있다.

① 이중 십자형 자재 이음(Double Cross Joint), 이중 카르단 자재 이음(Double Cardan Joint)
② 트리포드 자재 이음(Tripod Joint)
③ 더블-오프셋 자재 이음(Double-Offset Joint)
④ 볼 자재 이음(Ball-type Joint)

03 훅 조인트(십자형 자재 이음, Hook's Joint)

(1) 구조

구동축과 피동축이 연결된 2개의 요크(Yoke)를 십자축을 사용하여 연결한 구조이다. 요크 양단에 플랜지나 슬립이음, 중공축을 접속한다.

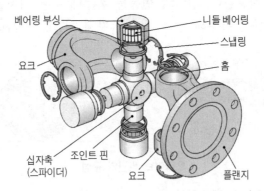

십자형 자재 이음의 구조

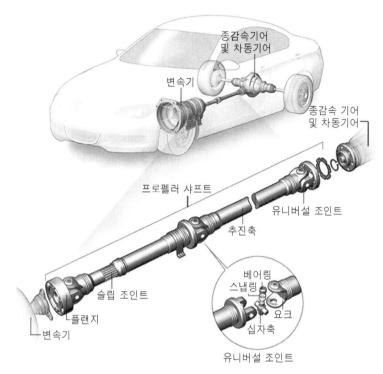

종감속기어
및 차동기어

변속기

종감속 기어
및 차동기어

프로펠러 샤프트

유니버설 조인트

추진축

슬립 조인트

베어링
스냅링

플랜지

요크

변속기

십자축

유니버설 조인트

드라이브 라인의 구성

(2) 사용처

십자형 자재 이음은 구조가 간단하고 정확도가 높기 때문에 큰 동력을 전달할 수 있어서 뒷바퀴 구동용 자동차의 추진축(프로펠러 샤프트)에 많이 사용된다. 화물자동차의 추진축, 차축에 사용된다.

(3) 회전속도의 전달 특성

십자형 자재 이음은 구동축이 1회전 할 때마다 피동축의 회전 각속도가 변하게 된다. 구동축과 피동축이 평행할 때에는 구동축 십자형 자재 이음의 반경이 r일 때 피동축 십자형 자재 이음의 반경도 r이 된다. 구동축과 피동축의 각도가 발생하게 되면 구동축의 회전에 따라 피동축의 반경은 달라진다.

구동축과 피동축이 α의 각도를 이루고 있을 때 피동축의 반경은 $r\cos\alpha$가 된다. 구동축이 각속도 ω로 회전한다고 하면 구동축의 회전속도는 $r\omega$이 되고 따라서 피동축의 각속도는 $r\omega/r\cos\alpha=\omega/\cos\alpha$가 된다. 각도가 커지게 되면 작동의 진동이 발생하기 때문에 작동의 진동을 작게 하기 위해서는 구동축과 피동축의 각도를 12~18° 이내로 설정해야 한다.

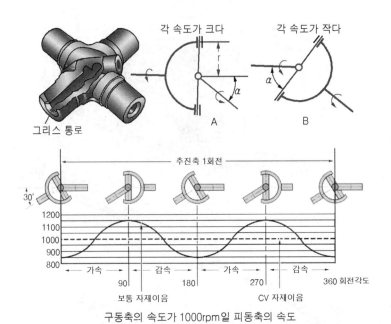

각 속도가 크다 / 각 속도가 작다

그리스 통로

추진축 1회전

구동축의 속도가 1000rpm일 피동축의 속도

십자축의 회전과 각속도

각도가 없을 때는 입력축과 출력축의 회전속도가 1:1이 되며 각도가 증가하면 90도마다 회전속도가 변하게 된다. 0도에서 90도로 회전할 때도 회전속도 비율이 달라진다. 이러한 속도 변화를 보상해 주기 위해 추진축의 양쪽에 유니버설 조인트를 설치한다. 양쪽의 사인파가 서로 반대로 작용하게 되어 속도차이가 상쇄되고 출력축이 입력축과 같이 일정한 속도를 가지게 된다.

기존의 2개 유니버설 조인트가 구동축에 적합한 형상

유니버설 조인트가 2개가 결합된 추진축(통상적)

04 등속 조인트(CV Joint : Constant Velocity Universal Joint)

등속 조인트에는 이중 십자형, 트리포드, 더블-오프셋, 볼 자재 이음이 있다. 구동축과 피동축과의 사이에 회전속도나 토크의 변동 없이 동력전달이 일정하게 전달되며 앞·뒷바퀴에 독립 현가장치와 같이 큰 각도에서도 동력을 전달하는 곳에 주로 사용된다. 여기에서는 자동차의 구동축에 사용하는 볼 자재 이음을 위주로 설명한다.

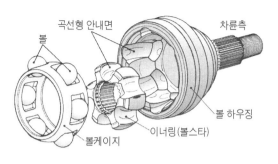 

볼형 자재이음(축방향 전위 불가능형)

바퀴 측으로 볼 하우징이 일체형으로 구성되어 있고 내부에는 곡선형으로 안내면이 있어서 볼과 볼 케이지가 회전할 수 있도록 구성되어 있다. 이너 링으로는 구동축이 연결되어 있어서 구동축과 피동축이 만드는 굴절각에 따라 볼의 접촉위치가 변동되어 등속이 이루어진다.

(2) 사용처

주로 앞바퀴 구동 차량에서 구동측의 바퀴 측 자재 이음으로 사용되며 구동축과 바퀴 사이에 설치되어 동력을 전달한다.

(3) 회전속도의 전달특성(등속의 원리)

볼과 안내면을 이용하여 설치 경사각에 관계없이 구동축과 피동축이 항상 일정하게 회전되도록 한다. 설치 경사각은 29 ~ 45° 정도이다. 십자형 자재 이음에서 부등속이 발생하는 것은 십자축이 회전하면서 피동축의 유효 반경이 변하기 때문이다. 등속 조인트는 구동축과 피동축의 접점이 축이 만나는 각 ϕ의 2등분 선상에 있게 하여 등속이 가능하게 만들었다. 즉, 등속 자재 이음에서는 볼을 사용하여 볼이 항상 축이 만나는 각의 2등분선에 있게 하기 때문에 등속이 된다.

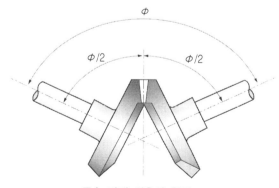

등속 자재 이음의 원리

✦ 좀머펠트 변수를 설명하시오.(53-1-3)

✦ 좀머펠트 변수(Sommerfeld Variable)를 설명하시오.(67-1-7)

01 개요

자동차는 기계적인 연결을 통해 동력을 전달한다. 특히 회전체를 지지하는 베어링의 경우 상대 면과 마찰·마모가 적은 유체 윤활 영역에서 운전되는 것이 중요하다. 유막이 충분히 형성되지 못하는 경우 접촉면의 마모에 의해 베어링 및 축의 수명이 단축되고 파손될 수 있다.

일반 베어링은 베어링 정수를 기준으로 설계하고 베어링의 동역학적 강성 및 감쇠 계수를 파악하여 유막의 두께를 결정할 때 좀머펠트 수가 사용된다. 좀머펠트 수가 같으면 같은 베어링으로 취급하고 설계한다.

02 좀머펠트 변수(Sommerfeld Variable)의 정의

베어링의 동역학적 강성 및 감쇠 계수를 표현하는 무차원 매개 변수로 베어링의 성능을 나타내는 파라미터이다. 좀머펠트 수(Sommerfeld Number)라고도 한다.

03 좀머펠트 수의 공식

베어링 설계 변수가 동력학에 미치는 영향을 이해하기 위해서는 실제 베어링 형상을 수치 해석 모델로 바꿔주는데 동력학적 강성 및 감쇠 계수는 보통 좀머펠트 수로 잘 알려진 무차원 매개 변수의 함수로 표현된다. 공식은 다음과 같다.

$$S = \frac{\mu NLD}{W}\left(\frac{R}{C}\right)^2$$

여기서, μ : 점성, W : 회전속도(rps), L : 패드 길이, R : 저널 반경

W : 베어링 하중, c : 패드보어 반경방향 간극

04 좀머펠트 수를 이용한 베어링 설계 방법

베어링 하중과 패드 보어 간극이 증가할수록 좀머펠트 수는 감소하고 점성, 회전속도, 패드 길이, 저널 반경 등이 증가할수록 좀머펠트 수는 증가한다. 좀머펠트 수가 변화하면 강성과 감쇠력이 변동된다. 따라서 주어진 베어링 형상에 대해 가장 바람직한 특성을 결정할 수 있도록 베어링을 설계한다.

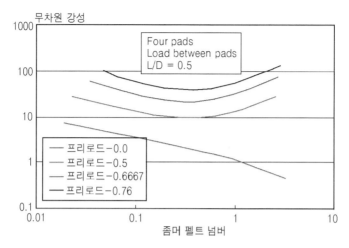

좀머펠트 수에 따른 강성 변화

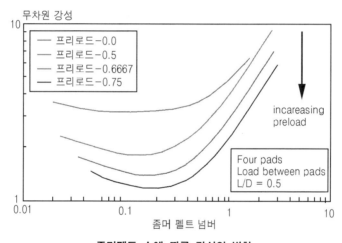

좀머펠트 수에 따른 감쇠의 변화

 위 그림은 패드 사이에 하중이 걸리는 구조인 패드 틸팅 베어링의 경우, 좀머펠트 수의 함수로 강성 및 감쇠 계수 변화를 보여주고 있다. 주어진 베어링 형상에서 고하중 및 저속도는 좀머펠트 수를 낮추고 경부하 및 고속도는 좀머펠트 수를 증가시킨다.

05 좀머펠트 수와 베어링의 마찰력 관계

베어링은 회전이나 왕복 운동을 하는 축을 일정한 위치에서 지지하여 자유롭게 움직이게 하는 기계장치로 축을 정확하고 매끄럽게 회전시키기 위해 사용된다. 마찰에 의한 에너지 손실이나 발열을 감소시켜 부품의 손상을 막는 역할을 한다. 베어링의 종류는 내부의 접촉 방식에 따라 구름 베어링, 미끄럼 베어링이 있고 축하중을 지지하는 방식에 따라 레이디얼 베어링, 스러스트 베어링이 있다.

베어링과 축 사이에는 유막이 형성되어 있는데 이 상태에서 한 면이 다른 면에 대해 상대 운동을 할 때 윤활유는 전단 응력을 받는다. 윤활유에서 발생한 전단 응력은 베어링 면에 작용하여 회전체의 운동을 방해하고 정지체를 움직이는 힘으로 작용한다. 회전체로부터 작용하는 힘은 열의 형태로 변하여 에너지 손실을 발생시키며 이는 원주 속도와 마찰력에 의해서 발생된 양과 같다. 베어링의 마찰값은 좀머펠트 수에 따라 표시된다.

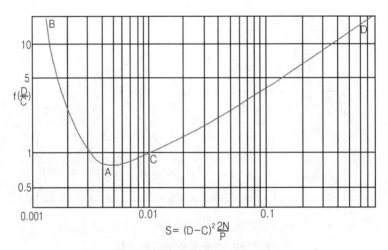

저널 베어링에서의 일반적인 유막과 마찰력 특성

① A에서 B까지의 구간에서는 유막이 매우 얇고 베어링은 경계 윤활 부근에서 운전되며, 마찰 계수가 급격히 증가한다. A 지점은 윤활이 이루어지는 한계점이다.

② A에서 C에 이르는 구역에서 유막은 어느 정도 두꺼워진다. 얇은 유막에서 두꺼운 유막으로 변화할 때 점도의 영향은 더욱 커진다.

③ C에서 D에 이르는 구역에서 유체 마찰과 두꺼운 유막 윤활이 이루어지며 오일의 점도에 의하여 유막이 유지된다.

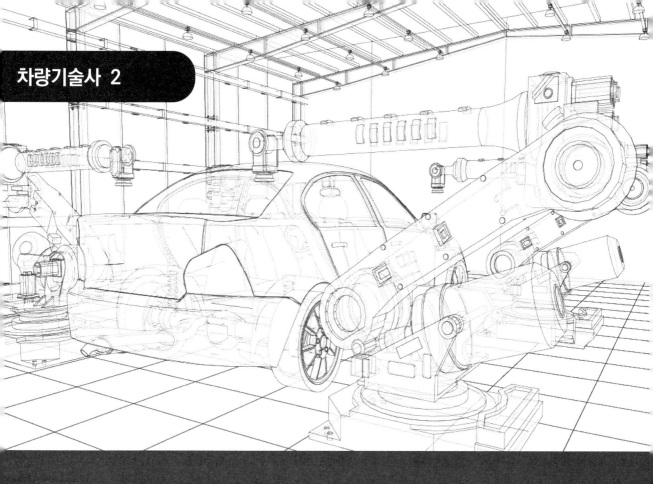

차량기술사 2

PART 3. 섀시

① 현가장치
② 현가장치 컴플라이언스 동역학
③ 현가장치 휠 얼라인먼트
④ 타이어
⑤ 조향장치
⑥ 공조 램프

OFFESSIONAL ENGINEER TRANSPORTATION VEHICLES

01 현가장치

기출문제 유형

✦ 차량 현가장치의 종류와 진동 방지 대책에 대해 설명하시오.(33)

01 개요

(1) 배경

차량은 사용자가 원하는 목적지까지 이동하기 위해서 선택하는 운송수단 중 하나로 편안하고 안전하게 주행할 수 있어야 한다. 편안한 승차감과 안정된 주행감을 위해서는 비포장 도로를 주행하는 경우, 커브 길을 회전하는 경우, 급정차/출발하는 경우 등과 같이 차체의 움직임이 생기거나 자세가 불안정해지는 경우에서 이를 방지해줄 장치가 필요하다. 현가장치는 이러한 차체의 움직임이나 자세의 불안, 노면으로부터의 충격을 흡수시켜 주기 위한 장치로 차축 일체형, 독립 현가장치, 전자제어 현가장치 등이 있다.

(2) 현가장치 정의

현가장치는 자동차의 하중을 지지하고 차체와 차축을 연결하여 주행 중에 지면으로부터 차체로 전달되는 진동이나 충격을 흡수하여 차체나 승객, 화물을 보호하고 바퀴의 불필요한 진동을 억제하여 승차감과 주행 안전성을 향상시키는 장치이다. 스프링, 스프링의 자유진동을 조절하여 승차감을 향상시켜주는 쇽업소버, 자동차의 좌우 진동을 방지하는 스태빌라이저로 구성된다.

(3) 현가장치의 목적 및 역할

① 차량의 무게를 지지한다.
② 노면으로부터의 충격에 대한 완충작용을 한다.
③ 타이어와 도로 사이의 견인력을 유지한다.
④ 바퀴의 정렬 상태를 유지한다.

02 현가장치의 종류

<table>
<tr><th>분류</th><th colspan="4">현가장치 종류</th></tr>
<tr><td rowspan="4">제어 유무</td><td colspan="4">수동형 현가장치</td></tr>
<tr><td rowspan="3">능동형
현가장치</td><td colspan="3">적응형 현가장치</td></tr>
<tr><td colspan="3">반능동형 현가장치</td></tr>
<tr><td colspan="3">완전 능동형 현가장치</td></tr>
<tr><td rowspan="14">구조 특성</td><td rowspan="3">일체식
현가장치</td><td colspan="3">링크(link)식</td></tr>
<tr><td colspan="3">드디온(De Dion)식</td></tr>
<tr><td colspan="3">토크 튜브 드라이브식</td></tr>
<tr><td rowspan="11">독립식
현가장치</td><td rowspan="8">스윙 암
(swing arm)식</td><td colspan="2">리딩 암(leading arm)식</td></tr>
<tr><td rowspan="2">트레일링 암
(trailing arm)식</td><td>풀 트레일링식</td></tr>
<tr><td>세미 트레일링식</td></tr>
<tr><td rowspan="5">토션 빔
(tortion beam)식</td><td>액슬 빔식</td></tr>
<tr><td>피벗 빔식</td></tr>
<tr><td>커플드 빔식</td></tr>
<tr><td>스윙 액슬식</td></tr>
<tr><td>더블 트레일링 암식</td></tr>
<tr><td rowspan="2">더블 위시본
(double
wish-bone)식</td><td colspan="2">컨벤셔널(converntional)식</td></tr>
<tr><td colspan="2">멀티 링크(multi-link)식</td></tr>
<tr><td colspan="3">맥퍼슨(MacPherson) 스트러스식</td></tr>
</table>

(자료 : 20023 신기술동향조사 보고서, 자동차 현가장치. 특허청)

- 앞차축 및 현가
  - 차축식
    - 평행 리프 스프링
    - 횡치식 리프 스프링
    - 코일 스프링
    - 가스 스프링
  - 독립식
    - 위시본형
      - 코일 스프링
      - 토션바 스프링
      - 횡치식 리프 스프링
    - 스트러트(리퍼슨)형
    - 트레일링 암형
- 뒤차축 및 현가
  - 차축식
    - 평행 리프 스프링
    - 횡치식 리프 스프링
    - 코일 스프링
    - 가스 스프링
  - 독립식
    - 스윙엑슬형
    - 트레일링 암형
    - 세미 트레일링 암형

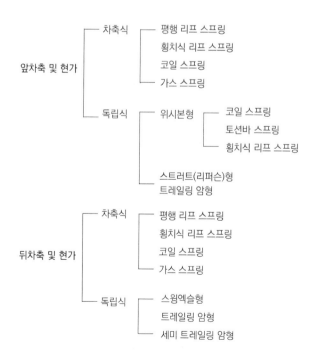

(1) 독립(인디펜던트) 현가장치

① 맥퍼슨 스트럿식 현가장치 : 조향 너클과 일체로 쇽업소버가 설치되어 있는 방식의 현가장치

② 더블 위시본식 현가장치 : 2개의 평행된 A형의 위시본 암이 상하(어퍼암, 로워암)로 구성되어 차륜을 지지하는 방식의 현가장치

③ 멀티 링크식 현가장치 : 여러 개의 링크(3개 또는 그 이상의 컨트롤 암)를 사용한 방식의 현가장치

④ 트레일링 암식 현가장치 : 차축의 뒤쪽으로 1개 또는 2개의 암에 의해 바퀴를 지지하는 방식의 현가장치. 축은 차량의 진행 방향에 직각 방향으로 되어 있다.

⑤ 스윙 액슬식 현가장치 : 좌우 각각의 차축이 차체 중심 부근에서 결합되어 독립적으로 상하 운동을 할 수 있는 방식의 현가장치. 이에 따라 타이어의 캠버가 변한다.

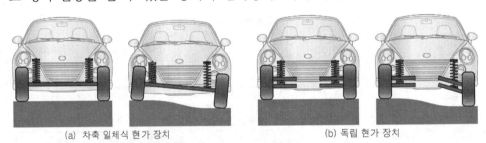

(a) 차축 일체식 현가 장치   (b) 독립 현가 장치

차축 일체식 및 독립 현가장치

(2) 차축 일체식(리지드 액슬) 현가장치

일체로 된 차축에 좌우 바퀴가 연결되어 있고 차축은 스프링을 거쳐 차체에 설치된 방식으로 좌우 바퀴가 하나의 축으로 구속이 되어 있기 때문에 한쪽에 하중이 가해지면 다른 반대쪽에도 영향을 주게 된다. 주로 대형트럭 등 후륜구동 차량의 리어 서스펜션으로 쓰인다.

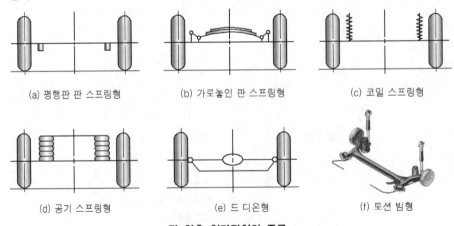

(a) 평행판 판 스프링형   (b) 가로놓인 판 스프링형   (c) 코일 스프링형

(d) 공기 스프링형   (e) 드 디온형   (f) 토션 빔형

뒤 차축 현가장치의 종류

구조가 간단하고 가격이 저렴하며, 얼라인먼트(차량 휠 사이의 거리)의 변화가 적어 타이어의 마모 또한 적다. 하지만 무거운 중량, 나쁜 승차감, 핸들링이 부드럽지 않다는 단점이 있다. 바퀴가 차축으로 연결되어 있어 굴곡이 있는 노면을 통과할 때, 한쪽 타이어의 자세가 변화되면 반대쪽도 변화되어 접지 상태가 바뀌고, 엉뚱한 방향으로 향하게 되기도 한다. 링크, 드디온, 리프 스프링, 코일 스프링, 토션빔 스프링 타입 등이 있다.

03 진동 방지 대책

차량의 진동을 방지하기 위한 대책으로 스프링, 쇽업소버, 스태빌라이저, 전자제어 현가장치 등을 사용한다. 또한 스프링 아래 질량이 가벼워지면 차량의 진동이 저감된다.

(1) 스프링

판, 코일, 공기 스프링을 사용하여 노면으로부터 오는 충격이나 자세 변화 시에 발생하는 진동을 저감시켜 준다.

(2) 쇽업소버(댐퍼)

쇽업소버는 스프링의 상하 운동에너지를 열에너지로 변화시켜 진동을 감쇄시키는 장치이다. 차량에 쇼크가 발생하면 스프링이 진동을 흡수하는데 이후에 발생하는 상하 운동을 감쇄시키는 역할을 해준다. 쇽업소버의 종류로는 단동식, 복동식, 모노 튜브 댐퍼, DFD(Dual Flow Damper), 차고 조정식 댐퍼(Self Leveling Damper), MRS(Magnetic Ride Suspension), CDC(Continuous Variable Damping Control) 등이 있다.

(3) 스태빌라이저, 액티브 롤 컨트롤 시스템

우측 바퀴가 같은 위상으로 스트로크(상하 진동)하는 영역에서 스태빌라이저 바는 스프링 작용을 하지 않고, 좌우 바퀴가 다른 위상일 경우 비틀림 강성이 나타나 롤링을 감소시켜준다. 액티브 롤 컨트롤 시스템은 기존의 스태빌라이저 바를 유압이나 모터를 이용해 비틀림 양을 조절하여 전체 차량의 롤 강성 값을 조절하는 시스템이다. **기존의 스태빌라이저 바에 비해 정밀성과 응답성이 향상된다.**

(4) 전자제어 현가장치

전자제어 현가장치는 전자적으로 쇽업소버의 감쇠력을 제어하고, 스프링을 조절하여 차고를 제어해 주어 차량의 진동을 저감시키는 장치이다. 주행 시 롤, 스쿼트, 피칭, 바운싱 등의 진동이 발생할 때 자세제어를 통해 차량의 진동을 저감시켜준다.

(5) 스프링 아래 질량 저감

스프링 아래 질량은 차체를 지지해 주는 스프링 아래의 질량을 의미한다. 스프링 아래 질량으로는 타이어, 휠, 로어 암 등이 있다. 스프링 아래 질량이 가벼워지면 노면에서의 굴곡에 의해 진동이 발생하더라도 차체에 미치는 영향성이 저감된다. 스프링 아래 질량을 저감하는 방법으로는 휠의 소재로 알루미늄, 마그네슘 등을 적용하여 무게를 경량화 하는 방법이 있다.

기출문제 유형

✦ 승용 자동차의 진동 중 스프링 상부에 작용하는 질량 진동의 종류 4가지에 대해 설명하시오.(108-4-3)

✦ 자동차의 스프링 위 질량과 스프링 아래 질량을 정의하고, 각각의 질량 진동에 대해 설명하시오.(116-3-1)

✦ 자동차의 스프링 위 중량과 스프링 아래 중량을 구분하여 정의하고, 주행 특성에 미치는 영향에 대해 설명하시오.(102-3-5)

✦ 자동차에서 x(종축 방향), y(횡축 방향), z(수직축 방향) 진동을 구분하고, 진동현상과 원인을 설명하시오.(93-1-12)

---

01 개요

(1) 배경

현가장치는 차체의 움직임이나 자세 불안, 노면으로부터의 충격을 흡수시켜 주기 위한 장치이다. 자동차가 비포장 도로를 주행하거나 커브 길을 회전할 때, 급정차하거나 급출발하는 경우와 같이 차체의 움직임이 생기거나 자세가 불안정해지는 경우에는 차체에 진동이 발생하게 된다. 이러한 상황에서 발생하는 차량의 진동을 현가장치로 흡수, 감쇠시켜 주어 안전한 주행이 가능하도록 보조해 준다.

(2) 스프링 위 질량 진동, 아래 질량 진동 정의

현가장치의 스프링을 기준으로 해서 진동이 바퀴나 차축에 생기는 것을 스프링 아래 질량 진동이라고 하고 차체에 생기는 진동을 스프링 위 질량 진동이라고 한다.

02 질량 진동의 종류

(1) 스프링 위 질량의 진동

스프링 위 질량은 현가 스프링 위쪽에 위치한 부분의 질량을 말하며, 차체와 차체에 적재된 부분의 중량을 의미한다. 스프링 위 질량 진동으로는 롤링, 피칭, 요잉, 바운싱 등이 있다.

① 롤링(Rolling) : 차량이 정면(X축)을 기준으로 좌우로 흔들리는 현상으로 주행 중 급격하게 방향을 전환하거나 선회를 하는 경우, 횡풍이 심한 경우에 발생한다.

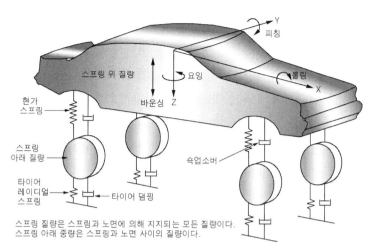

스프링 질량 진동의 종류

② 피칭(Pitching) : 차량의 측면(Y축)을 기준으로 차량이 앞뒤로 흔들리는 현상으로 스쿼트와 다이브가 교대로 반복되는 현상이다. 주로 급가속이나 급출발, 급제동시 발생된다.

③ 요잉(Yawing) : 차량을 위(Z축 기준)에서 보았을 때 차량의 뒷부분(트렁크 부분)이 좌우방향으로 흔들리는 현상을 말하며, 피쉬테일, 스핀 현상과 밀접한 관계가 있다.

④ 바운싱(Bouncing) : 차체가 균일하게 상하(Z축) 방향으로 움직이는 진동 현상이다.

(2) 스프링 아래 질량의 진동

스프링 아래 질량은 스프링 아래쪽에 위치한 부분으로 휠, 타이어, 브레이크 디스크, 캘리퍼, 로워 암 및 서스펜션 일부의 중량을 말한다. 스프링 아래 질량 진동은 휠 홉, 휠 트램프, 와인드 업, 쉐이크, 조우 등이 있다.

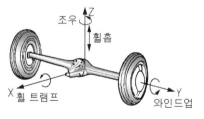

스프링 아래 질량 진동

스프링 위 질량 진동

① 휠 홉 : z축 방향 상하 운동
② 휠 트램프 : x축을 중심 회전 운동
③ 와인드 업 : y축 방향 평행 진동(좌우 진동)
④ Fore and shake : x축 방향 평행 진동(전후 진동)
⑤ Jaw : z축을 중심 회전 운동

(3) 주행 조건에 따른 현가 특성(진동)

① 다이브(Dive) : 급제동 시 차체의 앞부분이 내려가고 뒷부분이 상승하는 현상

② 스쿼트(Squat) : 급출발, 급가속시 차체의 뒷부분이 내려가는 현상

③ 롤(Roll) : 선회 시 차체가 원심력에 의해 바깥쪽으로 쏠리는 현상, 선회 내측 바퀴는 인장되며, 외측 바퀴는 압축된다.

④ 바운싱(Bouncing) : 차체가 균일하게 상하(Z축) 방향으로 움직이는 진동 현상

⑤ 피칭(Pitching) : 차량의 측면(Y축)을 기준으로 차량이 앞뒤로 흔들리는 현상

03 주행 특성에 미치는 영향

(1) 주행 특성의 정의

주행 특성이란 주행 시 나타나는 차량의 성능을 말하며 주행 속도, 차량 무게, 전·후륜 무게 배분, 횡/종방향 가속도, 회전 각속도 등에 따른 접지력, 승차감에 대한 특성이다.

(2) 스프링 위, 아래 중량에 따른 영향

스프링 아래 중량이 가벼우면 로드 홀딩(접지력) 및 승차감이 좋아진다. 자동차가 요철의 노면을 고속으로 주행하면 차체는 자신의 큰 중량 또는 관성에 의해 처음에는 초기 높이를 그대로 유지한다. 하지만 차륜은 차체에 비해 가볍기 때문에 둔턱을 만났을 경우, 차체방향으로 급속히 압축되게 된다. 따라서 스프링은 압축되어 에너지를 생성시키며, 차체에는 스프링의 변형으로 작은 힘이 작용하게 된다.

차륜이 둔턱의 정점을 지나면 반대로 압축된 스프링에 의해 차륜은 아래 방향으로 내려간다. 이때 차체는 스프링이 방출하는 에너지에 해당하는 힘이 작용되지만 차체의 초기 높이에는 변화가 없고, 차륜은 노면과의 접촉 상태를 유지하게 된다. 이와 같은 현상은 차륜의 운동에 의해 생성된 힘이 스프링의 초기 장력보다 작을 때만 가능하다.

차륜에 의해 생성된 힘이 크면 클수록, 차륜은 더 높이 튀어 오르게 되고, 차체에 대한 반작용도 더욱 강력해진다. 이때 스프링의 초기 장력이 차륜을 급속하게 하향 운동시킬 만큼 충분하지 못하면 차륜은 순간적으로 노면에서 분리되어 구동력(제동력)을 전달할 수 없게 된다. 스프링 아래 중량이 무거울수록, 스프링 압축 시에 더 큰 에너지가 축적되어 감쇠진동 기간이 더 길어지게 된다. 따라서 스프링 아래 중량은 가능한 가벼워야 한다.

✦ 독립 현가장치에 대해 설명하시오.(63-2-2)

✦ 독립식 현가장치의 특성에 대해서 설명하시오.

01 개요

(1) 배경

현가장치는 차축과 차체를 연결하여 도로와 운전자 사이에서 하중을 지지하는 매개체 역할을 하고 있으며 주행 성능과 승차 감 모두를 적정 수준으로 만족시켜야 하는 시스템이다. 차축식 현가장치의 경우 구조가 간단하고 비용이 저렴하 여 많이 사용되어 왔지만 승차감이 안 좋은 단점이 있었다. 이를 개선하기 위해 독립식 현가장치가 개발되었다.

독립식 현가장치

(2) 독립식 현가장치 정의

독립식 현가장치는 바퀴와 차대가 링크로 연결되어 양쪽 바퀴가 서로의 움직임에 관계없이 독립적으로 움직일 수 있게 만든 현가장치이다.

02 독립식 현가장치 종류

(1) 맥퍼슨 스프럿 현가장치

1) 맥퍼슨 스트럿의 정의

맥퍼슨 스트럿은 독립식 현가장치 중 하나로 조향 너클과 일체로 쇽업 소버가 설치되어 있는 장치로 더블 위시본 형식에서 어퍼암을 삭제하고 스트럿으로 차체에 연결한 구조이다.

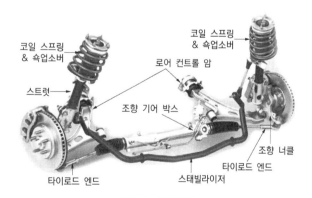

맥퍼슨 현가장치

2) 장점

① 스프링 아래 하중이 가벼워 승차감이 좋고 접지성이 우수하다.

② 부품수가 적고 가벼워 소형차에 유리하며 엔진실의 유효 공간을 활용할 수 있어 서 전륜 구동차에 많이 사용된다.

③ 어퍼 암이 삭제되었기 때문에 위시본 식에 비해 구조가 간단하여 정비성이 향상된다.

④ 스트럿이 조향 너클에 직접 연결돼 있는 구조여서 안티 다이브 효과가 우수하다.

3) 단점

① 전고, 후드, 펜더의 위치가 높고, 높이를 낮추는데 한계가 있어서 스포츠카에는 적합하지 않다.

② 하중이 쇽업소버에 많이 가중되어 쇽업소버의 내구성이 저하된다.)

③ 노면 소음에 대한 차단이 어렵다.

④ 캠버 조절이 어렵다.

⑤ 횡력에 대한 저항력이 약해 조향 안정성이 떨어진다.

(2) 더블 위시본형 현가장치

1) 더블 위시본 형식의 정의

더블 위시본 형식은 컨트롤 암이 상하 2개로 구성되어 있는 형식으로, 2개의 암이 동시에 차륜을 지지하는 형태로 더블 A-암(Double A arm) 방식의 현가장치이다.

더블 위시본 현가장치

2) 장점

① 롤 시에 '+' 캠버 경향이 증가하여 타이어의 접지력이 향상되며, 조향 안정성이 증가한다.

② 맥퍼슨 스트럿 방식에 비해 조향 비틀림 각을 크게 할 수 있어서 조향 자유도가 증가한다.

③ 설계 시 쇽업소버의 위치 등, 서스펜션의 구조를 변화시키기가 용이하여 설계 자유도가 증가한다.

④ 현가장치의 설치 높이를 낮출 수 있고, 측력에 대한 저항력이 비교적 크다.

3) 단점

① 가격이 비싸고 구조가 복잡하고 큰 공간이 필요하다.

② 지속적으로 얼라인먼트를 체크해야 한다.

③ 스프링 아래 질량(unsprung mass)이 상대적으로 무겁다.

(3) 멀티 링크 형식 현가장치

1) 정의

멀티 링크식 현가장치는 3개 또는 그 이상의 컨트롤 암을 사용한 현가장치를 말한다. 차축 일체식 현가장치 중 토션빔 액슬 형식에서 발전된 형태이다.

2) 장점

① 토션빔 현가장치보다 핸들링 성능 좋다. 타이어의 접지력이 높다.

② 서스펜션이 상하 운동할 때 얼라인먼트의 변화에 유연하게 대처가 가능하다.

3) 단점

① 공간을 많이 차지한다.

② 부품수가 많고 구조가 복잡하고 가격이 높다.

(4) 트레일링 암식 현가장치

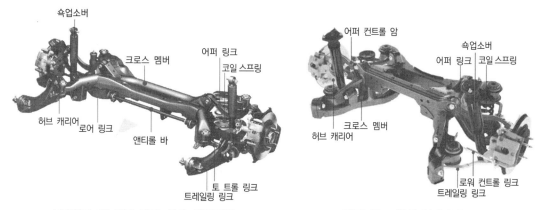

트레일링 암 멀티 링크 형식 현가장치　　　　**멀티 링크 형식 현가장치**

1) 정의

트레일링 암식 현가장치는 차축의 뒤쪽으로 1개 또는 2개의 암에 의해 바퀴를 지지하는 형식으로, 축은 차량의 진행 방향에 직각 방향으로 되어 있다.

2) 특징

① 바퀴 상하운동 할 때 캐스터가 변하여 승차감이 좋지만 급정지 시 노스 다운 현상이 크게 발생한다.

② 선회 시 롤이 발생할 경우 강성이 약하기 때문에 언더 스티어가 발생하기 쉽다. (대책 : 세미 트레일링 암 적용)

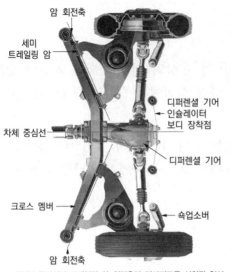

차체의 중심선과 트레일링 암 회전축이 경사지도록 설치된 형식

세미 트레일링 암식

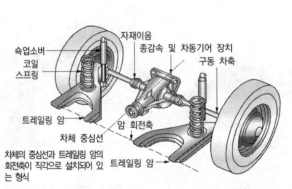

차체의 중심선과 트레일링 암의
회전축이 직각으로 설치되어 있
는 형식

풀 트레일링 암식

(5) 세미 트레일링 암식 현가장치

1) 정의

세미 트레일링 암식 현가장치는 트레일링 암 현가장치의 변형으로 피벗의 회전축이 차체 중심 대비 50~70도로 기울어져 있는 구조의 현가장치이다.

2) 장점

가로축 암이 스윙 액슬의 형태로 언더 스티어를 상쇄한다.

3) 단점

① 타이어에 횡력이나 제동력이 작용될 때 연결점 부위에 모멘트가 발생하여 오버스 티어 현상이 발생한다.

② 부품수가 많고 고비용이다.

③ 휠의 상하 운동에 따라 캠버 각이 변한다. 휠과 직접적으로 견고하게 연결되어 충격과 소음이 차체로 많이 전해진다.

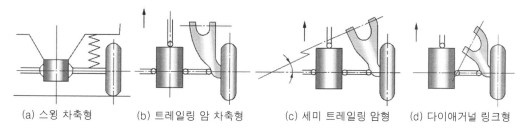

(a) 스윙 차축형   (b) 트레일링 암 차축형   (c) 세미 트레일링 암형   (d) 다이애거널 링크형

(6) 스윙 액슬식 현가장치

1) 정의

스윙 액슬식 현가장치는 좌우 각각의 차축이 중심부근에서 결합되어 독립적으로 상하 운동하여 캠버가 변하게 되는 현가장치이다.

2) 장점

① 단순한 구조로 경량이며 비용이 적게 든다.
② 차체의 공간을 낮고 넓게 할 수 있다.
③ 선회 시 횡 가속도에 의한 캠버 변화로 언더 스티어 효과가 발생된다.

3) 단점

① 캠버의 앵글이 바운싱 또는 차의 무게에 따라 쉽게 변한다.
② 선회 시 횡 가속도가 커지면 차체가 공중에 떠 선회 내측 바퀴의 캠버가 바깥방향으로 향하여 오버 스티어가 발생된다.
③ 고성능 차량에서 문제가 발생된다.

03 독립식 현가장치의 장단점

(1) 장점

① 스프링 아래 중량이 가벼워 승차감이 양호하다.
② 옆 방향 진동에 강하고 타이어의 접지력이 좋아진다.
③ 얼라인먼트, 튜닝의 자유도가 크다.
④ 소음 방지에 유리하다.

(2) 단점

① 부품수가 많고 정밀도가 요구되어 고비용이다.
② 얼라인먼트 변화에 따른 타이어의 마모가 빠르다.
③ 큰 공간을 차지한다.
④ 각 특성에 따른 미묘한 튜닝이 필요하다.

01 개요

(1) 배경

현가장치는 차축과 차체를 연결하여 도로와 운전자 사이에서 하중을 지지하는 매개체 역할을 하고 있으며 주행 성능과 승차감 모두를 적정 수준으로 만족시켜야 하는 시스템이다. 현가장치는 크게 차축 일체식 현가장치와 독립식 현가장치로 구분할 수 있다.

독립식 현가장치는 차축 일체식 현가장치의 단점인 승차감을 개선하기 위해 개발된 장치로 구동륜과 차체를 독립적으로 연결하는 더블 위시본 방식, 맥퍼슨 스트럿 방식, 스윙 암 방식 등이 있다.

(2) 더블 위시본 형식의 정의

더블 위시본 형식은 컨트롤 암이 상하 2개로 구성되어 있는 형식으로, 2개의 암이 동시에 차륜을 지지하는 형태로 더블 A-암(Double A arm) 방식의 현가장치이다.

02 더블 위시본의 구조

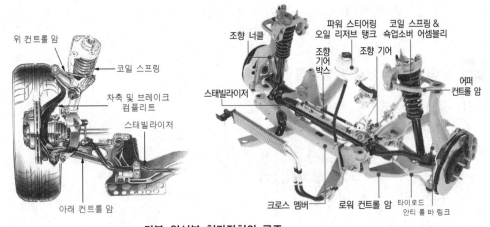

더블 위시본 현가장치의 구조

어퍼 암과 로워 암이 삼각형 모양으로 구성이 되어 있으며 주행방향에 대한 강성을 증가시키기 위해 대부분 삼각형으로 제작한다. 삼각형의 정점에 해당하는 부분은 볼 조인트를 매개로 조향 너클과 연결되고 삼각형의 밑변 부분은 각각 부싱을 사이에 두고 차체에 고정된다. 코일 스프링은 하부 컨트롤 암이나 상부 컨트롤 암에 설치된다.

03 더블 위시본 형식의 종류

(1) 평행사변형식

상하 컨트롤 암의 길이가 같다. 따라서 차륜이 상하로 진동할 때에도 캠버의 변화는 없다. 단 토우는 약간 변하여 윤거가 달라진다. 캠버는 변화가 없지만 윤거가 달라져 타이어 마모가 심하다.

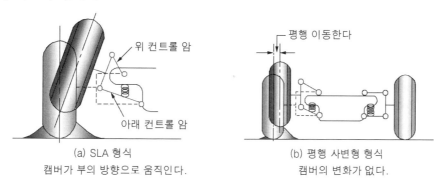

(a) SLA 형식
캠버가 부의 방향으로 움직인다.

(b) 평행 사변형 형식
캠버의 변화가 없다.

위시본 형식의 컨트롤 암의 길이와 캠버의 관계

(2) SLA 형식

아래 컨트롤 암이 위 컨트롤 암보다 긴 형태로 컨트롤 암이 움직일 때마다 캠버가 변화되고 고부하가 걸릴수록 부의 캠버가 된다. 차륜이 상하로 진동할 때 캠버와 토우 모두 조금씩 변화하지만 윤거의 변화는 거의 없다.

04 더블 위시본 형식의 장단점

(1) 장점

① 롤 시에 '+' 캠버 경향이 증가하여 타이어의 접지력이 향상되며, 조향 안정성이 증가한다.
② 맥퍼슨 스트럿 방식에 비해 조향 비틀림 각을 크게 할 수 있어서 조향 자유도가 증가한다.
③ 설계 시 쇽업소버의 위치 등, 서스펜션의 구조를 변화시키기가 용이하여 설계 자유도가 증가한다.
④ 현가장치의 설치 높이를 낮출 수 있고, 측력에 대한 저항력이 비교적 크다.

(2) 단점

① 가격이 비싸고 구조가 복잡하고 큰 공간이 필요하다.
② 지속적으로 얼라인먼트를 체크해야 한다.
③ 스프링 아래 질량(unspring mass)이 상대적으로 무겁다.

기출문제 유형

✦ 맥퍼슨 스트럿을 설명하시오.(59-1-1)

✦ 맥퍼슨형의 특성에 대해서 설명하시오.

01 개요

(1) 배경

현가장치는 차축과 차체를 연결하여 도로와 운전자 사이에서 하중을 지지하는 매개체 역할을 하고 있으며 주행 성능과 승차감 모두를 적정 수준으로 만족시켜야 하는 시스템이다. 현가장치는 크게 차축 일체식 현가장치와 독립식 현가장치로 구분할 수 있다.

독립식 현가장치는 차축 일체식 현가장치의 단점인 승차감을 개선하기 위해 개발된 장치로 구동륜과 차체를 독립적으로 연결하는 더블 위시본 방식, 맥퍼슨 스트럿 방식, 스윙암 방식 등이 있다. 독립식 현가장치는 초기에는 더블 위시본 형식이 차량에 많이 사용되어 왔지만 컨트롤 암이 두 개여서 구조가 복잡하고 공간을 많이 차지하는 단점으로 인해 현재에는 맥퍼슨 스트럿 방식이 주로 사용되고 있다.

(2) 맥퍼슨 스트럿의 정의

맥퍼슨 스트럿은 독립식 현가장치 중 하나로 조향 너클과 일체로 쇽업소버가 설치되어 있는 장치로 더블 위시본 형식에서 어퍼 암을 삭제하고 스트럿으로 차체에 연결한 구조이다.

02 맥퍼슨 스트럿의 구조

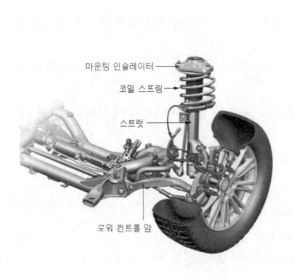

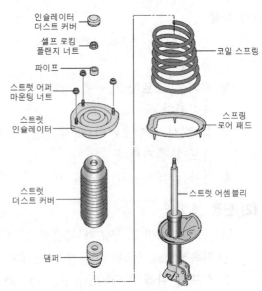

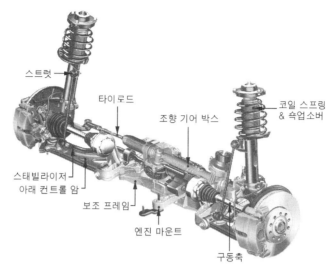

맥퍼슨 스트럿 현가장치의 구조

맥퍼슨 스트럿은 조향 너클, 스트럿, 컨트롤 암, 컨트롤 암과 스트럿 아래 부분을 연결하는 볼 조인트, 스프링 등으로 구성되어 있다. 스트럿의 상단은 차체에 연결되어 있고 하단은 하부 컨트롤 암에 의해 지지되는 구조로 되어 있다.

03 맥퍼슨 스트럿의 장단점

(1) 장점

① 스프링 아래 하중이 가벼워 승차감이 좋고 접지성이 우수하다.

② 어퍼 암이 필요 없고 자리를 많이 차지하지 않아서 위시본식에 비해 구조가 간단하고 정비가 용이하다.

③ 부품수가 적고 가벼우며 공간을 많이 차지하지 않아 소형차에 유리하며 엔진실의 유효 공간을 활용할 수 있어서 전륜 구동차에 많이 사용된다.

④ 스트럿이 조향 너클에 직접 연결되어 있는 구조여서 안티 다이브 효과가 우수하다.

(2) 단점

① 전고를 비롯해 후드와 펜더의 위치가 높아지는 문제가 발생해 스포츠카에는 적합하지 않다.

② 구조가 간단하지만 그만큼 하중이 쇽업소버에 많이 가중된다.(쇽업소버 내구성이 저하된다.)

③ 노면 소음에 대한 차단이 어렵다.

④ 캠버 조절이 어렵다.

⑤ 횡력에 대한 저항력이 약해 조향 안정성이 떨어진다.

기출문제 유형

✦ 자동차 현가장치에서 서스펜션 지오메트리(Suspension Geometry)를 정의하고, 위시본(Wishbone)과 듀얼 링크 스트럿(Dual Link Strut) 형식의 지오메트리 설계 특성을 설명하시오.(107-4-2)

✦ 승용차의 서스펜션 중 맥퍼슨 스트럿과 더블 위시본 방식의 특성을 엔진룸 레이아웃 측면과 지오메트리/캠버의 변화 측면에서 비교 설명하시오.(102-4-2)

✦ 자동차의 현가장치 지오메트리(suspension geometry)를 정의하고, 듀얼 링크 스트럿(dual link strut)형식에서의 앤티 다이브(anti-dive) 효과를 설명하시오.(110-4-2)

01 개요

(1) 배경

현가장치는 스프링, 쇽업소버, 스트럿, 컨트롤 암 등 연결 링크로 구성이 되어 있으며 차량의 직진성, 조향 복원성 등 차량의 주행 특성에 중요한 영향을 미치고 있다. 이 중에서 스트럿과 컨트롤 암 등 연결 링크의 기하학적 구성은 차량의 승차감과 주행 안정성에 영향을 미치는 요소로 구조가 달라지면 그 특성이 달라진다. 이러한 현가장치의 기하학적 구성으로 대표적인 것이 독립식 현가장치인 맥퍼슨 스트럿 방식과 더블 위시본 방식이 있다.

(2) 서스펜션 지오메트리 정의

서스펜션 지오메트리는 현가장치의 기하학적 구성을 말하는 것으로 차륜과 차체가 스프링, 스트럿, 조향 너클, 컨트롤 암 등의 링크로 연결되어 있는 구조를 말한다.

(3) 듀얼 링크 스트럿의 정의

듀얼 링크 스트럿은 맥퍼슨 스트럿 방식을 후륜에 적용한 형태로 언더 위시본을 두 개의 링크로 대체한 구조의 현가장치이다.

02 더블 위시본, 맥퍼슨 스트럿, 듀얼 링크 스트럿의 구조

(1) 더블 위시본 구조

어퍼 암과 로워 암이 삼각형 모양으로 구성이 되어 있으며 주행방향에 대한 강성을 증가시키기 위해 대부분 삼각형으로 제작한다. 삼각형의 정점에 해당하는 부분은 볼 조인트를 매개로 조향 너클과 연결되고 삼각형의 밑변 부분은 각각 부싱을 사이에 두고 차체에 고정된다. 코일 스프링은 하부 컨트롤 암이나 상부 컨트롤 암에 설치된다.

위 컨트롤 암

아래 컨트롤 암

더블 위시본 현가장치의 구조

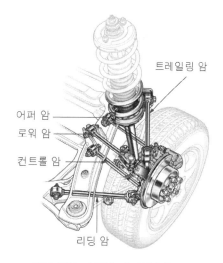

트레일링 암

어퍼 암

로워 암

컨트롤 암

리딩 암

멀티 링크 스트럿 현가장치의 구조

어퍼 암과 로워 암이 삼각형 모양으로 구성이 되어 있으며 주행방향에 대한 강성을 증가시키기 위해 대부분 삼각형으로 제작한다. 삼각형의 정점에 해당하는 부분은 볼 조인트를 매개로 조향 너클과 연결되고 삼각형의 밑변 부분은 각각 부싱을 사이에 두고 차체에 고정된다. 코일 스프링은 하부 컨트롤 암이나 상부 컨트롤 암에 설치된다.

(2) 맥퍼슨 스트럿 방식 구조 및 특징

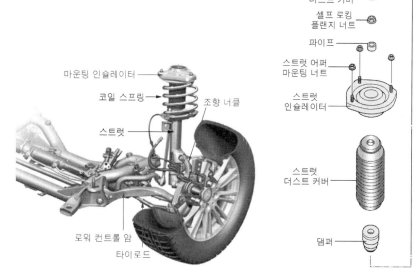

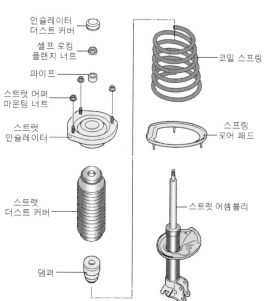

마운팅 인슐레이터

코일 스프링

조향 너클

스트럿

로워 컨트롤 암

타이로드

인슐레이터 더스트 커버

셀프 로킹 플랜지 너트

파이프

스트럿 어퍼 마운팅 너트

스트럿 인슐레이터

스트럿 더스트 커버

댐퍼

코일 스프링

스프링 로어 패드

스트럿 어셈블리

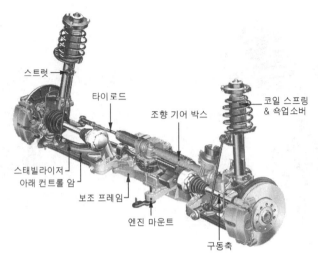

맥퍼슨 스트럿 현가장치의 구조

맥퍼슨 스트럿은 조향 너클, 스트럿, 컨트롤 암, 컨트롤 암과 스트럿 아래 부분을 연결하는 볼 조인트, 스프링 등으로 구성되어 있다. 스트럿의 상단은 차체에 연결되어 있고 하단은 하부 컨트롤 암에 의해 지지되는 구조로 되어 있다.

(3) 듀얼 링크 스트럿 방식 구조

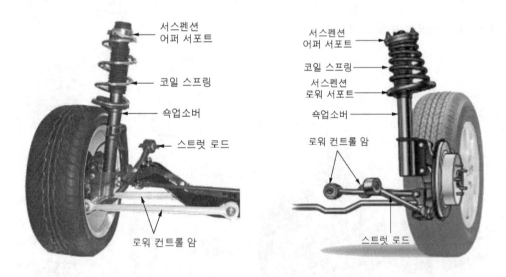

듀얼 링크 스트럿식의 구조

듀얼 링크 스트럿은 2개(더블)의 링크로 이루어진 로워 컨트롤 암(lower control arm)과 앞으로 뻗어 있는 로드(스트럿 로드)로 구성되어 있다. 타이어의 상하 압력은 스트럿, 좌우 압력은 로워 컨트로 암, 전후 압력은 로드로 각각 흡수하는 구조이다. 소형 FF(Front Engine Front Drive) 차량의 뒤 현가장치로 많이 사용한다.

03 설계 특성

(1) 엔진룸 레이아웃 측면

엔진룸 패키지 측면에서 어퍼 컨트롤 암이 없고 공간을 많이 확보할 수 있는 맥퍼슨 스트럿이 유리하다.

(2) 지오메트리 / 캠버의 변화 측면

더블 위시본 형식은 링크의 길이와 배치에 따라 캠버의 변화를 조정할 수 있다. 맥퍼슨 스트럿 방식은 로워 컨트롤 암의 길이에 따라 캠버 변화를 줄 수 있으나 제한적이다.

04 듀얼링크 스트럿의 안티 다이브 효과

(1) 안티 다이브 정의

자동차가 주행 중 제동을 하게 될 때 차체 앞 부분이 앞쪽으로 내려오게 되는 현상을 방지해 주는 모멘트이다.

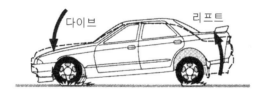

안티 다이브

(2) 안티 다이브 발생 과정

주행 시 제동을 위해 브레이크 페달을 밟으면 제동력이 발생되는데 이때 관성력이 작용을 하여 차체는 앞으로 나가려는 힘이 작용하게 되고 전륜 어퍼 컨트롤 암과 로워 컨트롤 암의 가상선이 만나는 지점을 중심으로 회전하게 된다. 따라서 차체 앞부분은 지면을 향해서 내려가게 되고, 현가장치와 타이어는 차체의 내려오는 힘에 대해 저항하는 힘을 발생하게 된다.

이 힘은 차체를 들어 올리는 방향의 힘이 되고 이를 Anti-dive Force라고 한다. 차체를 들어 올리려는 힘과 아래로 내려가게 하려는 힘의 비율이 바로 안티 다이브의 퍼센트(%)가 된다.

안티 다이브 포스

안티 다이브 발생 과정

(3) 구조별 효과

듀얼 링크 스트럿 형식의 현가장치는 스트럿으로 차륜을 지지하고 있는 구조로 급제동 시 아래로 가해지는 하중을 스트럿으로 직접 지지를 해주기 때문에 안티 다이브 효과가 매우 크다. 더블 위시본 형식은 두 개의 위시본(어퍼 및 로워 컨트롤 암)으로 차체를 지지해 주기 때문에 링크의 유동이 매우 크며 차륜이 노면에 접지되는 접지력은 크지만 차체가 앞으로 쏠리는 현상이 보다 많이 발생하게 된다.

기출문제 유형

> ✦ 자동차의 퍼센트 안티 다이브(Percent Anti-Dive)를 정의하고, 100% 안티 다이브가 되도록 앞 현가장치를 설계하기 어려운 이유를 승차감 측면에서 설명하시오.(111-4-1)

01 개요

(1) 배경

주행 시 제동을 위해 브레이크 페달을 밟으면 제동력이 발생되는데 이때 관성력이 작용하여 차체는 앞으로 나가려는 힘이 작용하게 되고 전륜 어퍼 컨트롤 암과 로워 컨트롤 암이 만나는 점을 중심으로 회전을 하게 된다. 따라서 차체 앞부분은 지면으로 쏠리게 되고(노즈 다이브) 현가장치에 의해서 차체를 지지하는 저항이 생기게 된다. 이는 결국 차체를 들어 올리는 방향의 힘이 되고 이를 Anti-Dive Force라고 한다.

전륜의 서스펜션을 설계할 때 로워 컨트롤 암과 어퍼 컨트롤 암의 기하학적 각도를 조절하여 제동 시 차체의 앞부분이 내려가는 정도를 결정하는데 이를 안티 다이브 지오메트리라고 한다. 가속 시 차체의 뒷부분이 내려가는 정도를 결정하는 것을 안티 스쿼트 지오메트리라고 한다. 다이브와 스쿼트 현상은 차량의 휠베이스와 무게 배분에 의해 결정되며 상호 영향을 미치게 된다.

(2) 퍼센트 안티 다이브의 정의

휠을 들어 올리려는 힘과 아래로 내려가게 하려는 힘의 비율이 바로 안티 다이브의 %가 되며 이를 퍼센트 안티 다이브라고 한다. 50% 안티 다이브는 제동 시 앞으로 이동하는 하중의 50%는 서스펜션 링크가 지지하고 50%는 노즈가 내려가는데 영향을 준다는 것이고 100% 안티 다이브는 노즈 다이브 현상이 발생하지 않는다는 뜻이다.

02 퍼센트 안티 다이브(Percent Anti-Dive)의 기하학적 원리

자동차를 옆에서 봤을 때 전륜에 위아래 각각의 컨트롤 암이 있을 때 이 둘의 연장선은 서로 만나는 지점이 생긴다. 이 가상의 지점을 Instant Center(아래의 그림에서

A 지점) 라고 부르는데 제동 시에는 이 지점을 가상의 피벗으로 해서 회전 토크가 발생하게 된다. 회전 토크는 차량의 무게중심에 의해서 발생하게 된다. 무게중심이란 어느 한 점을 중심으로 전후, 좌우 어느 쪽으로도 기울지 않고 수평을 유지할 수 있는 점이다.(그림에서 원 안에 열십자가 그려져 있는 부분) 제동을 하게 되면 A 점을 기준으로 차체가 회전을 하게 된다. 아래의 그림에서는 C 지점에서 무게중심이 결정되어서 제동을 하게 되면 A 지점을 중심으로 아래쪽으로 힘이 가해지게 되어 노즈 업이 된다.(100% 이상 안티 다이브)

전륜 타이어 접지점부터 전륜과 후륜의 제동력 배분 지점(%FB × WB)의 차량 무게중심 높이에 해당하는 지점(B 지점)까지 연결되는 선분 중에서 A 지점과 지면에 수직으로 되는 부분이 만나는 지점이 C 지점이 된다. 제동이 될 때 무게중심보다 Instant Center가 아래 있으면 노즈 다이브 현상이 생기며 100%일 경우에는 노즈 다이브 현상은 생기지 않는다. 또한 이론적으로 100% 이상일 경우에는 제동 시 노즈 업(스쿼트) 현상이 발생할 수 있다.

$$\text{퍼센트 안티 다이브 공식} = \frac{A(\text{Height})}{C(\text{Height})} \times 100\%$$

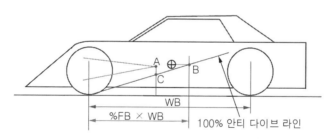

안티 다이브의 기하학적 원리

03 100% 안티 다이브를 쓰기 어려운 이유

① 퍼센트 안티 다이브는 보통 35~50% 정도를 사용한다.

② 100%의 경우 A 지점과 C 지점은 같은 위치에 있어야 하며 이는 기구학적으로 구성하기 매우 복잡하다. 또한 제동 시 차체의 변화가 없다는 것을 의미하며 제동하는 동안 조향력이 상당히 증가하여 조종 안정성을 잃어버리게 된다.

③ 100% 안티 다이브를 위한 피벗은 100% 안티 스쿼트를 위한 피벗보다 위에 있다. 이에 의해 일체형 구동축에서 가속 시 앞이 들리는 현상이 일어난다.

④ 완전 안티 다이브 시 전륜 현가장치 캐스터 각의 변화는 제동시 조향력을 아주 크게 만들 수 있다.

⑤ 피벗의 위치가 높아지면 후륜 현가장치에 의해 과대 조향(O/S)의 문제가 발생된다.

⑥ NVH 성능이 저하될 수 있다.

기출문제 유형

✦ 차축의 롤 센터(roll center)에 대해 설명하시오.(117-2-3)

01 개요

(1) 배경

차량이 주행을 할 때 발생하는 스프링 위 진동에는 롤링, 피칭, 요잉이 있다. 차선을 변경하거나 선회를 하게 될 때 롤링이 발생하게 되는데 선회 안쪽 차륜은 인장되고 바깥쪽 차륜은 압축된다. 이때 서스펜션 지오메트리에 의해서 이러한 피벗 지점이 결정되고 차체는 이 기준점(피벗)을 중심으로 기울게 된다.

(2) 롤 센터의 정의

롤 센터는 자동차가 좌우 롤링을 할 때 기준이 되는 지점이다.

02 롤 센터의 구성 및 작동 원리

(1) 롤 센터 위치

① 더블 위시본 : 어퍼 컨트롤 암과 로워 컨트롤 암의 가로 연장선이 만나는 지점(IC) 과 타이어 접지면의 연결선이 차의 무게중심 라인(센터 라인)과 만나는 지점

② 맥퍼슨 스트럿 : 스트럿 상부와 수직으로 이뤄진 선분과 로워 컨트롤 암의 연장선이 만나는 지점에서 타이어 접지면의 연결선이 차의 무게중심 라인과 만나는 지점

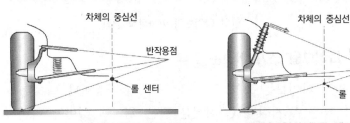

위시본 형식의 롤 센서   맥퍼슨 형식의 롤 센서

롤 센터의 구성

(2) 롤 센터 위치에 따른 롤링 영향

롤 센터와 무게중심의 거리(롤 커플)가 클수록 차량은 더 많은 롤을 발생시킨다. 따라서 롤 센터가 낮을수록 더 많은 롤을 하게 되고 롤 센터가 높으면 롤이 적어진다. 만약 롤 센터 바로 위에 무게중심이 있다면, 코너링 시 무게중심은 롤 센터에 영향을 주지 못하고, 차량은 롤을 하지 않게 된다. 프런트 롤 센터와 리어 롤 센터로 구분된다. 차량의 롤이 증가하면 그립이 확보되는 대신 선회 시 민첩성이 떨어지게 된다. 차량의 롤이 감소하면 그립이 감소하는 대신 선회 시 민첩성이 증가하게 된다.

03 롤 센터 위치별 영향

(1) 롤 센터가 낮을 경우(무게중심과 거리가 먼 경우)

롤이 커지기 때문에 접지력(grip force)이 증가한다. 차체의 움직임이 커지기 때문에 반응성이 떨어진다.

(2) 롤 센터가 높을 경우

롤이 작아지기 때문에 접지력은 저하된다. 차체의 움직임이 작아지기 때문에 반응성이 커진다. 코너링이 많은 코스에 적합하다.

기출문제 유형

✦ CTBA에 대해서 설명하시오.(면접)

✦ 토션 빔 액슬 서스펜션(TBA : Torsion Beam Axle)에 대해서 설명하시오.(예상)

01 개요

(1) 배경

차축 일체식(리지드 액슬) 현가장치는 단순한 구조로 초기 차량에 많이 적용이 됐지만 스프링 아래 중량이 크기 때문에 승차감이 좋지 않으며, 주행감이 부드럽지 않다는 단점이 있었다. 따라서 이를 개선하기 위해 다양한 시스템이 개발되었다. 이 중 토션빔 형식은 독립 현가장치와 차축 일체식 현가장치의 중간 단계로 두 시스템의 특성을 모두 갖고 있다.(1974년 골프에 적용)

(2) 토션 빔 액슬 서스펜션의 정의

토션 빔 액슬 서스펜션은 좌우 차륜의 트레일링 암이 비틀림 탄성(토션)을 가진 토션 빔에 연결되 있는 구조의 현가장치이다.

(3) 토션 빔 액슬 서스펜션의 특징

차축 현가장치와 독립 현가장치의 중간 형태(반 독립 현가장치)로 소형 앞바퀴 구동 차의 리어 서스펜션에 가장 많이 사용되고 있다. 구조가 간단하여 차 폭이 좁은 차에도 사용이 가능하며 가격이 저렴하다.

토션 빔 액슬 서스펜션

02 토션 빔 액슬 서스펜션의 종류 및 구조

① 피벗 토션 빔(PTBA) : 트레일링 암의 지지점(피벗) 부근에 토션 빔을 접합한 구조
② 커플드 토션 빔(CTBA) : 트레일링 암의 가운데 부분에 토션 빔을 접합한 구조
③ 액슬 토션 빔(ATBA) : 트레일링 링크의 차축 부근에 토션 빔을 접합한 구조

(a) 피벗 토션 빔 방식   (b) 커플드 토션 빔 방식   (c) 액슬 토션 빔 방식

토션 빔 액슬 서스펜션의 종류

03 토션 빔 액슬 서스펜션의 장단점

(1) 장점

① 스트로크(범프, 리바운드)에 따른 캠버와 트레드의 변화가 거의 없다.
② 간단한 구조여서 실내 공간의 확보가 유리해 중형 이하의 차종에서 많이 사용된다.
③ 부품 수, 가동 부분이 줄어 비용이 저렴하다.

(2) 단점

① 기존 차축식 현가장치보다 스프링 아래 질량은 가볍지만 독립식 현가장치보다 스프링 아래 질량이 무거워 서스펜션 지오메트리의 자유도가 낮아진다.
② 독립식 현가장치와 비교시 승차감, 핸들링 성능이 떨어진다.

③ 스트로크가 클 때 타이어가 옆으로 밀리는 Scuff 현상이 발생된다.(향후 이를 개선하기 위해 멀티 링크 빔 형식이 개발되었다.)

④ 서스펜션 전체를 결합하는 부위가 전방의 2곳뿐이므로 이 부분의 고무 부시의 강성이 중요하며 변형 시 하시니스를 줄이는 것이 어렵다.

기출문제 유형

✦ 섀시 스프링에 대해 논하라.(66-3-3)

✦ 현가장치에 사용되는 스프링의 종류에 대해서 설명하시오.

01 개요

(1) 배경

현가장치는 자동차의 하중을 지지하고 차체와 차축을 연결하여 주행 중에 지면으로부터 차체로 전달되는 진동이나 충격을 흡수하여 차체나 승객, 화물을 보호하고 바퀴의 불필요한 진동을 억제하여 승차감과 주행 안전성을 향상시키는 장치로 스프링과 스프링의 자유 진동을 조절하여 승차감을 향상시켜 주는 쇽업소버와 자동차의 좌우 진동을 방지하는 스태빌라이저 등으로 구성된다. 재료는 강, 고무, 가스, 유압 등 매우 다양하며 초고장력강, 탄소섬유 강화플라스틱 등의 첨단 소재 재료 등의 적용이 연구되고 있다.

(2) 섀시 스프링의 정의

섀시 스프링은 차체를 지지하며 노면으로부터 진동이나 충격을 흡수하는 장치이다.

02 종류

(1) 판 스프링(Leaf Spring)

1) 정의

길이가 다른 몇 개의 스프링 강판을 겹친 판 모양의 스프링 형태로 강판의 탄성을 이용하여 진동을 흡수하는 스프링이다.

2) 구조

스프링, 스프링 아이, 중심 볼트, 섀클, 클립 밴드로 구성되어 있고 가장 위쪽의 긴 메인 스프링이 기본적으로 하중을 지탱하고, 아래 겹쳐져 있는 스프링들은 차에 가중되는 하중이 커질 때 보조해 주는 역할을 한다.

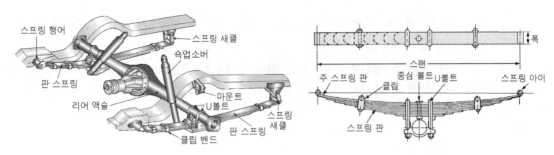

판 스프링의 구조

3) 특징

① 스프링 자체의 강성으로 차축을 지지할 수 있으며, 구조가 간단하고, 내구성이 크다.

② 강철판의 수를 변경시키거나 곡률을 다르게 함으로써 용수철의 효율성과 중량 수용력을 변화시킬 수 있다.

③ 판간 마찰력 때문에 진동 억제력은 큰 편이지만, 작은 진동 흡수가 잘 되지 않는다.

④ 서스펜션의 제어 자유도가 작으며 차륜의 상하 움직임에 대해 전후 위치 결정이 불가능해 롤 스티어(차체의 기울어짐에 의한 토 변화) 현상이 크게 발생한다.

⑤ 승차감이 좋지 않으며 소음이 많아 주로 화물, 특수 자동차에 사용된다.

(2) 코일 스프링(Coil Spring)

1) 정의

코일 스프링은 스프링 강을 코일 모양으로 만든 스프링이다.

2) 구조

스프링 강이 코일 모양으로 형성되어 압축, 신장되며 노면으로부터의 충격을 흡수한다.

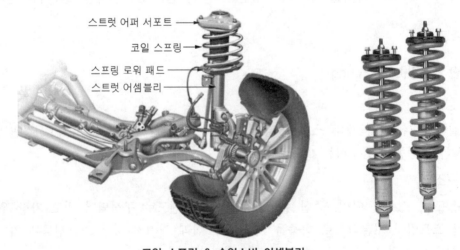

코일 스프링 & 쇽업소버 어셈블리

3) 특징

① 판스프링에 비하여 단위 중량당 저장할 수 있는 탄성 에너지가 크지만, 판간 마찰 작용이 일어나지 않아 진동 감쇠 작용을 이용할 수 없다.

② 코일 스프링의 소선 직경을 부분적으로 변화시키면, 하중의 크기에 따라 스프링 상수를 변화시킬 수 있다.

③ 스프링 작용이 유연하며 진동에도 민감하게 반응하여, 단위 체적당 에너지 흡수율이 크다.

④ 판간 마찰 작용이 일어나지 않아 진동 감쇠 작용이 없으며, 횡방향의 작용력에 대해 저항이 약하다.

(3) 토션 바 스프링(Torsion Bar Spring)

1) 정의

스프링 강을 막대형으로 만들어서 비틀림 탄성을 이용한 스프링이다.

2) 구조

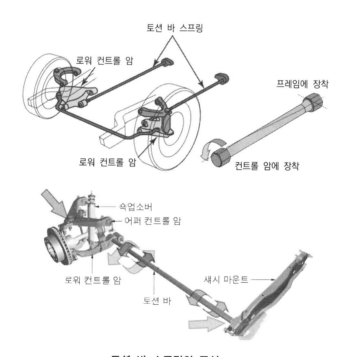

토션 바 스프링의 구성

3) 특징

① 단위 중량당 저장되는 에너지가 타 스프링에 비해 가장 크고 가볍다.

② 내구성이 좋고 코일 스프링에 비해 설치 공간을 작게 차지하며 설치가 쉽다.

③ 스프링 작용이 유연하지 못하다.

(4) 공기 스프링

1) 정의

공기 스프링은 압축 공기의 탄성을 이용한 스프링이다.

2) 구조

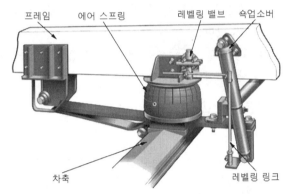

일체형 서스펜션

에어 서스펜션

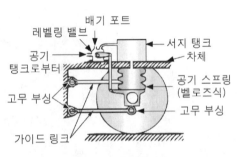

서지 탱크의 구조

공기 스프링의 구성

3) 특징

① 스프링 정수를 공기의 입출력으로 조절할 수 있어서 하중 증감에 관계없이 차체의 높이를 항상 일정하게 유지하며 앞뒤, 좌우의 기울기를 방지할 수 있다.

② 스프링 정수가 자동적으로 조정되므로 하중의 증감에 관계없이 고유 진동수를 거의 일정하게 유지할 수 있다.

③ 고유 진동수를 낮춰서 승차감을 향상시키고 차고 및 무게중심을 조절할 수 있다.

④ 공기 스프링 자체에 감쇠성이 있으므로 작은 진동을 흡수하는 효과가 있다.

⑤ 구조가 복잡하고 정비성이 좋지 않다.

기출문제 유형

✦ 스태빌라이저를 설명하시오.(80-1-6)

01 개요

(1) 배경

서스펜션은 차량 주행 중 진동, 차체의 변화 등을 제어해줌으로써 운전자에게 주행 안정성과 조향 안정성을 보장해 주는 장치이다. 차체가 기울어짐을 방지해 주기 위해 다양한 장치를 적용하는데 그 중의 하나가 스태빌라이저이다.

(2) 스태빌라이저의 정의

스태빌라이저 바는 주로 횡방향으로 설치되어 차체가 기우는 현상, 즉 롤링 현상을 방지하여 주행 안전성을 확보해 주는 부품이다. 안티롤 바(Anti-roll Bar), 스웨이 바(Sway Bar)라고도 한다.

02 스태빌라이저의 구조

(1) 구조도

토션 바를 U자형으로 하여 양단을 좌우 로워 암(Lower Control Arm)의 엔드 링크 나 볼트로 연결하고 중앙부는 고무 부싱으로 차체에 고정한 구조이다. 'ㄷ' 자형으로 토션 바를 구성하고, 양 끝단을 좌우 서스펜션에 연결한다.

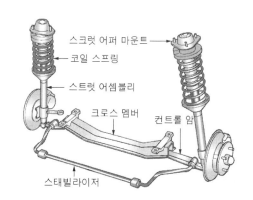

(2) 스태빌라이저의 작동 원리

좌우 바퀴가 같은 위상으로 스트로크(상 하 진동) 하는 영역에서 스태빌라이저 바는 스프링 작용을 하지 않고, 좌우 바퀴가 다른 위상일 경우 비틀림 강성이 나타나 롤링을 감소시켜 준다.

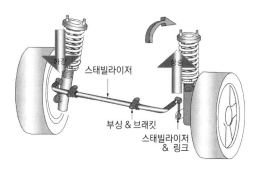

03 스태빌라이저의 기능

① 코너를 돌 때 바깥쪽 바퀴는 바운드하고 안쪽 바퀴는 리바운드 하게 된다. 이때 좌우 바퀴의 움직임을 같아지도록 하는 작용을 하면서 차체의 기울기를 작게 한다.

② 좌우 바퀴가 서로 다른 움직임을 할 때만 작용하며 좌우의 바퀴가 동시에 바운드 할 때는 기능을 하지 못한다.

기출문제 유형

✦ 리어 엔드 토크(Rear End Torque)에 대해 설명하시오.(90-1-5, 113-1-2)

01 개요

현가장치는 차축과 차체를 연결하여 도로와 운전자 사이에서 하중을 지지하는 매개체 역할을 하고 있으며 주행 성능과 승차감 모두를 적정 수준으로 만족시켜야 하는 시스템이다. 차축식 현가장치의 경우 구조가 간단하고 비용이 저렴하여 많이 사용되지만 승차감이 안 좋은 단점이 있다.

02 리어 엔드 토크의 정의

구동 초기나 가속 시에 구동축에서 발생되는 토크로 타이어가 구동하고자 하는 반대 방향으로 돌아가려는 토크를 말한다.

03 구조 및 발생 현상

(1) 구조도

후륜 구동 차량에서 후륜이 구동 중일 때 차축 하우징은 구동 토크 때문에 반대 방향으로 회전하려고 하는 리어 엔드 토크가 발생한다. 판 스프링 현가장치에서 판 스프링은 리어 엔드 토크를 흡수한다.

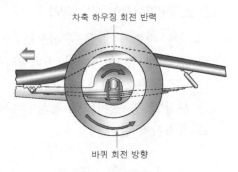

차축 하우징 회전 반력

바퀴 회전 방향

리어 엔드 토크

04 기타

(1) 리어 엔드 스쿼트(Rear End Squat)

자동차가 정지 상태에서 출발하여 가속할 때, 차축 하우징 내의 피니언 기어는 링 거어를 타고 올라가려고 하며 이것은 피니언 기어와 차동 캐리어가 위쪽으로 움직이는 원인이 된다. 결과적으로 뒤쪽 스프링이 아래로 잡아 당겨지므로 자동차의 후미가 아래로 움직인다. 이런 현상을 리어 엔드 스쿼트라고 한다.

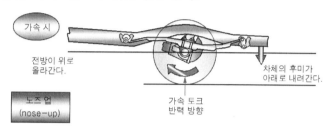

리어 엔드 스쿼트

(2) 프런트 엔드 다이브

제동 시에는 자동차의 전방이 아래로 내려가고 후미가 위로 올라오게 되며, 이에 따라 전방 스프링을 압축시킨다.

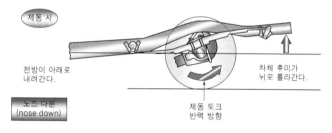

프런트 엔드 다이브

기출문제 유형

✦ 호치키스 구동 방식(Hotch kiss Drive Type)을 설명하시오.(53-1-6)

---

01 개요

(1) 배경

현가장치는 차축과 차체를 연결하여 도로와 운전자 사이에서 하중을 지지하는 매개체 역할을 하고 있으며 주행 성능과 승차감 모두를 적정 수준으로 만족시켜야 하는 시스템이다. 차축식 현가장치의 경우 구조가 간단하고 비용이 저렴하여 많이 사용되지만 승차 감이 안 좋은 단점이 있다. 일체식 뒤 현가장치(Rigid Rear Suspension)는 평행 판 스 프링형, 가로놓인 판 스프링형, 코일 스프링형, 드디온형, 공기 스프링형이 있다.

(2) 호치키스 구동 방식(Hotch kiss Drive Type)의 정의

호치키스 구동 방식은 평행 리프 스프링(판스프링)을 사용하는 구동 방식이다.

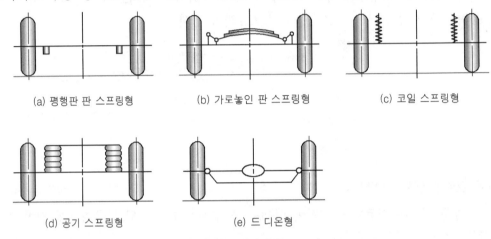

| (a) 평행판 판 스프링형 | (b) 가로놓인 판 스프링형 | (c) 코일 스프링형 |

(d) 공기 스프링형   (e) 드 디온형

뒤 차축 현가식의 종류

02 호치키스 구동 방식(Hotch kiss Drive Type)의 구조

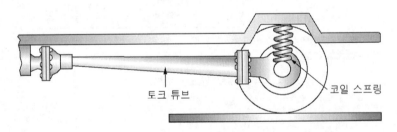

토크 튜브   코일 스프링

토크 튜브 구동 방식

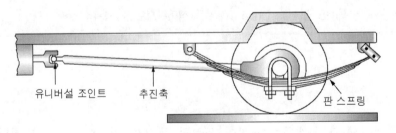

유니버설 조인트   추진축   판 스프링

호치키스 구동 방식

03 호치키스 구동 방식(Hotch kiss Drive Type)의 특징

① 링크나 로드 등이 필요 없어 부품이 적어지고 구조가 간단하다.
② 차량의 선회시에 차체의 기울기가 적다.
③ 트럭이나 버스와 같이 하중의 변동이 큰 경우에는 보조 스프링을 장착하여 경부하시에는 주 스프링만 작동하도록 하며 중부하시에는 보조 스프링이 함께 작동하도록 한 형식이 채용되고 있다.

기출문제 유형

✦ 전자제어 현가장치에서 적응형 방식과 반능동형 방식에 대해 설명하시오.(105-1-12)

✦ 능동 현가장치(Active Suspension)에 대해 설명하시오.(80-3-5)

✦ 현가장치의 주요 기능을 3가지로 구분하고 이상적인 현가장치를 실현하기 위한 방안을 설명하시오.(99-4-4)

✦ 전자제어 현가장치를 제어 수단과 목적에 따라 분류하고 설명하시오.(74-4-2)

01 개요

(1) 배경

① 자동차의 동적 성능은 주행 안정성과 승차감의 두 요소로 정하여지며, 이 두 가지 성능은 현가장치의 동적 특성에 따라 결정된다. 차량의 주행 안정성과 승차감은 서로 상반되는 설계 요소이며 하나의 스프링 상수와 감쇠력으로 고정된 현가 시스템에서는 두 가지 요소를 동시에 만족시킬 수 없게 되어 설계 시에 상호 보완적인 측면에서 적절한 설계 변수를 취하여야 이상적인 현가장치가 실현될 수 있다.

② 설계 상충 문제를 해결하기 위해 노면 상태와 주행 상태에 따라 현가계의 특성을 변경할 수 있는 전자제어 현가장치에 대한 연구가 시작되었다. 전자제어 현가장치는 제조사 별로 명칭이 다르게 적용되기도 하며 구분에 따라서 적응형은 반능동형 2세대, 반능동형은 3세대(스카이 훅 제어)로 구분되기도 한다.

(2) 제어 수단 및 목적에 따른 분류

① 반능동형 1세대 : 감쇠력 가변식 ECS, 쇽업소버의 감쇠력을 다단계로 변화시킬 수 있는 시스템

② 반능동형 2세대(적응형) : 복합식 ECS, 쇽업소버의 감쇠력과 공기 스프링을 이용하여 차고 조절 기능을 갖춘 시스템(임계값 제어로 불연속적 제어)

③ 반능동형 3세대 : 쇽업소버의 감쇠력 가변식 ECS를 이용, 연속적으로 감쇠력, 차고 제어가 가능하도록 하여 저렴한 가격으로 능동형 ECS의 성능을 만족할 수 있는 시스템

④ 능동형 : 외부에서부터 에너지를 공급, 스프링 상수나 감쇠력을 조절하여 감쇠력 제어, 차고 제어, 자세 제어를 수행하는 시스템

02 현가장치의 종류별 정의

(1) 적응형 현가장치의 정의

운전상황이나 도로 조건에 따라 댐퍼의 특성, 스프링 특성 또는 차고를 전자 제어장치가 자동으로 조정하는 시스템이다.

(2) 반능동형 현가장치의 정의

① 외부 액추에이터를 사용하지 않고 댐퍼의 에너지 소모 범위에서만 실시간으로 가변 댐퍼 제어하는 현가장치이다.

② 외부 동력장치와 액추에이터를 사용하지 않아서 능동 현가시스템과 구분된다.

(3) 능동형 현가장치의 정의

외부에서부터 에너지를 공급하여 스프링 상수나 감쇠력을 주행 조건에 대응하여 적절하게 조절하는 장치이다. 즉, 능동형 현가장치는 적재 중량, 노면 상황, 주행속도 등 여러 가지의 주행 상태에 대응하여 전자제어하고 유압이나 공압의 액추에이터를 사용하여 자동차 높이(차고)나 스프링 상수, 감쇠력을 적정화시키는 시스템이다.

03 제어 방법, 주요 기능

(1) 적응형

① 도로 상황을 ECU가 분석하여 개회로 제어(Open Loop Control) 방식을 사용하여 제어한다. 임계치 제어 방식이라고도 하며 일정값 이상 조건이 되면 Hard/Soft로 변환된다. 감쇠력 제어, 차고 조정이 가능하다.

② 응답 시간 : 100~300msec

(2) 반능동형

① 차량의 상태를 계측된 신호를 이용하여 판단하고 현가 시스템이 발생시켜야 할 힘을 계산하여 댐핑 특성을 실시간 피드백 제어(Real Time Feedback Control)한다. 동력이 소모되는 범위에서만 필요한 제어 힘을 발생시켜서 능동 현가 시스템과 같은 효과를 얻는다. ADS(Active Damping Suspensions)으로도 정의된다. 감쇠력 제어, 차고 조정이 가능하다.

② 응답 시간 : 10msec 이하

(3) 능동형

피스톤의 위치와 속도에 따라 독립적으로 힘을 생산해 내는 유압 가진기, 바퀴와 차체의 조절을 격리시키기 위한 제어기술로 다양한 상황에서 서스펜션의 자세를 자유롭게 제어할 수 있게 하였다. 감쇠력 제어, 차고 조정, 자세 제어가 가능하다.

04 각 시스템별 구성

(1) 적응형(반능동형 2세대)

모드 선택 스위치, 센서부, 전자 제어장치, 공압 실린더, 쇽업소버, 현가 특성 변환장치, 공기 압축기, 공기 스프링

(2) 반능동형(반능동형 3세대, 스카이 훅 제어)

센서부, 전자 제어장치, 역방향 감쇠력 가변식 쇽업소버, 액추에이터

(3) 능동형

외부 동력장치(유압펌프)와 액추에이터, 서보 밸브, 센서, 전자 제어장치, 댐퍼

05 각 시스템별 구성 요소

(1) 센서부

가속도 센서(G센서), 차속 센서, 조향각(속도) 센서, 차고 센서, TPS 센서, 브레이크 센서, 알터네이터 전압 센서가 있다.

① **차고 센서** : 차체 쪽에 장치되어 있으며, 회전축에서 연장한 링크가 리어 현가장치 암에 결합되어, 링크가 자동차 높이의 변화에 의해 상하 운동하는 것을 이용하고 있다.

② **가속도 센서** : 차체에 부착되어 차량의 상하 운동(Bounce motion)을 측정하기 위한 센서이다. 상하 차체 운동 가속도를 중력가속도 단위로 표현하면 이 값을 전기 신호인 볼트로 환산하여 출력해 준다.

③ **차속 센서** : ABS나 TCU측의 신호를 이용한다.

④ **스로틀 포지션 센서(TPS)** : 액셀러레이터 페달의 작동 속도로 급감속, 급가속을 감지하는 센서이다.

⑤ **조향각 센서** : 광 센서 방식(얇은 디스크 판 양쪽에 발광부와 수광부를 설치하여 디스크에 설치된 홈을 통하여 빛의 통과를 감지)을 사용하여 조향각을 계산한다.

(2) 전자 제어기 유닛(Electronic Control Unit)

16비트 마이크로프로세서를 사용하고 있고 내부에 각 차륜의 감쇠력을 독립적으로 제어하는 스카이 훅 로직을 기본으로 하는 제어 알고리즘이 구현되어 있다.

(3) 작동 유닛부

액추에이터는 스프링 상수/쇽업소버 감쇠력을 변화시키는 스트럿 어셈블리, 스프링 상수/쇽업소버 감쇠계수 절환 액추에이터, 솔레노이드 밸브, 압축기, 리저브 탱크 등 공기압 공급 장치 등이 있다.

① 솔레노이드 밸브 : 컨트롤 유닛으로 부터 전원이 공급되면 앞·뒤 에어 체임버에 공기가 공급되거나 배출되어 차고, 하드/소프트 모드 조절이 된다. 전원이 공급되면 밸브가 열려 압축공기가 액추에이터에 공급되어 하드(hard) 모드가 되고, 전원이 차단되면 밸브가 닫혀 밸브 상단부의 통풍구를 통해 액추에이터 내의 압축 공기가 대기 중으로 방출되어 소프트(soft) 모드로 된다. 전자장치의 통제(fail safe)시에는 밸브가 닫혀 에어 스프링(에어 체임버)내에 일정한 공기량을 유지한다.

② 쇽업소버/액추에이터 : 쇽업소버는 액추에이터에 의해 로터리 밸브를 회전시켜 오리피스의 개폐 및 유로 면적을 변화시켜 감쇠력을 3단계(작은 쪽-A, 중간-B, 큰 쪽-C)로 바꾼다. 작은쪽일 때는 로터리 밸브의 오리피스 A, C가 열리면 되고, 중간일 때는 오리피스 B가 열리면 된다. 큰 쪽일 때는 모두 닫혀지며, 논리 턴 밸브만으로 감쇠작용을 발생시키는 구조로 되어 있다. 액추에이터는 직류 모터, 기어, 솔레노이드로 구성되며, 모터 및 솔레노이드의 조합으로 전기를 통함에 의해 3단계로 바꾸고 있다.

06 적응형 현가장치 기능 및 작동 원리

(1) 스프링 상수 / 감쇠계수 변환(Hard/Soft/Auto)

스프링 상수는 부 공기실로의 공기 유입량을 조절하여 변경하고, 감쇠력은 쇽업소버 내의 유로에 서로 다른 면적을 갖는 오리피스를 변경하여 조절한다. 차고 조정은 주 공기실에 압축 공기를 흡입 또는 배출시켜 변경한다. 작동 조건은 제조사별로 편차가 있지만 제어 방식은 유사하다.

미쓰비시 자동차의 ESCII 모델의 작동조건은 다음과 같다. 주행 상태와 노면 상태에 따라 Hard 또는 Soft 모드로 현가 특성을 변화시켜 승차감과 주행 안정성을 최적의 상태로 유지시킨다. Hard/Soft 모드 변경은 3km/h 이상 주행 시에만 작동하도록 설계되어 있다. 센서로부터 주행 상태와 노면 상태를 감지하여 일정 조건 이상이면 제어 유닛으로 신호를 보내주고 제어 유닛은 전, 후방의 솔레노이드 밸브를 작동시켜 각각의 스트럿 어셈블리의 공기압 액추에이터를 구동한다.

(2) 차고 조정

공기 스프링 내의 공기량을 조정하여 노면 상태와 차속에 따라 차고를 조정하여 승차감과 주행 안정성을 향상시킨다. 전, 후방의 차고 센서가 차고를 감지하고, 속도 센서, G센서와 전방 차고 센서가 노면 상태를 감지한다. 센서의 신호는 제어 유닛에 전달되어 솔레노이드 밸브를 작동시켜 각각의 스트럿에 설치된 에어 체임버의 압력 및 부피를 변경시켜 차고 조정을 한다.

(3) Fail-safe 및 자체 진단

제어 유닛 내의 마이크로프로세서를 이용하여 시스템의 일부가 고장이 날 경우 자동으로 작동을 정지하여 안전을 확보하고, 자체 고장 진단을 하는 기능을 한다.

07 반능동형 현가장치 기능 및 작동 원리

스카이 훅 이론(차체 아래 진동을 쇽업소버가 흡수하여 차체가 공중에 매달려 있는 것과 같이 제어하는 방법)을 바탕으로 개발된 시스템으로 역방향 감쇠력 가변식 쇽업소버를 적용하여 기존의 감쇠력 가변식 ECS와 능동형 ECS의 성능을 만족할 수 있는 시스템이다.

각 차륜의 상단 차체에는 상하 가속도 센서가 부착되어 차륜 각각의 거동을 측정하여 독립적인 제어를 가능하게 한다. 차속 센서와 조향각 센서의 신호를 기준으로 운전자의 급조향 거동을 판단하여 감쇠력을 제어해 주는 앤티롤 제어 로직이 있고, 이 로직에서는 전후 롤 댐핑 모멘트의 배분 제어를 통해 조향 안정성과 편의성을 제어한다.

감쇠력 절환을 위한 액추에이터의 제어에는 스텝 모터를 이용하여 감쇠력을 다단계로 하는 방법과 솔레노이드 밸브를 사용하여 연속적인 감쇠력의 절환이 가능하도록 하는 방법이 있다.

08 능동형 현가장치 기능 및 작동 원리

반능동형이 갖고 있는 감쇠력 제어와 차고 조절 기능을 모두 갖고 있으며, 공기펌프나 유압 펌프를 이용해서 차량의 자세 변화에 능동적으로 대처하여 자세를 바로 잡아 줄수 있다. 자세 제어 기능은 롤(roll) 방향, 바운스(bounce) 방향, 피치(pitch) 방향, 안티다이브(anti-dive), 안티 스쿼트(anti-squat) 등 조종 안정성과 승차감의 모든 운동방향을 말한다.

09 능동 현가장치의 장점

① 능동형 현가장치가 장착된 자동차는 바퀴들이 수동형 현가장치가 장착된 자동차보다 더 자유롭게 움직일 수 있어서 주행 안정성과 승차감이 모두 좋아진다.

② 차체의 운동과 바퀴의 운동을 구별할 수 있어서 각각 독립적인 조절이 가능하여 차량의 자세제어가 안정적으로 가능하다.

✦ 액티브 전자제어 현가장치(AECS : active electronic control suspension)의 기능 중 프리뷰 제어 (preview control), 퍼지 제어(fuzzy control), 스카이 훅 제어(sky hook control)에 대해 설명하시오.(95-2-5)

01 개요

(1) 배경

자동차의 동적 성능은 주행 안정성과 승차감의 두 요소로 정하여지며, 이 두 가지 성능은 현가장치의 동적 특성에 따라 결정된다. 차량의 주행 안정성과 승차감은 서로 상반되는 설계 요소이며 하나의 스프링 상수와 감쇠력으로 고정된 현가 시스템에서는 두 가지 요소를 동시에 만족시킬 수 없게 되어 설계 시에 상호 보완적인 측면에서 적절한 설계 변수를 취하여야 이상적인 현가장치가 실현될 수 있다.

설계 상충 문제를 해결하기 위해 노면 상태와 주행 상태에 따라 현가계의 특성을 변경할 수 있는 전자제어 현가장치에 대한 연구가 시작되었다. 전자제어 현가장치는 제조사 별로 명칭이 다르게 적용되기도 하며 구분에 따라서 적응형은 반능동형 2세대, 반능동형은 3세대(스카이훅 제어)로 구분되기도 한다.

(2) 액티브 전자제어 현가장치의 정의

외부에서부터 에너지를 공급하여 스프링 상수나 감쇠력을 주행조건에 대응하여 적절하게 조절하는 장치이다. 즉, 능동형 현가장치는 적재 중량, 노면 상황, 주행속도 등 여러 가지의 주행 상태에 대응하여 전자제어하고 유압이나 공압의 액추에이터를 사용하여 자동차 높이나 스프링 상수, 감쇠력을 적정화시키는 시스템이다.

02 액티브 전자제어 현가장치 기능

반능동형이 갖고 있는 감쇠력 제어와 차고 조절 기능을 모두 갖고 있으며, 공기펌프나 유압 펌프를 이용해서 차량의 자세변화에 능동적으로 대처하여 자세를 바로 잡아 줄 수 있다. 자세 제어기능은 롤(roll) 방향, 바운스(bounce) 방향, 피치(pitch) 방향, 안티 다이브 (anti-dive), 안티 스쿼트(anti-squat) 등 조종 안정성과 승차감의 모든 운동방향을 말한다.

03 프리뷰 제어 기능

(1) 프리뷰 제어

① 자동차 앞쪽에 있는 도로 면의 돌기나 단차를 초음파로 검출하여 쇽업소버의 감쇠력을 최적으로 제어하여 승차감을 향상시킨다. 이때 슈퍼 소닉 센서를 사용한다.
② 돌기 : 감쇠력을 부드럽게 제어한다.
③ 단차 : 감쇠력을 딱딱하게 제어하여 차고의 변동이 없도록 제어한다.

(2) 퍼지 제어

① 1 아니면 0의 제어가 아닌 여러 가지 조건들을 분석하여 상황에 맞게 제어하는 시스템이다.

② 등판/하강/선회 : 도로 경사각도, 조향 핸들 조작횟수 추정, 앞뒤바퀴 앤티 롤 제어 시기 조절

(3) 스카이 훅 제어

도로면의 영향을 전혀 받지 않고 비행하는 헬리콥터처럼 주행할 수 있도록 차체가 일정한 높이로 유지되도록 제어하는 기술이다. 스프링 위 중량에서 발생하는 상하 방향의 가속도 크기, 주파수 검출하여 공기 스프링과 쇽업소버의 감쇠력을 제어한다.

기출문제 유형

✦ 수퍼 소닉 센서를 이용한 현가장치에 대해 설명하시오.(95-1-9)

---

01 개요

(1) 수퍼 소닉 센서의 정의

주행 중 자동차의 자세 변화를 초음파 소너에 의하여 감지하고 다른 센서로부터 정보를 받아 주행 상태를 판단하여 쇽업소버의 감쇠력을 마이컴으로 제어하는 현가이다.

※ **슈퍼 소닉 센서** : 초음속(초음파) 센서

(2) 수퍼 소닉 센서의 목적

수퍼 소닉 센서로 자동차 진행 방향의 돌기나 단차를 측정하여 승차감을 향상시키고, 자세/주행 안정성을 유지하며, 조종의 균형성을 제공한다.

02 수퍼 소닉 센서의 제어 방법

자동차 앞쪽에 있는 도로 면의 돌기나 단차를 슈퍼소닉 센서(초음파)로 검출하여 쇽업 소버의 감쇠력을 최적으로 제어하여 승차감을 향상시킨다. 초음파 노면 소너로 노면의 상태를 감지하고, 운전자의 핸들 조작과 주행 속도를 감지하여 제어기로 보내주면 이에 최적화된 제어를 제어기가 액츄에이터를 통해 제어해준다. 쇽업 소버의 감쇠력을 자동, 수동으로 변환한다. 쇽업쇼버의 감쇠력을 소프트, 미디엄, 하드의 3단계로 자동적으로 변환하는 오토모드가 있고 수동으로 변환하는 기능 등이 있다.

03 수퍼 소닉 센서의 기능

① 일반 직선로 정속 주행 시 : 쇽업소버 감쇠력을 낮게 설정하여 부드러운 주행이 되도록 한다.

② 가속/제동/선회 시 : 구부러진 길 주행 중에 발생되는 피칭과 제동 시에 발생되는 노즈 다이브 등이 있을 때 초음파 노면 소너와 각종 센서에 의해 차량 자세 변화를 감지하여 감쇠력을 높여주어 흔들림을 억제시켜 준다.

③ 급조향/고속 주행 시 : 핸들을 급히 조향했을 경우 감쇠력을 높여 흔들림을 억제해주고 고속 주행시에는 프런트 감쇠력을 높여 조종성 및 직진성도 향상시켜 준다.

기출문제 유형

✦ 전자제어 현가장치의 서스펜션 특성 절환 기능에 대해 설명하시오.(105-2-2)

✦ 전자제어 현가장치의 자세 제어를 정의하고 그 종류 5가지에 대해 설명하시오.(102-1-4)

01 개요

(1) 배경

자동차의 동적 성능은 주행 안정성과 승차감의 두 요소로 정하여지며, 이 두 가지 성능은 현가장치의 동적 특성에 따라 결정된다. 차량의 주행 안정성과 승차감은 서로 상반되는 설계 요소이며 하나의 스프링 상수와 감쇠력으로 고정된 현가 시스템에서는 두 가지 요소를 동시에 만족시킬 수 없게 되어 설계 시에 상호 보완적인 측면에서 적절한 설계 변수를 취하여야 이상적인 현가장치가 실현될 수 있다.

설계 상충 문제를 해결하기 위해 노면 상태와 주행 상태에 따라 현가계의 특성을 변경할 수 있는 전자제어 현가장치에 대한 연구가 시작되었다. 전자제어 현가장치는 제조사 별로 명칭이 다르게 적용되기도 하며 구분에 따라서 적응형은 반능동형 2세대, 반능동형은 3세대(스카이 훅 제어)로 구분되기도 한다.

(2) 서스펜션 특성 절환 기능의 정의

자동차의 승차감과 주행 안정성을 동시에 만족하기 위해 쇽업소버의 감쇠력(Damping Force)이나 스프링 상수를 가변적으로 제어해 주는 기능이다.

02 서스펜션 특성 절환 기능(ECS의 제어 기능)

(1) 감쇠력 제어(Damping Force Control) 기능

① 4바퀴의 쇽업소버 감쇠력 특성을 노면 상태와 주행 조건에 따라 4단계로 제어하여 쾌적한 승차감과 양호한 조종 안정성을 향상시킨다.

② 감쇠력 변환 특성은 제어 모드에 따라 자동적으로 쇽업소버 상부에 설치된 액추에이터(스텝 모터)를 구동하여 쇽업소버 상단 부분의 제어 로드를 회전시켜 쇽업소버 내부의 오일 회로를 개폐시킨다.

1) 앤티 롤(Anti Roll) 제어의 감쇠력 전환

급선회 시 설정에 따라 감쇠력을 1초 동안 Soft와 Medium 또는 Hard로 전환시키고 난 후, 감쇠력을 1단 내려 유지한다. 다만, 좌우 방향의 G(가속도)가 규정값 이상인 경우에는 감쇠력을 Medium 또는 Hard로 유지한다. 처음 복귀할 때에는 다시 한 번 감쇠력을 1단 올려서 약 1초 후에 처음의 감쇠력에 복귀한다.

2) 앤티 다이브(Anti Dive) 제어의 감쇠력 전환

급제동할 때의 Nose Dive를 감소시키기 위해 급·배기와 동시에 감쇠력을 Medium 또는 Hard로 전환한다.

3) 앤티 스쿼트(Anti Squat) 제어의 감쇠력 변환

급출발을 할 때 스쿼트를 감소시키기 위해 급·배기 시작과 동시에 감쇠력을 Medium 또는 Hard로 전환한다.

4) 주행속도에 의한 감쇠력 전환

주행 속도에 따른 감쇠력을 전환하여 고속 주행 안정성을 높인다.

(2) 자세 제어 기능

현가장치의 공기 스프링의 압력을 제어하여 선회 중의 롤(roll), 제동할 때의 다이브(dive) 및 출발할 때의 스쿼트(squat)에서도 노면에 대해 차체의 평행을 유지할 수 있다.(감쇠력 특성 제어와 동시에 제어되므로 승차감, 주행 안정성이 매우 향상된다.)

1) 앤티 롤 제어

조향 핸들 각도, 차체 횡 G(원심력)에 따라 선회 주행할 때 안쪽 및 바깥쪽 바퀴의 공기 압력을 제어하여 롤링하지 않고 선회할 수 있는 기능이다. 롤링 양은 Auto일 때가 Sport일 때보다 크다.

① 바깥쪽 바퀴 : 공기 스프링에 공기를 공급하여 압력을 높인다.
② 안쪽 바퀴 : 공기 스프링에 공기를 배출하여 압력을 낮춘다.

2) 앤티 다이브 제어

제동할 때 앞/뒤 G(감속도)에 따라 앞바퀴 쪽 공기 스프링에 공기를 공급하고, 뒷바퀴 쪽 공기 스프링의 공기를 배출시켜 차체를 평행하게 유지하도록 하는 기능이다.

3) 앤티 스쿼트 제어

앤디 다브 제어와는 반대로 제어한다. 앞바퀴 쪽의 공기 스프링의 공기는 배출하고, 뒷바퀴 쪽 공기 스프링에는 공기를 공급하여 차체를 평행하게 하는 제어이다.

4) 피칭(Pitching) 및 바운싱(Bouncing) 제어

쇽업소버의 신축 상태(자동차 높이의 변화)에 따라 제어한다. 신장쪽 공기 스프링의 공기를 배출시키고, 수축 쪽 공기 스프링에는 공기를 공급하여 차체를 평행하게 제어하는 기능이다.

(3) 자동차 높이 제어 기능(차고 제어)

① 승차 인원수, 화물의 변화량(하중의 변화)에 의한 자세에 대해 목표 차고(Normal, High, Extra- High, Low)가 되도록 공기 스프링 내의 압력을 자동적으로 조절한다.

② 자동차 높이는 앞뒤 차고 센서에 의해 검출되며, 자동차 높이의 시작 및 정지 결정은 컴퓨터가 자동적으로 실행한다.

③ 자동차 높이 조정 모드는 Normal, High, Extra-High의 3가지가 있다.

> **참고** **차고제어 현가장치의 종류**
>
> ① 하이드로 뉴매틱 방식(Hydro Pneumatic Type)
> 오일펌프에서 배출된 오일을 압력 조절기를 이용하여 메인 어큐뮬레이터에 저장해 두고 레벨링 밸브에 의해 유압을 유압 실린더에 공급 또는 배출하여 차고 조절을 하는 방식
> ② 잭 방식(Jack Type)
> 차고 선택 스위치나 주행속도 신호에 따라 오일펌프를 정방향 또는 역방향으로 회전시켜 발생된 유압을 쇽업소버의 마운팅 실린더로 공급하여 실린더 내의 플런저 상하로 이동시킴으로서 차고를 조절하는 방식
> ③ 압축 공기 방식
> 공기 현가장치나 하이드로 뉴매틱 현가장치의 압력과 행정을 제어하여 차고를 조절하는 방식

기출문제 유형

✦ 공기 현가장치의 기능과 구성 요소에 대하여 설명하시오.(87-4-1)

---

01 개요

(1) 배경

현가장치는 스프링, 스프링의 자유진동을 조절하여 승차감을 향상시켜 주는 쇽업소버, 자동차의 좌우 진동을 방지하는 스태빌라이저로 구성된다. 차축식 현가장치, 독립식 현가장치 등이 있고 이 중 압축 공기의 탄성을 이용한 장치가 공기 현가장치이다.

(2) 정의

공기 스프링을 설치하여 압축 공기의 탄성을 이용해 진동수 및 차고를 조절할 수 있는 현가장치이다.

02 구조 및 기능

① 공기 압축기(air compressor) : 이것은 엔진에 의해 V벨트로 구동되며 압축 공기를 생산하여 저장 탱크로 보낸다.

② 서지 탱크(surge tank) : 이것은 공기 스프링 내부의 압력 변화를 완화하여 스프링 작용을 유연하게 해주는 것이며, 각 공기 스프링마다 설치되어 있다.

③ 공기 스프링(air spring) : 공기 스프링에는 벨로즈형(bellows type)과 다이어프램형(diaphram type)이 있으며, 공기 저장 탱크와 스프링 사이의 공기 통로를 조정하여 도로 상태와 주행속도에 가장 적합한 스프링 효과를 얻도록 한다.

④ 레벨링 밸브(leveling valve) : 이 밸브는 공기 저장 탱크와 서지 탱크를 연결하는 파이프 도중에 설치된 것이며, 자동차의 높이가 변화하면 압축 공기를 스프링으로 공급하거나 배출시켜 자동차 높이(車高)를 일정하게 유지시킨다.

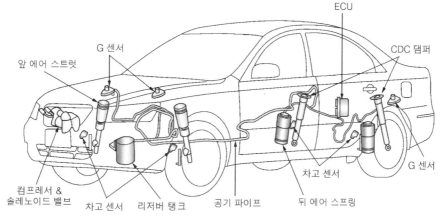

에어 서스펜션 시스템의 구조

03 공기 현가장치 주요 기능

① 공기 저항 최소화
② 차체 하부 보호
③ 일정 차고 유지
④ 차체 진동 최소화
⑤ Roll 거동 최소화
⑥ 험로 최적 감쇠구현

공기 저항 최소화	차체 하부 보호	일정 차고 유지
고속 주행시 자동 차고 하강 연비절감 및 고속주행 안정성 확보	험로 주행 시 차고 상승 차체 보호, 노면 충격 저감	하중에 무관하게 일정 차고 유지 승차감 및 조종 안정성 확보
차체 진동 최소화(skyhook)	롤 거동 최소화	험로 핏적 감쇠구현
노면 압력에 대한 상하, 피치, 롤 억제 차량 진동 제어, 승차감 향상	급선회 시 롤 발생 최소화 접지력, 조종 안정성 확보	험로 주행 시 최적 감쇠력 구현 충격 완화, 승차감 및 접지력 향상

에어 서스펜션의 주요 기능

(자료 : www.komachine.com/ko/companies/hyundai-mobis/products/43380-Air-suspension-system)

04 특징

① 하중 증감에 관계없이 차체의 높이를 항상 일정하게 유지하며 앞/뒤, 좌/우의 기울기를 방지할 수 있다.

② 스프링 정수가 자동적으로 조정되므로 하중의 증감에 관계없이 고유 진동수를 거의 일정하게 유지할 수 있다.

③ 고유 진동수를 낮출 수 있으므로 스프링 효과를 유연하게 할 수 있다.

④ 공기 스프링 자체에 감쇠성이 있으므로 작은 진동을 흡수하는 효과가 있다.

기출문제 유형

✦ 차량 자세 제어 시스템(Active Roll Control System)에 대해 설명하시오.(89-1-6)

---

01 배경

최근 자동차의 기술 개발 동향은 차량의 경량화, 연비 향상 등의 환경 친화적인 요소를 강조한 기술 개발 뿐만 아니라 운전자 위주의 안정성, 편의성을 추구하는 지능형 안전, 전자화 등의 첨단 기술을 실차에 적용하는 연구가 활발히 진행하고 있다.

특히 차량의 안전성 및 편의성과 관련하여 운전자의 승차감과 조종 안정성을 향상시킬 뿐만 아니라 코너링 주행 중 차량에서 발생하는 롤(Roll) 각을 감소하고 전복을 방지하는 롤 제어 시스템 개발도 진행되고 있다.

02 ARC(Active Roll Control)의 정의

① 일반 노면, 거친 노면 주행 중 차량 코너링 시나 과도한 주행 조작에 의한 차체의 움직임을 감소시켜 차량의 승차감 및 조종 안정성 향상과 전복을 방지하는데 도움을 주는 시스템

② 기존의 안티 롤 바(스태빌라이저 바)를 유압이나 모터로 비틀림 양을 조절하여 차량의 롤 강성 값을 조절할 수 있도록 개발된 시스템

03 구조 및 작동 원리

차량에 장착된 센서(횡가속도 센서, 조향각 센서 등)을 이용하여 횡가속도 정보 파악, 피드-포워드 제어를 통해서 유압이나 모터를 제어해줌으로써 이와 같은 기능을 구현해 준다.

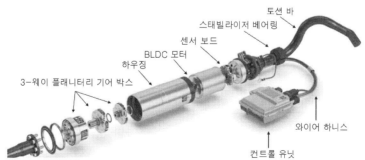

ARC 시스템 액추에이터 어셈블리

(1) 센서부

조향각 센서, 요레이트 센서, 차속 센서, 횡가속도 센서가 있다.

(2) 제어부

차량의 각종 센서를 인가 받아 구동 알고리즘을 생성하여 구동 명령을 하위 제어기로 인가한다. ECU로 제어되는 최종 적용 횡가속도는 조향각, 속도, 그리고 측정된 횡가속도를 계산하여 추출한 목표 구동 토크는 최종 적용 횡가속도에 의해 결정되며, 목표 각도는 목표 구동 토크에 의해 계산된다.

(4) 액추에이터

① 유압식과 전기 모터 방식이 있다.

② 전기 모터는 BLDC 모터를 사용하며 출력 토크를 스태빌라이저 바로 전달한다.

③ 노면 입력에 대한 승차감을 향상시키기 위해 롤 각 가속도와 롤 각을 줄이고 횡가속도에 대한 차량의 전복 방지를 위해 롤 각과 현가장치의 변위를 줄여준다.

기출문제 유형

✦ 모노 튜브, 트윈 튜브 쇽업소버의 특성을 비교하여 설명하시오.(101-1-3)

---

01 개요

(1) 배경

댐퍼(쇽업소버)는 스프링의 반발력을 흡수해서 타이어와 노면의 밀착성을 높이고 롤링을 흡수해서 차량의 운동성을 향상시키는 장치로 주행 환경, 차량의 종류, 목적에 따라서 다른 특성이 요구 된다. 일반적인 주행 환경에서 사용되는 승용차의 경우에는 부드럽고 편안한 승차감이 요구되며 가혹한 환경에서 사용되는 스포츠카의 경우에는 다소 딱딱하지만 접지력이 강하고 조종성이 좋은 특성의 댐퍼가 요구된다. 이에 따라 다양한 종류의 댐퍼가 연구 개발, 적용되고 있다.

(2) 쇽업소버의 종류

단동식, 복동식, 모노 튜브 댐퍼, 트윈 튜브 댐퍼, DFD(Dual Flow Damper), 차고 조정식 댐퍼(Self Leveling Damper), MRS(Magnetic Ride Suspension), CDC (Continuous Variable Damping Control) 등이 있다.

02 모노 튜브[단통식]에 대한 상세 설명

(1) 정의

모노 튜브 쇽업소버는 싱글 튜브 구조로 된 쇽업소버이다.

(2) 구조 및 기능

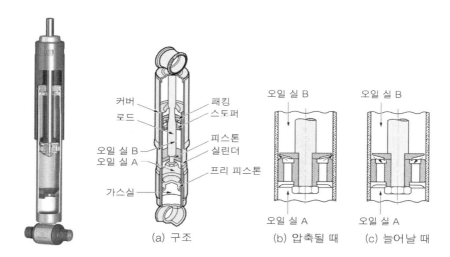

커버	패킹
로드	스토퍼
	피스톤
오일 실 B	실린더
오일 실 A	프리 피스톤
가스실	

(a) 구조   (b) 압축될 때   (c) 늘어날 때

오일 실 B   오일 실 B

오일 실 A   오일 실 A

모노 튜브식 쇽업소버의 구조

피스톤 밸브, 로드, 프리 피스톤, 리저버 튜브, 고압 가스실, 이너 튜브의 외벽이 댐퍼의 케이스 외벽으로 구성되어 있다. 고압가스가 봉입되어 있기 때문에 프리 피스톤을 설치해서 오일과 고압가스를 분리해 준다. 댐퍼가 큰 힘으로 크게 수축할 때 고압가스의 압력으로 인해 스프링처럼 탄성을 발휘하게 되며, 큰 힘의 수축 시 스프링과 같은 역할을 한다.

03 트윈튜브식 쇽업소버(복통식)에 대한 상세 설명

(1) 정의

트윈 튜브 쇽업소버는 외측, 내측 튜브 2개의 통이 겹쳐 구성되어 있고, 내통 안에 피스톤이 있는 구조로 복통식 쇽업소버라고도 한다.

(2) 구조

2중으로 되어 있는 튜브의 바닥 부분에 베이스 밸브가 설치되어 있고 내측 튜브에는 오일이 가득 채워져 있다. 외측의 상부는 대기압, 아래는 오일로 채워져 있고 이는 감쇠력 밸브로 제어된다. 밸브에는 오일이 흘러가는 통로가 2개 설치되어 있으며 그 중에 하나는 오리피스라고 불리는 구멍으로 이 구멍의 크기로 감쇠력을 조정해 준다.

오리피스는 감쇠력 발생 밸브라고 불리며 열려있는 구멍을 몇 장의 얇은 원판으로 막도록 되어 있는 것으로 구멍이 있는 쪽의 오일 압력이 높아지면 원판의 수축으로 간극이 발생하여 오일이 흐를 수 있도록 되어 있다. 리저버 실은 대기압의 공기나 질소 가스가 봉입되어 있다.

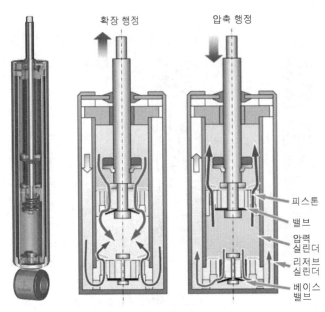

확장 행정

압축 행정

피스톤
밸브
압력
실린더
리저브
실린더
베이스
밸브

트윈 튜브식 쇽업소버의 구조

(3) 특징

① 빠른 속도로 수축, 팽창을 하면 캐비테이션 현상이 발생하고 쇽업소버가 심하게 흔들리면 리저버 실에서 고온의 오일이 흔들려 기포를 발생시키는 에어레이션이 발생한다.

② 응답성이 느리다.

(4) 트윈 튜브 쇽업소버의 종류

① 오일 쇽업소버 : 오일과 공기로 실린더 내부가 채워진 쇽업소버

② 가스 쇽업소버 : 오일과 질소가스 등으로 채워진 쇽업소버

04 모노 튜브와 트윈 튜브 쇽업소버의 특성 비교

(1) 모노 튜브 쇽업소버의 특성

① 고압의 질소가스가 감쇠력 생성 시 응답성을 향상시켰다(트윈튜브보다 응답성이 좋다).

② 중량이 가벼워 스프링 아래 중량을 줄일 수 있어 조종 안정성, 승차감 향상이 가능하다.

③ 방열성이 양호하여 고속 주행이나 험로 주행에도 완충능력을 상실하지 않는다.

④ 오일 실과 가스 실이 분리되어 있어 복통형의 단점인 기포 발생 현상이 없다. 수축, 확장 시 오일에 포화되어 있는 공기에 의한 기포 발생 현상인 에어레이션이 억제된다.

⑤ 상하 구분이 없기 때문에 설치 자유도가 높다.

(2) 트윈 튜브 쇽업소버의 특성

① 피스톤의 감쇠력 조정이 단통형에 비해 용이하다.
② 실린더 내의 가스가 빠져도 일정 기간 오일 쇽업소버의 기능을 유지할 수 있다.
③ 승차감이 좋아 승용차용으로 적합하다
④ 단통형은 스트럿 타입에 적용이 어려우나 복통형은 모든 타입에 적용 가능하다.
⑤ 길이가 짧아서 설치 공간 확보가 용이하다.

기출문제 유형

✦ 현가장치에 적용되는 진폭 감응형 댐퍼의 구조 및 특성에 대해 설명하시오.(104-1-7)

---

01 개요

댐퍼(쇽업소버)는 스프링의 반발력을 흡수해서 타이어와 노면의 밀착성을 높이고 롤링을 흡수해서 차량의 운동성을 향상시키는 장치로 주행 환경, 차량의 종류, 목적에 따라서 다른 특성이 요구 된다. 일반적인 주행 환경에서 사용되는 승용차의 경우에는 부드럽고 편안한 승차감이 요구되며 가혹한 환경에서 사용되는 스포츠카의 경우에는 다소 딱딱하지만 접지력이 강하고 조종성이 좋은 특성의 댐퍼가 요구된다. 이에 따라 다양한 종류의 댐퍼가 연구 개발, 적용되고 있다.

02 진폭 감응형 댐퍼(ASD : Amplitude Selective Damper)의 정의

모노 튜브 댐퍼에 슬라이딩 밸브를 추가하여 쇽업소버의 스트로크에 따라 유체에 저항을 가변으로 주어 댐퍼의 강도를 상황에 따라 바뀌게 한 장치이다.

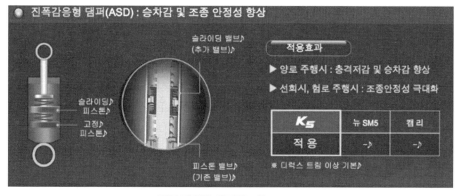

진폭 감응형 댐퍼의 기능

03 구조 및 작동 원리

모노 튜브 쇽업소버 구조, 슬라이딩 피스톤, 고정 피스톤, 피스톤 로드로 구성되어 있다. 댐퍼 내부의 슬라이딩 밸브의 진폭에 따라 오일의 압력을 다르게 해 감쇠력을 조절해 준다. 저진폭 시에는 슬라이딩 피스톤이 일반적으로 움직일 수 있어서 오리피스가 모두 열린 상태의 감쇠력이 작용한다. 고진폭 시에는 슬라이딩 피스톤과 고정 피스톤이 닿게 되어 일부 오리피스가 막히게 된다. 따라서 감쇠력이 강하게 발생되어 딱딱한 상태가 된다.

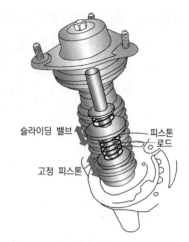

진폭 감응형 댐퍼의 구조

04 특성 및 효과

① 일반도로 주행 시 낮은 감쇠력으로 승차감을 향상시킨다.
② 선회시나 험로 주행 시 높은 감쇠력으로 조종 안정성의 극대화가 가능하다.

기출문제 유형

◆ 차고 조절용 쇽업소버를 작동 방식에 대해 분류하고 각각에 대해 설명하시오.(102-1-8)

01 개요

(1) 배경

차량의 현가 시스템(Suspension System)은 스프링과 댐퍼로 구성이 되어 있는데 스프링은 노면으로부터 오는 충격을 흡수해 주어 안락한 승차감을 제공해 주는 장치이며 댐퍼는 스프링의 진동을 감쇠시켜 주어 승차감을 조율해 주고 조종 안정성을 확보해 주는 장치이다.

압축-인장 변위인 스트로크 양은 스프링의 압축양에 따라 조절되고 스트로크 속도는 댐퍼의 감쇠력에 따라 조절이 된다. 스프링을 압축시켜 주면 승차감은 저하되지만 스프링 레이트(스프링의 경도, 반발력의 힘)가 증가하게 되어 차량의 핸들링(조종성)은 향상되게 된다. 이러한 특성 절환 성능으로 인해서 차고 조절용 쇽업소버가 개발 적용되었다.

(2) 차고 조절용 쇽업소버의 정의

스프링과 댐퍼가 연결되어 있는 부분의 위치를 조절하거나 댐퍼 자체의 길이를 변화시켜 차량의 높낮이(차고)를 조절해 주는 쇽업소버이다.

02 작동 방식에 따른 분류

(1) 차고 조절식(프리로드 조절식)

스프링 하부에 있는 시트로 차고를 조절한다. 메인 세팅 값이 고정되어 있기 때문에 차고에 한해서만 조절이 가능하다.

(2) 전장 조절식

프리로드와 차고를 개별적으로 조절이 가능한 방식, 위아래 따로 조절이 가능하기 때문에 쇽업소버 자체의 길이를 변화시켜 줄 수 있어서 세팅의 폭이 넓다.

03 차고 조절식 구성 및 특징

(1) 구성

그림에서 스프링 시트를 돌리면 차고가 조절된다. 너무 긴 스프링을 사용하면 스프링 시트 아래에 여유가 없기 때문에 댐퍼의 나사산이 모자라 시트를 돌릴 수 없어 차고를 내릴 수 없게 되고 반대로 스프링이 짧을 경우에는 올릴 수 있는 차고의 양이 한정적으로 줄어들게 들게 된다.

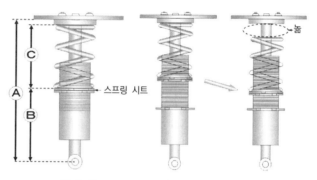

앞전 차고 조절 코일 오버 방식

(2) 원리

스프링 시트를 감아올리면 C의 길이는 변하지 않고 B가 늘어난다. 결과적으로 A가 길어져 차고가 높아진다. 스프링 시트를 감아 내리면 역시 C의 길이는 변하지 않고 B가 줄어든다. 결과적으로 A가 짧아지게 되고 서스펜션 지오메트리도 변하게 된다. 스프링 기본적인 차량의 높이에서는 스프링이 대부분의 하중을 담당하게 되는데 스프링의 변위가 짧아진다는 것이고 이에 따라 승차감은 낮아지고 핸들링은 좋아지는 효과를 갖게 된다.

프리로드는 외부에서 하중이 작용하기 전에 물체에 미리 부과되어 있는 예비 하중을 의미한다. 스프링이 기계 구조에 의해 자연장(부하가 없는 상태)보다 약간 줄어든 상태이다. 프리로드가 높으면 스프링이 압축이 되어 있는 상태로 노면으로부터의 진동을 잘 흡수하지 못하고 승차감이 단단해 진다. 프리로드가 낮으면 스프링이 크게 진동을 하여 승차감이 좋아지나 차체의 진동이 심하게 생길 수 있고 응답성이 저하된다.

(3) 특징

① 구조가 간단하여 차고를 조절하기 용이하다.

② 차고에 따라 스프링 계수가 변한다.

③ 세밀한 세팅을 하기 어렵다.

04 전장 조절식 구성 및 특징

(1) 구성

스프링 시트뿐만 아니라 댐퍼 하단의 조정 부분에서 댐퍼 자체의 길이를 조절하여 차체의 높이를 변경할 수 있는 구조로 되어 있다.

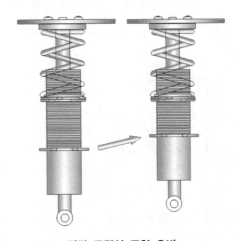

전장 조절식 코일 오버

(2) 원리

댐퍼의 하단 조정 부분에서 댐퍼의 길이 자체를 단축하여 차고를 낮출 수 있다. 미리 스프링에 로드를 걸어둔 상태에서 자유롭게 차고를 조정할 수 있어서 세팅의 폭이 넓어 진다.

(3) 특징

① 차고가 조절이 되면서도 승차감이 확보될 수 있다.

② 다양한 세팅 조합을 만들어 낼 수 있다.

③ 구조가 복잡하고 비용이 비싸다.

02 현가장치 컴플라이언스 동역학

기출문제 유형

✦ 서스펜션이 바디와 연결되는 부분에 장착되는 러버 부시의 역할과 러버 부시의 변형에 의해 발생되는 컴플라이언스 스티어(Compliance Steer)를 정의하고, 조종 안정성에 미치는 영향과 대응 방안에 대해 설명하시오.(102-2-4)

✦ 자동차 현가장치의 컴플라이언스(Compliance) 특성에 의한 조향 효과와 설계 적용 방법의 대표적인 3가지의 경우에 대해 설명하시오.(75-2-5)

01 개요

(1) 배경

자동차가 주행하는 동안 서스펜션은 차체의 변위에 따라 기하학적 움직임을 보인다. 이러한 특성을 이용해 주행 중 서스펜션의 움직임에 맞춰 스티어링 특성을 최적화하여 설계할 수 있는데 이를 동적 얼라인먼트라고 한다.

동적 얼라인먼트는 운동학적(kinematic) 특성과 컴플라이언스(compliance) 특성으로 구분되며 현가장치 설계 시 활용되고 있다(정적 얼라인먼트는 휠 얼라인먼트로 차량이 정지된 상태에서 차륜을 정렬시키는 것이고 동적 얼라인먼트는 차량이 주행 중에 변화되는 차륜을 정렬시켜주는 것이다).

(2) 현가장치 컴플라이언스 특성

일반적으로 현가계의 컴플라이언스 특성은 종방향 힘(longitudinal force)과 횡방향 힘(lateral force), 지면의 복원 모멘트(aligning torque)등의 외력에 의한 변형되는 캠버 각, 토우 각, 종방향 및 횡방향 변위 등 차륜 자세의 변화량을 의미한다.

컴플라이언스 특성은 롤 스티어나 롤 캠버와 같은 기구학적인 특성과 함께 현가계 정적 설계인자로서 조종 안정성과 승차감을 결정하는 요소로 횡방향 컴플라이언스 특성과 종방향 컴플라이언스 특성을 적절히 조절하여 차량의 동적 성능을 높인다. 자동차의 현가장치를 설계할 때 바람직한 조종 안정성을 확보하기 위해 현가장치 구성 요소의 위치를 기구학적으로 결정한다.

그러나 NVH 특성과 조립 공차 문제 등을 해결하기 위해 일부 요소는 부싱을 사용하여 기구적인 역할을 하도록 대치시킨다. 부싱은 힘을 받으면 쉽게 변형되는 컴플라이언스 요소로서 현가계에 외력이 가해지면 차륜의 자세가 변하게 된다. 이는 차량의 조종 안정성뿐만 아니라 승차감 등 동적 특성에 영향을 미친다.

(3) 컴플라이언스 스티어의 정의

서스펜션의 러버 부시가 외력을 받을 때 탄성 변형을 일으켜 조향(스티어링)에 영향을 주는 현상으로 고무 부싱의 변형에 의해 Toe control이 되는 것을 의미한다.

02 러버 부시에 대한 설명

(1) 러버 부시(Rubber Bush)의 개요

현가장치는 스프링, 로워 암, 각종 링크 등으로 구성되어 있으며 서스펜션 링크 기구의 피벗 부에는 볼 조인트, 나사 부시, 러버 부시 등이 부착되어 있다. 그 중에서도 노면으로부터의 진동이나 충격을 완화하고 조종성 감쇠 특성을 가진 러버 부시가 널리 사용되고 있다. 피로 균열, 노화, 스프링 상수의 변화 및 마멸 등에 의해 고무(러버)의 변형이 이뤄진다.

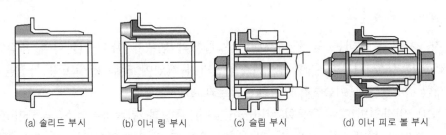

(a) 솔리드 부시   (b) 이너 링 부시   (c) 슬립 부시   (d) 이너 피로 볼 부시

러버 부시의 종류

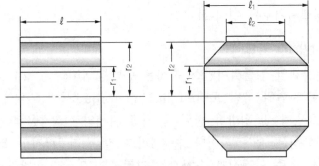

러버 부시(Rubber Bush)

(2) 러버 부시의 역할

로워 암에 장착되는 러버 부시는 로워 암과 차체 사이를 연결, 지지해주면서 타이어

를 통해 전달되는 노면으로부터의 진동이나 소음을 감소시켜 준다. 또한 고무의 탄성적 특성에 의하여 조향 특성과 승차감에 민감한 영향을 미친다.(이러한 고무의 탄성적 특성에 의하여 조향 특성에 영향을 미치는 것을 컴플라이언스 스티어라고 한다.)

03 컴플라이언스 스티어가 조종 안정성에 미치는 영향

(1) 조종 안정성에 대한 개요

조종성은 운전자의 의지대로 진로를 수정할 수 있는 성능으로 운전자의 의도를 바탕으로 요 운동을 만드는 성능이다. 안정성은 노면의 요철, 횡력 등의 외란에 대해 안정된 균형 상태를 유지하는 성능으로 외부 장애를 만나도 요 운동을 일으키지 않고, 요 운동이 시작되어도 곧 안정상태로 돌아오는 성능이다.

조종 안정성이 나쁘면 핸들 조작에 대해 방향의 바뀜이 늦어지고 요 운동이 심해진다. 또한 외력을 받을 때 방향이 큰 폭으로 흐트러지게 된다. 조종 안정성이 좋으면 외력을 받거나 핸들 조작을 해도 진로가 잘 흐트러지지 않게 된다.

(2) 컴플라이언스 스티어가 조종 안정성에 미치는 영향(컴플라이언스 특성에 의한 조향 효과)

차량이 곡선도로를 주행 할 때 조향에 대한 운동 특성은 차량의 기본 제원에 의해서 기본적으로 정해지고 현가장치의 기하학적 구조 및 배치는 조종 성능에 결정적인 영향을 미친다. 또한 현가장치의 부싱 강성(Bushing Stiffness)의 변화에 따라 토 각(toe angle)이 변화하여 차량의 운동 특성이 달라진다. 따라서 현가장치의 구조 및 배치와 함께 고무 부싱의 강성을 변경시켜 조종 성능을 향상시킬 수 있다.

부싱의 횡 강성을 낮추면 오버 스티어 특성이 나타나고 횡 강성을 올리면 언더 스티어 특성이 나타난다. 하지만 그 영향은 현가장치의 기구학적 구조나 배치에 따른 영향과 비교해서 크지 않다. 따라서 차량을 설계할 때 현가장치의 구조를 먼저 설계하고 조향장치의 설계 인자를 결정한 다음 부싱의 강성을 조절하여 최종 설계해야 하는 것이 유리하다. 부싱은 힘을 받으면 쉽게 변형하는 컴플라이언스 요소로서 현가계에 외력이 가해지면 차륜의 자세가 변하게 된다. 실제로 부싱의 축방향에 수직한 방향의 두 축의 강성 요소는 대칭이므로 하나의 부싱에 대해 네 개의 성분으로 나타낼 수 있다.

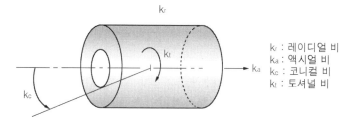

k_r : 레이디얼 비
k_a : 액시얼 비
k_c : 코니컬 비
k_t : 토셔널 비

실린더형 부싱의 스프링 비

04 컴플라이언스 스티어의 조종 안정성 대응 방안 [설계 적용 방법의 대표적인 3가지의 경우]

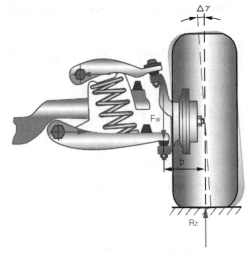

링크 부시의 휨에 따른 토 변화

① 코너링 포스가 들어오면 각 링크 부시가 휘어 토 변화가 발생한다. 타이어에 적용되는 코너링 포스는 링크를 거쳐 각 링크 부시로 분산되어 전해진다. 이 나누어진 힘을 받은 링크 부시의 휨은 부시의 강성으로 조정할 수 있다. 이때 부시의 강성을 조절하여 차량 선회 시 오버 스티어, 뉴트럴 스티어, 언더 스티어가 될 수 있도록 설계를 해줄 수 있다.

② 언더 스티어는 후륜이 토 인이 되도록, 오버 스티어는 후륜이 토 아웃이 되도록 부시의 강성을 조절해 준다.

(1) 안정성을 확보하는 방안(선회 시 언더 스티어로 만들어주는 방법)

전륜은 슬립각이 줄어드는 방향(토 아웃)으로 후륜은 슬립각이 증가하는 방향(토 인)으로 토 컨트롤을 하면 복원 모멘트를 만들어내 안정성을 향상시킬 수 있다. 후륜의 슬립각이 커지면 후륜의 코너링 포스가 전륜의 코너링 포스보다 커지기 때문에 요 운동을 억제하여 안정성을 확보할 수 있다. 후륜에 고성능 광폭 타이어를 장착하면 동일한 효과를 실현할 수 있다.

(2) 조종성을 확보하는 방안(선회 시 오버 스티어로 만들어주는 방법)

전륜을 토 인으로, 후륜을 토 아웃으로 설정하면 조종성이 향상된다. 하지만 전륜의 지나친 토 아웃은 조종성을 악화시킨다. 따라서 전륜의 토 아웃 특성을 줄이고 후륜을 토 아웃으로 설정하면 조종성은 향상되나 코너링 시 오버 스티어가 되어 안정성을 잃게 될 수 있다.

(3) 조종성과 안정성을 동시에 향상시키는 방법(뉴트럴 스티어)

후륜의 컴플라이언스 토 아웃을 제로로 하고 코너링 포스를 증가시킨다. 이렇게 하면 안정성은 높아지지만 조종성은 낮아진다. 이 상태로 전륜의 코너링 포스를 높여주면 안정성과 조종성이 높아진다.

차량에 외력이 가해졌을 때 컴플라이언스 스티어가 없을 경우에는 외부 장애에 의해 발생한 요 운동이 그대로 진행된다. 컴플라이언스 스티어에 의해 안정성을 확보했을 경우 전륜은 슬립각이 작아지는 방향으로 토 각을 발생시키고 후륜은 슬립각이 커지는 방향으로 토우 각을 발생시켜 조종 안정성을 확보한다.

기출문제 유형

✦ 조향장치에서 컴플라이언스 스티어(compliance steer) 및 SAT(self aligning torque)에 대해 설명 하시오.(94-4-3)

✦ 자동 중심 조정 토크(SAT : self aligning torque)에 대해 설명하시오.(95-3-4)

01 개요

(1) 배경

차량이 곡선 도로를 달릴 때 조향에 대한 운동 특성은 차량의 기본 제원에 의해 어느 정도 결정되며, 현가장치의 기하학적 구조 및 배치는 조종 성능에 결정적인 영향을 미친다. 컴플라이언스 스티어는 현가장치 부시의 강성 변화에 따라 토 각이 변화하여 차량의 운동 특성이 달라지는 것을 말하며 SAT는 타이어가 진행방향과 다르게 될 때 원래 상태로 복원되는 힘을 말한다.

(2) 컴플라이언스 스티어의 정의

서스펜션의 러버 부시가 외력을 받을 때 탄성 변형을 일으켜 조향(스티어링)에 영향을 주는 현상으로 고무 부싱의 변형에 의해 Toe control이 되는 것을 의미한다.

(3) SAT(Self aligning torque)의 정의

타이어가 슬립각을 갖고 회전할 때 착력점에서 슬립각을 줄이는 방향으로 발생되는 모멘트이다.

02 컴플라이언스 스티어 상세 설명

(1) 컴플라이언스 스티어 발생 배경

일반적으로 현가계의 컴플라이언스 특성은 종방향 힘(longitudinal force)과 횡방향 힘(lateral force), 지면의 복원 모멘트(aligning torque) 등의 외력에 의해 변형되는 캠버 각, 토우 각, 종방향 및 횡방향 변위 등 차륜 자세의 변화량을 의미한다. 컴플라이언스 특성은 롤 스티어나 롤 캠버와 같은 기구학적인 특성과 함께 현가계 정적 설계인 자로서 조종 안정성과 승차감을 결정하는 요소로 횡방향 컴플라이언스 특성과 종방향 컴플라이언스 특성을 적절히 조절하여 차량의 동적 성능을 높인다.

자동차의 현가장치를 설계할 때 바람직한 조종 안정성을 확보하기 위해 현가장치 구성요소의 위치를 기구학적으로 결정한다. 그러나 NVH 특성과 조립 공차 문제 등을 해결하기 위해 일부 요소는 부싱을 사용하여 기구적인 역할을 하도록 대치시킨다. 부싱은 힘을 받으면 쉽게 변형하는 컴플라이언스 요소로서 현가계에 외력이 가해지면 차륜의 자세가 변하게 된다. 이는 차량의 조종 안정성뿐만 아니라 승차감 등 동적 특성에 영향을 미친다.

(2) 컴플라이언스 스티어와 조종 안정성과의 관계

코너링 포스가 들어오면 각 링크 부시가 휘어 토 변화가 발생한다. 타이어에 적용되는 코너링 포스는 링크를 거쳐 각 링크 부시로 분산되어 전해진다. 전륜을 토 인으로, 후륜을 토 아웃으로 설정하면 조종성이 향상된다. 하지만 전륜의 지나친 토 아웃은 조종성을 악화시킨다. 따라서 전륜의 토 아웃 특성을 줄이고 후륜을 토 아웃으로 설정하면 조종성은 향상되나 코너링 시 오버 스티어가 되어 안정성을 잃게 될 수 있다.

03 SAT 상세 설명

(1) SAT 발생 과정

고속 직진 주행 중 우측으로 선회하는 차량에서 타이어에 작용하는 힘과 슬립각 및 접지 상태는 다음 그림과 같다. 차량의 진행 방향은 Vy이며 우회전으로 인해서 타이어는 Vx 방향으로 진행되고 있는 상태이다. 이때 타이어의 접지점은 빨간색 점이 되고 착력점은 Side force 화살표가 나오기 시작하는 지점이다.

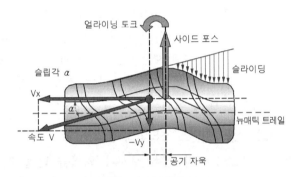

셀프 얼라이닝 토크

일반적으로 차량이 선회를 할 때 속도를 증가시키면 타이어의 진행방향과 차량의 진행방향이 다른 상태가 되어 타이어 슬립이 발생하고 타이어에서는 스퀼이라고 부르는 소음이 발생한다. 이때 타이어의 접지면과 회전의 중심이 되는 착력점의 위치는 다르게 된다. 이 비틀림에 의해서 코너링 포스 또는 사이드 포스가 발생하게 되며 이들의 착력점은 타이어 접지면 중심에서 2~4cm 후단에 있다. 타이어 접지면 중심과 코너링 포스의 착력점과의 거리를 뉴매틱 트레일이라고 하고 이 지점에서 슬립각을 줄이는 방향으로 모멘트가 발생된다. 타이어의 탄성에 의해 변형된 접지부가 원형으로 돌아가고자 하는 모멘트가 발생하는데 이와 같은 모멘트를 셀프 얼라이닝 토크 또는 복원 토크라고 부른다. 얼라이닝은 "일직선으로 나란히 한다"는 의미로, SAT는 타이어가 스스로 똑바로 되려고 하는 힘으로 스티어링 핸들을 원상태로 되돌리는 힘으로 작용한다.

(2) 복원토크에 영향을 미치는 요소

1) 슬립각

코너링 포스의 정점은 슬립각이 10~15° 부근에서 최대가 되고 복원 토크는 슬립각의 5° 부근에서 최대가 된다. 이 이상 슬립각이 커지면 반대로 작아진다.

2) 타이어의 공기압

타이어의 접지면이 세로로 길어지는 만큼 복원 토크도 커진다. 따라서 타이어의 공기압이 낮을수록 세로로 길어지기 때문에 복원 토크가 커지고 스티어링 휠이 무거워진다.

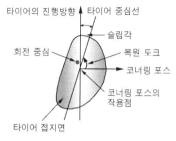

복원 토크 발생 메커니즘
복원 토크는 고너링 포스 작용점이 타이어의
회전 중심보다 뒤쪽에 있는 것에 의해서 발생
한다. 이론상으로는 코너링 포스의 작용점과
회전 중심과의 거리에 코너링 포스를 곱한
토크로서 계산된다.

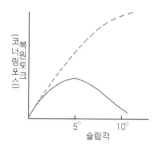

코너링 포스/복원 토크와 슬립각의 관계
코너링 포스의 정점은 슬립각이 10~15도
부근에서 최대가 되며, 복원 토크는 슬립
각의 5도 부근에서 최대가 된다. 이 이상
슬립각이 커지면 반대로 작아진다.

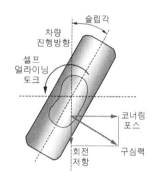

셀프 얼라이닝 토크

3) 캐스터 각도

캐스터 각은 자동차를 옆에서 볼 때 스티어링 휠에 의해 타이어의 회전축이 수직선에 대해 앞 또는 뒤로 어느 정도 기울어져 있는가의 각도를 말한다. 이 각도가 클수록 타이어를 똑바로 전진시키려는 힘이 크며, 타이어의 SAT는 이 캐스터 각에 의해 길이가 영향을 받으며 크기가 커질수록 모멘트도 커진다.

기출문제 유형

✦ 롤 스티어(Roll Steer)와 롤 스티어 계수(Roll Steer Coefficient)를 설명하시오.(105-1-3)

01 개요

(1) 배경

주행 중 차량의 휠이 상하로 움직이면 키네마틱(Kinematic) 특성에 의해 토우의 변화가 일어난다. 동적 얼라인먼트의 변화는 크게 범프 스티어와 롤 스티어 두 가지가 있다. 주행 중 지면의 요철에 의해 서스펜션 지오메트리가 변화되면서 토 인, 토 아웃이 발생되는 현상을 범프 스티어라고 한다.

자동차가 선회 주행하면 원심력에 의해 롤(Roll)이 발생되는데 이 롤 운동에 의해 횡방향으로 하중이 이동하고, 이 힘에 의해 서스펜션 지오메트리가 변하여 조향에 영향을 준다. 이를 롤 스티어라고 한다. 선회 조향의 경우에는 롤 스티어 계수가 중요한 설계 변수로 사용되는데 차량의 종방향/횡방향 운동 특성과 관련된 설계 변수들은 조종 성능뿐만 아니라 급회전(spin out), 전복(rollover)과 같은 동적 안정성(dynamic stability)에도 영향을 주게 된다.

(2) 롤 스티어(Roll Steer)의 정의

차량이 선회할 때 롤이 발생되어 안쪽 바퀴는 인장되고 바깥쪽 바퀴는 압축되어 차륜의 얼라인먼트가 변화됨으로써 조향에 영향을 미치는 현상이다.

(3) 롤 스티어 계수(Roll Steer Coefficient)의 정의

롤 스티어가 발생한 상태에서 롤 각에 대한 조향각의 비율을 계수로 나타낸 것이다.

02 롤 스티어 상세 설명

(1) 롤 스티어 발생 과정

롤 스티어는 자동차가 코너링을 할 때 바디 롤로 인해 캠버가 변경되는 효과이다. 차량은 선회 시에 원심력에 의해 밖으로 나가려는 힘이 타이어의 접지력에 의해 밀리지 않고 결국 차체만 기울어지게 된다. 따라서 내측 휠보다 외측 휠에 더 많은 무게가 전달된다. 이때 외륜의 스프링은 압축이 되고, 내륜의 스프링은 인장이 된다.

따라서 스프링의 변화에 의해서 얼라인먼트가 변화하는데, 그 중에서 토우의 변화는 선회 중의 선회 특성(언더 스티어인가 오버 스티어인가)에 영향을 주게 된다. 차량의 언더 스티어를 약화하는 방향을 플러스(+), 강화하는 방향을 마이너스(−)로 표시한다. 전자를 롤 오버 스티어, 후자를 롤 언더 스티어라고 한다.

(2) 롤 스티어 계수 계산 공식

$$\text{롤 스티어 계수}(\varepsilon) = \frac{\text{조향각}(\delta)}{\text{롤각}(\Phi)}$$

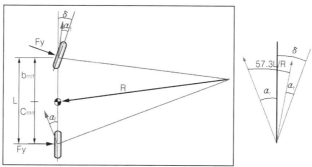

커브를 선회하기 위해 필요한 조향각도

$$\delta = 57.3\frac{L}{R} + (\alpha_f - \alpha_r)$$

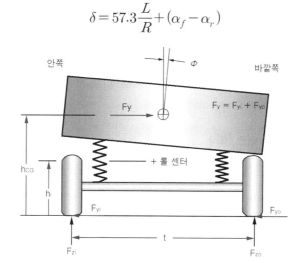

횡방향 하중 전달

기출문제 유형

✦ 앞 엔진 앞바퀴 굴림 방식(FF방식)의 차량에서 언더 스티어(Under Steer)가 발생하기 쉬운 이유를 설명하시오.(111-1-3)

✦ 앞 엔진 앞 구동(FF) 방식의 자동차가 가지는 의의를 서술하시오.(37)

✦ 언더 스티어(Under steer) 차량의 주행 특성을 설명하시오.(72-4-1)

01 개요

(1) 배경

자동차의 구동 방식에는 이륜 구동(Two Wheel Drive) 방식과 사륜 구동(Four

Wheel Drive) 방식이 있다. 이륜 구동 방식은 네 바퀴 중 두 개의 바퀴로 구동을 하는 방식으로 동력 전달장치의 구성에 따라서 구분할 수 있다. 보통 앞 엔진 앞바퀴 구동 방식과 앞 엔진 뒷바퀴 구동 방식, 중앙 엔진 뒷바퀴 구동 방식, 뒤 엔진 뒷바퀴 구동 방식 등으로 구분되는데 동력 전달장치의 구성에 따라서 자동차의 주행 성능이 바뀔 수 있다.

특히 선회 시에는 속도가 증가할 경우 선회반경이 커지는 언더 스티어, 선회반경이 작아지는 오버 스티어, 선회반경이 커졌다 작아졌다 반복하는 리버스 스티어, 선회 곡선을 추종하는 뉴트럴 스티어 등의 특성이 발생한다.

(2) 앞 엔진 앞 바퀴 굴림(FF, Front Engine Front Drive) 방식의 정의

엔진이 차량의 앞부분에 배치되어 있고 구동력을 드라이브 샤프트를 통해 앞바퀴로 전달하여 구동하는 방식이다.

(3) 언더 스티어(Under Steer)의 정의

차량 선회 시 주행 속도를 올림에 따라 주행의 궤적이 바깥쪽으로 점점 나가면서 선회반경이 커지게 되는 현상이다.

(4) FF 방식의 자동차가 가지는 의의

엔진을 앞바퀴 쪽에 배치하고 변속기를 통해 좌우 드라이브 샤프트로 직접 바퀴를 구동시키는 방식은 구조의 복잡함과 요구되는 기술의 수준이 높아서 구동 방식 중에 가장 나중에 등장한 방식이다. 엔진과 변속기 등 차량의 주요 부품이 전륜 쪽에 모여 있어 생산성이 좋고 실내 공간 확보에 유리해 승용 목적 차량에 최적화된 방식이다. 또한 전체적으로 부품수가 줄어드는 효과가 있기 때문에 원가 절감이나 연비에도 유리하다.

02 앞 엔진 앞바퀴 굴림 방식 차량에서 선회 특성

(1) 선회 시 발생하는 힘

차량이 선회할 때 차량이 선회하는 속도의 제곱에 비례하는 원심력이 발생한다. 원심력은 $F = mr\omega^2 = mv^2/r$(ω는 각속도의 크기, $v = r\omega$는 물체의 접선방향 속도의 크기)으로 질량, 속도의 제곱에 비례하고 선회반경에 반비례한다. 원심력은 선회 중심으로부터 외곽방향으로 작용하는 힘으로 구심력과 반대이다. 구심력은 주로 바퀴와 노면의 마찰력에 의하여 발생하는 힘으로 코너링 포스로 나타낼 수 있다.

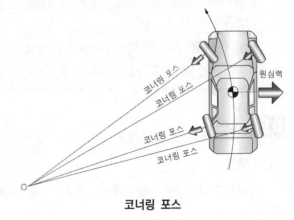

코너링 포스

(2) 앞 엔진 앞바퀴 굴림 방식 차량에서 언더 스티어가 발생하기 쉬운 이유

FF 차량은 엔진, 변속기 등이 차량의 앞부분에 배치되어 있기 때문에 전체적인 차량의 무게 배분이 60 : 40 정도로 앞쪽으로 쏠려 있다. 선회 시 앞바퀴의 원심력과 구심력(코너링 포스)이 1 : 1로 될 때는 앞바퀴의 구동력과 마찰력이 균형을 이루는 상태로 선회 곡선을 추종하면서 주행이 이뤄진다.

구동력을 증가시키면 원심력이 차량 속도의 제곱에 비례하므로 접지력(구심력)보다 커지게 되어 선회 곡선을 이탈하게 된다. 이때 앞바퀴의 구동력이 증가함에 따라 차량의 앞뒤 무게 배분도 변경이 된다. 뒷바퀴에 하중이 실리게 되어 접지력을 얻게 되고 앞바퀴는 접지력을 잃게 되어 앞부분이 선회 곡선을 이탈하는 언더 스티어 현상이 발생하게 된다.

실제 차량의 진행 방향

운전자가 의도한 진행방향

언더 스티어

(3) 언더 스티어가 발생하는 상황

① 지나치게 빠른 속도로 코너에 진입할 때
② 코너 도중 가속을 할 때
③ 노면의 마찰력이 적을 때

03 FF 구동 방식의 장단점

(1) 장점

① 차량의 무게가 앞쪽에 있기 때문에 고속 주행과 코너링 시 안정적인 주행이 가능하다.
② 앞바퀴와 뒷바퀴, 엔진을 연결하는 별도의 구동축이 필요하지 않아 차체 중량이 저감되고 넓은 실내 공간 확보가 가능하다.
③ 후륜 구동 차량보다 동력전달 경로가 짧아 동력전달 손실이 적다.

(2) 단점

① 앞바퀴로 구동력을 전달하므로 전륜 타이어의 마모가 심하고 전륜 브레이크 디스크의 피로도가 증가하여 타이어와 디스크의 주기적인 점검이 필요하다.
② 엔진룸 공간이 협소하여 엔진 배기량이 제한된다. 또한 변속기가 한쪽으로 치우치게 설계되기 때문에 좌우 드라이브 샤프트의 길이 차이로 인한 토크 스티어가 발생하고 긴 쪽의 등속 조인트에 문제가 생기는 경우가 많다.
③ 서스펜션의 세팅 자유도가 떨어지고 뒷바퀴의 접지력이 약하기 때문에 피시테일 현상이 발생하여 승차감이 좋지 않다.

✦ 전륜(前輪) 구동과 후륜(後輪) 구동의 주행 특성을 상호 비교 설명하시오.(72-1-1)

01 개요

(1) 배경

자동차의 구동 방식에는 이륜 구동(Two Wheel Drive) 방식과 사륜 구동(Four Wheel Drive) 방식이 있다. 이륜 구동 방식은 네 바퀴 중 두 개의 바퀴로 구동을 하는 방식으로 동력전달장치의 구성에 따라서 구분할 수 있다. 보통 앞 엔진 앞바퀴 구동 방식과 앞 엔진 뒷바퀴 구동 방식, 중앙 엔진 뒷바퀴 구동 방식, 뒤 엔진 뒷바퀴 구동 방식 등으로 구분되는데 동력전달장치의 구성에 따라서 자동차의 주행 성능이 바뀔 수 있다.

특히 선회 시에는 속도가 증가할 경우 선회반경이 커지는 언더 스티어, 선회반경이 작아지는 오버 스티어, 선회반경이 커졌다 작아졌다 반복하는 리버스 스티어, 선회 곡선을 추종하는 뉴트럴 스티어 등의 특성이 발생한다.

(2) 전륜 구동 방식(FF : Front Engine Front Drive)의 정의

엔진이 차량의 앞부분에 배치되어 있고 구동력을 드라이브 샤프트를 통해 앞바퀴로 전달하여 구동하는 방식이다.

(3) 후륜 구동 방식의 정의

① 앞 엔진 뒷바퀴 굴림 방식(FR : Front Engine Rear Drive)은 엔진이 차량의 앞부분에 배치되어 있고 뒷바퀴를 구동축으로 사용하는 방식이다.

② 뒤 엔진 뒷바퀴 굴림 방식(RR : Rear Engine Rear Drive)은 엔진이 차량의 뒷부분에 배치되어 있고 뒷바퀴를 구동축으로 사용하는 방식이다.

02 구동 방식 별 주행 특성

(1) 전륜 구동 방식의 주행 특성

FF 차량은 엔진, 변속기 등이 차량의 앞부분에 위치해 있기 때문에 전체적인 차량의 무게 배분이 60 : 40 정도로 앞쪽으로 쏠려 있다. 선회 시 앞바퀴의 원심력과 구심력(코너링 포스)이 1 : 1로 될 때는 앞바퀴의 구동력과 마찰력이 균형을 이루는 상태로 선회 곡선을 추종하면서 주행이 이뤄진다.

구동력을 증가시키면 원심력이 차량 속도의 제곱에 비례하므로 접지력(구심력)보다 커지게 되어 선회 곡선을 이탈하게 된다. 이때 앞바퀴의 구동력이 증가함에 따라 차량의 앞뒤 무게 배분도 변경이 된다. 뒷바퀴에 하중이 실리게 되어 접지력을 얻게 되고 앞바퀴는 접지력을 잃게 되어 앞부분이 선회 곡선을 이탈하는 언더 스티어 현상이 발생하게 된다.

(2) 후륜 구동 방식의 주행 특성

후륜 구동 차량은 차의 무게 배분이 프런트(차 앞쪽) 대 리어 (뒤쪽)가 FR 차량은 55 : 45, RR 차량은 40 : 60~30 : 70 정도로 배분되어 있고 변속기가 중앙에 위치 할 수 있기 때문에 대형 엔진의 탑재가 가능하다. 또한 엔진의 공간이 넓어서 조향각도를 크게 설계할 수 있다.

후륜에서 구동력을 지면으로 전달하기 때문에 급가속을 하게 되면 극단적인 경우 앞바퀴가 접지

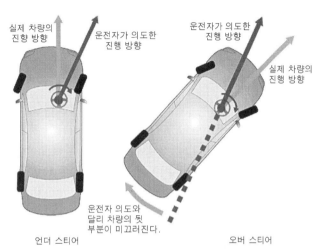

오버 스티어와 언더 스티어

력을 잃고 방향을 상실하거나 스쿼트 현상을 발생할 수 있다. 높은 속도로 선회 곡선에 진입하거나 선회 시 속도를 증가시키면 후륜의 구동력이 증가하여 마찰력이 감소하게 된다. 따라서 차량의 뒷부분이 선회 곡선에서 벗어나게 되고 전륜은 접지력을 유지하여 선회 곡선 안쪽으로 들어오는 현상이 오버 스티어 현상을 발생하게 된다.

03 전륜과 후륜의 성능 비교

(1) 주행 성능

① 전륜 구동 차량은 엔진 무게에 의한 접지력이 향상되어 눈길, 빗길 등에서 견인력이 우수하다. 또한 차량이 슬립 되거나 스핀이 될 때 그 중심축은 앞바퀴가 되기 때문에 앞바퀴에 동력을 줄 수 있는 FF 차가 FR, RR 차량보다 안전하다고 할 수 있다. 뒷바퀴에만 구동력이 있는 FR 차량은 스핀 발생 시 조종성을 회복하기 어렵다.

② 급출발 시 차량은 앞의 무게가 순간적으로 뒤로 이동하면서 앞바퀴는 들리는 노즈 업 (Nose UP) 현상을 일으키고 뒷바퀴는 가라앉는 스쿼트(Squat) 현상이 발생한다. 따라서 뒷바퀴의 접지력이 상승하고 앞바퀴는 접지력이 줄어들게 된다. 이때 FF 차량의 경우에는 전륜에 구동륜이 있기 때문에 접지력을 잃게 되어 FR 차량보다 다소 느리게 구동력을 얻게 된다. 후륜 구동 차량의 경우 급출발을 하면 하중이 뒤로 이동하면서 뒷바퀴의 접지력이 좋아진다. 따라서 가속 성능이 좋아진다.

(2) 제동 성능

전륜 구동은 평균적으로 무게 배분이 프런트 대 리어가 7 : 3~6 : 4 정도이다. 따라서 제동 시 노즈 다운이 일어나고 하중의 이동이 발생하면 앞쪽의 차체는 매우 낮게 하강되고 뒤 차축은 상승하여 뒷바퀴는 접지력이 저하된다. 이에 대비하여 후륜 구동은 무게 배분이 5 : 5~4 : 6이기 때문에 전륜 구동에 비해 상대적으로 뒷바퀴의 들림이 적어서 네 바퀴 모두 접지력을 유지할 수 있다. 따라서 전륜 구동보다 후륜 구동의 제동성능이 우수하다고 할 수 있다.

(3) 조향 성능

전륜 구동은 엔진을 횡 배열로 배치하기 때문에 변속기의 위치가 한쪽으로 치우치게 된다. 보통 엔진은 운전자가 혼자 탑승하였을 때 기준으로 배치를 하기 때문에 무게의 균형을 이루기 위해 동승석 쪽에 배치하고 변속기는 운전자 쪽에 배치하게 된다. 따라서 좌우 드라이브 샤프트의 길이가 차이가 나게 된다.

운전석 쪽이 짧고 동승석 쪽이 길게 되어 좌우 토크, 동력전달의 불균형이 발생한다. 급가속시 좌우 동력전달 성능의 차이에 따라서 조향 휠이 한쪽으로 쏠리는 현상이 발생하는데 이를 토크 스티어라고 한다. 이 토크 스티어 때문에 전륜 구동으로 제작되는 차량은 출력 토크가 높은 성능으로 제작되기 어렵다. 토크가 높을수록 토크 스티어를 제어하지 못해 조향성이 저하되기 때문이다.

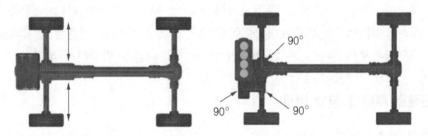

좌측은 FR 엔진으로 좌우 드라이브 샤프트의 길이가 같다.
(빨간 화살표) 우측은 FF 차량으로 좌우 드라이브 샤프트의 길이가 다르다.

또한 전륜 구동은 가로 배치 엔진을 사용하므로 공간이 부족하여 조향륜인 앞바퀴의 회전각을 떨어뜨린다. 후륜 구동은 이에 비해 구동륜과 조향륜이 별개로 구성돼 있어 공간의 확보가 가능하고 빠른 핸들링이 가능하다. 뒷바퀴가 추진을 하고 나아갈 때 앞바퀴는 조향만 하면 되기 때문에 예리한 스티어링이 가능하다. 반면 전륜 구동은 구동륜과 조향륜이 동일하여서 반응 속도가 늦게 된다.

기출문제 유형

✦ 자동차의 조향장치에서 리버스 스티어(Reverse Steer)에 대해 설명하시오.(102-1-12)

01 개요

(1) 배경

자동차의 구동 방식에는 이륜 구동(Two Wheel Drive) 방식과 사륜 구동(Four Wheel Drive) 방식이 있다. 이륜 구동 방식은 네 바퀴 중 두 개의 바퀴로 구동을 하는 방식으로 동력전달장치의 구성에 따라서 구분할 수 있다. 보통 앞 엔진 앞바퀴 구동 방식과 앞 엔진 뒷바퀴 구동 방식, 중앙 엔진 뒷바퀴 구동 방식, 뒤 엔진 뒷바퀴 구동 방식 등으로 구분되는데 동력전달장치의 구성에 따라서 자동차의 주행성능이 바뀔 수 있다. 특히 선회 시에는 속도가 증가할 경우 선회반경이 커지는 언더 스티어, 선회반경이 작아지는 오버 스티어, 선회반경이 커졌다 작아졌다 반복하는 리버스 스티어, 선회 곡선을 추종하는 뉴트럴 스티어 등의 특성이 발생한다.

(2) 리버스 스티어의 정의

차량 선회 시 주행 궤적이 선회 곡선을 추종하지 못하고 선회반경이 변하는 현상이다. 선회 시 처음에 언더 스티어로 주행되다가 가속을 할 경우 오버 스티어로 바뀌거나 처음에 오버 스티어 였다가 나중에 언더 스티어로 바뀌는 현상을 말한다.

02 리버스 스티어 발생 과정

(1) 언더 스티어에서 오버 스티어로 변하는 경우

통상 일반 자동차는 언더 스티어로 세팅이 되어 있다. 선회 곡선을 추종하지 못하고 선회 궤적 바깥으로 나갈 때 운전자는 자연스럽게 조향 휠을 더 감게 되고 이때 슬립 앵글이 증가하면서 타이어는 더 큰 코너링 포스를 만들어 내어 언더 스티어를 상쇄시키게 된다.

더 큰 언더 스티어가 발생한다면 스티어링 휠을 더 크게 감아서 슬립 앵글을 더 크게 만들어 차량의 속도가 저하하게 되고 이에 따라 차량의 하중이 앞으로 가게 되어 접지력이 증가하여 언더 스티어가 줄어들게 된다. 따라서 차량은 안정직으로 신회 궤적을 추종하게 된다. 이때 한계치를 벗어날 정도로 스티어링 휠을 돌리게 되면 앞바퀴는 완전히 꺾인 채로 직진하고 차량의 속도가 줄어듦에 따라 전륜이 그립을 찾게 될 때 전륜의 꺾인 방향으로 차량이 급격히 진행하게 된다. 이때 오버 스티어가 발생하게 된다. 언더 스티어의 경향을 가진 차량이 코너를 급격하게 선회하면서 얼라인먼트가 변화해 오버 스티어로 변하는 경우도 있다. 이때 스티어 특성이 변하는 지점을 리버스 포인트라고 한다.

(2) 오버 스티어에서 언더 스티어로 변하는 경우

차량이 선회 시 주행 속도를 올림에 따라 후륜이 접지력을 잃고 선회 곡선 바깥으로 나가게 되어 차량의 진행 방향이 선회 곡선 안쪽으로 되는 것을 오버 스티어라고 하는데 이 때에는 카운터·스티어를 해줘야 한다. 카운터 스티어는 차량의 가속을 더 해주면서 스티어링 휠을 반대 방향으로 돌려주는 것을 말한다.

이렇게 카운터 스티어링을 해주면 원래의 선회 곡선을 따라서 주행할 수 있게 된다. 하지만 이때 지나치게 큰 조향각을 주거나 한 박자 늦게 카운터 스티어를 수행해 주면 스핀이나 리버스 스티어가 발생하게 된다. 따라서 타이어가 마찰력을 잃어버려 차체가 돌아가거나 심한 롤링으로 반대쪽 타이어의 그립이 갑자기 돌아오면서 반대방향으로 또 다시 오버 스티어가 발생하게 된다. 이를 방지해 주기 위해 제로 카운터를 사용해 주는데 제로 카운터는 스티어링의 정중앙까지만 오버 스티어의 반대 방향으로 돌려주는 기술이다.

기출문제 유형

✦ 전륜 구동 자동차에서 발생하는 택인(tack-in) 현상을 설명하시오.(110-1-7)

01 개요

차량이 선회 시 차량의 무게 배분과 구동륜의 위치에 따라서 주행 특성이 다르게 나타난다. 차량의 속도, 타이어의 접지력에 따라 운전자가 스티어링 휠의 각도와 달리 차량의 진행 방향이 변할 수 있다. 이 중에서 스티어링 휠을 돌린 각도보다 차량의 선회가 안 되는 경우가 있는데 이를 언더 스티어라고 부른다.

이 경우는 통상적으로 지나치게 빠른 속도로 코너에 진입하거나 코너 도중 가속을 하거나 노면의 마찰력이 적은 상황에서 발생한다. 이러한 현상이 발생할 경우 차량의 속도를 낮추거나 스티어링 휠을 조작하는 등의 방법을 사용하여 대처할 수 있다.

02 택인 현상의 정의

택인 현상이란 선회 곡선 주행 시 언더 스티어가 발생할 경우 차량의 속도를 줄여주면 갑자기 안쪽으로 휘어드는 현상을 말한다.

03 택인 발생 과정

언더 스티어 경향의 차량인 경우에 선회 시 차량의 주행속도를 높일 경우 자동차의 무게 분배도 뒤로 이동하게 되어 앞바퀴는 접지력을 잃고 조금씩 바깥쪽으로 미끄러지면서 슬립 앵글이 커지게 된다. 이때 액셀러레이터 페달의 가속을 멈추거나 브레이크 페달을 밟으면 앞 타이어의 하중이 증가됨과 동시에 코너링 포스가 커져 전륜의 접지력이 커지게 되고 이에 의해서 정상적인 선회 곡선을 추종하게 된다. 이때 선회 곡선보다 차륜이 안쪽으로 더 꺾인 상태라면 차량의 방향이 선회 곡선 안쪽으로 향하게 되어 오버 스티어가 된다.

04 택인을 이용하는 방법

선회 시 차량의 무게중심을 순간적으로 앞쪽으로 향하게 만들어 앞쪽 차륜의 코너링 포스를 증대시켜 줘야 하기 때문에 가속을 중지하는 방법(엑셀페달에서 발을 떼는 방법), 제동을 시켜주는 방법, 기어 변경을 통해 Shift Down 을 시켜주는 방법 등이 있다.

05 기타 언더 스티어를 보완하는 방법

① 스티어링을 톱질하듯이 조금씩 풀었다가 감았다를 반복하는 방법(쏘잉, Sawing)을 사용한다. 슬립 앵글이 한계보다 커져 코너링 포스가 급격하게 감소된 상태에서 스티어링을 풀어서 코너링 포스를 되찾게 조작하여 전륜의 접지력을 회복하도록 했다가 다시 선회 곡선을 추종하도록 조작하는 방법이다.
② 차량의 뒤쪽에 하중이 나가는 물건을 적재하여 무게 배분을 조정한다.
③ 전륜 스프링, 쇽업소버의 강성을 약하게 하고 후륜은 강하게 세팅한다.
④ 전륜의 캠버각을 (-)로, 후륜은 (+)로 세팅하고 전륜은 토 인, 후륜은 토 아웃으로 세팅한다.

기출문제 유형

✦ 앞 엔진 앞바퀴 구동식(Front Engine Front Wheel Drive) 자동차의 동력전달 경로와 그 특징을 자세히 기술하시오.(57-2-1)

✦ FF 자동차의 동력전달장치에 대해 설명하시오.(63-4-4)

---

01 개요

(1) 배경

자동차의 구동 방식에는 이륜 구동(Two Wheel Drive) 방식과 사륜 구동(Four Wheel Drive) 방식이 있다. 이륜 구동 방식은 네 바퀴 중 두 개의 바퀴로 구동을 하는 방식으로 동력전달장치의 구성에 따라서 구분할 수 있다. 보통 앞 엔진 앞바퀴 구동 방식과 앞 엔진 뒷바퀴 구동 방식, 중앙 엔진 뒷바퀴 구동 방식, 뒤 엔진 뒷바퀴 구동 방식 등으로 구분되는데 동력전달장치의 구성에 따라서 자동차의 주행 성능이 바뀔 수 있다. 특히 선회 시에는 속도가 증가할 경우 선회반경이 커지는 언더 스티어, 선회반경이 작아지는 오버 스티어, 선회반경이 커졌다 작아졌다 반복하는 리버스 스티어, 선회 곡선을 추종하는 뉴트럴 스티어 등의 특성이 발생한다.

(2) 앞바퀴 앞 엔진 구동 방식(Front Engine Front Wheel Drive)의 정의

FF 엔진은 엔진이 차량의 앞부분에 배치되어 있고 구동력을 드라이브 샤프트를 통해 앞바퀴로 전달하여 구동하는 방식이다.

(3) 동력전달장치의 정의

동력전달장치는 엔진에서 발생된 동력을 자동차의 주행 상태에 알맞게 변환시켜 구동 바퀴에 전달하는 장치이다.

02 FF 자동차의 동력전달 경로

엔진 → 트랜스 액슬(클러치 → 변속기 → 종감속기 → 차동기) → 등속 조인트 → 좌우 드라이브 샤프트 → 바퀴

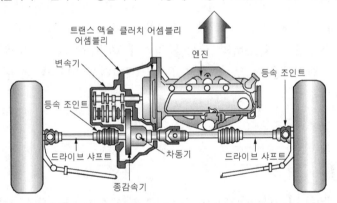

FF 구동 방식의 구조

엔진 → 클러치 → 변속기 → 유니버설 조인트 → 추진축 → 차동기 → 구동차축 → 바퀴

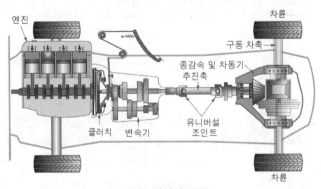

FR 구동 방식의 구조

엔진의 구동력은 클러치나 토크 컨버터를 통해 변속기로 전달되고 변속기에서 적절한 단수로 변환되어 감속이 된다. 차동기를 통해 좌우 드라이브 샤프트로 동력이 전달되고 등속 조인트를 통해 바퀴로 구동력이 전달된다.

(1) 클러치의 기능

클러치는 엔진과 변속기 사이에 배치되어 엔진을 시동할 때 동력을 차단하고 주행할 때는 엔진의 동력을 구동바퀴에 전달하고 주행 중 동력을 차단시켜 변속할 수 있도록 한다.

(2) 변속기의 기능

변속기는 자동차의 주행상태에 따라 변속을 하고 엔진과 연결을 차단하며, 엔진의 구동력을 역전하여 자동차를 후진시킨다. 기어의 맞물림을 변화시켜 구동바퀴에 전해지는 토크와 회전속도를 변화시킨다.

(3) 종감속기

엔진의 구동력을 최종적으로 감속해 주는 장치이다. 변속기에서 감속된 엔진의 토크를 감속시켜 준다. 구동 바퀴가 발생시키는 구동 토크는 엔진의 축 토크에 총 감속비를 곱한 값이 된다.

① 총 감속비 = 변속기의 감속비 × 종감속기의 감속비
② 구동 바퀴의 토크 = 엔진 축 토크 × 총 감속비 × 전달효율

(4) 차동기

동력전달 방향이 직각으로 바뀌어 좌우의 구동축에 전달된다. 차동기 케이스, 차동 사이드 기어와 차동 피니언 기어로 구성되어 있다.

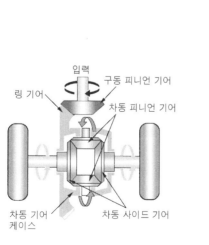

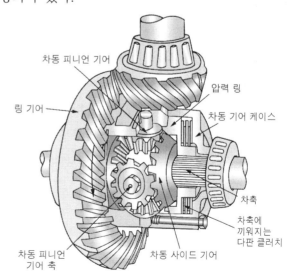

차동장치의 구조

(5) 구동 바퀴

엔진 구동력을 최종적으로 노면에 전달하는 부품으로 노면과의 마찰을 통해 차량을 구동시킨다.

$$구동\ 바퀴의\ 토크 = 엔진\ 축\ 토크 \times 총감속비 \times 전달효율$$

$$구동\ 바퀴의\ 구동력 = \frac{구동\ 바퀴의\ 토크}{구동\ 바퀴의\ 유효\ 반지름}$$

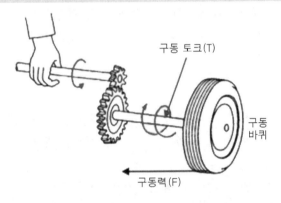

구동 토크(T)

구동
바퀴

구동력(F)

03 FF 자동차의 특징

FF 차량은 엔진, 변속기 등이 차량의 앞부분에 배치되어 있기 때문에 전체적인 차량의 무게 배분이 60 : 40 정도로 앞쪽으로 쏠려 있다. 선회 시 앞바퀴의 원심력과 구심력(코너링 포스)이 1 : 1로 될 때는 앞바퀴의 구동력과 마찰력이 균형을 이루는 상태로 선회 곡선을 추종하면서 주행이 이뤄진다.

구동력을 증가시키면 원심력이 차량 속도의 제곱에 비례하므로 접지력(구심력)보다 커지게 되어 선회 곡선을 이탈하게 된다. 이때 앞바퀴의 구동력이 증가함에 따라 차량의 앞뒤 무게 배분도 변경이 된다. 뒷바퀴에 하중이 실리게 되어 접지력을 얻게 되고 앞바퀴는 접지력을 잃게 되어 앞부분이 선회 곡선을 이탈하는 언더 스티어 현상이 발생하게 된다.

기출문제 유형

✦ 코너링 포스(Cornering Force)를 설명하시오.(63-1-12)

✦ 코너링 포스(Cornering Force) 대해 설명하시오(87-1-12)

✦ 자동차의 코너링 포스에 대해 서술하시오.(44)

✦ 코너링 포스가 생기는 이유와 특성을 설명하시오.(77-1-11)

✦ 차량이 선회할 때 발생되는 코너링 포스에 대해 기술하고, 오버 스티어와 언더 스티어 현상을 해석하시오.(33)

✦ 차량이 선회할 때 발생되는 구심력(코너링 포스)에 대해 설명하고, 이것이 조향에 미치는 영향을 서술하시오.(37)

✦ 조향장치에서 선회 구심력과 조향 특성의 관계를 설명하시오.(104-2-6)

✦ 자동차가 주행 중 일어나는 슬립 앵글(slip angle)과 코너링 포스(cornering force)를 정의하고, 마찰과 선회 능력에 미치는 영향을 설명하시오.(110-1-10)

✦ 코너링 포스, 횡력(Side thrust), 코너링 저항, 항력, 복원 모멘트 등을 도시하고 설명하시오.(46)

01 개요

(1) 배경

차량이 선회할 때 바깥으로 나가는 힘인 원심력이 안쪽으로 버티는 힘인 구심력(타이어의 마찰력)보다 크지 않으면 선회 곡선을 추종하며 주행이 가능하다. 특히 원심력이 거의 작용하지 않는 극 저속 시에는 구심력 즉, 코너링 포스가 필요하지 않기 때문에 타이어 슬립이 되지 않고 선회 중심점은 후륜 구동축의 연장선과 전륜 타이어에 대한 수직선의 교점이 되는 점을 중심으로 선회한다.

차량의 속도가 증가하면 원심력이 작용하기 때문에 이에 상당하는 코너링 포스가 발생하게 되고 이 코너링 포스가 약하면 원활한 선회를 할 수 없게 된다. 이 코너링 포스는 노면에 옆 방향 구배나 타이어의 노면에 대한 슬립에서 발생한다.

(2) 코너링 포스의 정의

차량이 선회할 때 원심력에 대항하여 타이어가 비틀려 조금 미끄러지면서 접지면을 지지하는 힘을 말한다.

(3) 슬립 앵글(slip angle)의 정의

슬립 앵글은 노면과 접촉하는 타이어 트레드 중심선과 타이어가 실제로 진행하는 방향과의 각도를 말한다.

02 코너링 포스 발생 원인 및 발생 과정

코너링 포스는 차량의 속도가 높아서 선회 곡선을 추종하지 못하고 미끌려 나갈 때 발생하게 된다. 차량이 선회할 때 차체는 원심력에 의해 바깥쪽으로 밀리지만 타이어는 노면과의 마찰에 의해 접촉면이 이동되지 않으므로 차체가 움직이는 방향과 타이어가 진행되는 방향이 서로 달라진다.

이때 타이어에는 사이드 슬립이 발생하게 된다. 사이드 슬립은 노면과 접촉하는 타이어 트레드 중심선과 차량 진행방향이 일치하지 않을 때 타이어와 노면의 접촉면에서의 미끄럼이 발생되는 현상이다. 사이드 슬립이 발생하면 타이어에는 아래 그림과 같이 타이어 접지부 트레드 중심선과 직각 방향으로 사이드 포스(Centripetal force)가 발생한다.

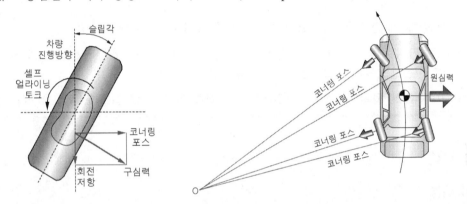

사이드 포스는 차량의 진행방향과 직각인 힘과 평행인 힘으로 나눌 수 있으며 평행인 분력은 타이어의 구름저항으로 작용하고 직각인 분력은 원심력에 대항하는 구심력 역할을 한다. 이 원심력에 대항하는 직각 성분의 분력을 코너링 포스라고 한다. 원심력은 $F = Wv^2/gr$(W : 중량, v : 속도, r : 반경, g : 중력가속도)로 나타낼 수 있으며 이는 구심력의 반대 방향이다. 구심력이 F, 슬립각이 a일 때 사이드 포스를 F로 나타낼 수 있으며 코너링 포스는 F × cos(a), 구름저항은 F × sin(a)로 나타낼 수 있다.

(1) 횡력(side-force)

조향 또는 외란에 의해 타이어가 옆으로 미끄러지게 되면 타이어는 노면과의 접촉면에서 옆 방향으로 변형된다. 이 변형에 의해 타이어의 회전 방향에 대한 직각방향으로 나타나는 힘을 횡력이라고 한다.

(2) 항력(drag force)

타이어 회전방향의 성분으로 구름저항, 구동력, 제동력을 의미한다.

(3) 마찰력(friction force)

횡력과 항력에 대한 벡터 성분의 힘으로 자동차의 운동력은 타이어와 노면 사이의 마찰력에 의해 좌우된다.

(4) 선회력(cornering force)

마찰력에 대한 분력으로 타이어 진행방향에 대한 직각방향 성분의 힘이다. 선회력은 선회운동을 원활히 하기 위한 구심력의 대부분을 차지한다.

(5) 선회 저항(cornering resistance)

마찰력에 대한 분력으로 타이어 진행방향 성분의 힘으로 이때 마찰력은 선회력과 선회저항의 벡터 합이다.

(6) 복원 토크(Self Aligning torque)

코너링 포스(선회력)의 착력점이 접지중심보다 뒤쪽에 있기 때문에 발생하는 토크로 이 복원 토크는 선회 주행시 옆미끄럼 각을 줄이는 방향으로 발생하기 때문에 조향바퀴에 복원력을 일으키는 힘으로 작용한다. 복원 토크는 코너링 포스 작용점이 타이어의 회전 중심보다 뒤쪽에 있는 것에 의해서 발생한다. 코너링 포스의 정점은 슬립각이 10~15° 부근에서 최대가 되며, 복원 토크는 슬립각의 5° 부근에서 최대가 된다. 이 이상 슬립각이 커지면 반대로 작아진다.

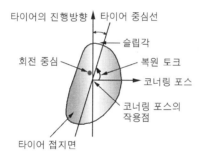

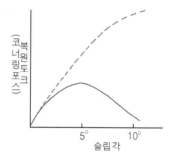

복원 토크 발생 메커니즘
복원 토크는 고너링 포스 작용점이 타이어의 회전 중심보다 뒤쪽에 있는 것에 의해서 발생한다. 이론상으로는 코너링 포스의 작용점과 회전 중심과의 거리에 코너링 포스를 곱한 토크로서 계산된다.

코너링 포스/복원 토크와 슬립각의 관계
코너링 포스의 정점은 슬립각이 10~15도 부근에서 최대가 되며, 복원 토크는 슬립각의 5도 부근에서 최대가 된다. 이 이상 슬립각이 커지면 반대로 작아진다.

복원 토크

03 코너링 포스에 영향을 미치는 요소

코너링 포스는 노면과의 접지력, 구심력으로 마찰력과 관계가 있다. 마찰력은 마찰계수와 무게의 곱으로 나타낼 수 있기 때문에 마찰계수나 차량 중량이 증가하면 마찰력이 증가하게 된다. 마찰력이 증가하게 되면 코너링 포스가 증가하게 된다.

(1) 슬립 각도(slip angle)

타이어의 슬립 앵글이 일정 범위에 있을 때는 슬립 앵글에 비례하여 증가하지만 일정 앵글 이상에서는 한계치에 도달하고 최대 한계치 이상의 슬립 앵글에서는 비례하지 않는다. 약 4~6도 정도 안에서는 비례하여 증가한다.

직선부의 안을 코너링 파워라고 부른다. 슬립 앵글이 커지면 타이어의 마찰계수가 증가하게 된다. 아래는 타이어 별로 슬립 각도에 따른 횡력, 사이드포스를 나타낸 그래프이다. 0~4도 정도까지는 슬립 앵글에 비례함을 볼 수 있다.

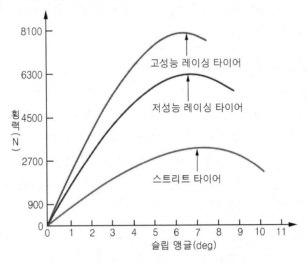

슬립 앵글과 횡력(코너링 포스)의 관계

(2) 수직하중

하중이 증가할수록 코너링 포스는 증가한다. 하지만 하중보다는 슬립 앵글에 영향을 더 받는다.

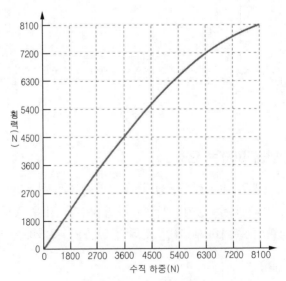

수직 하중과 횡력(코너링 포스)의 관계

(3) 노면의 마찰계수

눈길, 빗길, 모래 등의 노면에서는 마찰계수가 낮아지기 때문에 코너링 포스가 저하된다.

(4) 타이어 제원

① 타이어 접지 길이에 비례한다.
② 접지 폭과 횡방향의 전단 탄성 상수에 비례한다.
③ 벨트의 횡강성 굽힘에 비례한다.
④ 카커스의 횡탄성 상수에 비례한다.
⑤ 공기압이 높을수록 비례한다.

(5) 캠버 각도

정의 캠버에서는 코너링 포스가 감소되고 부의 캠버에서는 코너링 포스가 증가한다.

04 선회 구심력(코너링 포스)이 조향에 미치는 영향, 조향장치에서 선회 구심력과 조향 특성의 관계

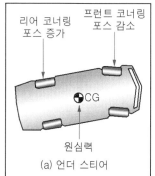  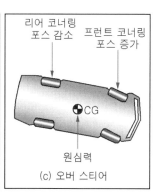

코너링 포스와 조향 특성의 관계

선회 시 전륜보다 후륜의 코너링 포스가 클 경우는 언더 스티어 현상이 발생하고 반대의 경우는 오버 스티어 현상이 발생한다. 코너링 포스가 크다는 것은 구심력이 크다는 말로 자동차 중량의 배분과도 연계해서 볼 수 있다. 전륜은 앞쪽의 중량 배분이 많아서 코너링 포스가 앞쪽에 많이 있다. 따라서 차선 변경 시 후륜이 접지력을 잃는 피시테일 현상이 발생하게 된다.

선회 시에는 일정 속도까지는 선회 곡선을 추종하다가 가속을 하게 되면 앞쪽 차륜은 구동력이 마찰력을 넘어서게 되고 중량 배분이 후륜으로 넘어가게 되어 접지력을 잃게 되어 언더 스티어 현상이 발생하게 된다. 후륜 구동 차량의 경우에는 이와 반대로 선회 시 속도를 증가시키면 후륜의 구동력이 마찰력보다 크게 되어 차량 뒤쪽이 선회 곡선을 이탈하게 되는 오버 스티어 현상이 발생한다. 따라서 차량의 진행 방향은 운전자가 의도한 진행방향보다 안으로 들어가게 된다.

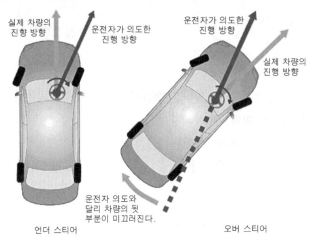

오버스티어(왼쪽)와 언더스티어의 개념 설명

기출문제 유형

✦ 차량의 주행 중 발생하는 스워브(swerve) 현상에 대해 설명하시오.(117-1-5)

01 개요

자동차가 주행 중 선회를 하거나 가속, 제동 시 차량의 중량 배분과 서스펜션의 지오메트리 특성에 따라 차량의 주행 특성이 달라진다. 특히 타이어와 노면과의 접지력에 따라 차량 움직임이 달라진다.

02 스워브 현상의 정의

도로 주행 중 위험을 회피하기 위해 제동과 조향 휠 조작을 할 때 발생하는 현상으로 주로 차체의 뒤쪽이 접지력을 잃고 흔들리는 현상이다.

03 스워브 발생 과정

스워브는 '방향을 바꾸다'라는 뜻으로 자동차 분야에서는 자동차가 주행 중 제동할 때 바퀴의 회전이 정지되면 자동차는 관성에 의해서 미끄럼이 발생되며 뒤쪽은 자동차의 진행 방향에서 벗어나게 된다. 도로 주행 시 정지된 차량이나 낙석 등과의 충돌을 회피를 하기 위해서 제동을 해주거나 조향 휠을 조작해 준다. 모두 급하고 빠르게 이루어지는 조작으로 응급 상황에서 두 가지가 모두 이뤄지면 타이어의 트랙션 한계를 초과하여 타이어 슬립이 발생하게 되고 차량은 조종성을 상실하게 된다.

04 스워브 현상 방지 대책

① 응급 상황 발생 시 스티어링 휠과 제동을 동시에 작동하지 않도록 해야 한다. 제동을 위해서 노면과 타이어의 마찰력이 필요한데 두 가지를 동시에 수행하면 타이어의 트랙션 한계를 초과하여 타이어가 미끄러지기 때문이다. 자동차 보험업계에서는 응급 상황 시 스티어링 휠을 조작하는 것보다 제동을 하는 것이 더 안전하다고 본다. 스티어링 휠을 조작하여 난간과 추돌하거나 다른 차량(마주오는 쪽)과 충돌하는 것이 더 위험하다고 보기 때문이다.

② ABS, VDC 등의 안전장치를 장착하여 차량의 안전성과 제동력을 상승시킨다. ABS가 없는 경우라면 브레이크 페달을 최대한 밟고 타이어의 스퀼 소음이 발생하면 브레이킹을 약간 줄여주어 제동력을 찾을 수 있도록 조작해 준다.

기출문제 유형

✦ Wheel Lift를 설명하시오.(81-1-7)

---

01 개요

자동차가 선회 주행하면 원심력에 의해 롤(Roll)이 발생되는데 이 롤 운동에 의해 횡방향으로 하중이 이동하고, 이 힘에 의해 서스펜션 지오메트리가 변하여 조향에 영향을 준다. 이를 롤 스티어라고 한다. 선회 조향의 경우에는 롤 스티어 계수가 중요한 설계변수로 사용되는데 차량의 종방향/횡방향 운동 특성과 관련된 설계 변수들은 조종성능뿐만 아니라 급회전(spin out), 전복(rollover)과 같은 동적 안정성(dynamic stability)에도 영향을 주게 된다.

02 휠 리프트 현상의 정의

① 차량이 선회 시 내측륜이 지면으로부터 뜨는 현상
② 급가속/제동시 타이어가 바닥에서 떨어져 떠오르는 현상(노즈 다운/업, 스쿼트 현상)

03 휠 리프트 발생 원인

선회 시 횡방향의 하중 이동(lateral load transfer)이 일정값 이상 한계치를 넘어가면 롤 안정성을 상실하게 되어 휠 리프트가 되고 더 심한 경우에는 차량이 전복되는 현상, 롤 오버(Roll-Over)가 발생하게 된다.

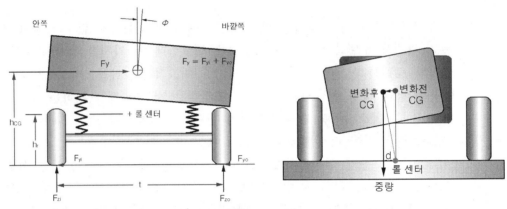

차량 무게중심의 이동

04 휠 리프트에 영향을 주는 요인

휠 리프트는 차량의 롤 강성, 하중의 이동량에 의해서 발생하게 된다. 따라서 하중의 이동량에 영향을 받는다. 따라서 횡가속도가 높은 코너링이나 차체의 무게가 많이 나갈수록, 무게중심 높이가 높을수록 하중 이동량이 많아지게 된다.

$$하중이동량 = \frac{(횡가속도 \times 무게 \times 무게\ 중심높이)}{차폭}$$

05 휠 리프트 방지 방안

① 차량의 무게 경량화
② 휠 스페이스 사용하여 차폭을 넓히기
③ 무게중심 낮추기
④ 선회 속도 낮추기
⑤ 롤 강성 향상, 차량 앞/뒤의 롤 강성(Roll Stiffness) 변경

자동차 안전도 평가에서 주행 전복 안전성 평가를 실시한다. 55~80km/h로 주행하는 차량을 270도까지 급조향을 해주고 최대 롤 각이 발생된 시점에서 반대방향으로 급조향을 해주어 차량이 전복되는지 확인한다. 휠 리프트 기준은 지면에서 50mm 이하로 규정되고 있다.

기출문제 유형

✦ 자동차의 횡 동역학(Lateral Dynamics) 해석을 위한 2-자유도계 자전거 모델을 정립한 후, 정상 상태 (Steady State) 및 과도 상태(Transient State)에서의 주행 운동 특성에 대해 기술하시오.(75-3-4)

✦ 특성 속도(Characteristic Velocity) 및 한계속도(Critical Velocity)를 설명하시오.(75-1-3)

✦ 선회시 발생하는 휠 리프트(Wheel Lift) 현상을 정의하고, 한계 선회속도를 유도하시오.(116-4-6)

01 개요

(1) 배경

자동차가 선회를 할 때 저속에서는 전륜의 수직선은 선회 중심선을 통과하고 선회 중심점이 후륜 구동축 선상에 있게 되고 미끄럼 각(Slip Angle)은 발생하지 않는다. 차량이 고속 선회를 할 경우에는 타이어에 횡력(Lateral Force)이 발생하고 미끄럼 각이 각 휠에서 발생하게 된다.

(2) 특성 속도(Characteristic Velocity)의 정의

코너링을 유지하기 위한 요구 조향각이 애커먼 조향각의 2배가 되는 속도이다.

(3) 한계속도(Critical Velocity) = 임계 속도

과대 조향이 될 때 조향각이 감소하여 차체의 방향과 조향된 타이어의 방향이 '0'이 되는 지점, 선회 중심 쪽으로 차량이 돌아가버린 상태로 이 속도를 넘으면 차량이 불안정하게 되는 속도이다.

02 2-자유도계 자전거 모델과 조향각에 영향을 미치는 요소

차량의 선회 시에는 차량의 축거, 윤거, 선회반경, 차량의 전륜측/후륜측 무게, 전륜/후륜의 코너링 포스, 코너링 강성 등이 영향을 미친다.

(1) 2-자유도계 자전거 모델

2-자유도계 자전거 모델은 자동차의 롤(roll) 운동을 무시한 모델로 자동차의 기본적인 선회 특성을 알기 위해 단순화한 모델이다. 따라서 조향각, 슬립각 등이 매우 작으므로 선회 시 내륜과 외륜의 조향각 차이를 무시하고 좌우 바퀴를 한 개의 바퀴로 나타낼 수 있다. 이를 이용하여 슬립각과 선회력(코너링 포스)과의 관계를 파악할 수 있다.

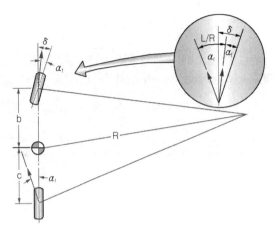

자전거 모델의 코너링

(2) 저속 선회 시 조향각에 영향을 미치는 요소

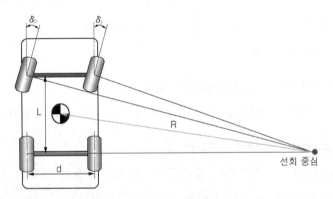

선회하는 차량의 기하학

조향각은 차량의 윤거와 축거, 선회반경을 통해 다음과 같이 나타낼 수 있다.

$$\delta = \frac{L}{R}$$

여기서, δ : 슬립각, L : 축거, R : 선회반경

이 각도를 애커먼 각도라 하고 타이어의 미끄러짐이 없을 경우 자동차는 이 각도 추종하여 선회한다.

(3) 고속 선회 시 조향각에 영향을 미치는 요소

차량이 고속으로 선회할 때는 타이어에 횡력(Lateral Force)이 발생하고 슬립각이 각 휠에 나타난다.

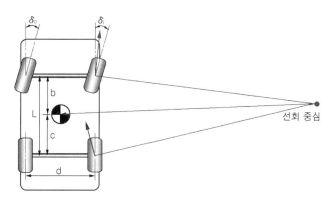

고속으로 선회하는 차량의 기하학

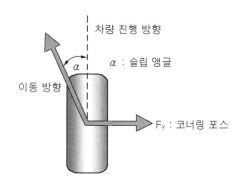

고속 선회시 타이어의 자유 물체도

① 타이어의 횡력은 다음과 같은 관계식으로 나타낸다.

$$F_y = C_\alpha \alpha \quad (C_\alpha : \text{cornering stiffness})$$

② 고속으로 선회하는 차량의 선회 방정식은 다음과 같다.

$$\sum F_y = F_{y-f} + F_{y-r} = \frac{MV^2}{R}$$

여기서, F_{y-f} : cornering force at front

F_{y-r} : cornering force at rear

M : mass of vehicle

R : turn radius

차량 중심에서 모멘트 평형을 다음과 같이 표시할 수 있고 이 식을 위의 식에 적용하면 전·후륜의 슬립 각을 알 수 있다. 이것을 타이어에 대한 속도로 나타내면 조향각은 다음과 같이 나타낼 수 있다.

$$\frac{MV^2}{R} = \frac{F_{yr}L}{b}$$

$$F_{y_f}b + F_{y_r}c = 0 \rightarrow F_{y_r} = \frac{MbV^2}{LR} = \frac{W_r}{g} \times \frac{V^2}{R} \rightarrow \alpha_r = \frac{W_r V^2}{C_\alpha g R} \quad \alpha_f = \frac{W_f V^2}{C_\alpha g R}$$

03 정상 상태(Steady State) 및 과도 상태(Transient State)에서의 주행 운동 특성

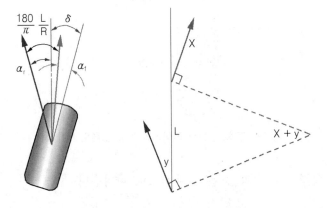

고속으로 선회하는 타이어의 기하학

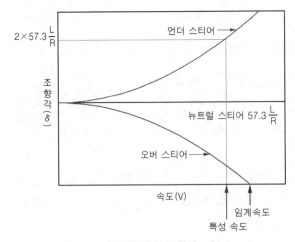

속도에 따른 조향각

자동차가 회전하고 있을 때 타이어의 거동을 살펴보면 전륜은 x 방향으로 진행하고 있고 후륜은 y 방향으로 진행되고 있다. 자동차 차체는 적색선 방향에 있으며 실제로 차량이 진행하는 방향은 녹색 화살표이다. 차량은 우측으로 선회하며 슬립 각(δ)을 만들고 있으며 α_f는 전륜 슬립 각, α_r은 후륜 슬립 각이 된다. 따라서 다음과 같은 계산식으로 나타낸다.

$$\delta = \frac{180}{\pi}\frac{L}{R} + \alpha_f - \alpha_r = \frac{180}{\pi}\frac{L}{R} + \frac{W_f V^2}{C_\alpha g R} - \frac{W_r V^2}{C_\alpha g R}$$

$$= \frac{180}{\pi}\frac{L}{R} + \frac{1}{g}\left(\frac{W_f}{C_\alpha} - \frac{W_r}{C_\alpha}\right)\frac{V^2}{R} = 57.3\frac{L}{R} + K a_y$$

여기서, K : 부족 조향 구배, understeer gradient(deg/g)

a_y : 횡가속도, lateral acceleration(g)

(1) 정상 상태 주행 운동 특성

중립 조향 시에는 조향각이 애커먼 각과 같으며, 전륜과 후륜의 슬립 각이 동일하여 차량이 균형을 이루는 상태이다. 타이어에서 슬립이 발생하지 않아 안정적인 선회가 가능하다.

$$\frac{W_f}{C_\alpha} = \frac{W_r}{C_\alpha}, \ K = 0, \ \alpha_f = \alpha_r$$

위의 식에 대입하면 슬립 각을 구할 수 있다.

(2) 부족 조향 상태 주행 운동 특성

$$\frac{W_f}{C_\alpha} > \frac{W_r}{C_\alpha}, \ K > 0, \ \alpha_f > \alpha_r$$

부족 조향(Under Steer) 시에는 전륜 측의 무게(W_f)가 더 커서 속도가 증가함에 따라 요구되는 조향각이 커지게 된다. 따라서 운전자는 부족 조향 상태를 피하기 위해 더 큰 각으로 조향해야 한다. 무게중심이 앞에 있는 전륜 차량(FF : Front Engine Front Drive)에서 주로 발생한다. 차량의 속도가 더 커짐에 따라 조향각이 더 커지게 되고 애커먼 각의 2배가 되었을 때를 특성 속도라고 한다.

(3) 과대 조향 상태 주행 운동 특성

$$\frac{W_f}{C_\alpha} < \frac{W_r}{C_\alpha}, \ K < 0, \ \alpha_f < \alpha_r$$

과대 조향(Over Steer) 시에는 후륜 측의 무게(W_r)이 더 크기 때문에 속도가 증가함에 따라 조향각이 점점 작아진다. 따라서 운전자는 과대 조향 상태를 피하기 위해 더 작은 각으로 조향해야 한다. 무게중심이 뒤에 있는 후륜 차량(RR : Rear Engine Rear Drive)에서 주로 발생한다. 차량의 속도가 더 커짐에 따라 조향각이 더 작아지게 되고 조향각이 0이 되었을 때를 한계속도라고 한다. 고속 주행 시 오버 스티어가 발생할 경우 조향각과 차량의 진행 방향의 각도 차이가 점차 줄어들게 되면서 차량은 중심을 잃어버리고 스핀이 발생한다.

기출문제 유형

✦ 저속 시 선회 주행에서 $R = \sqrt{\dfrac{L^2}{\sin(A)} + K^2 + \dfrac{2KL \times \cos(A)}{\sin(A)}} + d$의 산출근거를 선회 조향기구를 예로 도식하여 설명하시오.(단, L=축간 거리(m), K=전차축의 좌/우 킹핀 중심 간의 거리(m), 조향 시 전륜 좌우 조향각 A, B)(81-4-5)

---

01 개요

(1) 배경

자동차가 회전을 할 경우 휠이 옆 방향으로 미끄러지지 않고 안정된 자세로 선회해야 한다. 자동차가 선회를 할 때 저속에서는 타이어가 노면에 미끄러지면서 차체와 진행방향이 달라 생기는 미끄럼 각(Slip Angle)이 발생하지 않고 애커먼 각을 만족하면서 선회를 하게 된다.

(2) 조향장치 이론_애커먼 장토식(Ackerman-Jantoud Type) 원리

좌우 전륜의 수직선과 후륜 구동축 선상이 선회 중심점을 이루어 선회반경이 형성되는 원리로 선회 시 안쪽 바퀴의 조향각이 더 크게 되어 타이어의 미끄러짐 없이 선회가 가능해진다.

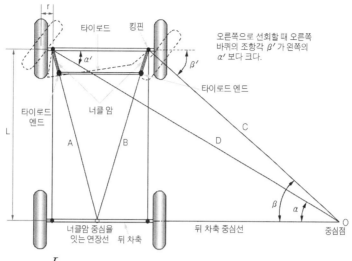

$$R = \frac{L}{\sin\alpha} + r$$

R : 최소 회전반경(m)

L : 축거(m)

$\sin\alpha$: 바깥쪽 앞바퀴의 조향각도

r : 킹핀 중심선에서 타이어 중심선까지 거리(m)

조향장의 원리(애커먼 장토식)

02 최소 회전 반지름에 대한 식 도출

자동차가 최대로 선회할 때 바깥쪽 앞바퀴가 그리는 동심원의 반지름을 최소회전 반경이라고 한다. 킹핀 축, 윤간 거리가 없을 경우 그림은 다음과 같다.

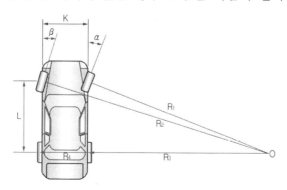

극저속 시 각 바퀴의 선회반경

선회 중심점과 전륜 내측 바퀴까지의 거리를 R_1, 전륜 외측 바퀴까지의 거리를 R_2, 후륜 내측 바퀴까지의 거리를 R_3, 후륜 외측 바퀴까지의 거리를 R_4라고 하면 다음과 같이 조향각과 축거를 이용해 각각의 길이를 계산할 수 있다.

$$R_1 = \frac{L}{\sin\alpha} \qquad R_2 = \frac{L}{\sin\beta} \qquad \cdots\cdots \text{식 ①}$$

$$R_3 = R_1\cos\alpha \qquad R_4 = R_2\cos\beta$$

여기서, L : 축간거리(m), K : 윤간거리(m),

α : 안쪽바퀴의 조향각, β : 바깥쪽 바퀴의 조향각

R_2와 R_4를 이용해 L의 길이를 구할 수 있고 R_1과 R_3를 이용해 L의 길이를 구할 수 있다. L의 길이는 같으므로 두개의 식을 합성하면 식 ②가 된다.

$$R_1^2 - R_3^2 = L^2,\ R_2^2 - R_4^2 = L^2 \ \rightarrow\ R_1^2 - R_3^2 = R_2^2 - R_4^2 \quad \cdots\cdots \text{식 ②}$$

R_4는 R_3와 윤거 K의 합이므로 R_4=R_3+K로 나타낼 수 있고 이를 식 ②에 대입한다.

$$R_1^2 - R_3^2 = R_2^2 - (R_3 + K)^2 = R_2^2 - R_3^2 - 2R_3 \times K - K^2 \rightarrow R_2^2 = 2K \times R_3 + K^2 + R_1^2$$

R_1과 R_3를 L에 대한 식으로 식 ①을 이용하여 변환한다.

$$R_2^2 = 2K \times R_1 \times \cos(\alpha) + K^2 + R_1^2 = 2K \times L \times \cos(\beta) \times \frac{\cos(\alpha)}{\sin(\alpha)} + \frac{K^2 + L^2}{\sin^2(\alpha)}$$

R_2의 길이는 다음과 같다.

$$R_2 = \sqrt{\frac{1}{\sin^2(\alpha)} + K^2 + \frac{2K \times L \times \cos(\alpha)}{\sin(\alpha)}}$$

여기에 실질적인 R_2의 길이는 킹핀 중심에서 타이어 중심까지의 거리 d를 플러스하여 구할 수 있다. 따라서 선회반경 R의 길이는 다음과 같다.

$$R_2 = \sqrt{\frac{L^2}{\sin^2(\alpha)} + K^2 + \frac{2K \times L \times \cos(\alpha)}{\sin(\alpha)}} + d$$

✦ 차량의 스핀(Spin) 현상을 설명하시오.(65-1-6)

01 차량의 스핀 현상 정의

차량의 타이어가 접지력을 잃고 이로 인해서 자동차가 회전하며 운전 불가능 상태가 되는 것이다.

02 차량 스핀 현상의 원인 및 문제점

노면과 타이어 사이에 미끄러짐이 발생되어 일정방향으로 차량이 미끄러지는 현상을 슬립 현상이라고 한다. 이 슬립 현상에 의해 차량이 회전하는 것을 스핀 현상이라고 한다. 이들 현상은 노면과 타이어 사이의 마찰계수 저하로 인해 발생하게 되며 속도의 변화가 클수록 현상은 더 심해진다. 급출발, 급가속/감속, 급정지, 급회전 시에 일어나기 쉽다. 또한 노면의 마찰계수가 적은 젖은 도로, 눈길, 결빙 도로에서 자주 발생한다.

스핀이 발생하면 타이어가 접지력을 잃고 차량이 조종성을 상실하게 되어 180~360도로 회전하면서 주변의 지형지물이나 차량들과 충돌할 수 있게 되어 큰 사고의 원인이 된다. 보통 "번 아웃(혹은 휠 스핀)"이라 불리는 "정지 상태에서 타이어 회전"도 "스핀"으로 분류되지만, 흔히 "스핀"이라 하면 이것보단 코너링 중에 접지력을 초과하는 횡력에 의해 미끄러지는 것을 지칭한다.

03 스핀의 종류

(1) 언더 스티어

자동차가 회전운동을 할 때 차의 뒷부분이 돌거나 차의 앞부분이 안으로 들어가 자동차가 선회반경보다 작게 선회하게 되는 현상을 말한다. 차의 앞부분에서 스핀이 발생하는 현상이다.

(2) 오버 스티어

자동차가 회전이나 원운동을 할 때 앞바퀴의 접지력을 상실하여 선회반경이 커지는 현상을 말한다. 차의 뒷부분에서 스핀이 발생하는 현상으로 피쉬테일, 드리프트 주행과도 연관성이 있다.

04 스핀 현상 대책

(1) 브레이크 조작의 최소화

스핀 현상의 발생 예방을 위해 적절한 속도를 유지하고, 브레이크 조작을 최소화하며 달려야 한다. 커브 길을 돌아나가다 갑자기 빙판이 나타나면 무의식적으로 브레이크 페달을 밟는 일이 많은데 이 경우 대부분 차량이 회전하게 된다. 갑자기 빙판길과 마주쳐도 당황하지 말고 그대로 돌아나가는 것이 유리하다.

(2) 부드러운 속도 조절

커브 길에서 액셀러레이터 페달과 브레이크 페달을 빠르고 급하게 밟거나 떼어서는 안된다. 자동차의 스핀 현상은 대부분 후륜부가 미끄러지면서 발생하게 된다. 커브를 진입했을 때 자동차의 속도를 이기지 못할 것이라 느껴진다고 당황해서 액셀러레이터 페달을 갑자기 떼거나, 브레이크 페달을 갑자기 밟으면 오히려 스핀 현상을 초래하게 된다.

전륜 구동일 경우 액셀러레이터 페달을 많이 밟은 상태라면, 천천히 액셀러레이터 페달을 놓아주면 자동차의 원래 운동 상태로 돌아와 움직이게 된다. 커브를 진입할 때 속도를 최대한 줄이는 것이 안전 운전을 위한 바람직한 방법이다.

(3) 스티어링과 엑셀러레이터 페달의 적절한 조작

스핀 현상이 발생하면 무의식적으로 핸들을 자동차의 운동방향과 반대로 돌리게 된다. 저속이거나 가벼운 움직임 정도에서는 위와 같은 방법으로 위기를 모면할 수 있겠지만, 대부분은 핸들과 액셀러레이터 페달을 같이 조작하는 것이 훨씬 안전하다. 일단 핸들을 역으로 돌린 상태에서 액셀러레이터 페달을 놓아서는 절대 안 된다.

그 경우 앞바퀴의 구동력이 떨어져 자동차의 운동성능을 거의 관성에 맡기게 되므로, 2차 회전을 일으켜 더욱 대처하기 어려운 지경에 이르게 되기 때문이다. 따라서 액셀러레이터 페달을 속도에 대비해 밟아주면서 역으로 핸들을 돌린 것을 다시 바로 잡아야 한다. 만약 오버 스티어 현상이 심하지 않다면 핸들은 가만히 놔두더라도 액셀러레이터 페달만은 꾹 밟고 있어야 자동차는 원래의 회전지름에 맞게 돌아온다. 후륜 구동일 경우 핸들의 민첩한 조작으로도 위기를 모면할 수 있기도 하지만, 속도가 높아진 상태라면 역시 액셀러레이터 페달을 밟아 주는 것이 효과적이다.

기출문제 유형

✦ 자동차의 선회 한계속도에 영향을 주는 인자와 선회 시 풍력과 무게중심이 스핀(Spin) 방향에 미치는 영향을 설명하시오.(111-4-4)

---

01 개요

(1) 배경

차량이 곡선을 따라 주행하게 될 경우 원심력에 의해 차량은 횡방향으로 벗어나려고 하는데 그 힘을 억제하는 힘이 타이어와 노면간의 마찰력이다. 속도가 높아질수록 원심력이 커져 마찰력으로 지지할 수 없게 되면 타이어가 선회 바깥쪽으로 벗어나며 요 마크(Yaw-Mark)를 발생시킨다. 타이어 흔적이 발생되는 시점의 속도가 차량의 한계 선회속도를 의미한다.

요 마크는 스키드 마크와는 달리 브레이크 페달의 조작이 아닌 핸들 조작에 의해 발생하게 되는 현상으로 스키드 마크는 타이어가 잠긴 상태에서 노면에 미끄러지며 발생하는 타이어 흔적이고 요 마크는 회전을 위한 핸들 조작 시 원심력을 이기지 못해 바퀴가 구르면서 횡방향으로 미끄러져 발생하는 타이어의 흔적이다.

(2) 선회 한계속도의 정의

회전을 위한 스티어링 휠 조작 시 원심력을 이기지 못해 바퀴가 구르면서 횡방향으로 미끄러짐이 발생하는 시점의 속도이다.

(3) 스핀 현상의 정의

차량의 타이어가 접지력을 잃고 이로 인해서 자동차가 회전하며 운전 불가능 상태가 되는 것이다.

02 한계 선회 속도 상세 설명

안전하게 곡선을 주행하기 위해서는 원심력보다 타이어와 노면간의 마찰력이 커야 한다. 차량의 속도가 V(m/sec), 선회 반지름을 R(m)이라고 할 때 원심력은 $F = mv^2/R$ 로 표시된다. 선회 곡선을 추종하고 있을 때 원심력은 구심력(마찰력)과 동일하다. 따라서 $F = \mu mg$라고 할 수 있다. 따라서 $mV^2/R = \mu mg$이며 이 식을 통해 곡선 반경이 R인 곡선도로의 한계 선회속도는 다음과 같이 된다.(μ = 마찰계수, g = 중력가속도)

자동차의 구심력과 마찰력

미끄러지지 않는 최대속력 $\mu_s mg = m\dfrac{v^2}{R} \Rightarrow v = \sqrt{\mu_s gR}$

구심력이란 원운동의 구심 가속도를 일으키는 힘을 말한다.

$$F_c = ma_c = mr\omega^2 = \frac{mv^2}{r}$$

참고 구심력 : 커브 반지름을 r(m), 속도를 v(m/sec), 차 무게를 W(kg), 차의 질량을 m으로 표시, 질량은 m=W/g, 곧 무게를 중력가속도 g(9.81m/sec²)로 나눈 값

구배가 있는 커브에서 노면에서 한계회전속도는 다음과 같다.

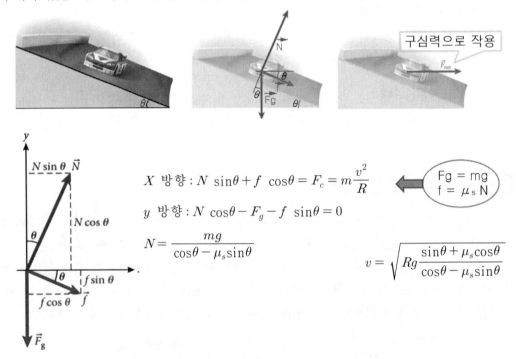

X 방향 : $N\sin\theta + f\cos\theta = F_c = m\dfrac{v^2}{R}$

y 방향 : $N\cos\theta - F_g - f\sin\theta = 0$

$N = \dfrac{mg}{\cos\theta - \mu_s\sin\theta}$

$Fg = mg$
$f = \mu_s N$

$v = \sqrt{Rg\dfrac{\sin\theta + \mu_s\cos\theta}{\cos\theta - \mu_s\sin\theta}}$

따라서 한계 선회속도에 영향을 미치는 인자는 선회반경, 마찰계수, 도로구배, 중력 가속도가 된다.

03 선회 시 풍력과 무게중심이 스핀 방향에 미치는 영향

스핀이 발생하면 타이어가 접지력을 잃고 차량이 조종성을 상실하게 된다. 선회 시 발생하는 스핀은 언더 스티어 현상과 오버 스티어 현상으로 나눌 수 있다. 선회 시 전륜보다 후륜의 코너링 포스가 클 경우는 언더 스티어 현상이 발생하고 반대의 경우는 오버 스티어 현상이 발생한다.

코너링 포스가 크다는 것은 구심력이 크다는 말로 자동차의 무게 배분과도 연계해서 볼 수 있다. 전륜은 앞쪽의 무게 배분이 많아서 코너링 포스가 앞쪽에 많이 있다. 따라

서 차선 변경 시 후륜이 접지력을 잃는 피시 테일 현상이 발생하게 된다. 선회 시에는 일정 속도까지는 선회 곡선을 추종하다가 가속하게 되면 앞쪽 차륜은 구동력이 마찰력을 넘어서게 되고 무게 배분이 후륜으로 넘어가게 되어 접지력을 잃게 되어 언더 스티어 현상이 발생하게 된다. 따라서 스핀 방향은 원심력 방향으로 된다.

후륜 구동 차량의 경우에는 이와 반대로 선회 시 속도를 증가시키면 후륜의 구동력이 마찰력보다 크게 되어 차량 뒤쪽이 선회 곡선을 이탈하게 되는 오버 스티어 현상이 발생한다. 따라서 차량의 진행 방향은 운전자가 의도한 진행방향보다 안으로 들어가게 되고 스핀 방향 또한 선회반경 안쪽으로 들어가게 된다. 풍력은 횡방향으로 작용이 될 때 스핀 방향에 영향을 미치며 원심력 방향일 때는 선회반경이 점점 커지는 언더 스티어가 발생 하도록 영향을 미치고 구심력 방향일 때는 선회반경이 점점 작아지는 오버 스티어가 발생하도록 영향을 미친다.

기출문제 유형

✦ 차륜과 노면 사이의 횡마찰계수가 0.408인 자동차가 있다. 이 자동차가 곡률 반경이 100m인 도로를 선회 주행할 때 미끄러지지 않고, 정상 선회할 수 있는 최고 속도를 구하시오.(86-2-6)

01 개요

차량이 곡선을 따라 주행하게 될 경우 원심력에 의해 차량은 횡방향으로 벗어나려고 하는데 그 힘을 억제하는 힘이 타이어와 노면간의 마찰력이다. 속도가 높아질수록 원심력이 커져 마찰력으로 지지할 수 없게 되면 타이어가 선회 바깥쪽으로 벗어나며 요 마크(Yaw-Mark)를 발생시킨다. 타이어 흔적이 발생되는 시점의 속도가 차량의 한계 선회속도를 의미한다.

요 마크는 스키드 마크와는 달리 브레이크 페달의 조작이 아닌 핸들 조작에 의해 발생하게 되는 현상으로 스키드 마크는 타이어가 잠긴 상태에서 노면에 미끄러지며 발생하는 타이어 흔적이고 요 마크는 회전을 위한 핸들 조작 시 원심력을 이기지 못해 바퀴가 구르면서 횡방향으로 미끄러져 발생하는 타이어의 흔적이다.

02 계산 방법

커브 반지름을 r(m), 속도를 v(m/sec), 차무게를 W(kg), 차의 질량을 m으로 표시하며 질량은 $m = W/G$, 곧 무게를 중력가속도 $G(G = 9.81 \text{m/sec}^2)$로 나눈 값이다. 그러면 원심력은 다음 방정식으로 표시된다.

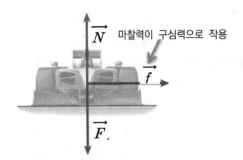

마찰력이 구심력으로 작용

미끄러지지 않는 최대속력

$$\mu_s mg = m\frac{v^2}{R} \Rightarrow v = \sqrt{\mu_s g R}$$

$$V = \sqrt{\mu \times R \times g} = \sqrt{(0.408 \times 100 \times 9.81)} = 20\text{m/sec}$$

따라서 이 자동차가 곡률 반경 100m 인 도로를 정상 선회할 수 있는 최고 속도는 20m/sec 이다.

기출문제 유형

✦ 토크 스티어(Torque Steer)를 정의하고, 방지 대책에 대해 설명하시오.(111-1-8)

---

01 개요

(1) 배경

자동차의 구동 방식에는 이륜 구동(Two Wheel Drive) 방식과 사륜 구동(Four Wheel Drive) 방식이 있다. 이륜 구동 방식은 네 바퀴 중 두 개의 바퀴로 구동을 하는 방식으로 동력전달장치의 구성에 따라서 구분할 수 있다. 보통 앞 엔진 앞바퀴 구동 방식과 앞 엔진 뒷바퀴 구동 방식, 중앙 엔진 뒷바퀴 구동 방식, 뒤 엔진 뒷바퀴 구동 방식 등으로 구분되는데 동력전달장치의 구성에 따라서 자동차의 주행 성능이 바뀔 수 있다. 특히 전륜 구동 방식에서는 가속 시 차량의 진행방향이 한쪽으로 틀어지는 현상이 발생하는데 이를 토크 스티어라고 한다.

(2) 토크 스티어의 정의

급가속을 할 때 좌우 앞바퀴의 토크 전달에 차이가 생겨 차량의 가속 진행 방향이 한쪽으로 틀어지면서 스티어링 휠이 돌아가는 현상

02 발생 원인

일반적으로 FF차량, 전륜 구동 자동차는 앞쪽 엔진룸 안에 엔진과 변속기가 가로로

배치되어 디퍼렌셜 기어가 한쪽 끝으로 치우치므로, 좌우 앞바퀴로 가는 드라이브 샤프트의 길이와 각도가 서로 다르게 된다. 이렇게 되면 좌우 축의 뒤틀림 특성도 차이가 나고 유니버설 조인트가 꺾이는 정도도 좌우가 다르게 된다. 이 상태에서 강한 동력이 급격하게 전달될 경우 좌우 바퀴로 전달되는 토크에 차이가 생기고, 결국은 구동축이 긴 방향으로 차량의 방향이 결정된다. 고출력일수록 발생하기 쉽다.

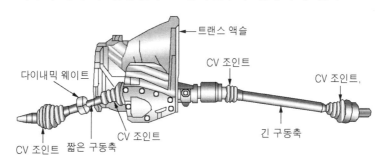

엔진이 경사로에 장착되었기 때문에 샤프트의 길이가 동일하지 않다.

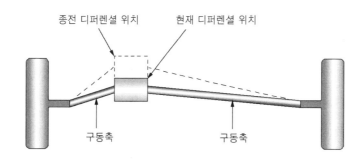

종전 디퍼렌셜 위치와 현재의 디퍼렌셜 위치 비교

주로 좌우 드라이브 샤프트의 길이가 차이가 나는 전륜 구동에서 많이 발생하며 좌우 구동 드라이브 샤프트의 길이가 같은 후륜 구동에서는 발생하지 않는다. 4륜 구동에서는 약간 발생한다. 급가속하는 상황에 자동차가 이런 현상을 보인다면 핸들 조작에 수정을 가해서 방향을 바로 잡아야 하는데 운전자로 하여금 부담스럽고 피로하게 만들고 안전성에도 영향을 미친다.

03 방지 대책

① 중간 샤프트를 적용하여 좌우 드라이브 샤프트의 각도를 같게 설치해 준다.
② 드라이브 샤프트의 강성과 링크 부분의 강성을 강화한다.
③ 좌우 드라이브 샤프트의 설치 각도를 최적화하여 동력전달 차이를 최대한 감소시킨다.

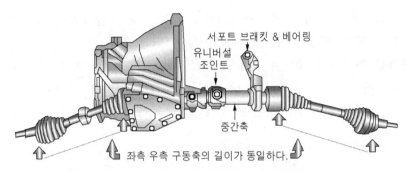

서포트 브래킷 & 베어링

유니버설 조인트

중간축

좌측 우측 구동축의 길이가 동일하다.

우측에 중간축을 사용하면 양쪽 구동축의 길이가 같아진다.

기출문제 유형

✦ 제동시 방향 안정성에서 전륜 로크(Lock)시의 방향 안정성과 후륜 로크(Lock)시의 방향 안정성을 서술하시오.(59-3-2)

---

01 개요

(1) 배경

제동 장치는 주행하는 자동차를 감속시키거나 정지시키는 안전과 직결된 중요한 장치로 고속으로 주행 중, 부득이한 상황으로 급제동을 할 경우 자동차의 무게중심이 앞쪽으로 이동하기 때문에 앞쪽 바퀴보다 뒤쪽 바퀴가 먼저 제동된다. 따라서 뒤쪽 바퀴가 먼저 LOCK이 되어 슬립률이 급격히 증가하게 되고 자동차의 무게중심이 차량의 중심에 위치하지 않으므로 무게가 편중되어 있는 쪽으로 차량 뒤쪽이 돌아가는 SPIN 현상이 발생된다.

(2) 바퀴 잠김(Wheel-Lock) 현상의 정의

타이어와 지면 사이에 최대 마찰력보다 더 큰 제동력이 접촉면에 전달될 때 타이어는 그대로 미끄러지며 휠은 강한 제동력에 의해 정지상태를 유지하는 현상

02 바퀴 잠김 현상 상세 설명

(1) 전륜 바퀴 잠김(Lock) 현상

차량이 우회전의 거동을 하고 있는 상태에서 전륜의 제동력이 강하게 걸려 바퀴 잠김이 된 상태에서의 각 타이어 힘의 성분은 다음과 같다. 무게중심에서 요 모멘트는 차량의 무게중심에서 선회 방향 반대로 형성되고 원심력은 선회 중심에서 반대로 나가려고 하는 방향으로 형성된다.

이러한 상태에서 선회 구심력, 코너링 포스는 후륜에만 작용하게 되며 요 모멘트를 상쇄하는 방향으로 모멘트를 발생시킨다. 따라서 차량은 조작성을 잃어버리고 스티어링 조작에 관계없이 직진하게 된다. 따라서 선회 시에 언더 스티어 현상이 발생된다.

| 언더 스티어 현상 | 오버 스티어 현상 |
| **(a) 전륜 잠김이 경우** | **(b) 후륜 잠김의 경우** |

(2) 후륜 바퀴 잠김 현상

차량이 우회전 거동을 하고 있는 상태에서 후륜의 제동력이 강하게 걸려 바퀴 잠김 (Wheel-Lock)이 된 상태에서의 각 타이어의 힘의 성분은 다음과 같다. 원심력에 대항하는 구심력의 분배인 선회력(Cornering Force)은 전륜에만 작용하게 되며 이에 따라서 요(Yaw) 모멘트를 증가시키는 방향으로의 모멘트를 발생시킨다. 따라서 차량은 스핀하게 된다. 선회 시에 오버 스티어 현상이 발생된다.

03 바퀴 잠김(Wheel-Lock) 현상 대책

(1) ABS(Anti-Lock Brake System) 적용

ABS를 사용하면 타이어가 지면에 전달하는 제동력을 최대로 유지하며 미끄러짐까지 방지하게 된다. 이는 결과적으로 선회 시에도 바퀴 잠김을 방지하여 돌발 상황에서의 급제동 및 급 조향 시 차량의 조향 조작 성능을 향상 시켜 준다.

(2) 전자 제동력 분배 시스템(EBD, Electronic brake force distribution) 적용

기존의 제동장치에는 급제동 시 전륜보다 후륜이 먼저 LOCK되어 차량이 스핀하는 것을 방지하기 위하여 프로포셔닝 밸브가 장착되어 있다. 그러나 프로포셔닝 밸브는 기계적인 장치이므로 전, 후륜 제동 압력을 이상적으로 분배하기에는 한계가 있어 제동 성능의 열세가 문제 되었다. 따라서 전, 후륜 제동 압력을 이상적으로 배분하기 위하여 제동 라인에 솔레노이드 밸브를 설치하여 제동 압력을 전자적으로 제어함으로써 급제동 시 스핀 방지 및 제동 성능을 향상시키는 EBD 시스템(Electronic Brake-force Distribution SYSTEM)을 개발 적용되고 있다.

✦ 차량의 속도와 방향 변화 시 하중 이동을 설명하시오.(86-1-12)

01 개요

자동차의 무게중심은 완전히 정중앙에 위치하지 않고 타이어에도 각각 다른 하중이 분배된다. 엔진과 주요 부품의 위치, 승차자의 수, 승차 위치, 탑재물 등에 따라 무게중심이 변화된다. 이러한 무게중심은 주행 과정에서 크게 변하지 않지만 각 타이어에 걸리는 하중은 주행 과정에서 계속 변화한다.

직진으로 가속할 때는 하중은 뒤로 걸리게 되며 제동 시에는 앞으로 쏠리게 된다. 선회할 때는 바깥쪽 방향으로 하중이 이동하게 된다. 또한 회전하는 부분은 관성으로 인해 원래의 중량보다 증가하는 효과가 발생한다. 하중은 타이어의 접지력에 영향을 미치기 때문에 하중 이동의 폭이 클수록 자동차의 움직임은 훨씬 불안정해지기 쉽다.

02 하중 이동(Weight Transfer, Load Transfer)의 정의

하중은 물체에 가해지는 외력으로써 하중 이동은 주행 중 자동차의 바퀴에 인가되는 수직 항력, 하중이 변화하거나 이동하는 것을 말한다.

03 하중 이동의 종류

① 외력에 의한 하중 이동 : 가속, 감속, 선회로 인해 발생하는 외력 때문에 하중 이동이 발생한다.
② 스프링 위 질량 진동에 의한 하중 이동 : 종방향 진동 운동인 피치와 횡방향 진동 운동인 롤링으로 인해 하중 이동이 발생한다.

04 외력에 의한 하중 이동

운동하는 자동차에 가해지는 외력은 크게 2가지로 나눌 수 있는데 가감속(Acceleration, Deceleration), 제동(Braking)에 의해 발생되는 종방향 외력과 선회(Steering)에 의해 발생되는 횡방향 외력으로 나눌 수 있다. 가속 시에는 뒤쪽으로 하중이동이 발생하며 감속 시, 브레이킹 시에는 앞쪽으로 하중 이동이 발생한다.

선회 시에는 선회 진입 시 브레이킹에 의해 앞쪽으로 하중이 이동하고 선회 초기에는 앞쪽 바깥 바퀴에 하중이 집중된다. 선회가 본격적으로 될 때에는 등속 선회를 하므로 바깥쪽 전륜, 후륜에 하중이 동일하게 이동하게 되고 선회가 끝날 때쯤에는 가속을 하여 주면서 바깥쪽 후륜으로 하중이 집중된다. 하중 이동량은 질량, 외력의 가속도, 무게중심의 높이에 비례하고 축거, 윤거에 반비례한다.

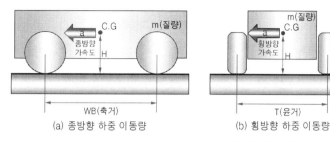

(a) 종방향 하중 이동량　　　(b) 횡방향 하중 이동량

$$종방향 \ 하중 \ 이동량 \ \ \Delta Wt = \frac{m \times 종방향가속도 \ a \times H}{축거(WB)}$$

$$횡방향 \ 하중 \ 이동량 \ \ \Delta Wt = \frac{m \times 횡방향가속도 \ a \times H}{윤거(T)}$$

외력에 의한 하중 이동

05 스프링 위 질량 진동(롤링)에 의한 하중 이동

차량의 바디는 외력을 받으면 하중 이동이 발생하게 되는데 완충장치인 서스펜션으로 인해 바디 모션이 발생하기 때문이다. 특히 횡방향 진동 운동인 롤은 외력을 받은 차체가 롤 센터(RC : Roll Center)를 중심으로 무게중심(CG : Center of Gravity)이 회전 운동을 하면서 횡방향으로 기울어지는 것을 말한다. 이에 따라 무게중심의 위치에 변화가 발생하며 그 변위에 따라 하중 이동이 발생하게 된다.

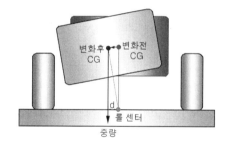

롤링에 의한 하중 이동

위 그림에서 차체가 롤링이 되면서 무게중심이 변화가 된다. 변화 전 CG에서 변화 후 CG로 이동된다. 롤에 의한 하중 이동량은 다음과 같다.

CG 이동 변위(d) = sin(x)×무게중심 높이, x : 바디가 기울어진 각도

따라서 타이어 내측과 외측의 하중 비율은 1 : 1 에서 하중 이동된 변위만큼 비율이 변화하여 (1-d) : (1+d)가 된다.

① **롤링에 의한 외측 하중** : $전체 \ 하중 \times \dfrac{\left(\dfrac{윤거}{2} + 이동변위\right)}{윤거}$

② **롤링에 의한 내측 하중** : $전체 \ 하중 \times \dfrac{\left(\dfrac{윤거}{2} - 이동변위\right)}{윤거}$

③ **롤링에 의한 하중 이동량** : $\dfrac{전체 \ 하중}{2} - 전체 \ 하중 \times \dfrac{\left(\dfrac{윤거}{2} + 이동변위\right)}{윤거}$

03 현가장치 휠 얼라인먼트

기출문제 유형

✦ 프런트 엔드 지오메트리(Front-end Geometry)를 설명하고 여기서 캠버, 캐스터, 조향축 기울기, 토 인, 토 아웃에 대해 기술하시오.(90-4-4)

✦ 앞바퀴 정렬(Front Wheel Alignment)에 대해 기술하시오.(80-4-1)

✦ 앞바퀴 정렬과 관련된 아래 항을 설명하시오 : 캠버, 킹핀 경사각, 캐스터, 토 인, 사이드 슬립 시험기(62-3-2)

✦ 자동차의 앞바퀴 정렬에 관계되는 요소 4가지를 쓰시오.(42)

✦ 앞바퀴 정렬의 인자별 기능을 밝히시오.(45)

✦ 자동차의 전륜 얼라인먼트에 대해 서술하시오.(35)

✦ 자동차의 앞바퀴 얼라인먼트의 필요성과 각 요소의 구체적 기능에 대해 서술하시오.(39)

01 개요

(1) 배경

현가장치는 스프링, 쇽업쇼버, 스트럿, 컨트롤 암등 연결 링크로 구성이 되어 있으며 이들의 연결 상태는 차량의 직진성, 조향 복원성 등 차량의 주행 특성에 중요한 영향을 미친다. 스트럿과 컨트롤 암등 연결 링크의 기하학적(지오메트리) 구성은 차량의 승차감과 주행안정성에 영향을 미치는 요소로 구성 요소의 각도가 달라지면 특성이 달라지게 된다.

(2) 프런트 엔드 지오메트리(Front-end Geometry)의 정의

차량 앞부분 현가장치의 기하학적 구성을 말하는 것으로 차륜과 차체가 스프링, 스트럿, 조향 너클, 컨트롤 암 등의 링크로 연결되어 있는 구조를 말한다.

(3) 휠 얼라인먼트(Alignment)의 정의

주행 중 차륜에 가해지는 힘(마찰력, 중력, 원심력 및 관성)이 균형 있게 작용되도록 하는 바퀴의 정렬상태, 혹은 정렬 작업을 말한다. 즉, 바퀴의 위치, 방향 및 상호 밸런스 등을 올바르게 유지하는 정렬 상태나 혹은 바퀴의 정렬 작업을 말한다.

(4) 휠 얼라인먼트의 필요성

차량 주행 시 노면의 단차나 돌기 등에 의한 작은 충격이나 충돌, 장기 주행 같은 악의 조건일 경우 차륜의 정렬 상태가 변하게 되어 차량은 직진성, 방향성, 복원성, 조향성을 상실하게 된다. 이러한 서스펜션의 불균형으로 스티어링의 진동이나 편향 현상이 발생하고 타이어가 빨리 마모되며 주행 성능 및 연비, 승차감이 저하된다. 따라서 주기적(약 2만km)인 휠 얼라인먼트가 필요하다.

02 휠 얼라인먼트가 필요한 경우

① 사고나 큰 충격이 발생한 적이 있을 때
② 이상 소음이 발생할 때
③ 주행이나 제동 시 핸들이 한쪽으로 쏠릴 때(사이드 슬립 발생 시), 조작이 무거울 때
④ 타이어 트레드 부분이 이상 마모를 할 때, 타이어의 좌우가 다르게 마모되거나 좌우측 타이어의 마모 부분이 동일하지 않을 때
⑤ 고속으로 주행하면 롤링 현상이 발생하거나 휘청거릴 때

03 휠 얼라인먼트 조정 작업 순서

후륜 캠버 → 후륜 토우 → 전륜 캐스터 → 전륜 캠버 → 전륜 토우
(후륜 및 캐스터는 조정이 가능할 경우 작업해 준다.)

04 휠 얼라인먼트 요소별 상세 설명

(1) 캐스터(Caster)

1) 캐스터의 정의

캐스터란 자동차를 옆에서 보았을 때 킹핀이나 스트럿의 중심선, 또는 상하 볼 조인트의 중심선과 지면에서 올라오는 수직선에 대한 각도를 말한다. 이 가상의 중심선 위쪽이 뒤쪽으로 기울어진 경우에는 플러스(+) 캐스터, 수직인 경우에는 제로(0) 캐스터라고 한다. 중심선 위쪽이 전방으로 기울어진 경우에는 마이너스(-) 캐스터라고 한다.

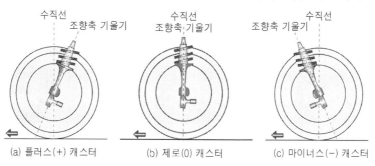

캐스터의 종류

2) 캐스터의 특징

캐스터 각도가 너무 적을 경우에는 직진성 및 복원성이 저하되어 고속 주행 시에 안전성이 저하되며 조향성이 민감해질 수 있어 차가 원하는 방향으로 주행되지 않을 수 있다. 캐스터 각도가 너무 큰 경우에는 차량의 무게로 인해 핸들 조작이 힘들게 되며 노면의 충격이 과도하게 전달되거나 앞 차륜이 좌우로 회전하는 시미(shimmy) 현상이 발생할 수도 있다.

(2) 캠버(Camber)

1) 캠버의 정의

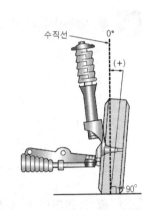

자동차를 전방 또는 후방에서 보았을 때 바퀴의 위쪽 부분이 자동차의 외측으로 기울었거나, 자동차 내측 방향으로 기울어진 정도를 말한다. 캠버의 크기는 지면에서 올라오는 수직선에 대한 바퀴 중심선의 각도이다. 바퀴의 위쪽이 자동차의 외측으로 기울어진 경우에는 플러스(+) 캠버라고 하고, 반대로 바퀴의 위쪽이 자동차의 내측으로 기울어진 경우에는 마이너스(-) 캠버라고 한다.

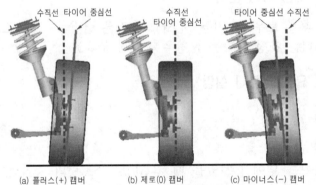

(a) 플러스(+) 캠버   (b) 제로(0) 캠버   (c) 마이너스(-) 캠버

캠버의 종류

2) 캠버의 특징

캠버는 전륜과 후륜에 모두 존재하며 그 호칭도 같다. 캠버는 타이어의 마모와 관계가 있으며 방향 제어와도 관계가 있다. 전륜 캠버는 스티어링의 쏠림 현상(조향 편향), 타이어의 마모, 선회 안전성과 관계가 있고 후륜 캠버는 타이어의 마모, 선회 안전성과 관계가 있다.

캠버의 각도가 과도하게 플러스이면 타이어는 바깥쪽 숄더 부위가 편마모 되며 반대로 과도하게

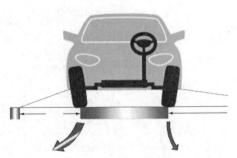

캠버각 차이에 따른 폐해

마이너스인 경우는 안쪽 숄더 부분이 편마모 된다. 전륜의 좌우 캠버의 각도가 0.5도 이상 차이가 나면 선회반경의 차이로 인해 스티어링 휠이 한쪽으로 쏠리게 되어 캠버 값이 큰 쪽으로 차량이 치우쳐 주행되게 된다. 또한 타이어 트레드의 내측과 외측의 유효 반경이 달라지고 지면에 닿는 하중의 분포 차이가 발생하여 편마모가 생긴다.

3) 전륜에 플러스 캠버를 두는 이유

① 운전자가 탑승을 하거나 물건을 적재할 경우 수직 하중의 증가에 따라 캠버 각도를 결정하는 로워암과 스트럿의 각도가 변해 플러스 캠버는 제로 캠버로 되어서 조향성과 접지력이 좋아질 수 있다.

② 스크러브 반경을 작게 설정하여 노면에서 받는 충격을 저감시키고 조향 핸들의 조작성을 향상시키기 위함이다.

③ 타이어의 접지 중심점을 하중 중심점에 가깝게 설정하기 위함이다.

④ 전륜 타이어에 가해지는 하중을 스핀들 부착 부분의 베어링에 부담되도록 하여 휠이 빠져나가는 것을 방지하기 위함이다.

(3) 토(Toe)

1) 토의 정의

토는 발끝(발가락 끝)을 말하는 용어로 자동차의 경우는 차량을 위에서 보았을 때 휠 앞부분의 방향을 가리킨다. 앞부분이 안쪽으로 향하고 있으면 "토 인", 바깥쪽으로 향하고 있으면 "토 아웃"이라 한다.

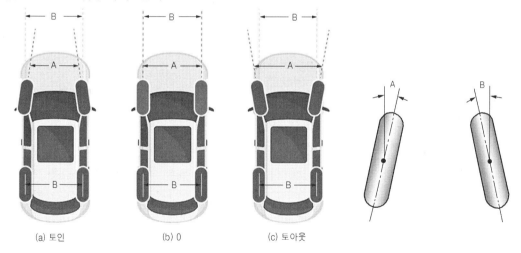

(a) 토인   (b) 0   (c) 토아웃

토의 종류

2) 토의 특징

전륜에는 보통 "토 인"으로 설정하는데 이는 주행 중 타이어가 방향성을 유지하고 진행 방향으로 직진할 수 있도록 하기 위함이다. 주행할 때 전륜은 캠버와 구름저항에 의

해 각각 차체의 바깥쪽으로 향해 굴러 가려고 한다. 서스펜션의 링크와 부싱에 있는 탄성과 클리어런스(공차)에 의해 전륜은 주행 중에 바깥쪽으로 벌어지려고 하는 모멘트가 발생하여 토 아웃이 된다. 전륜이 토 아웃이 되면 좌우 바퀴는 차량 외측으로 구름저항(마찰력)이 발생하게 되고 차량의 무게, 하중의 이동, 노면과의 마찰력 등에 의해 좌우 바퀴의 접지력 차이가 발생해 방향성을 상실하게 된다.

따라서 피벗 지점을 타이어 바깥쪽으로 만들어주는 네거티브 스크러브 반경으로 설정하여 가속, 제동 중에 타이어가 토 인으로 되어 방향성을 유지하고 직진성을 유지하게 만든다. 후륜에서 토의 좌우 차이가 크면 자동차의 중심선과 추력각(Thrust Line)이 일치하지 않게 되어 비스듬히 주행하게 된다. 아래 그림에서 (a), (b)처럼 좌우 바퀴가 대칭으로 토 설정이 되어 있으면 주행에 문제가 발생하지 않는다. 하지만 (c), (d)처럼 토가 한쪽 방향으로 설정이 되어 있으면 직진 시에도 비스듬히 주행하게 되어 타이어의 편마모와 차체 후측 충돌, 선회 시 주행 불안정을 야기한다.

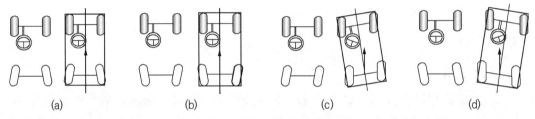

(a)   (b)   (c)   (d)

후륜의 토와 추력각의 관계

총 토의 1/2값을 개별 토라고 하며, 얼라인먼트를 해줄 때에는 개별 토로서 조정 작업을 한다. 토의 단위는 mm 또는 각도로서 표시된다.

(4) 토 디퍼 앵글(Toe Deeper Angle), 20도 회전각

1) 정의

앞바퀴를 오른쪽 또는 왼쪽으로 20도 움직였을 때의 토우의 양

2) 20도 회전각의 확인 이유, 목적

일반적으로 직각으로 선회할 때 선회 내측 앞바퀴는 약 20도의 각도를 가진다. 외측 앞바퀴는 이보다 작은 각도, 약 18도 정도를 가지는데 앞바퀴 좌우측에 각각 회전 각도를 다르게 설정하는 이유는 선회 시 타이어의 미끄러짐을 최대한 방지하여 마모를 최소한 억제하여 원활한 선회가 가능하도록 하기 위해서이다. 앞바퀴의 각도가 동일하면 타이어의 미끌림이 발생하고 차량의 거동이 불안정해지게 된다.

또한 20도 회전각이 변화하면 토의 조정이 정확하더라도 선회 시 앞바퀴에서 이상소음이 발생하거나 앞바퀴의 한쪽 타이어만 빠르게 마모된다. 경우에 따라서는 언더 스티어나 오버 스티어 현상이 발생하고 조향 핸들의 복원 상태가 저하된다. 이와 같은 문

제점을 방지하고자 조향장치는 타이로드를 이용한 애커먼 장토 이론이 만들어졌고 내측 바퀴의 각도와 외측 바퀴의 각도는 서로 다르게 설정되었다.

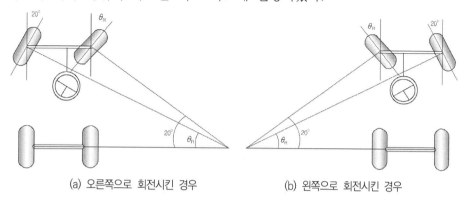

(a) 오른쪽으로 회전시킨 경우   (b) 왼쪽으로 회전시킨 경우

20도의 회전각 확인

3) 토우 디퍼 앵글 특성

20도 회전각은 토가 변경됨에 따라 변화된다. 자동차가 선회를 할 때 좌우의 스티어링 너클의 스핀들 암은 각각 서로 다르게 움직이며, 이에 따라 앞바퀴의 너비는 전방이 후방보다 넓어지게 되는 토 아웃이 된다.(Toe Out On Turn = TOOT) 정확한 20도 회전각을 얻기 위해서는 프레임의 변형이나 스티어링 시스템을 구성하는 부품에 변형이 없어야 한다. 프레임의 변형, 멤버의 틀어짐, 스티어링 기어 박스의 센터 미스 매치, 좌우 타이로드 길이의 불균형 등으로 20도 회전각이 규정값 범위 내에 들지 않을 수 있다.

(5) 사이드 슬립 시험기

1) 사이드 슬립(Side Slip), 사이드 슬립 시험기의 정의

사이드 슬립은 자동차가 주행 중 캠버에 의해 바퀴가 옆으로 미끄러지는 것을 말하며, 사이드 슬립 시험기는 사이드 슬립을 측정함으로써 휠 얼라인먼트 상태의 이상 유무를 확인하는 장비이다.

2) 측정 방법

조향 핸들에 힘을 가하지 않은 상태에서 사이드 슬립 측정기의 답판 위를 직진할 때 조향바퀴의 옆 미끄럼량을 사이드 슬립 측정기로 측정한다. 사이드 슬립 측정기는 양쪽 바퀴가 모두 통과하도록 되어 있으며, 길이 1m 이상으로 자동차 종합 정비소 등에 구비되어 있다.

본체	3,290W×1,100D×150H[mm]
딥핀/각	1,010×1,000[mm]

사이드 슬립 시험기의 답판

(자료 : www.jastec.co.kr)

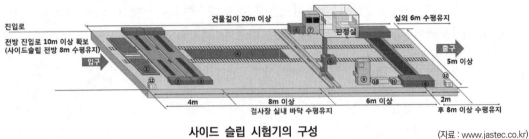

사이드 슬립 시험기의 구성

(자료 : www.jastec.co.kr)

3) 측정 기준

조향바퀴 옆 미끄럼량은 1m 주행에 5mm 이내일 것(5mm/m)

4) 사이드 슬립의 특성

일반적으로 미끄러지는 현상을 슬립현상 이라고 한다. 자동차 타이어에서도 차량의 진행방향과 바퀴의 각도가 맞지 않아 미끄러져 사이드 슬립(Side Slip)이 발생한다. 사이드 슬립은 주행 시 타이어가 도로 지면과 맞닿아 동일한 방향으로 회전하지 않고 비스듬히 회전하며, 진행하여 회전마찰이 아닌 미끄러짐에 의한 마찰이 일어나는 현상을 말한다. 앞바퀴의 사이드 슬립 수치가 크면 타이어의 마모가 심해진다.

5) 사이드 슬립의 발생 원인과 대책

사이드 슬립의 발생 원인은 휠 얼라인먼트가 주요 원인으로 그 중에서 타이어 토 각, 캠버 각, 부품 간의 유격 등이 원인이 된다. 토 각이나 캠버 각의 변화가 심할 경우 비정상적인 타이어의 마모를 초래하게 되어 타이어 마모 속도를 증가시킨다. 사이드 슬립 시험기를 통해 사이드 슬립이 발생되었다고 판정된 경우에는 휠 얼라인먼트를 통해 토 각을 조절이나 캠버 각을 조정해 준다.

기출문제 유형

✦ 휠 얼라인먼트(Wheel Alignment)의 정의와 목적, 얻을 수 있는 5가지 이점에 대해 설명하시오. (102-2-3)

01 개요

(1) 배경

현가장치는 스프링, 쇽업소버, 스트럿, 컨트롤 암 등 연결 링크로 구성이 되어 있으며 이들의 연결 상태는 차량의 직진성, 조향 복원성 등 차량의 주행 특성에 중요한 영향을 미친다. 스트럿과 컨트롤 암 등 연결 링크의 기하학적(지오메트리) 구성은 차량의 승차감과 주행 안정성에 영향을 미치는 요소로 구성 요소의 각도가 달라지면 특성이 변화된다.

(2) 휠 얼라인먼트(Alignment)의 정의

주행 중 차륜에 가해지는 힘(마찰력, 중력, 원심력 및 관성)이 균형 있게 작용되도록 하는 바퀴의 정렬상태, 혹은 정렬 작업을 말한다. 즉, 바퀴의 위치, 방향 및 상호 밸런스 등을 올바르게 유지하는 정렬 상태나 혹은 바퀴의 정렬 작업을 말한다.

(3) 휠 얼라인먼트의 목적

차량 주행 중 주로 앞바퀴의 조향성을 조절하기 위한 것으로 앞바퀴의 직진성, 방향성, 복원성, 조향성 등을 유지할 수 있도록 조절해 준다. 따라서 휠 얼라인먼트는 주행상의 정숙성과 안정성 확보, 차량의 직진성과 접지 성능 확보, 타이어 수명 확보가 목적이라고 할 수 있다.

02 휠 얼라인먼트의 이점

(1) 스티어링의 진동 및 쏠림 방지

차륜의 정렬로 직진성과 방향성을 확보하여 스티어링 핸들의 진동 및 쏠림을 방지한다.

(2) 연료 절감

바퀴의 직진성, 복원성, 조향성을 유지할 수 있도록 정렬해줌으로써 불필요한 차량의 거동을 막아 주행 성능을 향상시키고 연료를 저감시킬 수 있다.

(3) 타이어 수명 유지, 연장

바퀴의 정렬로 타이어가 지면과 최적화되도록 접지시킴으로써 타이어의 이상 마찰 및 마모를 방지하여 수명을 연장시킬 수 있다.

(4) 안전성과 안락한 승차감 확보

최적화된 바퀴의 정렬 상태로 주행 시 차량의 이상 진동, 소음을 방지하고 방향성 및 복원성을 확보하여 안전성과 안락한 승차감의 확보가 가능하다.

(5) 서스펜션 부품 및 조향장치 관련 부품의 수명 유지, 연장

바퀴의 정렬로 주행 시 서스펜션 및 조향 관련 부품의 움직임을 최초 설계한 바와 같이 최적화하고 이상 동작을 방지하여 내구성을 향상 시킬 수 있다.

03 휠 얼라인먼트의 인자별 설명

(1) 캐스터(Caster)

캐스터란 자동차를 옆에서 보았을 때 킹핀이나 스트럿의 중심선, 또는 상하 볼 조인트의 중심선과 지면에서 올라오는 수직선에 대한 각도를 말한다.

(2) 캠버(Camber)

자동차를 전방 또는 후방에서 보았을 때 바퀴의 위쪽 부분이 자동차의 외측으로 기울었거나, 자동차 내측 방향으로 기울어진 정도를 말한다.

(3) 토(Toe)

토는 발끝(발가락 끝)을 말하는 용어로 자동차의 경우는 차량을 위에서 보았을 때 휠 앞부분의 방향을 가리킨다. 앞부분이 안쪽으로 향하고 있으면 "토 인", 바깥쪽으로 향하고 있으면 "토 아웃"이라 한다.

(4) 인클루디드 각도(Included Angle, 협각)의 정의

조향축 경사각에 캠버의 각도를 합한 각도를 말한다.

Included Angle(협각) = Steering Axis Inclination(조향축 경사각) +Chamber(캠버)

기출문제 유형

✦ 인클루디드 앵글(Included Angle)을 정의하고, 좌우 편차 발생시 문제점에 대해 설명하시오.(111-1-13)

01 배경

휠 얼라인먼트(Alignment)는 주행 중 바퀴에 가해지는 힘(마찰력, 중력, 원심력 및 관성)이 균형 있게 작용되도록 하는 바퀴의 정렬상태, 혹은 정렬 작업을 말한다. 즉, 바퀴의 위치, 방향 및 상호 밸런스 등을 올바르게 유지하는 정렬 상태나 혹은 바퀴의 정렬 작업을 말한다. 휠 얼라인먼트 요소에는 토, 캠버, 캐스터, 킹핀 경사각, 인클루디드 앵글, 토우 디퍼 앵글, 셋백, 트러스트 각 등이 있다.

02 인클루디드 각도[Included Angle, 협각]의 정의

① 조향축 경사각에 캠버의 각도를 합한 각도를 말한다.
② Included Angle(협각) = Steering Axis Inclination(조향축 경사각) +Chamber(캠버)

03 인클루디드 앵글의 특징

인클루디드 앵글(협각)은 조향축 경사각과 캠버에 의해 그 값이 결정된다. 따라서 킹핀 경사각이 커지면 캠버는 줄어들고 킹핀 경사각이 줄어들면 캠버는 커져서 차체의 높이가 높아지거나 낮아져도 협각은 항상 일정하다.

이 협각은 SAI와 함께 전륜의 스핀들이나 스트럿의 변형을 점검하는데 사용된다. 사고 차량의 휠 얼라인먼트를 점검할 때는 협각을 점검하여 뒤틀리거나 또는 좌우의 차이가 있는지 확인하고 차이가 있을 경우 스핀들이나 스트럿의 변형을 점검한다.

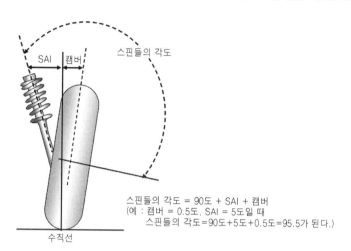

스핀들의 각도 = 90도 + SAI + 캠버
(예 : 캠버 = 0.5도, SAI = 5도일 때
스핀들의 각도=90도+5도+0.5도=95.5가 된다.)

인클루디드 각도

04 좌우 편차 발생 시 문제점

인클루디드 각도의 좌우 차이가 0.5° 이상일 때는 스핀들이나 스트럿이 굽었을 가능성이 많다. 캠버가 마이너스이고 조향축 경사각이 플러스이며 인클루디드 앵글 값이 정상일 경우 상부 컨트롤 암·프레임이 휘었거나 스트럿 상단에서 안쪽으로 밀림을 의심해 볼 수 있다. 따라서 차량의 쏠림 및 편 제동, 타이어의 편마모가 진행 될 수 있고 시미(Shimmy) 현상이 발생할 수 있다.

기출문제 유형

✦ 조향장치의 조향각(Included Angle)(90-1-4)

✦ 조향축 경사각(Steering Axis Inclination)의 정의 및 설정 목적 5가지에 대해 설명하시오.(102-1-2)

01 배경

휠 얼라인먼트(Alignment)는 주행 중 바퀴에 가해지는 힘(마찰력, 중력, 원심력 및 관성)이 균형 있게 작용되도록 하는 바퀴의 정렬상태, 혹은 정렬 작업을 말한다. 즉, 바퀴의 위치, 방향 및 상호 밸런스 등을 올바르게 유지하는 정렬 상태나 혹은 바퀴의 정렬 작업을 말한다. 휠 얼라인먼트 요소에는 토, 캠버, 캐스터, 킹핀 경사각, 인클루디드 앵글, 토 디퍼 앵글, 셋백, 트러스트 각 등이 있다.

02 킹핀 경사각(KPI : King Pin Inclination), 조향축 경사각/기울기(SAI : Steering Axis Inclination)의 정의

자동차 조향축의 기울어진 각도를 말한다. 킹핀의 중심선 또는 볼 조인트의 중심 연결선과 지면에서 올라오는 수직선과의 각도로 자동차 내측 방향으로 얼마나 기울었 는지를 나타내는 각도이다. 조향축 경사각도(SAI)는 킹핀 경사각(KPI), 킹핀 각으로도 부른다.

03 킹핀 경사각의 특징

SAI는 직진성과 승차감을 확보하기 위한 각도이며 조정할 수는 없는 요소이다. 다만 킹핀이 마모되면 마이너스 캠버가 된다. 킹핀 각은 보통 2~8°이다.

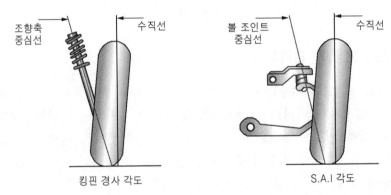

킹핀 경사 각도와 S.A.I 각도

04 킹핀 경사각 설정 목적, 설치 이유

① 캠버 각을 가능한 적게 하면서 자동차의 중량을 타이어의 중심부에 부담시키기 위해
② 주행 및 제동 시 충격을 흡수하기 위해(진동, 소음 감소)
③ 주행 시 차량의 진동 및 무게중심의 이동을 저감시켜 안전성을 확보하기 위해
④ 조향 시 타이어 선회축의 중심점을 타이어의 접지 중심점에 가깝게 하여 스티어 링의 조작을 더 용이하게 하기 위해(핸들 조작력 증대)
⑤ 안정된 스티어링 조작 후에 원활하게 직진 위치로 되돌리기 위해(복원성 증대)
⑥ 전륜의 스핀들이나 스트럿의 굽힘 정도를 점검하기 위해

기출문제 유형

✦ 뒷바퀴 캠버가 변화하는 원인과 이로 인하여 발생하는 문제 및 조정 시 유의사항에 대해 설명하시오.(111-3-3)

01 개요

(1) 배경

휠 얼라인먼트(Wheel Alignment)는 주행 중 바퀴에 가해지는 힘(마찰력, 중력, 원심력 및 관성)이 균형 있게 작용되도록 하는 바퀴의 정렬상태, 혹은 정렬 작업을 말한다. 즉, 바퀴의 위치, 방향 및 상호 밸런스 등을 올바르게 유지하는 정렬 상태나 혹은 바퀴의 정렬 작업을 말한다. 휠 얼라인먼트 요소에는 토, 캠버, 캐스터, 킹핀 경사각, 인클루디드 앵글, 토 디퍼 앵글, 셋백, 트러스트 각 등이 있다.

(2) 캠버(Camber)의 정의

자동차를 전방 또는 후방에서 보았을 때 바퀴의 위쪽 부분이 자동차의 외측으로 기울었거나, 자동차 내측 방향으로 기울어진 정도를 말한다. 캠버의 크기는 지면에서 올라오는 수직선에 대한 바퀴 중심선의 각도이다. 바퀴의 위쪽이 자동차의 외측으로 기울어진 경우에는 플러스(+) 캠버라고 하고, 반대로 바퀴의 위쪽이 자동차의 내측으로 기울어진 경우에는 마이너스(-) 캠버라고 한다.

02 뒷바퀴 캠버의 특징

앞바퀴 구동(FF)에서는 뒷바퀴에 구동력이 없으므로 캠버의 각도가 많은 영향을 미치지 않아 자유로운 설계가 가능하다. 하지만 뒷바퀴 구동(FR)에서는 뒷바퀴에 구동력이 있으므로 뒷바퀴에 캠버를 설정해 줘야 한다. 이때 뒷바퀴 캠버는 제로로 세팅을 해준다. 선회력을 향상시키기 위해서는 네거티브로 설정을 해둔다. 선회 시에 차량의 바깥쪽 바퀴는 하중을 받게 되며, 이때 바퀴가 지면과 수직으로 되어 접지력을 유지해 줄 수 있어서 선회력이 향상된다.

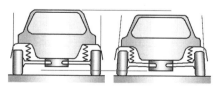 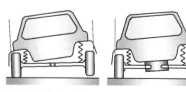

(a) 정상 상태   (b) 하중을 받았을 때   (c)일체차축식 선회 시 (d) 독립현가식 선회 시

뒷바퀴 캠버 각의 특징

03 뒷바퀴 캠버가 변화하는 원인

(1) 하중에 의한 변화

운전자나 승객이 탑승을 하거나 물건을 적재하면 차량의 수직하중이 증가되어 최초에 설정해 두었던 캠버 각이 변화하게 된다.

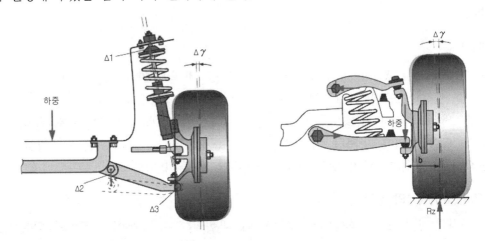

하중에 의한 캠버 각의 변화

(2) 주행 중 하중 이동에 의한 변화

차량이 선회 시에는 차량의 바깥쪽 바퀴는 하중을 받게 되어 압축이 되고 내측 바퀴는 인장이 되어 하중이 이동하게 되며, 차체는 바깥쪽으로 롤링이 된다. 따라서 바퀴의 캠버는 변하게 된다. 만약 직진 시 제로 캠버였다면 선회를 할 때는 외측 바퀴는 포지티브 캠버가 되고 내측 바퀴는 지면과의 각도가 네거티브 캠버가 되어 아래 그림과 같이 타이어의 콘택트 피치가 형성된다.

직진 시 네거티브 캠버였다면 선회 시 외측 바퀴는 제로 캠버가 되고 내측 바퀴는 네거티브 캠버가 되어 접지력을 유지할 수 있게 된다. 따라서 네거티브 캠버는 코너링 시 접지력 확보에 유리한 반면 제동 시에는 불리해진다.

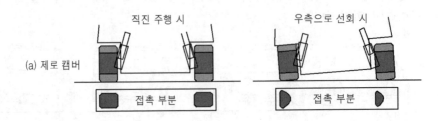

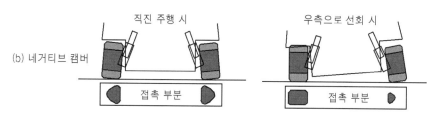

주행 중 하중 이동에 의한 변화

(3) 사고나 충격에 의한 변화

주행 중 노면의 돌기나 단차 등에 의해 큰 충격을 받거나 사고가 발생했을 경우 캠버를 구성하는 서스펜션 지오메트리에 변화가 오게 되어 최초에 설정되었던 캠버 각이 변하게 된다.

04 뒷바퀴 캠버의 변화로 인하여 발생하는 문제점

앞바퀴의 캠버는 주행 안전성, 타이어의 마모, 스티어링 쏠림, 선회 안전성 등에 영향이 있다. 뒷바퀴 캠버는 주행 안전성, 타이어 마모, 선회 안전성과 관계가 있다. 캠버의 각도가 과도하게 플러스인 경우 타이어는 바깥쪽 숄더 부위가 편마모 되며 반대로 과도하게 마이너스인 경우는 안쪽 숄더 부분이 편마모 된다.

좌우 앞바퀴의 캠버 각도가 0.5도 이상 차이가 나면 차량은 캠버값이 큰 쪽으로 편향되게 된다. 뒷바퀴의 좌우 캠버각의 차이가 난다면 선회반경 차이로 타이어 트레드의 내측과 외측의 유효반경이 달라져 타이어 편마모가 생긴다. 특히 타이어 고무의 강성이 강하거나 편평률이 낮은 타이어는 캠버각이 사이드 월에서 흡수되지 않아 편마모의 속도가 증가한다.

05 뒷바퀴 캠버 조정시 유의사항

캠버를 범위 밖으로 조정하면 바퀴의 한 쪽에 심한 마모가 나타난다. 캠버 값이 규격을 벗어나거나, 좌우의 차이가 0.5도 이상 일 때는 캠버 값이 큰 쪽으로 차량의 쏠림현상이 나타나므로 좌우의 차이가 0.5도 이내가 되도록 조정하여야 한다. 광폭일수록 0에 가깝게 조정하여야 한다.(좌우차 = 좌측값 - 우측값)

기출문제 유형

✦ 스러스트 각(Thrust Angle)을 설명하시오.(53-1-9, 62-1-13)

✦ 셋 백(Set Back)을 설명하시오.(62-1-2, 72-1-8)

✦ 자동차 4휠 얼라인먼트에서 셋-백(Set-back)과 트러스트 각(Thrust Angle)을 설명하시오.(77-1-5)

✦ 자동차 4휠 얼라인먼트에서 셋-백(Set-back)과 트러스트 각(Thrust Angle)을 설명하시오.(68-1-8)

✦ 차륜정렬 요소 중 셋백(Set Back)과 추력각(Thrust Angle)의 정의 및 주행에 미치는 영향에 대해 설명하시오.(104-1-12)

✦ 차량 주행 중 스러스트 앵글의 변화의 영향을 주는 요소를 열거하고, 변화 폭이 커짐으로써 생기는 피해는 무엇인지 설명하시오.(86-4-2)

01 개요

(1) 배경

휠 얼라인먼트(Alignment)는 주행 중 바퀴에 가해지는 힘(마찰력, 중력, 원심력 및 관성)이 균형 있게 작용되도록 하는 바퀴의 정렬상태, 혹은 정렬 작업을 말한다. 즉, 바퀴의 위치, 방향 및 상호 밸런스 등을 올바르게 유지하는 정렬 상태나 혹은 바퀴의 정렬 작업을 말한다. 휠 얼라인먼트 요소에는 토, 캠버, 캐스터, 킹핀 경사각, 인클루디드 앵글, 토 디퍼 앵글, 셋백, 트러스트 각 등이 있다.

(2) 셋 백(Set Back)의 정의

자동차의 동일 차축에서 한쪽 바퀴가 반대쪽 바퀴와 동일 선상에 위치하지 않고 앞 또는 뒤로 위치해 있는 정도를 말한다. 프런트 셋 백, 휠 셋 백이라고도 한다.

(3) 트러스트 각(Thrust Angle)의 정의

자동차가 진행하는 방향과 자동차의 기하학적 중심선과의 각도차를 말한다.

02 셋 백과 트러스트 각에 대한 상세 설명

(1) 셋 백의 구조, 특징 및 주행에 미치는 영향

셋 백은 보통 바퀴의 좌나 우의 어느 한쪽 휠을 기준으로 하여 반대쪽 바퀴의 위치에 따라서 '+', '-' 로 표시하며 단위는 mm 또는 각도로 표시된다.

1) 셋 백의 특징

셋 백값이 (+)이면 좌측 바퀴가 우측 바퀴보다 더 앞쪽으로 나가 있는 상태이고 반대로 (-)이면 좌측 바퀴가 우측 바퀴보다 더 뒤쪽에 위치해 있을 때이다. 셋 백이 클 때에는 프레임이 휘어 있거나 캐스터 각의 좌우 차이가 크다는 것을 의미하는 것으로 차체의 손상이나 프레임 변형, 좌우 불균형이 발생한 상태로 볼 수 있다.

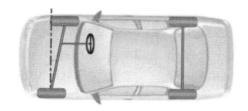

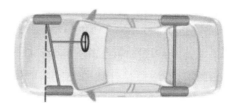

(+) 셋 백   (−) 셋 백
우측 휠 뒤로 또는 좌측 휠 앞으로 되어 있는 현상 **좌측 휠 뒤로 또는 우측 휠 앞으로 되어 있는 현상**

(자료 : blog.naver.com/kt9411/150158345981)

차량의 이상적인 셋백은 '0°'(zero)이며 제작 공차에 의한 셋백의 허용값은 약 6mm이고 약 18mm 이상이면 반드시 수정해야 한다. 프런트 셋백이 있다면 한쪽 앞바퀴가 반대쪽 앞바퀴를 끌어당기고(trailing) 있다는 것을 의미한다. 프런트 셋백은 조정할 수 없으나, 그 값은 조향 핸들이 쏠리는 현상이나 중심 조향 문제(center steering problem)를 진단하는데 유용한 자료가 된다.

프레임이 손상된 자동차를 수리한 다음에는 반드시 프런트 셋백을 점검해야 한다. 차축이 일체형 현가장치보다 주로 독립 현가장치에서 발생하기 쉬운 특징이 있다.

2) 셋 백이 주행에 미치는 영향

① 셋백이 과도할 경우 차량의 주행성은 한쪽으로 치우치게 되며 이로 인해 주행성이 불안정해지고 차량의 진동 및 부품의 마모가 쉽게 이뤄질 수 있는 환경에 놓이게 된다.

② 타이어의 마모가 심해지며 좌우 차축간 불균형으로 서스펜션의 스프링 및 구성품이 쉽게 마모가 될 수 있다.

(2) 트러스트 각의 구조, 특징 및 주행에 미치는 영향

① 네거티브 스러스트 앵글 : 후륜의 방향이 좌측인 경우
② 포지티브 스러스트 앵글 : 후륜의 방향이 우측인 경우

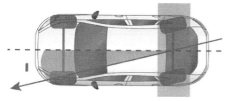

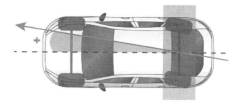

(a) 네거티브 스러스트 각   (b) 포지티브 스러스트 각
네거티브와 포지티브 스러스트 앵글

(자료 : bamfleetservices.com.au/car-servicing/mechanical-servicing/wheel-alignment-and-balancing)

1) 스러스트 앵글의 특징

스러스트 앵글에 영향을 주는 요소는 뒷바퀴의 토(toe)이다. 뒷바퀴 토 각의 좌우 차이가 클수록 자동차의 진행선과 자동차 중심선(기하학적 중심선)의 각도 차이가 커져 자동차는 직진하지 않고 비스듬히 진행한다. 자동차의 진행선이 자동차의 중심선(기하학적 중심선)과 동일할 때(스러스트 각 0°)는 문제가 없으나 자동차의 진행선과 자동차의 중심선(기하학적 중심선)의 각도 차, 즉 스러스트 각이 클 경우에 자동차를 운전할 때는 여러 가지 문제점이 발생한다.

스러스트 정렬을 할 때에는 차량의 기하학적 중심선으로 뒷바퀴의 토를 조정하고 앞바퀴를 조정한다. 뒷바퀴의 조정이 불가한 차량은 앞바퀴의 스러스트 각도 중심으로 조정을 하여야 한다.

2) 스러스트 앵글의 변화 폭이 커질 경우 발생하는 피해, 문제점, 주행에 미치는 영향

① 직진 주행 시에도 뒷바퀴의 각도가 달라져 있기 때문에 타이어의 마모가 심해지고 자동차의 서스펜션 소음, 진동이 발생하게 된다.
② 선회 시 좌우 선회 특성이 달라진다. 한쪽 방향 선회 시 오버 스티어가 되고 다른 한쪽 방향으로 선회 시 언더 스티어로 된다.
③ 주행 중 스티어링 휠이 한쪽 방향으로 편향되고 휠 얼라인먼트 점검 시 스티어링 휠을 바른 위치로 조정해도 주행 테스트에서 스티어링 휠의 중심이 맞지 않는 등의 이상이 발생한다.
④ 차량이 비스듬하게 진행하게 되어 자동차의 앞부분이 통과해도 뒷부분이 다른 물체에 부딪치게 될 수 있다.
⑤ 직진 위치로 스티어링 휠을 놓고 자동차에서 내려 왔을 때 앞에서 자동차를 바라보면 앞바퀴가 좌 또는 우로 꺾여 있다.

기출문제 유형

✦ 자동차의 휠 옵셋(wheel off-set)을 정의하고, 휠 옵셋이 휠 얼라인먼트(wheel alignment)에 미치는 영향을 설명하시오.(110-4-5)

01 개요

(1) 배경

휠 옵셋은 서스펜션을 구성하는 부품의 구조, 형태, 타이어와의 간극, 킹핀 옵셋 등에 중대한 영향을 미친다. 자동차의 조향 특성을 유지하고 컨트롤 암의 볼 조인트나 부싱

등에 불필요한 부하를 피하기 위해서는 휠 교환 시 기존의 옵셋 값을 유지해야 한다.

(2) 휠 옵셋(Wheel Off-Set)의 정의

휠 옵셋은 휠의 중심선에서 휠의 허브까지의 거리를 말한다. 단위는 주로 밀리미터를 사용한다. 아래 그림에서 휠의 중심선(C)과 마운팅 서페이스(M) 사이의 거리(ET)를 말한다.

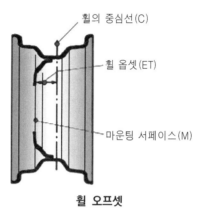

휠 오프셋

02 휠 옵셋의 종류

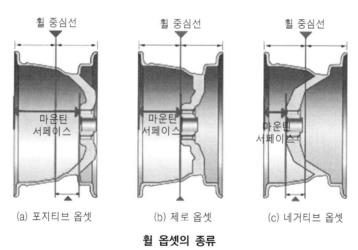

(a) 포지티브 옵셋   (b) 제로 옵셋   (c) 네거티브 옵셋

휠 옵셋의 종류

(자료 : theultimatejeep.com/showthread.php?157-Offset-and-Backspace-How-do-they-relate)

① 포지티브 오프셋(Positive Offset) : 마운팅 서페이스 면이 휠의 중심선보다 바깥에 위치한다.
② 제로 오프셋(Zero Offset) : 마운팅 서페이스 면의 위치가 휠의 중심선과 일치한다.
③ 네거티브 오프셋(Negative Offset) : 마운팅 서페이스 면이 휠의 중심선보다 안쪽에 위치한다.

03 휠 옵셋의 특징, 휠 얼라인먼트에 미치는 영향

서스펜션을 구성하는 부품의 구조, 형태, 타이어와의 간극, 조향장치의 킹핀 옵셋(스크러브 레디어스)등에 많은 영향을 미친다. 동일한 S.A.I(조향축 경사각)에서 휠 옵셋이 마이너스가 되면 스크러브 반경이 네거티브가 될 수 있고 휠 옵셋이 플러스가 되면 포지티브 스크러브 반경이 된다.

(1) 포지티브(플러스) 휠 옵셋인 경우

S.A.I의 연장선이 타이어 중심에 비해 안쪽으로 형성이 된다. 따라서 S.A.I의 연장선이 노면에 만나는 지점에서 피봇점(회전점)이 형성이 되므로 제동 시 바퀴는 바깥쪽으로 벌어지는 힘을 받게 되어 토 아웃이 되고 방향성과 직진성을 상실한다. 이는 스핀을 발생시키게 되어 차량의 안전성이 저하된다.

따라서 급제동을 많이 해야 하는 경주용 차량에서는 마이너스 옵셋으로 설정된다. 광폭 타이어를 장착하는 경우에도 대부분 플러스 옵셋이 되어 노면 마찰력이 불균형한 노면에서 스핀을 일으키게 된다. 따라서 휠 옵셋을 보상할 수 있는 디스크 휠도 같이 장착하여야 한다.

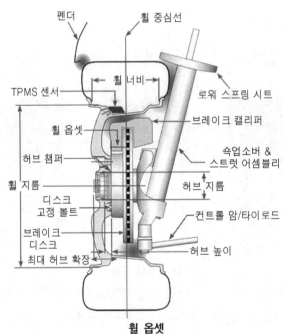

휠 옵셋
(자료 : tyreleader.ie/tyres-advices/wheel-offset)

(2) 네거티브(마이너스) 휠 옵셋인 경우

S.A.I의 연장선이 타이어 중심선에 비해 바깥쪽으로 형성이 된다. 따라서 제동을 할 때 S.A.I의 연장선이 노면에 만나는 지점에서 피봇점(회전점)이 형성되므로 제동 시 바

퀴는 토 인으로 되어 방향성과 직진성을 유지한다.

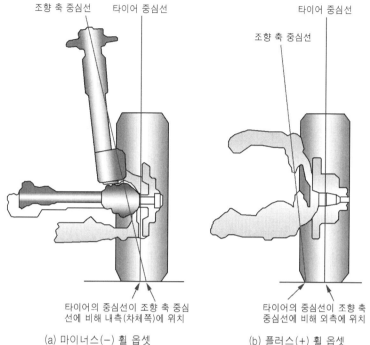

(a) 마이너스(-) 휠 옵셋

(b) 플러스(+) 휠 옵셋

마이너스 휠 옵셋과 플러스 휠 옵셋

(자료 : iaeng.org/publication/WCE2011/WCE2011_pp2064-2069.pdf)

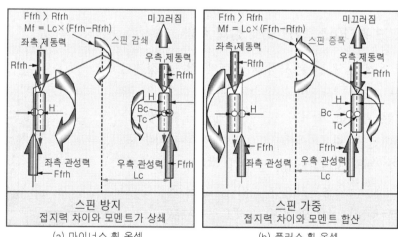

(a) 마이너스 휠 옵셋

(b) 플러스 휠 옵셋

마이너스 휠 옵셋과 플러스 휠 옵셋의 영향

기출문제 유형

✦ 자동차의 휠 얼라인먼트에서 스크러브 반경(scrub radius)을 정의하고 정(+), 제로(0), 부(-)의 스크러브 반경의 특성을 설명하시오.(93-1-8)

✦ 스크러브 레디어스(Scrub Radius)에 대해 설명하시오.(96-1-3)

01 개요

휠 얼라인먼트는 토, 캠버, 캐스터, 킹핀 경사각 등을 조정하여 차량이 직진성과 복원성을 갖추고 주행이 원활하게 이루어질 수 있도록 바퀴를 정렬해 주는 작업 혹은 정렬 상태이다. 차량이 미끄러운 노면을 주행하다가 제동을 할 경우에 바퀴는 지면과 접지력을 상실하고 차체가 회전하는 '스핀 현상'을 보이는데 이런 때 바퀴의 정렬 상태 중 스크러브 반경이 중요한 요소로 작용할 수 있다.

02 스크러브 레디어스(Scrub Radius), 킹핀 옵셋(Kingpin Offset)의 정의

바퀴의 중심선이 노면과 만나는 점과 킹핀 중심선의 연장선이 노면에서 만나는 점 사이의 거리를 말하며, 스크러브 레디어스(Scrub Radius), 킹핀 옵셋(Kingpin Offset)이라고 한다.

03 스크러브 레디어스, 킹핀 옵셋 상세 설명

킹핀 옵셋은 킹핀 경사각과 캠버에 의해 정해진다. 킹핀 옵셋이 작으면 작을수록 조향장치의 각 부품이 받는 부하는 작아지지만 바퀴의 조향에 필요한 힘은 증대된다. 승용자동차의 킹핀 옵셋은 뒷바퀴 구동방식의 경우 30~70mm, 앞바퀴 구동방식의 경우에는 10~35mm 정도가 대부분이다. 킹핀 옵셋은 정(+), 제로(zero), 부(-)의 킹핀 옵셋으로 분류한다.

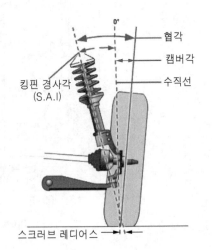

협각
캠버각
수직선

킹핀 경사각
(S.A.I)

스크러브 레디어스 →

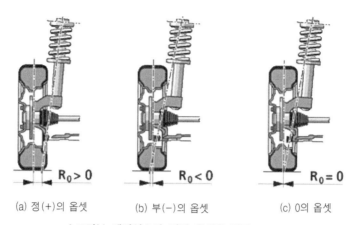

(a) 정(+)의 옵셋   (b) 부(−)의 옵셋   (c) 0의 옵셋

스크러브 레디어스와 킹핀 옵셋의 종류

(자료: m.blog.naver.com/PostView.naver?isHttpsRedirect=true&blogId=kt9411&logNo=150156430277)

(1) 정(+)의 킹핀 오프셋

정(+)의 옵셋은 바퀴 중심선의 접지점이 킹핀 중심선의 연장선(SAI : Steering Angle Inclination)이 노면과 만나는 점보다 바깥에 위치한 상태로 제동 시 바퀴가 안쪽으로부터 바깥쪽으로 벌어지도록 작용한다. 즉, 토 아웃이 되도록 작용한다. 노면과 좌우 바퀴의 마찰계수가 서로 다른 경우에는 마찰계수가 큰 바퀴가 바깥쪽으로 더 많이 벌어진다. 따라서 제동 시 자동차가 차선을 이탈하고 회전하는 스핀 현상을 보일 수 있다.

(2) 부(−)의 킹핀 오프셋

부(−)의 옵셋은 바퀴 중심선의 접지점이 킹핀 중심선의 연장선이 노면과 만나는 점보다 안에 위치한 상태를 말한다. 회전점이 바퀴의 외측에 위치하므로 제동 시 바퀴는 제동력에 의해 바깥쪽에서 안쪽으로 모이도록 작용한다. 즉, 토 인이 되도록 작용한다. 노면과 좌우 바퀴 사이의 마찰계수가 서로 다른 경우에 마찰계수가 큰 바퀴가 안쪽으로 더 모이게 되지만 반대쪽 바퀴와 일정 크기로 상쇄가 되어 방향성을 유지한다. 따라서 스핀이 발생해도 방향성을 유지할 수 있도록 해준다.

(3) 제로 킹핀 옵셋

제로 킹핀 옵셋은 타이어의 중심선과 킹핀 중심선의 연장선이 노면의 한 점에서 만나는 상태를 말한다. 조향 시 바퀴는 킹핀을 중심으로 원의 궤적을 그리지 않고 접촉점에서 직접 조향된다. 따라서 정차 시 조향에는 큰 힘이 필요하게 된다.

기출문제 유형

✦ 휠 정렬(Wheel Alignment)에서 미끄러운 노면 제동 시 스핀(Spin)을 방지하기 위한 요소의 명칭과 원리를 설명하시오.(105-1-9)

01 스핀을 방지하기 위한 요소

휠 얼라인먼트의 종류에는 토, 캠버, 캐스터, 킹핀 경사각, 킹핀 옵셋, 셋백, 스러스트 각 등이 있다. 차량의 방향성 유지와 직진성을 유지하기 위해서는 이들 요소간의 균형이 필요하며 이 중에서 킹핀 옵셋은 스핀이 발생하여 바퀴와 지면 간에 접지력이 유지되지 못할 때에도 바퀴의 방향을 제어하여 차량의 스핀을 방지해 줄 수 있는 요소이다.

02 스크러브 레디어스 종류

(1) 정의 킹핀 옵셋, 플러스 스크러브 레디어스

정(+)의 킹핀 옵셋은 바퀴 중심선의 접지점이 킹핀 중심선의 연장선(SAI : Steering Angle Inclination)이 노면과 만나는 점보다 바깥에 위치한 상태로 제동 시 바퀴가 안쪽으로부터 바깥쪽으로 벌어지도록 작용한다.

(2) 부(-)의 킹핀 오프셋, 마이너스 스크러브 레디어스

부(-)의 킹핀 옵셋은 바퀴 중심선의 접지점이 킹핀 중심선의 연장선이 노면과 만나는 점보다 안에 위치한 상태를 말한다. 회전점이 바퀴의 외측에 위치하므로 제동 시 바퀴는 제동력에 의해 바깥쪽에서 안쪽으로 모이도록 작용한다.

(3) 제로 킹핀 옵셋

제로 킹핀 옵셋은 타이어의 중심선과 킹핀 중심선의 연장선이 노면의 한 점에서 만나는 상태를 말한다.

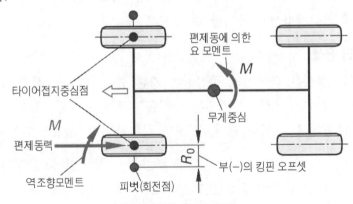

부(-)의 킹핀 오프셋 효과

03 스핀이 방지되는 원리

부의 킹핀 옵셋으로 세팅을 해주면 피벗(회전 중심축)이 타이어 바깥쪽에 형성된다. 따라서 제동 시 타이어는 토 인이 된다. 이 경우 제동 시 마찰력의 불균형에 의해 한쪽으로 차량이 스핀을 하게 될 때(차량의 무게중심 M에서 회전방향 토 인이 되는 좌우 바퀴의 각도 차이에 의해 이 힘이 상쇄된다. 따라서 스핀이 발생하려고 할 때 스핀을 억제하는 모멘트를 발생하여 미끄러운 노면에서 직진성을 유지하도록 해준다.

① **피벗 지점** : 좌우 바퀴 바깥쪽의 빨간 점으로 타이어에 마찰력이 발생할 때 이 지점을 중심으로 타이어는 토 인이 된다.

② **자동차의 무게중심점(M)** : 차량 중심의 빨간 점으로 제동력이 발생할 때 제동력이 큰 바퀴를 중심으로 회전하는 힘이 발생한다.

③ 좌우 바퀴의 마찰계수가 다른 노면을 주행하고 있을 때 제동력을 가하면 미끄러운쪽 노면의 바퀴보다 미끄럽지 않은 노면 쪽에 있는 바퀴의 마찰력이 더 크게 작용하므로 차량은 마찰력이 큰 바퀴를 기준으로 회전하려는 모멘트가 발생한다. 이때 네거티브 스크러브 반경(마이너스 킹핀 옵셋)이 있는 경우, 피벗(회전 중심축)을 중심으로 바퀴가 안쪽으로 돌아가는 힘이 작용하여 토 인이 된다. 토 인이 되는 정도는 마찰력에 비례한다. 따라서 미끄러운쪽 노면의 바퀴는 미끄럽지 않은 노면 쪽으로 회전력이 발생하고 미끄럽지 않은 쪽 노면의 바퀴의 앵글에 의해 미끄러운 노면 쪽으로 힘이 발생한다. 예를 들어 왼쪽 바퀴가 포장도로에 있고 오른쪽 바퀴가 미끄러지기 쉬운 노면에 있다면 왼쪽 바퀴의 마찰력이 오른쪽보다 크기 때문에 자동차는 왼쪽으로 돌아가는 회전력이 발생한다. 이때 네거티브 스크러브 반경이 설정되어 있다면 바퀴의 토 인 각도는 마찰력이 큰 왼쪽이 더 커지고 오른쪽은 작게 된다. 따라서 힘의 균형이 발생하게 되어 스핀이 방지된다.

기출문제 유형

✦ 휠 밸런스 및 휠 얼라인먼트 불량에 의하여 발생하는 자동차의 현상과 타이어 트레드 패턴 마모 형태에 대해 기술하시오.(80-4-4)

01 개요

(1) 배경

휠 얼라인먼트의 종류에는 토, 캠버, 캐스터, 킹핀 경사각, 킹핀 옵셋, 셋백, 스러스트 각 등이 있다. 차량의 방향성 유지와 직진성을 유지하기 위해서는 이들 요소간의 균형이 필요하며, 균형이 맞지 않는 경우에는 조종 안전성, 주행 성능 저하, 소음·진동의 발생, 타이어의 이상 마모 현상 등이 발생할 수 있다.

(2) 휠 얼라인먼트의 정의

주행 중 바퀴에 가해지는 힘(마찰력, 중력, 원심력 및 관성)이 균형 있게 작용되도록 하는 바퀴의 정렬상태, 혹은 정렬 작업을 말한다. 즉, 바퀴의 위치, 방향 및 상호 밸런스 등을 올바르게 유지하는 정렬 상태나 혹은 바퀴의 정렬 작업을 말한다.

02 휠 얼라인먼트의 인자별 불량에 의해 발생하는 현상

(1) 캐스터(Caster)

캐스터란 자동차를 옆에서 보았을 때 킹핀이나 스트럿의 중심선, 또는 상하 볼조인트의 중심선과 지면에서 올라오는 수직선에 대한 각도를 말한다. 캐스터 각도가 너무 적을 경우에는 직진성 및 복원성이 저하되어 고속 주행 시에 안전성이 저하되며 조향성이 민감해질 수 있어 차량이 원하는 방향으로 주행되지 않을 수 있다. 캐스터 각도가 너무 큰 경우에는 차량의 무게로 인해 핸들의 조작이 힘들게 되며 노면의 충격이 과도하게 전달되거나 앞바퀴가 좌우로 흔들리는 시미(shimmy) 현상이 발생할 수도 있다.

(2) 캠버(Camber)

자동차를 전방 또는 후방에서 보았을 때 바퀴의 위쪽 부분이 자동차의 외측으로 기울었거나, 자동차 내측 방향으로 기울어진 정도를 말한다. 앞바퀴의 캠버는 조향 핸들의 쏠림현상(조향 편향), 타이어의 마모, 선회 안전성과 관계가 있고 뒷바퀴의 캠버는 타이어의 마모, 선회 안전성과 관계가 있다.

캠버 각도가 과도하게 플러스이면 바퀴는 바깥쪽 숄더 부위가 편마모 되며 반대로 과도하게 마이너스인 경우는 안쪽 숄더 부분이 편마모 된다. 앞바퀴의 좌우 캠버 각도가 0.5도 이상 차이가 나면 선회반경의 차이로 인해 조향 핸들이 한쪽으로 쏠리게 되어 캠버 값이 큰 쪽으로 차량이 치우쳐 주행되게 된다. 또한 타이어의 트레드 내측과 외측의 유효반경이 달라지고 지면에 닿는 하중 분포의 차이가 발생하여 편마모가 생긴다.

(3) 토(Toe)

토는 발끝(발가락 끝)을 말하는 용어로 자동차의 경우는 차량을 위에서 보았을 때 휠 앞부분의 방향을 가리킨다. 앞부분이 안쪽으로 향하고 있으면 "토 인", 바깥쪽으로 향하고 있으면 "토 아웃"이라 한다. 토 아웃이 과대한 경우 타이어의 트레드 외측이 마모가 되고 토 인이 과대할 경우 타이어 내측이 톱니 모양으로 마모가 된다. 좌우 토의 차이가 있을 경우 조향이 편향되어 차량의 진행 방향은 한쪽으로 쏠리게 되고 타이어의 이상 마모 현상이 발생하게 된다. 선회 시 좌우 선회 특성이 달라진다.

(4) 인클루디드 각도(Included Angle, 협각)의 정의

인클루디드 각도란 조향 축 경사각에 캠버의 각도를 합한 각도를 말한다.
Included Angle(협각) = Steering Axis Inclination(조향 축 경사각) + Chamber(캠버)
인클루디드 각도의 좌우 차이가 0.5° 이상일 때는 스핀들이나 스트럿이 굽었을 가능성이 많다. 캠버가 마이너스(-)이고 조향 축 경사각이 플러스(+)이며 인클루디드 앵글 값이 정상일 경우 상부 컨트롤 암·프레임이 휘었거나 스트럿 상단에서 안쪽으로 밀림을 의심해 볼 수 있다. 따라서 차량의 쏠림 및 편제동, 타이어의 편마모가 진행 될 수 있고 시미(Shimmy) 현상이 발생할 수 있다.

(5) 셋 백(Set Back)

셋백이 과도할 경우 차량의 주행성은 한쪽으로 치우치게 되며 이로 인해 주행성이 불안정해지고 차량 진동 및 부품의 마모가 쉽게 이뤄질 수 있는 환경에 놓이게 된다. 타이어의 마모가 심해지며 좌우 차축간 불균형으로 서스펜션의 스프링 및 구성품이 쉽게 마모가 될 수 있다.

03 트레드 패턴 마모 형태와 추정 원인

(1) 트레드의 중앙 부위 마모

타이어에 공기압을 초과하여 주입한 결과로 지면과의 접지면이 타이어 트레드 중앙 부위로만 접촉되기 때문에 발생한 현상으로 공기압을 조절하고 차량의 속도를 적정 수준 이하로 조절하여 주행하여야 한다.

(2) 트레스 양 끝단 부위 마모

타이어에 기준치 이하로 공기압을 주입했을 때 나타나는 현상으로 지면과의 접지면이 타이어 트레드 양 끝단 부위로 접촉되기 때문에 발생한 현상이다.

(3) 트레드 내측 부위 마모

토가 과도하게 아웃으로 세팅되어 있을 때, 캠버가 마이너스로 세팅이 되어 있을 때, 토 디퍼 앵글(20도 회전각)이 불량할 때 타이어 내측이 빠르게 마모된다.

(4) 트레드 외측 부위 마모

토 인, 캠버 플러스(+), 캐스터 네거티브(-), 20도 회전각이 일치하지 않을 때 트레드 외측 부위가 빠르게 마모된다.

04 타이어

기출문제 유형

✦ 타이어의 종류와 특징을 기술하시오.(59-3-4)

✦ 타이어를 형상에 따라 분류하고, 이에 대한 특징, 장점, 단점을 설명하시오.(92-2-1)

✦ 타이어 트레드 패턴을 설명하시오.(55-1-5, 71-1-13, 92-1-4)

01 개요

(1) 배경

타이어는 1800년대 말에 딱딱한 바퀴에 통고무를 적용한 것을 시작으로 하여 고무 내부에 공기를 넣어준 타이어, 트레드를 적용한 타이어, 합성 고무 적용 타이어, 튜브 리스 타이어, 레이디얼 타이어, 런 플랫 타이어, 광폭 타이어 등이 개발되었다. 현재에도 연비와 안전성, 승차감 등을 위해 친환경 타이어, 비공기입 타이어(NPT ; Non-pneumatic Tire) 등 신개념, 첨단소재가 적용된 타이어가 개발되고 있다.

(2) 타이어 정의

타이어는 자동차나 자전거의 휠을 둘러싸고 있는 부분으로 주로 고무로 만들며 안쪽에 압축 공기를 주입하여 노면에서 받는 충격을 흡수하는 부품이다.

02 타이어의 종류

(1) 구조에 따른 분류

레이디얼형, 바이어스(다이애거널)형, 튜브형, 튜브 리스형

(2) 트레드 패턴에 따른 분류

리브형, 러그형, 리브러그형, 볼록형, 대칭형, 비대칭형, 방향성(디렉셔널)

(3) 기능에 따른 분류

런 플랫, 셀프실링(실런트), 초고성능(광폭), 비공기입, 지능형, 저연비, 저소음

(4) 트레드 형태에 따른 분류

일반용, 경주용(슬릭), 여름용, 겨울(스노)용, 사계절용, 산악용, 스터드·스터드리스형

(5) 사용기기에 따른 분류

항공기용, 트럭용, 버스용, 승용차용, 건설차량용, 자전거용

03 타이어 트레드 패턴 형상에 따른 분류

(1) 리브(Rib) 패턴

원주 방향으로 홈이 나있는 패턴으로 회전저항이 적고 발열이 낮다. 고속회전에 적합하며 진동이 적고 승차감이 좋아서 주로 승용차용으로 사용된다. 옆 미끄럼 저항이 크고, 조종성 및 안정성이 좋지만 원주 방향으로 홈이 나있기 때문에 제동력과 구동력이 떨어진다. 포장도로, 고속도로용으로 적합하다.

(2) 러그(Lug) 패턴

트레드 패턴이 회전방향과 수직으로 홈이 파져 있는 형상으로 제동력, 구동력이 좋다. 소음이 많이 발생하고 회전저항이 커서 연료의 소비율이 증가한다. 비포장 도로에 적합하다.

(3) 리브 러그(Rib Rug) 패턴

리브와 러그 패턴을 모두 갖고 있는 형상으로 두 가지의 특색을 모두 갖고 있다. 리브 패턴보다 회전저항이 많지만 러그 패턴보다는 작고 제동력과 구동력도 두 가지 패턴의 중간 수준으로 볼 수 있다. 따라서 포장 및 비포장도로를 동시에 주행하는 차량에 적합하다. 단점으로는 러그 끝부분의 마모가 발생되기 쉽고 러그 홈 부분에서 균열이 발생하기 쉽다.

(4) 블록(Block) 패턴

노면과의 접촉 부분이 하나하나 독립된 블록으로 이루어진 패턴으로 블록의 형태에 따라 사각, 육각, 마름모형 등이 있다. 견인력, 제동력이 크고 옆 방향으로 미끄럼이 작아 눈, 진흙, 사막 등의 스노 타이어나 건설용 차량에 적용된다. 그루브가 지지하는 면적이 넓어 타이어의 마모가 빠르며 회전 저항이 크다.

(5) V형(V-Shape) 패턴

타이어를 정면에서 보면 패턴의 형상이 V자 형을 그리고 있는 패턴으로 대칭형, 방향성 타이어라고도 한다. 고속 주행 시 조종 안정성이 뛰어나며 배수 성능이 우수해 빗길에서의 주행성능이 좋다. 방향성 패턴으로 편마모의 해결을 위한 위치 교환 시에는 림에서 탈착해야 한다. 고속, 레이싱용으로 적합하다.

(6) 비대칭성(Asymmetric) 패턴

트레드 패턴의 좌우가 다르게 구성된 타이어 패턴으로 지면과 접촉하는 힘이 균일하고 마모성 및 제동성이 좋다. 타이어 장착 시 내측, 외측이 구분되어 있다. 고속 승용차용으로 적합하다.

대칭형 타이어　　　　　　비대칭형 타이어

04 타이어 내부 형상에 따른 분류

(1) 다이애거널 타이어(Diagonal Tire)

카커스 코드의 배열 각도가 타이어 트레드 중심선에 대해 약 26~40도 정도인 타이어이다.(일반 타이어 : 35도~38도, 스포츠카용 : 30~34도) 코드 각이 크면, 타이어가 부드러우나 측면의 안정성이 약하다. 코드 각이 작으면 타이어가 딱딱하지만 측면의 안정성이 양호하여 선회 속도를 높일 수 있다.

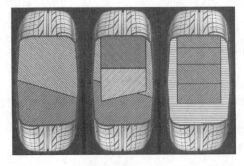
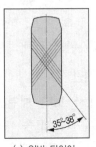
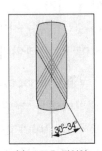

타이어의 종류　　　　　(a) 일반 타이어　(b) 스포츠 타이어
　　　　　　　　　다이애거널 타이어의 카커스 코드 각도

(2) 바이어스 타이어(Bias Tire)

트레드의 센터 라인에 대해 카카스 플라이 코드가 경사진 각도로 교차하는 구조를 가지는 공기압 타이어로, 다이애거널 플라이 타이어라고도 한다. 카카스 코드(carcass code)가 타이어의 트레드 중심선에 대해 일정 각도(코드 각 : 통상 25~40°)로 1플라이 (PLY)씩 서로 번갈아 제조되어 코드의 각도가 다른 방향으로 엇갈려 있는 타이어이다. (다이애거널 타이어에 벨트를 보강한 구조) 주행 시 유연성과 승차감이 좋다.

주행 시 타이어에 하중이 잘 부과되고 코너링과 같은 선회에서 트레드의 움직임이 심하기 때문에 발열이 많고 마모가 잘 된다. 하중에 잘 견디기 때문에 비포장도로용, 대형 차량용으로 적합하다. 건설차량용 타이어, 농경용 타이어, 산업차량용 타이어에 적용된다.

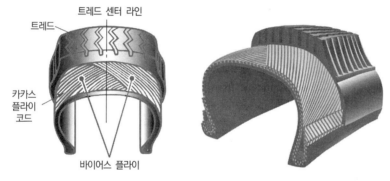

바이어스 플라이 타이어

(3) 레이디얼 타이어

트레드 센터 라인에 대해 카카스 플라이 코드가 90° 각도로 배열된 구조를 가지며, 벨트에 의해 단단히 보강된 공기압 타이어이다. 카카스 코드가 타이어의 원주방향에 대해 직각으로 배열되어 있는 타이어로 바이어스 타이어보다 편평비를 낮출 수 있고, 횡방향 강성이 크기 때문에 발진성, 가속성, 조정성, 선회성, 안정성이 우수하며 고속주행에 적합하다. 회전저항 낮아 승용차에 많이 적용되고 코너링 시 쉽게 미끄러지지 않는다. 스틸 재질의 벨트를 사용한다. 사이드 월의 기계적 강도가 약한 단점이 있다.

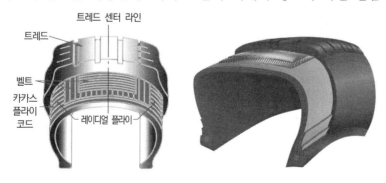

레이디얼 플라이 타이어

타이어 관련 기본 지식 ① 타이어의 구조

타이어는 레이온과 나일론 등의 섬유에 양질의 고무를 입힌 코드를 여러 층 겹쳐서 황을 가하며 틀 속에서 성형한 것으로 기본 구조는 타이어 내부로 들어가면서 트레드, 벨트, 카커스, 비드 등으로 이루어져 있으며 바깥부분은 크게 트레드, 숄더, 사이드 월, 비드의 네 부분으로 구분하고 있다.

트레드(Tread)는 타이어가 노면과 직접 접촉하는 부분으로 두꺼운 고무 층으로 이루어져 있으며 크라운 부라고도 부른다. 트레드는 카커스와 벨트 층을 보호하고 바퀴의 빠른 회전에 의한 노면과의 충격 및 마찰에 견딜 수 있으며 타이어의 주행 수명을 늘리기 위해 경질의 내마모성, 내커트성, 내열성이 우수한 고무와 첨가물을 사용하고 있다. 트레드는 노면과의 접지력을 증가시켜 견인력, 제동력, 구심력 등을 충분히 발생시킬 수 있도록 여러 가지 홈(트레드 패턴)이 파여 있는 구조로 제작된다.

벨트(Belt)는 레이디얼 타이어의 트레드와 카커스 사이에 설치되어 강성에 큰 차이가 있는 트레드와 카커스의 분리를 방지하고 카커스를 원둘레 방향으로 강하게 죄어 트레드의 강성을 높이고 노면에 접촉되는 트레드 부위를 넓게 하여 노면으로부터 받는 충격을 완화시킴으로써 주행 안정성을 높이는 보강대 역할을 한다.

숄더(Shoulder)부는 트레드부와 사이드 월(Side Wall)부 사이에 위치하여 타이어의 어깨부위라고도 하며 구조상 고무의 두께가 가장 두껍기 때문에 주행 중 내부에서 발생하는 열을 쉽게 발산할 수 있도록 설계되어 있다.

사이드 월부는 숄더부와 비드부 사이에 해당하는 부분으로서 카커스를 보호하고 유연한 굴신운동을 함으로써 승차감을 좋게 하는데 이 부분에는 타이어의 종류, 규격, 구조, 패턴, 제조회사 등이 표시되어 있다.

카커스(Carcass)는 타이어의 뼈대가 되는 가장 중요한 부분으로서 플라이(Ply)라고 부르는 섬유층 전체를 말한다. 섬유층은 타이어 코드(레이온, 나일론 등)를 사선(Bias) 또는 방사상(Radial)으로 그물망과 같이 짜서 얇은 고무를 피복시키고 다시 코드층을 1매씩 실제 방향으로 교대로 교차시켜 내열성 고무로 접착시킨 구조로 되어 있으며 타이어 내부의 공기압과 하중, 충격에 견디는 역할을 한다. 타이어의 강도는 코드의 인장강도와 코드층 수에 따라 결정된다. 코드의 매수에 따라 1플라이, 2플라이 등으로 부르게 되는데 플라이 수(Ply Rating : PR)는 타이어의 부하능력을 표시하는 수치로 사용되며 승용차는 4~6 플라이, 트럭이나 버스용은 8~16 플라이가 사용되어지고 있다.

비드(Bead)는 타이어가 림과 접촉하는 부분으로 카커스 포층의 끝을 고정시켜 내압을 유지하고 타이어를 림에 고정시키는 역할을 한다. 일반적으로 림에 대해 약간의 죄임을 주어 타이어의 공기압이 급격히 감소될 경우에도 타이어가 림에서 빠지지 않도록 설계되어 있다. 비드 부분이 늘어나거나 타이어가 림에서 빠지는 것을 방지하기 위해 비드 와이어(피아노선)가 원둘레 방향으로 들어가 있다.

이너 라이너(Inner Liner)는 레이디얼 타이어의 튜브 대신 타이어 안쪽에 위치하고 있으며 공기의 유출을 방지하는 역할을 하게 된다.

이러한 타이어의 주요 구성 물질은 고무의 배합물인데 타이어 고무 배합물의 구성 성분을 살펴보면 탄성을 유지하고 제동 유지의 기능을 하는 고무가 있으며 천연고무와 합성고무가 사용된다. 마모와 강성을 보완하기 위해 보강성 필러가 첨가되는데 카본 블랙이나 실리카가 주로 사용되며 가공성의 개선을 위해 방향족 또는 파라핀계 프로세스 오일이 이용되고 고무류 경화 및 노화안정을 위해 항오존제나 항산화제를 안정제로 첨가하게 된다. 승용차 타이어의 경우는 합성고무에 실리카를 주로 적용하고 트럭이나 버스의 경우는 그 운전특성을 감안하여 트레드의 고무는 천연고무를 적용하고 카본 블랙을 보강성 필러로 주로 적용하는 것으로 알려져 있다. 상기한 타이어 고무 배합물의 성분을 개선하거나 대체하는 소재 및 물성 연구가 활발하게 진행 중인데 이를 통해 타이어의 마찰력과 제동력을 향상시키고 연비 또한 상당부분 개선하고 있는 것으로 보고하고 있다.

01 개요

(1) 배경

주행 중 타이어 자체의 노화나 열화, 외부 물체의 작용 등에 의해서 타이어가 균열, 손상 될 때 차량이 조종성을 잃고 다른 차량과 부딪치거나 전복되는 사고가 발생할 수 있다. 이러한 사고를 방지하기 위해 타이어가 파손되거나 공기압이 없어도 일정거리를 주행할 수 있도록 만든 타이어가 런 플랫 타이어이다.

(2) 정의

런 플랫 타이어는 타이어가 파손되거나 내부에 공기압이 감소해도 형상을 유지해 일정한 거리를 주행 할 수 있는 타이어이다.(RSC : Run-flat System Component)

02 런 플랫 타이어의 종류

제작사에 따라 다양한 명칭이 사용되고 있다.

- **Dunlop** : "DSST" Dunlop Self Supporting Technology
- **Goodyear** : "EMT" Extended Mobility Technology
- **Michelin** : "ZP" Zero Pressure
- **Pirelli** : "PMT" Pirelli Total Mobility

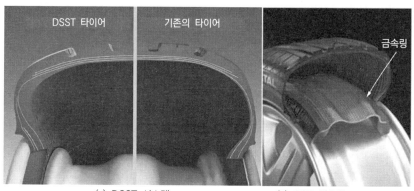

(a) DSST 시스템   (b) SCR 시스템

기존의 휠 림을 사용하는 런 플랫 타이어

(1) 사이드 월 강화 유형, 자기 지지식 런-플랫 타이어
(SSR : Self Supporting Run-flat tire)(예 : DSST)

타이어에 공기가 없어도 사이드 월이 자동차의 무게를 지탱하여 주행이 가능하도록 만든 타이어를 말한다. 사이드 보강 고무가 타이어의 압력 저하시 차량을 지지해준다. 림이 미끄러지지 않도록 하기 위해 광폭 비드를 사용한다. 구조가 종래의 타이어와 같이 일반 휠에 조립이 가능하다. 내구성 향상이 목적으로 사이드 월이 두꺼워져 승차감이 좋지 않다.

(2) 서포트 링 보강 유형(코어 유형), CSR(Conti Support Ring)

타이어의 내부 구조가 코어 구조로 구성되어 공기가 감소해도 타이어의 형상을 유지할 수 있도록 만든 타이어이다. 유연한 마운팅(mounting)을 포함한 경금속 링(ring)을 휠 림에 조립한 형식이다. 경금속 링의 무게는 약 5kg 정도이다. 따라서 각 휠은 약 5kg 정도의 무게가 증가하게 된다. 비용이 높고, 무게가 많이 나가서 일반 차량에서는 거의 사용되지 않는다. 사이드 월 보강형과 대비하여 보다 큰 하중을 지지할 수 있고 승차감이 좋다. 서포트 링과 휠이 결합된 형태의 일체형 구조로 서포트 링 삽입과 림 조립이 어렵다.

03 장점

① 안전성 증대 : 타이어에 펑크가 발생하여도 시속 80km/h로 대략 80~100km를 주행할 수 있어서 조종성, 안전성이 확보되어 차량의 전복 등 사고의 위험성이 감소된다.
② 편의성 증대 : 스페어 타이어로 교체할 필요 없이 정비소까지 갈 수 있으므로 편의성이 증대된다.
③ 중량, 비용 감소 : 스페어 타이어 교체 툴 등의 적재가 필요 없어 차량의 경량화에 도움이 되고 차량의 공간 확보가 가능하다. 폐차의 비용이 절감된다.(년간 6000만개의 스페어 타이어가 파기 되고 있음. 이를 절감할 경우 약 200만 톤의 CO_2 배출 감소가 가능함)

04 단점

① 사이드 월의 강성이 강하고 고무의 탄력이 부족하여 승차감이 약화된다.
② 가격이 비싸다
③ 타이어에 펑크가 난 상태로 주행한 후에는 타이어의 측면(사이드 월)이 손상되어 교체가 필요하고 재사용이 불가하다.

기출문제 유형

✦ 셀프 실링 타이어와 런 플랫 타이어를 비교 설명하시오.(98-1-6)

01 개요

(1) 배경

주행 중 타이어 자체의 노화나 열화, 외부 물체의 작용 등에 의해서 타이어가 균열, 손상될 때 차량이 조종성을 잃고 다른 차량과 부딪치거나 전복되는 사고가 발생할 수 있다. 이러한 사고를 방지하기 위해 타이어가 파손되거나 공기압이 없어도 일정거리를 주행할 수 있도록 런 플랫 타이어, 셀프 실링 타이어를 개발하였다.

(2) 셀프 실링 타이어의 정의

셀프 실링 타이어는 타이어의 내부(이너 라이너)에 특수 물질을 추가하여 구멍이 나더라도 타이어 공기압이 저하되지 않도록 만든 타이어이다. 실런트 타이어(Sealant tire)라고도 하다.

(3) 런 플랫 타이어의 정의

런 플랫 타이어는 타이어가 파손되거나 내부에 공기압이 감소해도 형상을 유지해 일정한 거리를 주행 할 수 있는 타이어이다.

02 구조 및 원리

(1) 셀프 실링 타이어의 구조 및 원리

셀프 실링 타이어

(자료 : blog.kumhotire.co.kr/540)

이너 라이너 쪽에 특수한 고무 재질의 추가 물질을 부착하거나 도포하여 타이어에 지름 5mm 이하의 구멍이 날 경우 이 물질들이 펑크를 스스로 메워 타이어의 압력 저하가 생기지 않도록 만든다. 이 물질을 제거해도 별도 처리 없이 계속 주행이 가능하다.

(2) 런 플랫 타이어의 구조 및 원리

1) 사이드 월 강화 유형, 자기 지지식 런-플랫 타이어
(SSR : Self Supporting Run-flat tire)(예 : DSST)

타이어에 공기가 없어도 사이드 월이 자동차의 무게를 지탱하여 주행이 가능하도록 만든 타이어로 사이드 보강 고무가 타이어의 압력 저하시 차량을 지지해 준다. 림이 미끄러지지 않도록 하기 위해 광폭 비드를 사용한다. 구조가 종래의 타이어와 같이 일반 휠에 조립이 가능하다. 내구성 향상 목적으로 사이드 월이 두꺼워져 승차감이 좋지 않다.

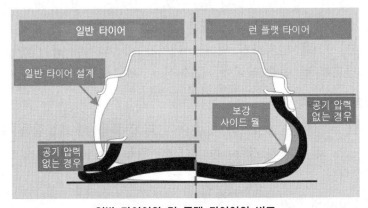

일반 타이어와 런 플랫 타이어의 비교

2) 서포트 링 보강 유형(코어 유형), CSR(Conti Support Ring)

타이어의 내부 구조가 코어 구조로 구성되어 공기가 감소해도 타이어의 형상을 유지할 수 있도록 만든 타이어이다. 유연한 마운팅(mounting)을 포함한 경금속 링(ring)을 휠 림에 조립한 형식이다. 경금속 링의 무게는 약 5kg 정도이다. 따라서 각 휠은 약 5kg 정도의 무게가 증가된다. 비용이 높고, 무게가 많이 나가서 일반 차량에서는 거의 사용되지 않는다. 사이드 월 보강형과 대비하여 보다 큰 하중을 지지할 수 있고 승차감이 좋다. 서포트 링과 휠이 결합된 형태의 일체형 구조로 서포트 링 삽입과 림 조립이 어렵다.

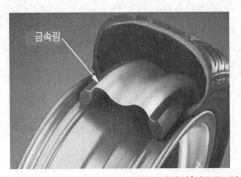

SCR 타이어(서포트 링 보강 타이어)

03 특징

① 셀프 실링 타이어는 타이어 자체를 강화하거나 보강하는 것이 아니라 특수 물질을 넣는 방식으로 타이어가 무거워지지 않아 연비가 좋고 승차감의 저하가 없다.

② 둘 다 일반 타이어에 비해 고가이며 스페어 타이어가 필요 없다. 타이어에 손상이 발생할 경우에도 일정 거리를 주행 할 수 있으므로 스페어 타이어로 교체할 필요가 없다. 조종성, 안정성이 보장된다.

③ 런 플랫 타이어는 한번 손상이 발생하면 재사용이 불가능하지만 셀프 실링 타이어는 타이어에 손상이 발생한 이후에도 재사용이 가능하다.

기출문제 유형

✦ 비공기식 타이어(non-pneumatic tire)에 대해 설명하시오.(114-1-13)

01 개요

(1) 배경

기존의 타이어는 공기와 고무의 탄성을 이용해 승차감을 향상시켰다. 하지만 수시로 타이어의 공기압을 확인해야 하고 공기압이 적을 경우에는 스탠딩 웨이브 현상으로 세퍼레이션이 생겨 사고가 발생할 우려가 있다. 이러한 문제점을 개선하기 위해 공기를 주입하지 않는 신개념 타이어가 개발되고 있다.

(2) 비공기입, 비공기식 타이어의 정의

기본적인 구조적인 형상만으로 차량의 하중을 지지하는 타이어로 신소재를 사용하여 공기 주입을 하지 않는 타이어이다.

02 구조

트레드, 스포크, 휠로 구성되어 있으며 트레드와 스포크는 우레탄 유니 소재를 사용하고 있다.

① 트레드 : 조종성과 마찰력이 발생하는 부분으로 차량의 하중을 전달하는 공기압의 역할을 대신한다.

② 스포크 : 노면에서 발생되는 충격을 흡수하여 안정적인 차량의 운행성을 확보한다.

③ 휠 : 차량에 장착되는 부분

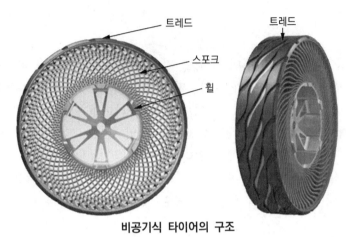

비공기식 타이어의 구조

(자료 : www.bridgestone-korea.co.kr/en/tyre-clinic/tyre-talk/airless-concept-tyres)

03 특징

① 기존 일반 타이어(공기입 타이어, Pneumatic Tire)의 문제점인 주행 중 타이어의 공기압 부족으로 발생하는 사고를 근본적으로 해결할 수 있다.

② 기존의 타이어와 대비해 획기적인 컨셉의 외관을 갖고 있다.

③ 타이어의 제작 공정을 1/2로 줄여 제작 공정 및 기간이 줄어 생산비가 절감된다.

④ 새로운 유니 소재로 만들어져 재활용이 가능한 환경 친화적이다.

  * 유니 소재(Uni-Material) : 제품 본래의 성능과 기능은 유지하면서 기존 제품의 재질을 단일화 하거나 단순화하여 제품의 생산 공정의 축소를 통해 생산성을 높이고 사용 후 소재의 재활용을 용이하게 하는 소재

기출문제 유형

✦ 스터드 리스 타이어(Stud less Tire)가 스파이크 없이 접지력을 유지하는 요소에 대해 설명하시오.(119-1-12)

01 개요

타이어는 연비와 안전성, 승차감 등을 위해 여러 가지 종류가 개발되고 있다. 계절에 따라서 사계절용 타이어, 여름용 타이어, 겨울용 타이어가 있다. 사계절용은 일반적으로 출고 시 장착되어 나오는 타이어로 어떤 온도, 혹은 날씨에도 제 기능을 발휘하며 배수 성능과 연비 확보 등 기본에 충실하다.

여름용 타이어는 주로 고성능 차에 장착되며 순간 가속도와 폭발적인 엔진 파워를 감당할 수 있다. 겨울용 타이어는 스터드 타이어와 스터드 리스 타이어가 있다. 스터드 타이어는 도로를 파손하기 때문에 한국에서는 사용이 금지되어 있다.(도로법 75조, 도로교통법 6조, 자동차관리법령 등 3개 위반)

02 스터드 리스 타이어(Stud less Tire)의 정의

스터드 리스 타이어는 눈길이나 얼어붙은 도로 위를 안전하게 주행할 수 있도록 개발된 특수한 타이어이다. 겨울에 눈길이나 차가워진 노면에서 주행성능을 내도록 만들어졌다.

03 스터드 리스(스노우) 타이어의 원리

스터드 리스 타이어는 트레드의 메인 그루브의 깊이가 깊고 가로로 나 있는 작은 선인 사이프가 미세하여 눈길의 표면을 최대한 긁을 수 있고 블록에 미세한 커프(잔 홈)가 있어서 높은 접지력을 제공한다. 또한 패턴의 디자인은 배수가 원활한 구조를 가져서 눈길 위를 갈 때 물과 눈을 잘 배출한다.

타이어가 눈길 위를 주행할 때 그루브나 사이프, 커프 사이로 들어온 눈은 압축되어 눈 기둥이 만들어진다. 압축된 눈 기둥은 도로에 쌓인 눈에 붙어서 전단력, 점착력을 제공하고 타이어는 이 눈 기둥을 통해 접지력을 얻는다. 따라서 스터드 리스, 스노우 타이어는 일반 타이어에 비해 높은 접지력을 갖는다.

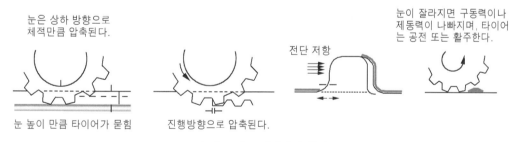

스터드 리스 타이어의 원리

04 스터드 리스 타이어의 접지력 유지 요소

(1) 저온에도 부드러운 고무 소재 사용

온도가 내려가면 타이어의 고무가 딱딱해져 노면과 접지력이 떨어진다. 따라서 평소보다 제동거리가 늘어나게 된다. 스터드 리스, 스노우 타이어는 천연고무의 함량이 높아서 부드러우며 모래에서 추출한 소재인 실리카를 넣어 만들어서 낮은 온도에도 딱딱해지지 않아 충분한 접지력을 유지할 수 있다.

(2) 눈의 점착력을 이용할 수 있는 트레드 패턴 적용

스터드 리스, 스노우 타이어는 배수가 원활하도록 트레드 패턴에 새로운 홈을 추가적으로 구성하여 눈이 녹으면서 좌우로 원활하게 빠져나가도록 만들어 '수막 현상'을 방지한다. 타이어 가운데에 있는 굵은 세로선인 메인 그루브가 깊고 가로로 나 있는 작은 선인 사이프가 미세해 눈길 표면을 최대한 긁을 수 있어 타이어와 노면이 접촉하는 면적이 넓어진다. 또한 블록에 미세한 커프(잔 홈)이 새겨져 있어 눈의 점착력을 이용할 수 있다

겨울용 타이어 트레드   4계절용 타이어 트에드

스터드 리스 스노우 타이어

05 겨울용(스터드 리스) 타이어 효과

겨울용 타이어를 장착하고 눈길과 빙판길에서 제동을 했을 경우 제동력의 차이는 그림과 같다. 이는 주행 안전성에 큰 영향력을 끼칠 정도의 차이라고 할 수 있다. 눈 위 제동력 차이는 약 두 배 정도가 되며 얼음 위 제동력 차이도 약 10% 정도 발생한다.

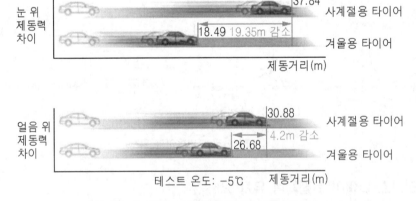

사계절용 타이어와 겨울용 타이어의 효과 비교(자료 : 한국타이어)

기출문제 유형

✦ 타이어의 크기 규격이 'P215 65R 15 95H'라고 한다면 각 문자와 숫자가 나타내는 의미에 대해 설명하시오.(102-2-2)

✦ 타이어 측면의 '185/70R 13 84H'로 기술된 의미를 설명하시오.(46)

01 개요

타이어의 제원은 타이어 사이즈, 폭, 높이, 최고 속도, 하중, 림 폭 등으로 양각이나 음각으로 타이어의 옆면에 표기되어 있다.

02 상세 설명

(자료 : trostretyres.co.uk/tyre-information/tyre-information-2/)

① P : 승용차 타이어를 뜻함

② 185 : 타이어 폭의 크기, mm 단위

③ 60 : 편평비 60%를 의미, 편평비 = 타이어의 높이(H) ÷ 타이어의 단면 폭(W) × 100

④ R : 레이디얼 구조, 바이어스는 S 또는 H로 나타냄

⑤ 14 : 림 외경 사이즈(휠 크기)

⑥ 82 : 하중지수(Load Index) 표시

⑦ H : 속도 표시

- 하중지수는 1본의 타이어가 주행 가능한 최대 하중을 코드화 하여 표시한 것으로 하중지수가 100인 타이어는 한 본단 최대 부하하중이 800kg이라는 것을 의미하며 하중지수가 82라는 것은 본당 최대 부하하중이 475kg인 것을 의미한다.
- V : 속도한계에 대한 기호, 속도 순으로 Q(160km/h), R(170km/h), S(180km/h), U(200km/h), H(210), V(240), W(270), Y(300), Z(300이상)으로 나타낸다.

타이어 표시기호(승용자동차용)

① 최대 하중[LBS]	⑦ DOT(Department of Transportation)	⑬ 편평비(높이/폭)
② 최대 공기압[PSI]	⑧ 생산 주(35번째 주)	⑭ 림 직경(인치)
③ 플라이	⑨ 생산 년도(03=2003년)	⑮ 하중지수[Li](88=560kg)
④ 사이드 월	⑩ ECE 테스트 기호(E3 : 이태리)	⑯ 속도기호(Q : 160km/h)
⑤ 트레드	⑪ 튜브리스	⑰ 트레드 마모 표시기(TWI)
⑥ 레이디얼	⑫ 타이어 폭(mm)	⑱ 센터링 라인

기출문제 유형

✦ 타이어의 호칭기호 중 플라이 레이팅(PR; Ply Rating)에 대해 설명하시오.(114-1-2)

01 개요

(1) 배경

타이어 제조 초기에는 타이어 코드의 재료로 면사(綿絲)를 사용하였다. 그 당시에는 실제로 사용한 면사 코드지(ply)의 표층수로 타이어의 강도를 표시하였다. 그러나 타이어 공업이 발달함에 따라 코드지의 재료가 합성섬유 및 금속재료로 바뀌면서 타이어 강도의 표시도 플라이(ply) 수에서 플라이의 수에 해당하는 비율, 플라이 레이팅(PR : Ply Rating)으로 변경되었다.(승용차용 레이디얼 타이어는 플라이 레이팅을 생략한다.)

(2) 정의

타이어에 사용된 코드(cord)의 강도가 면섬유 몇 장에 해당 되는지를 나타내는 수치로 타이어의 강도를 나타낸다.

02 플라이 레이팅 표시 방법

바이어스 플라이 타이어(농기계용)는 5.60-13-4PR과 같이 표시되며 폭이 5.6인치, 안지름이 13인치, 4플라이 레이팅이라는 의미이다. 코드 1층은 8~10매의 플라이가 사용된다. .

03 기타 타이어 강도 표시 방법

미국에서는 플라이와 플라이 레이팅이 혼동되기 때문에 타이어의 강도 표시를 로드 레인지를 사용한다. 미국의 TRA 규격으로 타이어 강도를 나타내는 데 사용되는 알파벳 기호, 종전에 사용하던 PR과 대응하여 2PR을 A, 4PR을 B, 6PR을 C… 와 같이 표시한다.

A = 플라이 레이팅 2
B = 4
…
N = 24

로드렌지	플라이 레이팅	로드렌지	플라이 레이팅
A	2	G	14
B	4	H	16
C	6	J	18
D	8	L	20
E	10	M	22
F	12	N	24

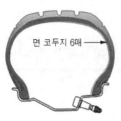 

면 코드지 사용시 포층수   나일론 사용시 포층수

면 코드지와 나일론 사용 시 포층수 비교 (자료 : 한국타이어)

기출문제 유형

✦ 타이어의 동하중 반경을 설명하시오.(74-1-4)

01 개요

(1) 정의

주행 시 타이어의 중심축으로부터 지면까지의 거리, Dynamic Radius

* **정하중 반경** : 차량이 정지해 있을 때 중심으로부터 아래 방향으로의 반지름으로 차량의 수직하중을 받고 있는 반경이다.

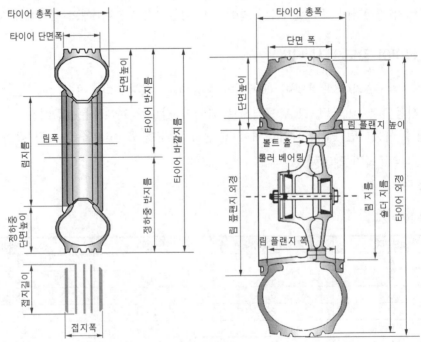

타이어 단면도

(2) 동하중 반경의 필요성

차량은 개발 시 요구되는 차속과 구동력 등에 따라 엔진의 회전속도와 토크를 설정하여 설계된다. 주행 중 동하중 반경의 변화가 크게 되면 차속과 구동력이 영향을 받게 되어 설계 시에 설정했던 성능과 비교해 오차가 발생될 수 있다. 따라서 타이어의 동하중 반경은 차량의 성능에 밀접한 연관이 있으며 차량의 실제 속도를 계산하는데 주요한 인자가 된다.

02 동하중 반경에 영향을 미치는 요인

① 타이어 공기압, 타이어 강성, 타이어 재질, 차량 무게, 차량 속도
② 수직하중을 받고 있는 상태의 타이어 반경은 수직하중을 받고 있지 않는 타이어의 반경보다 더 작다. 또 수직하중을 받는 상태로 정차해 있는 경우는 수직하중을 받는 상태로 주행하는 타이어보다 반경이 더 작은데, 이는 주행 중 타이어 원주부의 원심력이 타이어의 변형에 대해 반작용을 하기 때문이다. 주행 중일 때의 타이어 반경을 동하중 반경(dynamic radius), 정차 중일 때의 타이어 반경을 정하중 반경(static radius)이라고 한다. 그리고 동하중 반경이 정하중 반경보다 더 크다. 자동차의 주행속도를 계산할 때는 타이어의 동하중 반경을 이용하기도 한다. 동하중 반경은 일반적으로 규정의 공기압과 규정의 적재상태에서 60km/h로 일정한 거리를 주행하여, 주행거리를 바퀴의 회전수로 나누고, 다시 2π로 나누어 구한다.

03 동하중 반경을 이용한 차속 계산 공식

$$실제\ 차량속도 = \frac{2\pi \times 동하중\ 반경 \times 엔진\ rpm}{변속비 \times 종감속비}$$

04 기타 제원

① 정하중 반경(SLR ; Static loaded radius) : 규정의 공기압으로 완충된 상태의 타이어에 자동차의 하중을 가했을 때 지면에서 타이어 중심까지의 거리를 말한다.
② 외측 반경(OR ; Outside Radius) : 무부하, 규정의 공기압으로 완충된 상태에서 측정한 타이어의 반경을 말한다.
③ 정하중 단면 폭(LSW ; Loaded section width) : 규정의 공기압으로 완충된 상태의 타이어에 자동차의 하중을 가했을 때 측정한 타이어의 단면 폭을 말한다.
④ 단위 : 바이어스 타이어는 일반적으로 인치(inch)로 표시하며, 레이디얼 타이어는 폭은 mm 단위로, 타이어 내경(= 림 직경)은 인치(inch)로 표시하거나, 폭과 내경을 모두 mm 단위로 표시한다.

✦ 자동차 주행 거리계 종류와 오차 원인에 대해 논하라.(66-2-3) (89-3-3)

01 개요

(1) 배경

자동차의 주행 거리계는 클러스터에 표시되며 자동차 엔진의 회전속도와 변속비, 최종 감속비, 바퀴의 반경 등을 기준으로 계측된다. 따라서 주행 환경에 따라 오차가 발생하게 된다.

(2) 자동차 주행 거리계의 정의

자동차의 주행 거리를 표시해 주는 장치로 차속 센서나 휠 속도 센서를 이용해 측정하여 계산된 값을 클러스터로 표시해 준다. 단위는 km/h, mile per hour 등으로 표시된다.

02 주행 거리계 종류, 주행 거리 측정 원리

(1) 기계식

계기판에 있는 주행 거리계는 일종의 숫자판으로 변속기의 출력축에 케이블로 연결되어 있다. 변속기의 출력축이 회전하면 일정 비율로 감쇠되어 주행 거리계의 지시계가 회전하여 주행 거리를 나타내게 된다.

(2) 전자식

차속 센서(VSS ; Vehicle Speed Sensor)로 변속기 보조 축 기어의 회전수를 감지, 계산하여 속도로 변환하고 설정된 값(타이어 유효 반경, 변속 기어비, 종감속 기어비 등)을 이용해 주행거리로 변환한다. ABS의 휠 속도 센서의 신호로 바퀴의 회전수를 감지하여 차량의 속도 및 주행거리를 계산한다.

03 주행 거리 및 차속에 영향을 미치는 요인

타이어 크기, 동하중 반경, 후방 차축 기어 감속기

04 실제 주행 속도보다 계기판상의 속도가 더 빠르게 표시되는 이유

① 속도계의 속도를 실제 속도보다 낮게 표시하여 운전자가 운행 중에 과속을 방지할 수 있도록 하였다.

② 휠과 타이어의 직경에 따라서 VSS와 휠 속도 센서에 의해 측정되어 계산된 차속과 오차가 발생할 수 있다.(공기압 증가나 광폭 타이어의 장착, 인치업 등으로 타이어 유효 반경, 동하중 반경이 늘어나면 속도가 빨라진다.)

05 주행 거리계 오차 원인

① 주행 거리계, 속도계 고장 : 속도계 커넥터의 접속 상태 불량, 속도계나 구동 기어 불량
② 타이어 크기의 변경에 따른 오차 : 광폭 타이어 및 브레이크 시스템의 교환으로 인한 타이어의 변경, 공기압의 저하 등으로 동하중 반경의 변경 등으로 인해 타이어의 회전반경이 변경되었을 때 주행 거리계의 오차가 발생한다.
③ 변속기나 종감속 기어 변경에 따른 오차 : 기존 차량보다 큰 타이어로 교체할 때 구동력의 저하가 발생한다. 이를 보완하기 위해 변속기를 바꾸기도 하는데 이러한 경우 주행 거리계의 오차가 발생될 수 있다.
④ 주변 환경에 따른 오차 : 실제 주행하는 노면의 상태, 공기 저항, 노면 저항, 타이어 슬립, 클러치 슬립 등의 요인으로 주행 거리계의 오차가 발생할 수 있다.

기출문제 유형

✦ 하이드로(닝) 플래닝을 설명하시오.(60-1-7)

✦ 수막 현상(Hydroplaning)을 설명하시오.(80-1-4)

✦ 타이어 수막 현상을 설명하시오.(56-1-8)

01 하이드로 플래닝의 정의

차량이 빗길과 같이 물이 고여 있는 장소를 일정 한계속도 이상의 고속으로 주행할 때, 차량의 바퀴가 물의 저항에 의해 물 위에 떠서 미끄러지는 현상이다.

02 하이드로 플래닝의 발생 과정

빗길이나 물이 고여 있는 장소를 고속으로 주행할 때 타이어가 물 위에 떠서 마찰력을 상실하게 된다. 조향, 제동이 되지 않아 진로 수정 및 차량 정지가 불가능한 상태가 되어 사고의 발생 가능성이 매우 커진다.

03 타이어 수막현상의 세 가지 진행단계

① 1단계 : 타이어가 충분히 떠있는 단계
② 2단계 : 타이어가 부분적으로 떠있는 단계
③ 3단계 : 타이어가 노면에 직접 접촉이 되어 있는 단계

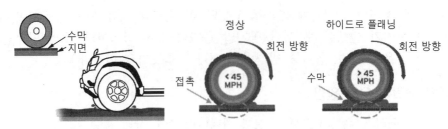

타이어 수막현상 (자료 : brunch.co.kr/@hosslee/492)

04 대책

① 타이어 관리, 교체 : 트레드 깊이가 3mm 이하이면 노면에 약간의 물이 있더라도 수막현상이 크게 증대된다. 따라서 마모가 심한 타이어는 교환하여 운전하여야 하며 배수력이 우수한 트레드 패턴의 타이어를 사용하여야 한다.

② 정속 운전 : 과속 시 수막현상에 의해 제동력을 잃을 확률이 커진다.

③ ABS, TCS 사용 : 전자제어 제동장치가 적용된 차량으로 접지력을 잃을 때 제동력을 회복시킬 수 있다.

기출문제 유형

✦ 스탠딩 웨이브와 하이드로 플래닝 현상에 대해 설명하시오.(52)

✦ 타이어의 발열 원인과 히트 세퍼레이션(Heat Separation) 현상을 설명하시오.(99-4-1)

✦ Tire Heat Separation 현상에 대해 설명하시오.(87-1-6)

01 개요

(1) 배경

자동차는 주행 시에 트레드가 받는 원심력과 타이어 내부의 공기 압력에 의해 타이어의 전 원주에서 변형과 복원이 반복된다. 따라서 타이어는 하중을 받아 굴신하게 되어 지면에 닿는 트레드부(접지부) 및 사이드 부가 변형된다. 저속일 경우에는 타이어의 굴신되는 부분이 적절히 복원이 되기 때문에 문제가 없지만 고속일 경우에는 굴신되는 부분이 복원되기 전에 타이어의 변형이 계속 발생하게 되어 타이어의 원주상에 물결 형상의 변형이 계속해서 나타나게 된다.

(2) 스탠딩 웨이브 정의

고속 주행 시 타이어 원주상에 물결 형상의 변형이 나타나는 현상

(3) 히트 세퍼레이션의 정의

타이어의 굴신 작용에 의한 스탠딩 웨이브 현상이 과도하게 이뤄질 경우 타이어 내부의 이상 발열에 의해 트레드 고무와 카카스가 열화되거나 접착력이 약해져 타이어의 내구력이 저하되고 심할 경우 타이어의 구성 물질이 용해되고 트레드가 분리되어 떨어져나가는 현상이다.

(4) 하이드로 플래닝의 정의

하이드로 플래닝은 차량이 빗길과 같이 물이 고여 있는 장소를 일정의 한계속도 이상 고속으로 주행할 때, 차량의 바퀴가 물의 저항에 의해 물 위에 떠서 미끄러지는 현상이다.

02 스탠딩 웨이브에 영향을 미치는 요인, 타이어 발열 요인

(1) 낮은 타이어 공기압

대형트럭이나 버스의 경우 타이어의 직경이 크고, 공기압을 높게 설정하여 스탠딩 웨이브 현상이 거의 발생하지 않으나 승용차의 경우 낮은 공기압으로 인해 발생하기 쉽다.

(2) 과속

저속일 경우에는 굴신된 부분의 복원이 잘 이루어져 스탠딩 웨이브 현상이 발생하기 어려우나 일정 속도 이상으로 차량의 속도가 증가하면 굴신된 타이어의 복원이 이뤄지지 않아 타이어의 원주방향으로 물결 무늬가 형성된다.

(3) 하중 초과

자동차의 최대 적재량을 초과하여 물건을 싣고 다니게 되면 타이어에 큰 부하가 걸리게 되어 스탠딩 웨이브 현상이 발생될 가능성이 높아진다.

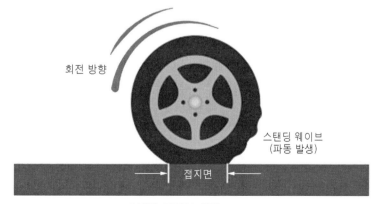

스탠딩 웨이브 현상

03 스탠딩 웨이브로 인한 문제 현상

타이어 구름(회전)저항의 급격한 증가로 가속성능이 저하되고 타이어 내의 온도가 급상승하게 되어 이로 인해 타이어 트레드 부분의 고무가 청크 아웃(큰 덩어리 째로 떨어져 나가는 현상)되거나 타이어 고무 및 코드의 강도와 접착력이 저하되어 세퍼레이션(트레드 고무와 카커스가 분리되는 현상) 및 파열(Burst)이 될 수 있다.

04 대책

① 공기압 체크 : 타이어의 공기압을 체크하여 스탠딩 웨이브 현상 발생을 방지할 수 있다.
② 속도, 하중의 조절 : 타이어의 제원표에 나와 있는 속도와 하중을 준수하도록 한다.

> **관련 용어**
>
> ❖ **버스트(Burst)** : 카커스(carcass)가 열이나 외상 등에 의하여 갑자기 파열하여 사방으로 흩어지는 현상. 타이어 공기 압력의 저하에 따라 스탠딩 웨이브가 발생하여 열에 의해 파괴될 경우가 가장 많다. 이 경우 타이어에 열 파괴의 흔적이 나타날 수 있으나 내압의 저하가 급격한 경우에는 발열을 나타내는 흔적이 없어 버스트의 원인을 파악하기 힘들다.
> ❖ **청킹(Chunking)** : 주행중 타이어 트레드의 일부분이 찢어져서 흩어지는 것.
> ❖ **오픈 스플라이스(Open splice)** : 타이어의 트레드, 사이드 월 또는 이너 라이너의 이음매가 벗겨지는 것.

기출문제 유형

✦ 플랫 스폿 현상을 설명하시오.(66-1-6)

---

01 개요

(1) 배경

타이어의 이상 현상에는 스탠딩 웨이브 현상, 버스트, 청킹, 히트 세퍼레이션, 플랫 스팟 등이 있다. 모두 타이어의 변형으로 인해 발생하는 현상으로 주기적인 타이어 관리가 필요하다.

(2) 플랫 스팟의 정의

차량이 급제동할 때 타이어와 지면이 마찰하면서 타이어의 일부가 마모되어 타이어 균일성이 저하되는 현상으로 노면 접촉 부위에서 일어나는 타이어 변형 현상을 말한다.

02 종류

(1) 일시적 플랫 스팟

자동차가 주행할 때 지면과 접촉되는 타이어 부분이 평평해지는 현상으로 회전 할 때 변형이 복원 되면서 타이어의 균일성도 복원된다. 트레드 면의 변형이 주요 원인으로 환경 요소 중에 저온 환경과 시간에 따른 영향이 가장 크다.

(2) 영구적 플랫 스팟

자동차가 주행하여도 타이어의 변형된 부위가 원상태로 복원되지 않고 평평하게 남아있는 현상으로 주로 차량의 급제동이나 과속으로 타이어 내부의 온도가 올라가 있는 상태에서 주차를 하는 경우나 고온이나 저공기압 상태에서 장시간 옥외 주차를 한 경우 발생하는 경우에 많다. 환경 요소 중에 온도(고온)에 가장 많은 영향을 받으며 타이어 형상을 유지하는 타이어 코드지의 변형이 주요 원인이다.

03 플랫 스팟에 영향을 미치는 요인

타이어 플랫 스팟의 정확한 원인을 규명하기는 어렵고 타이어에 작용하는 외적 요소로 살펴볼 수 있다. 이러한 요소로는 주차 장소의 온도, 차량의 하중, 주차 시간, 타이어의 공기압, 타이어 코드 성분, 타이어의 내부 온도 등이 있다.

(1) 온도

타이어에 고온이 작용될 때 타이어의 균일성이 저하되어 영구 플랫 스팟이 발생하는 경향이 있다. 저온에서는 복원이 이뤄지는 일시적인 플랫 스팟과 관련이 있다.

(2) 하중 지속 시간

타이어에 작용되는 온도와 하중이 일정할 때 지속 시간이 증가함에 따라 타이어의 변형량은 증가한다. 하지만 일정 값에서 수렴하게 되어 일시적인 플랫 스팟 현상과 관련이 있게 된다.

(3) 적용 하중

하중이 증가함에 따라 타이이의 변형량은 증가하게 되고 영구적인 플랫 스팟이 될 가능성이 높아진다.

(4) 타이어 공기압

타이어 공기압이 높을수록 플랫 스팟 현상은 나타나지 않게 될 가능성이 높아진다.

(5) 타이어 코드

나일론 코드로 만든 바이어스 타이어에서 발생하기 쉽고 레이디얼 타이어에서는 쉽게 발생하지 않는다.

04 주행 시 영향

타이어의 균일성이 저하되어 차량의 진동이 발생한다. 차체 및 스티어링 휠의 진동을 유발하여 승차감을 저하시킨다.

05 플랫 스팟 방지 대책

① 타이어에 작용하는 하중을 감소시킨다. 단위 면적당 코드에 작용하는 하중을 줄이기 위해 코드지 두께를 증대한다.
② 타이어를 낮은 온도로 유지한다.
③ 공기압 체크, 장기간 주차 방지

기출문제 유형

✦ 타이어와 도로의 접지에 있어서 래터럴 포스 디비에이션(Lateral Force Deviation)에 대해 설명하시오.(102-1-11)

✦ 타이어의 코니시티(conicity)를 정의하고 특성을 설명하시오.(99-1-10)

---

01 개요

(1) 배경

타이어는 원주 방향의 내부 구조가 균일해 보이지만 설계 및 제조 공정상의 한계로 불가피한 불균일성을 내포한다. 타이어의 균일 정도를 타이어 균일성(유니포미티, Uniformity)라고 하며 타이어의 품질을 결정하는 척도로 활용된다.

(2) 래터럴 포스 디비에이션의 정의

타이어의 균일성을 나타내는 단위의 하나로 타이어에 미치는 가로 방향 힘의 평균값을 의미한다. 타이어를 회전시켰을 때 접지면에 발생하는 힘 가운데 옆으로 향하는 성질의 평균값으로 LFD 라고 한다.

02 타이어 균일성 분류

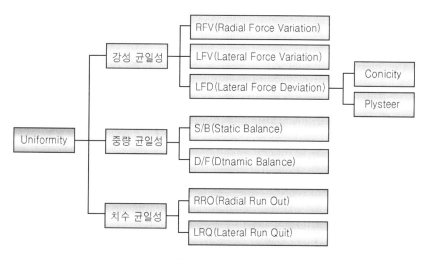

타이어 균일성

(1) 강성의 균일성

① RFV(Radial Force Variation) : 상하 방향 힘의 변화
② LFV(Lateral Force Variation) : 좌우 방향 힘의 변화
③ LFD(Lateral Force Devaition) : 가로 방향 힘의 평균값, 코시니티, 플라이 스티어

(2) 중량의 균일성

① 정적 밸런스
② 동적 밸런스

(3) 치수의 균일성

① 제조, 유통과정(원재료 배합, 합출, 재단, 비드 성형, 마무리, 검사, 보관)을 거치면서 약간의 치수 차이가 생김
② RRO(Radial Run Out)
③ LRO(Lateral Run Out)

03 래터럴 포스 디비에이션의 종류

(1) 코니시티

1) 정의

타이어를 굴렸을 때 회전방향에 관계없이 한쪽 방향으로만 발생하는 힘을 말한다. 타이어의 원뿔화 현상이라고도 한다.

2) 발생 원인, 과정

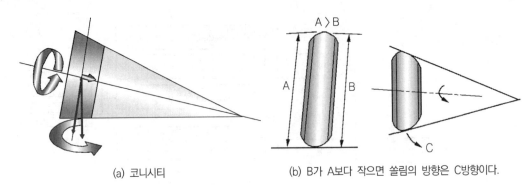

<table>
<tr><td>(a) 코니시티</td><td>(b) B가 A보다 작으면 쏠림의 방향은 C방향이다.</td></tr>
</table>

코니시티 발생 원인

타이어가 편마모에 의해 좌우의 지름이 달라져 원추 모양으로 됨으로써 선회 시 한쪽 방향으로 돌게 된다. 접지면에 발생하는 힘이 원추를 굴렸을 때와 같이 타이어가 한쪽으로 향하게 된다. 타이어 양면의 지름을 각각 A, B라고 할 때 A와 B의 지름차가 생기면 타이어가 회전시 지름이 작은 쪽으로 접지가 되기 때문에 C 방향으로 주행이 된다. 이로 인해 차량 쏠림 현상이 발생한다.

3) 주행 시 영향

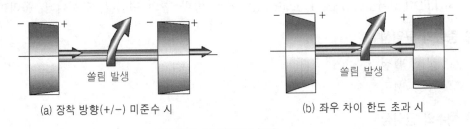

<table>
<tr><td>(a) 장착 방향(+/−) 미준수 시</td><td>(b) 좌우 차이 한도 초과 시</td></tr>
</table>

주행 시 코니시티의 영향

직진 주행 시 한쪽으로 쏠림 현상이 발생하게 되고 스티어링 휠이나 차체의 진동 원인이 될 수 있다. 휠 얼라인먼트가 변형이 되어 관련 링크의 마모 및 마찰에 의해 소음이 발생되거나 수명을 단축시킬 수 있다.

4) 대책

① 노후 되어 마모된 타이어는 교체를 해주고 정도가 심하지 않은 타이어는 휠 얼라인먼트를 통해 조정해 준다.

② 새 타이어의 경우에도 타이어에 코니시티 현상이 발생할 수 있는데 이런 경우에는 좌우측의 타이어를 교체해 주는 방법이 있다.

(2) 플라이 스티어(Plysteer)

1) 정의

플라이 스티어는 플라이(레이디얼 타이어 벨트의 가장 바깥쪽 구성 성분)의 방향에 따라 횡방향으로 힘이 발생하여 핸들이 돌아가는 현상이다.

2) 발생 원인 및 과정

레이디얼 타이어는 여러 세트의 플라이를 벨트 형식으로 덧대어 트레드 영역의 강성을 높였고 그 위에 스틸 벨트를 장착하였다. 이 스틸 벨트는 약간의 경사각을 이루고 있기 때문에 타이어의 마모 정도에 따라서 타이어의 횡력에 영향을 미친다. 또한 타이어가 회전되면서 벨트와 플라이가 구부러지는 방향에 따라 힘의 불균형이 발생하여 RFD가 발생하게 된다.

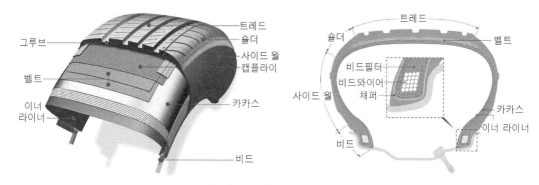

레이디얼 타이어의 구조

3) 주행 시 영향

① 플라이 스티어가 있는 경우 차량의 직진 주행 시 벨트와 플라이들의 움직임에 의해서 차량이 쏠리는 현상이 발생한다.

② 차량의 쏠림(Steering Pull) 현상이란, 차량이 직선 도로를 일정속도로 주행 중 운전자의 조향 휠(Steering Wheel)에 입력이나 외부로부터 외란이 없이도 횡 방향으로 미끄러지는 현상을 말한다. 차량의 쏠림 현상이 발생할 경우 운전자는 차량의 직진 주행을 위하여 조향 휠에 일정한 외력을 가해 주어야 하는데 이는 운전자에게 피로감과 차선 이탈에 대한 불안감을 주게 된다.

4) 대책

타이어를 정기적으로 점검해 주고 쏠림이 발생하면 휠 얼라인먼트를 해주거나 교체해 준다.

✦ 휠의 정적 평형과 동적 평형을 설명하시오.(92-1-5, 116-1-5)

01 개요

타이어는 노면에 직접 접촉되어 마찰력을 일으켜 구동력과 제동력을 발생시키는 장치이다. 이러한 타이어가 회전축을 기준으로 중량의 불균일, 치수의 불균일, 원주 방향의 강성 불균일 등에 의해 불평형(Unbalance)이 존재하면 고속 주행 시 원심력으로 인해 진동이 발생하게 되고 심한 소음과 타이어의 편마모, 핸들이 떨리는 현상 등이 발생하게 된다.

02 타이어의 균일성 종류

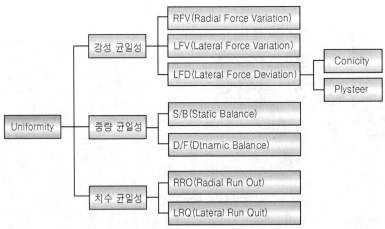

(1) 강성의 균일성

① RFV(Radial Force Variation) : 상하 방향 힘의 변화
② LFV(Lateral Force Variation) : 좌우방향 힘의 변화
③ LFD(Lateral Force Devaition) : 가로 방향 힘 평균값, 코시니티, 플라이 스티어

(2) 중량의 균일성

① 정적 밸런스
② 동적 밸런스

(3) 치수의 균일성

① 제조, 유통과정(원재료 배합, 합출, 재단, 비드 성형, 마무리, 검사, 보관)을 거치면서 약간의 치수 차이가 생김
② RRO(Radial Run Out)
③ LRO(Lateral Run Out)

03 정적 평형 상세 설명

휠의 정적 평형상태라는 것은 휠이 원주 방향으로 무게의 균형이 균일한 상태를 말하는 것으로 휠을 공중에서 회전시키고 멈추었을 때 정지 위치가 일치하지 않는 상태를 말한다.

휠의 특정 부분의 무게가 무거운 정적 불균형 상태가 되면 회전 후 정지 시 무게가 무거운 부분이 아래로 향하게 되어 정지하게 된다. 이는 주행 시 무거운 부분이 지면과 접촉할 때는 충격을 주고, 위로 향할 때는 원심력에 의해 바퀴를 들어 올리게 된다. 따라서 바퀴의 정적 불균형은 차량에 상하 진동(휠 홉, 트램핑)을 발생하여 핸들이 떨리는 현상을 가져온다.

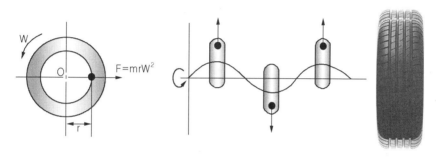

타이어의 정적 불평형과 트램핑

04 동적 평형 상세 설명

바퀴의 회전 중심축을 옆으로 놓고 지면과 접촉되는 트레드 부분을 정면으로 봤을 때 무게의 균형이 맞는 것을 동적 평형이라고 한다. 동적 불균형이 되면 타이어는 좌우로 흔들리게 되고 차량엔 '시미(Shimmy)'가 발생한다. 타이어의 트레드 부분의 한쪽 부분이 무거우면 이 무게에 의해 회전력이 횡방향으로 작용하게 되고 조향 휠의 회전축에 작용하여 조향 핸들에 진동을 가져온다. 이러한 경우 적당한 무게의 밸런스 샤프트를 반대쪽에 장착하여 회전력의 균형을 유지하게 할 수 있다.

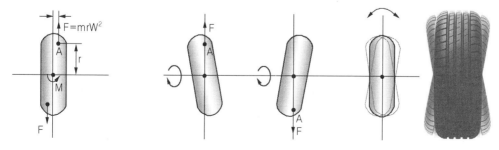

타이어의 동적 불평형과 시미

(a) 정적 평형   (b) 동적 평형

타이어의 정적평형과 동적평형의 궤적

기출문제 유형

✦ 일반 타이어의 림 종류와 구조에 대해 설명하시오.(96-1-2)

01 개요

(1) 배경

자동차의 휠은 차량의 중량을 지지해 주고 노면으로부터 받는 진동 및 충격을 흡수하며, 타이어로 구동력 및 제동력을 전달해 주는 역할을 한다. 휠은 타이어와 밀착이 되는 부분인 림과 림을 허브에 지지하는 부분으로 구성되어 있다.

(2) 림의 정의

림은 타이어와 밀착되어 공기압을 유지시켜 주고 차량의 무게를 지지하는 부위이다.

02 림의 종류

① 분할 림 : 좌우 동일 형상의 것을 프레스로 성형하여 3~4개의 볼트로 결합된 것
② 드롭 센터 림 : 타이어의 탈착을 쉽게 하기 위하여 림의 중앙부를 깊게 한 것으로 승용자동차 또는 소형 트럭의 타이어에 사용된다.
③ 하이드 베이스 드롭 센터 림 : 타이어의 공기 체적을 크게 하기 위하여 림의 폭을 넓게 만든 것이며 초저압 타이어에 사용한다.
④ 플랫 센터 림 : 림의 중앙부가 편평하게 되어 있는 것이며 타이어를 림에 끼운 후 사이드 림을 조정시키는 것으로 주로 대형 차량의 타이어에 많이 사용한다.
⑤ 인터 림 : 플랫 센터 림의 개조형으로 비드 시트를 넓게 하고 사이드 림의 모양을 바꾸어 타이어가 확실하게 밀착되도록 한다.
⑥ 안전지지 림 : 림의 비드부에 안전 턱을 두어 평상시 비드가 빠지지 않도록 한 부분을 말한다.

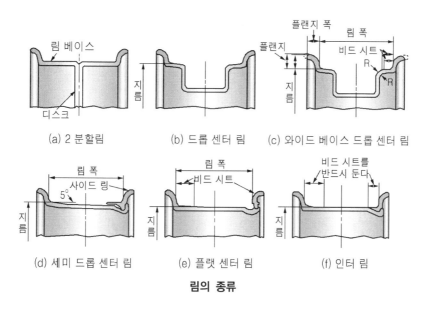

(a) 2 분할림　　　(b) 드롭 센터 림　　　(c) 와이드 베이스 드롭 센터 림

(d) 세미 드롭 센터 림　　　(e) 플랫 센터 림　　　(f) 인터 림

림의 종류

03 휠의 구조, 제원 [18 × 8 J + 35 4H 114.3]

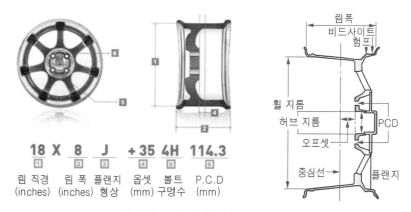

18 X	8	J	+ 35	4H	114.3
①	②	③	④	⑤	⑥
림 직경 (inches)	림 폭 (inches)	플랜지 형상	옵셋 (mm)	볼트 구멍수	P.C.D (mm)

휠 제원 표시 및 휠의 구조

① 18 : 휠의 직경(inch)

② 8 : 림의 폭, 림 폭은 타이어의 편평비와 밀접한 관계가 있다. 림 폭이 작은 경우는 사이드 휠 부분이 지나치게 노출되어 위험하다. 림 폭이 지나치게 큰 경우에는 연비가 증가되며 차체와 간섭이 될 우려가 있다.

③ J : 플랜지의 형상 또는 높이, 타이어의 비드 부분을 지탱시켜 주는 부분으로 J, JJ, JJJ 형이 있으며 밸런스 납을 부착시켜 주는 부위이다. 림 끝의 모양으로 J형은 일반 도로용, JJ형은 강성이 조금 더 높은 레이싱이나 오프로드용으로 사용이 가능한 휠이다. J형 : 원피스, JJ형 : 투피스, JJJ형 : 스리피스

④ +35 : 오프셋(옵셋), 휠 중심선에서 휠이 허브까지 닿는 면의 길이, 옵셋이 작아지면 바깥으로 넓어진다.(휠이 튀어나오면 마이너스 휠)

⑤ 4 H : 홀의 수. 5는 5홀, 6은 6홀(볼트 구멍)
⑥ 114.3 : PCD, BCD(Bolt Circle Diameter, 볼트 홀들 간의 직경)라고 하며 볼트 간의 거리를 말한다. 같은 5홀이라도 볼트 간격이 안 맞으면 들어가지 않는다.

기출문제 유형

✦ 스틸 휠(Steel Wheel) 대비 알루미늄 휠(Aluminum Wheel)의 장점 및 특징을 설명하시오.(84-1-3)

01 개요

자동차의 구동력과 제동력, 주행 성능은 모두 타이어를 통해 발휘되고 타이어와 차축은 휠로 연결되어 있다. 휠은 자동차 전체의 하중을 지지하고 노면으로부터의 충격과 진동을 흡수하며 엔진의 동력과 스티어링 기어의 조향, 브레이크의 제동력을 직접 타이어에 전달하는 기능이 있고 외관상 미적인 기능까지 갖춰야 한다.

02 자동차 휠의 종류

① 스틸 휠(Steel Wheel), 알루미늄 휠(Aluminum Alloy Wheel)
② 플랜지 휠(Flange Wheel), 플랜지리스 휠(Flange less Wheel), 플로 포밍 휠 (Flow Forming Wheel)
③ 스포크, 핀, 메시, 디시 타입 휠

| 스틸 휠 | 알루미늄 휠 | 플랜지 휠 | 플랜지 리스 휠 | 플랜지 휠 |

자동차 휠의 종류　　　　　　　　　　　　　(자료 : blog.gm-korea.co.kr/5905)

(1) 스틸 휠

① 강철(Steel)로 만든 휠이다. 강판 두 장을 프레스로 성형하고 구멍을 뚫어 림(Rim)과 디스크(Disk)를 만든 후 두 부품을 용접해서 만든다.
② 스틸 휠은 가격이 싸고 강성이 강하다.
③ 무게가 나가기 때문에 고속 주행에 적합하나 가감속이 되는 도심 주행에서는 연비가 저하된다.

④ 스프링의 아래 중량이 무거워지기 때문에 승차감이 나빠지고 연비가 좋지 않은 측면이 있다.

⑤ 외관 상 미적 측면이 저하된다.

(2) 알루미늄 휠

① 알루미늄 합금으로 만든 휠이다. 알루미늄 합금을 녹여서 형틀에 붓고 냉각시킨 후 기계 가공을 추가해 만든다.

② 경량화가 가능해 관성력 저하로 급가속, 급제동이 수월하다.

③ 방열성이 좋아 브레이크와 타이어의 열을 효과적으로 냉각시켜 줄 수 있다.

④ 진동 흡수력이 있어서 노면의 진동도 감소가 가능하고 주행성, 승차감이 좋아진다.

⑤ 스프링의 아래 질량(Unsprung mass)이 가벼워서 연비 향상이 가능하다.

03 휠의 형태에 따른 분류(참고 사항) (자료 : blog.gm-korea.co.kr/5905)

(1) 스포크 타입

휠의 중심부에서 림의 직경을 향해 직선으로 스포크가 뻗어 있는 스포티한 디자인, 가볍고 발열성이 좋고 냉각이 뛰어난 것이 특징, 스포크가 적을수록 가벼워지지만 내구성이 저하된다.

(2) 핀 타입

스포크 타입에서 스포크의 수를 늘린 형태

(3) 메시 타입

그물 형태의 디자인, 그물망이 미세할수록 고급스러움과 더 강한 인상 가능, 스포크 타입보다 강성이 좋다.

(4) 디시 타입

접시 모양의 디자인, 강성이 뛰어나고 공기저항이 줄어든다. 무게가 있어서 연비가 하락한다.

| 스포크 타입 | 핀 타입 | 메시 타입 | 디시 타입 |

✦ 타이어 에너지 소비효율 등급 제도의 주요 내용과 시험 방법에 대해 설명하시오.(101-3-2)

01 개요

(1) 배경

타이어의 에너지 소비효율 등급 표시제도는 타이어의 제조·수입 업체가 생산(수입) 단계부터 원천적으로 고효율 타이어를 생산하고, 판매하도록 하기 위한 제도이다. 자동차 연료소비 요인 중 4~7%를 차지하는 타이어를 개선하여 에너지 절감 및 온실가스 감축을 유도할 수 있도록 제도를 만들었다.

(2) 에너지 소비효율 표시제도

타이어의 회전저항, 젖은 노면의 제동력에 따라 각각 1~5등급으로 구분하여 소비자들이 고품질 타이어를 쉽게 구별하여 구입할 수 있도록 정보를 제공해 주는 제도이다.

(3) 최저 에너지 소비효율 기준제도

정부가 정한 최저기준 미달 제품에 대해서는 생산·판매를 금지하도록 하여 고품질 타이어를 개발하고, 최저 에너지 소비효율 기준에 미달하는 타이어를 판매하지 못하도록 유도하는 제도이다.

02 등급기준

회전저항(Rolling Resistance Coefficient : RRC), 젖은 노면의 제동력 지수(Wet Grip Index : G)를 측정하여 1~5등급의 등급을 부여한다.

(1) 회전저항 계수(승용차용 타이어 기준)

① 1등급은 RRC 6.5 이하, 2등급은 RRC 6.6~7.7, 3등급은 RRC 7.8~9.0, 4등급은 9.1~10.5, 5등급은 RRC 10.6 이상, 최저 에너지 소비효율 기준은 RRC 12 이하이다.

② 등급이 높을수록 회전저항은 감소하고 이는 노면과의 마찰력이 줄어든다는 의미로 연비가 좋아지게 된다는 의미이다.

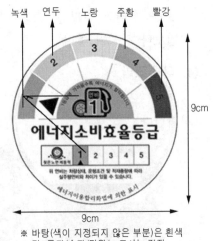

※ 바탕(색이 지정되지 않은 부분)은 흰색
  단, 글자/숫자/단위/▲표시는 검정

에너지소비효율 표시

(자료 : 한국에너지공단)

(2) 젖은 노면의 제동력 지수(승용차 기준)

1등급은 G 1.55 이하, 2등급은 G 1.40~1.54, 3등급은 G 1.25~1.39, 4등급은 G 1.10~1.24, 5등급은 G 1.09 이하, 최저 에너지 소비효율 기준은 1.10 이상이다.

03 규제 항목

(1) 회전저항(RR, Roling Resistance)

1) 회전저항의 정의

타이어가 일정한 속도로 직선 운동하는 동안 타이어 자체 또는 노면과의 마찰력에 의해서 발생하는 에너지 손실이다. 단위 주행거리당 소비되는 에너지(손실되는 에너지)로 단위는 N(N-m/m) 이다.

2) 회전저항의 발생 원인

① 타이어 변형에 의한 내부 저항(히스테리시스) : 90% 이상의 비중을 차지함
② 타이어와 노면 간 미끄러짐에 의한 마찰 저항
③ 노면이 평활하지 않아서 발생하는 충격에 의한 진동 저항
④ 차륜 베어링 등 기계적인 마찰에 의한 저항
⑤ 타이어에서 발생하는 소음에 의한 저항

3) 회전저항에 영향을 미치는 요인

타이어에 걸리는 하중, 공기압, 타이어 구조, 재질, 패턴, 노면의 상황, 속도

4) 회전저항을 저감시키는 방법

① 타이어의 소재를 탄성이 강한 소재를 사용하거나 공기압을 충분히 공급하여 내부 히스테리시스를 줄인다. 타이어의 구조상 바이어스 타이어보다는 벨트가 원주 방향으로 되어 있는 레이디얼 타이어가 회전저항을 감소시킬 수 있다.
② 공기저항을 저감시킬 수 있는 패턴(러그패턴 보다는 리브 패턴)을 사용하고 단면 폭을 줄이고 노면과의 마찰을 줄일 수 있도록 충분히 공기압을 공급한다.

(2) 젖은 노면의 제동력(Wet Grip Index : G)

1) 정의

젖은 도로에서 기준 타이어(SRTT : Standard Reference Test Tire)를 장착한 시험 차량과 시험 대상 타이어를 장착한 시험 차량의 상대적인 제동 성능의 비율을 의미한다.

2) 젖은 노면의 제동력에 영향을 미치는 요인

타이어에 걸리는 수직하중(N), 공기압, 타이어 구조, 재질, 패턴, 노면의 상황, 속도, 트레드의 깊이

① 타이어 제동력(Braking force of a tire) : 제동 토크를 가하여 획득한 종방향 힘(N)

② 타이어 제동력 계수(Braking force coefficient of a tire, BFC) : 수직 하중에 대한 타이어의 제동력 비율

③ 타이어 피크 제동력 계수(Peak braking force coefficient of a tire) : 제동 토크가 점차적으로 증가함에 따라 휠 잠김 전에 발생하는 타이어 제동력 계수의 최대값

3) 젖은 노면의 제동력을 향상시킬 수 있는 방법

타이어의 소재를 탄성이 약한 소재로 사용하여 노면과 마찰이 잘 될 수 있도록 하고 배수가 잘 될 수 있도록 트레드의 깊이를 유지시키고 배수가 잘되는 패턴의 타이어를 적용한다.

4) 회전 저항과의 관계

일반적으로 회전저항의 성능이 향상되면 젖은 노면의 제동성능은 하락한다. 회전저항의 성능이 향상된다는 말은 도로와의 밀착성이 떨어지게 된다는 말로 제동력이 약해지는 의미이기 때문이다.

04 시험 방법 및 계산 방법

타이어의 제작자는 자동차용 타이어를 판매하기 전에 자동차용 타이어의 모델별로 측정방법에 따라 에너지 소비효율을 측정하여야 한다. 타이어 제작자는 시험기관에 에너지 소비효율 측정을 의뢰하거나 자체 측정의 승인을 받아 타이어의 에너지 소비효율을 측정할 수 있다. 타이어의 에너지 소비효율 측정 방법은 크게 회전저항 계수 측정 방법과 젖은 노면의 제동력 지수 측정 방법으로 구성되어 있다.

(1) 회전저항 계수(Rolling Resistance Coefficient, RRC)

1) 측정 방법

회전저항을 측정하는 방법은 4가지(힘 법, 토크 법, 동력 법, 감속 법)이며, 각각의 시험 방법은 타이어와 드럼 사이의 상호작용에 의한 힘(force)으로 변환되어 산출된다.

① 힘 법(Force method) : 타이어의 스핀들에서 반작용력을 측정, 환산해서 구하는 방법

② 토크 법(Torque method) : 시험 드럼에서 산출되는 입력 토크 측정 방법

③ 감속 법(Deceleration method) : 시험 드럼과 타이어 어셈블리(tire assembly)의 감속 측정 방법

④ 동력 법(Power method) : 시험 드럼에서 산출되는 입력 동력 측정 방법

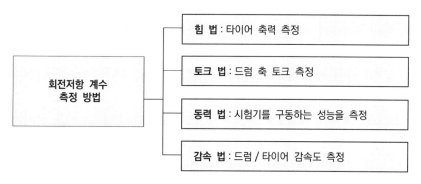

회전저항 계수 측정 방법의 종류

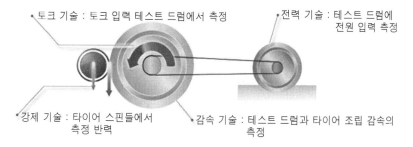

드럼에서 타이어 회전저항의 측정방법 원리 (자료 : 한국에너지공단)

2) 계산 방법

* 국내에서 주로 사용하는 힘 법에 대해서만 기술, 나머지 항목은 「에너지이용 합리화법」제15조 및 제16조 등에 따른 자동차용 타이어의 에너지 소비효율 측정 및 등급기준·표시 등에 관한 규정 참조 요망

① 타이어 스핀들에서 힘 법(force method)에 의한 회전저항(F_r)

$$F_r = F_t\left(1 + \frac{r_L}{R}\right) - F_{vl}$$

여기서, F_t : 타이어 스핀들 힘(N), F_{vl} : 수반 손실

r_L : 정상상태에서 타이어 축과 드럼 외부 표면까지의 거리(m)

R : 시험 드럼의 반지름(m),

② 타이어 스핀들에서 힘 법(force method)에 의한 수반 손실(F_{vl})

$$F_{vl} = F_t\left(1 + \frac{r_L}{R}\right)$$

여기서, F_t : 타이어 스핀들 힘(N), r_L : 정상상태에서 타이어 축과 드럼 외부 표면까지의 거리(m), R : 시험 드럼의 반지름(m)

③ 타이어 회전저항 계수(C_r)는 아래식과 같이 회전저항을 타이어에 가해진 하중으로 나누어서 산출한다.

$$C_r = \frac{F_r}{L_m}$$

여기서, F_t : 회전저항(N), L_m : 시험하중(kN)

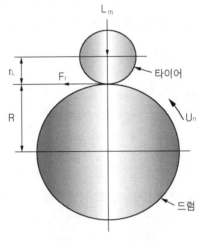

회전저항 계수 계산 방법

(2) 젖은 노면의 제동력 지수

1) 측정 방법

① 트레일러 또는 타이어 시험 차량을 이용한 시험법 : 견인차량에 의해 끌려가는 트레일러 또는 타이어 시험 차량에 시험용 타이어를 장착하여 측정한다. 65km/h의 시험 속도에서 휠 잠김 전 최대 제동력을 일으킬 수 있는 제동 토크가 발생될 때까지 제동을 가한다.

② 표준 차량 시험법 : ABS가 설치된 차량이 제동하는 동안 승용차용 타이어의 감속성능을 측정하기 위한 방법으로 차량의 모든 휠에 ABS를 작동시키기 위해 충분히 큰 제동력이 인가되어야 한다. 제동 초기 속도와 제동 완료 속도 사이에서 평균 감·가속도가 계산된다.

시험 방법	트레일러 또는 타이어 시험 차량을 이용한 시험법	표준 시험 차량 시험법
시험 장비		
시험 속도	65km/h	80~20km/h
측정 항목	pbfc(수직, 수평하중, 트레일러 휠의 속도)	BFC(제동거리, 중력가속도)

젖은 노면의 제동력 지수 측정 방법 (자료 : 한국에너지공단)

(3) 타이어의 젖은 노면 제동력 지수(Wet Grip Index)의 계산

구성 1 : 앞, 뒤 차축에 시험 대상 타이어 장착	Wet grip index $= \dfrac{BFC(T)}{BFC(R)}$
구성 2 : 앞 차축에 시험 대상 타이어 장착하고, 뒤 차축에 기준 타이어 장착	Wet grip index $= \dfrac{BFC(T)[a+b+h \times BFC(R)] - a \times BFC(R)}{BFC(R)[b+h \times BFC(T)]}$
구성 3 : 뒤 차축에 시험 대상 타이어 장착하고, 앞 차축에 기준 타이어 장착	Wet grip index $= \dfrac{BFC(T)[-a-b+h \times BFC(R)] + b \times BFC(R)}{BFC(R)[-a+h \times BFC(T)]}$

- a는 하중이 인가된 차량의 무게중심에서 앞 차축까지의 수평거리이다(m).
- b는 하중이 인가된 차량의 무게중심에서 뒤 차축까지의 수평거리이다(m).
- h는 하중이 인가된 차량의 무게중심에서 노면까지의 수직거리이다. h를 정확하게 모르는 경우,
  이러한 안 좋은 경우 값을 구성2의 경우에는 1.2를 사용하고, 구성3의 경우에는 1.5를 사용한다(m).

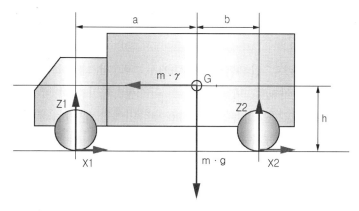

타이어의 제동력지수와 관련된 명칭

✦ 타이어의 회전저항(Rolling Resistance)과 젖은 노면 제동(Wet Grip) 규제에 대응한 고성능 타이어 기술을 설명하시오.(96-2-4)

01 개요

(1) 배경

타이어 에너지 소비효율 등급 표시제도는 타이어 제조·수입 업체가 생산(수입) 단계부터 원천적으로 고효율 타이어를 생산하고, 판매하도록 하기 위한 제도이다. 자동차 연료소비 요인 중 4~7%를 차지하는 타이어를 개선하여 에너지 절감 및 온실가스 감축을 유도할 수 있도록 제도를 만들었다.

(2) 회전저항의 정의

타이어가 일정한 속도로 직선 운동하는 동안 타이어 자체 또는 노면과의 마찰력에 의해서 발생하는 에너지 손실이다. 단위 주행거리당 소비되는 에너지(손실되는 에너지)로 단위는 N(N-m/m) 이다.

(3) 젖은 노면 제동의 정의

젖은 도로에서 기준 타이어(SRTT : Standard Reference Test Tire)를 장착한 시험 차량과 시험 대상 타이어를 장착한 시험 차량의 상대적인 제동 성능 비율을 의미한다.

02 고성능 타이어 기술

타이어 고무 배합물의 성분을 개선하거나 대체하는 소재 및 물성 연구를 통해 타이어의 마찰력과 제동력을 향상시키고 연비를 개선하고 있다.

(1) 타이어 구조 설계 기술

타이어는 고무 외피 바로 안쪽에는 매우 가느다란 철사를 얽어 짠 벨트 층이 위치해 지면의 충격으로부터 타이어를 보호한다. 그 아래는 '카카스'라 부르는 뼈대가 있다. 폴리에스터·레이온 같은 고강도 섬유로 만들어져 타이어가 받는 충격과 하중을 견디는 역할을 한다. 여기에 적용되는 소재들을 개발하거나 구조를 변경해 더 가볍고 강도 높은 구조물을 설계할 수 있다.

(2) 타이어 고무 배합물(컴파운드) 제조 기술

고무에 다른 물질을 첨가하거나 대체하여 타이어의 마찰력과 제동력을 향상시킨다. 미쉐린에서는 실리카(일종의 규소 가루)를 첨가하였는데 실리카는 물과 친한 성질로, 기름 성분인 고무 사이사이에 고르게 분사하여 젖은 노면에서 물을 흡수하는 성질이 배가 돼 제동력이 높아지고 연비도 향상되는 효과를 볼 수 있는 재료이다.(실리카 배합 기술)

타이어의 6대 원료 중 하나인 실리카는 규소와 산소의 화합적 결합체인 이산화규소로 유리와 모래의 주성분이며, 지각의 약 60%를 차지하는 물질이다. 실리카는 원료 고무 사이에 분산되어 강한 화학적 결합으로 보강성을 부여하고 고무 입자들 사이의 완충장치 역할을 하기 때문에 타이어의 변형을 막아주어 회전저항을 감소시킬 수 있다.

또한 물에 잘 섞이는 성질을 가지고 있어 기존 재료인 카본 블랙(Carbon Black)에 비해 물에 잘 흡착되어 젖은 노면의 제동력이 향상된다. 카본 블랙과 비교해 고가의 재료들을 함께 사용하므로 가격이 비싼 편이다. 또한 카본 블랙처럼 고무와 직접 결합할 수 없어 실리카용 용제를 매개로 고무와 결합해야 해 내마모성 유지가 어렵다.

(a) 실리카   (b) 카본 블랙
실리카와 카본 블랙

(자료 : 한국에너지공단)

(3) 트레드 패턴 최적화 기술

트레드 패턴은 환경적 요소, 안전성, 마찰 소음, 승차감에 영향을 미친다. 물을 흘려보내 수막현상을 최소화하는 직선 무늬와 노면과의 접촉을 최대한 넓혀 박차고 나가는 힘과 제동력을 극대화하는 곡선 무늬를 적절히 배치하여 요구 성능을 만족시키고 있다.

03 제조사별 고성능 타이어 개발 현황

(1) 한국타이어앤테크놀로지 벤투스 S1 에보3

고강도 첨단섬유인 아라미드(Aramid) 소재 보강 벨트와 신소재인 '고순도 합성실리카 컴파운드(HSSC)'를 적용, 접지력을 키웠다. 톱니가 맞물린 듯한 '인터로킹(Interlocking)' 구조 그루브(Groove·타이어 표면의 굵은 홈) 디자인, 타이어 안쪽과 바깥쪽 패턴 간격을 달리한 '인 아웃 듀얼 피치(In-outside Dual Pitch)' 디자인으로 젖은 노면에서 제동력을 높이고 소음을 최소화했다.

(2) 콘티넨탈 콘티에코콘택트

디자인, 타이어 윤곽, 컴파운드, 트레드 패턴을 최적화해 에너지 소비를 최소화했다.

특수 컴파운드와 트레드 패턴의 조합으로 젖은 노면에서도 밀리지 않고 빠르게 제동할 수 있도록 도와준다.

(3) 2 한국타이어 '앙프랑 에코'

실리카 배합 기술로 에너지 손실을 최소화해 최고 수준의 연비를 구현한다.

(4) 브리지스톤 '에코피아 PZ-X'

나노 프로테크 미립경 실리카 배합 고무로 회전 저항을 크게 절감하고 연비를 향상시켰다. 비대칭 형상 블록을 채택해 타이어가 노면에 수평으로 접촉되어 트레드 숄더 부분의 불필요한 변형을 줄여 자동차와 핸들의 흔들림을 저감시켰다.

기출문제 유형

✦ 미끄럼 저항 시험기(portable skid resistance tester)에 대해 설명하시오.(92-1-1)

✦ 타이어 노면 마찰 특성에서 BSN과 SN 차이점을 설명하시오.(81-1-11)

---

01 개요

(1) 배경

자동차의 정상적인 주행이나 가속 주행에는 앞방향의 힘이 필요하고 감속 주행에는 뒷방향의 힘이 필요하고 선회 운동에서는 원심력에 대항하는 구심력이 필요하다. 이 힘들은 모두 타이어와 노면간의 마찰에 의해서 좌우된다.

(2) 미끄럼 저항 시험기의 정의

노면의 마찰력을 시험하는 장비로 급경사, 급구배, 노면의 미끄럼 저항을 측정한다.

(3) 타이어 마찰력 영향의 인자

① 도로와 타이어의 마찰력은 마찰계수와 하중에 의해 정해진다.

② $F = \mu W$[Nm], 최대 정지 마찰력, 동마찰력(구름저항)

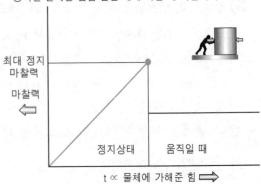

정지한 물체를 점점 힘을 세게 가할 때 마찰력의 크기

최대 정지 마찰력과 물체에 가해준 힘의 관계

02 타이어 마찰력의 종류

(1) 표면 점착력(Surface adhesion)

타이어와 도로 표면의 입자 사이의 분자 상호 결합에 의해 발생하는 힘으로 건조한 도로에서 더 큰 힘을 발생시킨다. 물이 있는 도로에서는 급격하게 영향이 감소하므로 젖은 도로에서는 마찰이 감소한다. 전체 회전저항의 약 10%를 차지한다.

(2) 이력(히스테리시스, Hysteresis) 현상

타이어가 회전할 때 지면과의 마찰에 의해 굴곡이 생기면서 분자간의 마찰에 의해 에너지가 열로 바뀌는 현상을 말한다. 회전저항의 약 90%를 차지한다. 도로의 요철 위를 타이어가 미끄러질 때 타이어의 변형에 의한 고무 내부에서의 에너지 손실이기 때문에 높은 이력 특성을 갖는 고무를 사용할 경우에는 타이어의 내부 발열이 발생하게 된다.

따라서 회전저항은 커지고 젖은 노면의 제동력은 좋아지는 효과가 있다. 열 손실을 방지하기 위해서는 적정 공기압이 필요하다. 바이어스 타이어보다 레이디얼 타이어가 이력 현상이 적다.

03 미끄럼 저항 측정기 종류

(1) BSN(British Skid Number), British Pendulum Number(BPN) 상세 설명

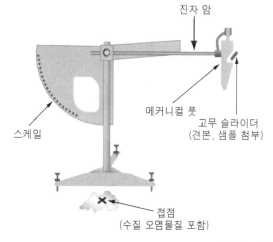

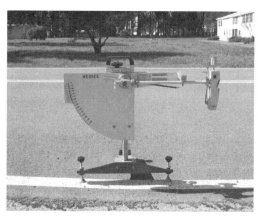

진자 암

메커니컬 풋

고무 슬라이더
(견본, 샘플 첨부)

스케일

접점
(수질 오염물질 포함)

미끄럼 저항 측정기

1) 측정 방법

영국의 도로연구소에서 개발한 방법으로 미끄럼저항 시험기(Portable Skid Resistance)로 측정한다. 이 방법은 ASTM E 303-93(2008)에 규정되어 있으며, 패드의 고무 성분 배합 및 물리적 특성은 ASTM E 501-08에 명시되어 있다. 수동식 미끄럼 측정기로써 노면에 물을 뿌린 다음 1.5kg의 추를 일정한 높이에서 낙하시켜 젖은 노면과 마찰시킨 후 반대쪽으로 올라가는 높이를 측정하여 마찰로 인한 에너지 손실을 산출한다.

2) 계산 방법

① 위치 에너지는 $W = F \times s = m \times g \times h$로 나타낼 수 있다.

$$W = F \times s = m \times g \times h$$

여기서, W : 에너지, F : 힘, s : 거리, m : 무게, g : 중력가속도, h : 높이

② 공기 저항과 중력을 무시할 경우 최초 높이를 h_1이라 하고 노면을 지난 후 올라가는 높이를 h_2라고 할 때 노면과의 마찰로 인해 사라지는 에너지를 계산할 수 있다. 이 에너지는 마찰 에너지로 계산된다. 마찰 에너지는 $F = \mu \times W$로 나타낼 수 있다.

$$F = \mu \times W, \quad F : 힘, \ W : 중량, \ \mu : 마찰계수$$

$$m \times g \times h_1 - m \times g \times h_2 = F = \mu \times W \Rightarrow \mu = \frac{(m \times g \times h_1 - m \times g \times h_2)}{W}$$

③ BSN 값은 마찰계수를 약 100배 한 값이다.

④ BSN(BPN) $= \mu \times 100$

(2) SN(Skid Number) 상세 설명

(자료 : slideshare.net/haivo2310/pavement-skid-resistance)

1) 측정 방법

미국 ASTM(미국 재료시험협회, American Society for Testing and Materials)에서 제정된 규격으로 스키드 시험기(Skid Tester)로 측정한 미끄럼 수치이다. 시험 방법은 ASTM E274에 규정되어 있으며 ASTM E501에 규정된 표준 타이어를 사용한다. 트레일러가 경트럭에 견인되어 제동될 때 마찰력 및 하중을 측정한다. 마찰력의 하중에

대한 비율이 마찰계수가 되며 항상 1 이하의 값을 갖는다. 마찰계수에 100을 곱한 수가 스키드 수(Skid Number)가 된다. Friction Number 라고도 한다.

2) 계산 방법

$$FN = 100 \times \mu = 100 \times \frac{F}{W}$$

여기서, F: 견인력, W: 수직하중, μ: 마찰계수

04 BSN, SN 차이점

노면의 마찰 특성을 수치화 할 때 필요한 방법으로 미끄럼 저항값의 측정 방법은 두 가지가 있는데 BSN(British Skid Number)와 SN(Skid Number)가 있다. SN은 미국에서 제정된 규격으로 실제 타이어를 사용하기 때문에 영국에서 제정된, 휴대용 장치로 측정하는 BSN보다 실용적이다. 측정 방법의 차이가 있기 때문에 미끄럼 저항 수치는 일치하지 않다는 차이점이 있다.

기출문제 유형

✦ PBC(Peak Braking Coefficient)에 대해 설명하시오.(89-1-10)

---

01 개요

(1) PBC 정의

① 제동 토크가 점차적으로 증가함에 따라 휠 잠김 전에 발생하는 타이어 제동력계수의 최대값

② ABS 작동시 차량의 제동성능 평가를 위한 수치로서 활용된다.

(2) 필요성 및 활용

차량의 급제동시 최대 제동력은 Peak 상태가 되며 이는 타이어와 노면간의 마찰력이 최대로 작용하는 상태이고 이 상태를 넘으면 곧 로크(Lock, 바퀴 잠김) 상태로 되어 차량은 활주 상태가 된다.

이러한 상태에서 차량의 속도와 각 바퀴의 휠 속도를 비교하여 슬립이 과도하게 발생하면 ABS는 브레이크 압력을 감소시키고 차량의 스피드가 다시 증가하면 브레이크 압력

을 증가시켜 바퀴의 슬립을 최소화하여 제동거리를 줄인다. 이때 ABS 작동을 수행하는데 기준값으로 PBC가 활용된다. 또한 차량의 제동성능뿐만 아니라 타이어의 성능 및 CO_2 등 배출가스 규제를 위한 각 나라의 산업규제 지침에 활용되고 있는 추세이다.

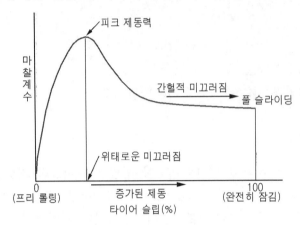

피크 제동력 계수(PBC)

02 PBC 산출 방법

(1) 피크제동력 계수 측정 방법

① 차량에 끌려가는 트레일러 또는 타이어 시험 차량에 시험용 타이어를 장착하여 측정을 수행한다. 50km/h의 시험 속도에서 휠 잠김 전에 발생하는 최대 제동력을 일으키기에 충분한 제동 토크가 발생할 때까지 시험 위치에서 제동을 가한다.(Wet Grip Index 측정 방법과 동일)

② 트레일러 또는 타이어 시험 차량의 시험용 휠 장착 위치(test wheel position)에 휠 회전속도 측정 장치와 시험 휠에서 제동력 및 수직 하중을 측정하기 위한 트랜스듀서(transducer)를 장착하여 동적 제동력과 수직 하중을 측정한다.

• 제동력-측정 트랜스듀서(transducer)는 제동의 결과로 타이어와 도로 접촉면에서 수직 하중의 0%에서 125% 범위까지 발생되는 종방향 힘을 측정 한다.

• 수직 하중-측정 트랜스듀서(transducer)는 제동이 인가될 시 시험 위치에서 수직 하중을 측정한다.

(2) 피크 제동력 계수(Peak braking force coefficient, μpeak)의 계산

타이어의 피크 제동력 계수(μpeak)는 각 시험 실행에서 잠김이 발생하기 전에 아래와 같이 계산되는 μ(t)의 최대값이다. 아날로그 신호는 노이즈를 제거하기 위하여 필터링하는 것이 바람직하며, 디지털로 기록된 신호는 이동 평균기법(moving average technique)을 사용하여 필터링할 수 있다.

$$\mu(t) = \left| \frac{fh(t)}{fv(t)} \right|$$

여기서, $\mu(t)$: 실시간 동적 타이어 제동력 계수

$fh(t)$: 실시간 동적 제동력(N)

$fv(t)$: 실시간 동적 수직 하중(N)

기출문제 유형

✦ 정지 마찰 계수와 동 마찰 계수를 설명하시오.(80-1-12)

01 개요

(1) 배경

동일한 도로에서도 마찰이 일어나는 물체와 물체 사이의 상대속도에 의하여 마찰계수의 상태(phase)가 변하게 된다. 정지되어 있을 때 마찰계수가 1(정지마찰계수)이라면, 움직일 때의 마찰계수는 그보다 작은 값(운동마찰계수)이 된다. 즉, 노면과 물체의 속도에 따라서 비선형적으로 마찰계수가 변한다.

(2) 마찰력 정의

물체가 다른 물체와 접촉하여 정지하고 있을 때나 일정한 속력으로 운동할 때 그 접촉면의 접선방향으로 작용하여 물체의 운동을 방해하려는 힘

02 정지 마찰력, 동 마찰력 설명

마찰력의 크기는 접촉면의 상태에 따라 달라지며 접촉면에 직교하는 법선력 Fn에 비례한다. 물체 A에 힘 F를 작용시켜 물체 A가 겨우 움직이게 될 때의 마찰력을 정지 마찰력이라 한다. 그 값은 법선력 Fn에 비례, 이때 비례상수를 μ를 정지 마찰계수라고 한다.

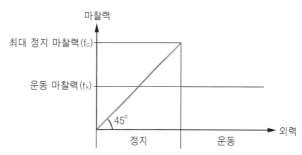

정지 마찰력 중에서 최대값으로 수직항력에 비례한다.
$f_c = \mu_s N (\mu_s : 정지 마찰계수)$

마찰력과 외력과의 관계

$$F_s = \mu \times F_n$$

물체 A에 힘 F를 작용시켜 이 물체가 일정한 속력으로 등속운동하게 하였다면 이 등속운동 중의 마찰력을 운동 마찰력이라 한다.

$$F_n = \mu k \times F_n$$

차량에서는 $F = \mu W$(W : 물체에 작용하는 수직력)

03 정지 마찰계수, 동 마찰계수

마찰계수는 마찰력의 분류 방법과 같이 물체가 정지하고 있을 때의 정지 마찰계수와 운동하고 있을 때의 운동 마찰계수로 분류할 수 있다.

① 운동 마찰계수 < 정지 마찰계수
② 운동 마찰계수 = 미끄럼 마찰계수 or 구름 마찰계수
③ 노면의 상태에 따라서 마찰계수가 변화된다.

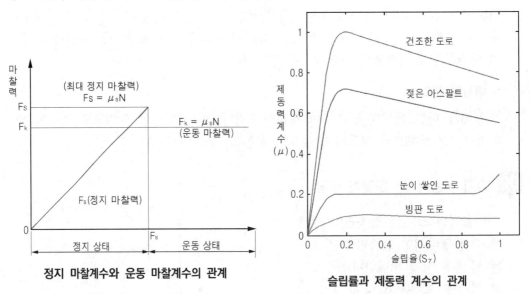

정지 마찰계수와 운동 마찰계수의 관계   슬립률과 제동력 계수의 관계

04 자동차와 마찰계수와의 관계

마찰계수 μ는 물체에 작용하는 수직력과 마찰력에서 생기는 비율이기 때문에 접촉면의 특성이라 할 수 있으며 마찰계수가 높을수록 마찰력도 비례하여 커지므로 동일한 조건의 차량이 동일한 속도에서 브레이크를 조작하였을 경우 노면과 타이어의 마찰계수가

상대적으로 큰 조건에서 보다 짧은 제동거리를 얻을 수 있다. 예를 들어 비가 내려 젖은 도로에서는 상대적으로 마찰계수가 낮아져 제동거리는 길어지고 비가 멈춘 후의 건조한 도로에서는 젖은 도로에서 보다 마찰계수가 높아 상대적으로 제동거리가 짧아지게 되는 것이다.

(1) 동 마찰계수

운동 마찰계수는 정지 마찰계수보다 작은 값이다. 운동 마찰계수는 물체가 미끄럼운동을 할 때의 미끄럼 마찰계수와 회전운동을 할 때의 구름 마찰계수로 구별되기도 한다.

교통사고의 조사 또는 재현에 관계되는 마찰계수는 거의 대부분 운동 마찰계수 중 미끄럼 마찰계수이다. 간혹 자동차의 바퀴가 제동이 되지 않고 굴러가는 상태의 구름 마찰계수(rolling coefficient of friction)가 문제시되기도 하지만 제동 작용에 의한 타이어와 노면 사이의 마찰계수(제동 마찰계수), 전복 또는 전도된 차체와 노면 사이의 마찰계수, 인체와 노면 사이의 마찰계수 등은 모두 미끄럼 운동과 관계되는 것이다.

(2) 자동차에서 최대 정지 마찰력 활용 방법

급제동으로 인해 타이어가 잠겨 노면에서 미끄러지기 시작하면 마찰계수가 크게 줄어들어 마찰력이 줄어든다. 이때 ABS를 작동시켜 제동력을 단속해주면 마찰계수가 상대적으로 큰 정지 마찰계수로 회복되어 제동력이 커진다.

반대로 눈길에서는 ABS의 작동으로 마찰을 끊어주더라도 정지 마찰계수로 회복이 잘 안되고, 되더라도 그 차이가 미미하기 때문에 ABS의 작동으로 인하여 끊어지는 시간만큼 제동력의 손해를 보게 된다.

기출문제 유형

✦ 타이어의 구름저항을 정의하고, 구름저항의 발생 원인 및 영향 인자를 각각 5가지 설명하시오.(111-2-3)

✦ 차량의 구름저항(Rolling Resistance)의 발생 원인 5가지를 나열하고, 주행속도와 구름저항과의 관계를 설명하시오.(105-1-1)

---

01 개요

(1) 배경

자동차는 엔진에서 발생하는 동력을 바퀴에 전달하여 주행한다. 엔진에서 나오는 동력은 변속기와 최종감속기를 통해 타이어에 전해진다. 타이어가 지면을 굴러가기 시작하면 이에 대해 저항이 발생하는데 이를 주행저항이라고 한다. 주행저항이 커질수록 출력이 커야하고 주행저항이 작으면 작은 출력으로도 주행이 가능하게 된다.

주행저항은 차량의 속도, 무게, 형상 등에 영향을 받는다. 총 주행저항은 구름저항, 공기저항, 구배저항, 가속저항 등으로 구성이 되어 있으며 구동력에서 총 주행저항을 빼준 값이 여유 구동력이다. 이 여유 구동력은 차량 가속 및 등판 성능에 큰 영향을 미친다.

(2) 구름저항의 정의

구름저항은 타이어가 노면을 주행 할 때 발생하는 저항으로 주행 시 타이어와 노면 사이의 접촉에 의한 에너지 손실을 말한다.

02 구름저항 계산 공식

$$R_r = \mu_r \times W$$

여기서, R_r : 구름저항(kgf)

μ_r : 구름저항계수

W : 차량 총 중량(kgf)

($W = m \times g$, m : 중량(kgf), g : 중력가속도)

03 구름저항의 원인

① 타이어 변형에 의한 내부 저항(히스테리시스) : 90% 이상의 비중을 차지함
② 타이어와 노면 간 미끄러짐에 의한 마찰 저항
③ 노면이 평활하지 않아서 발생하는 충격에 의한 진동 저항
④ 차륜 베어링 등 기계적인 마찰에 의한 저항
⑤ 타이어에서 발생하는 소음에 의한 저항

04 구름저항의 영향 인자

구름저항에 영향을 미치는 인자는 차량 총중량(kgf)과 구름저항계수이다. 구름저항계수에 영향을 미치는 인자는 노면 상태, 주행 속도, 공기압, 편평비, 타이어 구조, 재질, 패턴 등이 있다.

(1) 차량 총중량

무게가 가벼울수록 구름저항이 작아진다. 같은 질량이라고 하더라도 스프링 아래 질량(Unsprung Mass)이 가벼운 차량의 구름저항이 작다.

(2) 노면 상태

노면의 상태에 따라서 구름저항계수가 달라진다. 보통 젖은 노면보다 마른 노면, 아스팔트 보다 비포장도로의 구름저항계수가 높다.

차종	도로 상태	구름저항계수(μR)
승용차용 공기 타이어	콘크리트(건조)	0.01~0.02
	콘크리트(젖음)	0.02~0.03
	아스팔트(건조)	0.01~0.02
	아스팔트(젖음)	0.02~0.03
	자갈+타르(건조)	0.02~0.03
	비포장도로(딱딱함)	0.05
	농로/모랫길	0.1~0.35
상용차용 공기 타이어	콘크리트, 아스팔트(건조)	0.006~0.01
기차용 금속 차륜	철로(건조)	0.001~0.002

(자료 : sugarlessgum.tistory.com/92)

(3) 공기압

공기압이 낮을수록 지면과 닿는 면적이 증가하고 타이어의 굴신되는 부분이 증가하여 구름저항이 늘어난다. 공기압이 높으면 접지력이 낮아져 회전저항이 감소한다.

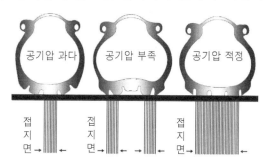

타이어 공기압과 접지 관계

(4) 타이어 구조/편평비

① 광폭 타이어는 편평비가 작고 사이드 월의 높이는 낮고 타이어 단면 폭은 넓어진다. 따라서 지면과 한 번에 접촉되는 부분이 많아지게 되어 구름저항이 증가하게 된다.

② 폭이 좁은 타이어는 넓은 타이어보다 더 높은 공기압을 넣을 수 있다. 하지만 좁은 타이어는 핸들링, 응답성이 좋지 않다.

(5) 타이어 재질

고무 성분의 경도가 낮은, 재질이 부드러운 소재일수록 타이어의 변형으로 인한 에너지 손실이 크게 되어 구름저항이 증가한다.

(6) 차량 속도

일정한 속도(약100km/h) 이하에서는 구름저항은 차이가 없지만 속도가 증가할수록 구름저항계수가 급격히 증가하게 되어 구름저항이 증가하게 된다. 고속(약 150km/h 이상)으로 주행을 하게 되면 타이어의 변형 횟수가 많아지고 타이어의 트레드부와 노면의 접촉부위에서 스탠딩 웨이브 현상이 발생하여 구름저항계수가 급격히 증가하게 된다. 타이어 공기압이 적은 경우 속도에 따른 구름저항계수의 증가폭이 높다.

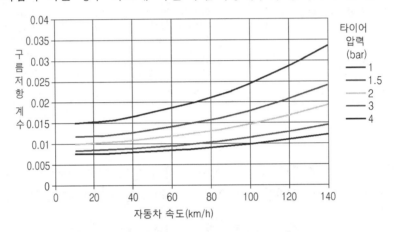

차량의 속도와 구름저항 계수

기출문제 유형

✦ 타이어 편평비(Aspect Ratio)를 설명하시오.(60-1-7, 83-1-3, 90-1-1)

✦ 타이어의 편평비가 다음 각 항목에 미치는 영향을 설명하시오.(111-3-4)
   1) 승차감   2) 조종 안정성   3) 제동능력   4) 발진 가속성능   5) 구름저항

---

01 개요

(1) 배경

타이어의 제원은 타이어 사이즈, 폭, 높이, 최고 속도, 하중, 림폭 등으로 양각이나 음각으로 타이어의 옆면에 표기되어 있다.

(2) 편평비 정의

① 타이어의 높이와 타이어의 단면 폭의 비를 말한다.
② 타이어 높이(H) / 타이어 단면 폭(W) × 100

$$편평비(\%) = \frac{H}{W} \times 100$$

02 구조

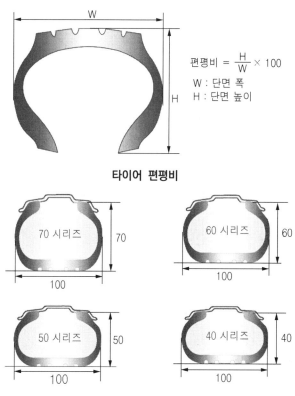

$$편평비 = \frac{H}{W} \times 100$$

W : 단면 폭
H : 단면 높이

타이어 편평비

타이어 편평비 시리즈

03 편평비에 따른 자동차 주요 성능에 대한 특성

(1) 승차감

1) 승차감의 정의

달리는 자동차 안에 앉아 있는 사람이 차체의 흔들림에 따라 몸으로 느끼게 되는 안락한 느낌

2) 승차감에 영향을 미치는 요인

① 현가장치(쇽업소버, 스프링 강성, 스프링 레이트, 서스펜션 지오메트리 등)
② 타이어 재질, 타이어 공기압, 편평비

3) 승차감과 편평비와의 관계

편평비가 낮을수록 사이드 월의 높이가 낮아지고 지면과 접촉되는 폭이 넓어지게 된다. 이는 타이어의 탄성이 증가하는 효과를 나타내게 되어 노면으로부터 충격이 발생했을 때 진동을 잘 흡수하지 못하게 되고 충격의 변화 정도가 더 커지게 된다. 따라서 편평비가 낮을수록 승차감이 떨어지게 된다.

(2) 조종 안정성

1) 조종 안정성의 정의

조종성과 안정성을 합친 말로써 조종성은 주행 시 노면의 경사, 요철, 선회, 방향 전환 등의 변수에 대해 운전자가 원하는 방향으로 신속하고 정확하게 차량을 조종할 수 있는 성능을 말하며 안정성은 주행 시 자동차에 롤링, 요잉, 피칭 등의 자세 변화가 생겼을 때 신속하고 정확하게 안정된 자세로 돌아오는 성능을 말한다.

조종 안정성은 핸들링으로도 말할 수 있는데 주행 시 운전자가 원하는 방향으로 조향을 했을 때 빠르고 정확하게 제어가 되어 안정성을 유지하는 성능을 말한다. 반응 속도와 정확성이 중요한 요소이다.

2) 조종 안정성에 영향을 미치는 요인

① 현가장치(쇽업소버, 스프링 강성, 스프링 레이트, 서스펜션 지오메트리 등)
② 타이어 재질, 타이어 공기압, 편평비
③ 차량의 무게, 무게 배분, 도로의 상태

3) 편평비와 조종 안정성과의 관계

편평비가 낮을수록 타이어의 탄성이 커지는 효과를 갖게 되어 차선의 변경이나 방향 전환 시 타이어의 굴신 작용이 최소화되고 신속하고 빠르게 원래의 형상으로 회복이 된다. 따라서 조종 안정성은 증가하게 된다. 편평비가 높을수록 사이드 월의 길이가 커져서 핸들링의 응답성은 저하된다.

(3) 제동 성능

1) 제동 성능 정의

제동 시 제동거리와 제동 안정성을 말한다.

2) 제동 성능에 영향을 미치는 요인

① 제동 토크 : 휠 실린더, 캘리퍼 피스톤의 단면적, 브레이크 디스크의 유효반경, 타이어 지름, 유효 액압
② 타이어와 노면의 마찰력 : 슬립률, 타이어 트레드 재질, 공기압, 편평비, 노면의 상태, 자동차의 무게
③ 차량의 속도, 자동차의 무게 배분, 타이어의 공기압, 타이어의 재질, 편평비

3) 편평비와 제동 성능과의 관계

편평비가 낮을수록 지면과 접촉되는 부분이 넓어져 마찰력(접지력)이 증가하게 되어 구름저항이 증가하게 된다. 또한 타이어의 변형이 줄어들게 되어 응답성이 향상된다. 따라서 편평비가 낮을수록 제동 성능이 증가하게 된다.

(4) 발진 가속 성능

1) 발진 가속 성능의 정의

자동차가 평지 주행에서 가속할 수 있는 최대 여유 구동력으로 자동차의 정지상태에서 변속 및 급가속으로 일정거리(200m, 400m) 또는 일정속도(100km/h)까지 가속하여 도달하는데 소요되는 시간을 말한다.

2) 발진 가속 성능에 영향을 미치는 요인

① 여유 구동력 : 구동력과 주행저항의 차이로 가속 또는 등판 성능에 이용된다. 주행 저항은 구름저항, 내부저항, 가속저항 등이 있다.
② 타이어와 노면의 마찰력 : 슬립률, 타이어 트레드 재질, 공기압, 편평비, 노면의 상태, 자동차의 무게

3) 편평비와 발진 가속 성능과의 관계

편평비가 낮을수록 지면과 접촉되는 부분이 넓어져 마찰력(접지력)이 증가하게 되어 구름저항이 증가하게 된다. 따라서 같은 구동력에서 구름저항이 증가를 하면 여유 구동력이 작아지는 효과가 되어 발진 가속성능은 저하된다. 스포츠카에서는 가속성능 대신 핸들링 감각을 향상시키고 원활한 선회를 위해 광폭 타이어, 편평비가 낮은 타이어를 장착한다.

(5) 구름저항(Rolling Resistance)

1) 구름저항의 정의

회전저항은 구름저항으로도 불리며 타이어가 노면을 주행 할 때 발생하는 저항으로서, 주행 시 타이어와 노면 사이의 접촉에 의한 에너지 손실을 말한다. 타이어에 가해지는 구동 에너지의 일부가 노면과의 마찰로 인해 열로 전환되는데 이를 동력에 대한 "회전저항"이라 한다.

2) 구름저항에 영향을 미치는 요인

① 타이어 구성 재료의 내부마찰에 의한 저항(히스테리시스)
② 타이어가 회전하여 나아가는 것에 따른 공기저항
③ 타이어와 노면간의 미끄러짐에 의한 외부 마찰 저항
④ 편평비, 공기압, 주행속도

3) 편평비와 구름저항과의 관계

곡률을 가진 타이어가 평면 접지를 하기 때문에 접지가 시작되는 부분부터 접지의 끝부분까지 노면과 마찰되어 미끄러짐을 일으키게 된다. 편평비가 작을수록 사이드 월의 높이는 낮고 타이어의 단면 폭은 넓어진다. 따라서 지면과 한 번에 접촉되는 부분이 많아지게 되어 구름저항이 증가하게 된다. 이는 접지력을 증가시켜 제동력과 코너링 성능을 향상시키는 장점이 있다. 하지만 바퀴가 회전할 때 부담해야 하는 타이어의 체적이 증가하여 소요 동력이 증가된다. 따라서 순발력과 최고 속도가 저하되고 연비가 나빠지는 단점이 있다.

기출문제 유형

✦ 타이어 설계 시 타이어가 만족해야 할 주요 특성과 대표적인 Trade-off 성능에 대해 설명하시오.(98-4-3)

01 개요

(1) 배경

타이어는 노면과 직접 마찰하여 자동차의 발진, 가속, 선회, 제동 등의 역할을 수행하는 한편 자동차의 하중을 지탱하고 승차감을 만족시켜야 한다. 또한 도로의 상황에 따라서 최적의 성능을 내야 하기 때문에 자동차 타이어의 종류는 매우 다양하다. 타이어의 기본 성능은 내구성, 균일성, 내마모성, 환경 적합성, 조종 안정성, 구동성, 제동성, 승차감, 회전저항, 소음 등이 있고 타이어가 만족해야 할 주요 특성은 회전저항, 내마모성, 젖은 노면의 제동력이 있다.

(2) 트레이드 오프 성능의 정의

서로 상반된 성능 간 어느 한 부분의 품질을 높이거나 낮추면 이와 비례하여 다른 부분의 품질에 영향을 미치는 성능을 말한다. 타이어에서는 승차감-조종 안정성, 회전저항-마른 노면 제동력 등이 대표적인 트레이드 오프 성능이다.

02 타이어 요구 조건(성능)

① 자동차의 하중을 지지할 수 있어야 한다.
② 자동차의 구동력과 제동력, 선회를 위해 적당한 마찰력이 유지되어야 한다.
③ 도로면의 요철에 따른 진동을 흡수할 수 있어야 한다.
④ 쉽게 손상되지 않아야 하며 수명이 길어야 한다.

⑤ 노면과의 마찰 소음이 기준치 이하여야 한다.

⑥ 에너지 손실이 적어야 한다.

03 타이어가 만족시켜야 할 주요 특성

(1) 내구성(Durability)

타이어의 내구성은 운전자의 안전과 직결된 사항으로 굴신에 의한 내피로성과 패턴의 마모에 대한 내구성이 강해야 한다. 작은 충격에 쉽게 파손되지 않아야 하고 타이어의 기준 하중과 속도에서 내구 성능시험을 만족해야 한다.

내구 성능 시험을 수행하거나 마친 후, 트레드, 사이드 월, 플라이, 코드, 이너 라이너, 벨트 또는 비드의 분리, 청킹, 이음매의 벌어짐, 균열 또는 코드의 절단이 육안으로 나타나지 않아야 한다.

(2) 승차감, 핸들링 특성

차량의 현가 시스템(Suspension System)은 차량의 주행 중에 발생되는 노면으로부터의 진동이나 충격이 차체에 전달되는 것을 감소시켜서 승객에게 안락한 승차감(Ride Comfort)을 제공하고 선회, 제동, 구동 시의 차량의 조종 안정성(Handling)을 확보하는 것이다.

타이어는 노면과 직접 접촉되는 부분으로 현가 시스템의 일부이다. 따라서 노면의 충격을 저감시켜 안락한 승차감을 제공할 수 있도록 탄성을 가져야 하고 충분한 강성을 유지하여 조종 안정성을 확보해야 한다.

(3) NVH 특성

노면으로부터의 충격이 발생될 경우 차체에 전달되어 진동, 소음이 발생된다. 타이어는 일차적으로 노면의 충격을 흡수하여 NVH 성능을 확보해야 한다.

(4) 마찰 특성(구동 및 제동 성능)

타이어는 차량의 엔진으로부터 전달되는 동력을 지면에 최종적으로 전달하는 부품이다. 노면과의 마찰을 통해 구동 및 제동을 수행해 주는데 타이어의 재질, 강도, 구성, 노면의 특성 등에 따라서 마찰 특성이 달라진다. 이는 회전저항과 젖은 노면의 제동력 등으로 수치화 할 수 있다.

04 타이어의 내마모성

(1) 내마모성 정의

타이어에서의 내마모성(Abrasion Resistance)은 타이어의 내구성 지표로 도로와 마찰이 될 때 마모를 잘 견디는 성질이다.

(2) 타이어 내마모성에 영향을 미치는 요인

타이어에 걸리는 하중, 공기압, 타이어 구조, 재질, 패턴, 노면의 상황, 속도, 트레드의 깊이

(3) 내마모성 향상을 위한 방안

타이어 고무 배합물(컴파운드)의 제조 기술과 타이어의 구조 설계 기술, 트레드 패턴의 최적화

05 대표적인 Trade-off 성능

타이어의 성능에는 내구성, 제동성, 견인성, 접지력, 회전저항, 마른·젖은 노면의 제동력 등이 있다. 이들 중에 트레이드 오프 관계에 있는 대표적인 성능들의 밸런스 유지가 매우 중요하다. 특히 회전저항, 내마모성, 젖은 노면의 제동력은 통상적으로 "마의 삼각형(Magic Triangle)"이라 불리는데 이 성능 간의 밸런스 유지는 매우 중요하다.

타이어가 잘 구르기 위해서는 회전저항 수치가 낮아야 한다. 타이어는 회전하면서 자동차의 하중과 원심력 등에 의해 고무가 변형되어 열을 발생하게 되는데, 이 열이 타이어의 회전저항을 일으키는 원인이 된다. 타이어의 회전 저항은 드라이빙에 있어서 피할 수 없는 에너지 손실을 뜻하며 이는 자동차의 연비 효율성과 깊은 관계가 있다.

하지만 타이어 개발 시 회전저항의 개선만을 고려할 경우 타이어의 제동 성능이 떨어질 수 있다. 주행 중 돌발 상황 발생 시 제동 성능의 저하는 매우 심각한 결과를 초래할 수 있기 때문에 회전저항을 최대한 억제하면서 다른 성능들, 젖은 노면의 제동력과 내마모성과의 균형을 잡는 것이 매우 중요하다.

(1) 승차감, 조종 안정성

① 타이어의 공기압, 편평비, 고무 재질, 사이드 월부의 강성, 트레드 패턴 블록의 강성에 영향을 받는다.

② 타이어의 공기압이 낮거나 편평비가 높은 경우, 고무 재질이 부드러운 소재를 사용하는 경우 승차감이 향상 된다. 하지만 조종 안정성은 떨어진다. 선회, 차선 변

경 시에 타이어의 밀림이 발생하여 응답성이 떨어진다. 주행 시 소음도 증가하고 내마모성도 떨어지게 되어 내구성이 저하된다. 공기압이 약간 낮으면 표준 공기압에 비해 접지력은 좋아지지만 수명이 짧아지게 되는 반면, 너무 낮게 되면 오히려 숄더 부분이 주로 마모된다.

③ 공기압이 높거나 편평비가 낮은 경우, 사이드 월부와 트레드 패턴 블록의 강성이 높은 경우 승차감은 저하되나 응답성과 안정성은 향상된다. 하지만 사이드 월부의 충격 감쇄 능력이 저하되어 지면으로부터의 잔진동이 흡수가 되지 않아 승차감이 저하된다. 접지력이 낮아지고 가운데 부분만 빨리 마모가 진행된다.

(2) 회전저항, 제동성

회전저항은 타이어에 사용되는 고무의 경도(단단한 정도)와 밀접한 관계가 있는데 경도가 높으면 회전저항이 낮아지고 타이어의 내구성과 연비, 조종 안정성이 향상이 된다. 하지만 승차감과 젖은 노면의 제동성이 저하가 된다. 타이어의 경도를 낮추면 회전저항은 높아지고 승차감과 젖은 노면의 제동성이 향상된다. 하지만 연비, 조종 안정성이 저하된다. 따라서 회전 저항을 낮추면서 제동성을 높이기 어렵다. 하지만 배합 기술의 발달로 새로운 물질인 실리카를 첨가하여 회전저항을 감소시키면서 젖은 노면의 제동력을 향상시킬 수 있게 되었다.

타이어의 마찰력과 제동력을 향상시키기 위해 첨가하는 물질인 실리카는 물과 친한 성질로, 기름 성분인 고무 사이사이에 고르게 분사하여 젖은 노면에서 물을 흡수하는 성질이 배가돼 젖은 노면의 제동력이 높아지고 연비도 향상된다. 또한 실리카는 원료 고무 사이에 분산되어 강한 화학적 결합으로 보강성을 부여하고 고무 입자들 사이의 완충 장치 역할을 하기 때문에 타이어의 변형을 막아주어 회전저항을 감소시킬 수 있다.

(3) 눈길 제동성, 마른 노면 제동성

겨울철 영하의 기온이 계속되면 겨울용이 아닌 일반 타이어의 고무는 얼어서 딱딱해지며 노면의 접지력이 떨어진다. 반면, 겨울용 타이어는 한겨울에도 잘 얼지 않고 유연함을 유지한다. 특수 소재를 사용하여 겨울철 도로 위에서도 뛰어난 접지력과 제동력을 발휘한다. 마른 노면에서 제동을 할 경우에는 블록의 면적이 지면과 최대한 많이 접촉되는 것이 유리하다. 하지만 눈길 제동 시에는 블록 사이의 공간을 크게 해야 눈과의 마찰을 증가시켜 제동 성능이 증가된다.

기출문제 유형

✦ T.P.M.S(Tire Pressure Monitoring System)에 대해 설명하시오.(87-1-5)

✦ TPMS에서 로 라인과 하이 라인을 비교하여 설명하시오.(98-1-1)

✦ 타이어 공기압 경보장치의 구성부품을 나열하고 작동을 설명하시오.(114-1-1)

✦ 법규적으로 적용 차량은 어떻게 되는가?(면접)

01 개요

(1) 배경

타이어는 차량의 수많은 부품들 중 도로와 직접 접촉하는 부품으로 타이어의 상태는 운전자의 안전에 직접적인 관련이 있다. 타이어에 금속 파편이 박히거나 흠집이 생겨 조금씩 공기압이 누출될 경우 보통 주행 중인 운전자들은 타이어의 상태를 감지하기가 어렵고 주행 중 갑작스럽게 타이어가 파손되어 미끄러지거나 전복되는 등 대형 교통사고를 유발하는 원인이 될 수 있다.

실례로 세계적 타이어 제조사 중의 하나인 파이어스톤(Firestone)이 포드(Ford)사에 납품한 타이어 일부가 공기압이 낮을 경우 주행 중 잇따라 파열 되면서 차량의 전복 사고가 있었다. 이에 2007년 미국, 2012년 EU에서 TPMS 장착이 법제화가 되었고 2013년부터 국내에서도 '승용자동차와 차량 총중량 3.5톤 이하인 승합·화물·특수자동차에는 타이어 공기압 경고장치를 설치하여야 한다'고 법제화가 되었다. [자동차 및 자동차부품의 성능과 기준에 관한 규칙] 제 12조 2(타이어 공기압 경고장치)

(2) 타이어 공기압 경보장치(TPMS, Tire Pressure Monitoring System)의 정의

타이어 공기압 경보장치는 타이어 내부의 압력을 모니터링하여 일정 압력 이하로 떨어질 경우 경고등을 점등하여 운전자에게 알려주는 시스템이다.

(3) TPMS 시스템 구성 및 기능

① **계기판** : 시스템 저압 경고등, 저압 타이어 위치 표시, TPMS 고장 시 경고등을 표시해 준다.

② **이니시에이터(Initiator)** : 압력 센서 제어(LF송신), 자동 위치 파악, Wake-Up, Sleep, 타이어 위치 판별

③ **타이어 공기압 센서** : 타이어 공기 주입 밸브와 일체형으로 휠 림에 조립된다. 내부에는 온도 센서, 발신용 안테나, 배터리 등이 모듈화 되어 있다. 배터리의 수명은 보통 5~7년이며 RF 송신, LF 수신, 타이어 내 압력, 온도 측정 등의 기능을 한다.

④ 리시버(Receiver) : 타이어 공기압 센서의 신호를 수신하여 바퀴의 식별 정보, 타이어 온도, 공기압, 배터리의 상태 등을 평가하고 디스플레이를 통해 운전자에게 정보를 제공한다. 로직 및 경고등 제어, 이니시에이터 제어, 타이어 공기압 센서로부터 RF 데이터 수신, 자동 학습(ID), 자동 위치 확인, 자기진단 등의 기능을 한다.

※ LF(Low Frequency, 125 KHZ), RF(Radio Frequency, 433 MHZ)

02 시스템 종류

(1) 간접 측정 방식 TPMS 시스템

1) 정의

ABS의 휠 속도 센서를 이용하여 공기압 저하를 판단하여 운전자에게 알려 주는 방식의 TPMS 시스템이다.

2) 시스템 구성

각 바퀴에 휠 속도 센서(4개), TPMS 제어기, ABS 제어기, 경고등 표시장치

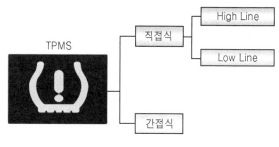

TPMS의 분류

3) 측정 원리·과정

ABS 시스템이 적용된 차량에서는 휠 스피드 센서를 이용해 각 바퀴의 회전 속도를 측정하고 다른 바퀴와 서로 비교하여 타이어 공기압의 변화를 산출한다. 타이어의 공기압이 낮아지게 되면 타이어의 둘레(동하중 반경)가 작아지게 되고, 바퀴의 회전속도는 상승하게 된다. 다른 바퀴의 평균 회전속도와 비교하여 차이가 발생하는 바퀴는 공기압이 소실되었다고 판단하여 경고등을 표시한다.

간접식 타이어 공기압 경고장치 구성도

(자료 : 한국에너지공단)

(2) 직접 측정 방식 시스템

1) 정의

타이어 내부에 TPMS 센서 모듈을 장착하여 각 바퀴의 타이어 압력을 직접 측정 하는 시스템

2) 시스템 구성

TPMS 센서 모듈, 이니시에이터, 리시버, 경고등 표시장치

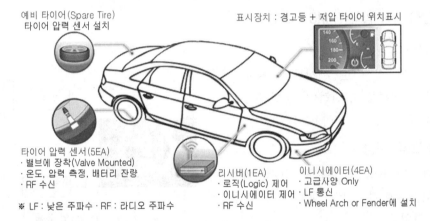

예비 타이어(Spare Tire)
타이어 압력 센서 설치

표시장치 : 경고등 + 저압 타이어 위치표시

타이어 압력 센서(5EA)
· 밸브에 장착(Valve Mounted)
· 온도, 압력 측정, 배터리 잔량
· RF 수신

리시버(1EA)
· 로직(Logic) 제어
· 이니시에이터 제어
· RF 수신

이니시에이터(4EA)
· 고급사양 Only
· LF 통신
· Wheel Arch or Fender에 설치

※ LF : 낮은 주파수 · RF : 라디오 주파수

직접식 타이어 공기압 경고장치 구성도

(자료 : 한국에너지공단)

3) 시스템의 동작 원리

① 공기압 부족 발생 → TPMS 센서 모듈에서 타이어 압력 측정 및 무선 전송 → 리시버에서 타이어 압력값 무선 수신 및 기준 공기압과 비교 → 기준 불만족 시 경고등 점등

② 타이어의 공기압이 부족해질 경우 TPMS 센서 모듈에서 전송되는 타이어 압력 신호를 리시버에서 분석하여 클러스터에 공기압이 부족해진 바퀴의 경고등을 점등한다.

03 직접 측정 방식 TPMS의 종류

(1) 로 라인(Low Line)

1) 정의

TPMS 시스템의 직접 측정 방식 중 하나로 타이어 공기압에 문제가 있을 경우 경고등만 점등시키는 시스템(공기압이 저하된 바퀴의 확인이 불가)

2) 구성

리시버, 타이어 압력 센서, 경고등(저압 경고등, 고장 경고등)

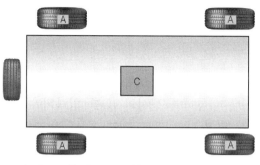

A : Sensor Tire Pressure 433MHz
C : Receiver(ECU)

로 라인 TPMS의 구조

타이어 공기압 부족 경고등

공기압이 낮습니다

33   저압
32   33
psi

FR측 타이어 공기압 부족시 계기판 램프 상태

(2) 하이 라인(High Line)

1) 정의

TPMS 시스템의 직접 측정 방식 중 하나로 타이어의 공기압에 문제가 있을 경우 해당 타이어 경고등을 점등시키는 시스템(공기압이 저하된 바퀴의 확인이 가능)

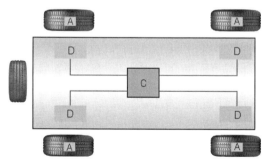

A : Sensor Tire Pressure 433MHz
D : 125kHz Trigger Transceiver
C : Receiver(ECU)

하이 라인 TPMS의 구조

2) 구성

리시버, 타이어 압력 센서, 이니시에이터, 경고등(저압 경고등, 타이어 위치 경고등, 고장 경고등)

04 압력 센서 교체 시 방법

(1) 로 라인 부품 교체

① 압력 센서 교체 시 : 센서의 자동 ID 학습(Auto Learning) 기능이 불가능해 반드시 진단장비(GDS, 익사이터 등)를 이용하여 센서의 ID를 입력해야 한다.

② 리시버 교체 시 : 진단장비를 이용해 리시버 모드 변경, 차대 번호 입력, 센서 ID 입력 후 10초 동안 Key OFF 후 ON 실시

③ 타이어 위치 교환 시 : 추가 작업 불필요

(2) 하이 라인 부품 교체

1) 압력 센서, 리시버 교체 시

센서 자동 ID 학습 기능이 가능하여 두 가지 방식으로 작업할 수 있다.

① 진단장비(GDS, 익사이터) 보유 업체 : 진단장비를 이용해 센서 ID 입력

② 진단장비 미보유 업체 : 자동 ID 학습 실시, 시속 25km 이상, 5분 이상 주행 요망

2) 타이어 위치 교환 시

로 라인과 달리 위치 학습이 필요하다. 위와 동일한 방법으로 작업을 수행해 준다.

05 조향장치

기출문제 유형

✦ 기계식 조향장치의 기본 작동 원리와 주요 구성품의 기능 흐름도를 설명하시오.(45)

01 개요

(1) 배경

차량을 운전자가 원하는 곳으로 주행하기 위해서는 조향바퀴를 운전자의 의도대로 움직일 수 있어야 한다. 조향장치는 조향 휠에 가한 회전력으로 조향바퀴를 조작할 수 있는 장치로써 운전자의 조작력만으로 바퀴를 조향하는데 충분한 수준의 조향 토크를 낼 수 있어야 한다. 초기에는 기계식 조향장치가 개발, 적용 되었지만 차체가 무거워지고 차량의 속도가 증가함에 따라 운전자의 조작력을 보완하고 증대시켜줄 수 있는 동력식 조향장치, 전동식 조향장치 등이 개발, 적용되고 있다.

(2) 조향장치의 정의

조향장치는 자동차의 진행 방향을 바꾸기 위해 자동차 조향바퀴의 회전축 방향을 변경시켜주는 장치이다.

(3) 기계식 조향장치의 정의

기계식 조향장치는 차량의 조향 부품(조향 휠, 조향 축, 조향 기어, 연결 링크)이 기계식으로 연결되어 있는 구조의 조향장치이다.

02 조향장치의 주요 구성 부품

조향장치는 조향 휠(Steering Wheel), 조향 축(Steering Shaft), 조향 기어(Steering Gear), 피트먼 암(Pitman arm), 드래그 링크(Drag Link)로 구성된다.(피트먼 암 방식)

(1) 조향 휠

운전자가 조작하는 부분으로 직경이 크면 조작이 가볍고 직경이 작으면 조작이 무거워져 힘들어진다. 조향 휠과 타이어의 조향각도 비율은 보통 15~20 : 1 정도로 설정한다.(스티어링 휠 좌우 450도, 타이어 좌우 22.5도)

(2) 조향 축, 조향 칼럼(Steering Column)

조향 휠의 회전력을 조향 기어에 전달하는 연결 부품으로 사고 시 충격이 가해지면 겹쳐지거나 찌그러지는 형식이 주로 사용된다.(컬랩서블 스티어링 칼럼)

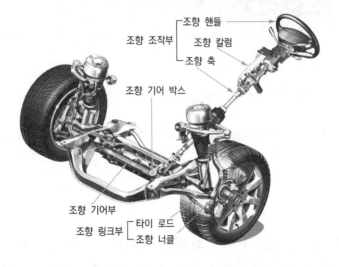

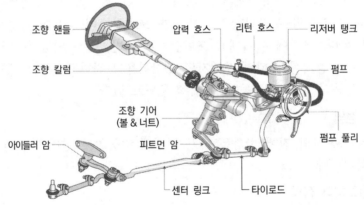

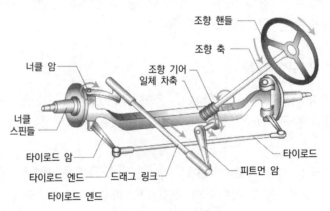

피트먼 암 방식 조향장치

(3) 조향 기어

조향 휠의 회전운동을 직선운동으로 변화시켜 주고 조향 휠의 토크를 기어비로 변환하여 증폭시킨다. 조향 기어의 종류에는 피니언(rack and pinion), 웜 섹터 롤러(worm and sector roller), 순환 볼(recirculating ball) 형식 등이 있다.

1) 래크-피니언(rack and pinion) 형식

조향 휠의 회전 운동을 래크를 이용하여 직접 직선운동으로 변환시키는 구조로 소형, 경량이며, 낮게 설치할 수 있다는 장점이 있어서 주로 승용자동차에 많이 사용한다.

2) 웜 섹터 롤러(worm and sector roller) 형식

웜 기어와 섹터 기어를 이용한 형식으로 조향 휠의 조작력이 작아도 되며, 조향각이 큰 반면에 설치 공간을 적게 차지한다. 직진할 때에는 유격이 없다. 대형 상용자동차에 주로 사용된다.

3) 순환 볼(recirculating ball) 형식, 피트먼 암 형식

웜 기어와 웜 너트 사이에 순환 볼이 들어 있는 형식으로 볼 너트(ball and nut) 식이라고도 한다. 조향축이 회전하면 볼이 웜 너트를 축방향으로 이동시킨다. 이 축방향 운동에 의해 세그먼트 축은 회전운동하고, 이어서 피트먼 암은 선회운동을 한다. 주로 대형 상용자동차에 사용된다.

03 조향 기구의 기본 작동 원리

자동차가 선회할 때 좌우 조향바퀴가 미끄러지지 않고 원활하게 선회하기 위해서는 선회 내측 바퀴가 외측 바퀴보다 더 많이 조향되어야 한다. 또한 좌우 너클 스핀들 중심선의 연장선으로 뒷차축 연장선의 한 지점과 만나야 한다.

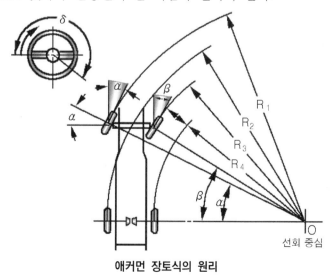

애커먼 장토식의 원리

선회할 때 앞바퀴 안쪽 바퀴의 조향각을 (β)라고 하고 선회 바깥쪽 바퀴의 조향각을 (α)라고 하면 (α)가 (β)보다 작다. 항상 (β)는 (α)보다 커야 하며 바퀴의 정렬은 토우 아웃이 되어야 한다. 이를 위해서 사다리꼴 조향 기구(애커먼 조향기구)를 사용한다.

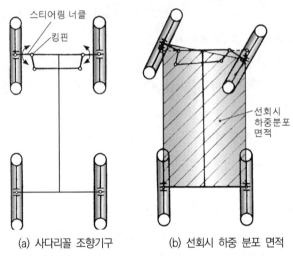

(a) 사다리꼴 조향기구   (b) 선회시 하중 분포 면적

사다리꼴 조향기구

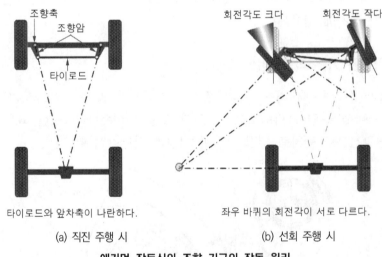

타이로드와 앞차축이 나란하다.   좌우 바퀴의 회전각이 서로 다르다.

(a) 직진 주행 시   (b) 선회 주행 시

애커먼 장토식의 조향 기구의 작동 원리

04 조향 기어의 작동 및 구성품의 기능 흐름도

(1) 래크 & 피니언식

1) 작동 과정

운전자가 조향 휠을 좌우로 조작하면 피니언이 래크 기어를 움직여 주고 타이로드와 너클 암을 통해 바퀴를 좌우로 회전시켜 준다.

2) 기능 흐름도

조향 휠 → 조향 축 → 피니언 기어 → 래크 기어 → 타이로드 → 너클 암 → 타이어

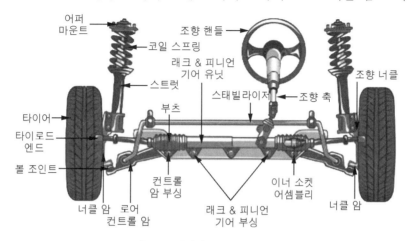

래크 & 피니언식 조향장치

(2) 순환 볼 식(피트먼 암식)

1) 작동 과정

운전자가 조향 휠을 좌우로 조작하면 조향 축을 통해 조향 기어로 동력이 전달되고 조향 기어에서 토크가 증폭되어 피트먼 암과 릴레이 로드를 움직여 주고 타이로드와 너클 암을 통해 조향바퀴로 힘이 전달되어 바퀴가 회전하게 된다.

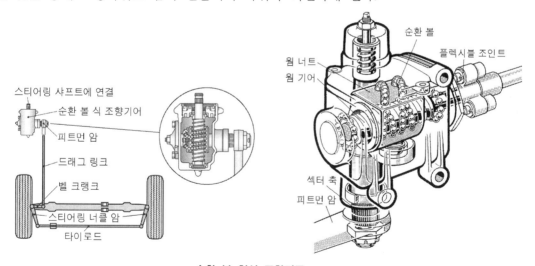

순환 볼 형식 조향기구

2) 기능 흐름도

조향 휠 → 조향 축 → 조향 기어 → 피트먼 암 → 릴레이 로드 → 타이로드 → 너클 암 → 타이어

기출문제 유형

✦ 동력 조향장치에 대해 종류별로 구분하고, 구성 요소 및 작동 원리를 설명하시오.(98-2-3)

✦ 동력식 조향장치의 작동 원리와 장점을 설명하시오.(60-4-5)

✦ 파워 스티어링(Power Steering)을 설명하시오.(56-1-7)

✦ 파워 스티어링 장치를 보조 동력 관점에서 2가지로 분류, 특성 설명하시오.(69-4-2)

✦ Power Steering 장치를 보조 동력 관점에서 2가지로 분류하고 각 특성을 설명하시오.(69-4-2)

✦ 속도 감응식 유압 파워 스티어링 장치의 개요와 개략도를 그림으로 나타내고 설명하시오.(89-3-2)

01 개요

(1) 배경

차량을 운전자가 원하는 곳으로 주행하기 위해서는 조향바퀴를 운전자의 의지대로 움직일 수 있어야 한다. 조향장치는 조향 휠에 가한 회전력으로 조향바퀴를 조작할 수 있는 장치로써 운전자의 조작력으로 바퀴를 조향하는데 충분한 수준의 조향 토크를 낼 수 있어야 한다. 초기에는 기계식 조향장치가 개발, 적용 되었지만 차체가 무거워지고 차량의 속도가 증가함에 따라 운전자의 조작력을 보완하고 증대시켜줄 수 있는 동력식 조향장치, 전동식 조향장치 등이 개발, 적용되고 있다.

(2) 동력식 조향장치(Power Steering)의 정의

조향 기구에 운전자의 조작력을 보조해 줄 수 있는 장치(유압이나 전기 모터 등)를 적용하여 조향 휠의 조작력을 경감시키고 동력을 배력시키는 장치이다.

02 동력 조향장치의 종류

파워 스티어링 장치는 유압을 이용하는 시스템에서는 보조 동력의 관점에서 엔진의 동력을 이용하는 유압 펌프식과 모터를 이용하여 유압을 발생시키는 전동 유압식으로 구분할 수 있다. 현재는 유압을 사용하지 않고 전기 모터만으로 동력을 보조해 주는 전동식 파워 스티어링이 대부분의 차량에 장착되어 있다. 속도 감응식 유압 파워 스티어링 장치는 기존의 유압식에 적용되었던 방식으로 전동 유압식이 나오면서 모터에 의한 속도 감응식으로 대체되었다.

(1) 유압식 동력 조향장치(HPS : Hydraulic Power Steering)

1) 정의

엔진의 동력으로 유압을 발생시켜 조향 핸들의 조작력을 보조해 주는 장치이다.

2) 구성도

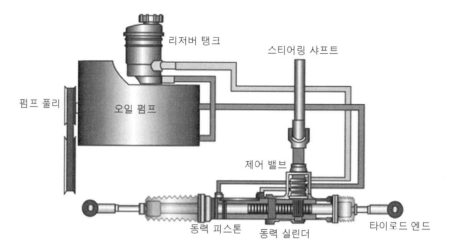

유압식 동력 조향장치 구조

유압식 조향장치의 구성 부품

3) 구성 부품

① **동력부(유압 펌프)** : 유압을 발생시키는 기구로 엔진의 크랭크축에 연결된 벨트를 통해 구동된다. 주로 베인 펌프(Vane Pump)를 사용하며 로터가 회전할 때 로터와 캠링, 베인 사이의 체적 변화에 의해 오일이 펌프로 유입되고 출구로 배출된다. 베인형, 로터리형, 롤러형, 슬리퍼형, 피스톤형 등이 있다.

② **제어 밸브** : 조향 핸들의 조작력에 의해 오일의 흐름 방향을 제어하는 부분으로 조향 휠에 입력되는 방향과 크기, 속도에 대응하여 파워 실린더로 공급되는 작동유를 제어한다.

③ 작동부(파워 실린더) : 실린더 내에 피스톤과 피스톤 로드가 배치되어 있으며, 피스톤 로드를 기준으로 실린더에 공급되는 오일에 의해 동력이 보조 된다. 오일펌프에서 토출된 오일이 피스톤에 공급되어 스티어링이 회전하는 방향으로 조향력을 보조해 주는 장치이다.

4) 유압식 동력 조향장치의 작동

① V벨트에 의해 오일펌프가 구동되어 유압유가 토출된다.

② 토출된 유압유는 오일펌프 내에 부착된 유량제어 밸브에서 유량이 조절되어 압력 호스를 거쳐 제어 밸브로 공급된다.

③ 조향 핸들을 회전시키면 피니언에 연결된 제어 밸브가 작동되고, 조향 방향에 따라 유압유의 회로가 형성된다. 유압유는 파이프를 통하여 동력 실린더에 가해진다.

④ 동력 피스톤을 기준으로 한쪽의 동력 실린더에 유압유가 가해지면 반대쪽 동력 실린더의 유압유는 파이프, 제어 밸브 및 리턴 호스를 거쳐 오일 저장 탱크로 리턴 된다.

5) 종류

① 링키지 형(Linkage Type) : 동력 실린더를 조향 링키지 중간에 배치한 것으로 조합형과 분리형이 있다. 조합형은 동력 실린더와 제어밸브가 일체로 된 것이고 분리형은 동력 실린더와 제어밸브가 분리된 것이다.

② 일체형(Integral Type) : 동력 실린더를 조향기어 박스 내에 설치한 형식으로 인라인형과 오프셋 형이 있다. 인라인 형은 조향기어 박스와 볼 너트를 직접 동력 기구로 사용하도록 한 것이며 오프셋 형은 동력 발생 기구를 별도로 설치한 형식이다.

6) 특징

기계식이기 때문에 직결감이 뛰어나고 조향 감각이 좋다. 하지만 파워 스티어링 오일의 주기적인 정비가 필요하고 오일펌프를 동작시키기 위해 엔진의 동력을 사용하기 때문에 연비가 저하된다. 또한 관련 부품이 많고 공간이 많이 필요하여 점차 활용도가 낮아지는 추세이다.

(2) 전동 유압식 파워 스티어링(EHPS : Electro Hydraulic Power Steering)

1) 정의

모터에서 발생된 유압을 이용하여 조향 핸들의 조작력을 보조해 주는 장치이다.

2) 구성도

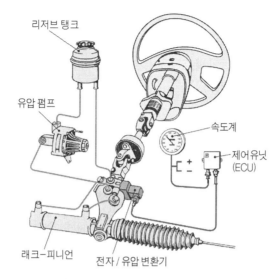

리저브 탱크

유압 펌프

속도계

제어유닛
(ECU)

래크-피니언

전자 / 유압 변환기

래크-피니언 전동 유압식 조향장치

3) 구성 부품

① **동력부(모터 펌프)** : 유압을 발생시키는 기구로 주로 BLDC 모터를 사용한다.

② **작동부(파워 실린더)** : 실린더 내에 피스톤과 피스톤 로드가 배치되어 있으며, 피스톤 로드를 기준으로 실린더에 공급되는 오일에 의해 동력이 보조된다. 모터 펌프에서 공급된 오일이 피스톤을 작용시켜 운전자의 조향 방향쪽으로 힘을 가해준다.

③ **제어기** : 차량 속도와 조향각 속도 센서의 신호를 바탕으로 모터의 회전속도를 제어한다.

4) 전동 유압식 동력 조향장치의 작동

① 모터가 구동되어 유압유가 토출된다.

② 조향 핸들을 회전시키면 조향각속도와 차량 속도, 클러스터 신호 등을 바탕으로 제어기가 모터의 회전 속도를 제어한다.

③ 모터의 회전속도에 따라 오일이 동력 실린더에 공급된다.

④ 자동차의 속도에 따라 모터의 회전속도를 제어해줄 수 있다. 스티어링 휠의 조향각속도가 빠르면 전동기의 회전수가 높아져 조향력을 가볍게 하고 조향각속도가 느리면 전동기 회전수를 낮춰 조향력이 무거워진다. 또한, 차속이 저속인 경우 전동기의 회전수가 높아져 조향력을 가볍게 하고, 차속이 고속인 경우 전동기의 회전수를 낮춰 조향력을 무겁게 한다.

5) 특징

조향 시에만 모터를 구동하여 유압을 발생시키기 때문에 기존의 유압식보다 연비가 우수(약 3~5%)하고 소음, 진동이 감소된다. 차량의 속도에 따라서 오일펌프를 제어하여 조향력을 제어할 수 있다. 유압펌프 관련 부품이 저감이 되어 조립이 간편하고 유압의 조정이 필요 없다는 장점이 있다.

기출문제 유형

✦ 전동식 파워 스티어링 중 순수 전기식 파워 스티어링 시스템을 구성에 따라 분류하고 설명하라.(77-3-3)

✦ 전동식 전자제어 동력 조향장치(MDPS : Motor Driven Power Steering)를 정의하고 특징을 설명하시오.(96-1-10)

✦ 전기식 파워 스티어링(Electric Power Steering) 시스템의 장단점과 작동 원리를 설명하시오.(113-2-6)

✦ 전자제어 방식이 적용된 조향장치를 구분하고 설명하시오.(92-4-4)

01 개요

(1) 배경

조향장치는 순수하게 운전자의 힘만으로 조작을 하는 기계식, 조향장치에서 유압을 통해 조향 휠의 조작력을 보조해 주는 유압식, 전기 모터의 힘을 이용하는 전기 유압식으로 발전해왔다. 유압을 이용하는 시스템은 유압을 발생시키기 위해 엔진의 구동 손실이 발생하고 무게가 무거우며 구조가 복잡한 단점이 있다. 이를 개선하기 위해 현재는 유압을 이용하지 않고 순수하게 전기 모터의 힘만으로 조향력을 보조해 주는 시스템이 개발되어 적용되고 있다.

(2) 전동식 파워 스티어링(EPS : Electronic Power Steering, MDPS : Motor-Driven Power Steering)의 정의

전기 모터의 힘을 이용하여 조향 핸들의 조작력을 보조해 주는 장치이다.

02 전동식 파워 스티어링 구성

(1) 구성도

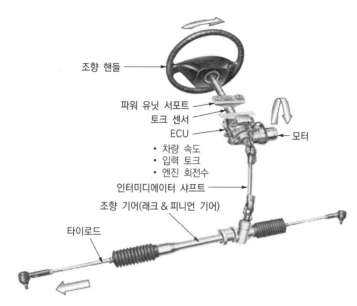

조향 핸들

파워 유닛 서포트
토크 센서
ECU
• 차량 속도
• 입력 토크
• 엔진 회전수
인터미디에이터 샤프트
조향 기어(래크 & 피니언 기어)
타이로드

모터

전동식 파워 스티어링의 구성

(2) 구성 부품

① **MDPS 제어기** : 엔진 ECU에서 받은 주행속도, 엔진 회전수, 토크 센서, 조향각 센서에서 받은 신호를 바탕으로 모터의 구동 토크를 제어해 준다. 또한 시스템의 이상 시 경고등을 점등해 주며 자기진단 기능을 수행한다.

② **MDPS 모터** : MDPS 제어기, 조향각·토크 센서, 감속기어와 함께 일체형으로 구성되어 있다. 주로 BLAC(Brushless AC)가 적용되며 스테이터, 로터, 브래킷, 센싱 플레이트, 커플링 등으로 구성된다. MDPS 제어기에서 입력 구동 토크를 생성하여 스티어링 휠의 조작력을 보조해 준다.

③ **토크 센서, 조향각 센서** : 두 개의 센서가 일체형으로 구성되어 있으며 토크 검출부와 조향각 검출부로 구성된 비접촉 자기식 센서가 일반적으로 사용된다. 조향시 발생하는 토션 바의 비틀림 양을 토크 값으로 검출하면서 조향 방향과 조향각, 조향각속도를 감지해 ECU로 전송한다.

03 전동식 동력 조향장치의 작동

① 운전자가 조향을 하기 위하여 조향 핸들을 돌리면 노면과 타이어의 마찰에 의한 토션 바의 비틀림이 발생한다.

② 조향각 센서와 토크 센서에서 조향각과 토크 센서 토션 바의 비틀림을 감지한다.

③ 전동식 조향장치의 제어기는 조향각과 토크 센서, 차속 등을 참고하여 모터의 구동 토크를 연산한다.

④ 모터가 작동하여 조향기어 및 타이어가 회전하게 되어 운전자가 조향하는 방향으로 운행이 된다.

04 전동식 동력 조향장치의 종류

(1) C-MDPS(Column) 칼럼 구동 방식

파워 서포트 모터가 조향 축(스티어링 칼럼)에 위치하여 회전을 보조해 주는 시스템으로 조향 핸들과 가장 가까운 곳에 위치하기 때문에 작동 소음이 실내로 유입될 가능성이 높고 바퀴와 가장 멀리 위치하기 때문에 반응속도가 약간 늦는다는 단점이 있다. 세 가지 시스템 중 가장 작고 단가가 낮다.

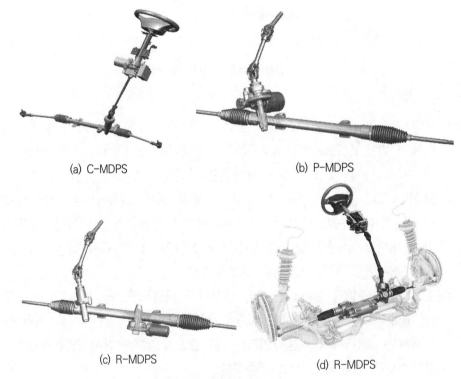

(a) C-MDPS (b) P-MDPS

(c) R-MDPS (d) R-MDPS

전동식 동력 조향장치의 종류

(2) R-MDPS(Rack) 랙 구동 방식

파워 모터가 두 바퀴를 연결하는 랙에 위치하여 회전을 보조해 주는 시스템으로 피니언이 랙과 만나 직선운동으로 전환되는 곳인 바퀴의 조향 축에 모터가 위치하고 있어 유압식과 유사한 느낌을 주며 조향감이 가장 뛰어나지만 엔진룸 아래에 위치하고 있어서 방수처리를 해야 하고 사용 온도가 높아서 단가가 높은 단점이 있다.

(3) P-MDPS(Pinion) 피니언 구동 방식

모터를 피니언에 장착하는 구조로 C-MDPS에 비해 반응성이나 조향감이 뛰어나고 소음문제도 저감할 수 있지만 구조상 장착하기 어려운 단점이 있다.

05 전동식 조향장치의 주요 장·단점

(1) 장점

① 차량의 주행속도에 따라 전자제어로 속도별 조향력을 변화시켜 조향 성능이 향상된다.(저속 시, 주차 시에는 조향력을 가볍게 하고, 고속 시에는 조향력을 무겁게 하여 속도 영역별 조향력 제어가 가능하다.)

② 유압식 조향장치의 파워 스티어링 펌프, 호스 등 유압라인의 삭제로 중량의 감소(약 4Kg) 효과가 있다. 또한 유압식 파워 펌프는 상시 작동하지만 전동식 모터는 필요 시 사용하기 때문에 연비의 향상(약 3%) 효과가 있다.

③ 유압 오일을 사용하지 않아 폐기물 등을 저감할 수 있어 친환경적이다.

④ 조립 부품 수 감소, 조립시간 단축으로 작업성이 향상되었다.

(2) 단점

① 전동식 조향장치의 고장 및 이상 발생 시 매뉴얼 스티어링으로 전환되기 때문에 조향력이 무거워져 사고 발생의 위험이 생길 수 있다.

② 유압식과 동력의 체계가 다르기 때문에 조향감의 이질감이 발생할 수 있다.

기출문제 유형

✦ EPS(Electric Power Steering) 시스템의 모터 제어기능 6가지에 대해 설명하시오.(108-2-5)

✦ 전동식 동력 조향장치의 보상 제어를 정의하고, 보상 제어의 종류 3가지를 쓰고 설명하시오.(105-4-4)

01 개요

(1) 배경

전동식 파워 스티어링 장치는 전기 모터의 힘으로 조향 핸들의 조작력을 보조해 주는 장치로 스티어링 휠에 연결된 센서가 조향 휠의 회전속도와 토크를 감지해 차량의 속도에 맞게 조향력을 보조해 준다. 기존 유압식 파워 스티어링에 비해 성능이 뛰어나고 부품수가 감소하여 연비가 개선되는 효과가 있다. 하지만 센서와 모터의 신호만으로 동력을 보조해 주기 때문에 이를 제어하기 위해서는 정밀한 제어가 필요하다.

(2) 전동식 파워 스티어링(EPS : Electronic Power Steering, MDPS : Motor-Driven Power Steering)의 정의

전동식 파워 스티어링은 전기 모터의 힘을 이용하여 조향 핸들의 조작력을 보조해 주는 장치이다.

(3) 전동식 동력 조향장치의 보상 제어 정의

모터의 상태가 변화할 때 보다 정밀한 제어를 위해 모터의 속도나 가속도를 보상해 주기 위한 제어를 말한다. 전동식 파워 스티어링의 모터 제어 기능 중 일부로 모터를 정밀하게 제어하기 위해 모터의 작동 속도나 가속도에 따라 보상을 수행하는 제어를 보상 제어라 한다.

02 EPS 시스템의 모터 제어 기능

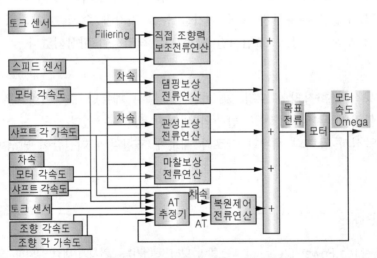

칼럼 타입 전동 조향장치 제어 로직 개략도

EPS의 모터 제어 기능은 크게 기본 제어(조향력, 토크 제한, 인터록)와 보상 제어(댐핑, 마찰, 관성), 복원력 제어 등으로 나눌 수 있다.

(1) 조향력 제어(Power Assist Control)

EMS에서 입력되는 차속, 엔진 회전수, 토크·조향각 센서의 신호에 따라 전류의 값을 조절하여 모터를 제어한다. 저속에서는 운전의 편의성을 위해 어시스트 량을 늘려주고 고속에서는 안전성을 위해 어시스트 량을 줄여준다.

(2) 토크 제한(과부하 보호) 제어

정상 상태에서 비정상적인 연속 조향 등으로 인해 모터의 온도가 상승할 경우 전류를 제한하여 과부하로 인한 모터의 열화 및 내구성의 저하를 방지해 준다. 모터의 동작 최대 전류는 45A로 연속 작동 시 열이 발생하는데 온도(서미스터)를 측정하여 모터의 전류를 8A로 제한한다.

(3) 인터록 회로 기능(Interlock Circuit Function)

중·고속 주행시 ECU 고장이 발생할 경우 전류 제한의 기능 설정으로 급조향을 방지하는 기능이다.

(4) 복원력 제어(Return-Ability Control)

조향 휠이 복귀할 때 조향 휠의 영점을 기준으로 복원 전류를 인가하여 복원성능과 중립 조향감 향상이 될 수 있도록 제어해 준다.

03 전동식 동력 조향장치의 보상 제어 종류

모터의 동작으로 인해 상태가 변화하는 경우, 즉, 정지 상태에서 작동을 하거나 작동 상태에서 정지를 하는 경우 모터의 속도 및 회전가속도가 변화한다. 이때 모터의 속도나 가속도를 보상 제어해줌으로써 조향감을 향상시킬 수 있게 된다. 이러한 보상 제어의 종류에는 관성 보상 제어, 댐핑 보상 제어, 마찰 보상 제어가 있다.

(1) 관성 보상 제어(Inertia Compensation)

모터가 회전을 할 때 급격한 조작 시 관성력이 발생하는데 일정한 회전각도, 각속도 이상에서는 전류값을 조절해 주어 회전 가속도의 편차를 줄여주는 제어이다.

(2) 댐핑 보상 제어(Damping Compensation)

고속에서 급격한 조작 시 저속에 비해 상대적으로 큰 복원력이 발생한다. 따라서 복원 시 조향 휠이 중립을 벗어나게 되는 댐핑 현상이 발생하게 된다. 이는 차량의 피쉬 테일(Fish Tail) 현상을 야기한다. 따라서 모터가 회전하는 특정 각속도를 기준으로 복원 시 전류값을 저감해 주는 보상 제어를 통해 진동을 흡수해 준다.

(3) 마찰 보상 제어(Friction Compensation)

정지 상태에서 조향 휠 작동 시 발생하는 정지 마찰력을 극복하기 위해 모터의 전류를 평소보다 더 인가해 주어 조작을 용이하게 해주는 보상 제어이다.

✦ 스티어링(Steering)에서의 비가역식을 설명하시오.(65-1-5)

✦ 조향장치의 비가역식(Non-Reversible Type)에 대해 설명하시오.(90-1-8)

01 개요

조향장치는 자동차의 진행 방향을 바꾸기 위해 자동차 바퀴의 각도를 변경시켜 주는 장치로써 조향 휠(Steering Wheel), 조향 축(Steering Shaft), 조향 기어(Steering Gear), 피트먼 암(Pitman arm), 드래그 링크(Drag Link)로 구성된다. 이 중 조향 기어는 조향 축의 회전 운동을 직선운동으로 변환시켜 주고 토크를 증폭시켜 주는 장치로 조향 기어의 운동 전달 기능에 따라 가역식, 비가역식 및 반가역식으로 분류할 수 있다.

02 비가역식 조향장치의 정의

조향 핸들을 조작하여 바퀴의 각도를 조절하는 기능은 동작하나 바퀴의 회전이나 충격이 조향 핸들에 전달되지 않는 구조의 조향장치이다.

03 조향장치의 비가역식 상세 설명

조향 기어의 운동 전달 방식 중 하나로 조향 핸들에 의하여 바퀴는 움직일 수 있으나 그 역으로 움직이지는 않는 방식이다. 바퀴의 충격이 조향 핸들에 전달되지 않으므로 험한 도로에서도 조향 핸들을 놓칠 염려가 없다는 장점이 있다. 하지만 조향장치의 각 부가 마모되기 쉽고 앞바퀴의 복원성을 이용할 수 없다는 단점이 있다.

대부분의 대형자동차 또는 동력 조향장치를 갖춘 자동차에 이용된다. 조향 기어 중에 웜-섹터(Worm Sector) 형식을 사용하는 경우 비가역 방식이 되는데 웜이 섹터에 회전력을 전달할 수는 있지만 섹터가 웜을 회전시킬 수 없기 때문이다.

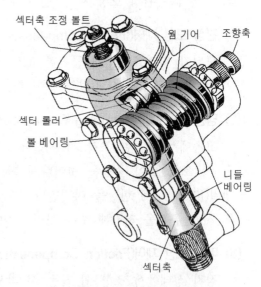

섹터축 조정 볼트
웜 기어
조향축
섹터 롤러
볼 베어링
니들 베어링
섹터축

웜 섹터 롤러식 조향 기어

04 기타 조향 기어의 운동전달 방식

(1) 가역식

비가역식과 반대로 바퀴의 움직임이 조향 핸들에 전달되고 조향 핸들로도 바퀴가 쉽게 움직이는 방식이다. 주행 중 충격에 의해 조향 핸들을 놓치기 쉬운 단점이 있으나 각 부의 마모가 적고 앞바퀴의 복원성을 충분히 이용할 수 있어 주로 소형 차량에 많이 사용된다. 조향 기어 중에서 래크 앤 피니언(Rack & Pinion)형식에서 발생할 수 있다.

(2) 반가역식

가역식과 비가역식의 중간 형태이다. 일반적으로 비가역식은 중량이 무거운 차량이나 험로 주행에 적합한 차량에 많이 사용되며 경차일수록 가역식이 이용된다.

기출문제 유형

✦ 핸들 회전 시 발생하는 복원력에 대해 설명하시오.(83-2-4)

---

01 개요

(1) 배경

조향장치는 자동차의 진행 방향을 바꾸기 위해 자동차 바퀴의 각도를 변경시켜주는 장치로써 조향 핸들, 조향 축, 조향 기어, 드래그 링크를 통해 바퀴와 연결되어 있다. 따라서 바퀴의 정렬 상태에 따라 조향 핸들이 영향을 받는다. 특히 자동차를 선회 주행할 때 조향 핸들을 회전시켜 주는데 선회 주행이 끝난 이후에는 자연스럽게 조향 핸들이 원래 위치로 되돌아오게 된다.

(2) 핸들 복원력의 정의

조향 핸들을 조작했을 때 원래의 위치로 되돌아오려는 힘을 말한다.

02 핸들 복원력의 특징

① 적절한 수준의 핸들 복원력은 회전 후 핸들이 중앙으로 돌아오는 힘을 발생시켜 직진, 선회 주행 시 조향 안전성을 향상시킨다. 또한 노면의 굴곡이나 바람 등 외부의 힘에 의한 영향성을 줄여주어 주행 안정성을 향상시킨다.

② 과도한 핸들 복원력은 선회 성능을 저하시키고 선회 시 조향 계통 부품에 과도한 부하를 주게 되어 부품의 마모 및 파손이 발생된다.

③ 핸들 복원력이 저하되면 조향 감각을 잃어 사고를 유발할 수 있으며 조향 핸들의 안정성과 롤링에 많은 영향을 주어 운전 피로도를 높이고 사고를 유발할 수 있다.

03 핸들 복원력에 영향을 주는 요소

(1) 휠 얼라인먼트

1) 캐스터

캐스터는 자동차를 옆에서 보았을 때 킹핀이나 스트럿의 중심선, 또는 상하 볼 조인트의 중심선과 지면에서 올라오는 수직선에 대한 각도를 말한다. 정의 캐스터는 항상 바퀴를 진행방향으로 향하게 하는 힘을 발생한다. 따라서 조향 핸들이 회전을 한 경우에도 바퀴에 가해지는 주행저항으로 인하여 직진 위치로 돌리려는 복원 모멘트가 작용한다.

2) 조향축 경사각, 킹핀 옵셋

조향축 경사각은 바퀴의 중심선이 노면과 만나는 점과 킹핀 중심선의 연장선이 노면에서 만나는 점 사이의 거리를 말하며 스크러브 레디어스(Scrub Radius), 킹핀 옵셋(Kingpin Offset)이라고도 한다. 네거티브 스크러브 반경일 경우 타이어는 차량의 안쪽으로 들어오는 힘을 받게 되어 조향 핸들의 복원력을 만들어 준다.

3) 토(toe)

토는 차량을 위에서 보았을 때 바퀴 앞부분의 방향을 가리킨다. 토의 값이 지나치게 클 경우 직진성이 부족하게 되어 복원성이 떨어지게 되고 좌우의 토 값이 동일하지 않으면 복원 모멘트가 다르게 작용하여 한쪽으로 치우치게 된다.

4) 캠버

캠버는 자동차를 전방 또는 후방에서 보았을 때 바퀴의 위쪽 부분이 자동차의 외측으로 기울었거나, 자동차 내측 방향으로 기울어진 정도를 말한다. 정차 중 조향 핸들을 좌우로 돌렸을 경우 캠버 값이 변화하게 되고 자동차의 무게에 의해 원래의 위치로 되돌아오려는 복원력이 발생하게 된다.

(2) 타이어의 불균형

타이어의 공기압 차이가 발생하거나 동적 불균형, 정적 불균형이 있는 경우, 편마모나 코니시티가 있는 경우 조향 핸들의 복원력은 저하된다.

(3) 차량 무게 배분

과도한 적재로 한쪽으로 무게중심이 쏠린 경우 휠 얼라인먼트가 변동되어 조향 핸들의 복원력이 저하된다.

✦ 자동차의 조향장치에서 다이렉트 필링(Direct Feeling)에 대해 설명하시오.(102-1-9)

01 개요

조향장치는 자동차의 진행 방향을 바꾸기 위해 자동차 바퀴의 각도를 변경시켜주는 장치로서 조향 휠(Steering Wheel), 조향 축(Steering Shaft), 조향 기어(Steering Gear), 피트먼 암(Pitman arm), 드래그 링크(Drag Link)로 구성된다. 자동차를 운전할 때 조향 휠로 방향을 정해주게 되는데 이때 조향 휠이 회전하는 속도와 각도에 따른 자동차의 응답속도에 따라 운전자의 느낌이 달라진다.

02 다이렉트 필링(Direct Feeling)의 정의

자동차를 운전하고 있을 때의 조향 감각으로, 조향 조작이 자동차의 움직임과 직접 연결되어 있는 것처럼 느껴지는 감각으로 자동차의 테스트 주행을 할 때 잘 쓰이는 말이다.

03 다이렉트 필링 상세 설명

래크 앤 피니언식 조향 기어를 갖고 있는 자동차는 운전자가 조향 핸들을 좌우로 조작하면 피니언이 래크 기어를 움직여 주고 타이로드와 너클 암을 통해 바퀴를 좌우로 회전시켜 주는 작동 과정을 갖고 있다. 기능 흐름도는 다음과 같다.

조향 핸들 → 조향 축 → 피니언 기어 → 래크 기어 → 타이로드 → 너클 암 → 타이어

이 과정에서 연결 부위의 단차나 윤활 성능에 따라 조작력이 달라지고 특히 EPS가 장착된 차량의 경우에는 EPS 모터 동작에 의해 조작감이 결정되게 된다. 다이렉트 필링은 조향 핸들을 동작시킬 때 자동차의 응답 속도에 따라 정해지기 때문에 조향 기어비, 토크 센서와 조향각 센서의 신호 처리, 모터 제어 속도가 중요한 요소이다.

04 다이렉트 필링에 영향을 주는 요소

① 타이어 공기압, 타이어 편평비 : 타이어 공기압이 낮으면 반응속도가 느리게 되어 조향 감각이 저하될 수 있다. 또한 타이어가 넓은 경우에도 방향 전환이 조금씩 늦어지는 경향이 있다.

② EPS 제어 성능(모터 제어 속도) : 모터의 회전속도를 빠르게 해주면 다이렉트 필링이 좋아질 수 있지만 너무 빠르면 안전상 문제가 발생할 수 있다. 따라서 차량의 속도에 맞춰서 제어를 해준다.

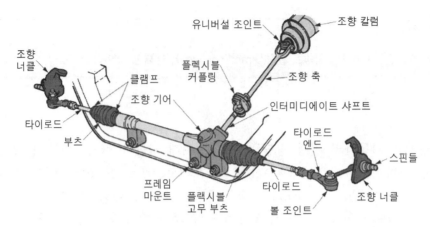

유니버설 조인트 · · · · 조향 칼럼
조향 너클 · · · · 플렉시블 커플링
클램프
조향 기어 · · · · 조향 축
타이로드 · · · · 인터미디에이트 샤프트
부츠 · · · · 타이로드 엔드
프레임 마운트 · · · · 스핀들
플랙시블 고무 부츠 · · · · 타이로드 · · · · 조향 너클
볼 조인트

래크 앤 피니언식 조향 기어

③ **자동차의 중량** : 차량에 무거운 물건을 적재하거나 사람이 많이 탑승하여 중량이 많이 나가는 경우 기존보다 조향 핸들의 조작감이 저하될 수 있다.

④ **휠 얼라인먼트** : 사고나 충격으로 휠 얼라인먼트가 맞지 않는 경우 차량의 방향이 조향 핸들의 방향과 다르게 진행될 수 있기 때문에 조작감이 저하될 수 있다.

기출문제 유형

✦ 차량 주행 상황에 맞춰 응답성을 변화시키는 능동형 스티어링에 대해 설명하시오.(119-4-5)

✦ AFS(Active Front Steering)를 설명하시오.(75-1-13)

01 개요

(1) 배경

차량의 주행 안전성을 향상시키기 위해 초기에는 4륜 조향 시스템(4WS : 4 Wheel Steering System)을 개발하였고 최근에는 능동 앞바퀴 조향장치(AFS : Active Front Steering)를 개발하여 적용하고 있다. 특히 AFS는 운전자의 조향 입력에 능동 조향각을 더함으로써 차량의 조향 성능 및 횡방향 안정성을 향상시키기 위한 장치로 AFS는 미끄러운 노면 등에서 조향 입력의 응답성을 향상시켜 운전자가 조향 불능 상태에 처하지 않도록 도와주는 역할을 한다.

(2) 능동 조향장치(AFS : Active Front Steering)의 정의

자동차의 주행 상황에 따라서 조향 기어비를 가변시켜 스티어링의 응답성을 전자적으로 제어하는 시스템이다.

02 AFS의 구성 부품

모터, 감속기(유성기어), 제어기, 모터 회전각 센서

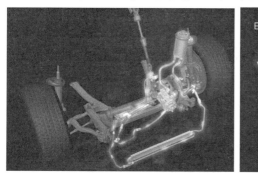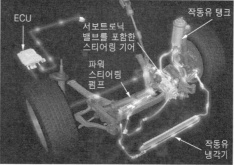

능동 조향장치(AFS)의 구성

(자료 : youtube.com/watch?time_continue=76&v=unL8HpMeVTA)

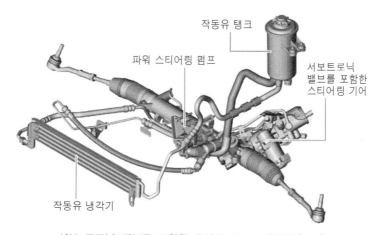

서보 트로닉 밸브를 포함한 유압식 동력 조향장치(AFS)

(1) AFS 제어기

엔진 ECU에서 받은 주행속도, 엔진 회전수와 토크 센서, 조향각 센서, 요각속도 센서에서 받은 신호를 바탕으로 모터를 제어하여 기어비를 변화시켜 준다. 또한 시스템 이상 시 경고등을 점등하며, 자기진단 기능을 수행한다.

(2) 센서

조향각 센서로부터 차량의 조향각도를 검출하고 모터 위치 센서를 통해서 모터의 현재 위치를 감지한다.

(3) AFS 제어 모터, 유성기어

유성기어와 전기식 서보 모터는 스티어링 기어 박스에 설치되어 있으며 AFS 제어기의 제어에 따라 동작되어 유성기어의 기어비를 변경해 준다. 따라서 스티어링 피니언으로 나오는 최종 조향각은 운전자에 의한 조향 핸들 조작각과 서보 모터가 웜기어를 조작한 기어비의 합이 된다.

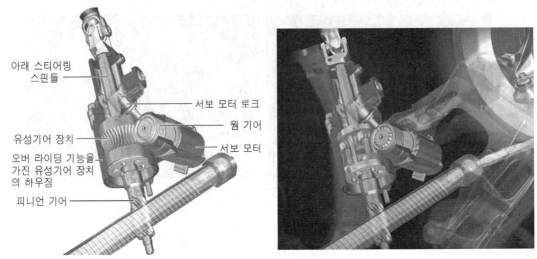

아래 스티어링 스핀들
서보 모터 로크
웜 기어
유성기어 장치
서보 모터
오버 라이딩 기능을 가진 유성기어 장치의 하우징
피니언 기어

AFS 제어 모터와 유성기어

03 AFS 동작

(1) 저속 시

시내 주행이나 주차 등 저속에서는 모터가 작동하여 스티어링 각도의 크기를 늘려 조향 핸들의 작은 조작에도 즉시 반응하게 하여 운전자가 조향 핸들을 여러 번 회전하지 않아도 좁은 공간을 쉽게 통과할 수 있도록 하였다. 모터를 동작시켜 총 조향비를 감소시켜 준다.(조향비 약 10 : 1)

(2) 고속 시

차량이 고속으로 주행 할 경우 스티어링 각도의 변화량을 감소시켜 조향 안정성을 향상시켜 준다. 모터를 운전자의 조향 방향과 반대 방향으로 회전시켜 총 조향비를 상승 시켜준다.(조향 비 약 14 : 1)

04 AFS 효과 및 특징

① 중저속 이하에서는 조향 기어비를 작게 하여 조향 편의성이 향상된다.
② 고속에서는 요 각속도를 피드백하여 조향 기어비를 크게 하여 주행 안정성이 향상된다.
③ AFS는 타이어 횡방향의 힘을 조정하는 것으로 타이어-노면의 점착이 한계에 가까워지면 차량 안정성 및 조향성이 급격히 악화되는 단점이 있다.

✦ 4WS(4 Wheel Steering System)에서 뒷바퀴 조향각도의 설정방법에 대해 설명하시오.(101-3-1)

✦ 4WS(4 wheel steering)의 제어에서 조향각 비례제어, 요 레이트(yaw rate) 비례제어에 대해 설명하시오.(95-2-6)

✦ 4WS(Wheel Steering) 시스템에서 조향각 비례제어와 요레이트(Yaw-Rate) 비례제어에 대해 설명하시오.(96-3-2)

✦ 4륜 조향장치(Four Wheel Steering System)에 대해 상술하시오.(57-2-2)

01 개요

(1) 배경

조향장치는 차량의 방향을 정해주기 위해 바퀴를 조종해주는 장치로 주로 앞바퀴만 조향이 되는 2륜 조향 방식이 사용되고 있다. 하지만 차체가 커지면서 좁은 공간에서 주차나 주행을 하기가 힘들어지고 있다. 앞바퀴만 조향이 되는 차량은 구조상 주차 시 차체 길이만큼 공간이 더 필요하게 된다.

또한 기존 2륜 조향 방식 차량은 고속 선회 시 앞바퀴에는 핸들에 의한 회전으로 코너링 파워가 발생하지만 뒷바퀴는 차체의 횡미끄러짐이 발생해야만 코너링 파워가 발생하기 때문에 선회지연과 차체의 뒷쪽이 과도하게 흔들리는 문제점이 발생하고 있다. 이런 점을 개선하기 위해 네 바퀴를 모두 조향할 수 있는 시스템을 개발하였다.

1980년대 최초로 일본의 혼다가 4WS라는 명칭으로 기계식 사륜 조향 시스템을 개발하였고 이후 닛산과 미쓰비시, 마쯔다에서 유압 밸브와 전자식 제어 등을 이용하여 4WS를 개발하였다. 2000년대 후반 BMW가 인테그럴 액티브 스티어링(IAS : Integral Active Steering)이라는 명칭으로 개발하였고 렉서스에서 DRS(Dynamic Rear Steering)로, 포르쉐에서는 A-RAS(Active Rear Axle Steering)라는 명칭으로 개발하여 스포츠카에 적용하였다. 혼다는 P-AWS(Precision - All Wheel Steer)라는 이름으로 뒷바퀴 토(Toe) 각도까지 조절이 가능한 시스템을 개발하였고 현대에서는 RWS(Rear Wheel Steering)라는 명칭으로 개발하였다.

(2) 4WS(4 Wheel Steering System)의 정의

차량에 장착된 4개의 바퀴를 모두 조향할 수 있는 시스템으로 총륜 조향 시스템, 4WS로 불린다.

02 4WS의 뒷바퀴 조향각도 설정 방법(동작 원리 및 동작 과정)

(1) 기계식 총륜 조향 시스템

앞바퀴 조향장치는 래크-피니언 기구를 사용하고 있고 앞바퀴 조향기구로부터 인출된 중간축이 뒷바퀴 조향기구와 연결되어 있다. 기어 세트의 동작으로 직진 위치로부터 140도까지 조향될 때는 뒷바퀴는 앞바퀴와 같은 방향, 동위상으로 조향된다. 조향 핸들의 조향각이 140도를 초과하면 점차 반대방향으로 조향되고 240도일 때 중립이 되며, 그 이상부터는 역위상으로 조향된다.

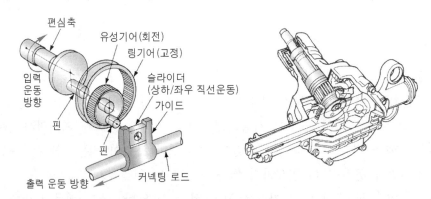

기계식 총륜 조향 시스템의 구조

(2) 유압 · 전자식 총륜 조향 시스템

앞바퀴 조향장치는 유압식으로 동작되며 래크-피니언 방식으로 연결되어 있다. 앞바퀴 조향장치와 뒷바퀴 조향장치는 하나의 출력축으로 연결되어 있다. 뒷바퀴 조향장치도 전자 · 유압식을 사용하며 뒷바퀴의 조향각은 조향각과 주행 속도에 따라 전자적으로 제어된다. 35km/h 미만에서는 앞바퀴와 반대 방향, 역위상으로 조향되고 35km/h 에서는 직진, 35km/h 이상의 속도에서는 앞바퀴와 같은 방향, 동위상으로 조향된다.

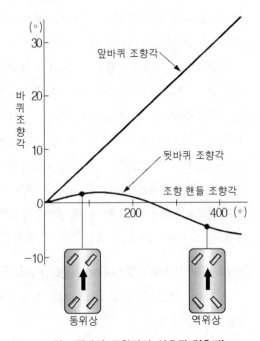

앞 · 뒷바퀴 조향각의 상호관계(혼다)

03 4WS 제어 방법

(1) 조향각 비례 제어

조향 핸들의 조향각도에 비례하여 저속 영역에서는 역위상으로 제어하고 고속 운전 영역에서는 동위상으로 뒷바퀴 조향을 실행하는 제어이다.

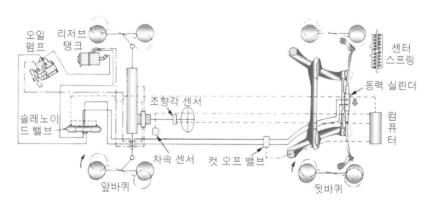

앞바퀴 조향각도 감응형 4WS의 전체 구성도

(2) 요레이트 비례 제어

횡가속도가 측정되면 제어기가 차량 속도와 비교를 하여 솔레노이드 밸브를 동작시키고 앞바퀴의 조향 저항에 평행되는 유압을 발생시킨 후 뒷바퀴의 액추에이터로 보낸다. 뒷바퀴의 동력 실린더에는 유압이 공급되어 뒷바퀴가 횡가속도에 비례하여 제어된다.

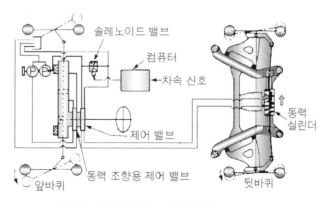

횡가속도 감응형 4WS의 전체 구성도

04 구성

(1) 기계식 총륜 조향 시스템

뒷바퀴 연결 차축, 유성기어 세트

(2) 전자 유압식 총륜 조향 시스템

① 센서 : 조향바퀴 각 센서, 보조 앞바퀴 각 센서, 주 뒷바퀴 각 센서, 보조 뒷바퀴 각 센서, 뒷바퀴 조향 센서, 차속 센서를 통해 앞바퀴와 뒷바퀴의 각도를 파악한다.

② 뒷바퀴용 오일펌프 : 액추에이터(유압펌프)의 동작으로 뒷바퀴를 좌우측으로 조향이 가능하도록 해준다.

③ 4WS 제어기 : 차속에 따라 적합한 신호를 리어 스티어링 컨트롤 박스로 보내 모터를 회전시킨다.

④ 컨트롤 박스 : 박스 내부에 기계장치(요크와 베벨기어)가 조합되어 유로를 변환시켜 뒷바퀴를 조향한다.

05 4WS의 장단점

(1) 장점

① 최소 회전반경 감소 : 저속에서 뒷바퀴가 회전반향과 반대 방향으로 각도를 만들어 주는 역위상이 되어서 자동차 뒷부분도 회전이 가능해지기 때문에 회전반경이 감소한다. 이로 인해서 차고 주차 및 일렬 주차가 용이해진다.

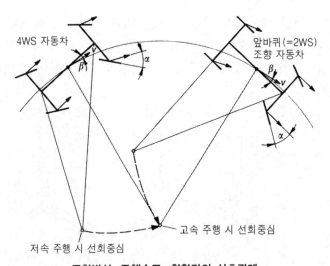

조향방식, 주행속도, 횡활각의 상호관계

② 선회 안정성의 증대 : 고속으로 선회할 때 뒷바퀴의 조향으로 인해 회전반경이 짧아져서 안정된 상태로 선회할 수 있게 된다. 또한 선회 시 앞바퀴와 같이 코너링 포스가 발생하므로 차체의 후미가 원심력에 의해 바깥쪽으로 쏠리는 스핀 현상 없이 안정된 선회를 할 수 있다.

③ 고속 직진 주행 안정성 증대 : 고속 주행 시 조향각이 작을 경우 뒷바퀴가 앞바퀴와 같은 방향으로 약간 조향되기 때문에 자동차의 무게중심이 쉽게 이동하게 되어 안정성을 확보할 수 있게 된다. 또한 외력(바람, 노면의 충격)이 옆 방향에서 발생하게 될 때 조향각을 약간씩 수정하면서 운전하게 되는데 이 경우에도 뒷바퀴의 조향으로 인해 주행 안정성이 확보된다.

(2) 단점

① 가격 대비 효용성이 적고 실제 사용자가 체감하는 효과가 크지 않다.
② 구조가 복잡하고 정비성이 저하된다.

06 공조 램프

기출문제 유형

✦ 자동차 에어 컨디셔너(Air Conditioner)에서 냉매량 조절 방식은 팽창 밸브(Expansion Valve) 타입과 오리피스 튜브(Orifice Tube) 타입으로 대별된다. 이 두 타입의 다른 점을 서술하시오.(68-4-1)

✦ 냉동 사이클의 종류 중 CCOT(Clutch Cycling Orifice Tube) 방식과 TXV(Thermal Expansion Valve) 방식에 대해 각각 설명하시오.(114-4-2)

01 개요

(1) 배경

자동차용 에어컨은 공기조화(Air Conditioning)의 4대 요소인 공기의 온도, 습도, 기류 및 청정도를 적절히 조화시켜 외부의 열 부하로부터 차량의 실내 온도를 실외보다 낮게 유지시켜 주며 실내의 환경을 가장 최적의 상태로 유지시켜 준다. 자동차 에어컨 시스템은 증기 압축 냉동 사이클을 이용하며 냉매의 증발 잠열로 실내 공기의 온도 및 습도를 낮춰 주고 냉매량을 조절할 때에는 온도 팽창 밸브(TXV : Thermal Expansion Valve)나 오리피스 튜브(Orifice Tube)를 사용해 준다.

(2) 온도 팽창 밸브(TXV : Thermal Expansion Valve)의 정의

에어컨 장치에서 냉매의 흐름을 온도에 따라 제어하는 밸브로 감온 팽창변이라고도 하며 증발기 후단에서 냉매 압력과 온도에 따라서 밸브가 자동으로 개폐되는 밸브이다.

(3) 오리피스 튜브(Orifice Tube)의 정의

튜브 내부에 유로가 좁아지는 오리피스를 구성하여 유체의 압력을 감소시키는 장치이다.

02 자동차 에어컨의 구성 방식에 의한 분류

자동차 에어컨 시스템은 냉매의 팽창 방식에 의해 팽창 밸브를 사용하는 TXV(Thermal Expansion Valve) 방식과 오리피스 튜브를 사용하는 CCOT(Cycling Clutch Orifice Tube) 방식으로 구분하며, 압축기의 종류에 의해서 고정 용량형, 가변 용량형으로 구분할 수 있다.

압축기 종류에 의한 에어컨 시스템 구성

TXV Type	– CCTXV Type (Cycling Clutch Thermal Expansion Valve) – VDTXV Type (Variable Displacement Thermal Expansion valve)
CCOT Type	– CCOT Type (Cycling Clutch Orifice Tube) – VDOT Type (Variable Displacement Orifice Tube)

(자료 : 한국과학기술정보연구원)

03 CCOT(Clutch Cycling Orifice Tube) 방식의 상세 설명

(1) 구성

고정 용량형 압축기와 오리피스 튜브를 이용한 방식으로 압축기, 응축기, 팽창기(오리피스 튜브), 증발기, 어큐뮬레이터(Accumulator)로 구성되어 있다. 증발기 출구의 과열도 조절이 불가능하여 증발기와 압축기 사이에 어큐뮬레이터를 설치하여 압축기로 액체 냉매의 유입을 방지한다.

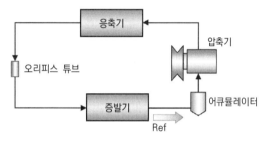

CCOT A/C 시스템 구성

(2) 동작 과정

① 냉동 사이클 : 압축기 → 응축기 → 팽창기 → 증발기 → 어큐뮬레이터

② 압축기(Compressor) : 저온·저압의 냉매를 고온·고압의 가스 상태로 압축시키는 장치로 엔진 크랭크축 풀리의 벨트로 구동된다. 압축기의 축(shaft)은 분리되어 회전하며 압축이 필요할 때 전자석을 이용하여 동기화 시킨다.

③ 응축기(Condenser) : 고온·고압의 가스를 외기와 열 교환으로 냉각시켜 중온·고압의 액체 가스 상태로 변환시키는 장치이다. 라디에이터 앞쪽에 설치되며, 압축기로부터 오는 고온의 기체 상태인 냉매의 열을 대기 중으로 방출시켜 액체 상태로 변화시킨다.

④ 팽창기(오리피스 튜브, Orifice Tube) : 중온·고압의 액체 냉매를 오리피스 튜브에 의한 교축 작용으로 저압의 기체로 변화시키고, 온도와 압력을 강하시킨다. 오리피스 튜브를 통과한 냉매는 저압의 조건에 의해 유속이 빨라지고 습포화 증기 상태가 된다. TXV와 다르게 냉매 유량 조절 기능은 없다.

⑤ 증발기(Evaporator) : 팽창 과정을 거쳐 유입되는 습포화 증기 상태의 저온 저압 냉매를 차 실내 또는 실외의 공기와 열 교환시켜 과열 증기 상태로 변화시키는 과정이다. 액체 냉매는 이 과정에서 증발기 주위에 있는 공기로부터 증발에 필요한 열(증발 잠열)을 흡수하면서 스스로 증발한다. 열을 빼앗긴 공기는 냉각되고 차 실내로 유입되어 온도를 낮추게 된다.

⑥ 어큐뮬레이터(Accumulator) : 증발기에서 증발된 냉매는 완전히 증발되지 않고 액체 냉매를 포함하는 경우가 이다. 이 액체 냉매가 압축기로 유입되면 구동부의 손실을 초래할 수 있으므로 액체 냉매를 분리하여 완전한 기체만 압축기로 유입되도록 한다. 또한 건조제를 사용하여 냉매의 수분을 흡수한다.

(3) 특징

① 가격이 저렴하고 고속 주행과 같은 정속 운전 조건에서 성능이 우수하다.
② 저속이나 비정숙 운전 조건에는 적합하지 않다.

04 TXV(Thermal Expansion Valve) 방식의 상세 설명

(1) 구성

고정 용량형 압축기와 온도 팽창 밸브를 이용한 방식으로 압축기, 응축기, 리시버 드라이어(Receiver Drier), 팽창기(팽창 밸브), 증발기로 구성되어 있다. 팽창 밸브와 응축기 사이에 리시버 드라이어를 배치하여 액상의 냉매가 팽창 밸브로 유입되도록 구성하였다.

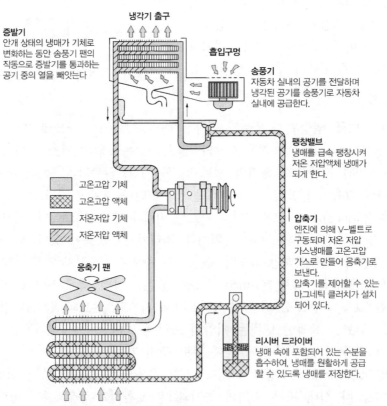

(a) TXV형 에어컨의 구성

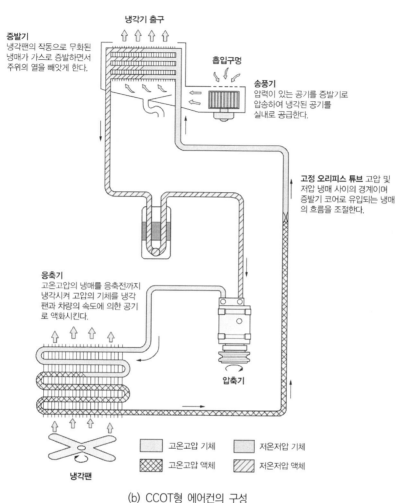

냉각기 출구

증발기
냉각팬의 작동으로 무화된
냉매가 가스로 증발하면서
주위의 열을 빼앗게 한다.

흡입구멍

송풍기
압력이 있는 공기를 증발기로
압송하여 냉각된 공기를
실내로 공급한다.

고정 오리피스 튜브 고압 및
저압 냉매 사이의 경계이며
증발기 코어로 유입되는 냉매
의 흐름을 조절한다.

응축기
고온고압의 냉매를 응축전까지
냉각시켜 고압의 기체를 냉각
팬과 차량의 속도에 의한 공기
로 액화시킨다.

압축기

	고온고압 기체		저온저압 기체
	고온고압 액체		저온저압 액체

냉각팬

(b) CCOT형 에어컨의 구성

자동차 에어컨 시스템의 구성 방식에 따른 분류

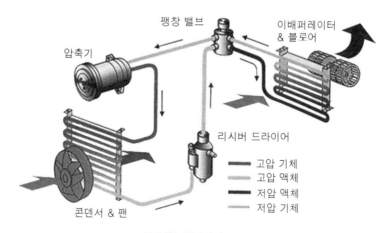

팽창 밸브

이배퍼레이터
& 블로어

압축기

리시버 드라이어

	고압 기체
	고압 액체
	저압 액체
	저압 기체

콘덴서 & 팬

TXV형 에어컨의 구조

냉동 사이클은 '압축기→응축기→리시버 드라이어→팽창기→증발기'이다.

* 압축기, 응축기, 증발기는 CCOT 방식에서 설명한 내용과 동일하다.

① 리시버 드라이어 : 냉동 사이클의 부하 변동에 대응하여 적절한 양의 냉매를 저장하고 응축기로부터 토출된 액체 냉매에서 기포를 제거해 준다.(기포를 포함할 경우 냉방 성능의 저하가 초래되기 때문) 여과기, 건조제를 이용해 냉매 중의 수분이나 이물질을 제거한다.

② 팽창기(온도 팽창 밸브, Thermal Expansion Valve) : 팽창 밸브는 증발기 입구에 설치되며 리시버 드라이어로부터 유입된 고온 고압의 액체 냉매를 교축 작용을 통하여 저온 저압의 습포화 증기 상태로 변화시키는 기능을 한다. 또한 최대의 냉방 성능을 발휘하기 위해 증발기 출구측의 압력, 팽창 밸브 입구측의 압력, 스프링 압력으로 유로의 단면적을 변화시켜 유량을 조절한다.

(3) 특징

원가는 다소 높지만, 냉매의 유량을 정확히 조절이 가능하고, 저속이나 과도 운전조건에서 성능이 우수하다.

기출문제 유형

✦ TXV(Thermal Expansion Valve) 방식의 냉동사이클을 그림으로 그리고, 냉매의 상태(기체, 액체, 온도, 압력)와 특성을 설명하시오.(107-1-2)

✦ 차량 에어 컨디셔닝 시스템에서 냉매의 열교환시 상태변화 과정을 순서대로 설명하시오.(108-2-4)

---

01 개요

(1) 배경

자동차용 에어컨은 공기조화(Air Conditioning)의 4대 요소인 공기의 온도, 습도, 기류 및 청정도를 적절히 조화시켜 외부 열 부하로부터 차량의 실내 온도를 실외보다 낮게 유지시켜 주며 실내의 환경을 가장 최적의 상태로 유지시켜 준다. 자동차 에어컨 시스템은 증기 압축 냉동 사이클을 이용하며 냉매의 증발 잠열로 실내 공기의 온도 및 습도를 낮춰 주고 냉매량을 조절할 때에는 온도 팽창 밸브(TXV : Thermostatic Expansion Valve)나 오리피스 튜브(Orifice Tube)를 사용해준다.

(2) 냉동 사이클의 정의

냉동을 위해 냉매의 상태 변화를 유발하는 사이클로 1회 사이클은 냉매가 압축기·응축기·팽창 밸브·증발기의 4가지 장치를 거치는 과정으로 형성되는 사이클이다.

02 온도 팽창 밸브(Thermal Expansion Valve)의 냉동 사이클

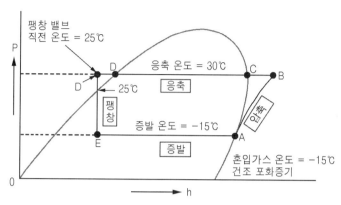

온도 팽창 밸브의 냉동 사이클

온도 팽창 밸브의 냉동 사이클은 압축→응축→팽창→증발의 과정을 거친다.

(1) 압축 과정에서 냉매의 상태와 특성

압축 과정은 증발기의 저온 저압의 냉매를 고온 고압으로 압축하는 과정이다. 기체 가스의 상태를 유지하며 기체가 압축이 되면서 분자의 운동에 의해 고온이 된다. 이 과정에서 냉매는 상온에서 액화되기 쉬운 상태까지 압축된다.

(2) 응축 과정에서 냉매의 상태와 특성

응축 과정은 압축 과정에서 압축된 고온 고압의 냉매 가스를 외부 공기와 열 교환을 통해 중온 고압의 액체 상태의 냉매로 변환시키는 과정이다. 고온 고압의 냉매 가스가 외부 공기와 접촉하여 방출하는 열을 응축열이라고 한다.

(3) 팽창 과정에서 냉매의 상태와 특성

팽창 과정은 응축 과정에서 생성된 중온 고압의 액체 상태의 냉매를 교축 작용을 통해 저온 저압의 습포화 증기 상태로 변화시키는 과정이다. 직경이 일정한 배관에서 직경이 줄어드는 지점을 교축 지점이라고 하는데 교축 작용은 배관에 일정한 유량이 흘러가다가 교축 지점부터 유속이 빨라지고 압력이 낮아지는 작용을 말한다. 액체 상태의 냉매가 교축 지점을 통과하면서 압력이 낮아지게 되고 습포화 증기 상태가 된다.

(4) 증발 과정에서 냉매의 상태와 특성

증발 과정은 팽창 과정을 거쳐 유입되는 습포화 증기 상태의 저온 저압 냉매를 차 실내 또는 실외의 공기와 열 교환시켜 과열 증기 상태로 변화시키는 과정이다. 액체 냉매는 이 과정에서 증발기 주위에 있는 공기로부터 증발에 필요한 열(증발 잠열)을 흡수하면서 스스로 증발한다. 열을 빼앗긴 공기는 냉각되고 차 실내로 유입되어 온도를 낮추게 된다.

01 개요

(1) 배경

자동차 에어컨 시스템은 증기 압축 냉동 사이클을 이용하며 냉매의 증발 잠열로 실내 공기의 온도 및 습도를 낮춰 주고 있다. 냉매는 자동차 냉동 장치를 순환하고 있으며 끊임없이 그 상태가 변화하고 있다. 냉동 능력이나 소요 동력 등을 계산하기 위해서는 각 위치에서 냉매의 상태를 예측할 필요가 있다. 이때 선도를 이용하는데 선도의 종류에는 압력-체적(P-V) 선도, 온도-엔탈피(T-S) 선도, 엔탈피-엔트로피(H-S) 선도, 압력-엔탈피(P-H) 선도 등이 있다. 주로 압력-엔탈피 선도를 사용한다.

(2) P-H 선도의 정의

P-H 선도는 몰리에르 선도를 말하며 압력(P : Pressure)과 엔탈피(H : Enthalpy)로 구성된 선도이다. 냉매의 각종 특성치(압력, 온도, 엔탈피, 비체적)를 나타낸다.

02 P-H 선도 상세 설명

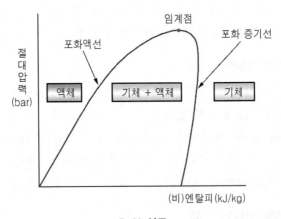

P-H 선도

몰리에르 선도는 y축은 절대 압력, x축은 엔탈피로 이뤄져 있다. 왼쪽 아래에서 오른쪽 위의 임계점까지의 곡선이 포화액 선으로 포화액 선은 액체에서 기체로 변하기 시작하는 점들을 모은 것이다. 이 곡선보다 왼쪽에 있는 영역은 액체 상태로 포화액보다 온도가 낮은 과냉각 영역이다. 이 곡선의 오른쪽 영역은 액체와 기체가 공존하는 구역으로 습포화 증기 구역이라고 한다. 오른쪽 아래에서부터 임계점까지의 곡선을 포화 증기선이라고 하며 이 지점을 지나면 모두 기체로 바뀐다.

포화액 선과 포화 증기선이 만나는 점을 임계점이라고 부르며 이 점에서의 압력과 온도를 임계 압력, 임계 온도라고 한다. 임계 온도는 어떤 가스가 응축될 수 있는 최고 온도를 말하며 따라서 임계점 이상에서 가스는 응축되지 않는다. 임계점 이상에서는 습포화 증기 구역이 나타나지 않고 액체 구간과 기체 구간의 구분이 사라지며 증기의 응축이 일어나지 않으므로 액화되지 않는다.

03 과냉각도와 과열도의 도시

(1) 과열도

① 증발기에서 포화 증기선을 넘어가는 지점부터 압축이 시작되는 지점까지를 말한다.
② 압축기 흡입 직전 온도 : 압력계로 읽은 압력에 상응하는 포화 온도

(2) 과냉각도

① 응축기에서 포화액 선을 넘는 지점부터 팽창이 시작되는 지점까지를 말한다.
② 팽창 밸브 직전 관의 측정 온도 : 압력계로 읽은 압력에 상응하는 포화 온도

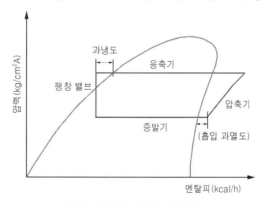

과열·과냉각도교체 캡션입력.

04 냉동 선도에 미치는 영향

(1) 과열도

증발기에서 과열을 시키는 이유는 압축기를 보호하고 압축율을 높이기 위해서이다. 만일 소량의 액체가 압축기에 유입되면 압축기의 효율이 저하되고 액체 압축으로 인해 흡입 밸브, 배출 밸브 등의 부품이 파손된다. 따라서 증발기 출구 상태를 포화 증기가 아닌 과열 증기로 만들어준다.

(2) 과냉각도

응축기에서 냉매의 출구 상태를 포화액이 아닌 과냉액으로 만드는 이유는 팽창 장치에서의 압력강하와 충분한 냉매의 순환량을 확보하기 위해서이다. 증기가 포함된 액이 팽창 밸브로 공급되면 설계 시 설정했던 압력강하 기준이 만족될 수 없게 된다. 충분한 과냉이 될 때 냉동 효과가 증가하여 증발기에서 열 흡수량이 증대되고 성능계수도 향상된다.

기출문제 유형

✦ 자동차의 공기조화 장치에서 열 부하에 대해서 설명하시오.(113-3-3)

---

01 개요

(1) 배경

자동차의 실내 공간은 협소하고 밀폐되어 있어 유리창에 김 서림, 서리 등이 발생할 수 있고 짧은 시간 동안 이산화탄소의 농도가 증가하여 운전자의 집중력을 떨어뜨리기도 한다. 또한 자동차는 다양한 열에 의한 부하에 노출되어 있어 이에 대한 대책이 강구되고 있다. 자동차의 공조 장치는 냉난방, 환기장치를 말하는 것으로 주행 환경이나 열 부하에 따라 차량의 내부 온도나 습도를 제어하여 쾌적한 실내 공간을 제공하는 기능을 한다.

(2) 공기조화 장치(Air Conditioning System)의 정의

자동차의 공조 조화 장치는 차량의 공기 온도, 습도, 기류, 청정도를 적절히 조화시켜 외부 열 부하로부터 차량의 실내 온도를 실외보다 낮게 유지시키며 실내 환경을 최적의 상태로 유지시켜 주는 시스템이다.

(3) 열 부하의 정의

자동차의 열 부하는 자동차의 내부와 외부의 열을 말하는 것으로, 태양으로부터의 복사열, 차체 부근에서의 전도 및 대류에 의한 열, 탑승객 및 전지 장치로부터의 발열, 지열 및 차체 통풍성에 의한 자연 환기 등에 의한 열 등을 말한다.

02 열 부하(Heat Load) 상세 설명

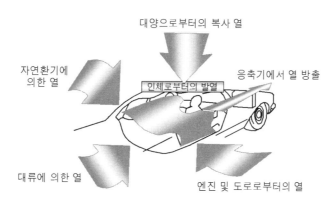

대양으로부터의 복사 열

자연환기에 의한 열

인체로부터의 발열

응축기에서 열 방출

대류에 의한 열

엔진 및 도로로부터의 열

차량의 열부하

(1) 복사에 의한 열

태양으로부터 복사열은 자동차의 유리와 차체를 통해 실내로 전달된다. 복사열은 자동차의 색상, 유리의 면적, 복사 시간, 주변 온도, 기후 등에 따라 차이가 있다. 맑은 여름에 12시경 차량의 전면 유리가 정남으로 향하고 있을 때 복사열은 대략 180kcal/h이다.

(2) 전도 및 대류에 의한 열

자동차와 외부 공기가 맞닿는 곳에서는 대류에 의해 열이 전달된다. 자동차의 표면과 엔진의 발열 등으로 차체와 패널, 트림 등을 통해 대류 열이 실내로 전달된다. 자동차가 주행할 때는 대류가 활발히 일어나므로 대류 열이 많아진다. 또한 실내 온도를 낮춰서 유지할 때 자동차의 표면은 고온이고 실내는 저온 상태이기 때문에 패널이나 트림을 통해서 엔진 및 도로의 외기 열이 더 많이 들어오게 된다. 대류에 의한 열 부하는 대략 500~600kcal/h이다.

(3) 인체로부터의 발열

인체의 피부 표면이나 의복, 호흡에 의한 수증기, 땀에 의한 증발에서 열이 발생된다. 실내에 수분을 공급하기도 한다. 일반 성인이 방열하는 열량은 1시간당 100 Kcal/h 정도이다.

(4) 자연 환기에 의한 열

자동차 주행 중에는 도어나 유리의 틈새로 외기가 들어오거나 실내 공기가 빠져나가는 자연환기가 이루어진다. 환기는 실내의 건조하고 차가운 공기를 외부의 습하고 따뜻한 공기와 교환하는 과정으로 열과 수분이 실내로 공급된다.

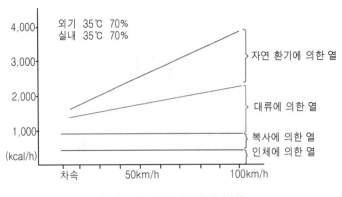

차 속도에 의한 열부하의 변화

03 열 부하에 대한 대책

열 부하로부터 냉·난방 성능을 충분히 발휘하기 위해서 차량을 복사열이나 내·외기의 자연 환기로부터 차단하는 것이 중요하다. 이에 대한 대책으로 자동차의 유리 면적을 과도하게 넓히지 않고 가시광선의 투과율을 낮추는 필름을 붙인다. 또한 차체와 패널, 트림 보드(trim board)의 개선을 통해 자연 환기가 되지 않도록 하여 열 부하를 차단한다.

기출문제 유형

✦ 차량용 에어컨 압축기 중 가변-변위 압축기의 기능에 대해 설명하시오.(102-1-1)

01 개요

(1) 배경

자동차 에어컨 시스템을 구성하는 주요 구성품 중에 압축기(Compressor)는 자동차 엔진으로부터 동력원을 전달받아 회전하면서 냉매 가스를 압축하는 부품이다. 주로 사판식 압축기가 사용된다. 사판식 압축기는 경사진 사판의 회전에 의해 피스톤이 왕복 운동하는 피스톤식 왕복동 압축기로 사판의 경사각이 고정되어 있는 고정식 압축기와 사판의 경사각이 변화하여 용량을 제어하는 가변 사판식 압축기가 있다. 2000년 이후에는 용량 제어가 용이한 가변 사판식 압축기가 주로 적용되고 있으며 현재에는 전자식 가변 용량 압축기를 적용하고 있다.

(2) 가변-변위 압축기(Variable Displacement Compressor)의 정의

냉매의 토출 용량을 에어컨의 부하 상태에 따라 연속적으로 변화시켜 운전성을 향상시키는 방식의 압축기로 가변 용량형 압축기라고도 한다.

02 가변-변위 압축기의 구성

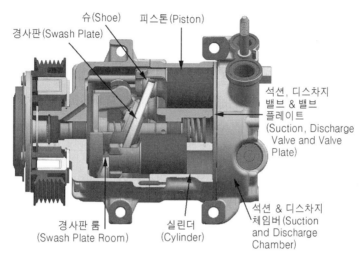

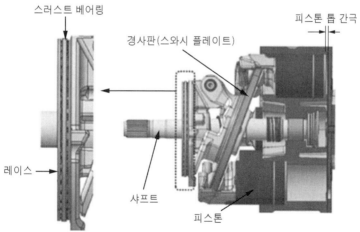

가변 변위 압축기의 구조

① **샤프트(Shaft)** : 풀리로 전달되는 엔진의 구동력으로 사판을 회전 시킨다.
② **사판(Swash Plate)** : 샤프트에 연결돼 있으며 경사각을 조절할 수 있다. 위, 아래로 피스톤과 연결돼 있어서 회전할 때 피스톤을 앞, 뒤로 움직인다.
③ **피스톤(Piston)** : 냉매의 입출력을 담당하며 사판에 의해서 움직인다.

03 가변-변위 압축기(Variable Displacement Compressor)의 기능

압축기는 증발기의 저온 저압의 냉매를 고온 고압으로 압축하는 장치이다. 기체의 가스 상태를 유지하며 기체가 압축이 되면서 분자의 운동에 의해 고온이 된다. 이 과정에서 냉매는 상온에서 액화되기 쉬운 상태까지 압축된다. 가변 변위 압축기는 냉매의 흡입, 압축, 토출의 기능을 하며 냉방 부하에 따라 사판의 경사각을 변화시켜 토출 용량을 0~100%로 제어한다.(사판의 각도가 0도일 때 무부하)

(1) 냉방 부하가 작은 경우

증발기의 가스 증발량이 작아지면 압축기 입구측의 압력이 낮아지기 때문에 용량 제어 밸브의 다이어프램이 작동하여 제어 밸브가 열리게 되고 제어실 압력이 높아지면서 사판의 각도가 작아진다. 사판에 장착된 피스톤의 행정이 줄어들면서 냉매의 토출량이 줄어든다.

(2) 냉방 부하가 큰 경우

증발기 가스의 증발량이 많아지면 압축기 입구측의 압력이 높아지기 때문에 용량 제어 밸브의 다이어프램이 작동하지 않게 되어 제어 밸브가 닫히게 된다. 그 결과 제어실 압력이 낮아지면서 사판의 각도가 커지고 피스톤의 행정이 커지면서 냉매의 토출량이 많아진다.

04 가변 변위 압축기의 주요 특징

(1) 냉방 성능 개선

에어컨 작동 전영역에서 냉매량 가변 제어가 가능하기 때문에 불필요한 압축기의 ON · OFF 제어를 회피할 수 있어서 실내 노출 온도의 변화 폭을 저감시켜 냉방 온도의 균일성을 확보하였다.

(2) 연비 향상

압축기의 부하량 변동에 따라 엔진 ECU가 공회전 rpm을 피드백 제어하기 때문에 연료 소모량을 줄일 수 있다.

(3) 운전 성능 향상

압축기의 구동 부하가 감소되어 에어컨 동작 시 가속 성능이나 엔진 출력이 저하되는 현상이 줄어들었다.

(4) 소음 · 진동 감소

압축기의 ON · OFF 시 발생되던 마그네틱 클러치의 작동 음이 저감되었고 압축기의 구동 부하가 감소되면서 냉매 파이프, 팽창 밸브 등에서 발생되던 공진 음 및 진동이 저감되었다.

✦ 자동차 에어컨용 냉매의 구비조건을 물리적, 화학적 측면에서 설명하시오.(110-2-1)

01 개요

(1) 배경

자동차 에어컨은 공기의 온도, 습도, 기류 및 청정도를 적절히 조화시켜 외부의 열 부하로부터 차량의 실내 온도를 실외보다 낮게 유지시키며 실내 환경을 가장 최적의 상태로 유지시키는 목적을 갖고 있다. 자동차의 에어컨 시스템에서 핵심 물질은 냉매로써 냉매의 상태 변화에 따라서 냉방 성능이 달라진다.

1970년대에는 염화불화탄소(CFC)계의 R-12가 사용되다가 오존층 파괴의 물질임이 밝혀짐에 따라 1977년에 수소염불화탄소(HFC)계의 R-134a라는 대체 냉매가 개발되어 국내에서도 1996년부터는 자동차 에어컨용 냉매로서 R-134a가 사용되고 있으며 지구 온난화 및 환경 보호에 대한 관심이 커짐에 따라 대체 냉매에 대한 필요성이 대두되고 있다.

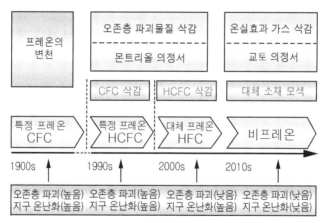

규제에 따른 프레온의 변천

(2) 냉매의 정의

냉각 작용을 일으키는 모든 물질로 주위로부터 열을 흡수하여 다시 방출해 주는 물질로 냉동 장치, 냉장고, 자동차 에어컨 등의 장치 내부를 순환하면서 저온부(증발부)에서 증발하여 주위로부터 열을 흡수하고 고온부(응축기)에서 응축되어 열을 방출시키는 작동 유체를 말한다.

02 냉매의 종류

냉매는 일반적으로 할론 카본(프레온), 탄화수소, 유기화합물, 무기화합물 등 네 가지 종류가 있다. 주로 프레온 가스 소재의 R-134a를 사용했으나 지구온난화 가스를 저감시키기 위해 친환경 소재인 R-1234yf, R-744(CO_2), R-152a 등으로 대체되고 있다.

① 할론 카본 냉매〔프레온(FREON) 냉매〕
② 탄화수소냉매(Hydrocarbon)
③ 암모니아(Ammonia R-717) NH_4)
④ 물(H_2O)
⑤ 공기(Air)
⑥ 이산화탄소(CO_2) ⑦ 아황산가스(SO_2)
⑧ 혼합 냉매(공비 혼합 냉매, 비공비 혼합 냉매)
⑨ 간접 냉매(브라인 Brine)

03 냉매의 구비 조건

(1) 물리적 측면

① 저온에서 증발 압력이 대기압보다 높고, 상온에서 응축 압력이 낮아야 한다.
② 동일한 냉동 능력을 내는 경우에 냉매 가스의 비체적이 작아야 한다.
③ 액상 및 기체상의 점도는 낮고, 열전도도는 높아야 한다.
④ 가격이 저렴하고 운반과 구입이 용이해야한다.
⑤ 전기 저항이 크고 절연 파괴를 일으키지 않아야 한다.
⑥ 동일한 냉동 능력을 내는 경우에는 소요 동력이 적어야 한다.

(2) 화학적 측면

① 화학적으로 안정되고 냉매 증기가 압축열에 의해 분해되지 않아야 한다.
② 불활성으로서 금속 등과 화합하여 반응을 일으키지 않고 윤활유를 열화시키지 말아야 한다.
③ 인화성 및 폭발성이 없고 인체에 무해하며 자극성이 없어야 한다.
④ 오존층 붕괴와 지구 온난화에 영향을 주지 않아야 한다.
⑤ 증발 잠열이 크고 액체의 비열이 작아야 한다.
⑥ 임계 온도가 높고 응고 온도가 낮아야 한다.
　　※ 임계 온도 : 액화가 가능한 최고의 온도를 말한다.

참고

CO₂ 차세대 냉매로 자리잡을까? The Science Times(2016-10-27)

2016년 10월 15일 르완다 키갈리에서 열린 몬트리올 의정서 당사국 28차 회의에 참석한 197개국 대표들은 에어컨과 냉장고 등에 냉매로 사용되는 수소불화탄소(HFC) 사용의 단계적 감축 방안에 합의했다. 이에 따라 미국과 유럽 등의 선진국은 2019년부터 단계적으로 HFC의 사용을 감축해야 한다.

한국과 중국 등 100여 개 개발도상국 1그룹은 2024년부터 단계적인 감축에 들어가며, 인도·파키스탄 및 중동 일부 국가 등의 개발도상국 2그룹은 2028년부터 감축이 시작된다. 1987년 몬트리올 의정서 채택으로 염화불화탄소(CFC), 수소염화불화탄소(HCFC) 등의 특정 프레온은 규제 대상이 되었다. CFC는 이미 생산 및 수입이 금지되었고, HCFC는 선진국의 경우 2020년까지, 개도국의 경우 2030년까지 생산 및 수입이 금지된다.

HFC는 온실 효과가 높은 물질로 오존층에 미치는 영향은 적지만 지구 온난화에 미치는 영향은 이산화탄소의 수백 배에서 수천 배에 이르는 것으로 분석되었다. HFC는 90% 이상이 에어컨과 냉장고, 자동차 등 냉매제용으로 사용되고 있다. 이밖에 반도체 제조, 단열재 및 쿠션 등의 발포제, 의약품 분사제로도 사용된다.

기출문제 유형

✦ CO₂(R-744) 냉매 시스템에 대해 설명하시오.(92-3-3)

---

01 개요

(1) 배경

냉매로 사용되어오던 염화불화탄소(CFC : Chloro Fluoro Carbon) R-12 냉매와 수소화염화불화탄소(HCFC : Hydro Chloro Fluoro Carbon) 냉매는 지구 오존층 파괴물질이기 때문에 생산이나 수입의 규제 대상이 되었다. HFC 냉매는 오존층을 파괴하지 않지만 지구온난화지수(GWP : Global Warming Potential)가 높기 때문에(CO_2냉매의 수백~1만 배), 환경을 보호하는 관점에서 오존층을 파괴하지 않으면서 온난화에도 영향이 적은 비프레온 냉매를 개발, 적용하고 있다.

(2) CO₂ 냉매 시스템 정의

비프레온(Non-Freon)인 CO_2를 냉매로 활용한 냉동 시스템이다.

02 CO₂ 냉매 시스템 구성

압축기, 가스 쿨러(외부 열 교환기), 전자식 팽창 밸브, 내부 열 교환기·어큐뮬레이터, 증발기로 구성되어 있다.

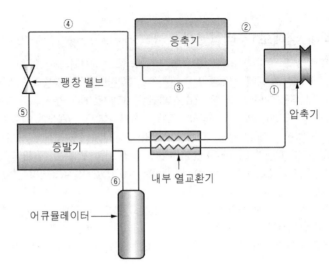

CO₂ 냉매 시스템의 구성

(1) 압축기(2단 압축기)

내부에 2개의 압축 로터를 갖고 있어서 냉매를 2단계로 압축한다. CO_2 냉매를 적용한 경우 HFC 냉매에 비해 고압이 약 4배 정도 커지기 때문에 압축기를 2단으로 구성하였다. 어큐뮬레이터에서 흡입된 냉매가 1단계 압축기구에 의해 중간 압력까지 압축되고 압축기 내부로 토출된다. 압축기 내부의 냉매는 중간 냉각기 열 교환기에서 냉각되고 2단계 압축기구에 의해 필요한 압력까지 올라간 후 가스 쿨러로 토출된다.

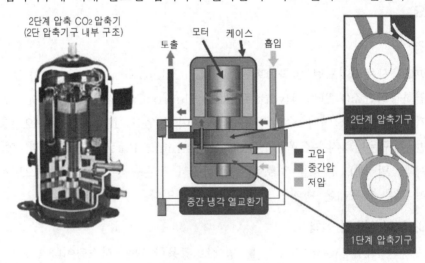

로터리 2단 압축 CO₂ 압축기 (자료 : news.panasonic.com/global/stories/809)

(2) 가스 쿨러

가스 쿨러는 응축기의 역할을 하며 고압가스를 중간 압력의 포화 온도 부근까지 냉각시킨다.

(3) 어큐뮬레이터 · 내부 열 교환기

어큐뮬레이터는 냉매의 수분을 제거하고 이물질을 제거한다. 또한 내부의 열 교환기에서는 가스 쿨러에서 내보낸 고압의 냉매와 증발기에서 나온 저압의 냉매를 열 교환시켜 팽창 전의 냉매 온도를 떨어뜨린다.

(4) 전자식 팽창 밸브 · 통합 제어기

CO_2 냉매는 임계점 이상에서 작동이 되기도 하고 포화 사이클에서 작동되는 경우도 있기 때문에 외기 온도에 따라 팽창 밸브의 제어를 변경하여야 한다. 이를 위해 통합 제어기가 냉매의 상태에 따라 팽창 밸브의 개도를 제어할 수 있도록 지시한다. 전자식 팽창 밸브는 제어기의 명령에 따라 밸브를 열어 냉매를 저온 저압 상태의 습포화 증기로 만들어 준다.

(5) 증발기

저온 저압의 습포화 증기가 외부와 열 교환을 통해서 과열 증기 상태로 변화시키는 과정이다. 액체 냉매는 이 과정에서 증발기의 주위에 있는 공기로부터 증발에 필요한 열(증발 잠열)을 흡수하면서 스스로 증발한다. 열을 빼앗긴 공기는 냉각되고 차 실내로 유입되어 온도를 낮추게 된다.

03 CO_2 냉매 시스템의 특징

(1) 장점

① 수소화불화탄소(HFC : Hydro Fluoro Carbon)의 냉매를 사용하는 냉동기보다 에너지의 절감이 우수하다.
② 환경 친화적이고 안전성이 우수하다.

(2) 단점

① HFC 냉매보다 에너지의 절감 성능이 낮다. 외기의 조건이 CO_2 냉매의 임계점 이상이 되는 여름철은 방열이 어려워 HFC 냉매보다 냉동 효과가 낮다.
② 임계점 이상의 운전에서는 냉매가 응축되지 않으므로 냉매의 흐름을 제어하기 어렵다.
③ 외기의 온도가 낮을 때는 냉동 능력이 커지게 된다.

참고 1. CO₂ 냉매의 특징

냉매로서 CO_2는 자연에서 추출된 독성이 없고 비가연성이며 대기 중에 약 0.04%로 존재하는 물질로 쉽게 얻을 수 있다는 특징을 가지고 있다. 순수한 CO_2는 온도와 압력의 한계에 따라 고체, 액체, 기체 그리고 초임계 유체 상태로 구분되는데 대기압에서 CO_2는 고체나 기체로만 존재한다.

이 압력에서는 액화될 수 없으며 -78.4℃ 이하에서는 드라이아이스라는 고체로만 존재하며 이 온도 이상에서는 바로 기체 상태로 변한다. 5.2bar, -56.6℃에서 CO_2는 '삼중점'이라고 불리는 독특한 상태 에 도달하게 되며 이 지점에서는 고체, 기체, 액체가 공존한다. CO_2는 31.1℃에서 임계점(Critical Point)에 도달한다.

임계점은 임계 압력 이상으로 높아져도 액화가 되지 않고, 온도가 임계온도보다 높아져도 기화되지 않 는 상태를 말한다. 이 온도에서는 액체의 밀도와 기체 상태의 밀도가 같아지며 결과적으로 두 상 사이 의 구별이 사라지고 새로운 상이 나타나게 되는 이를 초임계 상태라고 한다.

2. CO₂냉매 사이클(초임계 사이클)

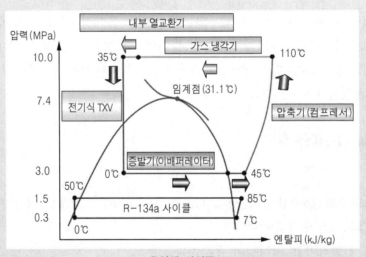

초임계 사이클

이산화탄소의 임계압력은 7.4MPa, 임계온도는 31.3℃이다. 압축기는 냉매를 압축하여 45℃에서 11 0℃로 냉매의 온도를 올리고 가스 냉각기는 외부와 열 교환을 통해 35℃로 낮추게 된다. 냉매는 팽창 밸브를 거쳐 팽창하여 0℃로 떨어지고 다시 증발기를 통해 외부와 열 교환을 하면서 45℃까지 온도가 올라간다.

✦ 자동차의 FATC(Full Automatic Temperature Control) 장치에 장착되는 입력 센서의 종류 7가지를 열거하고, 열거된 센서의 역할을 설명하시오.(101-4-5)

✦ FATC(Full Automatic Temperature Control) 자동차 에어컨에서 운전자의 설정 온도로 차량의 실내 온도가 제어되는 원리에 대해 설명하시오.(116-4-2)

01 개요

(1) 배경

자동차의 공기 조화(Air Conditioner) 시스템은 자동차 실내의 공기 온도, 습도 등을 제어해 주는 시스템으로 자동차의 고급화 추세에 따라 보다 쾌적한 공간을 창출하기 위해 자동화가 진행되고 있다. FATC(Full Automatic Temperature Control)는 각종 센서를 이용해 차량의 실내·외 상황을 감지하여 자동으로 실내 공기를 제어하여 운전자가 희망하는 쾌적한 실내 공간을 제공해 준다.

(2) FATC(Full Automatic Temperature Control)의 정의

자동차의 실내 온도를 전자동으로 제어하는 시스템으로 자동차 내외부의 온도, 증발기 온도, 히터 코어, 수온 및 차 실내 온도를 각종 센서가 감지하여 차량 실내의 온도와 풍량을 자동으로 제어하는 에어컨 시스템이다.

02 FATC의 구성

FATC는 각종 센서(실내 온도 센서, 외기 온도 센서, 일사량 센서, 습도 센서, 핀 서모 센서, 수온 센서, 위치 센서, AQS 센서)와 액추에이터(파워 트랜지스터, 온도 조절 액추에이터, 풍향 조절 액추에이터, 내·외기 조절 액추에이터, 컨트롤 패널 화면 디스플레이), 제어기 등으로 구성되어 있다.

입력부	제어부	출력부
• 핀 서모 센서 • 실내 온도 센서 • 외기 온도 센서 • 냉각수온 센서 • 일사량 센서 • 듀얼 압력 스위치 • 트리플 압력 스위치 • 에어컨 압력 센서 • 온도 조절 위치 센서 • AQS 센서 • 스위치 입력 신호 • 전원 공급	FATC 모듈 (Full Automatic Temp Control)	• 파워 TR • Hi 블로워 릴레이 • 에어컨 릴레이 • 온도 조절 액추에이터 • 풍향 조절 액추에이터 • 내외기 조절 액추에이터 • 컨트롤 패널 Display • 센서 전원 • 자기진단 출력

FATC 입출력 다이어그램

(1) 일광/일사량 센서(Photo Sensor)

일광 센서는 보통 햇빛을 잘 감지할 수 있는 곳(메인 크래시 패드 중앙)에 위치하고 있으며 광기전성 다이오드를 내장하고 있다. 광기전성 다이오드에서 감지하는 빛의 양에 비례하여 기전력이 발생되고, 이 기전력이 FATC 제어기에 전달된다. FATC 제어기는 일사량 감지량을 고려하여 실내의 온도와 풍량을 제어한다. 입력, 출력 두 개의 핀으로 구성되어 있으며 불빛을 비췄을 때 0.8V의 전압이 발생한다.

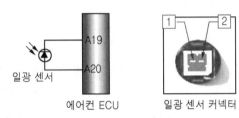

일광 센서 회로 및 센서 단자

(2) 실내 온도 센서(IN-CAR Temp. Sensor)

실내 온도 센서는 에어컨 컨트롤 패널에 장착되며 차량의 실내 온도를 감지하여 FATC 제어기에 전달한다. 부특성 서미스터(NTC : Negative Temp. Coefficient Themister)를 이용한 센서로 온도가 높아지면 저항이 작아지고, 온도가 낮아지면 저항이 커지는 특성이 있다. FATC 제어기는 실내 온도의 측정값을 이용하여 AUTO 모드 시 블로워 모터의 속도, 온도 조절 액추에이터 및 내·외기 전환 액추에이터의 위치를 보정해 준다.

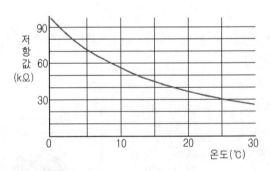

실내 온도 센서 저항 온도 특성

(3) 외기 온도 센서(Ambient Sensor)

외기 온도 센서는 주로 라디에이터 전면부에 장착되며 외부의 공기 온도를 측정하여 FATC 제어기에 전달한다. 부특성 서미스터(NTC)가 내장되어 있어 온도가 높아지면 저항이 작아지고 온도가 낮아지면 저항이 커지는 특성이 있다. FATC 제어기는 외부의 온도 측정값을 이용하여 실내의 온도와 풍량을 제어한다.

(4) 습도 센서(humidity sensor)

습도 센서는 리어 선반 트림에 설치되어 차내의 습도를 감지하여 FATC 제어기로 보내준다. FATC 제어기는 이 신호를 이용하여 실내 공기의 상대 습도를 측정하여 차량의 내부 온도에 따른 습도를 최적으로 유지하고, 저온에서 발생되는 유리의 습기를 제거하여 원활한 운전 환경을 조성해 준다.

(5) 수온 센서(Water Sensor)

수온센서는 히터 코어에 장착되어 있으며, 히터 코어에 흐르는 냉각수의 온도를 감지하여 FATC 제어기로 전송한다. 부특성 서미스터를 이용한 센서로 온도가 높아지면 저항이 작아지고, 온도가 낮아지면 저항이 커지는 특성이 있다. FATC 제어기는 설정 온도와 실내 온도, 외기 온도와의 차이를 비교하여 AUTO 모드 시 차가운 바람이 운전자 쪽으로 토출되는 것을 방지해 주는 냉각·난방 기동 제어가 되도록 한다.

> ※ **난방 기동 제어** : AUTO 모드에서 FATC 제어기의 설정 온도가 실내 온도보다 3℃ 이상 높고, 수온 센서의 온도가 58℃ 이하인 경우 풍향을 DEFROST 모드로 구동하여 외부에서 유입되는 차가운 공기가 승객의 발쪽으로 토출되는 것을 방지하는 기능이다.

(6) 핀 서모 센서(Pin Thermo Sensor)

핀 서모 센서는 증발기(Evaporator) 코어에 장착되어 있으며 온도를 감지하여 FATC 제어기에 전송한다. 약 0.5 ~ 1.0℃ 이하일 경우 A/C 릴레이의 출력 전원을 차단하여 압축기의 작동을 정지시키며, 약 3 ~ 4℃ 이상이 되면 다시 압축기의 구동을 위해 A/C 릴레이를 작동시킨다. 부특성 서미스터(NTC)를 사용하며 계속되는 냉방으로 증발기가 빙결되는 것을 예방하는 목적이 있다.

(7) AQS 센서(Air Quality System Sensor)

AQS 센서는 범퍼 안쪽의 응축기 부근에 설치되어 공기의 오염을 감지하여 FATC 제어기로 전송한다. FATC는 AQS 센서의 신호값을 기준으로 공기 오염 시 내기 모드로 자동 전환시킨다. 오염 감지 시 약 5V, 오염 미 감지 시 약 0V의 전압이 출력된다. NO(산화질소), NOx(질소산화물), SO_2(이산화황), HC(탄화수소), CO(일산화탄소) 등 인체에 유해한 가스를 감지하는 센서이다.

03 FATC 제어 원리

FATC 패널은 "AUTO" 스위치, 온도 조절 스위치·온도 조절 레버, A/CON 스위치 등으로 구성된다. "AUTO" 스위치를 누르고 원하는 온도를 선택하면 설정된 온도에 맞게 실내의 온도와 풍량이 제어된다.

FATC 제어기는 온도 조절 레버에 있는 가변 저항기를 통해 설정 온도를 인식하고 차량의 실내 온도와 외기 온도, 증발기 온도 등의 센서를 통해 실내외 온도를 종합하여 냉방 시스템의 액추에이터를 동작 시킨다. FATC 제어기에서 파워트랜지스터를 'ON'시키면 블로워 모터가 동작된다. 온도 조절 액추에이터와 풍량 조절 액추에이터를 이용하여 실내로 유입되는 공기의 온도를 제어한다. 실내 온도 센서를 통해 실내 온도를 측정하여 설정 온도에 이를 때까지 루프 제어를 반복한다.

(1) 자동 온도 제어

자동 온도 제어의 관련 부품은 실내 온도 센서, 외기 온도 센서, 에어컨 스위치, 온도 조절 액추에이터, FATC 제어기로 구성되며 차 실내의 온도가 설정 온도에 가깝도록 온도 조절 액추에이터를 자동 제어한다.

(2) 풍량 자동 제어

FATC 제어기는 파워 트랜지스터의 베이스 전위를 결정하고 팬 모터를 회전시킨다. 수동으로 동작시킬 때는 풍량 조절 스위치의 입력에 따라 풍량 최소(MIN) 위치에서는 풍량을 슈퍼 로우(Super Low)에 또 풍량 최대(MAX) 위치에서는 릴레이를 작동시켜서 풍량을 최대 풍량으로 고정한다. 자동으로 동작시킬 때에는 팬 스위치에서 설정된 풍량은 오토 신호로서 FATC 제어기에 입력된다. FATC 제어기는 파워 트랜지스터의 베이스 전위를 변화시켜 블로워 모터를 무단으로 변속시킨다.

기출문제 유형

✦ FATC(Full Automatic Temperature Control)의 기능을 설명하시오.(105-1-10)

✦ 차량의 에어 컨디셔닝 시스템에서 애프터 블로워(after blower)의 기능에 대해 설명하시오.(108-1-8)

01 개요

차의 공기조화(Air Conditioner) 시스템은 자동차 실내의 공기 온도, 습도 등을 제어하는 시스템으로 자동차의 고급화 추세에 따라 보다 쾌적한 공간을 창출하기 위해 자동화가 진행되고 있다. FATC(Full Automatic Temperature Control)는 각종 센서를 이용해 실·내외의 상황을 감지하여 자동으로 실내 공기를 제어하여 운전자가 희망하는 쾌적한 실내 공간을 제공해 준다.

02 FATC(Full Automatic Temperature Control)의 정의

동차의 실내 온도를 전자동으로 제어하는 시스템으로 자동차 내·외부의 온도, 증발기 온도, 히터 코어, 수온 및 차 실내 온도를 각종 센서가 감지하여 차량의 실내 온도와 풍량을 자동으로 제어하는 차량용 전자동 공조 장치이다.

03 FATC의 기능

(1) 실내 온도 제어 기능(Temp. Auto Control)

각 센서들의 입력값을 기준으로 설정 온도에 따라 실내의 온도를 자동으로 제어한다. 실내 온도 센서의 감지 온도가 급격히 변화하는 경우 실내의 온도 보정을 해준다.

(2) 송풍량 제어 기능(Blower Speed Control)

송풍량은 수동으로 제어하면 7~12단계로 제어할 수 있다. 자동 제어는 운전자가 설정한 온도와 현재 차량의 실내 온도를 비교하여 최대한 신속하게 실내의 온도를 운전자가 설정한 온도에 도달하도록 단계적으로 송풍량을 제어해 주는 기능이다.

(3) 송풍 모드 제어 기능(Mode Control)

송풍 모드는 전면 방향으로 송풍하는 벤트 모드(Vent Mode), 전면 방향과 발 부분으로 송풍하는 바이레벨 모드(Bi/Level Mode), 발 부분으로 송풍하는 풋·플로어 모드(Foot/Floor Mode), 앞유리와 도어 유리로 송풍하는 디프로스터 모드(Defrost Mode)가 있다.

벤트(Vent) → 바이레벨(Bi/Level) → 플로어(Floor) → 믹스(Mix) → 디프로스트(Defrost)

전면방향으로 송풍   잔면방행과 발부분으로 송풍   발부분으로 송풍   앞유리와 발부분으로 송풍
(벤트 모드)   (바이레벨 모드)   (풋 모드)   (디프로스터 & 풋 모드)

송풍 모드

(4) 난방 기동 제어 기능(CELO : Cold Engine Lock Out)

오토 모드로 작동 중 엔진의 냉각수 온도가 낮은 상태(29℃ 이하)에서 난방 모드 선택 시 찬바람이 운전자 쪽으로 강하게 토출되는 현상을 최소화시켜 주기 위한 제어 기능이다. 외기 온도가 5℃ 이하이고 실내의 온도와 외기 온도의 차이가 10℃ 이하일 때 동작한다.(작동 조건은 차종과 연식에 따라 차이가 있다.)

(5) 냉방 기동 제어 기능

실내의 온도가 높은(30℃ 이상) 상태에서 에어컨을 작동시켰을 때 냉각되지 않은 뜨거운 바람이 운전자 쪽으로 강하게 토출되는 현상을 방지하는 제어 기능이다. 오토 모드 상태에서 송풍 모드가 벤트 모드이고 핀 서모 센서로 감지된 증발기 코어 핀의 온도가 30℃ 이상 일 때 동작된다.

(6) 일사량 보정 제어 기능

차량의 실내로 입사되는 햇빛의 양이 증가될 때 운전자의 체감 온도가 동반 상승되는 것을 방지해 주는 FATC ECU의 보정 제어 기능이다. 일사량 센서에 의해 검출된 빛의 양이 증가되면 블로워 모터의 속도를 단계적으로 상승시켜 운전자의 체감 온도 상승을 막아준다.

(7) AQS(Air Quality System) 기능

차량의 라디에이터 그릴 안쪽에 설치되어 있는 AQS 센서(유해가스 감지 센서)를 이용하여 외부의 유해가스를 감지하여 유해가스가 실내로 유입되지 않도록 차단시켜 주는 기능이다.

(8) 자기진단 기능

각종 센서 및 액추에이터 고장을 진단하여 신호로 출력하는 기능을 한다.(현재 고장 항목만 표시)

(9) 애프터 블로워(After Blower) 기능

에어컨 사용 후 바로 작동을 멈추지 않고 송풍 모드를 일정 시간 작동시켜 증발기의 수분을 말려주는 기능이다. 바로 에어컨을 멈추는 경우에는 증발기에 수분이 남아 있을 수 있어서 공기 중의 오염물질과 결합하여 다음 사용 시에 불쾌한 냄새를 유발할 수 있다.

기출문제 유형

✦ 자동차 실내의 공기질 향상에 대해 설명하시오.(92-2-2)

01 개요

(1) 배경

차량의 실내 공기질은 크게 VOCs(휘발성 유기화합물)와 그로 인해 발생하는 특유의 냄새를 지칭한다. 차량의 내장재에서 발생하는 특유의 냄새는 운전자에게 불쾌감을 줄

뿐만 아니라 두통 등의 질병을 유발하고 있는 상황이다. 특히 공장에서 막 출고된 자동차에 승차할 때 탑승자가 두통 및 구토, 피부염 등을 일으키는 경우가 있는데 이를 신차(새차) 증후군이라고 한다. 이에 대해 정부 기관에서는 신규 제작 자동차의 실내 공기질에 대해 관리를 하고 있다.[국토교통부, 신규제작자동차 실내 공기질 관리기준]

(2) 휘발성 유기 화합물(VOCs : Volatile Organic Compounds)의 정의

상온·상압에서 대기 중으로 가스형태로 배출되는 탄소와 수소로 이루어진 물질을 말하며 VOC라고도 한다. 산업체에서 많이 사용하는 용매에서 화학 및 제약 공장이나 플라스틱 건조 공정에서 배출되는 유기가스에 이르기까지 매우 다양하며 끓는점이 낮은 액체 연료, 파라핀, 올레핀, 방향족화합물 등 생활주변에서 흔히 사용하는 탄화수소류가 거의 해당된다.

02 실내 공기질 저하 원인

자동차 실내의 공기 오염 원인은 외부로부터 유입되는 오염과 실내에서 발생하는 오염으로 나눌 수 있다. 외부로부터 유입되는 오염 물질은 배기가스, 미세먼지, 꽃가루, 미생물 등이 있으며 실내 발생 오염 물질로는 내장재에서 발생하는 각종 휘발성 유기 화합물과 탑승객이 배출하는 이산화탄소, 땀, 담배 냄새 등이 있다. 휘발성 유기 화합물은 폼알데히드, 벤젠, 톨루엔, 자일렌, 에틸벤젠, 스티렌, 아크롤레인으로 주로 자동차에 내장재에 사용된 시트류, 계기 패널류, 천장류, 접착제, 도료 등이 햇빛에 노출되거나 온도가 올라갈 때 화학적으로 분해되어 발생한다.

03 실내 공기질 향상 방안

(1) 환경 친화형 재료의 사용 및 규제 강화

① 차량의 내부 마감재는 휘발성 유기화합물이나 폼알데하이드의 함량 또는 방출량이 최소화된 자재를 사용한다.

② 자동차 내장재에 사용되는 도료 내 VOCs 함유 기준을 꾸준히 강화하고 궁극적으로는 유성도료를 수용성 및 분체 도료 등 환경 친화형 도료를 사용하도록 유도한다.

(2) 기능성 필터 적용

먼지나 꽃가루 등 이물질을 제거하는 제진 필터, 냄새를 제거할 수 있는 탈취 필터, 알러지의 원인이 되는 알레르겐이나 휘발성 유기화합물(VOC : Volatile Organic Compounds)을 제거하는 향균 필터, 비타민C 등 기능성 입자를 도포하여 실내로 송풍 시 입자를 방출하는 기능성 필터 등을 적용하여 실내 공기질을 향상시킨다.

(3) AQS(Air Quality System) 적용

배기가스, 가축분뇨, 폐수 등 다양한 악취의 오염도가 높은 곳에 있을 때 운전자의 별도 조작 없이 외부의 공기 유입을 자동으로 차단하는 장치를 적용하여 실내 공기질을 향상시킨다.

차량 내 이산화탄소 오염도와 연동하여 환기장치가 가동되도록 하는 자동화시스템의 설치를 권장한다.

(4) 이온 발생기 적용

음이온과 양이온을 동시에 발생시키는 클러스터 이온기를 이용하여 실내 공기 중의 부유 미생물, 증발기 표면을 직접 살균하여 유해물질 및 냄새를 제거한다.

기출문제 유형

✦ 자동차의 새차 증후군이 휘발성 유기화합물(VOCs)에 의한 발생원인과 인체에 미치는 영향을 설명하시오.(96-1-8)

---

01 개요

차량의 실내 공기질은 크게 VOCs(휘발성 유기화합물)와 그로 인해 발생하는 특유의 냄새를 지칭한다. 차량의 내장재에서 발생하는 특유의 냄새는 운전자에게 불쾌감을 줄 뿐만 아니라 두통 등의 질병을 유발하고 있는 상황이다. 특히 공장에서 막 출고된 자동차에 승차할 때 탑승자가 두통 및 구토, 피부염 등을 일으키는 경우가 있는데 이를 신차(새차) 증후군이라고 한다. 이에 대해 정부 기관에서는 실내 공기질에 대해 관리를 하고 있다.[국토교통부, 신규제작자동차 실내 공기질 관리기준]

02 휘발성 유기 화합물(VOCs : Volatile Organic Compounds)의 정의

상온·상압에서 대기 중으로 가스 형태로 배출되는 탄소와 수소로 이루어진 물질을 말하며 VOC라고도 한다. 산업체에서 많이 사용하는 용매에서 화학 및 제약 공장이나 플라스틱 건조 공정에서 배출되는 유기가스에 이르기까지 매우 다양하며 끓는점이 낮은 액체 연료, 파라핀, 올레핀, 방향족화합물 등 생활주변에서 흔히 사용하는 탄화수소류가 거의 해당된다.

03 자동차 규제 휘발성 유기화합물

자동차의 휘발성 유기 화합물은 폼알데히드, 벤젠, 톨루엔, 자일렌, 에틸벤젠, 스티렌, 아크롤레인이다.

신규제작자동차 실내공기질 권고기준

(단위 : ㎍/㎥)

폼알데하이드	벤젠	톨루엔	자일렌	에틸벤젠	스티렌	아크롤레인
210	30	1,000	870	1,000	220	50

[국토교통부, 신규제작자동차 실내 공기질 관리기준]

04 자동차 휘발성 유기 화합물의 발생 원인

주로 자동차에 내장재에 사용된 시트류, 계기 패널류, 천장류, 접착제, 도료 등이 햇빛에 노출되거나 온도가 올라갈 때 화학적으로 분해되어 발생한다. 휘발성 유기 화합물은 물질 자체에 독성과 발암성이 있고 악취가 발생한다.

05 인체에 미치는 영향

인체에 미치는 영향으로는 호흡기 자극, 발암, 신장과 간장, 위장 신경계의 이상 유발과 중추 신경의 이상 등이 있다. 이로 인해 휘발성 유기 화합물에 노출되었을 경우 피로, 두통, 졸음, 현기증, 심장의 부정맥, 호흡기계에 이상을 일으키는 새차 증후군이 나타날 수 있다.

기출문제 유형

✦ AQS의 특성과 기능을 설명하시오.(98-1-2)

✦ 다음의 AQS의 회로를 참조하여 시스템의 작동 방법을 설명하시오.(102-2-6)

01 개요

(1) 배경

자동차 운행 시 공기 흡입 선택 스위치는 외부의 공기를 순환시켜 주는 외기 순환 모드와 외부의 공기를 막아 주고 내부의 공기만으로 순환시켜 주는 내기 순환 모드를 선택해주는 스위치이다. 외기 순환 모드를 선택하고 주행할 경우, 오염된 공기가 유입되고 있다고 판단되면 내기 선택 버튼을 눌러서 외기의 오염된 공기가 내부로 들어오는 것을 막을 수 있다.

하지만 이미 오염된 공기가 실내로 들어온 상태에서는 수동으로 공기 흡입구를 막아 주는 것이기 때문에 차단 효과가 적어진다. 또한 내기 상태로만 주행을 할 경우 실내 환기가 되지 않아 탑승자가 내뿜는 이산화탄소가 증가하여 산소 부족 등의 현상으로 졸음 운전이 유발될 수 있다. 이에 실내 공기질을 향상시킬 수 있는 방법이 연구되고 있다.

(2) AQS(Air Quality System)의 정의

차량 외부 공기의 유해가스를 감지하여 차량의 실내로 유입되지 않도록 자동으로 차단시켜 주어 실내 공기질을 관리해 주는 시스템이다.

(3) 감지 대상 유해가스

NO(산화질소), NOx(질소산화물), SO_2(이산화황), HC(탄화수소), CO(일산화탄소) 등

02 AQS 시스템 구성품 및 동작 원리

주요 입력 요소는 AQS 스위치, AQS 센서가 있으며 제어기(에어컨 ECU)를 거쳐 AQS 인디케이터, 내외기 전환 DOOR 제어가 된다.

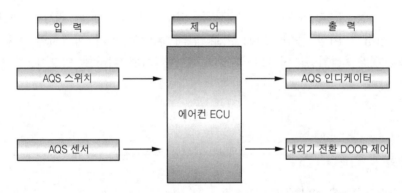

AQS 입·출력 다이어그램

(1) AQS 센서(Air Quality System Sensor)

AQS 센서는 범퍼 안쪽 응축기 부근에 설치되어 공기의 오염을 감지하여 FATC 제어기로 전송한다. NO(산화질소), NOx(질소산화물), SO_2(이산화황), HC(탄화수소), CO(일산화탄소) 등 인체에 유해한 가스를 감지하는 센서이다. 오염 감지 시 약 5V, 오염 미 감지 시 약 0V의 전압이 출력된다.

(2) 제어기(FATC ECU)

FATC 제어기는 AQS 센서의 신호값을 기준으로 외부의 공기가 오염 되었다고 판단하면 자동으로 내기 순환 모드로 전환한다. 일정 시간이 지나거나 외부 공기가 오염이 되지 않았다고 판단이 되면 다시 외기 순환 모드로 전환한다.

03 AQS의 장단점

(1) 장점

① 유해가스를 90% 이상 차단이 가능하며 기존 공조 시스템과 호환성이 높다.

② 전류의 소비율이 낮으며 작동 온도가 넓다.

(2) 단점

① 주행 상태 및 주변 환경, 유해가스의 종류에 따라 자동 전환 속도가 늦어지거나 안될 수 있어서 소량의 유해가스가 유입될 수 있다.

② 하수구 냄새 등의 악취에 대해선 차단이 불가능하다.

③ 동작 시 외부의 공기가 완전히 차단되기 때문에 특정 계절에는 유리에 습기가 찰 수 있어서 시야를 방해할 수 있다.

참고 2000년대 후반부터 위의 단점 등의 이유로 AQS 기능을 탑재한 차량을 제작하지 않는 추세이다.

기출문제 유형

✦ 자동차 창유리 가시광선 투과율의 기준에 대해 설명하시오.(104-1-4)

---

01 개요

자동차 창유리의 가시광선 투과율은 법령으로 기준이 마련되어 있다. 제작 자동차에 대해서는 [자동차 및 자동차부품의 성능과 기준에 관한 규칙]에서 기준이 마련되어 있고 운행 자동차에 대해서는 [도로교통법 시행령]에 기준이 마련되어 있다. 운전자의 가시거리를 확보하게 함으로써 도로교통의 안전을 증진하고, 단속의 객관적인 기준을 마련하여 단속에 따른 민원 발생의 소지를 줄일 목적으로 만든 규정이다.

02 가시광선 투과율의 정의

가시광선 투과율은 가시광선이 유리를 통과하는 비율이다.

03 자동차 창유리 가시광선 투과율 기준

(1) 제작자동차의 기준

승용자동차의 경우 앞면 창유리, 뒷면 창유리, 운전자 좌석 좌우의 창유리 : 가시광선 투과율 70% 이상(* 단, 운전자의 시계 범위 외의 차광을 위한 부분은 제외한다.)

(2) 운행자동차의 기준

1) 전면유리

가시광선 투과율 70% 이상

2) 옆·뒷면 유리

① 운전석·동승석 좌우 옆면 유리 : 가시광선 투과율 40% 이상

② 옆면 2열과 뒷면 창유리 : 가시광선 투과율 규제 없음

04 기타

자동차의 앞 유리에는 아무것도 붙이지 않은 상태에서 가시광선 투과율이 80% 정도 된다. 선팅 필름의 가시광선 투과율은 대략 5~75% 사이로 가시광선 투과율이 높은 것을 붙여도 법규에서 정하는 70%를 맞추기 어려운 상황이다. 이런 이유로 불법 선팅은 과태료가 2만원이지만 단속이 거의 안 되고 있는 상황이다. 2000년대 이전에는 자동차의 정기검사 때 과도한 선팅을 한 차량에 대해 불합격시키는 방식으로 규제했으나 과잉 단속이라는 이유로 폐지되었다. 전면의 선팅을 할 경우 운전자의 눈부심이 줄어들기 때문에 햇빛이 많은 날 눈을 보호해 주고 실내의 온도가 높아지는 것을 방지해줄 수 있다. 또한 마주 오는 차량의 과도한 헤드라이트 불빛으로부터 눈부심을 방지하여 안전한 주행이 될 수 있게 해준다. 하지만 눈부심을 줄인다는 이유로, 사생활을 보호한다는 이유로 아주 짙게 선팅하는 차들이 많은데 이런 짙은 전면 선팅은 시야를 방해하기 때문에 위험하다.

> **참고** **자동차 및 자동차부품의 성능과 기준에 관한 규칙[시행 2022. 7. 5.]**
> **[국토교통부령 제577호, 2018. 12. 31. 일부개정]**
>
> 제94조(운전자의 시계범위 등)
> ① 승용자동차와 경형승합자동차는 별표 12의 운전자의 전방시계범위와 제50조에 따른 운전자의 후방시계범위를 확보하는 구조이어야 한다. 다만, 초소형승용자동차의 경우 별표 12의 기준을 적용하지 아니한다.〈개정 2008. 1. 14., 2018. 7. 11.〉
> ② 자동차의 앞면창유리[승용자동차(컨버터블자동차 등 특수한 구조의 승용자동차를 포함한다)의 경우에는 뒷면창유리 또는 창을 포함한다] 및 운전자좌석 좌우의 창유리 또는 창은 가시광선 투과율이 70퍼센트 이상이어야 한다. 다만, 운전자의 시계범위외의 차광을 위한 부분은 그러하지 아니하다.〈신설 1999. 2. 19.〉
> ③ 어린이운송용 승합자동차의 모든 창유리 또는 창은 가시광선 투과율이 70퍼센트 이상이어야 한다.〈신설 2017. 11. 14.〉
>
> **도로교통법 시행령 [시행 2022. 7. 1.]**
> **[대통령령 제32068호, 2021. 10. 9. 일부개정]**
>
> 제28조(자동차 창유리 가시광선 투과율의 기준) 법 제49조제1항제3호 본문에서 "대통령령으로 정하는 기준"이란 다음 각 호를 말한다.
> 1. 앞면 창유리 : 70퍼센트 미만
> 2. 운전석 좌우 옆면 창유리 : 40퍼센트 미만

기출문제 유형

✦ 가니쉬를 설명하시오.(77-1-7)

01 개요

자동차를 구매하고 난 이후 외관을 돋보이게 하거나 자신만의 개성을 나타내기 위해서 다양한 방법으로 튜닝을 한다. 튜닝의 종류에는 차량의 구조를 바꾸는 빌드업 튜닝, 성능 향상을 위한 튠업 튜닝, 차의 외관을 꾸미기 위한 드레스업 튜닝이 있다. 드레스업 튜닝을 할 경우 가니쉬를 이용하여 자동차의 외관을 장식하거나 복잡한 구조물을 은폐시킬 수 있다.

02 가니쉬(Garnish)의 정의

자동차의 각 부위를 장식을 하는 부품으로 자동차의 인테리어 및 외관 등 다양한 부분을 장식을 하는 패널이나 부품 등의 장식품이다.

03 가니쉬(Garnish)의 종류

프런트 가니쉬, 사이드 가니쉬, 펜더 가니쉬(타이어 상단), 로워 가니쉬(차체 하부), 범퍼 가니쉬, 클러스터 가니쉬, 사이드 스텝 가니쉬 등이 있다.

(1) 프런트 가니쉬

자동차의 전면 프런트 그릴과 엠블럼 등을 장식해 주는 장식품으로 하단은 로워 가니쉬라고 한다.

(2) 사이드 가니쉬

자동차의 옆면, 주로 전, 후 도어 아랫부분을 장식해 준다. 크롬 도금 등의 재질을 사용하여 옆면을 더욱 돋보이게 만들어 주는 효과를 얻을 수 있다.

(3) 범퍼 가니쉬

범퍼 하단부에 크롬이나 LED 가니쉬를 장착하여 안개등이나 테일라이트 등을 더욱 강조할 수 있다.

(4) 필러 가니쉬

자동차의 필러 부분을 장식하는 부분으로 다른 차와 다른 느낌을 줄 수 있다. 도금이나 스테인리스, 스틸, 카본 소재의 가니쉬를 사용한다.

(5) 펜더 가니쉬

펜더 부분의 상단에 위치한 공기 구멍을 꾸며주는 장식품으로 크롬도금, LED 가니쉬를 사용한다.

(6) 도어 핸들 가니쉬

도어 핸들에 가니쉬를 부착하여 더욱 세련돼 보일 수 있게 하였다.

(7) 백도어 가니쉬

자동차의 트렁크 후면을 장식해 주는 부분이다. 리어 게이트 가니쉬라고도 한다.

기출문제 유형

✦ 세이프티 파워 윈도(safety power window)에 대해 설명하시오.(117-2-6)

01 개요

(1) 배경

자동차의 창문은 탑승자가 원할 때 내리고 올릴 수 있도록 만들어져 있다. 기존에는 수동으로 창문을 조작 했었지만 전동 모터가 적용되면서 간편하게 조작할 수 있게 되었다. 이러한 방식을 파워 윈도 시스템이라고 한다.

이 파워 윈도 시스템의 기능 중 하나인 오토 업/다운 기능은 한번 작동시키면 유리가 완전히 상승되거나 하강 되어야만 작동이 멈추게 되어 있다. 사용상 매우 편리한 기능이지만 신체 일부가 유리창에 끼게 되거나 조작이 미숙한 어린 아이가 사고를 당할 우려가 높다. 이러한 단점을 방지하고자 세이프티 파워 윈도가 개발되었다.

(2) 세이프티 파워 윈도의 정의

자동차 윈도를 자동 상승(오토 업)으로 닫을 때, 신체의 일부나 기타 물체가 있을 경우 윈도의 상승을 정지시키고 하강하게 하여 안전성을 증대시킨 파워 윈도이다.

02 세이프티 파워 윈도의 구성

(1) Up · Down 스위치(Auto 스위치) or 드라이브 도어 모듈(DDM : Drive Door Module)

자동차의 도어에 장착되어 있으며 탑승자가 조작을 할 경우 신호를 제어기로 보내준다.

(2) 제어기(Controller) or 세이프티 유닛

스위치의 신호를 입력 받아 모터를 동작시키며 모터에 있는 센서의 신호를 입력받아 현재 모터의 회전속도와 회전수를 계산하고 이물질이 감지되었을 경우 모터를 역회전시킨다.

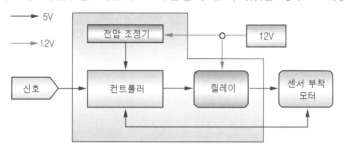

세이프티 파워 윈도 시스템 다이어그램

(3) 모터 & 센서 or 파워 윈도 모터

제어기에 의해 윈도를 상승, 하강시키는 모터가 동작하고 센서는 내부 홀 센서를 이용하여 모터의 현재 속도와 회전수를 센싱하여 제어기로 신호를 보낸다.

03 세이프티 파워 윈도의 작동 원리

세이프티 기능은 오토 업 동작 중 창유리가 최상단부에 도달하기 전에 부하가 감지되면 모터를 역회전시켜 창유리를 하강시키는 기능이다. 작동 구간은 최상단 4mm 지점에서 최하단까지이다.

(1) 윈도 부하 감지 방법

모터의 회전수를 두 개의 홀 센서를 이용하여 감지한다. 창문이 완전히 닫힌 위치를 회전수로 파악하여 규정된 값 이전에 모터가 회전하지 않으면 물체가 끼어있다고 판단하여 세이프티 기능을 수행한다.

04 세이프티 파워 윈도의 장·단점

(1) 장점

창유리에 신체의 일부가 끼어있거나 노약자, 유아 등이 부주의 하게 작동을 했을 때 사고를 방지하여 안전성을 확보할 수 있다.

(2) 단점

① 반복적으로 동작시키거나 유리 레일에 이물질이 끼어있을 경우 모터가 과열되거나 고장이 날 수 있다.

② 창유리를 닫을 때 작은 이물질이 있는 경우나 겨울철 외부의 온도가 낮아 윈도가 결빙되어 있는 경우 오토 업 기능이 동작되지 않을 수 있다.

기출문제 유형

✦ 승용차에 적용되고 있는 HID(High Intensity Discharge) 전조등에 대해 설명하시오.(63-2-6)

✦ 자동차 등화장치에 적용되고 있는 HID(High Intensity Discharge) 램프와 LED(Light Emitting Diode) 램프의 개요 및 특징에 대해 설명하시오.(단, HID 램프의 특징은 할로겐 램프와 비교하여 설명할 것)(120-3-3)

01 개요

(1) 배경

자동차의 전조등(Head Lamp)은 야간 주행을 위한 조명 장치로 상향등(High Beam), 하향등(Low Beam), 주간 주행등(Daytime Running Light), 방향지시등(Turn Indicator), 위치등(Position Light)으로 구성이 된다. 하향등은 전방 30m, 상향등은 전방 100m 이상 떨어져 있는 장애물을 확인할 수 있어야 한다.

이러한 전조등으로는 할로겐 램프, HID, LED의 종류가 있다. 할로겐 램프는 필라멘트를 이용해서 빛을 만드는 램프이고 HID는 가스를 봉입한 관에 아크 방전을 일으켜서 빛을 내는 램프이다. LED는 최근 친환경, 고효율 정책으로 사용이 증가되고 있는 것으로 발광 다이오드를 이용하는 램프이다.

(2) HID(High Intensity Discharge) 전조등의 정의

고휘도 방전 램프로 가스가 채워진 유리관에 아크 방전을 하면 빛을 발산하는 램프를 말한다.

02 HID 램프의 원리

특정한 가스가 채워진 공간 속으로 강력한 전기를 흘려보내면 가스 전자들이 서로 부딪치면서 에너지화 되어 빛을 방출하게 되는 원리를 이용한다. 자동차 배터리 전압 12V를 안정기에서 20,000V로 증폭시켜 주고 이 고전압을 제논 가스가 주입된 유리관 안으로 공급하면 아크 방전이 일어나고 빛이 발생하게 된다.

기존의 램프는 백열전구와 같이 니크롬선에 전류를 흘려 빛을 얻었지만 HID 램프는 마치 형광등처럼 방전 효과를 이용한다. 가스는 수은, 나트륨, 제논, 메탈 등이 있다. 자동차 전조등에는 주로 제논가스를 사용한다.

03 HID 램프 시스템의 구성

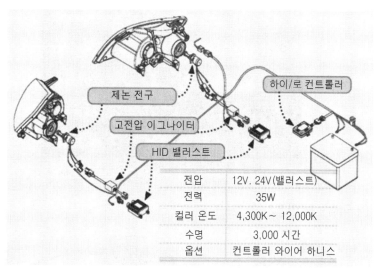

전압	12V. 24V(밸러스트)
전력	35W
컬러 온도	4,300K~ 12,000K
수명	3,000 시간
옵션	컨트롤러 와이어 하니스

HID 차량 전조등 시스템

(1) HID 벌브(Bulb)

HID 가스 방전 램프(HID Gas Discharge Lamp)

(자료 : buys2021.gq/ProductDetail.aspx?iid=207814945&pr=44.88)

벌브는 전극, 전기 아크 방전부, 가스 공간 등으로 이뤄져 있으며 메탈 할라이드, 고압 나트륨, 고압 수은 램프 등이 있다. 보통 자연광에 가까운 메탈 할라이드(4500K 전후) 벌브가 사용된다. K 단위는 켈빈을 뜻하는 것으로 색의 온도를 의미한다.(햇빛 : 5000K, 높을수록 청색을 띄고 낮을수록 노란빛을 띈다.)

메탈 할라이트 벌브 색의 온도

(자료 : dpg.danawa.com/news/view?boardSeq=62&listSeq=2764174&past=Y)

(2) 이그나이터(Igniter) & 안정기(Ballast)

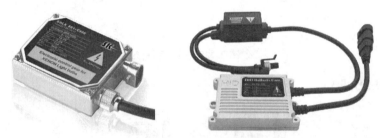

이그나이터와 밸러스트

(자료 : dpg.danawa.com/news/view?boardSeq=62&listSeq=2764174&past=Y)

HID 램프와 같은 방전식 램프에는 이그니터와 밸러스트라는 부품이 필요하다. 이그나이터는 점등에 필요한 고압의 펄스를 생성시키는 부품이며 밸러스트는 벌브와 이그나이터에 안정된 전원을 공급하는 장치이다. 밸러스트는 초기에 약 20,000V 이상의 전기를 공급해 주고 이후에는 방전 상태를 안정적인 상태로 유지하고 조절해 주는 부품이다. 이그니터와 밸러스트는 분리되어 있는 타입과 일체형인 타입으로 나눌 수 있다.

(3) 오토 헤드램프 레벨링 시스템(AHLS : Auto Head Lamp Leveling System)

오토 헤드램프 레벨링 시스템은 광축 자동 조절 장치로 HID 램프와 같이 광량이 큰 램프가 장착된 차량에 의무적으로 장착되는 장치로 마주 오는 차량(대향차)이나 앞의 차량에 눈부심을 방지해 주기 위해 차량의 상태에 따라 전조등의 조사각을 자동으로 조절해 주는 시스템이다.(2,000루멘 이상의 변환빔 전조등에는 자동 광축 조절 장치를 장착하여야 한다.)

> **참고** 자동차 및 자동차부품의 성능과 기준에 관한 규칙 별표 6의 4, 바 2) 주변환빔을 만드는 하나의 광원 또는 발광소자 모듈들의 총 광속이 2,000루멘을 초과하는 변환빔 전조등에는 전조등 닦이기를 설치하여야 하며 다목2)나)의 수동 광축 조절 장치는 설치할 수 없다.

04 HID 램프의 장·단점

(1) 장점

① 기존 할로겐 램프 대비 광량이 밝아 운전자의 최대 인지 거리가 길어진다. 최대 3배 정도 밝게 시야를 확보할 수 있다.

② 선명한 명암 한계선(Cutoff Line)을 형성하여 야간 주행 안정성이 증대된다.

③ 색의 온도 설정이 비교적 자유로워 할로겐 램프의 누런빛과는 달리 백색광을 낼 수 있어서 더 밝은 느낌을 줄 수 있다.

④ 할로겐 램프의 약 2배 정도 수명이 길다.(HID 수명 최소 2,000시간)

⑤ 초기 방전 시 상당한 양의 에너지를 요구하지만 이후에는 할로겐 램프의 약 1/2 배 정도로 전력 소모율이 낮다.(할로겐의 전력 소모율 약 55W, HID의 전력 소모율 약 35W)

(2) 단점

① HID 램프를 점등하기 위해서는 반드시 밸러스트(안정기)가 필요하여 구조가 복잡해지고 중량이 증가한다.

② 일반 전조등보다 넓은 범위로 빛을 반사하기 때문에 광축을 자동으로 조절하는 장치를 같이 장착해야 한다.

③ 초기 방전 시 상당한 양의 에너지를 요구한다. 헤드라이트를 점등시킨 후 안정화가 될 때까지 약 30초 정도 시간이 걸린다.

④ 부품 가격이 비싸고 오토 레벨링(광축 조절 장치)을 필수적으로 추가하여야 하며, 고장 시 수리비용이 증가한다.

기출문제 유형

✦ LED(Light Emitting Diode) 램프에 대해 설명하시오.(78-3-5)

✦ 발광 다이오드(Light Emitted Diode) 전조등의 장점에 대해 설명하시오.(89-1-13)

01 개요

(1) 배경

자동차에 있어서 헤드램프는 자동차의 기능과 디자인 부분에서 주요한 부품이다. 헤드램프는 운전자를 위해 시야 확보를 해주고 다른 차량이나 보행자에게 차량의 존재를 알려주는 역할을 한다. 초기 자동차의 헤드램프는 텅스텐 필라멘트를 이용하는 백열전구가 주로 사용되었고 그 이후로 할로겐 가스를 충전한 할로겐 램프, 고휘도 방전(HID, High Intensity Discharge) 램프, LED 램프로 발전해왔다. LED 광원은 뛰어난 전기적, 물리적 특성으로 인해 적용 범위가 급속하게 확장되고 있다.

(2) 발광 다이오드(Light Emitted Diode) 전조등의 정의

전류가 흐르면 빛을 방출하는 다이오드를 사용한 전조등이다.

02 발광 다이오드(Light Emitted Diode) 전조등의 원리

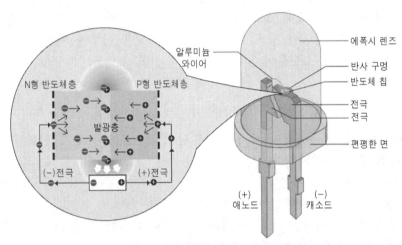

LED 전조등의 발광원리

LED는 P형 반도체와 N형 반도체를 접합한 PN 접합 다이오드이다. 여기에 순방향의 전압(P형 '+' 전압, N형 '-' 전압)을 가해주면 P형 반도체 층에는 플러스 전하를 가진 정공이 발광층으로 주입되고 N형 반도체 층에는 마이너스 전하를 가진 전자가 발광층에 주입된다. 발광층에서는 홀과 전자가 재결합하여 빛의 에너지를 방출한다. 자동차 헤드램프에 적용되는 백색 LED는 빛의 3원색(빨강, 파랑, 초록) 발광 소자를 하나의 램프에 내장하고 각 소자에 흐르는 전류의 강약을 조정하여 백색을 발광시킨다.

03 발광 다이오드(Light Emitted Diode) 전조등의 장단점

(1) 장점

① 평균 수명이 1만 시간 정도로 할로겐 램프보다 10배 이상 길고 구조적으로 안정적이어 유지보수 비용이 적다.

② 소비 전력이 적고 점등 속도가 빠르다. 할로겐 램프의 소비 전력은 55~65W, HID 램프는 35W, LED 는 15~20W이다. 할로겐 램프에 대비해 점등 속도가 약 300배 이상 빠르다.

③ 에너지 소비량이 적어 CO_2 배출이 저감되고 유해물질이 함유되어 있지 않기 때문에 환경 친화적이다.

④ 자유로운 설계가 가능하여 헤드램프의 디자인을 자유롭게 만들 수 있어 스타일링과 심미성을 부각시킬 수 있다.

⑤ 점등 시간이 오래 걸리지 않는다.

(2) 단점

① 가격이 고가이다.

② 주변 부품이나 밀폐된 환경에 의해서 열화가 발생할 수 있다. 열화가 되면 광량이 감소하고 수명도 단축된다. 고출력 LED는 150℃ 이상이 되면 기능이 완전히 소멸되므로 이를 방지하기 위해 방열기를 설치하여 110~130℃로 유지시켜 준다.

③ 헤드램프에 눈이 묻었을 경우 녹지 않아서 빛의 번짐 현상이 생겨 마주 오는 자동차의 운전자 시야를 방해할 수 있다.

기출문제 유형

✦ DRL(Daytime Running Light)에 대해 설명하시오.(74-4-6)

---

01 개요

(1) 배경

자동차의 등화장치는 용도와 역할에 따라 조명용과 신호용으로 사용되고 있다. 조명용 등화장치는 밤에 주행할 때 운전자의 시야를 밝게 비추기 위해 설계된 등화장치를 의미하며 전조등과 앞면 안개등이 있다.

신호용 등화장치는 자동차의 움직임 또는 위치에 대한 정보를 주변 차량이나 보행자에게 인지시키기 위해 설치된 등화장치로 주간 주행등, 방향지시등, 제동등, 후미등, 번호등, 차폭등, 옆면 표시등, 반사기 등이 있다. 이 중 주간 주행등은 주간에 차량 운행 시 주변 차량이나 보행자가 자동차를 쉽게 인지할 수 있도록 차량 전방에 설치되는 등화장치이다. 주간에 전조등을 켤 경우 교통사고가 약 20% 감소되는 효과가 있다는 연구결과를 바탕으로 주간에도 의무적으로 램프를 점등시켜 사고의 발생을 감소시키고 있다.

(2) DRL(Daytime Running Light)의 정의

주간 주행등으로 주간에 자동차 운행 시 다른 차량의 운전자 또는 보행자가 자동차를 쉽게 식별하여 교통사고를 예방할 수 있도록 차량이 주행할 때 자동으로 점등되는 등화장치이다.

02 주간 주행등 제어 방법

시동이 켜지면 주간 주행등이 무조건 켜지거나 P(주차)단에서 벗어나거나 주차브레이크가 해제되면 자동 점등되고 전조등이나 전면 안개등 점등 시에 자동으로 소등이 된다.

시동이 켜진 상태에서 주간 주행등을 꺼야 하는 상황(겨울철 자동차 극장 등)에서는 주간 주행등을 끌 수 있도록 외국 차량의 경우에 주간 주행등을 끌 수 있는 설정이 있고 현대·기아차의 경우에는 주차 브레이크를 작동시킨다. 일부 차량에서는 방향지시등 레버에서 헤드램프 조절 노브를 'OFF'로 돌리면 주간 주행등이 꺼진다.

03 주간 주행등 관련 법규

국내에서 2015년 7월 이후 제작된 차량은 주간등의 장착이 의무화 되었다. 국토교통부에서 2014년 6월 10일자로 전조등, 방향지시등 및 후방반사기 등 등화장치 전반에 대해 국제 기준에 부합되도록 구성 체계를 재정비하고 주간 교통사고 예방을 위해 주간등 설치를 의무화하였으며 일부 내용을 국제 기준에 맞게 보완하였다.

> **참고** **자동차 및 자동차부품의 성능과 기준에 관한 규칙, 일부개정 2018. 12. 31.**
> **[국토교통부령 제577호, 시행 2022. 7. 5.] 국토교통부**
>
> 제38조의4(주간주행등) 주간운전 시 자동차를 쉽게 인지할 수 있도록 자동차의 앞면에 다음 각 호의 기준에 적합한 주간주행등을 설치하여야 한다. 〈개정 2018.7.11〉
> ① 좌·우에 각각 1개를 설치할 것. 다만, 너비가 130센티미터 이하인 초소형자동차에는 1개를 설치할 수 있다.
> ② 등광색은 백색일 것
> ③ 주간주행등의 설치 및 광도기준은 별표 6의8에 적합할 것. 다만, 초소형자동차는 별표 39의 기준을 적용할 수 있다. [전문개정 2014.6.10]

04 주간 주행등 장·단점

(1) 장점

① 안개가 자주 발생하거나 날씨가 자주 흐린 곳에서 교통사고를 감소시킨다.(유럽·미국·캐나다 등에서 의무화가 된 이후 교통사고가 평균 5% 이상 줄었다. 주간등 점등에 따른 교통사고 감소율 : 북유럽 8.3%, 독일 3.0%, 미국 5.0% 등)

② 보행자나 상대편 운전자에게 차량의 시인성을 향상시킨다.

(2) 단점

시동이 켜지면 무조건 켜지도록 만들어져 있어서 특별한 경우(ex. 겨울철 자동차 극장)를 위한 제어 방법이 필요하다.

✦ 전조등의 명암 한계선(cut-off line)에 대해 설명하시오.(114-1-6)

✦ 전조등의 Cut-Off line에 대해 설명하시오.(89-1-11)

01 개요

자동차의 등화 장치는 운전자의 주행 시야를 밝혀주는 기능(조명용)을 하거나 차량의 존재를 주변 차량이나 보행자에게 인식시키기 위한 기능(신호용)으로 사용된다. 조명용 등화 장치 중 전조등은 운전자의 앞면을 밝게 비추는 기능을 해주며 백열전구, 할로겐 전구, HID, LED로 광원(전구)의 개발에 따라 성능이 크게 개선되고 있다.

하지만 조명 기능이 커질수록 많은 빛이 비추어지므로 대향차(운전자 반대편에서 오는 차) 운전자에게 눈부심을 유발할 수 있다. 이런 이유로 조명용 등화장치는 전방 시인성을 향상시키고 눈부심을 감소시키기 위해 명암 한계선(Cut-Off LIne)을 규제하고 있다.

02 명암 한계선(Cut-Off LIne)의 정의

변환빔(하향등)을 자동차 길이 방향의 앞면 25m에 위치한 수직면에 비추었을 때 나타나는 밝은 부분과 어두운 부분의 경계선

03 명암 한계선(Cut-Off LIne)의 필요성

명암 한계선(컷오프 라인)은 전조등의 중심 부분(V-V)을 기준으로 왼쪽과 오른쪽이 나눠진다. 왼쪽은 대향차 운전자를 고려하여 수평부분으로 구성되어 있으며 오른쪽은 전방 도로 및 도로 표지판을 잘 볼 수 있도록 우측으로 15도 상향 되도록 구성되어 있다.

컷오프 라인이 명확하지 않게 되면 윗부분에 빛이 산란되어 대향차 운전자에게 눈부심을 야기하여 심각한 사고의 발생을 유발할 수 있다. 이와 반대로 컷오프 라인의 아랫부분은 전방 시인성을 확보하기 위해 존재하는 부분으로 이 부분의 밝기가 적절하지 않으면 전방이 어둡게 보이기 때문에 보행자나 차선, 도로 표지판 등의 인식이 어려워질 수 있다.

04 컷 오프 선 관련 법규

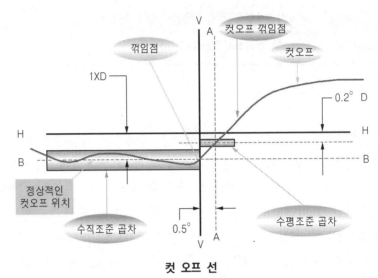

컷 오프 선

(자료 : 국가법령정보센터, 자동차 및 자동차부품의 성능과 기준 시행세칙, 별표 21의 2 전조등 시험)

(1) 변환빔에 관한 규정

주변환빔 전조등의 배광분포에서 "컷오프"가 형성되어야 하고, 전조등의 광도 측정과 자동차 조종을 위해 정확하게 조절되어야 한다.

(2) 변환빔 광도 기준(25m 스크린, 단품기준)

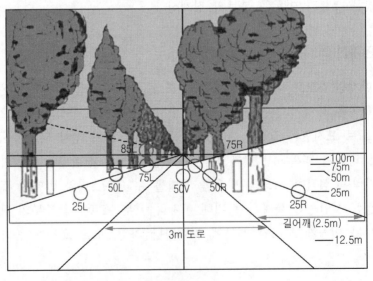

전조등의 측정점

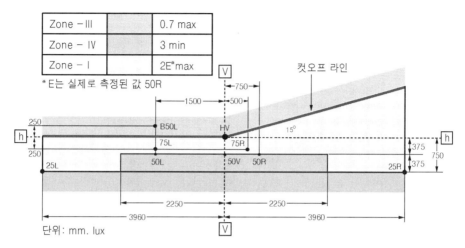

컷오프 라인 및 지역 정의

(자료 : dergipark.org.tr/tr/download/article-file/729083)

① 명암 한계선 윗부분의 기준 : 625cd 이하

　* cd : 칸델라, 1cd는 촛불 한 개의 밝기 정도

② 명암 한계선 아랫부분의 기준 : 75R(75m 전방의 우측도로)에서는 7,500cd 이상, 50V(50m 전방의 도로)에서는 3,750cd 이상, 50R(50m 전방의 우측도로)에서는 7,500cd 이상, 50L(50m 전방의 좌측도로)에서는 9,375cd 이하

측정점	각 도	기준값(칸델라)
B50L	0.57U, 3.43L	250 이하
75R	0.57D, 1.15R	7,500 이상
75L	0.57D, 3.43L	7,500 이하
50L	0.86D, 3.43L	9,375 이하
50R	0.86D, 1.15R	7,500 이상
50V	0.86D, 0	3,750 이상
25L	1.72D, 9.0L	1,250 이상
25R	1.72D, 9.0R	1,250 이상

주 1. "L"은 VV선의 좌측을 의미한다.
　 2. "R"은 VV선의 우측을 의미한다.
　 3. "U"는 HH선의 상측을 의미한다.
　 4. "D"는 HH선의 하측을 의미한다.
　 5. "V"는 VV선을 의미한다.

(3) 측정 방법(단품)

25m 거리에서 스크린에 변환빔을 조사하여 측정한다.

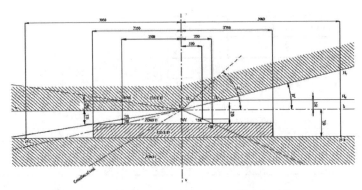

25m 거리에 위치한 스크린상의 변환빔 측정점 위치

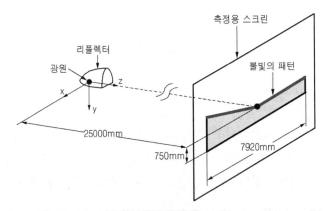

설정된 측정 조건 (자료 : dergipark.org.tr/tr/download/article-file/729083)

(4) 실차 측정 방법 및 변환빔(하향등) 각도 조절(에이밍) 방법

실차 상태에서 전조등을 켠 상태에서 10m 벽에 조사하여 빛이 Cut-Off Line을 넘지 않도록 한다. Cut -Off Line의 높이 기준은 10m 거리에서 측정할 때 거리에 해당하는 1% 아래에 컷오프 라인이 형성될 수 있도록 해야 한다. 즉 전조등의 높이가 70cm 라면 10m 전방의 스크린에서는 60cm에 컷오프 라인이 형성되어야 한다. 컷오프 라인을 조절할 때는 자동차 정비 지침서를 참조하여 헤드램프의 각도 조절 볼트를 이용하여 조절해 준다.

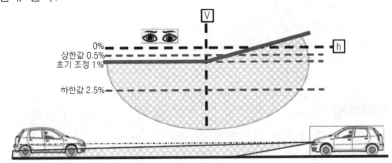

하중 조건이 컷오프 라인 위치에 미치는 영향(운전자만 해당, 부하 없음)

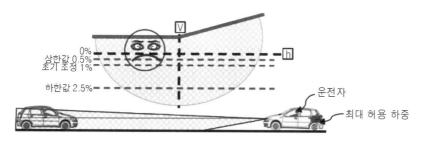

하중 조건이 컷오프 라인 위치에 미치는 영향

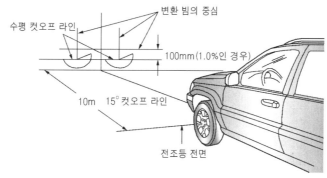

하중 조건에 영향을 받는 컷오프 라인 위치 측정 조건

(자료 : dergipark.org.tr/tr/download/article-file/729083)

기출문제 유형

✦ 오토 헤드램프 레벨링 시스템 기능과 구성 부품에 대해 설명하시오.(98-2-1)

01 개요

(1) 배경

자동차의 전조등은 빛이 없는 밤에 운전자의 전방 도로를 밝게 비추는 기능을 하여 안전한 주행이 가능하도록 도와주는 장치이다. 하지만 차량의 거동 상태나 도로 환경에 따라서 전조등이 순간적으로 전방을 제대로 조명해 주지 못해 사고가 발생할 수 있다. 또한 조명 기능이 커질수록 많은 빛이 나와서 대향차(운전자 반대편에서 오는 차) 운전자에게 눈부심을 유발할 수 있다. 이러한 단점을 극복하기 위해 전조등을 상하로 조절할 수 있는 오토 헤드램프 레벨링 시스템이 개발되었다.

(2) 오토 헤드램프 레벨링 시스템(AHLS : Auto Head Lamp Leveling System)의 정의

오토 헤드램프 레벨링 시스템은 자동차의 화물, 승객의 적재 상태에 따라 헤드램프의 조사 방향을 자동으로 조절하는 시스템이다.

02 오토헤드램프 레벨링 시스템의 기능

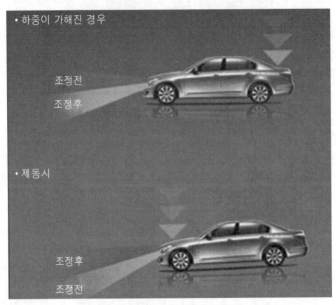

• 하중이 가해진 경우

조정전
조정후

• 제동시

조정후
조정전

오토 헤드램프 레벨링 상황별 차체의 변화
(자료 : blog.naver.com/PostView.nhn?blogId=team-enginist&logNo=220700450048)

(1) Static Type

정차 중 차량의 앞부분에 물건이 적재되거나 사람이 탄 경우 전조등을 상향시켜주고 뒷부분에 하중이 가해진 경우 하향시켜 준다.

(2) Dynamic Type

가속 시 차량의 뒷부분이 내려가기 때문에 헤드램프를 하향시켜 주고 감속 시에는 차량의 앞부분이 내려가므로 헤드램프의 각도를 상향시켜 준다.

03 오토 헤드램프 레벨링 시스템의 구성 부품

(1) 차고 센서

차량의 높이를 측정하는 센서로 차량의 앞·뒤에 장착되어 승차 인원 및 적재량에 의한 하중에 따라 센서의 신호가 출력되어 AHLS ECU에 입력된다.

(2) 오토 헤드램프 레벨링 시스템 ECU(AHLS ECU)

차고 센서의 신호와 차속, 헤드램프 신호를 입력 받아 헤드램프의 각도 요구량을 계산하고 헤드램프 조절 액추에이터를 구동하여 시스템을 제어한다. 자기진단 기능을 수행하며 파라미터 다운로드나 영점 세팅 등을 수행한다.

* 차고 센서 전압 입력 → 레벨링 각도 요구량 계산 → HLLD(Head Lamp Leveling Device) 구동전압 출력

(3) HLLD(Head Lamp Leveling Device)

AHLS ECU의 제어에 의해 전조등의 각도를 조절한다. 시스템에 고장이 발생할 경우 초기 원점 위치로 자동 복귀한다.

기출문제 유형

✦ 배광 가변형 전조등 시스템(AFS : Adaptive Front Lighting System)에 대해 설명하시오.(105-3-3)

✦ AFS(Adaptive Front Lighting System)에 대해 설명하시오.(74-2-3)

01 개요

(1) 배경

자동차의 전조등은 빛이 없는 밤에 운전자의 전방 도로를 밝게 비추는 기능을 하여 안전한 주행이 가능하도록 도와주는 장치이다. 하지만 기존의 전조등은 고정적으로 차량의 전방만 빛을 비춰주기 때문에 차량이 방향을 바꿀 때 순간적으로 운전자가 원하는 방향을 제대로 조명해 주지 못해 사고가 발생할 우려가 있었다. 이에 차량의 방향을 감지하여 전조등의 조사각을 변화시켜 주는 배광 가변형 전조등 시스템을 개발하였다.

(2) 배광 가변형 전조등 시스템(AFS : Adaptive Front Lighting System)의 정의

배광 가변형 전조등 시스템은 도로의 상태와 주행 조건 등 다양한 상황에 따라 전조등의 각도를 상하·좌우 가변적으로 제어하는 시스템이다.

02 AFLS의 구성

(1) 센서부

조향각 센서, 차속 센서, 레인 센서, 기어 단수, 요레이트 센서, 앞·뒤 차고 센서, 브레이크 스위치, 방향 지시등의 정보를 통해 현재 전조등의 상태와 운전자의 의도를 파악한다.

(2) 제어부

AFLS ECU는 각종 센서의 정보를 바탕으로 전조등의 각도를 조절한다.

(3) 액추에이터부

스위블링 액추에이터, 레벨링 액추에이터, 쉴드 액추에이터, 벤딩 액추에이터 등을 통해 전조등을 상하, 좌우로 움직인다.

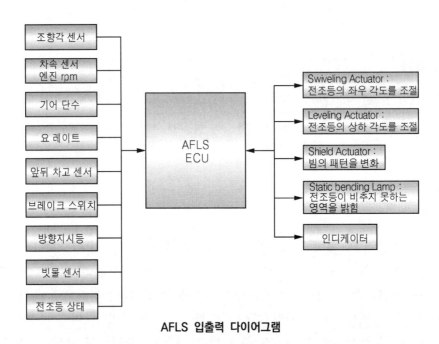

AFLS 입출력 다이어그램

AFLS CAN 통신

03 AFLS의 기능

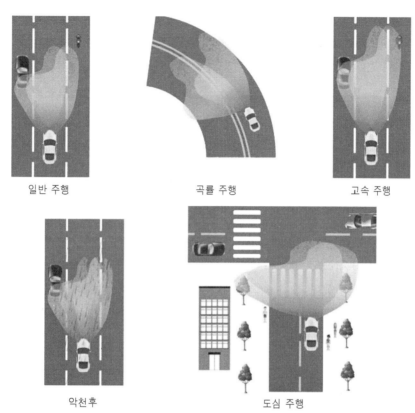

일반 주행　　　　　　곡률 주행　　　　　　고속 주행

악천후　　　　　　　　도심 주행

AFLS의 기능[1]

① **곡선로 주행 시** : 선회 시 조향각 센서의 각도 변화를 통해 선회 방향을 파악하고 엔진 rpm, 휠 스피드 센서 등의 정보를 통해 차량의 속도를 파악하여 전조등의 각도를 제어한다. 이를 통해 운전자의 시인성을 높인다.

② **고속도로 주행 시** : 직진 주행이나 고속 주행 시 전방의 시야를 확보하기 위해 전조등의 각도를 상향시킨다.

③ **악천후 시** : 비가 오거나 눈이 내리는 등 악천후가 발생한 경우 빗물 센서로 이를 감지하여 추가적으로 다른 램프를 점등시켜 시인성을 향상시킨다. 이를 통해 운전자의 안전성이 향상된다.

④ **도심지·교차로 주행 시** : 차속, 엔진 rpm, 변속 단수 등을 통해 주행 환경을 판단할 수 있다. 도심지 주행일 경우에는 좌우로 넓은 범위로 빔 패턴을 변화시키거나 추가 광원을 이용하여 주위의 사람이나 장애물 등을 볼 수 있게 시야를 넓혀준다.

1) blog.naver.com/PostView.nhn?blogId=lagrange0115&logNo=220984884405&parentCategoryNo=&categoryNo=&viewDate=&isShowPopularPosts)=false&from=postView

기출문제 유형

✦ 다음 회로는 자동 전조등 회로(Auto Light System)이다. 다음 조건에서 회로의 작동 방법을 설명하시오.(101-4-6)
  1) 자동차 주위가 밝을 때
  2) 자동차 주위가 어두울 때

01 개요

(1) 배경

자동차의 전조등은 빛이 없는 밤에 운전자의 전방 도로를 밝게 비추는 기능을 하여 안전한 주행이 가능하도록 도와주는 장치이다. 자동차 기술이 발전함에 따라 편의성을 강화해 주기 위해서 주행 상황에 따라 자동으로 전조등을 점등시킬 수 있도록 오토 라이팅 시스템을 개발하여 적용하고 있다.

오토 라이트 시스템은 주간에 주행을 하다가 터널이나 지하 주차장과 같이 어두운 곳에 진입하는 경우나 눈이나 비, 안개 등 환경적인 영향으로 인해 전방 시인성이 약화될 경우에 자동으로 미등이나 전조등을 점등시켜 편의성과 주행 안전성을 향상시켜 주는 기능이다.

(2) 자동 전조등 시스템(Auto Light System)의 정의

자동 전조등 시스템은 주의의 밝기에 따라 자동으로 전조등을 제어하는 시스템이다.

02 오토 라이트 시스템 회로의 구성

(1) 조도 센서

센서 내부에 설치되어 광전도 소자(황화카드뮴)를 이용하여 빛의 밝기를 감지하여 제어 유닛으로 신호를 송출한다. 주로 전면유리 상단이나 센터 페시아에 설치되어 있다. 조도가 증가하면 저항 값이 감소하고 조도가 감소하면 저항값이 커진다.

(2) 오토 라이트 스위치

멀티 펑션 스위치의 라이트 스위치 위치를 오토로 하면 조도 센서에 의해 미등과 전조등이 자동으로 제어된다.

(3) 오토 라이트 제어 유닛

라이트 스위치와 조도 센서의 입력값에 따라 전조등과 미등의 점등 여부를 결정하여 릴레이를 제어한다.

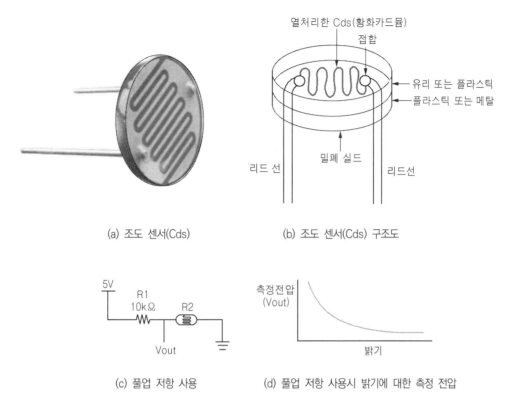

(a) 조도 센서(Cds)

(b) 조도 센서(Cds) 구조도

(c) 풀업 저항 사용

(d) 풀업 저항 사용시 밝기에 대한 측정 전압

오토 라이트 시스템의 조도 센서

(4) 작동부(릴레이, 미등 · 전조등)

제어 유닛의 신호에 따라 릴레이가 연결되어 미등, 전조등이 점등된다.

03 오토 라이트 시스템 회로의 작동 방법

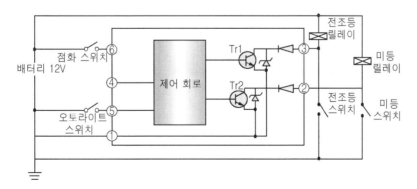

오토 라이트 시스템의 회로

(1) 자동차 주위가 밝을 때

빛에 따라 조도 센서의 저항값이 결정되고 제어 유닛에서는 전압값에 따라 미등과 전조등을 소등시킨다. 오토 라이트 스위치가 ON되어 있지만 제어 유닛에서 트랜지스터의 베이스단 쪽으로 전압을 흘려주지 않아 미등과 전조등의 릴레이가 동작되지 않는다.

(2) 자동차 주위가 어두울 때

빛의 밝기에 따라 미등이나 전조등이 점등된다. 제어 회로에서 오토라이트 스위치가 ON되어 있는 상태에서 조도 센서의 전압값에 따라 제어 유닛에서 베이스 단을 제어하여 미등 릴레이나 전조등 릴레이를 ON시켜 자동으로 점등된다.

국내 자동차용 휘발유 품질 기준

항목	미등	전조등
점등 조도	23.1 ± 1.4(Lux) 0.78±0.04(V)	6.2 ± 1.4(Lux) 0.36±0.04(V)
소등 조도	48.1 ± 1.4(Lux) 1.38±0.04(V)	12 ± 1.4(Lux) 0.52±0.04(V)

04 오토 라이트 시스템의 특징

① 야간 주행 시 자동으로 전조등이나 미등이 점등되어 안전성을 향상시킨다.
② 전조등이나 미등을 소등하지 않고 장시간 주차를 하는 경우 배터리 방전 현상이 발생하게 되는데 오토 라이트 시스템이 장착된 자동차는 자동으로 관리가 되어 배터리의 방전을 방지할 수 있다.
③ 센서 위에 이물질이 있거나 진한 선팅이 있을 경우 오토 라이트 기능의 작동이 원활하지 않을 수 있다.
④ 자동차마다(주로 제조사별) 작동 시간이 상이하다.

기출문제 유형

✦ 다음 감광식 룸 램프의 타임차트를 보고 작동 방식을 설명하시오.(114-3-6)

---

01 개요

(1) 배경

자동차의 전자 편의 장치는 주로 실내에서 운전자나 동승자가 보다 편리하고 안전하게 자동차를 이용할 수 있도록 보조해 주는 장치이다. 와이퍼, 열선 시트, 시트벨트 경고 장치, 무선 충전기 등이 있다. 이 중 감광식 룸 램프는 자동차의 도어를 열었다가 닫을 때 실내등의 점등시간을 일정 시간 동안 유지해줌으로써 승·하차 시 운전자의 시야를 확보하여 엔진 시동 및 출발 준비를 보조해 준다.

(2) 감광식 룸 램프의 정의

감광식 품 램프는 도어를 열었다가 닫을 때 실내등의 소등 속도를 조절하여 편의성과 안전성을 향상시킨 시스템이다.

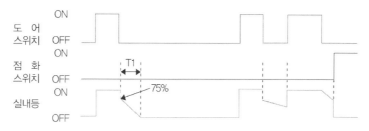

감광식 룸 램프 제어 타임 차트

02 감광식 룸램프의 주요 기능

① 자동차 도어를 열었을 때 실내등을 점등하여 안전한 승하차가 되도록 보조해준다.
② 도어를 닫을 때 엔진 시동 및 출발 준비를 할 수 있도록 실내등을 수초 동안 점등시켜 준다.

03 룸램프 작동 방식 설명

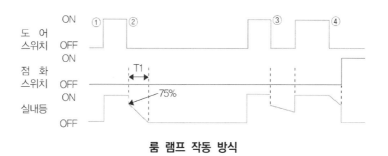

룸 램프 작동 방식

① 도어 오픈 : 모든 도어 스위치의 그래프에서 도어가 ON 상태가 되면 이 시점에서 실내등이 ON이 되어 룸 램프는 점등된다.

② 도어 클로즈 : 룸 램프가 점등된 상태에서 문이 닫히면 즉시 75%로 감광된 후 서서히 감광하여 T1의 시간이 흐른 후에 완전히 소등이 된다. T1은 보통 5초~6초 정도 소요된다.

③ 도어 클로즈 후 다시 오픈 : 도어를 열었다가 닫은 후 T1의 시간이 지나기 전에 도어를 다시 열면 룸 램프는 감광되다가 다시 점등된다.

④ 도어 클로즈 후 시동 시 : 도어가 닫힌 후 T1의 시간이 지나기 전에 시동이 걸리면 룸 램프를 즉시 소등한다.

04 감광식 룸 램프 시스템 구성

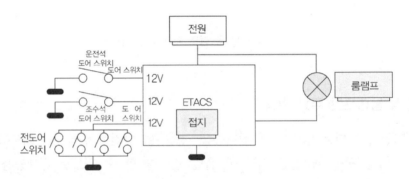

감광식 룸 램프 제어 구성 회로

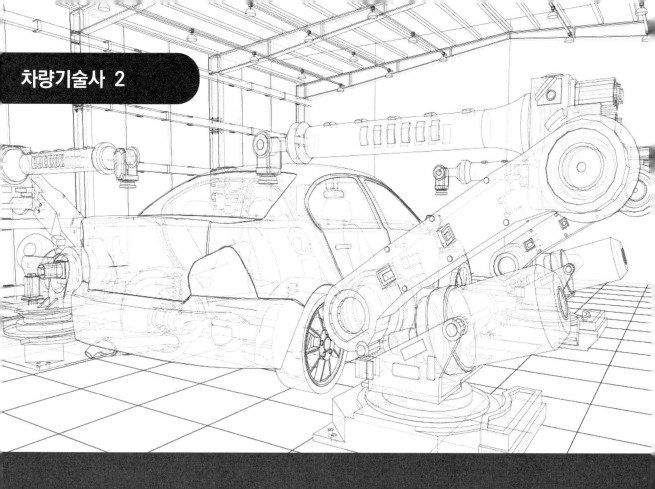

PART 4. 주행 성능

❶ 주행 성능

01 주행성능

기출문제 유형

✦ 자동차의 주행저항에 대하여 설명하시오.(87-4-2)

✦ 자동차 주행저항에 대하여 요소별로 제시하고 설명하시오.(71-3-4)

✦ 차량이 주행 중 여러 가지 저항을 받는다. 그 저항의 종류를 들고 설명하시오. 각 항의 계수 등 기호는 임의로 정한다.(42)

✦ 주행 중인 차량이 받는 저항을 들고 전 주행저항을 기술하시오.(32)

✦ 자동차의 주행저항에 대하여 기술하시오.(48)

✦ 자동차 주행저항에 대하여 설명하시오.(62-3-3)

✦ 자동차의 전 주행저항의 의미와 각 저항에 대하여 논하시오.(45)

✦ 자동차의 주행저항과 동력성능에 대하여 기술하시오.(57-4-1)

✦ 차량이 주행할 때 받는 저항의 예를 들고, 차량 총중량 W인 차량의 총 주행저항 R_t를 구하시오. (단, 각항의 계수는 임의로).(35)

✦ 차량의 주행 중 받는 저항을 분석하고, 평탄로를 일정한 속도로 주행할 때의 주행저항 R을 구하시오. (단, 기호와 계수는 임의로).(37)

✦ 차량 총중량이 5,000kg의 트럭이 구배 5%의 자갈길을 20km/h의 일정한 속도로 올라갈 때의 전 주행저항을 구하시오. (단, 전면 투영면적=5m^2, 구름저항계수=0.035, 공기저항계수=0.005)(72-4-4, 83-3-6)

✦ 평탄로를 60km/h로 주행 중인 자동차가 앞지르기 위해 가속하였더니, 10초 후에 96km/h가 되었다. 이때의 가속저항을 구하시오. 단, 차량 총중량=1900kg, 회전부분 상당중량=차량 총중량의 10%, 중력 가속도=9.8m^2 (90-4-3)

01 개요

(1) 배경

자동차는 엔진에서 발생하는 동력을 바퀴에 전달하여 주행한다. 엔진에서 발생하는 토크(Torque)는 변속기와 최종 감속기어를 통해 타이어에 전달되어 자동차를 움직이는 힘, 즉 구동력이 된다. 하지만 자동차가 주행할 때에는 언제나 진행방향에 대해 대항하는 힘인 주행저항이 작용하며 엔진에서 발생하는 구동력의 차이에 따라 속도와 연비가 변한다. 주행저항이 커질수록 출력이 커야 하고 주행저항이 작으면 작은 출력으로도 주행이 가능하게 된다. 주행저항은 차량의 속도, 중량, 형상 등에 영향을 받는다.

(2) 주행저항(Running Resistance)의 정의

자동차가 주행할 때 주행을 방해하는 방향으로 작용하는 힘의 총칭이다. 주행저항은 구름저항, 공기저항, 등판저항, 가속저항이 있다.

02 전 주행저항(R$_t$: Total Running Resistance)

(1) 전 주행저항의 계산 공식

$$R_t = R_r + R_a + R_g + R_i = \mu_r W + \mu_a A V^2 + W\sin\theta + (W + \Delta W) \times \frac{\alpha}{g}$$

여기서, R_t : 전 주행저항(kgf), R_r : 구름저항(kgf), R_a : 공기저항(kgf), R_g : 등판저항(kgf),

R_i : 가속저항(kgf), μ_a : 공기저항계수, A : 자동차의 전면 투영면적(m^2),

V : 자동차 속도(km/h), μ_r : 구름저항계수, W : 차량 총중량(kgf),

θ : 경사각도($^\circ$), ΔW : 회전부분 상당중량(kgf), α : 자동차의 가속도(m/s^2),

g : 중력가속도(m/s^2)

(2) 전 주행저항에 영향을 미치는 요인

자동차의 전 주행저항은 공기저항 이외의 저항은 모두 중량과 관련이 있다. 따라서 자동차의 중량은 주행저항에 영향을 미치는 주요 요소이며 경량화를 통해 주행저항을 저감할 수 있다. 엔진의 출력이 동일한 상태에서 차량의 중량을 감소시키면 구름저항, 등판저항, 가속저항이 줄어들어 주행성능이 향상된다.

03 구름저항(R$_r$: Rolling Resistance)

(1) 구름저항의 정의

구름저항은 타이어가 일정한 속도로 직선 운동하는 동안 타이어 자체 또는 노면과의 마찰력에 의해서 발생하는 에너지 손실이다. 전동저항이라고도 한다. 타이어에서 발생하는 저항으로 중량에 비례하며, 구름저항계수는 저속에서는 일정하지만 고속에서는 급속히 증가한다.

(2) 구름저항 계산 공식

$$R_r = \mu_r W$$

여기서, R_r : 구름저항(kgf), μ_r : 구름저항계수, W : 차량 총중량(kgf)

(3) 구름저항의 발생 원인

① 타이어 변형에 의한 내부저항(히스테리시스) : 90% 이상의 비중을 차지함
② 타이어와 노면 간 미끄러짐에 의한 마찰저항
③ 노면이 평활하지 않아서 발생하는 충격에 의한 진동 저항
④ 차륜 베어링 등 기계적인 마찰에 의한 저항
⑤ 타이어에서 발생하는 소음에 의한 저항

(4) 구름저항 영향 인자

구름저항에 영향을 미치는 인자는 차량 총종량(kgf)과 구름저항계수이다. 구름저항계수에 영향을 미치는 인자는 노면 상태, 주행 속도, 공기압, 편평비, 타이어 구조, 재질, 패턴 등이 있다.

04 공기저항(R_a : Air Resistance)

(1) 공기저항의 정의

공기저항은 공기 속을 운동하는 물체가 공기로부터 받는 저항을 말하며, 자동차가 주행할 때 주행을 방해하는 방향으로 작용하는 공기의 힘을 의미한다. 자동차의 공기저항은 차체 앞쪽에서 받는 항력(Drag), 옆에서 작용하는 바람에 의한 횡력(Side Force), 차체를 위로 올리는 양력(Lift)로 나눌 수 있다.

(2) 공기저항 계산 공식

공기저항은 타행 시험으로 구한 공기저항계수 μ_a를 이용하는 방법과 풍동시험에서 실측한 항력계수 C_D를 이용하여 계산하는 방법이 있다.

1) 항력계수(Drag of Coefficient)를 사용하는 방법

$$R_a = \frac{1}{2} \times C_D \times \rho \times A \times v^2$$

여기서, R_a : 공기저항(kgf), C_D : 항력계수, ρ : 공기밀도(kg·s^2/m^2)
A : 자동차의 전면 투영면적(m^2), v : 자동차 속도(m/s)

2) 공기저항계수(Air Resistance Coefficient)를 사용하는 방법

$$R_a = \mu_a \times A \times V^2$$

여기서, R_a : 공기저항(kgf), μ_a : 공기저항계수, A : 자동차의 전면 투영면적(m²)
V : 자동차 속도(km/h)

(3) 공기저항 발생 원인

① 압력저항 : 물체 앞쪽(전면 투영면적)에 공기의 압력이 형성되어 뒤로 미는 항력으로 작용한다. 전면 투영면적은 차를 앞에서 봤을 때 보이는 표면적으로 앞 유리나 프런트 그릴 등이 이에 속한다. 압력저항은 다시 전방과 후방의 두 가지 저항으로 나눌 수 있고 와류나 후류저항과 함께 형상저항으로 말하기도 한다. 공기저항 중 90~95%를 차지한다.

② 마찰저항 : 공기의 점성으로 인해 차체 표면과 공기 사이에 발생하는 저항으로 점성저항이라고도 한다.

③ 내부저항 : 그릴을 통해 들어오는 공기가 라디에이터와 엔진에 부딪혀 발생한다.

공기저항의 발생 원인
(자료 : presticebdt.com/3-must-component-for-wind-tunnel-design/)

(4) 공기저항 영향 인자

공기저항에 영향을 미치는 인자는 공기저항계수·항력계수, 공기 밀도, 전면 투영면적, 자동차의 속도이다. 항력계수는 물체의 모양에 영향을 받는다.

05 등판저항(R_g : Gradiant Resistance)

(1) 등판저항의 정의

등판저항은 구배저항이라고도 하며 자동차가 경사진 노면을 올라갈 때 발생하는 저항을 말한다. 차체의 무게에 의해 경사진 노면과 평행하게 발생하는 힘의 분력으로 인해 발생한다.

(2) 등판저항 계산 공식

등판저항은 경사각도를 이용하는 방법과 도로 구배를 이용하는 방법이 있다.

1) 경사각도를 이용하는 방법

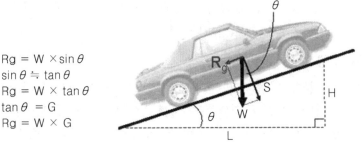

$$Rg = W \times \sin\theta$$
$$\sin\theta \fallingdotseq \tan\theta$$
$$Rg = W \times \tan\theta$$
$$\tan\theta = G$$
$$Rg = W \times G$$

등판저항

(자료 : slidetodoc.com/resistance-forces-on-a-vehicle-p-m-v/)

$$R_g = W \times \sin\theta$$

여기서, R_g : 등판저항(kgf)

　　　　W : 자동차 총중량(kgf)

　　　　θ : 경사각도($^\circ$)

2) 도로 구배를 이용하는 방법

경사각도 θ가 크지 않을 경우 $\sin\theta \fallingdotseq \tan\theta$로 값이 비슷하다. 따라서 근사적으로 다음과 같이 사용할 수 있다.

$$R_g = W \times \sin\theta \fallingdotseq W \times \tan\theta$$

$$G = \frac{H}{L} \times 100$$

$$W \times \frac{G}{100}$$

여기서, G : 구배율(%)

　　　　H : 경사로 높이

　　　　L : 경사로 길이

　　　　θ : 경사각도($^\circ$)

(3) 등판저항 영향 인자

등판저항에 영향을 미치는 인자는 경사각도, 자동차 총중량, 마찰력 등이 있다. 경사 각도가 커지면 바퀴와 노면의 점착, 마찰 한계를 넘게 되어 슬립이 발생하게 된다.

06 가속저항(R_i : Inertia Resistance)

(1) 가속저항의 정의

자동차의 속도를 변화시키는데 필요한 힘을 가속저항이라고 한다. 자동차의 주행속도가 변화할 때 관성의 변화에 따라 저항이 생기는데 이 관성 저항을 가속저항이라고 한다.

(2) 가속저항 계산 공식

가속저항은 자동차 차체의 진행관성저항과 각 회전부의 관성저항의 합으로 구성된다.

$$R_i = (W + \Delta W) \times \frac{\alpha}{g}$$

여기서, R_i : 가속저항(kgf)

   W : 자동차 총중량(kgf)

   $\triangle W$: 회전부 상당중량(kgf)

   α : 자동차의 가속도(m/s²)

   g : 중력가속도(m/s²)

(3) 가속저항 영향 인자

자동차가 가속하게 되면 엔진과 변속기, 타이어 등 운동 부품의 회전부분과 회전속도도 상승하게 된다. 따라서 이들을 가속시킬 만큼의 힘이 필요하게 된다. 이를 회전부분 상당중량이라고 한다. 가속저항은 자동차의 무게, 가속도, 회전부 상당중량이 영향을 미친다.

07 계산 문제

 차량 총중량이 5,000kgf의 트럭이 구배 5%의 자갈길은 20km/h의 일정한 속도로 올라 갈 때의 전주행저항을 구하시오.(단, 전면 투영면적=5m², 구름저항계수=0.035, 공기저항 계수=0.005)

해설 전주행저항은 구름저항, 공기저항, 등판저항, 가속저항으로 이루어지는데 가속을 하지 않으므로 가속저항은 제외한 나머지 주행저항을 계산한다.

$$R_t = R_r + R_a + R_g + R_i = \mu_r W + \mu_a A V^2 + W \times \frac{S}{100}$$

$$= 0.035 \times 5,000 + 0.005 \times 5 \times \left(20 \times \frac{1,000}{3,600}\right)^2 + 5,000 \times \frac{5}{100}$$

$$= 175 + 0.77 + 250 = 425.77[\text{kgf}]$$

> **예제**
>
> 평탄로를 60km/h로 주행 중인 자동차가 앞지르기 위해 가속하였더니, 10초 후에 96km/h가 되었다. 이때의 가속저항을 구하시오. 단, 차량 총중량=1,900kg , 회전부분 상당중량=차량총중량의 10%, 중력가속도=9.8m²

해설 차량의 가속도는 다음 공식으로 구할 수 있다.

$$v = v_o + a_t$$

여기서, v : 속도, v_o : 초속도, α : 가속도, t : 시간

$$a = \left\{ \frac{(96-60)}{10} \right\} \times \frac{1,000}{3,600} = 1\mathrm{m/s^2}$$

가속저항은 다음 식으로 구할 수 있다.

$$R_i = (W + \Delta W) \times \frac{\alpha}{g} = \frac{(1,900 + 190)}{9.8} = 213.27[\mathrm{kgf}]$$

기출문제 유형

✦ 주행저항 중 공기저항의 발생 원인에 대하여 설명하시오.(113-3-4)

✦ 자동차의 공기저항을 줄일 수 있는 방법을 공기저항계수와 투영면적의 관점에서 설명하시오.(93-3-1)

01 개요

(1) 배경

엔진에서 발생하는 토크(Torque)는 변속기와 최종 감속기어를 통해 타이어에 전달되어 자동차를 움직이는 힘, 즉 구동력이 된다. 하지만 자동차가 주행할 때에는 언제나 진행방향에 대해 대항하는 힘인 주행저항이 작용하며 엔진에서 발생하는 구동력의 차이에 따라 속도와 연비가 변한다. 주행저항은 구름저항, 공기저항, 등판저항, 가속저항으로 구분할 수 있다. 공기저항은 자동차가 주행할 때 받는 공기에 의한 저항으로 자동차의 에너지 효율에 많은 영향을 미치는 요소이다. 특히 전면 투영면적과 속도의 제곱에 비례하기 때문에 자동차의 형상과 속도가 매우 중요한 요소라고 할 수 있다.

(2) 공기저항(R_a : Air Resistance)의 정의

공기저항은 공기 속을 운동하는 물체가 공기로부터 받는 저항을 말하며, 자동차가 주

행할 때 주행을 방해하는 방향으로 작용하는 공기의 힘을 의미한다. 자동차의 공기저항은 차체 앞쪽에서 받는 항력(Drag), 옆에서 작용하는 바람에 의한 횡력(Side Force), 차체를 위로 올리는 양력(Lift)으로 나눌 수 있다.

02 공기저항의 발생 원인

공기저항은 항력으로, 항력은 유동방향에 평행한 힘의 성분으로 마찰항력(Friction Drag)와 압력항력(Pressure Drag)으로 구분된다. 유체가 물체 주위를 흐르면 유체 입자가 점성으로 인해 물체 표면에 달라붙어 마찰력, 즉 유동방향으로 물체를 잡아당기는 힘을 발생시킨다. 이 물체 표면의 단위면적당 잡아당기는 힘을 '전단응력(Shear Stress)'라고 한다. 물체 표면이 넓을수록 전단응력을 많이 받게 되고 이 물체 표면 전면적에 대한 전단응력을 마찰항력이라고 한다. 물체 표면에서 유체(공기)의 속도는 '0'이 되고 표면과 멀어질수록 유체의 속도는 빨라진다. 이때 공기의 속도가 현저히 느리고, 유체의 점성효과가 두드러지게 나타나는 곳의 얇은 영역을 경계층(Boundary Layer)이라고 하는데 경계층은 물체의 표면을 지날수록 두꺼워지고 일정 두께 이후의 경계층 내부 공기는 물체 표면에서 박리되어 후류(Wake)를 형성하여 물체를 뒤로 잡아당기는 압력을 형성한다. 이를 압력항력이라고 한다. 유동박리는 뾰족한 모서리를 갖는 물체에서는 주로 물체의 모서리에서 발생하며 유선형을 갖는 물체에서는 전면 투영면적에 비례하여 후류를 형성한다.

(1) 압력저항(형상저항)

압력저항은 물체 앞쪽(전면 투영면적)과 뒤쪽에서 공기의 압력이 형성되어 뒤로 미는 항력이다. 전면 투영면적은 자동차를 앞에서 봤을 때 보이는 표면적으로 앞 유리나 프런트 그릴 등이 이에 속한다. 공기에 차량의 앞면에 부딪치면 압력이 발생하고 뒤로 밀리는 힘이 발생한다.

또한 뒤로 흐르는 공기는 유동 박리가 되어 차체 표면에서 떨어져 나와 후류(Wake)가되어 차량을 뒤로 잡아당기는 압력을 형성한다. 후류는 고속으로 주행하는 차체 후미를 저기압 또는 진공상태로 만들어 자동차를 뒤로 잡아당기는 힘을 발생시킨다. 압력저항은 후류저항과 함께 형상저항으로 말하기도 한다. 공기저항 중 90~95%를 차지한다.

(2) 마찰저항

마찰저항은 차체 표면에서 발생하는 공기와의 마찰에 의한 저항으로 공기의 점성으로 인해 차체 표면과 공기 사이에 발생하는 점성저항, 차체 표면에 있는 요철이나 돌기 등에 의해 발생하는 표면저항 등으로 나눌 수 있다.

(3) 내부저항

그릴을 통해 들어오는 공기가 라디에이터와 엔진에 부딪혀 발생한다.

03 공기저항에 영향을 주는 요소

(1) 공기저항 계산 공식

공기저항은 타행시험으로 구한 공기저항계수 μ_a를 이용하는 방법과 풍동시험에서 실측한 항력계수 C_D를 이용하여 계산하는 방법이 있다.

1) 항력계수(Drag of Coefficient)를 사용하는 방법

$$R_a = \frac{1}{2} \times C_D \times \rho \times A \times v^2$$

여기서, R_a : 공기저항(kgf), C_D : 항력계수, ρ : 공기밀도(kg·s^2/m^2)
A : 자동차의 전면 투영면적(m^2), v : 자동차 속도(m/s)

2) 공기저항계수(Air Resistance Coefficient)를 사용하는 방법

$$R_a = \mu_a \times A \times V^2$$

여기서, R_a : 공기저항(kgf), μ_a : 공기저항계수,
A : 자동차의 전면 투영면적(m^2), V : 자동차 속도(km/h)

(2) 공기저항에 영향을 주는 요소

공기저항에 영향을 미치는 인자는 공기저항계수/항력계수, 공기 밀도, 전면 투영면적, 자동차의 속도이다. 항력계수는 물체의 모양에 영향을 받는다.

04 공기저항을 줄일 수 있는 방법

(1) 공기저항계수

공기저항계수는 차체의 형상에 따라 영향을 받는다. 유선형일수록 공기저항계수가 작아진다. 또한 차체의 표면에서 발생하는 점성저항과, 표면저항, 모서리 부에서 발생하는 와류, 차량 후미에서 발생하는 후류를 줄일수록 공기저항계수는 감소한다. 따라서 자동차의 형상을 돌출부위가 없고 유선형이 되도록 만든다.

① **경사각 최적화** : 차량의 전면을 흐르는 공기는 후드 프런트, 카울 탑, 전방 범퍼와 후드의 기울기, 전방 범퍼의 측면 기울기, 윈드 실드 글라스의 기울기에 따라서 와류를 형성하여 공기저항계수를 높인다. 따라서 각 부위의 경사각을 최적화하여 와류 형성을 최소화한다.

트렁크 리드의 둥근 모양

차량 주위 유동과 공력 발생 부위

② **표면저항 최소화** : 사이드 미러, 안테나, 워셔액 주입구 등의 돌출물에 의해서 표면
저항이 발생한다. 돌출물을 최소화하여 표면저항의 발생을 방지한다.

③ **압력저항 최소화** : C필러, 트렁크 부위 형상을 유선형으로 설계하여 유동박리에 의
한 후류 발생을 최소화하여 압력저항을 감소시킨다. 또한 언더 바디 커버를 적용
하여 하부 유동에 의한 항력을 감소시킨다.

(2) 투영면적

전면 투영면적은 정면에서 광선을 비추었을 때 벽면에 투영되는 면적의 넓이로 자동차
의 전면 투영면적을 줄일수록 공기저항은 감소한다.

전면 투영면적

① 아웃 사이드 미러 삭제 : 아웃 사이드 미러를 삭제하고 카메라를 장착하여 전면 투영면적을 축소할 수 있다.(폭스바겐 XL1)
② 최저 지상고 하향 : 최저 지상고를 낮출수록 전면 투영면적에서 타이어가 차지하는 부분이 줄어들어 공기저항을 감소시킬 수 있게 된다.
③ 휠 트레드 폭 축소 : 타이어의 휠 트레드 폭을 축소하여 면적을 줄일 수 있다.

기출문제 유형

✦ 자동차에 작용하는 공기력과 모멘트를 정의하고, 이들이 자동차 성능에 미치는 영향을 설명하시오.(101-2-5)

✦ 주행 시 차체에 미치는 공기저항의 6분력을 좌표계에 도시하고 공력 계수를 서술하시오.(59-3-3)

✦ 자동차에 작용하는 3가지 공기역학적인 힘, 항력(Drag), 양력(Lift) 및 측력(Side Force)과 경계층의 박리(Separation)에 대하여 상세히 기술하시오.(72-2-4)

✦ 자동차 주행 시 발생하는 양력의 발생 원인과 그 저감 대책에 대하여 기술하시오.(50)

✦ 자동차에 작용하는 공기역학적인 힘 중에 항력(Drag Force)과 항력 계수(Cd, Drag Coefficient)에 대하여 설명하시오.(65-4-3)

✦ 자동차에 작용하는 항력(Drag)과 항력계수(Cd, Drag Coefficient)에 대하여 서술하시오.(90-2-6)

01 개요

(1) 배경

자동차가 주행할 때 자동차에는 주행저항이 발생한다. 주행저항은 구름저항, 공기저항, 등판저항, 가속저항으로 구분된다. 이중 공기저항은 자동차가 주행할 때 받는 공기에 의한 저항으로 자동차의 에너지 효율에 많은 영향을 미치는 요소이다. 특히 전면 투영면적과 속도의 제곱에 비례하기 때문에 자동차의 형상과 속도가 매우 중요한 요소라고 할 수 있다.

(2) 공기저항 6분력의 정의

자동차가 주행할 때 자동차에 작용하는 공기력과 모멘트를 말하며, 차체 각 방향의 중심축에 작용하는 힘으로 항력, 양력, 측력이 있고, 모멘트로는 롤링, 피칭, 요잉이 있다.

02 공기저항 6분력 도시

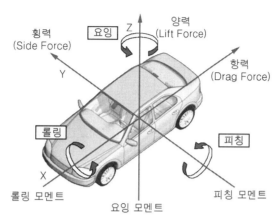

공기저항 6분력

(자료 : cdn.euroncap.com/media/1569/aeb-test-protocol-v-10.pdf)

03 공기저항의 6분력과 자동차에 미치는 영향

(1) 항력(Drag Force)

1) 항력(Drag Force)의 정의

항력은 어떤 물체가 유체(流體) 속을 운동할 때에 운동 방향과는 반대쪽으로 물체에 미치는 유체의 저항력을 말한다. 자동차가 주행할 때 주행과 반대 방향으로 작용하는 힘으로 전면 투영면적의 크기와 속도, 자동차의 형상에 많은 영향을 받는다. 공기저항 6분력 그림에서 X축 방향으로 작용하는 힘이다. 공기저항이라고도 한다.

2) 항력계수(Drag Force Coefficient)의 정의

항력계수는 유체역학 용어로, 공기 또는 물과 같은 유체 환경에서의 개체의 저항 혹은 항력을 정량화하는 데 사용되는 무차원 수를 말한다. 공기저항계수라고도 한다. 형상에 따라서 항력계수는 달라진다.

$$C_D = \frac{2F_D}{\rho A V^2}$$

여기서, F_D : 항력(N), ρ : 유체의 밀도(kg/m³)

V : 유체와 고체 사이의 상대속도(m/s)

C_D : 항력계수(drag coefficient)

A : 전면 투영면적(m²)

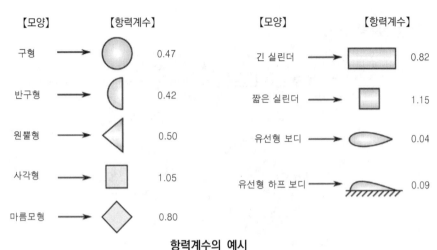

【모양】	【항력계수】	【모양】	【항력계수】
구형	0.47	긴 실린더	0.82
반구형	0.42	짧은 실린더	1.15
원뿔형	0.50	유선형 보디	0.04
사각형	1.05	유선형 하프 보디	0.09
마름모형	0.80		

항력계수의 예시
(자료 : www.wikiwand.com/en/Drag_coefficient)

3) 항력의 성분 구성

항력은 유동방향에 평행한 힘의 성분으로 마찰항력(Friction Drag)과 압력항력(Pressure Drag)으로 구분된다. 유체가 물체 주위를 흐르면 유체 입자가 점성으로 인해 물체 표면에 달라붙어 마찰력, 즉 유동방향으로 물체를 잡아당기는 힘을 발생시킨다. 이 물체 표면의 단위면적당 잡아당기는 힘을 '전단응력(Shear Stress)'이라고 한다. 물체의 표면이 넓을수록 전단응력을 많이 받게 되고 이 물체의 표면 전면적에 대한 전단응력을 마찰항력이라고 한다.

물체의 표면에서 유체(공기)의 속도는 '0'이 되고 표면과 멀어질수록 유체의 속도는 빨라진다. 이때 공기의 속도가 현저히 느리고, 유체의 점성효과가 두드러지게 나타나는 곳의 얇은 영역을 경계층(Boundary Layer)라고 하는데 경계층은 물체의 표면을 지날수록 두꺼워지고 일정 두께 이후의 경계층 내부 공기는 물체의 표면에서 박리되어 와류와 후류를 형성하여 물체를 뒤로 잡아당기는 압력을 형성한다. 이를 압력항력이라고 한다. 유동박리는 뾰족한 모서리를 갖는 물체에서는 주로 물체의 모서리에서 발생하며 유선형을 갖는 물체에서는 전면 투영면적에 비례하여 후류를 형성한다.

$$F_D = \int_A dF_D = \int_A (-p\cos\theta + \tau_W \sin\theta)\, dA$$

여기서, p : 압력
τ_w : 전단응력
A : 표면적

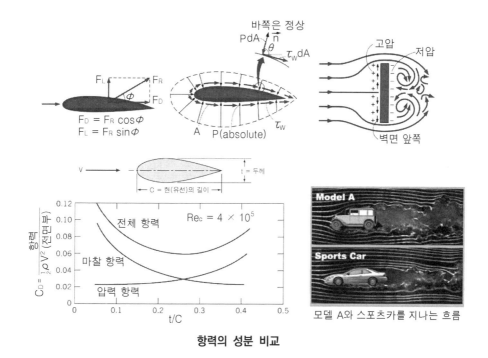

항력의 성분 비교

① **마찰항력** : 마찰항력은 표면적에 대한 전단응력(표면마찰력)의 적분으로 주어지는 항력이다.

$$F_D = \int_A \tau_W \, dA$$

여기서, τ_w : 전단응력, A : 표면적

$$F_D = \frac{1}{2} \rho V^2 C_D A$$

여기서, F_D : 항력(N), ρ : 유체의 밀도(kg/m³)

V : 유체와 고체 사이의 상대속도(m/s)

C_D : 항력계수(drag coefficient)

A : 전면 투영면적으로 정면에서 광선을 비추었을 때 벽면에 투영되는 면적의 넓이(m²)

② **압력항력**

$$F_D = \int_A p \, dA$$

여기서, p : 압력, A : 표면적

4) 항력에 영향을 미치는 요소

① **속도** : 속도가 증가할수록 항력은 속도의 제곱에 비례하여 급격히 증가한다.

② **전면 투영면적** : 전면 투영면적에 따라서 항력은 비례하여 증가한다.

③ **항력계수(CD, Drag Coefficient)** : 자동차의 형상에 따라서 항력계수가 달라진다. 돌출 부위가 없고 유선형일 경우 항력계수가 낮아진다.

④ **후류(와류) 저항** : 자동차가 주행할 때 주변의 공기를 가르면서 이동하게 되는데 주행속도가 느릴 경우는 공기가 자동차의 표면을 따라서 흐르게 된다. 이 경우는 별다른 저항이 발생하지 않는다. 하지만 주행속도가 빨라질 경우 자동차 지붕 쪽으로 흐르던 공기는 경계층을 형성하고 표면에서 분리(유동박리) 되어 와류를 형성하고 자동차 뒷부분에서 후류를 형성하여 항력을 증가시킨다.

5) 자동차에 미치는 영향

항력이 커질수록 공기저항이 커져 자동차의 주행성능이 저하되어 출력이 저하되고 연비가 하락한다. 특히 차량의 속도가 빨라질수록 항력이 급격하게 증가하여 연료가 급격히 소모되고 여유구동력이 없어져 가속력이 떨어진다.

(2) 양력

1) 양력(Lift Force)의 정의

물체의 주위에 유체가 흐를 때 물체의 표면에서 유체의 흐름에 대하여 수직 방향으로 발생하는 역학적 힘을 말한다. 주행 중인 자동차에서 차체 상하면의 흐름에 의한 압력차로 인해 차체를 수직방향으로 들어 올리는 힘이다.

양력

2) 양력의 성분 구성

양력은 유동방향에 수직한 힘의 성분을 말한다. 자동차가 주행을 할 때 공기는 상면과 하면으로 흐르게 되고 차체의 형상에 따라서 상면과 하면의 공기 유량의 차이가 발생하여 압력차가 생기게 된다. 보통 상면의 압력이 낮아지는데 이는 상면의 기류 유량이 더 많고 유동박리가 될 수 있는 형상이기 때문이다.

비행기의 경우 공중으로 뜨기 위해서는 이 양력이 자동차의 무게(W)보다 커야 하지만 자동차의 경우 원활한 주행을 위해서 양력이 아래로 향해야 한다. 아래로 향하는 양력을 다운포스(Down Force)라고 하고 이를 위해 리어 스포일러, 에어 댐을 장착한다.

$$F_L = \int_A dF_L = -\int_A (p \sin\theta + \tau_W \cos\theta) dA$$

여기서, p : 압력, τ_w : 전단응력, A : 표면적

$$F_L = \frac{1}{2} \rho V^2 C_L A$$

여기서, F_L : 양력(N), ρ : 유체의 밀도(kg/m³), V : 유체와 고체 사이의 상대속도(m/s), C_L : 양력계수(Lift coefficient), A : 상하면 투영면적(m²)

3) 양력에 영향을 미치는 요소

양력은 공기의 밀도, 차량의 속도, 양력계수에 영향을 받는다. 특히 물체의 표면형상에 많은 영향을 받는데 비행기의 날개는 뒷부분이 아래로 내려오는 유선형을 선택하여 양력이 위로 발생하도록 만든다. 하지만 자동차는 양력이 발생하면 타이어가 접지 하중을 잃게 되어 주행성능이 저하되기 때문에 비행기 날개와 반대 형상의 스포일러 등을 사용하여 다운포스가 발생하도록 만들어 접지력을 높이고 주행성능, 주행 안정성을 향상시킨다. 하지만 과도한 다운포스는 구름저항을 발생시켜 연비가 저하될 수 있다.

| 항공기 날개에 작용하는 힘 | 자동차 스포일러와 다운포스 |

4) 자동차에 미치는 영향

양력은 차체를 위로 뜨게 만들어 타이어에 작용하는 접지하중을 감소시키고 이니셜 얼라인먼트와 롤스티어 특성을 변화시켜 차량의 조향성능과 주행안정성을 저하시킨다. 타이어의 접지력이 감소되면 연비가 저하되며 고속 주행 안정성이 저하된다.

(3) 횡력(Side Force)

1) 횡력의 정의

자동차의 측면에서 작용하는 외부의 힘이 차량을 옆으로 미는 힘을 말한다. 측력이라고도 한다.

2) 횡력의 성분

자동차가 주행하는 경우 대부분 자연풍이 차량의 주행방향과 직각으로 옆에서 불어오는 경우 횡력이 발생하며 자동차가 선회를 할 때에도 횡력이 발생한다. 자동차 측면에서 힘이 발생하기 때문에 측면의 넓이가 횡력에 영향을 미치며 요잉 모멘트가 작용한다.

$$F_L = \int_A dF_L = -\int_A (p\sin\theta + \tau_W\cos\theta)dA$$

여기서, p : 압력, τ_w : 전단응력, A : 표면적

$$F_s = \frac{1}{2}\rho V^2 C_s A$$

여기서, F_s : 횡력(N), ρ : 유체의 밀도(kg/m³), V : 유체와 고체 사이의 상대속도(m/s), C_s : 횡력계수(Side coefficient), A : 측면투영면적(m²)

3) 횡력에 영향을 미치는 요소

횡력은 공기의 밀도, 차량의 속도, 횡력계수, 측면의 면적에 영향을 받는다. 외부 힘 (바람)의 세기가 크면 클수록 횡력도 커진다.

4) 자동차에 미치는 영향

횡력은 요잉 모멘트를 발생시켜 자동차의 조향성과 주행 안정성에 영향을 미친다. 횡력이 작용하는 위치와 자동차의 무게 배분에 의해서 피시 테일(Fish Tail) 현상이나 스핀 현상을 발생시키며 선회 시 오버 스티어나 언더 스티어 현상을 심화시키거나 감소시킨다.

(4) 롤링(Rolling) 모멘트

차량이 정면(X축)을 기준으로 좌우로 흔들리는 현상으로 주행 중 급격하게 방향을 전환하거나 선회를 할 때 발생한다. 공기저항 중 주로 횡력에 의해서 발생한다. 횡력에 의한 롤링 모멘트는 차체 옆 부분의 면적과 형상에 따라 영향을 받기 때문에 차체의 높이를 낮게, 차폭은 넓게, 차체의 측면의 형상은 타원형으로, 면적은 작게 설계해야 한다.

(5) 피칭(Pitching) 모멘트

차량의 측면(Y축)을 기준으로 차량이 앞뒤로 흔들리는 현상으로 스쿼트와 다이브가 교대로 반복되는 현상이다. 주로 급가속이나 급출발, 급제동시 발생된다. 공기저항 중 주로 양력에 의해서 발생하며 차체의 윗부분에 양력이 발생하면 주로 앞바퀴는 하중이 감소하고 뒷바퀴는 하중이 증가하여 피칭 모멘트를 발생시킨다.

양력을 감소시키기 위해서는 다운포스가 가능한 차체 형상으로 만들어야 하고 프런트 에어댐이나 리어 스포일러를 장착한다. 하지만 프런트 에어댐은 피칭 모멘트를 감소

시키는데 반해, 리어 스포일러는 피칭 모멘트를 증가시킨다. 따라서 양력과 피칭 모멘트를 최소화시킬 수 있도록 설계해야 한다.

(6) 요잉(Yawing) 모멘트

차량을 위(Z축 기준)에서 보았을 때 차량의 뒷부분이 좌우방향으로 흔들리는 현상으로 피시 테일, 스핀 현상과 밀접한 관계가 있다. 공기저항 중 주로 횡력에 의해서 발생한다. 횡력에 의한 요잉 모멘트가 발생하면 차량은 조종성과 주행 안정성을 잃어버리게 되어 위험한 상황이 발생하게 될 수 있다.

요잉 모멘트는 횡력의 착력점(풍압의 중심)이 후방에 있을수록 작아진다. 따라서 차체의 형상을 유선형으로 하고 필러 등을 둥글게 하여 풍압의 중심이 전방에 위치하도록 설계한다. 또한 횡력에 의한 영향력을 최소화하기 위해 차체의 높이를 낮게, 차폭은 넓게, 차체의 측면의 형상은 타원형으로, 면적은 작게 설계한다.

04 경계층 박리

물체의 표면 위로 유체(물, 공기 등)가 흐르면 유체와 물체 사이에는 마찰이 발생하게 된다. 이때 물체의 표면과 접해 있는 유체의 속도는 '0'이 된다. 이때 유체는 물체의 표면에 붙어있는 상태가 되며 이를 '노-슬립 컨디션(No-Slip Condition)이라고 한다. 이는 유체가 '점성(Viscosity)'를 가지고 있기 때문이다.

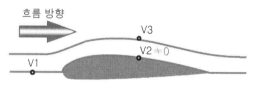

점성이 없는 흐름

유체의 점성효과가 두드러지게 나타나는 곳의 얇은 영역을 경계층(Boundary Layer)이라고 한다. 경계층 내부를 살펴보면 물체의 표면에서 유체의 속도는 '0'이 되고 경계층 상부로 갈수록 속도는 증가하며 경계층을 벗어난 곳에서는 공기의 속도가 원래의 속도로 나타난다. 경계층의 두께는 유체가 물체의 표면에 처음 닿았을 때 가장 작고 물체의 표면 위를 흐를수록 두꺼워진다.

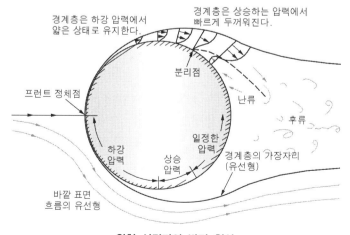

원형 실린더의 박리 현상

경계층은 층류와 난류로 나눌 수 있는데 층류 경계층에서는 경계층이 섞이지 않고 점점 성장하다가 난류 경계층이 되면 경계층 내부에서 입자들이 섞이게 된다. 이때 난류 경계층 안에 있던 유체 입자들은 점점 속도가 감소하게 되고 표면에서 떨어져 나가게 된다. 이렇게 유체가 물체의 표면에서 떨어져나가는 현상을 '유동 박리(Flow Separation)'라고 하며 떨어져나간 유동은 난류가 되어 물체 뒤에 후류(Wake)를 발생시킨다.

유동 박리가 커질수록 항력이 커지게 된다. 유동 박리를 감소시켜 주는 방법은 골프공의 딤플이나 와류 발생기 등이 있다. 골프공의 딤플은 작은 와류를 만들어주어 큰 와류가 뒤쪽에서 형성되도록 만들어 주어 항력(공기저항)을 덜 받게 된다.

기출문제 유형

✦ 회전상당중량에 대해서 설명하시오.(86-1-11)

---

01 개요

자동차는 가속을 하거나 감속을 할 때 자동차가 가진 중량보다 증가하는 효과가 발생한다. 자동차의 엔진, 변속기, 추진축, 바퀴 등은 주행과 동시에 회전운동을 하기 시작하고 가속을 할 때에는 현재 회전하고 있는 속도보다 더 빠르게 회전해야 하므로 현재의 관성력을 증가시켜야 한다.

관성력을 증가시키는 것은 자동차의 총중량을 증가시키는 것과 같은 효과가 있다. 가속저항이나 제동거리를 계산하기 위해서는 이러한 회전부분 상당중량을 고려해야 한다.

02 회전상당중량의 정의

자동차를 가속(감속)할 때 회전부위에서 발생하는 관성력으로 인해 실제 중량보다 증가되는 중량의 증가분을 말한다. 회전부분 상당중량, 회전관성 상당질량이라고도 한다.

03 회전상당중량에 영향을 미치는 요소

회전상당중량은 자동차에 따른 고유의 값으로 자동차 구조의 회전부 형상, 중량, 회전수, 변속단수 등에 따라 달라진다. 일반적으로 대형트럭에서는 7%, 승용차나 소형트럭에서는 5% 정도가 증가한다.

04 회전상당중량과 제동거리, 가속저항과의 관계

회전상당중량이 증가할수록 제동거리와 가속저항은 증가한다.

(1) 제동거리

제동거리는 실제 제동 중 자동차가 진행한 거리를 말한다. 제동거리는 주행속도 V (km/h)일 때 마찰 에너지인 제동력 F(kgf)와 제동거리 S(m)로 나타낼 수 있으며, 이 때 바퀴의 운동에너지는 마찰에너지로 변환된다. 따라서 다음과 같이 나타낼 수 있다.

$$F \times S = \frac{1}{2} \times mv^2 = \frac{1}{2} \times \frac{W}{9.8} \times \frac{v^2}{3.6^2}$$

여기서, m : 질량(kgf), v : 주행속도(m/s), W : 중량(kgf)

$$s = \frac{v^2}{254} \times \frac{W}{F}$$

$$s = \frac{v^2}{254} \times \frac{(W + W')}{F}$$

여기서, W' : 회전부상당중량(회전부분 상당 관성질량)

(2) 가속저항

$$R_i = (W + \Delta W) \times \frac{\alpha}{g}$$

여기서, R_i : 가속저항(kgf), W : 자동차 총종량(kgf), ΔW : 회전부분 상당중량(kgf)
α : 자동차의 가속도(m/s²), g : 중력가속도(m/s²)

기출문제 유형

- ✦ 여유구동력을 설명하시오.(75-1-11, 86-1-10)
- ✦ 자동차의 주행저항과 구동력의 관계에서 여유구동력에 대하여 설명하라.(46)
- ✦ 자동차의 주행저항과 구동력의 관계에서 여유구동력(Available Tractive Power)에 대해 상세히 설명하시오.(68-3-5)
- ✦ 차량의 주행저항을 말하고 주행 마력과 엔진 마력과의 관계를 서술하시오.(31)

---

01 개요

(1) 배경

엔진에서 발생하는 토크(Torque)는 변속기와 최종 감속기어를 통해 타이어에 전달되어 자동차를 움직이는 힘, 구동력이 된다. 하지만 자동차가 주행할 때에는 언제나 진행방향에 대해 대항하는 힘, 주행저항이 작용하며 엔진에서 발생하는 구동력의 차이에 따라 속도와 연비가 변한다. 주행저항은 구름저항, 공기저항, 등판저항, 가속저항으로 구분할 수 있다. 자동차가 주행하기 위해서는 구동력이 주행저항보다 커야 한다.

(2) 여유구동력(Available Tractive Power)의 정의

자동차의 최대 구동력과 전 주행저항 마력과의 차이를 여유구동 마력이라고 한다. 차량의 가속성능과 등판성능, 최고 속도성능을 결정하는 주요 요소이다.

02 구동력과 주행저항

(1) 구동력

엔진에서 발생한 토크는 변속기 및 최종 감속장치를 거쳐 바퀴에 전달된다. 따라서 자동차의 구동력(F)은 간단하게 엔진 토크, 전달 효율, 변속비, 최종 감속비, 타이어 유효 반지름에 대한 함수로 나타낼 수 있다. 엔진 토크, 전달 효율, 변속비가 높을수록 구동력이 증가하고 타이어 유효 반지름이 작을수록 구동력은 커진다.

$$R_i = (W + \Delta W) \times \frac{\alpha}{g}$$

$$F = \frac{T_c \times i \times \eta}{r_D}$$

여기서, F : 구동력(kgf), r_D : 구동바퀴의 유효반경(m)

T_c : 크랭크축의 토크(kgf-m), r : 변속기의 변속비

r_f : 종감속기의 감속비, i : 총감속비($r \times r_f$), η : 동력전달효율(%)

(2) 전 주행저항

전 주행저항은 구름저항, 공기저항, 등판저항, 가속저항의 합으로 나타낼 수 있다. 중량, 면적, 가속도, 속도가 클수록 전 주행저항이 증가한다.

$$R_t = R_r + R_a + R_g + R_i = \mu_r W + \mu_a A V^2 + W \sin\theta + (W + \Delta W) \times \frac{\alpha}{g}$$

여기서, R_t : 전 주행저항(kgf), R_r : 구름저항(kgf), R_a : 공기저항(kgf) R_g : 등판저항(kgf)

R_i : 가속저항(kgf), μ_a : 공기저항계수, A : 자동차의 전면 투영면적(m²)

V : 자동차 속도(km/h), μ_r : 구름저항계수, W : 차량 총중량(kgf)

θ : 경사각도(°), ΔW : 회전부분 상당 중량(kgf), α : 자동차의 가속도(m/s²)

g : 중력가속도(m/s²)

03 주행저항과 구동력의 관계에서 여유구동력

여유구동력은 구동력의 최대치(FMAX)에서 전 주행저항(Rt)을 빼준 값이다. 따라서 구동력이 클수록 여유구동력이 커지고, 주행저항이 커질수록 여유구동력이 작아진다. 그림은 주행성능 선도를 나타낸 것이다. 주행성능 선도는 주행속도별로 각 변속단의 주행저항과 구동력을 보여주고 있다.

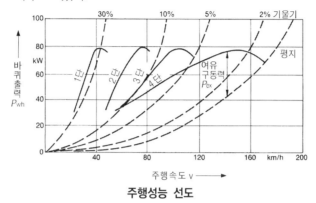

주행성능 선도

실선은 각 단수에서의 구동력을 도시한 것이고, 점선은 도로의 기울기(경사각) 별로 도시한 것이다. 기울기는 평지(0%), 2%, 5%, 10%, 30%로 구분되어 있다. 기울기가 없을 때, 주행저항은 평지라고 표시된 점선과 같이 나타나고 구동력은 각단의 실선과 같이 나타난다. 따라서 여유구동력은 해당 속도에서의 실선과 점선의 차이와 같이 나타나게 된다. 1단일 때는 구동력과 여유구동력의 차이가 크고, 4단에서 차속이 증가할수록 구동력과 여유구동력의 차이가 작아진다. 4단에서 시속 170km 정도가 됐을 때 구동력과 여유구동력의 차이가 없는 지점에 이르면 가속이 불가능하다.

기출문제 유형

✦ 엔진출력이 일정한 상태에서 가속성능을 향상시키는 방안에 대하여 5가지를 설명하시오.(105-1-11)

01 개요

(1) 배경

자동차의 동력성능은 가속성능, 등판성능, 최고 속도, 연비로 나타낼 수 있다. 엔진에서 발생하는 토크(Torque)는 변속기와 최종감속기어를 통해 타이어에 전달되어 자동차를 움직이는 힘, 구동력이 된다. 하지만 자동차가 주행할 때에는 언제나 진행방향에 대해 대항하는 힘, 주행저항이 작용하며 엔진에서 발생하는 구동력과의 차이에 따라 최고 속도와 연비가 변한다. 주행저항은 구름저항, 공기저항, 등판저항, 가속저항으로 구분할 수 있다.

(2) 가속성능(Acclerating Ability)의 정의

자동차가 주행속도를 높일 때의 단위시간당 속도 상승률을 말한다. 일반적으로 정지 상태에서 발진하여 점차적으로 속도를 내어 400m를 주파하는데 소요되는 시간으로 나타낸다. 또한 추월 가속 성능으로도 말하는데 이는 시속 40~60km/h로 주행하는 동안 20km/h를 급가속하여 60~80km/h에 이르는 시간을 말한다.

02 가속성능의 역학적 관계

가속 성능은 가속저항과 반대방향의 절대값이 같은 힘이며 여유구동력, 즉, 구동력(F)과 평지에서의 주행저항력(R_t)의 차이로 나타낼 수 있다. 여기에서 가속력 α에 대한 식으로 정리하면 다음과 같다.

$$여유\,구동력(F_n) = 구동력(F) - 전\,주행\,저항(R_t) = R_i$$

$$F_n = \frac{T_c \times i \times \eta}{r_D} - (\mu_r W + \mu_a A V^2) = (W + \Delta W) \times \frac{\alpha}{g}$$

$$\alpha = \frac{g \times F - (\mu_r W + \mu_s A V^2)}{(W + \Delta W)}$$

여기서, F_n : 여유구동력(kgf), F : 구동력(kgf), r_D : 구동바퀴의 유효반경(m),
T_c : 크랭크축의 토크(kgf-m), r : 변속기의 변속비, r_f : 종감속기의 감속비
i : 총감속비($r \times r_f$), η : 동력전달효율(%), R_t : 전 주행저항(kgf)
R_r : 구름저항(kgf), R_a : 공기저항(kgf), R_i : 가속저항(kgf), μ_r : 구름저항계수
μ_a : 공기저항계수, A : 자동차의 전면 투영면적(m²), V : 자동차 속도(km/h)
W : 차량 총중량(kgf), ΔW : 회전부분 상당중량(kgf)
α : 자동차의 가속도(m/s²), g : 중력가속도(m/s²)

03 엔진 출력이 일정한 상태에서 가속성능을 향상시키는 방안

엔진 출력이 일정한 상태에서 가속성능을 향상시키기 위해서는 구름저항계수, 공기저항계수, 전면 투영면적, 자동차 중량, 회전상당중량을 감소시켜야 한다.

(1) 구름저항계수 최소화

구름저항계수는 노면의 상태, 타이어 재질, 패턴 등에 영향을 받는다. 보통 젖은 노면보다 마른 노면, 아스팔트 보다 비포장도로의 구름저항계수가 높다. 공기압이 낮을수록 지면과 닿는 면적이 증가하고 타이어의 굴신되는 부분이 증가하여 구름저항계수가

증가한다.

(2) 공기저항계수 최소화

공기저항계수는 차체의 형상에 따라 영향을 받는다. 유선형일수록 공기저항계수가 작아진다. 또한 차체 표면에서 발생하는 점성저항과, 표면저항, 모서리 부에서 발생하는 와류, 차량 후미에서 발생하는 후류를 줄일수록 공기저항계수는 감소한다. 따라서 자동차의 형상을 돌출부위가 없고 유선형이 되도록 만든다.

(3) 전면 투영면적 최소화

전면 투영면적은 정면에서 광선을 비추었을 때 벽면에 투영되는 면적의 넓이로 자동차의 전면 투영면적을 줄일수록 공기저항은 감소한다. 아웃사이드 미러를 삭제, 최저 지상고 하향, 휠 트레드 폭 축소 등의 방법을 사용할 수 있다.

(4) 자동차 중량 최소화

차체의 소재를 알루미늄이나 마그네슘, 탄소섬유 강화플라스틱 등을 사용하여 경량화하고 하이드로 포밍 등의 최신 제조 공법을 적용하여 금속 접합 부위의 무게를 감소시켜 자동차의 중량을 저감한다.

(5) 회전부분 상당중량 최소화

자동차의 회전부위의 소재를 경량화 하여 가감속시 회전부분 상당중량의 증가가 최소화되도록 한다. 타이어에서 발생하는 회전부분 상당중량을 저감시키기 위해 휠에 마그네슘을 적용하거나 알루미늄 합금을 적용한다.

기출문제 유형

✦ 차량 주행성능을 결정하는 구성 요소와 주행성능 향상 방안에 대해 설명하시오.(84-3-6)

✦ 자동차 주행성능 선도를 그리고, 이를 통하여 확인할 수 있는 성능 항목을 설명하시오.(111-4-3)

✦ 차량속도를 높이기 위해 종감속 기어비(final gear ratio) 설정 및 주행저항의 감소방법에 대하여 설명하시오.(99-4-3)

✦ 가솔린 4행정 사이클 기관에서 ① 제동마력 [또는 일률(kw)]을 정의하고, ② 제동마력과 차량에 필요한 구동력과 차속과의 관계를 설명하고, ③ 제동마력이 일정한 상태로 차량이 언덕을 올라갈 때 구동력과 차속상태의 변화를 설명하시오(92-3-5)

---

01 개요

(1) 배경

자동차의 엔진은 연료를 연소시키는 과정에서 발생한 열에너지를 기계에너지로 변환하여 자동차를 움직인다. 엔진에서 나오는 토크는 변속기와 최종감속기어를 통해 타이어에 전달되어 자동차를 움직이는 힘인 구동력이 된다. 자동차가 움직이고 있을 때에는 구동력에 대항하는 힘(주행저항)이 작용하고 이 주행저항에 따라 동력성능, 연비, 최고속도 등이 결정된다. 자동차가 주행 중에 받는 주행저항(Tractive Resistance)은 구름저항, 공기저항, 구배저항 및 가속저항의 4가지로 구분된다.

(2) 주행성능(Running Performance)의 정의

주행성능은 자동차의 주행에 관련된 성능으로, 직진 주행성능과 선회 성능이 있다.

(3) 제동마력(BHP : Break Horse Power)의 정의

제동마력은 크랭크축에서 실제로 변환되는 출력을 뜻하며 지시마력에서 마찰마력을 제외한 마력이다. 회전력(Torque)과 회전수를 곱하여 산출한다.

02 주행성능의 구분

(1) 직진 주행성능

직진 주행성능은 자동차가 전·후 방향으로 직선 주행할 때의 성능이다. 동력성능, 타행성능, 제동성능으로 분류할 수 있다.

① 동력성능 : 동력에 의하여 주행할 때의 성능이다. 가속성능, 등판성능, 최고 속도, 연비성능이 있다.

② 타행(惰行)성능 : 구동력이 작용하지 않고 관성으로 주행할 때의 성능이다.

③ 제동성능 : 관성을 흡수하고 감속할 때의 성능이다.

(2) 선회 성능(Turn Performance)

선회 성능은 자동차가 커브 길을 선회할 때의 성능으로 조향성, 주행 안전성, 진동 승차감 성능 등이 있다. 일반적으로 언더 스티어 특성이 적은 차가 조향성, 주행 안정성이 높아 선회 성능이 좋다고 볼 수 있다.

03 주행성능 선도와 확인 가능한 성능 항목

주행성능선도는 구동력과 주행속도, 주행저항과 주행속도, 변속기 각 단의 엔진 회전수와 주행속도, 주행속도와 주행저항 마력 및 구동마력의 관계를 종합하여 표시한 선도이다.

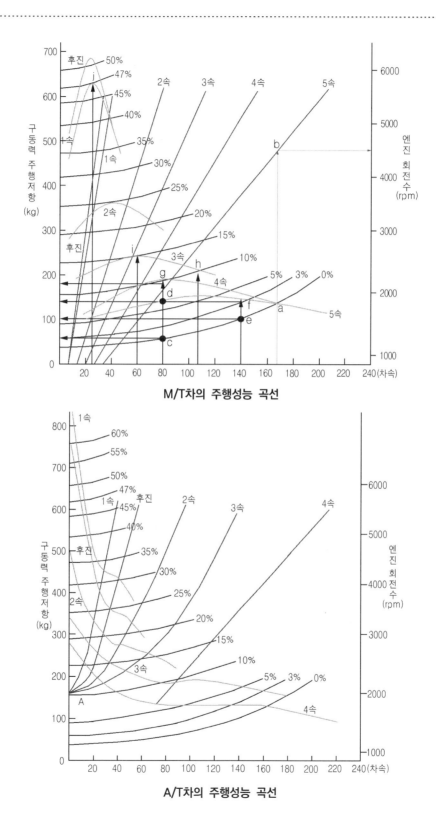

M/T차의 주행성능 곡선

A/T차의 주행성능 곡선

(1) 구동력과 주행속도의 관계

구동력과 주행속도의 관계는 구동력과 크랭크축의 축 토크 관계식, 주행속도와 엔진 회전수의 관계식으로부터 산출할 수 있다. 엔진의 성능곡선을 통해 엔진 회전수에서 축 토크를 파악하고 총감속비가 주어지면 1단부터 최고단까지 구동력과 주행속도를 계산할 수 있다. 구동력과 주행속도는 각 단수별로 다음 그래프와 같이 표시된다.

후진 시 차속은 낮지만 구동력은 가장 크고 1속일 경우는 약 20km/h 일 때 구동력이 가장 크며 40km/h 까지 주행이 가능하다. 2속은 약 40km/h 일 때 구동력이 가장 크며 약 80km/h 까지 주행이 가능하다. 3속의 경우 약 80km/h 일 때 구동력이 가장 크다.

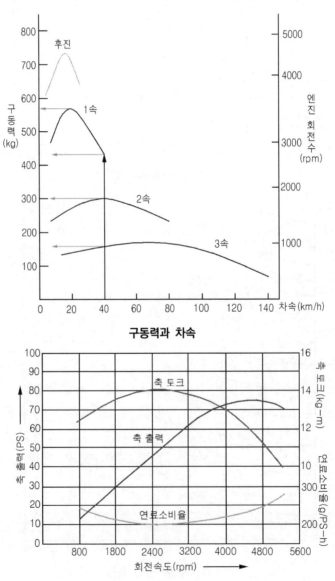

구동력과 차속

① 구동력과 축 토크의 관계식 : 크랭크축의 토크는 전달 효율, 감속비를 고려하면 바퀴의 구동력과 동일하다.

$$F \times r_D = T_c \times r \times r_f \times \eta$$

$$F = \frac{T_c \times i \times \eta}{r_D}$$

여기서, F : 구동력(kgf), r_D : 구동바퀴의 유효반경(m), T_c : 크랭크축의 토크(kgf-m)|
r : 변속기의 변속비, r_f : 종감속기의 감속비, i : 총감속비($r \times r_f$), η : 동력전달 효율(%)

② 주행속도와 엔진 회전수의 관계식 : 바퀴의 회전수는 감속비를 고려한 엔진의 분당 회전수(N/i)와 같고 이때 이동하는 거리는 타이어의 둘레(2πr_D)이다. 감속비가 작을수록 차량의 주행속도는 빨라진다.

$$V = 2\pi r_D \times \frac{N \times \eta}{r \times r_f} \times \frac{60}{1,000} = 0.38 \times \frac{r_D \times N \times \eta}{i} [\text{km/h}]$$

여기서, V : 자동차의 주행속도(km/h), r_D : 구동바퀴의 유효반경(m), r : 변속기의 변속비
r_f : 종감속기의 감속비, i : 총감속비($r \times r_f$), η : 동력전달효율(%)

(2) 주행저항과 주행속도의 관계

주행저항은 자동차를 정속 주행하며 발생하는 저항을 고려한다. 따라서 가속저항을 제외한 구름저항, 공기저항, 등판저항으로 산출한다. 구름저항은 노면과의 마찰이 일정하면 언제나 동일하며 공기저항은 자동차의 속도에 따라 제곱으로 증가하기 때문에 곡선형으로 나타난다. 등판저항은 경사각도가 높을수록 증가한다. 따라서 다음과 같이 나타낼 수 있다.

$$R_f = R_r + R_3 + R_g = \mu_r W + \mu_a A V^2 + W \sin\theta$$

(3) 변속기 각 단의 엔진 회전수와 주행속도의 관계

변속기의 각 단에서 엔진 회전수는 수동변속기가 기계적으로 연결이 되어 있기 때문에 주행속도에 비례하지만 자동변속기는 토크 컨버터의 영향으로 초기에는 약간 곡선형으로 나타난다.

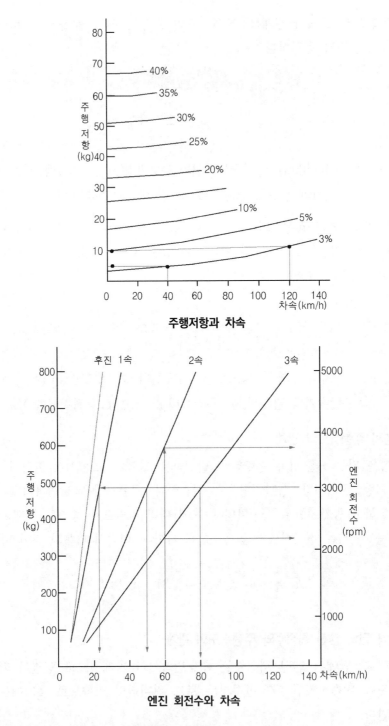

주행저항과 차속

엔진 회전수와 차속

(4) 주행속도와 주행저항 마력 및 구동마력의 관계

구동마력과 주행저항 마력의 차이는 여유구동력이라고 지칭하며, 주행속도가 증가하거나 도로의 경사각도가 심해지면 작아진다. 아래의 그래프에서 1단에서는 30%의 기울기를 가지는 경사로를 주행할 때 40km/h의 속도가 한계 속도이며 2단으로는 30%의 기울기를 가지는 경사로를 주행할 수 없다. 4단으로는 5%의 구배율을 가지는 경사로를 주행할 때 약 110km/h 까지만 주행할 수 있다. 2% 기울기를 가지는 도로는 약 160km/h까지 주행할 수 있고 평지는 약 170km/h까지 주행할 수 있다.

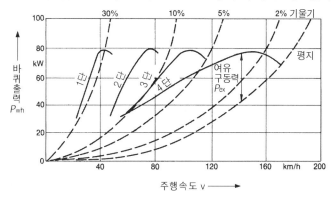

주행성능 선도(출력/차속 선도)(예)

04 주행성능을 결정하는 구성요소

주행성능은 구동마력과 주행저항 마력의 차이인 여유구동력으로 결정된다. 따라서 주행성능을 구성하는 요소는 엔진에서 발생하는 토크과 엔진 회전수, 출력(마력), 변속단, 감속비, 전달 효율, 구동력, 주행속도, 주행저항의 관계에 따라 결정된다.

(1) 회전력(토크, Torque)

회전력은 물체를 회전시키는 원인이 되는 물리량을 말하며 내연기관의 크랭크축에 가해지는 돌리는 힘을 말한다. 어떤 중심축에 대해 물체에 토크가 가해지면 그 축을 중심으로 물체의 회전상태, 각 운동량이 바뀐다. 토크가 크면 주행성능이 커질 수 있다.

$$T = r \times F$$

여기서, T : 토크 [kgf·m] 또는 [N·m], r : 회전 반지름, F : 힘(Force)

(2) 출력(Power), 제동마력(Break Horse Power)

출력은 크랭크축에서 실제로 변환되는 출력인 제동마력을 뜻하며 지시마력에서 마찰마력을 제외한 출력이다. 자동차의 출력은 엔진의 힘을 나타내는 가장 일반적인 척도로 단위시간당 엔진이 할 수 있는 일의 양을 말하며 회전력(Torque)과 회전수를 곱하여 산출한다.

$$N_e = \frac{2\pi T_n}{60 \times 75} = \frac{\pi T_n}{2,250} \fallingdotseq \frac{T_n}{716.2}[\mathrm{PS}]$$

여기서, N_e : 출력[PS], T : 토크 [kgf·m] 또는 [N·m], N : 크랭크축의 분당 회전수[rpm]

(3) 구동력, 종감속비

엔진에서 발생하는 토크는 변속기와 최종 감속기어를 통해 타이어에 전달되어 자동차를 움직이는 힘인 구동력이 된다. 이때 총감속비, 전달효율이 구동마력을 결정하는데 영향을 미친다.

$$F = \frac{T_c \times i \times \eta}{r_D}$$

여기서, F : 구동력(kgf), r_D : 구동바퀴의 유효반경(m), T_c : 크랭크축의 토크(kgf-m), i : 총감속비($r \times r_f$), η : 동력전달효율(%)

(4) 전 주행저항

주행성능은 구동마력과 주행저항 마력의 차이인 여유구동력으로 결정된다. 주행저항 마력은 전 주행저항으로 구름저항, 공기저항, 등판저항, 가속저항 등이 있다.

$$R_t = R_r + R_a + R_g + R_i = \mu_r W + \mu_a A V^2 + W \sin\theta + (W + \Delta W) \times \frac{\alpha}{g}$$

여기서, R_t : 전 주행저항(kgf), R_r : 구름저항(kgf), R_a : 공기저항(kgf), R_g : 등판저항(kgf), R_i : 가속저항(kgf), μ_a : 공기저항계수, A : 자동차의 전면 투영면적(m²), V : 자동차 속도(km/h), μ_r : 구름저항계수, W : 차량총중량(kgf), θ : 경사각도(˚), ΔW : 회전부분 상당중량(kgf), α : 자동차의 가속도(m/s²), g : 중력가속도(m/s²)

05 주행성능 향상 요인

점화시기, 압축비 등을 최적화하고 각종 손실(펌핑 손실, 마찰 손실, 흡배기 손실 등)을 최소화하여 엔진의 토크와 출력을 향상시키고 전달 효율을 증대하여 구동력을 높이고 자동차의 경량화, 자동차 형상의 최적화, 회전부분 상당중량의 최소화를 통해 전 주행저항을 감소시켜 주행성능을 향상시킬 수 있다.

(1) 구름저항계수 최소화

구름저항계수는 노면 상태, 타이어의 재질, 패턴 등에 영향을 받는다. 보통 젖은 노면보다 마른 노면, 아스팔트 보다 비포장도로의 구름저항계수가 높다. 공기압이 낮을수록 지면과 닿는 면적이 증가하고 타이어의 굴신되는 부분이 증가하여 구름저항계수가 증가한다.

(2) 공기저항계수 최소화

공기저항계수는 차체의 형상에 따라 영향을 받는다. 유선형일수록 공기저항계수가 작아진다. 또한 차체의 표면에서 발생하는 점성저항과, 표면저항, 모서리 부에서 발생하는 와류, 차량의 후미에서 발생하는 후류를 줄일수록 공기저항계수는 감소한다. 따라서 자동차의 형상을 돌출부위가 없고 유선형이 되도록 만든다.

(3) 전면 투영면적 최소화

전면 투영면적은 정면에서 광선을 비추었을 때 벽면에 투영되는 면적의 넓이로 자동차의 전면 투영면적을 줄일수록 공기저항은 감소한다. 아웃사이드 미러의 삭제, 최저 지상고 하향, 휠 트레드 폭 축소 등의 방법을 사용할 수 있다.

(4) 자동차 중량 최소화

차체의 소재를 알루미늄이나 마그네슘, 탄소섬유 강화플라스틱 등을 사용하여 경량화하고 하이드로 포밍 등의 최신 제조 공법을 적용하여 금속 접합 부위의 무게를 감소시켜 자동차의 중량을 저감한다.

(5) 회전부분 상당중량 최소화

자동차의 회전부위의 소재를 경량화 하여 가감속시 회전부분 상당중량의 증가가 최소화되도록 한다. 타이어에서 발생하는 회전부분 상당중량을 저감시키기 위해 휠에 마그네슘을 적용하거나 알루미늄 합금을 적용한다.

기출문제 유형

✦ 자동차의 동력성능에 영향을 미치는 요소들을 열거·설명하고, 가속을 계산하는 식을 유도하시오.(69-2-1)

✦ 동력성능에서 마력(Horse Power)과 회전력(Torque)을 각각 정의하고 설명하시오.(113-2-2)

✦ 자동차의 구동력에 대하여 설명하고 식으로 표시하시오.(52)

✦ 엔진 토크가 12.5kgf.m, 총감속비 14.66, 차량 중량이 900kgf, 타이어 반경이 0.279m인 자동차는 몇 도의 경사로를 오를 수 있는지 계산하시오.(단. 마찰저항은 무시한다)(98-2-5)

✦ 다음과 같은 자동차가 있다.

중량	1000kgf(승차인원 제외)
구동바퀴 유효직경	0.6m
종감속비	4.00
1단 기어비	3.5
구름저항계수	0.02
동력전달효율	0.9

a. 1단에서 차속이 10km/h인 경우 그 때의 엔진 회전수

b. 이 자동차가 1단 20km의 속도로 언덕을 올라 갈 때 최대 등판 능력을 근사적으로($\cos\theta≒1$) 구하시오. 단, 이 속도에 해당하는 엔진 회전수에서 엔진의 최대 구동 토크는 12kgf-m이고, 이때 공기저항은 무시한다.

01 개요

(1) 배경

자동차의 엔진은 연료를 연소시키는 과정에서 발생한 열에너지를 기계에너지로 변환하여 자동차를 움직인다. 엔진에서 발생하는 토크는 변속기와 최종 감속기어를 통해 타이어에 전달되어 자동차를 움직이는 힘인 구동력이 된다. 자동차가 움직이고 있을 때에는 구동력에 대항하는 힘(주행저항)이 작용하고 이 주행저항에 따라 가속 성능, 등판 성능, 연비 성능, 최고 속도 성능의 동력성능이 결정된다.

(2) 동력성능(Power Performance)의 정의

동력성능은 엔진의 동력에 의해 주행할 때의 성능이다. 엔진의 동력성능은 토크와 출력으로 나타낼 수 있으며 동력 전달계의 전달 효율과 전 주행저항 등으로 인해 가속 성능, 등판 성능, 최고 속도 성능, 연비 성능이 결정된다.

(3) 가속 성능(Acclerating Ability)의 정의

자동차가 주행속도를 높일 때의 단위 시간당 속도 상승률을 말한다. 일반적으로 정지상태에서 발진하여 점차적으로 속도를 내어 400m를 주파하는데 소요되는 시간으로 나타낸다. 또한 추월가속 성능으로도 말하는데 이는 시속 40~60km/h로 주행하는 동안 20km/h를 급가속하여 60~80km/h에 이르는 시간을 말한다.

02 동력성능에 영향을 미치는 요소

(1) 회전력(토크, Torque)

회전력은 물체를 회전시키는 원인이 되는 물리량을 말하며 내연기관의 크랭크축에 가해지는 돌리는 힘을 말한다. 어떤 중심축에 대해 물체에 토크가 가해지면 그 축을 중심으로 물체의 회전상태, 각 운동량이 바뀐다. 엔진의 최대 토크값이 [15kgf·m/6,000rpm]이라면, 이것은 엔진이 분당 6,000회 회전할 때 크랭크축에서 1m 길이의 막대 끝에 15kg의 힘이 가해진다는 뜻이다.

$$T = r \times F$$

여기서, T : 토크 [kgf·m] 또는 [N·m], r : 회전 반지름, F : 힘(Force)

(2) 출력(Horse Power)

출력은 엔진의 힘을 나타내는 가장 일반적인 척도로 엔진이 행할 수 있는 일을 말한다. 자동차의 출력은 보통 마력으로 나타내는데 1마력이란 75kg의 물체를 1초 동안에

1m 움직일 수 있는 힘을 말한다. 회전력(Torque)과 속도(회전수)를 곱하여 산출한다. 따라서 최고출력은 특정 rpm에서만 나타나기 때문에 회전수를 같이 명기해준다. [100ps/5,000rpm]은 매분 5,000회전을 할 때 출력이 최고에 달하며 그때 출력이 100ps라는 의미이다. 마력의 단위는 PS와 HP, kW가 있다. PS는 프랑스에서 만들어진 단위이고, HP는 영국에서 만들어진 단위이며, kW는 미터법으로 환산되는 공학단위이다. 국내에서는 주로 PS가 사용된다. 세 단위 사이의 관계는 1 [HP] = 1.013 × [PS], 1[PS] = 0.736[kW]이다.

① PS(Pferde Starke, 마력의 독일어 표기), 1PS = 75kg · m/sec=0.735kW
② HP(Horse Power, 영(英)마력. 미터 단위계 표기), 1HP=550ft · lb/sec=0.746kW

$$N_e = \frac{2\pi T_n}{60 \times 75} = \frac{\pi T_n}{2,250} \fallingdotseq \frac{T_n}{716.2} [\text{PS}]$$

여기서, N_e : 출력[PS], T : 토크 [kgf·m] 또는 [N·m], N : 크랭크축의 분당 회전수[rpm]

(3) 구동력

엔진에서 발생하는 토크는 변속기와 최종 감속기어를 통해 타이어에 전달되어 자동차를 움직이는 힘인 구동력이 된다. 이때 총감속비, 전달효율이 구동마력을 결정하는데 영향을 미친다.

$$F = \frac{T_c \times i \times \eta}{r_D}$$

여기서, F : 구동력(kgf), r_D : 구동바퀴의 유효반경(m), T_c : 크랭크축의 토크(kgf-m)
i : 총감속비($r \times r_f$), η : 동력전달효율(%)

(4) 전 주행저항

주행성능은 구동마력과 주행저항 마력의 차이인 여유구동력으로 결정된다. 주행저항 마력은 전 주행저항으로 구름저항, 공기저항, 등판저항, 가속저항 등이 있다.

$$R_t = R_r + R_a + R_g + R_i = \mu_r W + \mu_a A V^2 + W\sin\theta + (W + \Delta W) \times \frac{\alpha}{g}$$

여기서, R_t : 전 주행저항(kgf), R_r : 구름저항(kgf), R_a : 공기저항(kgf), R_g : 등판저항(kgf)
R_i : 가속저항(kgf), μ_a : 공기저항계수, A : 자동차의 전면 투영면적(m²)
V : 자동차 속도(km/h), μ_r : 구름저항계수, W : 차량 총중량(kgf), θ : 경사각도(°)
$\triangle W$: 회전부분 상당중량(kgf), α : 자동차의 가속도(m/s²), g : 중력가속도(m/s²)

03 동력성능 유도

(1) 가속을 계산하는 식 유도

가속성능은 구동력(F)과 평지에서의 주행저항력(R$_t$)의 차이인 여유구동력으로 나타낼 수 있다. 여기에서 가속력 α에 대한 식으로 정리하면 다음과 같다.

여유구동력(F_n) = 구동력(F) - 전 주행저항(R_t) = R_i

$$F_n = \frac{T_c \times i \times \eta}{r_D} - (\mu_r W + \mu_a A V^2) - (W + \Delta W) \times \frac{\alpha}{g}$$

$$\alpha = g \times \frac{\{F - (\mu_r W + \mu_a A V^2)\}}{(W + \Delta W)}$$

여기서, F_n : 여유구동력(kgf), F : 구동력(kgf), r_D : 구동바퀴의 유효반경(m)

T_c : 크랭크축의 토크(kgf-m), r : 변속기의 변속비, r_f : 종감속기의 감속비

i : 총감속비($r \times r_f$), η : 동력전달효율(%), R_t : 전주행저항(kgf)

R_r : 구름저항(kgf), R_a : 공기저항(kgf), R_i : 가속저항(kgf), μ_r : 구름저항계수

μ_a : 공기저항계수, A : 자동차의 전면 투영면적(m^2), V : 자동차 속도(km/h)

W : 차량 총중량(kgf), $\triangle W$: 회전부분 상당중량(kgf), g : 중력가속도(m/s^2)

α : 자동차의 가속도(m/s^2)

(2) 등판각도를 계산하는 식 유도

최대 등판성능은 이론적으로 등판할 수 있는 최대의 경사각을 말한다. 주행성능 선도에서 변속기 최저단인 1속에서 최대 구동력선과 만나는 주행저항 곡선 중에서 최대각도($\sin \theta_{max}$)를 말한다. 등판 성능은 구동력(F)과 주행저항력(R_t)의 차이인 여유구동력으로 나타낼 수 있다. 여기에서 등판각도에 대한 계산식으로 정리하면 다음과 같다. 단, 가속은 하지 않기 때문에 가속저항은 제외하며 저속 등판 주행이므로 공기저항도 무시할 수 있다.

여유구동력(F_n) = 구동력(F) - 전 주행저항(R_t) = R_g

$$F - R_t = W \sin\theta$$

$$\sin\theta = \frac{F - (R_r + R_a)}{W}$$

$$\theta = \sin^{-1}\left(\frac{F - (R_r + R_a)}{W}\right) = \sin^{-1}\left(\frac{F - R_r}{W}\right) = \sin^{-1}\left(\frac{F - \mu_r W}{W}\right)$$

여기서, F_n : 여유구동력(kgf), F : 구동력(kgf), R_t : 전 주행저항(kgf), R_r : 구름저항(kgf)

R_a : 공기저항(kgf), μ_r : 구름저항계수, W : 차량 총종량(kgf)

(3) 최고 속도를 계산하는 식 유도

최고 속도는 풍속이 없는 상태에서 평탄한 노면을 주행할 때 낼 수 있는 최고 속도를 말하며 주행성능 선도의 최고단이 만드는 구동력 선도와 주행저항이 만나는 점을 말한다. 즉, 구동력이 전 주행저항과 같은 지점을 말한다. 단, 평탄로이기 때문에 등판저항은 무시할 수 있으며, 가속도가 '0'인 지점이기 때문에 가속저항도 무시할 수 있다. 따라서 공기저항에 있는 속도에 대한 식으로 정리를 하면 최고 속도를 구할 수 있다.

$$F = R_t = R_r + R_a = \mu_r W + \mu_a A V^2$$

$$V_{MAX} = \sqrt{\frac{F - (\mu_r W)}{\mu_a A}}$$

여기서, F : 구동력(kgf), R_t : 전 주행저항(kgf), R_r : 구름저항(kgf), R_a : 공기저항(kgf)
μ_r : 구름저항계수, W : 차량 총중량(kgf), μ_a : 공기저항계수,
A : 자동차의 전면 투영면적(m^2), V : 자동차 속도(km/h)

04 동력성능 계산문제

> **예제**
>
> 엔진 토크가 12.5kgf.m, 총 감속비 14.66 차량중량이 900kgf, 타이어 반경이 0.279m인 자동차는 몇 도의 경사로를 오를 수 있는지 계산하시오.(단, 마찰저항은 무시한다)

해설 구름저항, 공기저항, 가속저항이 없고 전달효율이 100%라고 가정하면 엔진에서 발생되는 토크와 감속비에 의한 구동력은 모두 등판하는데 사용된다. 구동력은 다음과 같이 계산할 수 있다.

- $F - R_t = W\sin\theta$

- $F = W\sin\theta$

- $F = \dfrac{T_c \times i \times \eta}{r_D} = \left(\dfrac{12.5 \times 14.66}{0.279}\right) = 656.81$

- $F = W\sin\theta$ 이므로 $656.81 = 900\sin\theta$

  $\sin\theta = 0.73$

  $\theta = 46.89°$

다음과 같은 자동차가 있다.

중량	1,000kgf(승차인원 제외)	1단 기어비	3.5
구동바퀴 유효직경	0.6m	구름저항계수	0.02
종감속비	4.00	동력전달효율	0.9

a. 1단에서 차속이 10km/h인 경우 그 때의 엔진 회전수
b. 이 자동차가 1단 20km의 속도로 언덕을 올라갈 때 최대 등판능력을 근사적으로(cosθ ≒1)로 구하시오. 단, 이 속도에 해당하는 엔진 회전수에서 엔진의 최대 구동토크는 12kgf-m이고, 이때 공기저항은 무시한다.

해설 ① 1단에서 차속이 10km/h인 경우 그 때의 엔진 회전수

$$V = 2\pi r_D \times \frac{N \times \eta}{r \times r_f} \times \frac{60}{1,000} = 0.38 \times \frac{r_D \times N \times \eta}{i} [\text{km/h}]$$

$$10 = 0.38 \times 0.3 \times N \times \frac{0.9}{(4 \times 3.5)}$$

$$N = 0,376[\text{rpm}]$$

② 1단에서 20km의 속도로 언덕을 올라갈 때 최대 등판능력

최대 등판능력은 구동력에서 전 주행저항을 빼준 값으로 구해준다. 전 주행저항은 공기저항과 가속저항이 없으므로 구름저항만 존재한다. 따라서 계산식은 다음과 같다.

$$F - R_t = W\sin\theta$$

$$F - \mu_r W = W\sin\theta$$

$$F = \frac{T_c \times i \times \eta}{r_D}$$

$$F = \frac{(12 \times 4 \times 3.5 \times 0.9)}{0.3} = 504[\text{kgf}]$$

$$\mu_r W = 0.02 \times 1,000 = 20$$

$$F - \mu_r W = 504 - 20 = 1,000 \times \sin\theta$$

$$\sin\theta = 0.484$$

$$\theta = 28.95°$$

✦ 엔진의 성능 선도에서 탄성영역(elastic range)에 대하여 설명하시오.(114-1-10)

✦ 일반적인 기관의 전개 성능 곡선(Full Throttle)을 기관 회전수에 대하여 도시하고 특징을 설명하시오.(60-3-5)

01 개요

(1) 배경

엔진의 성능은 주로 회전력(Torque), 출력(Horse Power), 연료 소비량(Fuel Consumption)으로 나타낸다. 회전력은 크랭크축 1회전당 각 실린더에서 발생하는 연소 압력이 피스톤과 커넥팅 로드를 통해 크랭크축에 전달되는 힘의 총량이다. 출력은 엔진의 힘을 나타내는 가장 일반적인 척도로 엔진이 행할 수 있는 일을 말한다.

자동차의 출력은 보통 마력으로 나타내는데 1마력이란 75kg의 물체를 1초 동안에 1m 움직일 수 있는 힘을 말한다. 출력은 대부분 회전력(Torque)과 속도(회전수)를 곱하여 산출한다. 최대 토크에 가깝게 엔진이 운전될 경우 가속력이 좋아지며, 연비와 엔진의 효율성이 향상된다. 최대 출력에 가깝게 엔진이 운전될 경우 최고 속도를 낼 수 있게 된다.

(2) 엔진의 성능 곡선도

엔진의 성능 곡선도는 동력계상에서 엔진의 회전속도에 따른 출력, 토크, 연료소비율 등을 하나의 그래프에 기록한 것을 말한다.

(3) 탄성 영역(elastic range)의 정의

탄성 영역은 엔진 성능 곡선에서 최대 회전 토크(Mmax)를 발생시키는 회전속도에서부터 최대 출력(Pmax)을 발생시키는 회전속도까지를 말한다. 엔진의 탄성 영역(Elastic range of engine)이라고 한다. 자동차 엔진은 일반적으로 이 범위 내에서 주로 운전되도록 설계된다.

02 엔진의 성능 선도와 탄성 영역(elastic range)의 범위

(1) 전부하 성능 곡선

전부하 성능 곡선은 엔진의 스로틀 밸브가 완전히 열린 상태(Full Throttle)에서 전속도 영역에 걸쳐 출력을 측정하여 얻은 성능 곡선을 말한다. 엔진 회전 속도에 따라서 토크, 출력, 연료 소비율을 측정하여 성능 곡선도에 기록한다. 최대 회전 토크는 약 3,000rpm 부근에서 형성되며, 최대 출력은 약 5,500~6000rpm에서 형성된다. 연료 소비율은 2,400~3,200rpm의 영역에서 가장 낮다.

저속 영역에서는 마찰 손실, 열손실이 크며, 공기의 유동 속도가 낮아 체적 효율이 좋지 않고, 난류가 발생이 불량하기 때문에 토크와 출력이 저하되고, 고속 영역에서는 실린더 내부의 온도가 높고, 공기의 유동 저항이 증가하여 충진 효율이 저하되고, 마찰 손실이 증가하여 토크와 출력이 저하된다.

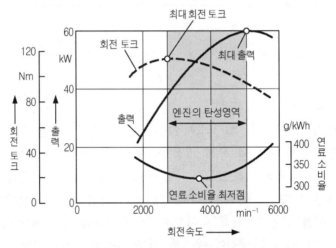

엔진의 성능 선도와 탄성 영역

(2) 탄성 영역

그림에서 엔진은 약 3,000rpm에서 최대 회전 토크(Mmax)가 발생되며, 약 5,000rpm에서 최대 출력(Pmax)이 발생된다. 따라서 탄성 영역은 3,000~5,800rpm의 영역이 된다. 토크는 연료와 공기의 폭발에 의한 팽창력으로 발생한다. 탄성 영역 이하에서는 엔진의 회전속도가 빠르지 않아 흡기(체적) 효율이 좋지 않고, 연료의 분사량이 많지 않아 축 토크가 저하된다.

연료와 공기가 작게 공급되면 발생되는 팽창력도 작아지게 되어 축 토크가 저하된다. 회전 토크는 최대 회전 토크 지점 이후부터 마찰 손실의 증가로 인해 감소하기 시작한다. 하지만 회전속도가 빨라지면서 출력은 증가한다. 출력은 계속 증가하다가 최대 출력 지점 이후에서는 급격하게 저하된다. 엔진의 회전수가 증가할수록 연소시간이 부족해지고, 흡·배기의 유동 속도에 한계가 발생하여 흡·배기 효율이 저하되며, 이로 인해 연소 압력이 급격히 저하되기 때문이다.

엔진의 운전이 탄성 영역에서 이루어지면 열효율이 높고, 평균 유효 압력이 높아져 연료 소비율이 낮아진다. 따라서 변속기를 다단화하거나 무단변속기 등을 사용하여 엔진의 운전 영역이 가장 효율이 좋은 탄성 영역을 사용하여 연비를 향상시키고, 배기가스를 저감할 수 있다.

기출문제 유형

✦ 자동차 동력성능 시험의 주요항목 4종류를 설명하시오.(113-3-2)

✦ 자동차 동력성능 시험에 대하여 논술하시오.(90-3-1)

01 개요

(1) 배경

자동차 엔진은 연료를 연소시키는 과정에서 발생한 열에너지를 기계에너지로 변환하여 자동차를 움직인다. 엔진에서 발생하는 토크는 변속기와 최종 감속기어를 통해 타이어에 전달되어 자동차를 움직이는 힘인 구동력이 된다. 자동차가 움직이고 있을 때에는 구동력에 대항하는 힘(주행저항)이 작용하고 이 주행저항에 따라 가속 성능, 등판 성능, 연비 성능, 최고 속도 성능의 동력성능이 결정된다. 동력성능은 동력성능 시험을 통해 검증할 수 있다.

(2) 동력성능 시험(Power Performance Test)의 정의

동력성능 시험은 엔진의 동력에 의해 주행할 때의 성능을 검증하는 시험으로 가속 성능 시험, 등판 성능 시험, 최고 속도 성능 시험, 연비 성능 시험 등으로 이루어진다. 동력성능 시험은 국토교통부에서 고시한 [자동차 및 자동차부품의 성능과 기준 시행세칙]의 별표 2에 기술되어 있다.

02 가속성능 시험(Accelerating Ability Test)

자동차 가속 성능에 대한 시험 방법은 국가기술표준원의 KS R 1010, 자동차 가속 시험 방법에 기술되어 있다. 가속 성능 시험은 발진 가속 성능 시험(Accelerating Ability Test), 추월 가속 성능 시험(Passing Ability Test), 혹은 발진 가속 시험, 단계 가속 시험으로 분류할 수 있다.

(1) 측정 조건

① 자동차는 측정 전에 충분한 길들이기 운전을 하여야 하며, 적차 상태(연결 자동차는 연결한 상태에서 적차 상태)이어야 한다. 측정 전 제원에 따라 엔진, 동력전달장치, 조향장치 및 제동장치 등을 점검 및 정비하고 타이어 공기압을 표준 공기압 상태로 조정하여야 한다.

② 측정 도로는 평탄 수평하고 건조한 직선 포장도로 이어야 한다. 측정 도로에 0m, 200m, 400m 지점에 표시점을 설정하여 측정구간을 정한다.

③ 측정은 풍속 3m/sec 이하에서 실시하는 것을 원칙으로 하며, 측정 결과는 왕복 측정하여 평균값을 구한다. 측정은 3회 반복하여 왕복 측정을 실시한다.

(2) 측정 방법

① 발진 가속 시험 : 발진 가속 시험은 자동차를 정지시킨 상태에서 변속기 및 가속장 치를 자유롭게 사용하여 급가속 시킴으로써 200m와 400m지점에 도달하기까지 소요되는 시간을 측정한다.

② 단계 가속 시험 : 단계 가속 시험은 발진을 시작하여 속도계가 매 10km/h 증가 시 마다 소요되는 시간을 400m 표시점에 도달할 때까지 각각 측정한다. 단, 10 ~30km/h까지의 측정은 생략 할 수 있다.

03 등판성능 시험(Gradability / Hill Climbing Ability Test)

(1) 측정 조건

① 자동차는 측정 전에 충분한 길들이기 운전을 하여야 하며, 적차 상태(연결 자동차 는 연결한 상태에서 적차 상태)이어야 한다. 측정 전 제원에 따라 엔진, 동력전달 장치, 조향장치 및 제동장치 등을 점검 및 정비하고 타이어 공기압을 표준 공기압 상태로 조정하여야 한다.

② 측정 도로는 일정한 구배로서 길이가 충분하여야 하고 타이어가 미끄러지지 않는 경사도로 이어야 한다. 측정 도로에는 20m의 측정 구간을 설치하여 측정 표시점 을 10m 및 20m의 지점으로 한다. 측정구간의 구배와 동일한 보조 주행구간을 측정 구간 앞쪽에 5m이상 둔다.

(2) 측정 방법

① 최저속 기어를 사용하여 10m 표시점 및 20m 표시점을 통과하는 소요 시간을 측 정하고 다음 사항을 만족하여야 한다. 최초 10m 표시점에 도달하는 시간(t_1)은 10m~20m에 도달하는 시간($t_2 - t_1$)보다 커야 한다.

$$t_1 \geq t_2 - t_1$$

여기서, t_1 : 원점에서 10m 표시점까지 소요시간, t_2 : 원점에서 20m 표시점까지 소요시간

② 완전히 등판하였을 때는 다시 구배가 더 심한 비탈길에서 시험하여 최대 등판능 력을 판정한다. 다만 적당한 비탈길이 없을 때는 동일 비탈길에 있어서 최대 등 판 가능 하중이 될 때까지 하중을 증가시켜 측정한다. 등판이 불가능한 경우에는 완만한 비탈길을 택하든지 혹은 하중을 줄여서 시험한다. 최대 하중으로 세 번의 등판능력 측정을 하고 다음 식으로 등판능력을 구한다.

$$\sin\theta = \left(\frac{1 + \Delta W}{W}\right) \times \sin\alpha = A$$

$$\tan\theta = \tan[\arctan A]$$

여기서, θ : 최대 등판 각도, ΔW : 추가 하중량, W : 차량 총중량,
$\tan\theta$: 최대 등판능력 α : 시험 경사로의 경사각도,

04 최고 속도 성능 시험(Maximum Speed Ability Test)

(1) 측정 조건

① 자동차는 측정 전에 충분한 길들이기 운전을 하여야 하며, 적차 상태(연결 자동차는 연결한 상태에서 적차 상태)이어야 한다. 측정 전 제원에 따라 엔진, 동력전달 장치, 조향장치 및 제동장치 등을 점검 및 정비하고 타이어 공기압을 표준 공기압 상태로 조정하여야 한다.

② 측정 도로는 평탄 수평하고 건조한 직선 포장도로 이어야 한다. 측정 도로 중앙에 200m를 측정 구간으로 설정하고 양끝을 보조 주행구간으로 한다. 측정구간에는 100m마다 표시점을 설정한다.

③ 측정은 풍속 3m/sec 이하에서 실시하는 것을 원칙으로 하며, 측정 결과는 왕복 측정하여 평균값을 구한다. 측정은 3회 반복하여 왕복 측정을 실시한다.

(2) 측정 방법

① 보조주행 구간에서 측정 자동차를 가속 주행시켜 측정구간에 도달 할 때까지 최고 속도를 유지하여야 한다.

② 측정구간에서 제1표시점(0m)과 제2표시점(100m) 사이 및 제1표시점(0m)과 제3 표시점(200m) 사이를 통과하는 속도를 측정하여 최고 속도를 구한다.

③ 두 구간에서 구한 최고 속도의 평균값 중 큰 값을 최고 속도로 인정한다.

05 연비 성능 시험(Fuel Economy Test)

우리나라의 연비 성능은 환경부에서 고시한 법령[자동차의 에너지 소비효율, 온실가스 배출량 및 연료 소비율 시험 방법 등에 관한 고시]에 기술되어 있다. 시험실의 차대 동력계에서 실제 주행 모드를 모사한 도심 주행 모드(FTP-75)와 고속도로 주행 모드(HWFET)를 주행하면서 배출가스를 포집하여 연비를 측정한다. 배출된 배출가스 중 탄소 성분을 카본 밸런스 방법으로 분석하고 5-Cycle 보정식을 사용하여 복합 연비를 산출한다.

기출문제 유형

✦ 자동차 타행 성능(惰行性能)에 대하여 논하시오.(53-3-2)

✦ 타행 성능에 대하여 설명하시오.(87-1-13)

✦ 타행 성능(Casting Performance)을 설명하시오.(62-1-9)

✦ 자동차의 타행 주행(Coast down)시험에 대하여 설명하시오.(73-3-6)

01 개요

(1) 배경

자동차의 연비는 실내에서 차대 동력계를 이용하여 측정한다. 실내에서 측정을 하기 때문에 주행저항이 반영되지 않아 주행저항을 타행 주행을 통해 측정한 후 차대 동력계에 입력하여 보다 실질적인 연비 측정이 될 수 있도록 한다.

[자동차의 에너지 소비효율, 온실가스 배출량 및 연료 소비율 시험 방법 등에 관한 고시]에는 변속기를 중립 위치에 놓고 자동차의 관성으로만 주행하는 타행 주행으로 측정한 주행저항값을 차대 동력계에 입력하도록 규정하고 있다. 공기와 도로 마찰을 수치화한 주행저항값에 따라 차대 동력계의 롤러에서 차량에 저항을 가한다.

(2) 타행주행성능(Casting Performance)의 정의

타행주행은 자동차의 변속기를 중립위치에 놓고 자동차의 관성에 의해서만 주행하는 것을 말한다.

02 타행 주행 시험 방법

(1) 측정 조건

① 시험도로의 대기 온도는 5℃~35℃ 이내이며, 안개 및 강수상태가 아니어야 하고 시험시 평균 풍속이 16km/h 또는 최고 풍속이 20km/h를 초과하거나 시험도로에 직각 성분의 풍속이 8km/h를 초과해서는 안된다. 다만, 시험 자동차에 직접 탑재식 기상계를 장착한 경우에는 평균 풍속이 35km/h 또는 최고 풍속이 50km/h를 초과해서는 안된다. 시험 노면은 건조하고 청결한 상태이어야 하며 구배가 0.5%를 넘지 않는 평탄한 도로이어야 한다. 다만, 구배가 0.5%를 초과할 경우 구배로 인한 저항을 산출하여 데이터 분석시 고려하여야 한다. 또한, 도로의 재질은 일반도로에서 사용되는 것과 유사하여야 한다.

② 시험 자동차의 타이어 규격, 전면 투영면적 측정을 위한 완충장치의 높이 등은 제작자 권장 규격으로 하며, 에너지 소비효율, 온실가스 배출량 및 연료 소비율을 측정할 자동차와 동일한 사양의 타이어를 사용하여 주행저항 시험을 실시하여야 한다. 자동차 제원표 상의 기계적인 점검을 실시한다. 단, 제작사의 요청에 따라 주행저항 시험 및 차대 동력계 시험 전에 휠얼라인먼트 점검, 오일 점검, 타이어 압력 점검, 휠 베어링 점검, 브레이크 드래그 점검을 실시하게 할 수 있다.

(2) 측정 방법

① 시험 직전에 평균 80km/h 속도로 최소 30분간 예비 주행을 한다. 다만, 저속 전기자동차의 경우 자동차 최고 속도로 예비 주행을 한다.

② 시험은 예비 주행 후에 즉시 시작한다. 시험 자동차를 가속하여 타행 주행 속도 구간의 최고 속도보다 8km/h(탑재식 기상정보 방식의 경우 10km/h) 높도록 가속한 후 기어는 중립, 엔진은 공회전 상태가 되도록 한다. 이때부터 차속과 시간 등의 데이터를 장비에 기록하기 시작하여 차속이 타행 주행 속도 구간의 최하점을 지나면 장비의 기록을 멈추고, 반대방향의 다음 회 시험을 준비한다. 시험은 타이어와 윤활유의 온도 변화를 최소로 하기 위한 최저 시간으로 행하여야 한다.

③ 타행 주행 속도 구간은 관측소 기상정보 방식은 40~104km/h이고, 탑재식 기상정보 방식은 15~115km/h이다. 단, 저속 전기자동차의 경우는 '자동차 최고 속도 + 5km/h~5km/h' 구간에 대해 측정하여 적용한다.

④ 타행 주행 중 회생 제동이 작동하지 않아야 하며 왕복으로 5회 이상 각 방향 5회 이상 주행한다.

기출문제 유형

✦ 와전류 동력계(Eddy Current Dynamometer)를 설명하시오.(83-1-5)

✦ 엔진 동력계의 종류를 2가지 이상 열거하고 그 기본 원리를 설명하시오.(45)

✦ 엔진 동력계의 종류와 그 특성에 대하여 설명하시오.(78-3-6)

01 개요

(1) 배경

자동차, 항공, 선박, 터빈 등에는 많은 회전체가 동력원으로 사용되고 있는데, 회전체의 회전력은 기계 동력원의 중요한 물리적 특성으로 이를 측정하고 성능을 평가하는데 동력계가 사용된다. 자동차에는 자동차를 대상으로 하는 차대 동력계(Chassis Dynamometer)와 엔진을 대상으로 하는 엔진 동력계(Engine Dynamometer)가 있다. 엔진 동력계는 자동차의 엔진을 개발하거나 시험 평가하기 위해서 엔진의 성능 및 기타 성능 관련 파라미터를 측정하는 하는 장치이다.

(2) 엔진 동력계(Engine Dynamometer)의 정의

엔진 동력계는 내연기관 등의 엔진에서 발생하는 동력성능을 측정하는 장치를 말한다.

(3) 차대 동력계(Chassis Dynamometer)의 정의

차대 동력계란 실내에서 자동차를 도로 주행 조건에 맞도록 구동하여 배기가스 측정 및 자동차 섀시의 동력전달 계통에서의 동력, 제동 성능 등을 측정하는 장치를 말한다.

02 엔진 동력계의 원리

마찰 동력계(프로니 브레이크)는 동력을 제동(Brake)으로 소비시켜 소비된 동력을 에너지로 바꾸어 출력을 측정하는 장치이다. 엔진의 동력 축에 브레이크 드럼을 직결하고 상하 2개의 브레이크 마찰편(블록-슈)으로 눌러 마찰력을 발생시켜 동력에 제동을 건다. 블록-슈가 압착하는 힘은 레버로 전달되어 저울에 나타난다.

이를 G[N]라고 하며 레버의 길이는 l이다. 이때 블록-슈가 드럼을 압착하는 힘을 F [N], 블록-슈와 드럼 사이의 마찰계수를 μ라 하면 드럼에 가해진 마찰력 F_t는 다음 식과 같다.

$$F_n = \mu F [\mathrm{N}]$$

여기서, F_t : 드럼에 가해지는 마찰력[N], μ : 블록-슈와 드럼 사이의 마찰계수
F : 블록-슈가 드럼을 압착하는 힘[N]

드럼이 1회전하는 동안 행한 일 W는 다음과 같다.

$$W = 2 \cdot \pi \cdot r \cdot F_t [\mathrm{Nm}]$$

드럼이 n[min^{-1}] 회전하고 있다면 소비된 동력 N_e[kW]는 다음과 같다.

$$N_e = \frac{W \cdot n}{60 \times 1,000} = \frac{2 \cdot \pi \cdot r \cdot F_t \cdot n}{60 \times 1,000} [\mathrm{kW}]$$

여기서, W : 드럼이 1회전하는 동안 행한 일, n : 드럼의 분당 회전수
F_t : 드럼에 가해지는 마찰력[N], r : 드럼의 반경

드럼에서 가해지는 토크 $r{\cdot}F_t$는 저울에 가해지는 토크 $l{\cdot}G$와 같기 때문에 이를 변환하면 다음과 같은 식이 만들어진다.

$$N_e = \frac{W \cdot n}{60 \times 1,000} = \frac{2 \cdot \pi \cdot l \cdot G \cdot n}{60 \times 1,000} \,[\mathrm{kW}]$$

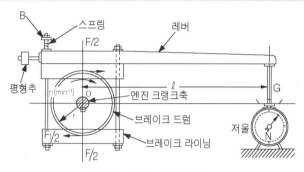

마찰 동력계의 측정 원리

03 엔진 동력계의 종류와 특성

엔진 동력계는 성능 시험용 엔진 동력계와 내구 시험용 엔진 동력계로 분류할 수 있다. 성능 시험용 엔진 동력계는 엔진의 토크 측정, 회전속도 측정, 동력의 흡수 및 구동, 그리고 동력제어 등 엔진의 성능에 관련된 파라미터의 측정과 마찰 토크를 측정하는 장치이다. 수동력계, 직류 전기 동력계, 교류 전기 동력계가 있다. 내구 시험용 엔진 동력계는 내구 신뢰성을 검증하기 위해 흡수 기능을 갖춘 동력계인 와전류 동력계를 주로 사용한다.

(1) 수동력계

수동력계는 시험 엔진과 연결된 날개 모양의 회전부(Disc Rotor)를 물속에서 회전시켜 유체 마찰을 이용하여 토크를 흡수하도록 하고 토크 검출부로 계측한다. 수동력계는 로터가 엔진에 의해 구동되고 그 외부에는 움직임이 가능한 케이싱이 설치되어 있다. 케이싱 내부에 물이 공급되면 로터의 회전에 의해 물의 와류가 형성되고 이 힘으로 케이싱이 움직인다. 이 움직임을 토크 검출

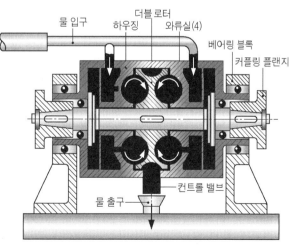

수동력계의 구조와 원리

부로 검출하여 엔진의 출력을 측정한다. 고속, 고용량 제작이 가능하고 제작비용이 비교적 저렴한 장점이 있다. 기계식이므로 전자식에 비해 정확도는 떨어진다. 주로 대형 엔진의 출력 측정에 사용된다.

(2) 직류 전기 동력계

직류 전기 동력계는 시험 엔진이 직류 발전기에 연결되어 작동하고 발생한 전기를 저항기(로드 셀)로 소비하면서 전류량을 측정하여 엔진의 동력을 계산한다. 발전기 내부에는 회전자와 고정자가 있고 고정자에는 케이스가 연결되어 있다. 회전자 축과 엔진의 크랭크축을 연결시키고 엔진을 운전하면 동력계 내부에서는 전기장이 형성되고 이 힘에 의해 고정자의 케이스가 움직이게 된다. 이때 케이스를 움직이는 전기를 로드 셀로 소비시키며 동력을 측정한다.

토크 변동이 적고 응답성이 빠르기 때문에 새로운 엔진 개발 시에 성능 시험용으로 많이 이용된다. 정류용 브러시(정류자)가 내장되어 있어 주기적으로 교환, 점검, 정비 등의 관리가 필요하다. 동력의 흡수 및 구동이 가능하여 동력의 도시 출력 및 제동 출력 모두 측정이 가능하다.

(3) 와전류식 동력계

전기 동력계의 일종으로, 기계적 에너지를 전기적 에너지로 변환하여 엔진의 출력을 측정한다. 구조는 코일이 있는 케이싱과 디스크로 이뤄져 있다. 케이싱 내부의 코일에 전류가 흐르면 자속이 형성되고 디스크가 시험 엔진에 연결되어 회전하면 와전류(Eddy Current)가 발생한다.

이 와전류에 의해 디스크에는 제동력이 발생하는데 이 때의 토크 및 회전수로 출력을 측정한다. 부하는 전자석의 여자 전류의 가감으로 조정하며 속도와 부하 제어는 가능하나 구동 운전은 불가능하다. 전기 동력계 중에서 구조가 매우 간단하여 제작비용이 저렴하지만 와전류에 의하여 작동 중 열이 발생하기 때문에 냉각 장치가 필요하다.

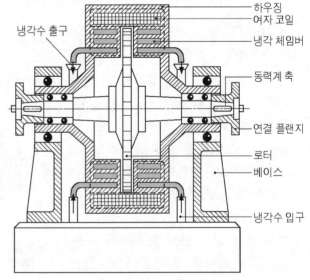

냉각수 출구
하우징
여자 코일
냉각 체임버
동력계 축
연결 플랜지
로터
베이스
냉각수 입구

와전류식 동력계의 구조와 원리

기출문제 유형

✦ 자동차의 풍동(Wind Tunnel) 시험의 종류를 나열하고 각각에 대하여 설명하라.(77-4-1)

01 개요

(1) 배경

공기저항은 자동차 주행저항의 80%를 차지하는 요소로 자동차의 형상, 전면 투영면적에 의해 결정된다. 따라서 자동차의 형상은 외형적 특징뿐만 아니라 공기 역학적 특성을 결정짓는 주요 인자라고 할 수 있다. 주행 속도의 증가나 에너지 효율을 향상시키기 위해서는 반드시 공기 역학 기반의 형상 설계가 이뤄져야 한다.

이를 위해 풍동 시험을 수행하는데, 풍동은 자연풍 상태에서의 자동차의 거동을 실험실 내에서 재현하기 위해 만든 실험 시설로, 균일한 공기의 흐름을 인공적으로 만들어, 흐름이 물체에 미치는 영향이나 흐름 속의 물체의 운동, 흐름 속에 놓인 물체로 인한 흐름의 변화 등을 조사하는 장치이다. 풍속이나 분출 각도를 자유롭게 바꿀 수 있다.

(2) 풍동 시험(Wind Tunnel Test)의 정의

자동차 풍동시험은 인공적으로 공기의 흐름을 만들어주어 주행 중인 자동차의 표면 압력 분포, 공기의 흐름, 풍속의 분포등을 측정하여 차체가 받는 공기저항, 양력 등의 공력 특성과 바람으로 인한 풍절음을 파악하는 시험이다. 이를 통해 공력성능과 소음진동을 개선하고, 자동차의 연비, 승차감 등을 향상시킬 수 있다.

풍동 시험

02 풍동의 종류

(1) 목적별 분류

① 고압(변압)풍동 : 공기의 압력을 높여 밀도를 크게 하여 시험한다.

② 고속풍동 : 고속의 공기 흐름을 만들어주어 시험을 한다.

③ 가스풍동 : 밀도가 큰 가스를 사용해 시험을 한다. 레이놀즈수를 일치시킨다.

④ 실물풍동 : 실물의 시험체를 그대로 사용한다.

⑤ 연기풍동 : 연기의 줄기를 만들어 기체 주위의 기류 상태를 관찰한다.

⑥ 수직 또는 나선 회전풍동 : 나선 회전운동을 관찰한다.

(2) 공기의 유송(流送) 방식에 따른 분류

① 공기를 환류시키는 형 : 환류형으로는 괴팅겐형이 효율면에서 가장 많이 쓰인다.

② 환류시키지 않는 단일풍로형 : NPL형·에펠형 등이 있다.

(3) 측정부분의 위치에 따른 분류

① 개구형 : 측정부분을 개방한 실내에 둔다. 저속 풍동에 쓰인다.

② 폐회로용 : 측정부분을 밀폐된 회로 속에 둔다. 고속 풍동에 쓰인다.

03 풍동 시험의 종류

(1) 공력 성능 측정

차체 주변을 지나가는 공기의 흐름을 평가하여 속도에 따른 공기 흐름의 변화, 압력의 변화를 측정하며 기압에 따른 공기 흐름의 변화 혹은 특정 부위의 온도 변화에 따른 공기의 압력 변화를 측정한다. 이를 통해 항력계수와 항력계수 분포를 측정한다.

(2) 주행 안정성 측정

바람에 의해 자동차의 요잉, 롤링, 피칭 모멘트를 측정하여 고속주행 안정성, 횡풍 안정성을 평가한다.

(3) 냉각 성능 측정

바람이 불 때 엔진 냉각과 관련된 라디에이터의 냉각 성능을 평가한다.

(4) 시계성 측정

빗물이나 모래바람, 와이퍼의 동작에 의한 시계성 확보를 평가한다.

(5) 소음 측정

바람이 불 때 발생하는 풍절음에 의한 실내 소음을 측정하여 NVH 성능을 개선한다.

기출문제 유형

✦ 슬립 사인(Slip Sign)과 슬립 스트림(Slip Stream)에 대하여 설명하시오.(105-1-4)

01 개요

엔진에서 발생하는 토크(Torque)는 변속기와 최종 감속기어를 통해 타이어에 전달되어 자동차를 움직이는 힘, 즉 구동력이 된다. 하지만 자동차가 주행할 때에는 언제나 진행방향에 대해 대항하는 힘인 주행저항이 작용하며 엔진에서 발생하는 구동력의 차이에 따라 속도와 연비가 변한다. 주행저항은 구름저항, 공기저항, 등판저항, 가속저항으로 구분할 수 있다.

구름저항은 타이어의 상태에 많은 영향을 받고 공기저항은 자동차의 형상, 공기저항 계수에 많은 영향을 받는다. 타이어의 트레드는 구름저항에 많은 영향을 미친다. 트레드가 높을수록 구름저항이 많이 발생하지만 트레드가 없으면 젖은 노면에서 배수 성능이 저하되어 제동 성능이 급격히 떨어진다.

02 슬립 사인(Slip Sign)

(1) 슬립 사인(Slip Sign)의 정의

타이어의 슬립 사인은 타이어의 마모 한계선으로 타이어 트레드 안쪽 바닥에 1.6mm 높이로 표시한 작은 돌기가 있는 부분을 말한다. 트레드 웨어 인디케이터 (Tread wear indicator)라고도 한다.

(2) 슬립 사인의 목적

타이어의 표면은 트레드와 트레드 사이의 홈(Groove), 패턴으로 구성되어 있다. 트레드 사이의 중앙 홈(Groove)은 일반적으로 7~9mm 정도의 깊이를 가지고 있는데, 트레드가 마모되어 깊이가 1.6mm가 남으면 슬립 사인(마모한계선)이 나타난다.

트레드가 마모 한계선(1.6mm) 이상 마모되면 타이어와 노면 사이의 수막현상(하이드로플래닝) 때문에 접지력이 떨어져 제동거리가 증가하고(2배 이상), 주행 안정성이 떨어진다.

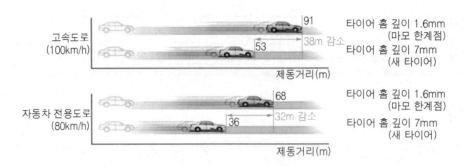

타이어 홈 깊이와 제동거리 관계
(자료 : www.hankyung.com/news/article/2018072371302)

03 슬립스트림(Slipstream)

(1) 슬립스트림(Slipstream)의 정의

고속으로 주행 중인 자동차의 뒤쪽 공기 흐름이 흐트러져 기압이 낮은 상태의 영역을 말한다.

(2) 슬립스트림이 발생하는 원인

유체가 물체 주위를 흐르면 유체의 입자가 점성으로 인해 물체 표면에 달라붙어 마찰력, 즉 유동방향으로 물체를 잡아당기는 힘을 발생시킨다. 이 때, 물체 표면에서 유체(공기)의 속도는 '0'이 되고 표면과 멀어질수록 유체의 속도는 빨라진다. 여기에서 공기의 속도가 현저히 느리고, 유체의 점성 효과가 두드러지게 나타나는 곳의 얇은 영역을 경계층(Boundary Layer)라고 하는데 경계층은 물체의 표면을 지날수록 두꺼워진다.

일정 두께 이상이 되면 경계층 내부의 공기는 물체 표면에서 박리되어 와류를 형성하고 물체의 뒤에서 후류를 형성하여 물체를 뒤로 잡아당기는 저압의 압력을 형성한다. 후류가 형성된 물체의 뒷부분에서는 기압이 낮은 상태의 영역인 슬립 스트림이 발생한다.

(3) 슬립스트림의 활용

슬립스트림 현상을 이용하여 레이싱에서 고속 차량의 뒤에 붙어서 저항을 줄이고 가속을 하거나 연비를 높이는 기술은 '드래프팅'이라고 한다. 고속으로 주행하는 한 자동차의 뒤에서 주행을 하면 순간적으로 뒤에 기본적인 성능 이상의 속도를 낼 수 있게 된다.

자동차가 고속으로 진행하게 되면 앞부분의 기압은 상승하게 되고 뒷부분의 기압은 슬립스트림으로 인해 기압이 떨어지게 된다. 기압이 낮아지면 주변의 공기가 이 부분으로 빨아들여진다. 이 때 뒷부분으로 근접하게 주행을 하는 자동차는 기본적으로 주행하는 속도에 더해, 공기가 빨아들여지는 속도가 더해지기 때문에 앞으로 당겨지는 효과가 나타나게 된다. 이를 통해 추월 가속 효과가 증대된다.

기출문제 유형

✦ 다음 그림을 보고 연쇄 추돌 관계식을 설명하시오.(81-4-6)

V_{A0}   V_{B1}   V_{C2}

A차   B차   C차   D차

(제1충돌)   (제2충돌)   (제3충돌)

(W_A: A차의 중량, W_B: B차의 중량, W_C: C차의 중량, W_D: D차의 중량, e: 반발계수, t: 충돌시간)

✦ 동일한 자동차 B, C가 브레이크가 풀린 채 정지하고 있다. 이때 같은 모델의 자동차 A가 2.5m/s의 속도로 B와 충돌하면, 이후 B와 C가 다시 충돌하게 되어 결국 3대의 자동차가 연쇄 충돌한다. 이때, B와 C가 충돌한 직후의 C의 속도(m/s)를 구하시오.(단, B, C사이의 거리는 무시하며, 범퍼사이의 반발계수 (e)는 0.75이다.)(93-1-13)

2.5m/s

A   B   C

01 개요

운동량 보존법칙(law of momentum conservation /momentum conservation law)은 외력을 받지 않는 계 내부에서는 운동량이 변하지 않고 보존된다는 법칙이다. 물체의 속도와 질량에 관련된 물리량으로, 질량과 속도의 곱으로 나타나는 운동량이다. 외력이 작용하지 않는 계에서 물체가 충돌할 경우 물체 간 에너지가 이동하고 운동량이 변하지만, 계 전체의 운동량은 일정하게 보존된다. 탄성 충돌, 비탄성 충돌, 완전탄성 충돌 어느 경우에도 운동량은 보존된다.

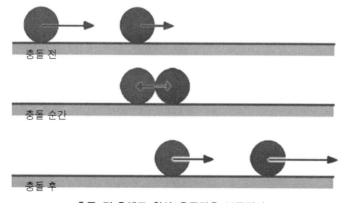

충돌 전

충돌 순간

충돌 후

충돌 전·후에도 항상 운동량은 보존된다.

반발계수는 물체의 충돌 전후 속도의 비율을 나타내는 계수로 '0~1'의 값을 갖는다. 반발계수가 '1'이면 완전 탄성 충돌을 한다는 것이고 반발계수가 '0'이면 완전 비탄성 충돌을 한다는 의미로 충돌한 물체와 붙어서 튀지 않는다.

02 연쇄추돌 계산식

A차 → B차 → C차 → D차

(1) B차의 속도

A차의 무게는 W_A, 초기 속도는 V_{A0}이고, B차의 무게는 W_B, 초기 속도는 V_{B1}이다. 따라서 운동량 보존의 법칙에 의해 다음과 같이 관계식이 구해진다.

$$W_A V_{A0} + W_B V_{B1} = W_A V'_{A0} + W_B V'_{B1}$$

여기서, W_A : A차의 무게, V_{A0} : A차의 초기 속도, V'_{A0} : B차와 충돌 후 A차의 속도
V_{B1} : B차의 초기 속도, V'_{B1} : A차와 충돌 후 B차의 속도

반발력에 의한 식은 다음과 같다.

$$e = \frac{(V'_{B1} - V'_{A0})}{V_{B1} - V_{A0}}$$

따라서 두 개의 식을 결합하여 V'_{B1}과 V'_{A0}의 속도를 구할 수 있다.

(2) C차의 속도

위에서 B차의 속도를 구한 것과 같은 방법으로 C차의 속도를 구할 수 있다.

$$W_B V'_{B1} + W_C V_{C2} = W_B V''_{B1} + W_C V'_{C2}$$

여기서, V'_{B1} : A차와 충돌 후 B차의 초기 속도, V''_{B1} : C차와 충돌 후 B차의 속도,
V_{C2} : C차의 초기 속도, V'_{C2} : B차의 충돌 후 속도

반발력에 의한 식은 다음과 같다.

$$e = \frac{(V'_{C2} - V''_{B1})}{(V_{C2} - V'_{B1})}$$

따라서 두 개의 식을 결합하여 V''_{B1}과 V'_{C2}의 속도를 구할 수 있다.

03 A, B, C차량 충돌 시 차량의 속도 계산

(1) B차의 속도

A차의 초기 속도는 2.5m/s이고, B차의 초기 속도는 0m/s 이다. 두 자동차의 무게는 같다. 따라서 운동량 보존의 법칙에 의하면 다음과 같은 식을 세울 수 있다.

$$M_1 V_1 + M_2 V_2 = M_1 V'_1 + M_2 V'_2$$
$$2.5 = V'_1 + V'_2$$

여기서, M_1 : A차의 무게, V_1 : A차의 초기 속도, V'_1 : 충돌 후 A차의 속도
V_2 : B차의 초기 속도, V'_2 : 충돌 후 B차의 속도

반발력에 의한 식은 다음과 같다.

$$e = \frac{(V'_2 - V'_1)}{(V_2 - V_1)}$$
$$0.75 \times 2.5 = V'_2 = V'_1$$

여기서, 0.75 : 범퍼 사이의 반발계수

따라서 두 개의 식을 결합하여 V'_2와 V'_1의 속도를 구할 수 있다.

$$2.5 + 1.875 = 2V'_2$$
$$V'_2 = \frac{4.375}{2} = 2.1875, \quad V'_1 = 2.5 - 2.1875 = 0.3125$$

B차의 충돌 후 속도는 2.1875 m/s가 되고 A차의 충돌 후 속도는 0.3125m/s 가 된다. 위와 같은 방법으로 C자동차의 속도를 구할 수 있다.

$$2.1875 = V'_2 + V'_3$$
$$0.75 \times 2.1875 = V'_3 - V'_2$$

여기서, V_3 : C자동차의 초기 속도, V'_3 : C자동차의 충돌 후 속도

$$2.1875 + 1.640625 = 2V'_2$$
$$V'_3 = 1.914, \quad V'_2 = 0.273$$

따라서 C자동차의 충돌 후 속도는 1.914m/s가 된다.

기출문제 유형

✦ 우리나라 현행 자동차 관리법상의 자동차 성능 시험을 설명하시오.(84-1-2)

01 개요

국토교통부에서 고시한 [자동차관리법 시행규칙] 제2절 제47조의 규정에 의하면 성능 시험은「자동차 및 자동차부품의 성능과 기준에 관한 규칙」제116조의 규정에 의하여 국토 교통부장관이 고시하는 바에 따라 실시한다.「자동차 및 자동차부품의 성능과 기준에 관한 규칙」제116조의 규정은 [자동차의 에너지 소비효율, 온실가스 배출량 및 연료 소비율 시험방법 등에 관한 고시], [자동차 및 자동차부품의 성능과 기준 시행세칙]을 말한다.

> **참고** 「자동차 및 자동차부품의 성능과 기준에 관한 규칙」 제116조의 규정
> 제116조(시험방법 등의 고시) 국토교통부장관은 이 규칙에서 정하는 기준의 시행에 필요한 세부기준 및 시험방법 등을 정하여 고시할 수 있다.

> **참고** 「자동차 및 자동차부품의 성능과 기준 시행세칙」
> 제3조(세부기준 및 시험방법 등) 자동차 안전기준 제116조 및 규칙 제47조에 따른 안전기준 및 성능시험의 세부기준 및 시험방법 등은 다음 각 호와 같다.
> 1. 안전기준 및 성능시험의 세부기준 및 시험방법 등은 별표 1에 따를 것(다만, 별표 1에서 정하지 아니한 경우에는 별표 2에 따를 것)
> 2. 자율주행시스템에 대한 안전기준 및 성능시험의 세부기준 및 시험방법 등은 별표 1의2에 따를 것
> 3. 운행자동차의 안전기준 확인방법은 별표 2에 따를 것
> 4. 이륜자동차의 안전기준 확인방법은 별표 3에 따를 것
> 5. 자동차부품 안전기준의 세부기준 및 시험방법 등은 별표 6에 따를 것

02 자동차 성능 시험의 종류

(1) 자동차의 에너지 소비효율, 온실가스 배출량 및 연료소비율 시험방법 등에 관한 고시

국토교통부의 [자동차의 에너지 소비효율, 온실가스 배출량 및 연료 소비율 시험 방법 등에 관한 고시]에 의한 성능 시험은 주로 에너지 소비효율(연비), 온실가스 배출량, 주행저항에 대한 성능 시험으로 종류는 다음과 같다.

① 자동차의 에너지 소비효율, 온실가스 배출량 및 연료 소비율 측정 방법 : 자동차를 차대 동력계상에서 도심 주행(FTP-75) 모드와 고속도로 주행(HWFET)모드로 주행한 후 5-Cycle 보정식을 통해 에너지 소비효율과 온실가스 배출량을 측정한다.
② 하이브리드 자동차의 에너지 소비효율, 온실가스 배출량 및 연료 소비율 측정 방법
③ 전기자동차의 에너지 소비효율 및 연료 소비율 측정 방법
④ 플러그인 하이브리드 자동차의 에너지 소비효율, 온실가스 배출량 및 연료 소비율 측정 방법
⑤ 수소 연료전지 자동차의 에너지 소비효율 및 연료 소비율 측정 방법
⑥ 자동차의 정속주행 에너지 소비효율 및 연료 소비율 측정 방법
⑦ 주행저항 시험 방법

(2) 자동차 및 자동차 부품의 성능과 기준 시행세칙

국토교통부의 [자동차 및 자동차 부품의 성능과 기준 시행세칙]에는 자동차와 자동차 부품의 안전기준 및 성능 시험에 대해 고시하고 있다.

1) 자동차 성능 시험
① 원동기 출력 시험
② 등화장치 시험
③ 승용자동차의 제동력 능력 시험
④ 조향 성능 시험
⑤ 속도계 시험
⑥ 소음 방지장치 시험
⑦ 보행자 보호 시험

2) 자동차 부품의 성능 시험
① 브레이크 호스의 성능 시험
② 좌석 안전띠의 성능 시험
③ 후부안전판 성능 시험
④ 등화장치 성능 시험
⑤ 후부반사기 성능 시험
⑥ 브레이크 라이닝의 제동 능력 시험
⑦ 자동차 휠 성능 시험

03 자동차 성능 시험의 방법

(1) 자동차의 에너지 소비효율, 온실가스 배출량 및 연료 소비율 시험 방법

1) 도심 주행(FTP-75 : Federal Test Procedure, CVS-75 : Constant Volume Sampling) 모드

CVS-75 모드는 시험실 온도 20~30℃에서 진행되며 동력계상에서의 휘발유, 가스, 경유 자동차의 경우는 3단계(3bag 시험)로 이루어진 주행계획에 의해 운전되며, 하이브리드 자동차의 경우는 4단계(4bag 시험)로 이루어진 주행계획에 의해 운전된다. 주행할 때 배출되는 배출가스를 포집하여 배출가스 분석기로 분석한 후 연비를 계산한다. 3단계 시험은 저온 시동시험 초기단계, 저온 시동시험 안정단계, Soaking Time, 고온 시동시험 초기단계로 이루어진다. 소킹 시간을 제외한 총 시간은 1877초, 총 주행거리는 17.8km, 평균속도는 34km/h, 최대 속도는 92km/h 이다.

2) 고속도로 주행(HWFET : HighWay Fuel Economy Test) 모드

HWFET는 예비 주행주기와 배출가스 측정을 위한 주행주기로 이루어져 있다. 주행거리는 각각 16.4km, 평균속도 78.2km/h, 최고 속도 96.5km/h로 이루어져 있으며 총 1,545초 동안 시험한다.

(2) 자동차의 정속주행 에너지 소비효율 및 연료 소비율 측정 방법

정속주행 에너지 소비효율은 풍속 3m/sec 이하, 대기온도 10~30℃에서 실시한다. 시험 자동차는 평균 주행속도 80km/h로 약 20km를 주행하는 길들이기 운전을 실시한다. 60km/h의 정속으로 측정구간(500m)을 변속기 최고단을 사용하여 주행하며 연료 소비량 측정장치로 유량을 측정한다.

지정된 구간을 주행할 때 연료 소비량과 시간을 측정한다. 5회 왕복시험을 실시하여 각 주행방향의 최대값과 최소값을 제외한 시험 결과값을 취한다. 휘발유, 경유인 경우에는 연료 1L당 주행한 거리[km/L], 압축천연가스는 연료 $1m^3$당 주행한 거리[km/m^3]로 표시한다.

(3) 주행저항 시험 방법

① 시험 직전에 평균 80km/h 속도로 최소 30분간 예비주행 한다. 다만, 저속 전기 자동차의 경우 자동차 최고 속도로 예비주행을 한다.

② 시험은 예비 주행한 후에 즉시 시작한다. 시험 자동차를 가속하여 타행 주행 속도 구간의 최고 속도보다 8km/h(탑재식 기상정보 방식의 경우 10km/h) 높도록 가속한 후 기어는 중립, 엔진은 공회전 상태가 되도록 한다. 이때부터 차속과 시간 등의 데이터를 장비에 기록하기 시작하여 차속이 타행 주행 속도 구간의 최하점을 지나면 장비의 기록을 멈추고, 반대방향의 다음 회 시험을 준비한다. 시험은 타이어와 윤활유의 온도 변화를 최소로 하기 위한 최저 시간으로 행하여야 한다.

③ 타행 주행 속도 구간은 관측소 기상정보 방식의 경우 40~104km/h이고, 탑재식

기상정보 방식의 경우 15~115km/h이다. 단, 저속 전기자동차의 경우는 '자동차 최고 속도+5km/h~5km/h' 구간에 대해 측정하여 적용한다.

타행 주행 중 회생 제동이 작동하지 않아야 하며 왕복으로 5회 이상 각 방향 5회 이상 주행한다.

(4) 자동차 안전 성능 시험

1) 원동기 출력 시험

원동기 출력 시험은 내연기관 출력을 측정하는 시험으로 동력계 제동하중 또는 축 토크, 연료 소비량 및 흡기 온도를 측정하여 출력, 축 토크, 제동 연료 소비율을 산출한다.

① 출력 및 축 토크

$$T = W \times L$$

$$P = \frac{2\pi \times W \times L \times N}{60 \times a} = C \times W \times N$$

$$V'_3 = 1.914, \quad V'_2 = 0.273$$

여기서, T : 축 토크, N·m[kgf·m], P : 출력, kW[PS], L : 동력계 암의 길이[m],
W : 동력계의 제동하중, N[kgf], C : 동력계의 계수{$C = 2\pi \times L/(60 \times \alpha)$},
N : 내연기관 회전속도, min^{-1}[rpm], a : 환산계수 10^2(kW인 경우){75 (PS인 경우)}

② 제동 연료 소비율

$$F = \left(\frac{3.6}{t}\right)\{1 + \beta(T_r - T_f)\}$$

$$f = \frac{(F \times r \times 1,000)}{P_0}$$

여기서, F : 1시간당 연료 소비량, [L/h], b : 측정시간 내의 연료 소비량[cm^3]
t : 연료 소비량 측정시간, [s], β : 연료의 체적 팽창 FBF, K^{-1}[℃$^{-1}$]
T_r : 연료 비중을 측정할 때의 연료 온도, K[℃], T_f : 연료 소비량을 측정할 때의 연료 온도, K[℃], f : 제동 연료 소비율, g/kW. h [g/PS. h], r : 온도 T_r에서의 연료 비중량, [g/cm^3], P_0 : 표준 대기상태의 출력, kW[PS]

2) 등화장치 시험

등화장치 시험은 자동차에 장착되어 있는 등화장치에 대한 성능 시험으로 주행빔/변환빔 전조등, 방향지시등, 제동등, 번호등, 차폭등, 후미등, 후방 충돌 경고등, 앞/뒷면 안개등, 후퇴등, 주차등, 끝단 표시등, 옆면 표시등, 주간 주행등, 코너링 조명등, 비상 제동등 등이 안전기준에 적합하게 설치되어 있는지 점검하고 작동상태, 광도값, 관측각도, 조사각, 컷오프선 수직위치 등을 시험한다.

3) 승용자동차의 제동력 능력 시험

승용자동차의 제동력 능력 시험은 시험 자동차의 제동거리, 평균 최대 감속도를 측정하는 시험으로 적차 및 경적차 상태에서 주제동장치의 제동 능력, 주제동장치의 고속 제동 능력 등으로 이루어진다. 제동시 너비 3.5m 차선이탈 및 정지시 편향각도 15°초과 여부를 확인한다.

자동차의 성능 검사와 자동차 검사는 규정되어 있는 법령이 다르다. 자동차의 성능 검사는 위에 언급한대로 [자동차 및 자동차부품의 성능과 기준 시행세칙] 별표1에 기술되어 있고 자동차 검사시 제동력 측정은 [자동차관리법 시행규칙] 별표15에 기술되어 있다.

제동거리를 측정하였을 때, 교정값은 아래 공식으로 산출한다.

$$S = 0.1 V (S_a - 0.1 V_a) \times \frac{V^2}{V_a^{\,2}}$$

여기서, S=제동거리 교정값[m], V=제동 초속도 규정값[km/h],
S_a=제동거리 측정값[m], V_a=제동 초속도 측정값[km/h]

평균 최대 감속도는 아래 공식으로 산출한다.

$$d_m = \frac{V_b^{\,2} - V_e^{\,2}}{25.92(S_e - S_b)}$$

여기서, d_m : 평균 최대 감속도[m/s²], V_o : 제동 초속도 측정값[km/h],
V_b : $0.8 V_o$의 속도[km/h], V_e : $0.1 V_o$의 속도[km/h],
S_b : V_o와 V_b 사이의 거리[m], S_e : V_o와 V_e 사이의 거리[m]

① **주제동장치의 제동 능력** : 시험 자동차를 규정된 제동 초속도에서 제동을 실시하여 제동거리 또는 평균 최대 감속도를 측정한다. 제동 초속도는 100km/h로 하고, 답력은 500N으로 한다.

② **주제동장치의 고속 제동 능력** : 최고 속도가 125km/h 이상인 자동차에서만 실시하는 시험으로 시험 자동차를 규정된 제동 초속도에서 제동을 실시하여 제동거리 또는 평균 최대 감속도를 측정한다. 제동 초속도는 시험 자동차의 최고 속도가 125km/h 초과~200km/h 이하이면 최고 속도의 80%에서 실시하고, 최고 속도가 200km/h 초과이면 160km/h에서 실시한다. 답력은 500N이다.

4) 조향 성능 시험

조향 성능 시험은 자동차가 일정속도 이상에서 이상 진동 없이 선회가 가능한지 시험하며 고장상태 및 최대 허용 조향시간·조향 조종력 등을 시험한다.

① **직진 주행성능 확인 시험** : 정차상태에서 시험 자동차를 최고 속도까지 단계적으로

속도를 증가시키며 직선 주행 중에 비정상적인 조향보정 및 조향장치의 이상 진동 유무를 확인한다. 시험 자동차를 최고 속도까지 주행하는 중에 조향장치에 이상 진동이 발생한 경우에는 진동을 측정할 수 있는 장비 등을 설치하여 진동 상태를 계측한다.

② **선회 성능 확인 시험** : 정차 상태에서 시험 자동차를 해당 시험 속도(승용 자동차는 50km/h, 승용자동차 외의 자동차는 40km/h 또는 40km/h 이하인 경우에는 최고 속도) ±2km/h의 평균속도로 시험 자동차의 전면 외측모서리가 반지름 50m인 곡선에 접하여 선회시키며 평균 선회속도를 측정하고, 조향장치의 이상 진동 유무를 확인한다. 선회 중 조향 조종 장치를 놓아 자동차의 선회원의 변화를 확인한다. 엔진 정지 등의 고장을 발생시켜 조향각의 즉각적인 변화 유무를 확인한다. 좌우 각 1회씩 실시한다.

③ **조향 복원성 확인 시험** : 정차상태에서 조향바퀴를 최대 조향각의 절반까지 조향시켜 최소 10km/h로 정속 주행시킨다. 정속 주행 중 조향 조종 장치를 놓고 최대한 정속을 유지시키며 선회원의 변화를 확인한다. 좌·우 각 1회씩 실시한다.

④ **조향 조종력 측정 시험** : 정차상태에서 시험 자동차를 평균속도 10±1km/h로 직진하다 나선형으로 최대한 정속 주행시켜 시험 자동차의 전면 외측모서리가 아래 표의 규정된 선회 반지름인 원에 일치할 때까지 규정된 조향시간 이하로 조향시켜 평균 선회속도, 조향 조종 장치 조종각, 조향 조종력 및 조향시간 등을 측정한다. 다만, 차량총중량 5톤 초과 승합자동차와 차량총중량 12톤 초과 화물 및 특수 자동차에서 선회 반지름 12m를 얻을 수 없는 경우 최대 조향각으로 실시한다. 좌. 우 각 1회씩 실시한다.

구 분	정상			고장		
	최대허용 조향조종력(N)	최대허용 조향시간(초)	선회 반지름(m)	최대허용 조향조종력(N)	최대허용 조향시간(초)	선회 반지름(m)
승용자동차	150	4	12	300	4	20
차량 총중량 5톤 이하 승합자동차	150	4	12	300	4	20
차량 총중량 5톤 초과 승합자동차	200	4	12	450주)	6	20
차량 총중량 3.5톤 이하 화물 및 특수 자동차	200	4	12	300	4	20
차량 총중량 3.5톤 초과 12톤 이하 화물 및 특수 자동차	250	4	12	400	4	20
차량 총중량 12톤 초과 화물 및 특수 자동차	200	4	12	450주)	6	20

주) 자기 추적 조향장치를 제외한 2개 이상의 조향차축을 갖춘 일체형 자동차의 경우에는 500N으로 한다 .

기출문제 유형

✦ 프루빙 그라운드(Proving Ground)의 목적과 1) 고속주회로, 2) 종합시험로, 3) 선회시험로에 대해서 상세히 설명하시오.(83-2-1)

✦ 자동차의 개발 및 성능향상에 이용되는 특수 내구 주행시험로에 대하여 설명하시오.(89-4-3)

01 개요

(1) 배경

자동차를 제작하는 과정은 크게 선행단계, 설계단계, 시작단계, 양산단계로 나눌 수 있다. 시작단계는 설계 단계에서 설계된 도면을 바탕으로 빠른 시간 내에 차량을 제작해보고, 제작된 시작 차량으로 성능, 내구, 기능 등을 확인해 추후 생산 과정이나 판매 후에 발생할 수 있는 문제점을 점검한 후 개선하여 양산에 적합한 차량을 만들기 위한 단계이다. 이 단계에서 차량의 시험을 위해 다양한 환경의 주행로가 필요하다. 각 자동차 회사, 부품 회사, 정부산하 인증기관, 연구기관에서는 자동차가 양산에 적합한지 테스트하거나 문제점을 파악하고 개선하기 위해, 법규에 적합한지 인증을 받기 위한 목적으로 다양한 주행시험로(Proving Ground)를 설치하여 운영하고 있다.

(2) 프루빙 그라운드(Proving Ground)의 정의

프루빙 그라운드는 자동차의 성능을 테스트하기 위한 첨단 설비와 다양한 지형, 구조물이 있는 시설을 말한다. 프루빙 그라운드에는 고속 주회로, 범용로(종합시험로), 등판로, 원형 선회 시험로, 특수 내구로 등이 있다.

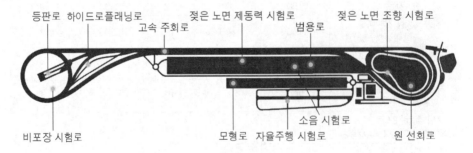

프루빙 그라운드(주행 시험로)

02 프루빙 그라운드(Proving Ground)의 목적

(1) 성능 개선

고속 주행로, 선회로, 등판로, 특수 내구로 주행 등을 통해 동력성능, 주행성능, NVH 성능, 자율 주행성능, 승차감 등을 점검하고 개선한다.

(2) 품질 개선

프루빙 그라운드에서 주행할 때 발생하는 각종 문제점을 개선하여 실제 양산 후 발생될 수 있는 문제점을 예방한다. 특히 특수 내구로를 통한 시험으로 가혹한 조건에서의 내구성을 점검한다.

(3) 인증 시험

프루빙 그라운드에서 확인될 수 있는 각종 인증 시험을 실시하여 제작차 인증에 필요한 서류를 작성하거나 인증을 받을 수 있다.

03 프루빙 그라운드(Proving Ground)의 종류

(1) 고속 주회로(High Speed Circuit)

고속 주회로는 제한된 공간 내에서 고속 주행이 가능하도록 만들어진 도로이다. 직선부와 뱅크부로 이루어져 있으며 뱅크부는 선회 시에도 고속 주행이 가능하도록 일정 각도의 기울기와 곡률반경을 가지고 있다. 고속 주회로 주행을 하며 NVH 성능, 동력성능, 주행성능 등을 평가한다.

(2) 종합 시험로

종합 시험로는 범용로라고도 하며 일정한 길이와 넓이의 도로로 구성되어 있다. 고속 주회로나 직선로에서 수행하기 어려운 기능이나 성능 등을 평가하는 다목적 시험로이다. 조향 안정성 시험, 타이어 성능 시험, 동력성능 시험, 제동 성능 시험, ADAS 관련 장치 성능 시험, 슬라롬 시험, 이중 차선변경 시험, 가혹 차선변경 시험 등을 수행한다.

(3) 선회 시험로

원형 선회 시험로는 일정한 반경(약 100m)을 가진 원형의 시험로로 다양한 조건에서의 선회 능력, 선회 시 안정성, 선회 중 제동능력 등을 평가할 수 있다. 선회 시험로에서는 주로 최소 회전반경 시험, 조종 성능 시험, 선회 제동 성능 시험, 차량 전복 시험, 고속 정상 원선회 시험 등을 수행한다.

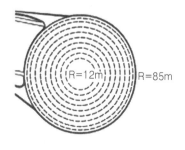

선회 시험로

(4) 특수 내구로

특수 내구 주행 시험로는 다양한 도로 주행 환경을 제공하여 충격, 진동, 침수 등 가혹한 환경에서의 차량과 관련된 부품의 내구성, 진동 특성, 성능 등을 시험할 수 있는 시험로이다. 차량 주행 시 가혹도를 가중시켜 단기간 내 자동차와 자동차 부품의 강성, 강도, 피로 내구 성능을 평가할 수 있다.

① **벨지안로(Belgain Road)** : 벨지안로는 벨기에에 있는 마차 도로를 뜻하는 말로 커다란 블록을 작은 사각형으로 쪼개어 만든 요철이 심한 도로이다. 일반도로보다 가혹성이 수백 배가 되는 도로로, 2,000km 주행 시 필드 조건에서 200,000km를 주행한 효과를 재현할 수 있는 시험로이다.

② **빨래판로** : 빨래판로는 도로를 빨래판과 같이 불규칙하게 만들어 놓은 도로로, 불규칙 노면에서의 차체의 진동 특성 및 불규칙적인 충격에 의한 강도를 평가한다.

③ **장파형로** : 장파형로는 파도와 같이 물결치는 형상의 도로를 말하며, 현가장치의 특성, 승차감, 조종 안정성, 차체의 강도 등을 평가한다.

④ **바디 트위스트로** : 바디 트위스트로는 차량의 롤 방향 움직임을 구현하여 차량의 내구성을 평가하기 위한 시험로이다.

⑤ **침수 시험로** : 침수 시험로는 도로의 침수 상황을 모사한 도로로, 50cm 정도의 수심을 기준으로 수위 조절이 가능하여 침수에 따른 차량 부품의 기능 변화 및 회복 정도를 평가할 수 있는 시험로이다.

⑥ **수밀 시험로** : 수밀 시험로는 집중호우 등의 강우 상황에서의 주행 시 차량의 누수 여부를 판단하고, 누수에 의한 습기 및 이에 따른 전자기기의 손상 등을 평가할 수 있다.

⑦ **염수 분무 시험로** : 바닷가에서의 침수나, 집중호우 등의 강우 상황에서의 주행 시 차량의 누수 여부를 판단하고, 누수에 의한 습기 및 이에 따른 전자기기의 손상 등을 평가할 수 있는 시험로이다.

⑧ **Deep water ford** : 비포장도로의 침수 상황을 묘사하여 주행 시 발생할 수 있는 누수, 차량의 내부 및 외부 손상 등을 평가할 수 있는 시험로이다.

기출문제 유형

✦ 신차 개발 시 시행하는 주요 테스트(Test)에 대하여 5항목 이상을 기술하고 각 항목에 대하여 설명하시오.(75-2-2)

01 개요

(1) 배경

자동차는 2만 여개의 부품으로 구성되어 있고 차종당 수십만 대에서 수백만 대까지 양산되기 때문에 하나의 자동차를 개발하고 출시하기 위해서는 막대한 투자비와 시간이 든다. 하나의 부품이 파손되거나 성능에 이상이 생기면 그와 동일한 조건에서 생산된 자동차는 동일한 결함이 발생할 수 있기 때문에 많은 피해가 발생할 수 있다. 따라서 신차 개발 시에는 기본적인 성능에 대한 시험이 필수적으로 이뤄져야 하며, 필드(Field)에서 발생할 수 있는 문제점이 점검되어야 한다.

(2) 신차 개발 시 시행하는 주요 테스트 분류

신차 개발 시에는 기본적으로 각 부품의 기능이 제대로 동작하는지 점검해야 하는 시험과 내구성, 환경 안전성, 법규 적합성을 점검하는 시험이 있다. 크게 분류해 보면 다음과 같다.

① **선행 시험** : 경쟁차, 현행 양산차의 신규 개발 시스템 및 부품에 대한 벤치마킹을 위해 하는 시험이다.

② **신뢰성 시험** : 대상 부품시험과 실차 내구시험을 진행하여 제품의 신뢰성을 평가한다. 전자파 신뢰성 시험 등이 있다.

③ **성능 시험** : 각 분야별로 성능 시험을 실시하여 개발 목표의 달성 여부를 확인한다. 주행성능 시험, 풍동 시험, 제동력 능력 시험 등이 있다.

④ **법규 적합성 시험** : 국내외 관련 법규에 대한 적합성 여부를 평가한다. 충돌 안전성, 주행 안전성, 연비, 배기가스 배출량 시험 등이 있다.

⑤ **환경 내구 시험** : 특수 내구 주행 시험, 고저온 시험, 먼지 터널 시험, 수밀 시험 등이 있다. 고저온 시험은 챔버에서 실시하거나 한냉, 혹서지역에 대한 실험을 하고 최종확인 평가를 위해 국내외의 실제와 같은 환경에서 실시한다.

02 신차 개발 시 시행하는 주요 테스트

(1) 주행 시험

빗길, 진흙탕길, 비포장도로, 요철 도로 등 수십 개의 도로를 프루빙 그라운드

(Proving Ground)에 재현하여 주행하며 테스트를 진행한다. 최고 속도, 고속 내구성, 등판 성능, 승차감, 부품의 강도 등을 측정한다. 프루빙 그라운드에는 고속 주회로, 등판로, 원형 선회 시험로, 특수 내구로 등이 있다.

(2) 풍동 시험

자동차 풍동 시험은 인공적으로 공기의 흐름을 만들어 주어 주행 중인 자동차의 표면 압력 분포, 공기의 흐름, 풍속의 분포 등을 측정하여 차체가 받는 공기저항, 양력 등의 공력 특성과 바람으로 인한 풍절음을 파악하는 시험이다. 이를 통해 공력 성능과 소음 진동을 개선하고, 자동차의 연비, 승차감 등을 향상시킬 수 있다.

(3) 제동력 능력 시험

제동력 능력 시험은 시험 자동차의 제동거리, 평균 최대 감속도를 측정하는 시험으로 적차 및 경적차 상태에서 주제동장치의 제동 능력, 주제동장치의 고속 제동 능력 등으로 이루어진다. 제동 시 너비 3.5m 차선이탈 및 정지 시 편향 각도 15°초과여부를 확인한다.

(4) 충돌 시험

충돌 시험은 주행 상태에서 차량의 사고 상황을 모사하여 자동차의 안전성을 시험하는 것으로 기준은 법규로 고시되어 있다. 정면 충돌, 측면 충돌, 후방 충돌, 보행자 보호 시험 등으로 구성된다.

(5) 수밀 시험

비가 많이 오거나 자동차가 침수되었을 때의 상황을 모사한 시험으로 자동차의 누수를 점검하고 방수기능을 확인하며 기타 성능 저하를 평가한다.

(6) 먼지 터널 시험

주로 사막 주행 시의 상황을 모사하여 내구성을 테스트하는 것으로, 먼지 터널을 지나가면서 외부의 오염된 공기로부터 실내가 차단되는 정도와 자동차의 성능 저하를 평가한다.

(7) 고저온 시험

외부의 온도를 조절하여 자동차의 성능을 점검하는 시험이다.

(8) 전자파 시험

전자파에 대한 시험을 실시하여 자동차의 성능을 점검한다. 일정거리(3m, 10m)에서 전자파를 방사하여 전자파 적합성 기준을 만족해야 한다.

기출문제 유형

✦ 슬라럼 시험(slalom test) 방법을 설명하시오.(92-2-3)

✦ 슬라럼 시험(slalom test)에 대하여 설명하시오.(95-1-7)

01 개요

(1) 배경

각 자동차 회사, 부품 회사, 정부산하 인증기관, 연구기관에서는 자동차가 양산에 적합한지 테스트하거나 문제점을 파악하고 개선하기 위해, 법규에 적합한지 인증을 받기 위한 목적으로 다양한 주행 시험로(Proving Ground)를 설치하여 운영하고 있다. 직선 범용로에서는 고속 주회로나 직선로에서 수행하기 어려운 기능이나 성능 등을 평가한다. 주로 조종 안정성에 대한 평가를 하는데, 직선 조종 안정성은 이중차선 변경시험, 슬라럼 테스트, 가속 차선변경 시험, 제동 성능 시험, 과도 응답 테스트 등이 있다.

(2) 슬라럼 시험(Slalom Test)의 정의

일정 간격의 파일런(러버 콘) 사이를 통과하며 최고 속도를 측정하며, 규정속도에서의 주행 안정성, 횡방향 주행 안정성, 장애물 회피 성능, 운전자 조종 성능 등을 평가한다.

02 슬라럼 시험 방법

슬라럼 시험은 보통 일정 간격으로 파일런을 설치하고 평가를 진행하는데, 평가 목적에 맞게 파일런의 간격과 갯수를 조절한다. 시험 차량은 시험 수행 전에 정속 주행을 하여 엔진의 온도가 충분히 도달할 수 있도록 하고, 시험 차량을 시험 도로의 출발 위치로 이동시켜야 한다. 차량 제조업체가 요청할 경우 모든 시험을 실행하기 전에 각종 시스템에 대해 초기화 작업을 할 수 있다.

1) 정속 시험

일정한 속도(보통 55~65km/h)로 파일런을 통과할 때 조향력, 횡가속도, 차량의 거동 상태, 승차감 등을 평가한다. 측정 요소는 다음과 같다.

① 차량 중심점의 x-방향 속도 [m/s]

② 차량 중심점의 y-방향 가속도 [m/s^2]

③ 롤, 피치, 요 각 [deg]

④ 롤, 피치, 요 레이트 [deg/s]

⑤ 조향 각 [deg]

⑥ 조향 휠 속도 [deg/s]

⑦ 조향 토크 [Nm]

2) 최고 속도 시험

파일런을 통과할 수 있는 가장 빠른 속도로 주행을 하여 최고 속도와 횡가속도를 측정한다. 앞바퀴와 뒷바퀴의 휠 리프트가 발생하기 전의 속도를 최대 속도로 규정한다.

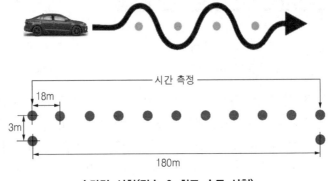

슬라럼 시험(정속 & 최고 속도 시험)

기출문제 유형

✦ 열화계수(DF : Deterioration Factor)를 설명하시오.(63-1-9)

---

01 개요

자동차에서 배출되는 배출가스에는 일산화탄소, 탄화수소, 질소산화물, 입자상물질 등 유해한 물질이 포함되어 있다. 이러한 유해물질로 인해 환경과 인체에 피해를 방지하기 위한 대책으로 미국, 유럽, 우리나라에서는 배출가스를 규제하는 법안을 제정하여 운영 중에 있다. 우리나라는 [대기환경보전법]에 의해 배출가스 관련 부품의 구조·성능·내구성 등에 대해 인증을 받아야 한다. 시험의 상세 내용은 [제작자동차 인증 및 검사 방법과 절차 등에 관한 규정]에 고시되어 있다. 특히, 보증기간 동안 배출가스의 변화 정도를 검사하는 내구성 시험을 실시하여 인증을 받아야 한다.

02 열화계수(DF : Deterioration Factor)의 정의

열화계수란 배출가스로 인한 관련 부품의 성능 저하 정도를 의미하는 계수로, 동일차종별로 배출가스 보증기간까지 운행할 경우 배출가스의 변화상태를 추정하기 위하여 사용하는 계수이다.

03 열화계수 산정을 위한 배출가스 시험

열화계수 산정을 위한 배출가스 시험은 차대 동력계와 원동기 동력계에서 수행할 수 있으며 차대 동력계를 사용하는 경우 보증거리별로 측정 횟수를 달리하여 측정하고 원동기 동력계를 사용하는 경우에는 보증기간에 해당하는 운전 시간 동안 적절히 분할하여 6회 실시한다.

① 보증거리가 100,000km 이하인 자동차는 5회
② 보증거리가 120,000km인 자동차는 7회
③ 보증거리가 160,000km인 자동차는 9회
④ 보증거리가 192,000km인 자동차는 10회
⑤ 보증거리가 240,000km인 자동차는 12회

배출가스 보증기간(2016년 1월 1일 이후 제작자동차)

사용연료	자동차의 종류	적용기간		
휘발유	경자동차, 소형 승용·화물자동차, 중형 승용·화물자동차	15년 또는 240,000km		
	대형 승용·화물자동차, 초대형 승용·화물자동차	2년 또는 160,000km		
	이륜자동차	최고 속도 130km/h 미만	2년 또는 20,000km	
		최고 속도 130km/h 이상	2년 또는 35,000km	
가스	경자동차	10년 또는 192,000km		
	소형 승용·화물자동차, 중형 승용·화물자동차	15년 또는 240,000km		
	대형 승용·화물자동차, 초대형 승용·화물자동차	2년 또는 160,000km		
경유	경자동차, 소형 승용·화물자동차, 중형 승용·화물자동차 (택시를 제외한다)	10년 또는 160,000km		
	경자동차, 소형 승용·화물자동차, 중형 승용·화물자동차 (택시에 한정한다)	10년 또는 192,000km		

(자료 : 대기환경보전법 시행규칙, 별표 18, 배출가스 보증기간)

04 내구성 시험 운전 방법

자동차 제작자는 차대 동력계를 사용하는 배출가스 시험인 경우 내구성 시험 자동차의 주행을 차대 동력계에서 내구성 운전계획에 따라 배출가스 보증기간에 해당하는 거리까지 실시하여야 한다. 기본 내구성 시험 운전 계획은 9개 구간으로 구분되며, 각 구간에서 주행은 정속 구간 없이 가속과 감속을 반복하는 형태로 이루어진다.

최초 5개 구간까지는 시내 및 국도 재현 구간으로 최고 속도는 98.8km/h, 평균 속도는 66.2km/h, 총 주행시간은 1,135초로 구성되어 있고, 구간 6부터 구간 9까지는 고속도로를 재현한 구간으로 최고 속도는 133.1km/h, 평균 속도는 100.6km/h, 총 주행시간은 2,307초로 구성되어 있다.

05 열화계수 산정 방법

배출가스 시험결과를 사용하여 최소 자승법에 따른 회귀직선을 구한 후 열화계수를 산정한다.

① 일산화탄소, 배기 탄화수소, 질소산화물 및 입자상물질의 열화계수 : 보증거리 마지막 시점에 해당하는 배출 가스량을 6,400km 주행시점에 해당하는 배출가스량으로 나누거나 뺀 수치로 한다.

② 증발 탄화수소의 열화계수 : 유효 수명기간의 마지막 주행시점에 해당하는 회귀직선상의 배출가스량에서 6,400km 주행시점에 해당하는 회귀직선상의 배출가스량을 뺀 수치로 한다.

> **참고 최소 자승 회귀직선**
>
> 관측점들과 회귀선간에 수직선을 그리고 각 관측 값에서 추정된 직선까지 거리의 제곱 합이 최소가 되도록 회귀계수를 구하는 방법이다. 최소 자승 회귀선, 최소 제곱직선, 회귀선이라고도 한다.

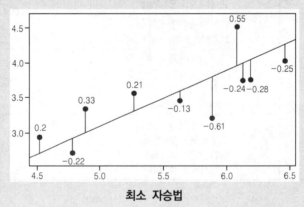

최소 자승법

참고 제작자동차 인증 및 검사 방법과 절차 등에 관한 규정, 별표14, 내구성 시험 운전계획

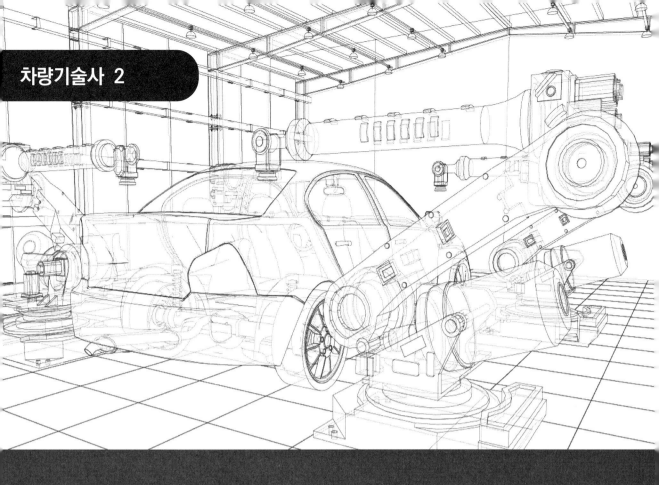

PART 5. **차체 의장**

① 차체 의장

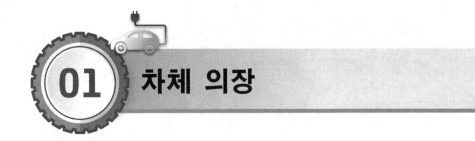

01 차체 의장

기출문제 유형

✦자동차 수리비의 구성 요소인 공임과 표준 작업시간에 대하여 설명하시오.(114-4-3)

01 개요

자동차관리법(2015년 개정)에서 표준 정비시간과 작업별 시간당 정비요금의 공개를 규정하고 있다. 자동차 수리비는 공임과 부품비로 구성되며 공임은 작업별 표준 정비시간과 시간당 공임은 곱하여 산출한다.

02 자동차 수리비 산정

(1) 차량 수리비 산정

차량 수리비=공임+부품비
① 공임 : 작업 대한 인건비
② 부품비 : 작업에 필요한 부품 금액

(2) 공임 산정

공임=표준 정비시간×시간당 공임
① 표준 정비시간 : 자동차 관리법 제2조에서 규정한 자동차정비사업자 단체가 정하여 공개하고 사용하는 정비작업별 평균 정비시간
② 시간당 공임 : 작업시간에 따라 받는 인건비

03 자동차 정비 용어 정의

(1) 표준 정비시간

정비를 위한 작업자의 숙련도와 정비 작업자가 표준 작업환경 및 제작사 정비 매뉴

얼을 기준으로 정비작업을 완료하는데 소요되는 시간을 말한다. 여기서 숙련도는 초급, 중급, 고급 기술자로 나눈다.

(2) 정비의 범위

검사(또는 점검), 측정, 분석, 진단, 수정 또는 조정, 수리, 탈착 및 장착, 판금, 도장 등을 포함한다.

(3) 작업시간

작업시간은 정비준비, 정미 정비작업, 여유작업, 부수 정비작업, 부대 정비작업, 등급(Rating) 계수로 구성된다. 단, 등급(Rating)=1로 산출한다. 정미작업은 주체작업, 부수작업 및 부대작업을 포함한 작업을 의미한다. 정미작업은 정비사의 최종 목적이 되는 작업, 부수작업은 주체작업의 보조작업, 부대작업은 주체와 부수작업에 대한 보조작업을 말한다. 정비 준비시간 및 여유 작업시간은 지역적, 계절적, 시설별 등 고려하여 작업구분에 따라 준비율 20% 또는 17%와 계절(봄, 여름, 가을, 겨울)에 따라 여유율 33% 또는 28%를 적용한다.

① 표준 정비시간 = 정비 준비시간 + (정미 정비작업 시간 × 등급 계수) + 여유 작업시간
② 표준 정비시간 = (정미 정비작업 시간 × 준비율) + 정미 정비작업 시간 + (정미 정비작업 시간 × 여유율) = 정미 정비작업 시간 × (1 + 준비율 + 여유율)

04 표준 정비시간과 작업별 시간당 정비요금 공개 제도 의의

① 차량 수리비 중 부품가격 공개와 더불어 공임을 구성요소인 표준 정비시간과 시간당 공임을 소비자에게 공개하여 전체 자동차 정비비용의 투명성 및 구조적 개선에 기여할 수 있다.
② 자동차관리법 제58조 제4항에 따라 자동차 정비에 대한 소비자가 공개된 부품가격 및 공임을 계산할 수 있어 전체 정비 정비비용을 개략적으로 알 수 있고 실제 공임과 비교하여 차량 수리비의 적절성을 판단할 수 있으므로 소비자의 알권리를 보장한다.
③ 차량 수리비 과다로 인한 소비자 불만을 사전에 예방할 수 있다.

기출문제 유형

✦ 자동차 필러(pillar)의 강성(stiffness)을 정의하고, 강성을 증가시키는 방법을 구조적 측면에서 설명하시오.(110-2-3)

01 개요

차량의 차체 설계 시 차체 구조물의 강도(strength)와 강성(rigidity)은 중요한 요소로 고려해야 하며, 특히 차체 강성은 충돌 시 충격 완화, 주행성능 및 NVH(Noise, Vibration, Harshness)에 많은 영향을 준다. 여기에서 강도(strength)와 강성(rigidity)의 정의 및 루프(Roof)를 지지하고 승객을 보호하는 차량의 필러(Pillar)의 종류와 강성 증가에 대해서 알아보기로 한다.

02 강도(Strength)

강도(Strength)는 재료가 어느 정도 버티는지를 나타내며, 재료에 단위 면적당 힘을 인가하였을 때 파괴되기까지의 저항을 말한다. 일반적으로 단위면적당 힘의 양(N/m²)으로 나타낸다.

$$\sigma = \frac{F}{A} \ [\text{N/m}^2]$$

여기서, σ : stress, A : Area(단면적), F : Force

03 강성(Rigidity, Stiffness)

강성(Rigidity, Stiffness)은 재료의 외부에 힘을 인가하였을 때 재료의 변형에 대한 저항 정도를 말한다. 단위 길이당 힘(SI단위 : N/m)으로 나타낸다. 동일 재료일지라도 모양, 길이, 부피 등과 같은 구조 차이에 의해서 강성은 상이할 수 있다.

$$k = \frac{F}{\delta} \ [\text{N/m}]$$

여기서, k : Stiffness, F : Force, δ : Displacement

04 필러의 정의 및 역할

일반적으로 승용 자동차의 경우 사이드 스트럭처(Structure)는 A필러(프런트 필러), B필러(센터 필러), C필러(리어 필러) 등으로 이루어진다. 필러(Pillar)는 차체 메인 바디와 루프(Roof)를 연결해 주는 역할과 함께 승객들이 차량 내부에서 안전하고 편하게 거주할 수 있는 공간을 만들어 주는 역할을 한다. 또한 차량이 사고로 인해 전복될 경우 차량의 무게를 A필러, B필러, C필러가 지탱해 주고 충격을 흡수하여 충격으로부터 승객들을 보호할 수 있는 역할을 한다.

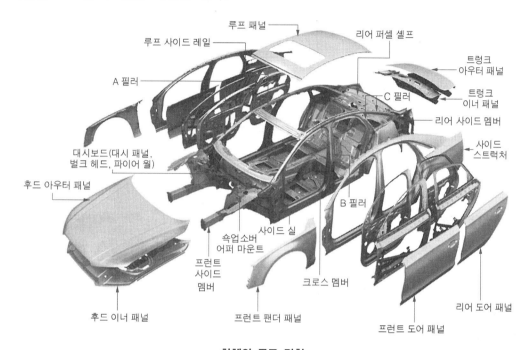

차체의 구조 명칭

(1) A필러(Pillar)

A필러(Pillar)는 차체 전면부 좌우측 양 옆에 위치한 기둥을 말한다. A필러(Pillar)는 차량이 전방충돌을 할 경우 승객의 안전과 직결되는 부분으로 차량에 탑승하고 있는 운전자와 동승석 탑승자를 지켜주는 역할을 하므로 대부분 초고장력 강판으로 만들어진다. 충돌을 할 때 A필러(Pillar)가 구부러지면서 탑승객 방향으로 밀고 들어가면서 승객의 공간을 침범하게 된다면 승객의 안전 공간 확보가 어렵고 심한 상해를 입을 수 있다.

따라서 2017년 미국고속도로안전보험협회(IIHS : Insurance Institute for Highway Safety)가 발표한 자료에 따르면, 자동차의 전면 오른쪽 헤드램프 부분 충돌에서 미국의 교통사고 사망자 4명 중 1명이 발생하였고, A필러(Pillar)의 역할이 중요함을 알 수 있다. 이 때문에 미국 고속도로안전보험협회(IIHS : Insurance Institute for Highway Safety) 및 국내 자동차안전도평가(KNCAP) 등에서 실시하는 충돌 테스트에서 A필러(Pillar)의 강도를 안전의 중요 요소로 판단하며 A필러(Pillar)의 손상 여부에 따라 안전 점수의 비중이 크다.

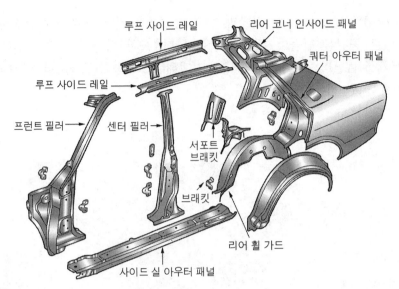

프런트(A) 필러와 센터(B) 필러

(2) B필러(Pillar)

　B필러(Pillar)는 1열 시트와 2열 시트 사이에서 2열 도어 장착지지 및 루프(Roof)를 지지하고 있는 기둥을 말한다. 차량의 측면에서 충돌이 발생할 경우 충돌 시의 구조적으로 밀림량을 최대한 방지하면서 충격을 흡수하는 구조를 통하여 차량에 탑승하고 있는 운전자 및 승객의 안전을 보호하도록 설계되어야 하며 대부분 초고장력 강판으로 만들어진다.

(3) C필러(Pillar)

　C필러(Pillar)는 자체 후방에서 B필러(Pillar)와 함께 2열 승객의 거주 공간을 만들어주며 트렁크와 루프를 이어주는 기둥을 말한다. C필러(Pillar)는 후방충돌 시 차체 후방의 차체 강성을 유지하는 역할을 한다.

05 필러(Pillar) 강성을 위한 구조적 측면

(1) B필러(센터 필러) 패널의 계단형 W 단면 형상 적용

　B필러(센터 필러) 패널의 상단부와 하단부를 정면 T자 형상과 계단형 W 단면 형상 구조로 일체화하여 연결시켜 계단형 W 단면 형상에 의해 단면적이 증가함에 따라 강성이 증가하여 측면충돌 시 충돌 성능이 향상되고 루프(Roof)의 강도 성능도 향상된다.

(2) 필러 단면 형상 사각화(예 : 혼다 Fit 2세대)

　차량 중돌시 다각형 단면에 의해 충돌 에너지 흡수 효율을 향상시켜 충돌 안전성이 증대되었다.

(3) B필러(센터 필러) 패널 용접 방법 변경

기존 스폿 용접(Spot Welding)에서 스폿 용접(Spot Welding)과 구조용 접착제(Adhesive bonding)를 50% 혼합 방식으로 변경하여 스폿 용접만 적용하였을 경우 대비 충돌 변형량이 줄어들어 강성이 향상됨을 알 수 있다. 스폿 용접(Spot Welding)과 구조용 접착제(Adhesive bonding)의 혼합 방식은 공정에서 발생하는 소음과 진동을 줄일 수 있고, 스폿(Spot) 용접이 어려운 재료에도 접합이 가능한 장점이 있다.

기출문제 유형

✦ 핫 스탬핑(hot stamping) 공법으로 제작된 초고장력 강판의 B-필러 중간부분이 사고로 인하여 바깥쪽으로 돌출되었다. 수리 절차에 대해 설명하시오.(110-2-5)

01 개요

환경오염 규제 및 안전성의 증대를 위하여 최근 자동차에 적용되는 차체는 충돌 안전성 확보 및 경량화 관점에 유리한 초고장력 강판(AHSS : Advanced High Strength Steel)을 사용하고 있으며 일부 차량에서는 경량화를 위하여 알루미늄 재질의 차체를 사용하기도 한다. 따라서 이러한 재료의 특성을 고려하여 용접 및 접합 부분의 수리에 대한 표준 절차, 작업자 숙련도와 기반 시설들이 구비되어야 한다.

02 핫 스탬핑(Hot Stamping) 공법 개요

핫 스탬핑(Hot Stamping) 공법은 금속 재료를 900~950℃의 고온에서 가열하여 프레스 성형을 한 후 금형 내에서 약 300℃로 급냉시키는 방식으로 가볍고 강도가 큰 강판을 제조하는 공법이다. 핫 스탬핑(Hot Stamping) 공법의 가장 큰 장점은 기존 두께 대비 강도는 2~3배가 증대되고 중량은 약 15~25% 감소되어 자동차의 경량화에 매우 유리하다.

고강도인 초고장력 강판(AHSS : Advanced High Strength Steel)은 일반 수리공구로 수리가 어렵고 핫 스탬핑(Hot Stamping) 공법이 적용된 B필러(센터 필러)의 경우 스폿 용접(Spot Welding)이 적용되어 일반 용접기로는 제거나 수리가 매우 어렵다. 스폿 용접(Spot Welding)한 부위에는 CO_2 용접기 또는 스폿 용접기를 같이 사용해야 좋은 수리품질을 가질 수 있다.

03 초고장력 강판(AHSS : Advanced High Strength Steel) 적용 부위 수리 순서

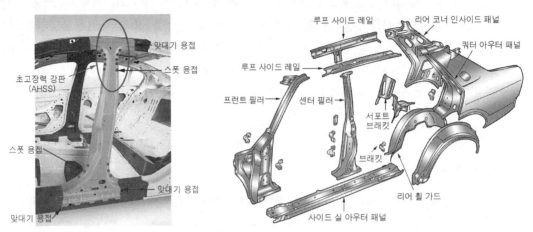

B필러(센터 필러)의 초고장력 강판(AHSS) 부위와 스폿 용접(Spot Welding)

① 준비 작업
- 좌석 시트, B필러(센터 필러) 트림, 안전벨트, 도어, 매트, 도어 배선을 탈거한다.
- 커튼 에어백(CAB)이 있는 경우 전원을 분리하고, 충격 감지 센서를 탈거한다.

② 초고장력 강판(AHSS : Advanced High Strength Steel)의 스폿 용접점을 제거하기 위하여 B필러(센터 필러) 외판을 일부 절단한다.

③ 사이드 실 전후 일부를 절단한 후 사이드 실 플랜지 스폿 용접점을 제거하고, 사이드 실 부위 신품 절단 작업을 한다.

④ 초고장력 강판(AHSS : Advanced High Strength Steel)의 스폿 용접점(예 : 10개 용접점)을 제거한다.

⑤ B필러(센터 필러)의 상부 및 하부를 절단한다.

⑥ B필러(센터 필러) 내측 패널을 임시 고정하고, 도막 제거 및 맞춤작업으로 용접작업을 준비한다.

⑦ 상단부는 CO_2 용접기, 하단부는 스폿 용접기로 B필러(센터 필러) 내측 패널을 용접한다.

⑧ B필러(센터 필러) 외측부 접합을 위한 보강 패널(Backing Plate)을 설치한다. 보강 패널(Backing Plate)을 삽입하는 목적은 차체 안전도의 향상, 용접 시 맞춤용이 등으로 인하여 수리품질을 향상시킨다.

⑨ B필러(센터 필러) 내측 및 외측 패널 용접 후 CO_2 용접기로 사이드 실 리인포스먼트(Reinforcement)를 맞대기 용접한다.

⑩ CO_2 용접기로 B필러(센터 필러) 외측 상단 맞대기 용접작업을 한다.

⑪ 연마, 맞춤 및 수리작업 된 곳을 확인한다.

⑫ 도장 작업 후 부식방지를 위한 이너 왁스를 도포한다.

⑬ 사이드 실 용접 부위의 부식방지를 위하여 용접 프라이머를 도포한다.

⑭ CO_2 용접기로 B필러(센터 필러) 상부를 용접을 한다.

⑮ 초고장력강 부위 및 CO_2 용접 부위의 부식방지를 위하여 용접 프라이머 도포를 한다.

기출문제 유형

✦ 차체수리 시 강판의 탄성, 소성, 가공경화, 열 변형, 크라운을 정의하고, 변형 특성을 설명하시오.(107-3-4)

---

01 탄성(Elasticity)

탄성(Elasticity)은 물체의 외부에 힘을 인가하였을 때 변형되었던 부분에 힘을 제거하면 원상태로 돌아가려는 성질을 말하며 탄성의 성질을 가진 물체를 탄성체라고 한다. 강철이 대표적인 탄성체이다.

02 소성(Plasticity)

소성(Plasticity)은 물체를 탄성한계 이상으로 힘을 인가하였을 때 변형되었던 부분에 힘을 제거하더라도 원상태로 돌아가지 않고 변형된 상태 그대로 남아 있는 성질을 말하며 소성의 성질을 가진 물체를 소성체라고 한다. 구리가 구부리기가 쉬워 소성이 큰 금속이라 할 수 있다. 소성(Plasticity)은 탄성한계를 넘을 경우 발생하며 탄성한계를 넘어 변형된 상태를 소성변형이라고 한다. 소성(Plasticity)의 성질을 가진 재료를 소성변형을 주어 원하는 모양을 만드는 가공을 소성가공이라 한다.

03 가공경화(Work Hardening)

(1) 가공경화(Work Hardening)

가공경화(Work Hardening)은 금속에 탄성한계 이상으로 힘을 인가하여 소성변형 상태로 만들면 금속 내부의 구조가 변하여 원래보다 강해지고 단단해지는 성질을 말한다.

(2) 가공경화지수

금속 재료를 소성가공할 경우 필요한 응력은 강도계수(Strength Coefficient)와 변형율의 n승으로 나타낸다. 여기서 n을 가공경화지수(Work hardening exponent)라고 하며 0~1 사이의 값을 가지며 철의 경우 0.1~0.5 정도이다.

$$\sigma = K\epsilon^n$$

여기서, σ : 응력, K : 강도계수(Strength Coefficient), ϵ : 변형률, n : 가공경화지수

1) $n=0$일 때 $\sigma = K$

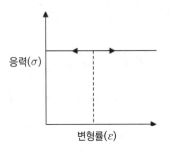

그림1. 완전 소성체 응력(σ)-변형률(ϵ) 곡선

완전 소성체를 의미하며 응력(σ)-변형률(ϵ) 곡선에서 변형률(ϵ)에 평행한 형태이다. 응력을 제거해도 변형 상태 그대로 유지한다.

2) $n=1$: $\sigma = K\epsilon$

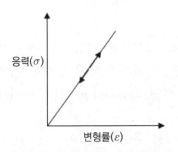

그림2. 완전 탄성체 응력(σ)-변형률(ϵ) 곡선

완전 탄성체를 의미하며 응력(σ)-변형률(ϵ) 곡선에서 스프링과 비슷한 후크의 법칙이 적용되는 영역으로 응력을 제거하면 원상 복귀하며, 일부 주철과 같은 취성 재료의 형태이다.

04 열변형

금속의 경우 온도에 따라 길이가 변하며 이런 길이 변화율을 열팽창계수 α(Thermal Expansion coefficient)라 한다. 강판의 열팽창계수 $\alpha = 1.2 \times 10^{-5}$이며, 고온의 도장 오븐에서 1000mm당 1~2mm를 팽창하며 알루미늄의 경우 열팽창계수 $\alpha = 2.4 \times 10^{-5}$로 철의 2배로 1000mm당 3~4mm 팽창하게 된다.

05 크라운(Crown)

크라운(Crown) 가공은 차량의 외판에 해당하는 후드, 루프 등에는 곡률을 일정하게 주어 외판의 강도를 높이면서 형상 유지 및 디자인의 개선을 위해 각각의 패널에 다양한 곡면을 주어 전체적인 강성을 유지하는 프레스 가공법을 말한다.

편평한 루프 패널의 경우 성형 후 탄성(Elasticity)에 의해 원상태로 돌아가려는 특성 때문에 금형에 보정치를 주어 원래의 제품 형상보다 크라운을 더 주는데 이를 오버 크라운(Over-Crown)이라고 한다.

크라운

강판을 롤 압연을 할 경우 롤은 압연반력에 의해 휨 변형을 일으키며 롤의 형상에 따라 강판의 폭 방향의 두께는 중심부가 두껍고, 가장자리는 얇은 형태를 취하는데 이를 판 크라운이라 하며 판 크라운의 크기는 판 중심부의 두께와 가장자리의 두께 차이로 정의한다.

06 변형 특성

(1) 강판의 종류

구분	기준(MPa)	강판 두께
일반강판(Mild Steel)	340↓	100
고장력 강판(HSS)	340 ~ 780	80
초고장력 강판(AHSS)	780↑	62
울트라 초고장력 강판(U-AHSS)	1,000↑	62↓

(자료 : KISTEP 한국과학기술평가원(2018))

(2) 강판의 특성

초고장력 강판 또는 고장력 강판은 일반 강판에 비해 인장강도와 탄성한계가 높으며 변형량이 같을 경우 탄성한계, 인장강도, 파괴점은 다음과 같다.
① 탄성한계 : 일반 강판 < 고장력 강판 < 초고장력 강판
② 인장강도 : 일반 강판 < 고장력 강판 < 초고장력 강판
③ 파괴점 : 일반 강판 < 고장력 강판 < 초고장력 강판

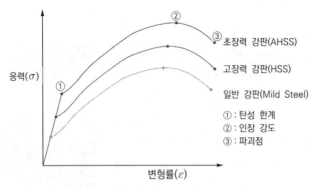

강판 종류별 응력(σ)-변형률(ε) 곡선

(자료 : 알기 쉬운 차체정비공학개론. 권영신. 기한재)

기출문제 유형

✦ 액티브 후드 시스템(Active Hood System)에 대하여 설명하시오.(104-3-1)

01 개요

차량과 보행자가 충돌 할 경우 보행자의 머리와 후드와의 2차 충격에 의해 더 큰 상해를 발생하고 있으며 이런 보행자 상해를 최소화하여 보행자 보호에 효과적인 액티브 후드 시스템(Active Hood System)과 같은 보행자 보호 시스템을 개발하여 적용되고 있다.

02 액티브 후드 시스템(Active Hood System)

주행동안 동안 차량이 보행자와 충돌할 경우 차량의 후드를 위쪽으로 움직여 보행자의 머리와 후드와의 2차 충격을 사전에 방지하여 보행자의 머리 상해를 경감하는 시스템이다. 국내에서 제너시스(2013년)에 최초로 적용되었고 이후 많은 차종에 확대 적용 중이다.

액티브 후드 시스템

(자료 : twitter.com/contiautomotive/status/1068522627092832258)

03 시스템의 작동원리

차량이 보행자와 충돌할 경우 시스템은 보행자 충돌, 추돌 감지, 후드 상승, 완충공간 확보 순으로 작동된다.

① 범퍼 캐리어와 쇽업소버 사이에 광케이블이 장착되어 있으며, 충격센서(광케이블 센서)에서 충격신호를 감지하여 충돌안전 모듈로 전송된다.

② 충돌안전 모듈은 충격센서(광케이블 센서)에서 받은 충격신호와 범퍼에 위치한 중앙 가속도 센서(Central Acceleration Sensor)의 신호를 통하여 엔진 액추에이터(Actuator)의 작동 유무를 판단한다.

③ 착화식 액추에이터로 충돌안전 모듈에서 액추에이터를 작동하면 후드가 올라간다.

04 시스템 구성

① 충격 센서(광케이블 센서)와 중앙 가속도 센서(Central Acceleration Sensor)는 충돌 감지 및 위치를 보완하는 역할을 한다.

② 충돌안전 모듈(Module)은 충돌 시 보행자와 물체를 구분 및 보행자일 경우 액추에이터에 작동 신호를 전송하는 역할을 한다.

③ 액추에이터(Actuator)는 후드를 동작시키는 역할을 한다.

05 액티브 후드 시스템 작동 조건

차량이 주행(25km/h ~ 50km/h)할 경우 차량속도, 충돌각도, 충격량 등을 고려하여 액티브 후드 시스템은 작동한다. 단 다음과 같은 상황에서도 동작할 수 있다.

① 차량이 배수로나 이면 도로 등과 같은 곳으로 추락 할 경우

② 보행자 없이 전방에 보행자 충돌과 유사한 충격이 감지될 경우

③ 다른 차량과 충돌 시 유사 충격이 감지될 경우

> **참고 액티브 후드 시스템의 작동이 안 되는 조건**
> ① 측면충돌, 후방충돌 및 전복 상황이 발생한 경우
> ② 프런트 범퍼가 훼손, 개조를 한 경우
> ③ 보행자가 누운 상태, 비스듬한 상태, 충격 흡수 가능한 물건을 가진 상태에서 충돌한 경우
> ④ 계기판에 액티브 후드 시스템의 경고 문구가 표시된 고장이 발생한 경우

기출문제 유형

✦ 스페이스 프레임 타입(Space Frame Type)의 차체 구조와 특징을 설명하시오.(98-1-5)

✦ 자동차 프레임 중 백본형(Back Bone Type), 플랫폼형(Platform Type), 페리미터형(Perimeter Type), 트러스트(Trust Type)의 특징을 각각 설명하시오.(95-3-3)

01 백본형 프레임(Backbone Frame)

백본형 프레임(Backbone Frame)은 강성이 큰 관 모양의 프레임을 척추(백본)처럼 중앙으로 관통하게 하고 끝부분을 ㄷ자 구조로 한 형식을 말한다.

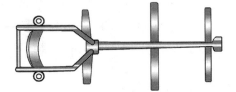

그림 70 백본형 프레임(Backbone Frame)

(1) 장점

① 사이드 멤버가 없어 바닥을 낮게 할 수 있어 경량 스포츠카에 사용한다(예 : 기아 엘란).
② 고속 직진 안정성 및 급 코너링에서 비틀리지 않는 횡강성이 강하다.

(2) 단점

① 큰 관 모양 프레임(백본)의 굵기에 따라 실내 공간에 영향을 받는다.
② 큰 관 모양 프레임(백본) 내부에 위치한 부품 수리가 어렵다.
③ 측면 충돌 시 승객을 보호하기 위한 측면방향 프레임이 없다.

02 플랫폼형 프레임(Platform Frame)

플랫폼형 프레임(Platform Frame)은 프레임과 플로어(Floor)가 일체형으로 플로어 (Floor) 위로 상부 바디가 위치한 형식을 말한다.

(1) 장점

① 바디 조립 시 큰 상자형 모양을 구성하며 비틀림 및 굽힘 강성이 크다.
② 모노코크 프레임보다 승차감이 좋다.

플랫폼형 프레임(Platform Frame)

03 페리미터형 프레임(Perimeter Frame)

페리미터형 프레임(Perimeter Frame)은 주위형 프레임이라고도 하며 승객의 거주공간이 프레임 바로 위가 아닌 안쪽에 결합되어 측면충돌 시 메인 프레임이 승객의 거주공간을 보호하는 역할을 하는 형식을 말한다. 모노코크 방식이 일반화되기 전에 주로 승용차 프레임으로 사용된 형식이다. 주위형 프레임이라고도 부른다.

페리미터형 프레임(Perimeter Frame)

(1) 장점

① 측면충돌 시 메인 프레임이 승객의 거주공간을 보호할 수 있다.
② 중간에 위치한 메인 프레임 사이에 크로스 멤버가 없어 바닥을 낮게 할 수 있다.

(2) 단점

크로스 멤버가 없어 좌우 비틀림 강성이 약해 바디와 일체화를 통한 강성 보완이 필요하다.

04 트러스형 프레임(Truss Frame)

트러스형 프레임(Truss Frame)은 스페이스 프레임(Space Frame)이라고도 하며 일반적으로 20~30mm 강관을 용접하여 트러스 형태의 프레임으로 한 형식이다. 경주용차등 소량생산, 고성능을 요구하는 자동차에 사용된다.

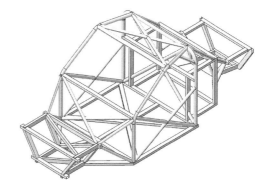

트러스 프레임(Truss Frame)

(1) 장점

중량을 가볍고, 변형이 적으며 강성이 높은 구조이다.

(2) 단점

구조가 복잡하고 공간 활용이 떨어지며 대량생산에 부적합하다.

기출문제 유형

✦ 알루미늄 합금 차체를 사용하는 이유를 설명하고, 강재 차체와 비교하여 장단점을 설명하시오.(86-3-4)

01 개요

심각한 환경오염에 따른 기후변화협약(COP21)에서 체결된 파리협정(2015.12) 이후에 온실가스와 화석에너지 사용 감축을 위하여 자동차 연비 규제 및 환경 규제가 강화됨에 따라 연비 규제에 대응하기 위해 무게를 낮추는 차량의 경량화 연구 및 개발이 계속해서 이루어지고 있다. 다양한 신소재를 통한 경량화 연구로 초고장력 강판, 알루미늄·마그네슘 합금, 고분자 소재(탄소섬유 복합재 포함) 등이 있다.

자동차 차체의 경량화는 자동차 연비 효율의 향상을 위한 핵심 요소로 연료소비(예 : 3~8%) 및 배기가스 배출 감소(예 : CO 4.5%, HC 2.5%, NOx 8.8%)시킬 수 있으며 주행저항 감소, 제동거리 향상(예 : 약 5%) 등 자동차의 전체적인 성능을 향상시키는데 기여한다.

참고로, 지구 온난화를 유발하는 감축 대상인 가스는 이산화탄소(CO_2), 메탄(CH_4), 수소화불화탄소(HFC), 불화탄소(PFC), 불화유황(SF_6), 아산화질소(N_2O) 등 6가지이다.

02 알루미늄 합금

1970년대부터 차량의 엔진 블록에 알루미늄 소재가 사용되었고, 최근에는 엔진 후드(Hood), 루프(Roof), 도어(Door) 등에 적용이 확대되고 있으며 알루미늄은 비중이 철에 비해 약 34% 수준(알루미늄 비중 2.71, 철 비중 7.87)으로 무게가 가볍고 내식성, 열전도성이 우수하여 철강을 대체할 수 있는 대표적인 소재이다.

시리즈 No.	구분
1XXX	Al 순도 99.0% 이상
2XXX	Al-Cu계 합금
3XXX	Al-Mn계 합금
4XXX	Al-Si계 합금
5XXX	Al-Mg계 합금
6XXX	Al-Mg-Si계 합금
7XXX	Al-Zn-(Mg, Cu)계 합금
8XXX	기타 합금 원소
9XXX	예비 번호

그러나 철 대비 가격이 비싸고 강도가 약한 단점이 있다. 약한 강도의 단점을 보완하기 위하여 다양한 합금기술이 개발되어 알루미늄의 순도 기준에 따라 1000계, 2000계, 3000계, 4000계, 5000계, 6000계, 7000계 등으로 나누어진다. 5000계(Al-Mg계) 및 6000계(Al-Mg-Si계) 알루미늄 합금은 강도나 성형성이 우수하여 자동차용 합금 판재로 사용 중이다.

(1) 5000계 합금

5000계 Al-Mg계 합금은 고용강화 역할을 하는 마그네슘 소재를 첨가하여 가공 시 강도를 증가시키는 가공경화 효과를 높여서 강도가 높고 성형성이 우수하지만, 고온에 취약하여 균열에 의한 표면에 응력 줄무늬(SSM : Stretcher Strain Mark)가 발생하므로 주로 차체의 내판에 적용하고 있다.

(2) 6000계 합금

6000계 Al-Mg-Si계 합금은 알루미늄에 마그네슘과 실리콘을 혼합하여 열처리한 알루미늄 합금이며 주로 강성이 요구되는 차체의 외판에 적용되고 있다.

(3) 7000계 합금

7000계 Al-Zn-Mg계 합금은 강도가 철강 강판의 강도(500MPa 이상)와 유사하며 합금의 함량에 따라 강성 조절이 가능하여 여러 소재들이 개발되고 있다. 7075계열 합금은 인장강도(480MPa 이상), 연신율(20% 이상)이 우수하여 고강도가 요구되는 차체의 부품에 적용된다.

03 알루미늄의 일반적 특징

알루미늄은 산화피막이 형성되면 산소를 차단하여 녹이 잘 슬지 않아 내식성이 우수하나, 부식 환경 조건에서 철(Fe), 구리(Cu), 납(Pb), 수은(Sn) 등과 같은 원소와 접촉하면 심하게 부식되는 성질을 가진다. 순수한 알루미늄은 전성과 연성이 좋지만 강도가 약하여 망간(Mn), 실리콘(Si), 마그네슘(Mg), 구리(Cu)와 같은 다른 원소를 첨가하고 석출경화(Precipitation Hardening)하여 강도를 높여 사용한다.

비자성체이며 열 및 전기 전도율은 철 대비 각각 약 3배(알루미늄 237, 철 80, 단위 : W/m·K), 약 4배((알루미늄 3.77×10^5, 철 1.03×10^5, 단위 : S/cm) 정도로 크고, 열팽창계수는 약 2배(알루미늄 23.1, 철 11.8, 단위 : μm/m·K @ 25℃) 정도 커서 용접성은 좋지 않다.

(1) 가공 경화(Work Hardening)

알루미늄 합금은 열처리와 비열처리 하여 강도를 높일 수 있다. 순수한 알루미늄은 전성과연성이 좋지만 강도가 약하여 망간(Mn), 실리콘(Si), 마그네슘(Mg), 구리(Cu)와 같은 다른 원소를 첨가하고 석출경화(Precipitation Hardening)하여 강도를 높여 사용한다.

비열처리 합금에는 망간(Mn), 실리콘(Si), 마그네슘(Mg)과 같은 다른 원소를 첨가하여 Hxn 기호를 사용하여 가공 경화 정도를 표시한다.(예 : H1n, H2n, H3n)

(2) 열전도율 및 전기전도율

열전도율은 철 대비 약 3배(알루미늄 237, 철 80, 단위 : W/m·K) 정도이고, 전기전도율은 철 대비 약 4배((알루미늄 3.77×10^5, 철 1.03×10^5, 단위 : S/cm) 정도로 크다.

(3) 열팽창계수

열팽창계수는 약 2배(알루미늄 23.1, 철 11.8, 단위 : $\mu m/m \cdot K$ @ 25℃) 정도로 커 용접 시 변형이 발생하기 쉬워 용접성은 좋지 않다.

(4) 산화성

알루미늄 합금은 공기 중의 산소와 반응하여 산화피막을 표면에 생성하고, 산화피막이 알루미늄의 용융점보다 높기(약 2000~3000K) 때문에 일반적인 아크(Arc) 용접 시에는 잘 녹지 않아 용접성이 좋지 않다. 따라서 알루미늄 합금을 용접할 경우 산화피막을 사전에 제거하고 용접을 해야 한다.

04 알루미늄 합금 차체의 장점 및 단점

(1) 장점

① 알루미늄은 비중이 철에 비해 약 34% 수준(알루미늄 비중 2.71, 철 비중 7.87)으로 무게가 가벼워 차체의 경량화에 유리하다.

② 가공이 쉬워 성형방법(압출, 압연, 인발, 단조 등)을 다양하게 할 수 있다. 연성이 좋아 판재, 봉재, 선, 관 등의 다양한 형상의 생산이 가능하다.

③ 가공시 안전성과 재활용성이 유리하다. 용융점(600℃)이 낮기 때문에 스크랩의 재생이 용이하다.

(2) 단점

① 가격이 비싸고, 수리비용이 많이 든다.

② 전극전위가 낮아 귀금속과 접촉할 경우 부식이 발생할 수 있다.

③ 철 대비 열전도율이 약 3배로 크고 발열이 적어 용접 시 열변형량이 크다.

✦ 자동차 차체 구조 설계 시 고려되어야 하는 요구 기능을 정의하고, 검증 방법을 설명하시오.(104-2-3)

✦ 차체가 갖춰야 할 역할 3가지와 요구 기능 5가지에 대하여 설명하시오.(78-3-1)

✦ 자동차 차체 설계 시 차체의 역할과 요구 성능에 대해 설명하시오.(65-2-6)

01 차체의 역할

(1) 승객의 거주공간을 위한 중요한 부분으로 안전성과 편의성을 확보해야 한다.

차량 충돌 시 차량의 충격 에너지를 차체가 잘 흡수하고 분산시켜 승객을 보호할 수 있어야 하며, 승차 시에는 승객의 쾌적성, 편의성 및 정숙성을 가져야 한다.

(2) 주행에 필요한 중요 부품의 설치가 가능해야 한다.

적절한 강도와 강성으로 엔진, 변속기 및 섀시 부품 등의 설치가 가능해야 한다.

(3) 디자인과 기능의 조화를 이루어야 한다.

엔진, 변속기 및 섀시 부품 등의 레이아웃에서 차체의 구조나 형상 등이 아름다운 스타일링 측면과 기능 측면이 모두 충족되어야 한다.

02 차체의 요구 성능

(1) 충돌 안전 성능을 가져야 한다.

차량 충돌 시 차량의 충격 에너지를 차체가 잘 흡수하고 분산시켜 승객에 대한 충격의 영향을 적게 하여 상해를 최소화시킬 수 있는 구조와 성능을 가져야 한다.

(2) 보행자 보호 및 전복 시 승객을 보호해야 한다.

보행자와 충돌할 경우 후드(Hood) 및 범퍼(Bumper)에서 충격 에너지 흡수가 잘되는 구조로 설계하여 보행자를 충분히 보호할 수 있는 구조와 성능을 가져야 한다. 차량의 충돌에 의해 차량이 전복 시 승객의 상해를 최소화하기 위하여 필러(Pillar)의 강성이 충분히 있어야 한다.

(3) 내구 성능을 가져야 한다.

차량이 주행 중 하중의 변화와 진동을 크게 집중해서 받는 부위는 과도한 변형 또는 피로 파괴(fatigue failure)를 발생할 수 있으므로 재질, 형상 등을 고려한 응력 분산 설계가 이루어져야 한다.

(4) 충분한 강성 및 강도를 가져야 한다.

차체 강성은 굽힘 강성(Flexural Rigidity)과 비틀림 강성(Torsional Rigidity)으로 나눌 수 있으며, 정지 상태에서 차체의 전후에 하중을 주어 구조의 변형 정도를 의미하는 굽힘 강성과 정지 상태에서 차체의 좌우에 하중을 주어 구조의 변형 정도를 의미하는 비틀림 강성은 소음과 진동(NVH)의 측면과 주행 성능의 측면에 있어서 매우 중요한 요소이다.

03 차체 강성 검증

차체의 강성은 화이트 바디(BIW : Body In White) 상태에서 굽힘 강성, 비틀림 강성, 개구부 강성으로 구분되며 실차에서는 굽힘 강성과 비틀림 강성으로 구분된다. 일반적으로 차체의 강성은 굽힘 강성과 비틀림 강성으로 이루어지며 정적 구조 강성이 동적 구조 강성에 영향을 주므로 정적인 구조와 성능에 대한 해석을 먼저 수행한 후 동적 구조 성능 해석을 수행한다.

(1) 차체 정적 강성 해석

화이트 바디(BIW : Body In White) 상태로 차체의 전후 섀시 마운팅부에 시험용 고정 지그를 설치하고 차체의 하중을 전후 또는 좌우로 인가하여 최대 변위를 측정한다. 평가 목적에 따라 프런트 엔드 모듈(FEM : Front End Module), 글라스(Glass), 섀시 등의 부품을 추가하여 해석을 한다.

(2) 차체 동적 강성 해석

차체의 동적 강성 해석은 고유 진동수(Natural Frequency) 및 모드 형상(Mode Shape)을 구하여 진동 및 차체의 구조적 특성을 해석할 수 있다. 고유 진동수(Natural Frequency)를 통하여 차체의 기본적인 동적 강성을 평가하고, 모드 형상(Mode Shape)을 통하여 강성의 균일성(Rigidity Continuity)을 평가하고, 각 모드(Mode)에서 구해진 변형률 에너지 분포(Strain Energy Distribution)를 기준으로 강성에 취약한 부위를 파악하여 개선 및 보완하기 위함이다.

(3) 피로 시험(Fatigue Test)

피로(fatigue)는 금속 등의 재료가 반복적으로 항복 강도보다 작은 응력 또는 변형을 받게 되면 강도가 약해져 균열이 생길 수 있고 심하면 파괴까지 이르는 현상을 말한다. 금속 재료에 반복적으로 응력을 연속해서 가하면 인장 강도보다 훨씬 낮은 응력에서 금속 재료가 파괴되는 것을 피로 파괴(fatigue failure)라고 한다.

차량의 안정성 측면에서 피로 파괴(fatigue failure)를 고려한 설계는 아주 중요하다.

피로 시험(Fatigue Test)에는 굽힘 피로 시험, 비틀림 피로 시험, 복합 응력 피로 시험, 열 피로 시험 등이 있다. 굽힘 피로 시험은 정지상태에서 차체의 전후에 굽힘 하중을 인가하여 구조가 변형하는 정도와 피로를 확인하는 시험이며, 비틀림 피로 시험은 정지상태에서 차체의 좌우에 비틀림 하중을 인가하여 구조가 변형하는 정도와 재료에 대한 피로를 확인하는 시험이다

기출문제 유형

✦ 요즈음 국내 차량에 적용되어 있는 파워 슬라이딩 도어(PSD : Power Sliding Door)와 파워 테일 게이트(PTG : Power Tail Gate)의 개요와 작동에 대하여 설명하라.(77-3-5)

---

01 개요

(1) 파워 슬라이딩 도어(PSD : Power Sliding Door)

차량의 슬라이딩 도어에 모터를 장착하여 모터의 동력에 의해 자동적으로 도어의 개폐 작동이 가능하도록 한 시스템으로 이용자가 인사이드 또는 아웃사이드 핸들을 작동하면, 전자제어기(ECU)가 현재 도어의 위치를 파악하여 모터 제어를 통하여 슬라이딩 도어의 개폐에 필요한 동력을 자동적으로 발생시키는 시스템이다. 또한 수동에 의한 슬라이딩 도어의 개폐 기능, 인사이드 또는 아웃사이드 핸들에 의한 도어 열림 작동을 방지하는 록킹 장치, 어린이가 인사이드 핸들에 의한 도어 열림 작동을 방지하는 차일드 록(Child Lock)장치 등도 포함되어 있다.

(2) 스마트 파워 테일 게이트(Smart PTG : Smart Power Tail Gate)

스마트키 파워 테일 게이트(Tail Gate)는 스마트키에 파워 테일 게이트 자동 제어를 위한 정보를 통하여 스마트키를 휴대한 상태에서 일정한 거리로 테일 게이트에 접근(예 : 100cm 이내)하여 일정시간(예 : 3초) 대기하면 자동으로 파워 테일 게이트를 작동하여 이용자가 물건을 차량에 실을 수 있도록 편리성을 향상시켜 주는 시스템이다.

① 파워 테일 게이트(Power Tail Gate)는 트렁크를 손으로 눌러서 열거나 닫지 않고 버튼 한번만으로 자동으로 열고 닫는 시스템이다.

② 스마트 파워 테일 게이트(Smart PTG : Smart Power Tail Gate)는 파워 테일 게이트(Power Tail Gate) 기능에 테일 게이트 자동 열림 기능이 추가된 시스템이다.

02 파워 슬라이딩 도어(**PSD** : Power Sliding Door)

(1) 작동 원리

① 차량이 정지한 상태이고 자동변속기가 "P"인 상태에서 인사이드 또는 아웃사이드 핸들을 작동한다.

② 전자제어기(ECU)는 래치 스위치 ON·OFF를 판단한다.

③ 전자제어기(ECU)는 모터를 제어하여 슬라이딩 도어를 개방한다.

래치가 ON일 경우 열림 상태이고, 래치가 OFF일 경우 닫힘 상태이다.

참고

MOSFET 브리지회로 모터 제어원리

• Pre-Driver를 통하여 ①과 ④ ON : 모터 시계방향 동작(도어 개방)
• Pre-Driver를 통하여 ②과 ③ ON : 모터 반시계방향 동작(도어 닫힘)

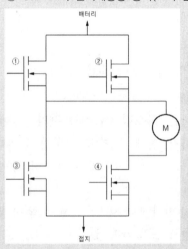

그림1. MOSFET 브리지회로 제어 방식

㉮ 차일드 록(Child Lock) ON인 경우 : 인사이드 핸들 작동 안함

㉯ 도어 록(Door Lock)인 경우 : 슬라이딩 도어 개방 안됨

㉰ PSD 개폐 제어 버튼 OFF인 경우 : PSD 핸들을 이용하여 파워 슬라이딩 도어의 작동이 불가능하며, 자동으로 작동을 멈추거나 완전히 열리는 조건은 다음의 경우이다.

• 도어가 열리거나 닫히는 중 일정한 힘이 감지될 때
• 닫힘 중 안티 핀치 스트립이 접촉 저항을 감지할 때

(2) 안티 핀치 스트립

파워 슬라이딩 도어 동작 중 신체의 일부 및 물체의 끼임 발생 시 도어에 장착된 센서가 접촉 저항을 감지하여 도어를 반전시키도록 한 시스템으로 도어 개폐 전구 간 감

지가 가능하다. 반전력은 25N정도이며, 닫힘 중 반전 동작 시 경고음을 3회 발생한다. 안티 핀치 스트립 고장 시에는 파워 슬라이딩 도어 열림만 가능하다.

03 파워 테일 게이트(Power Tail Gate)

(1) 작동 원리

① 차량이 정지된 상태, 자동변속기가 "P"인 상태에서 테일 게이트 근처(예 : 100cm 이내)에서 스마트키를 인식한다.

② 테일 게이트 버튼 스위치가 1초 이상 누름이 감지되면 경고음과 함께 테일 게이트 열림 또는 닫힘이 실행된다.

(2) 물체 끼임 인식 기능

파워 테일 게이트가 열림 또는 닫힘 도중에 물체가 걸려 일정한 힘 이상으로 저항이 감지된 경우 자동으로 작동을 멈추거나 완전히 열리게 하여 안전성을 고려한 기능이다.

04 스마트 파워 테일 게이트(Smart PTG : Smart Power Tail Gate)

(1) 작동 원리

① 차량이 정지된 상태, 자동변속기가 "P"인 상태에서 테일 게이트 버튼 닫힘 상태를 저장한다.

② 테일 게이트 근처(예 : 100cm 이내)에서 스마트키를 인식한다.

③ 웰컴 기능을 작동한다.

④ 테일 게이트 열림 신호 송수신 및 감지경보를 한다.

⑤ 테일 게이트 열림 경보 및 열림을 실행한다.

2) 감지 및 경보 순서

테일 게이트에 접근(예 : 100cm 이내)하여 일정시간(예 : 3초) 대기하면 약 3초 동안 비상등 및 경고음을 작동한다. 단, 경보 중 감지 영역을 벗어 날 경우 경보는 즉시 중지한다.

1) 1단계 : 웰컴 경보

스마트키를 휴대하고 테일 게이트에 접근할 경우 비상등 및 경고음을 1회 작동한다.

2) 2단계 : 감지 경보

웰컴 최초 경보 후 매 1초 주기로 약 3초 동안 비상등 및 경고음을 작동한다.

3) 3단계 : 열림 경보

테일 게이트 열림 준비가 완료되면 비상등 및 경고음을 2회 작동한다.

기출문제 유형

✦ 모노코크 바디와 프레임 바디의 특징을 설명하시오.(123-1-11)

✦ 모노코크 보디(Monocoque Body)(65-1-4)

01 개요

모노코크 바디(Monocoque Body)는 프레임과 바디가 하나로 조합된 구조로 필요한 부품을 장착할 수 있는 형태로 만들어 차체에 설치한 형식으로 프레임 일체구조라고도 한다. 충돌 또는 추돌시 승객을 보호하도록 최대한 공간을 확보할 수 있도록 바디 전후에서 충격을 잘 흡수하는 구조로 크럼플 존(Crumple Zone)을 두는 형식을 주로 사용한다.

프레임 바디(Frame Body)는 자동차 구조의 기본 뼈대가 되는 것으로 프레임에 엔진, 동력 전달 장치, 액슬 축, 휠 등이 부착되어 섀시를 형성한다. 프레임은 각 장치로부터 부하가 걸리는 것 이외에 승차 인원이나, 적하 하중을 받기 때문에 이에 견딜 수 있는 충분한 강도가 필요하다.

모노코크 바디

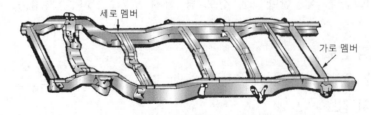

세로 멤버

가로 멤버

프레임 바디(Frame Body)

02 모노코크 바디의 장·단점

(1) 모노코크의 바디 장점

① 차체의 바닥면을 낮게 할 수 있어 차고를 낮출 수 있다.
② 판 가공으로 구성되어 많은 부위에 점용접(Spot Welding)이 가능하여 양산에 유리하다.
③ 경량화가 가능하여 연비 향상에 유리하며, 차체 굽힘 강성과 비틀림 강성이 높다.
④ 프레임과 차체가 하나로 되어 있어서 조립라인 축소가 가능하여 제조비용을 줄일 수 있다.
⑤ 넓은 실내 공간의 확보가 가능하며, 충돌 시 충격 흡수력이 높다.

(2) 모노코크 바디의 단점

① 충돌 시 차량 전체에 충격 에너지가 분산되어 차체 전체의 변형이 발생하기 쉽다.
② 강성이 차체의 전체를 통하여 확보되어 개조가 쉽지 않다.
③ 노면이나 엔진에서 발생하는 진동과 소음이 바디로 쉽게 전달될 수 있다.

03 프레임 바디(Frame Body)

(1) 프레임 바디의 장점

① 주행 소음의 차단 효과가 크다.
② 충돌 시 프레임의 높은 강성으로 승객 보호가 유리할 수 있다.
③ 외부의 충격 및 노면의 진동에 대해 내구성이 우수하다.
④ 작업의 조립성이 유리하다

(2) 프레임 바디의 단점

① 차량의 중량이 증가하여 연비가 불리하다.
② 차량의 전고(높이)가 높아진다.
③ 제조비용의 상승으로 차량의 가격이 높다.

기출문제 유형

✦ 플러시 타입 도어 핸들의 개요 및 특징을 3가지만 설명하시오.(125-1-9)

01 개요

일반적인 도어 핸들의 디자인은 인사이드 그립 핸들(Inside Grip Handle)과 아웃사이드 그립 핸들(Outside Grip Handle)이며, 최근에는 플러시 타입 도어 핸들도 등장하고 있다.

02 차량 도어 핸들 종류

(1) 인사이드 그립 핸들(Inside Grip Handle)

도어 패널과 외관이 일체로 되어 아래 홈 부분에 손을 넣어 도어 핸들을 잡아당기는 방식을 말한다. 아래 홈 부분으로만 손을 넣는 구조라 그립 핸들의 작동이 불편하다.

(2) 아웃사이드 그립 핸들(Outside Grip Handle)

도어 패널 외부로 그립 핸들이 돌출되어 그립 핸들 작동이 쉽다. 인사이드 그립핸들(Inside Grip Handle)의 보완한 디자인으로 초창기에는 고급 승용자동차에 사용되었으나 현재는 모든 차량에 적용하고 있다.

(3) 플러시 타입(Flush Type) 도어 핸들

도어 패널 안에 도어 핸들이 위치하여 터치하거나 이용자가 접근하면 자동으로 도어 핸들이 나오는 방식이다. 도어 패널 안에 도어 핸들이 위치하므로 주행 시 공기 저항이 감소하여 고속 주행 시 유리하며, 바디라인과 일체로 디자인이 가능하여 디자인 시 유리하다. 차량 충돌 사고가 발생할 경우 전원에 문제가 생기더라도 차량의 외부와 내부에서 충분히 도어를 열수 있도록 고려되어야 한다. 넥쏘, 니로 EV, 테슬라, 레인지로버 등에 사용된다.

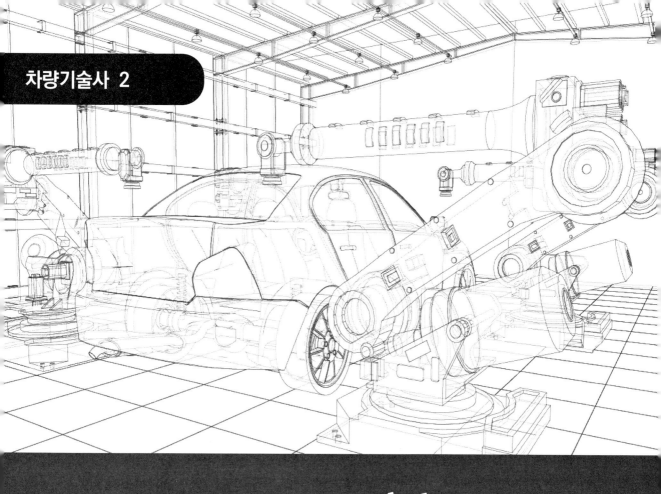

PART 6. 친환경 자동차

❶ 전기 자동차
❷ 하이브리드 자동차
❸ 수소 연료전지

PROFESSIONAL ENGINEER TRANSPORTATION VEHICLES

01 전기 자동차

기출문제 유형

✦ 저공해 자동차를 어떻게 정의할 수 있는가? 대표적인 저공해 자동차의 종류와 특성에 대해 설명하시오.(69-2-5)

✦ 환경친화적인 자동차 설계기술 5가지 항목을 나열하고 각 항목에 대하여 설명하시오.(104-4-1)

✦ 환경친화적인 차량 설계 방안에 대하여 기술하시오.(60-2-1)

✦ Green 운동과 관련하여 환경친화적인 자동차 설계 방안에 대하여 기술하시오.(68-2-4)

✦ 대체 연료 및 저공해 차량으로 각광받는 차량용 신동력원 개념을 5가지 들고, 그 중 전기 자동차에 대하여 상세하게 기술하시오.(53-2-2)

✦ 자동차용 대체 에너지에 대하여 설명하시오.(87-3-6)

✦ 탈석유 대체 연료 자동차의 필요성과 그 예 4가지 이상을 설명하시오.(71-3-6)

✦ 연료 대체 및 무공해와 관련해 논의되고 있는 신동력원 5가지를 들고 그 중 하나를 선택하여 서술하시오.(37)

✦ 탈석유 연료 및 무공해 원동기 차량용 신동력원을 5가지 들고 그 중 하나에 대하여 원리 및 장단점을 서술하시오.(41)

✦ 대체 연료 및 배출물 측면에서 고려되고 있는 차량용 신동력원을 들고 설명하시오.(35)

✦ 신에너지 자동차에 대하여 기술하시오.(48)

✦ 화석 연료 이외의 대체 연료 자동차에의 응용에 대해서 논하고 현재까지의 각 대체 연료 이용을 위한 개발 정도와 실용 가능성에 대하여 논하시오.(44)

✦ 대체 연료 기관을 3가지 이상 열거하고 각각의 원리와 장점을 설명하시오.(45)

01 개요

(1) 배경

자동차 연료로 사용되는 화석연료는 지속적인 수요 증가와 석유 공급의 독점에 따라 수급 불안정이 갈수록 심화되고 있으며 각종 유해물질을 배출하여 환경오염을 야기하는 등 많은 문제를 노출하고 있다. 이를 해결하기 위한 다양한 형태의 대체 에너지원의 개발 노력이 활발하게 이루어지고 있다. 특히 기존의 내연기관 자동차는 질소산화물

(NOx), 일산화탄소(CO), 이산화탄소(CO_2), 입자상물질(PM) 등을 생성한다.

이는 대기 중에서 화학 반응으로 미세 먼지와 오존 등의 2차 오염 물질을 생성하며 호흡기 질환이나 심혈관 질환 등을 발생시킨다. 이와 같은 대기오염 물질을 저감시킨 자동차를 저공해 자동차, 친환경 자동차로 구분하고 있으며 대표적으로 전기 자동차, 하이브리드 자동차, 플러그인 하이브리드 자동차, 수소 연료전지 자동차, 태양광 자동차, 바이오 연료 자동차 등이 있다.

(2) 저공해 자동차의 정의

대기오염 물질의 배출이 없거나 일반 자동차보다 오염물질을 적게 배출하는 자동차를 말한다.

(3) 환경친화적 자동차의 정의

에너지 소비효율이 우수하고 무공해 또는 저공해 기준을 충족하는 자동차를 말한다. 전기 자동차, 태양광 자동차, (플러그인)하이브리드 자동차, 연료전지 자동차를 말한다.

> **참고** 산업통상자원부 [환경친화적 자동차의 개발 및 보급 촉진에 관한 법률]

02 저공해 자동차의 종류

(1) 저공해 자동차 제1종

① 전기 자동차, 연료전지 자동차, 태양광 자동차 등에서 배출되는 대기오염 물질이 환경부령으로 정하는 기준에 맞는 자동차

② 씨티앤티 e-ZONE 전기 자동차, 현대 넥쏘, 투싼 IX 수소 연료전지 자동차

(2) 저공해 자동차 제2종

① 대기환경보전법 제74조 제1항에 따라 제조된 자동차 연료로 사용하는 자동차, 또는 하이브리드 자동차로서 해당 자동차에서 배출되는 대기오염 물질이 환경부령으로 정하는 기준에 맞는 자동차(플러그 인 하이브리드 자동차, 하이브리드 자동차, CNG 자동차)

② 현대 아반떼 1.6 LPI 하이브리드 자동차, 기아 포르테 1.6 LPI 하이브리드 자동차

> **참고** **대기환경보전법 제74조 제1항**
>
> 제74조(자동차연료·첨가제 또는 촉매제의 검사 등) ① 자동차 연료·첨가제 또는 촉매제를 제조(수입을 포함한다. 이하 이 조, 제75조, 제82조제1항제11호, 제89조제9호·제13호, 제91조제10호 및 제94조제4항제14호에서 같다)하려는 자는 환경부령으로 정하는 제조기준(이하 "제조기준"이라 한다)에 맞도록 제조하여야 한다. 〈개정 2008. 12. 31., 2013. 7. 16.〉

(3) 저공해 자동차 제3종

① 대기환경보전법 제74조 제1항에 따라 제조된 자동차 연료로 사용하는 자동차 중 해당 자동차에서 배출되는 대기오염 물질이 제2종 기준을 초과하나, 환경부령으로 정하는 기준에 맞는 자동차(LPG, CNG 자동차, 기존 내연 기관 중 일부)

② 현대 쏘나타 2.0 LPI, 그랜저 2.4 LPI, 르노삼성 뉴 SM5 LPLi, 현대 그린시티 CNG

참고 저공해 자동차 확인 방법

① 자동차 보닛(Bonnet) 안쪽의 배출가스 인증번호 9자리 숫자 중 7번째 숫자를 확인한다. 1~3이면 저공해자동차에 속하고 4부터는 일반자동차에 속한다.

② 친환경차 종합정보 시스템 내 '저공해자동차 확인' 페이지에서 차량등록번호 또는 차대번호로 검색하여 확인할 수 있다.

배출가스 관련 표지판

배출가스 인증번호

자동차제작자가 자동차를 양산·판매하기 전에 일정기준에 맞게 배출가스를 배출·유지할 수 있는지 환경부로부터 인증받게 되는데, 이때 차종별로 배출가스 인증번호가 부여된다.

A	MY	BC	0	0	00
인증받은 모델 연도 (기호)	(고정기호)	제작사명 (기호)	배출가스 자가진단장치 부착 여부	저공해 자동차 해당 여부	일련번호

---

03 환경친화적 자동차의 설계 방안, 저공해 자동차 특성

(1) 전기 자동차(Electric Vehicle)

전기 공급원으로부터 충전 받은 전기 에너지를 동력원(動力源)으로 사용하는 자동차로 배터리, 모터, 인버터, 제어기, 감속기로 구성되어 있다. 화석 연료(가솔린, 디젤 등)를 사용하지 않고 전기 배터리와 전기 모터만을 사용하여 구동하기 때문에 화석 연료가 절감이 되며 온실가스(CO_2),대기오염 배출가스(CO, HC, NOx, PM)가 배출되지 않아 지구온난화, 산성비, 스모그, 미세먼지 등의 대기오염이 방지될 수 있다. 하지만 '충분한' 주행거리 확보를 위한 배터리 기술의 미흡, 전기 자동차 충전 인프라 부재, 높은 차량 가격, 소비자의 신뢰성 부족 등 전기 자동차가 확산되기 위해서는 다양한 장애요인이 존재하고 있는 상황이다.

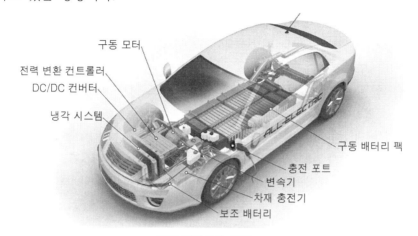

전기 자동차의 구조

(2) 연료전지 자동차(Fuel Cell Electric Vehicle)

수소와 공기를 이용하여 발생시킨 전기 에너지를 동력원으로 사용하는 자동차로 수소 연료탱크, 연료전지, 냉각 시스템, 제어기, 공기 공급기, 보조 배터리, 인버터 등으로 구성되어 있다. 수소와 공기의 에너지를 전기 화학 반응을 통해 전기와 열로 직접 변환시키므로 기존의 내연 기관과는 달리 연소과정이나 구동장치가 없어 열효율이 높을 뿐만 아니라 환경문제(대기오염, 진동, 소음 등)을 유발하지 않는다는 장점을 가지고 있다. 하지만 연료전지의 성능, 가격, 수소 연료 인프라 부재 등과 같은 문제로 대중화가 더디게 되고 있다.

연료전지 자동차의 구조

(3) 태양광 자동차(Solar Car)

태양 에너지를 이용해 얻은 전기를 동력원으로 사용하는 자동차로 출력 극대화를 위해 차량 리드(보닛 부분)와 루프 강판에 태양 전지를 일체형으로 구성하여 빛 에너지를 전기 에너지로 변환시켜 주고 배터리에 저장을 하거나 모터를 구동하여 자동차를 움직이는 시스템이다. 솔라 시스템은 솔라 패널, 제어기, 배터리로 구성된다. 친환경적인 신재생에너지여서 자원이 영구적이며 배출가스가 없는 장점이 있다. 하지만 햇빛이 있는 낮 시간 동안에만 발전이 가능하며 눈이나 비가 내리거나 그늘이 진 곳에서는 발전이 되지 않는다. 또한 에너지 밀도가 낮아 큰 설치 면적이 필요하고 설치비용이 높다는 단점이 있다.

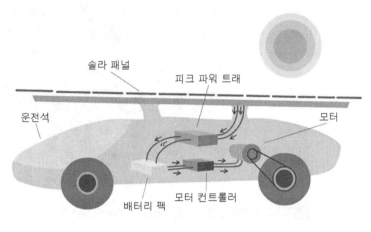

태양광 자동차의 구조

(4) 하이브리드(Hybrid) 자동차 · 플러그인 하이브리드(Plug-in Hybrid) 자동차

휘발유·경유·액화석유가스·천연가스 또는 산업통상자원부령으로 정하는 연료와 전기 에너지(전기 공급원으로부터 충전 받은 전기 에너지를 포함한다)를 조합하여 동력원으로 사용하는 자동차를 말한다. 보통 내연기관 시스템에 전기 모터를 장착한 차량을 말한다. 엔진의 동력을 모터로 보조해 주거나 모터로만 주행이 가능하여 동력 전달 효율성과 연비가 향상되고 배기가스가 저감된다. 하지만 구성 부품이 많이 적용되어 구조가 복잡하고 중량이 많이 증가한다. 또한 배터리의 성능이 높지 않고 배터리와 모터 등 구성 부품 비용의 증가로 차량 판매 가격이 높다는 단점이 있다.

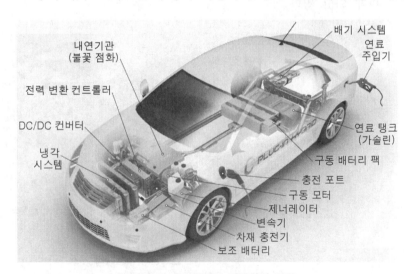

플러그 인 하이브리드 자동차의 구조

(5) 대체연료 자동차

액화석유가스(LPG : Liquefied Petroleum Gas), 압축천연가스(CNG : Compressed Natural Gas) 자동차, 바이오 연료(바이오 메탄올, 바이오 에탄올, 바이오 디젤) 자동차 등이 있다. 기존 화석연료를 개질하거나 식물이나 동물성 기름을 이용하여 만든 연료를 사용하는 자동차로 배출가스가 기존에 비해 많이 저감된다. LPG 자동차의 경우 공기와 혼합성이 좋아 완전연소가 가능하여 환경 오염물질의 배출이 적고 유황 등의 독성물질 함유량이 적다. 또한 CO_2 등의 온실가스가 저감된다.

천연가스 자동차는 엔진 출력이 가솔린 엔진과 거의 비슷하고 일산화탄소가 가솔린 엔진의 1/10, 탄화수소는 거의 1/3 정도만 배출되는 저공해 자동차이다. CNG 자동차는 주로 천연가스인 메탄을 연료로 사용하는 자동차로 옥탄가가 120~130으로 매우 높고 전체 THC(Total HC)의 발생량은 가솔린보다 월등히 높지만 대부분 메탄이므로 NMHC(Non Methan HC)의 배출은 가솔린보다 현저히 적고 CO의 배출량도 적다.

바이오 연료 자동차는 옥수수나 사탕수수 등의 전분으로 만든 바이오 에탄올이나 대두, 코코넛의 지방 또는 재생 유지를 에스테르화 공정을 거쳐 만든 바이오 디젤 등의 연료를 사용한다. 가솔린 차량이나 디젤 차량에 약간의 구조를 변경하여 적용이 가능하고 기존의 화석 연료에 비해 이산화탄소, 입자상물질, 황화합물 등의 배출가스가 저감되는 효과가 있다.

유종별 온실가스 배출량 비교

유종	온실가스 배출량 (gCO₂eq/MJ)	LPG 대비 증강
휘발유	93.3	+21.1%
디젤	96.1	+22.9%
LPG	73.6	

유종별 자동차 질소산화물 배출량 비교

(단위 g/km)

배기가스		가솔린차	경유차	LPG차
질소산화물(NOx)	실내시험	0.011	0.036	0.005
	실외도로시험	0.020	0.560	0.006

04 전기 자동차 상세 설명

(1) 전기 자동차의 정의

전기 공급원으로부터 충전 받은 전기 에너지를 동력원(動力源)으로 사용하는 자동차

(2) 전기 자동차의 구성

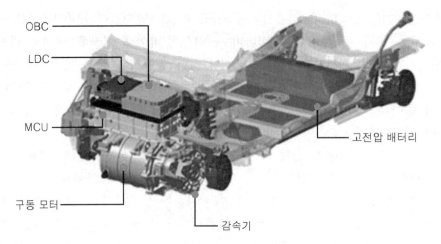

구동 모터의 구성

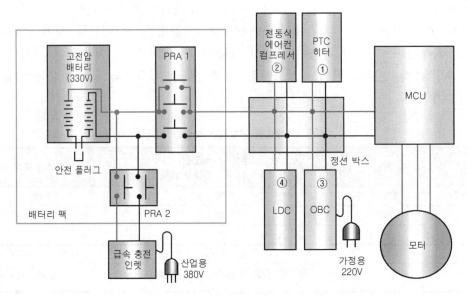

고전압 흐름도

1) 고전압 시스템

고전압 배터리는 고전압(330~360V)의 리튬이온 전지가 주로 사용되며 약 100개의 셀이 모여 배터리 팩을 구성하고 있다. 이 배터리의 충방전을 관리하기 위해 BMS(Battery Management System)를 사용하고 있으며 파워 릴레이 어셈블리(PRA : Power Relay Assembly), 안전 플러그(Safety Plug), 인터록 회로 등으로 고전압을 공급하거나 차단해 준다. 배터리의 고전압은 PRA를 거쳐 엔진룸의 정션박스를 지나 컴프레서, 히터, OBC, LDC 등으로 분배된다.

2) LDC(low Voltage DC-DC Converter)

고전압(330V)을 저전압(12V)으로 변환하여 보조 배터리에 저장하는 부품이다. 전장 부하 사용량에 맞도록 출력을 제어하는 역할을 담당한다.

3) OBC(On Board Charger)

탑재형 충전기로 교류 220V를 직류 72V로 변환하여 배터리를 충전한다. 교류 220V는 변압기를 통해 고전압 직류로 정류한 후 배터리에 저장한다.

4) MCU(Motor Control Unit), 모터, 감속기

모터의 회전속도를 제어해 주고 감속을 제어해 주는 역할을 한다.

5) 보조 배터리(12V)

차량 내부 전기 부하나 MCU(Motor Control Unit) 등 제어기, PRA에 전원을 공급해 준다.

6) 완속 충전 인렛 · 급속 충전 인렛

① 완속 충전 인렛 : 보통 라디에이터 그릴 등에 위치하고 있으며 AC 220V를 공급받아 OBC를 경유하여 승압한 후 배터리를 충전하는 연결구이다. 완속 충전기는 안전상의 이유로 충전기가 있어야 충전이 가능하다.

② 급속 충전 인렛 : 외부 전원에서 파워 릴레이를 거쳐 직접 배터리로 승압 없이 바로 충전(AC 380V)하는 연결 부위이다

7) 전기식 워터 펌프(EWP : Electric Water Pump)

자동차의 모터 냉각 시스템으로 모터의 효율을 높여주기 위해서 시동 OFF나 충전 시에만 사용한다. 냉각수 경로는 라디에이터 → 냉각수 리저버 → EWP → LDC → MCU → OBC → 라디에이터이다.

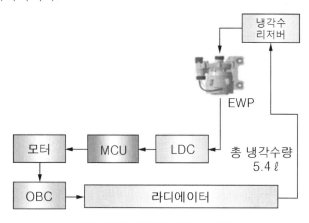

모터 냉각 시스템의 냉각수 경로

✦ 전기 자동차의 보급 및 확산을 위하여 가격, 성능 및 환경에 대한 문제점과 해결책에 대하여 설명하시오.(108-4-6)

✦ 전기 자동차가 환경에 미치는 영향에 대하여 설명하시오.(117-4-5)

01 개요

(1) 배경

세계 자동차 시장은 자동차 배기가스에 대한 국제 환경규제 강화, 석유의 고갈 가능성, 유가 상승, 자원 무기화 등으로 내연기관 자동차에서 전기 자동차로 이행 중이다. 특히 순수 전기 자동차(EV)는 효과적인 글로벌 온실가스의 감축 수단이자, 청정 환경을 위한 유력한 대안이다.

주요 선진국들은 전기 자동차 구매 보조금 지원, 세제혜택 등의 인센티브와 주차·충전 편의성 부여, 차량 운행 관련 혜택 등 각종 지원책을 시행하여 전기 자동차 보급 정책을 강력히 추진하고 있다. 하지만 '충분한' 주행거리의 확보를 위한 배터리 기술의 미흡, 전기 자동차의 충전 인프라 부재, 높은 차량 가격, 소비자의 신뢰성 부족 등 전기 자동차가 확산되기 위해서는 다양한 장애요인이 존재하고 있는 상황이다.

(2) 전기 자동차 정의

환경친화적 저공해 자동차의 한 종류로 화석연료(가솔린, 디젤 등)를 사용하지 않고 전기 배터리와 전기 모터만을 사용하여 구동하는 자동차를 말한다.

02 전기 자동차가 환경에 미치는 영향

(1) 직접적인 영향

휘발유나 경유를 사용하지 않고 전기 모터를 통한 전기 에너지로만 움직이기 때문에 화석연료가 절감이 되며 온실가스(CO_2), 대기오염 배출가스(CO, HC, NOx, PM)가 배출되지 않아 지구온난화, 산성비, 스모그, 미세먼지 등의 대기오염이 방지되고 호흡기 질환을 감소시킬 수 있다. 호흡기 질환의 원인으로 지목받는 초미세먼지 발생 주범의 25%가 자동차가 배출하는 매연으로 조사되고 있는데 자동차는 사람이 밀집된 도심에 집중돼 더 직접적인 영향을 미치고 있다. 전기 자동차가 확산될 경우 보다 큰 환경개선이 이뤄질 것으로 예상된다.

(2) 간접적인 영향

① 전기 자동차의 경우 전기를 만드는데 화력 발전소에서 만들기 때문에 Well to Wheel 측면에서 환경오염이 더 심각해진다고 보는 측면도 있다. 하지만 가솔린

이나 디젤의 경우 원유에서 추출하고 정제하는 과정에서 단순히 화력 발전을 이용하는 것보다 훨씬 많은 양의 에너지가 추가적으로 들어가기 때문에 Well to Wheel 측면에서 전기 자동차를 사용하는 것이 더 유리하다고 보는 시각도 있다.

② 전기 자동차의 경우 자동차의 주 원료인 리튬이온 배터리를 재활용할 수 있기 때문에 환경오염, 자원낭비를 방지해줄 수 있다. 배터리를 생산하는 과정에서 전기 자동차가 일반 차량보다 더 많은 오염 물질을 만들어내지만 리튬이온 배터리는 재활용율이 높기 때문에 환경오염의 비율이 저감될 수 있다.

(3) 전기 자동차가 환경에 미치는 영향 실제 사례

실제 전기 자동차의 에너지 절감 실험조사 사례를 살펴보면 제주도 도지사가 전기 자동차를 관용차로 도입한 2014년 8월 15일부터 2016년 8월30일까지 약 2년 동안 관용 차량 쏘울 전기 자동차의 주행 거리는 46,520km이었고, 8,489kWh의 전기 에너지가 사용되어 연료비 1,257,000원이 소요된 것으로 나타났고, 이는 기존 내연기관 관용 차량을 이용하였을 때 연료비 8,883,000원 대비 7,626,000원의 연료비가 절감되었다고 발표하였다. 또한 46,520km 주행에 따른 이산화탄소는 7.5톤 저감, 대기오염 물질 30kg이 저감된 것으로 분석되었고 이는 소나무 54그루를 심어 재배한 효과가 있다고 밝힌 바 있다.

03 전기 자동차의 보급 및 확산을 위한 문제점과 해결책

(1) 전기 자동차 판매 가격

1) 현상 및 문제점

전기 자동차의 상용화가 이뤄지고 있지만 전기 자동차의 판매 가격은 여전히 비싼 편이다. 최근 정부의 전기 자동차 보조금 감소 정책이 추진되고 있어 소비자 부담이 가중되고 있다. 또한 충전기와 요금도 각 기관과 민간사업자 등에 따라 다양하게 책정되어 있으며 사용 요금도 표준화가 되어 있지 않다.

2) 해결 방안

정부나 지방자치단체에서 구매 보조금 지원, 세제 혜택 등의 금전적 인센티브, 차량 운행 관련 혜택 등 각종 지원책을 통해 해결이 가능하다. 전기 자동차의 초기시장 형성을 지원하기 위해 충전에 사용되는 기본요금 면제, 전력량 요금 50% 할인 체계를 유지하고 전기 자동차 보조금을 내연기관 자동차와의 가격 차이, 핵심부품 발전 속도, 보급 여건 등을 고려하여 지원 단가를 조정한다.

충전 요금은 심야 시간의 전력 이용, 전기 자동차 충전 요금의 표준화, 요금 관련 서비스의 표준화 등을 통해 개선될 수 있다. 또한 부품 가격 절감 및 배터리 가격의 절감을 통해 판매 가격을 낮출 수 있다.

(2) 정비성

1) 현상 및 문제점

일반 차량은 고장 시 후드를 열어 엔진 문제를 확인하면 되지만 전기 자동차는 문제가 발생했을 경우 현장 수리가 불가하기 때문에 견인되어야 하며 전기 자동차의 부품 교체 비용도 비싸다.(전기 모터 290만원, 충전 케이블 55만원 등)

2) 해결 방안

전기장치와 관련하여 무료 서비스 기간을 확대하고 관련 부품의 비용을 절감 한다. 정비 보조금을 지원한다.

(3) 충전 시스템 부족 및 충전 서비스 불만

1) 문제점

전기 자동차의 주행거리는 1회 충전에 평균 130km 정도로 운전자가 100km 이상의 거리를 갈 때에는 중간에 충전을 해야 하며 급속 충전기 확산이 매우 더딘 편으로 충전 시 시간이 많이 소요된다. 전기 자동차의 카셰어링 이용 소비자들은 전기 자동차를 충전하기 위해 기다리는 시간에도 렌터카 이용 요금을 지불해야 하며, 타 충전소를 찾다가 차가 방전된 경우 견인 비용만 약 15만원을 부담해야 한다.

2) 해결 방안

지역별 수요를 고려하여 전국 단위 충전소를 구축하고 로드맵을 마련한다. 아파트 시설, 공영 주차장, 대형마트 내 전기 자동차 충전시설을 의무화한다. 충전 인프라 정보시스템 구축 및 활용을 한다.

(4) 배터리 성능 및 품질

1) 현상 및 문제점

국내 자동차 업계(르노코리아)의 경우 5년 내 10km 보증기간을 제시하고 있다. 하지만 자동차 평균 수명이 15년임을 고려할 때 배터리 보증기간(5년, 10만km~8년, 16만km)으로는 추가 소요 비용이 우려된다. 배터리 추가 구입비가 수백만 원에서 1천만 원에 이를 것이라는 예상이 있다.

2) 해결 방안

핵심 기술을 개발하여 배터리·구동 시스템의 성능을 향상시키고 충전 용량의 증대 및 시간 단축을 위한 슈퍼차저 기술을 개발한다. 고성능 리튬이온 기술 및 차세대 배터리와 400kW급 고용량·초고속 충전기를 개발하여 핵심 부품의 성능을 향상시켜 배터리 비용을 저감시킨다.

기출문제 유형

✦ 전기 자동차에서 고전압을 사용하는 이유를 설명하고 BEV(Battery Electronic Vehicle) 차량의 충전방식 중 완속, 급속, 회생 제동을 설명하시오.(120-3-4)

✦ 전기 자동차의 개발 목적과 아래의 4가지 수행 모드에 대하여 설명하시오.(119-2-6)
   1) 출발·가속 2) 감속 3) 완속 충전 4) 급속 충전

01 개요

(1) 배경

세계 자동차 시장은 자동차 배기가스에 대한 국제 환경규제 강화, 석유의 고갈 가능성, 유가의 상승, 자원의 무기화 등으로 내연기관 자동차에서 전기 자동차로 이행 중이다. 특히 순수 전기 자동차(EV)는 효과적인 글로벌 온실가스의 감축 수단이자, 청정 환경을 위한 유력한 대안이다. 주요 선진국들은 전기 자동차의 구매 보조금 지원, 세제혜택 등의 인센티브와 주차·충전 편의성 부여, 차량 운행 관련 혜택 등 각종 지원책을 시행하여 전기 자동차의 보급 정책을 강력히 추진하고 있다.

(2) 전기 자동차 정의

환경친화적 저공해 자동차의 한 종류로 화석연료(가솔린, 디젤 등)를 사용하지 않고 전기 배터리와 전기 모터만을 사용하여 구동하는 자동차를 말한다.

(3) 전기 자동차에서 고전압을 사용하는 이유

전기 자동차는 내연기관을 사용하지 않고 배터리와 모터를 이용해서 자동차를 구동한다. 즉, 자동차의 구동을 위한 에너지원이 배터리에서만 공급된다는 말이다. 따라서 자동차의 주행을 위해서는 330V 전원의 고전압 배터리 시스템이 요구된다.

02 전기 자동차의 개발 목적

(1) 배기가스 규제 대응

가솔린이나 디젤을 사용하지 않고 전기 모터를 통한 전기 에너지로만 움직이기 때문에 화석연료의 사용이 절감되며 온실가스(CO_2), 대기오염 배출가스(CO, HC, NOx, PM)가 배출되지 않아 지구온난화, 산성비, 스모그, 미세먼지 등의 대기오염이 방지되고 호흡기 질환을 감소시킬 수 있다. 국제 환경 규제가 강화되고 있는데 이를 대응하기 위한 효과적인 방안 중의 하나이다.

(2) 탈 석유화 대응

자동차의 내연기관은 주로 화석연료 중 석유를 사용하는데 석유는 일부 지역에 편중되어 있으며 총 매장량은 향후 약 30~40년 정도만 사용이 가능한 것으로 전망되고 있다. 중동 지역에 가장 많은 석유가 매장돼 있는데 국가 간, 지역 간 갈등이 심해지고

석유를 무기화하여 안정적으로 공급이 안되고 있다. 이에 대비하여 전기 자동차나 수소 연료전지 자동차 등으로 내연기관을 다양화할 필요가 있다.

03 4가지 수행 모드

(1) 출발 · 가속

전기 자동차는 출발 가속 시 배터리에 저장된 전기를 인버터로 변환하여 모터를 구동시켜 구동력을 얻는다. 전기 모터는 저속 토크가 크기 때문에 출발이나 가속 토크가 좋은 특징이 있다.

(2) 감속(회생 제동)

감속 시 브레이크를 밟으면 모터가 발전기로 전환되어 배터리가 충전된다. 제동 횟수가 많은 도심에서 주행 효율성이 높아진다. 회생 제동 시스템(Regenerative Braking System)은 제동을 할 때 차량의 운동 에너지를 전기 에너지로 변환하여 전기 자동차의 배터리에 저장하여 다시 사용할 수 있는 시스템이다. 에너지의 측면에서 보면 제동 시 낭비되는 운동 에너지의 일부를 배터리에 저장하므로 전기 자동차의 에너지 효율을 향상시킨다.

(3) 완속 충전

배터리를 충전시키기 위해 외부 전원을 이용하여 충전을 한다. 완속 충전은 충전기에 연결된 케이블을 통해 자동차에 교류 220V를 공급하여 전기 자동차의 배터리를 충전하는 방식으로 배터리 용량에 따라 8~10시간 정도 소요되며 약 6~7kW 전력 용량을 가진 충전기가 주로 설치된다.

(4) 급속 충전

충전기가 자동차와 제어신호를 주고받으며 직류 100~450V를 가변적으로 공급하여 전기 자동차의 배터리를 충전하는 방식의 고압·고용량 충전으로 충전시간이 적게 소요된다. 배터리 용량에 따라 15~30분 정도 소요된다.

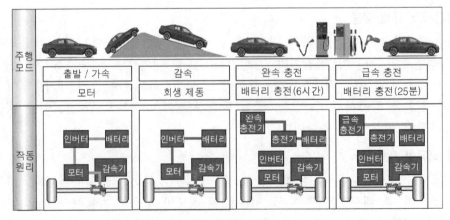

4가지 주행 모드

기출문제 유형

✦ 국토교통부령으로 정하는 저속 전기 자동차의 기준에 대하여 설명하시오.(116-1-6)

01 개요

전기 자동차는 속도에 따라서 분류할 수 있는데 시속 60km 미만으로 운행되는 저속 전기 자동차(NEV : Neighbourhood Electric Vehicle)와 시속 60km 이상으로 운행할 수 있는 고속 전기 자동차(FSEV : Full Speed Electric Vehicle)로 구분할 수 있다. 고속 전기 자동차는 일반 차량을 대체하는 용도로 사용된다면 저속 전기 자동차는 가까운 배달이나 마트에 가는 용도, 학생들 등하교 또는 무공해가 요구되는 지역 활성화용으로 사용될 수 있다.

02 저속 전기 자동차의 기준

(1) 저속 전기 자동차의 정의

최고 속도가 매시 60km를 초과하지 않고, 차량 총중량이 1,361kg을 초과하지 않는 전기 자동차를 말한다.

(2) 저속 전기 자동차 운행허가

저속 전기 자동차의 운행허가를 받으려는 사람은 운행 목적, 운행 구간 그리고 운행 기간을 적은 저속 전기 자동차 운행허가 신청서(「자동차관리법 시행규칙」 별지 제34호의4서식)를 지정권자인 시장·군수·구청장에게 제출해야 한다.

(3) 운행 가능 도로

시장·군수·구청장(지정권자)이 지정한 최고속도 60km/h 이하 도로를 운행할 수 있다. 지정된 운행 구역을 벗어나 저속 전기차를 운행할 경우 과태료(10만원)가 부과된다. 일시적으로 운행 구역 외 도로를 주행할 필요가 있을 경우(등록·점검·정비·검사)에는 시장·군수·구청장의 허가를 받아 일시적으로 운행한다.

저속 전기 자동차의 진행방향을 고려하여 최고속도가 60km/h 초과인 도로를 통과하지 않고는 통행이 불가능한 구간이 생긴다고 인정되는 경우에는 최고속도가 80km/h 이하인 도로 중 해당 단절 구간의 통행에 필요한 최단거리에 한정하여 운행구역으로 지정할 수 있다.

(4) 저속 전기 자동차 운행 지역 표지판

저속 전기 자동차 운행구역임을 지시하는 표지판

저속 전기 자동차 운행제한 구역임을 지시하는 표지판

기출문제 유형

✦ 전기 자동차에서 고전압 회로 및 고전압 배터리 시스템의 구성 요소에 대하여 설명하시오.(104-3-2)

✦ 고전압 장치(high voltage system)의 주요 부품에 대하여 설명하시오.(117-3-3)

01 개요

(1) 배경

전기 자동차의 전압은 모터를 구동하기 위해 기존의 12V 전원보다 큰 330V 전원의 고전압 배터리 시스템을 사용한다. 고전압 배터리는 고출력 대용량 배터리 시스템으로 모터를 구동시켜 주행하게 하는 에너지원이다. 와이어링에 흐르는 전류가 큰 고전압으로 회로가 구성되어 커넥터 탈거 시 안전장치가 필요하고 노이즈 레벨이 높아 와이어링 차폐가 필요하다.

(2) 고전압 회로의 정의

고전압 회로는 고용량의 전압이 흐를 수 있도록 구성된 회로를 말한다.

(3) 고전압 배터리 시스템의 정의

고전압 배터리 시스템은 고출력 대용량 배터리와 이를 제어하는 주변 부품(BMS, PR, 안전 플러그 등)으로 구성된 시스템을 말한다.

02 고전압 회로

고전압 회로는 그림에서 검정색으로 표시된 점과 선으로 구성된다. 급속 충전 라인, 완속 충전 라인, A/C 컴프레서, PTC 히터, MCU 등이 고전압 회로로 구성된다.

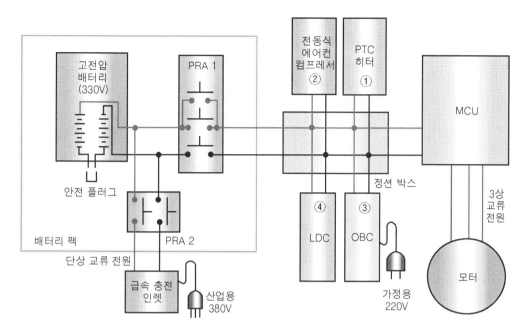

고전압 흐름도

(1) 급속 충전

급속 충전기에서 직접 고전압 정션 블록으로 전원 공급하여 고전압 배터리를 충전한다. 200A 충전용 릴레이는 통신을 통해 충전기에서 BMS로 신호를 입력한다.

(2) 완속 충전

외부 완속 충전기에서 전압이 공급되어 차량 내 완속 충전기인 OBC를 거쳐 DC로 변환된 후 고전압 정션 블록으로 공급된다.

(3) 모터 구동·충전

고전압 배터리 팩에서 고전압 정션 블록을 거쳐 전압이 공급되어 MCU, 인버터를 통해 구동 모터가 구동된다.

(4) 전동식 컴프레서, PTC 히터

고전압 정션 블록에서 고전압이 분배되어 전동식 컴프레서와 PTC 히터에 전압이 공급된다.

03 고전압 배터리 시스템 구성

(1) 고전압 배터리 모듈

배터리의 가장 작은 단위인 배터리 셀은 기본적으로 하나당 3.6V~3.7V의 전압을 갖고 있으며 이러한 셀이 쌓여서 배터리 모듈이 되고 배터리 모듈이 쌓여서 배터리 팩이 된다. 셀 수가 약 100개 정도 되면 공칭 전압이 대략 360V 정도 된다. 주로 리튬 이온 전지가 사용된다.

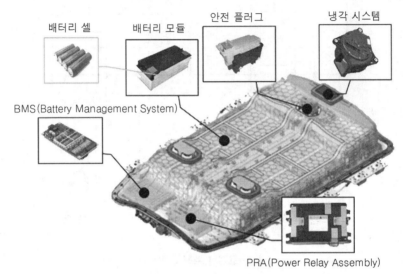

배터리 셀　배터리 모듈　안전 플러그　냉각 시스템

BMS(Battery Management System)

PRA(Power Relay Assembly)

고전압 배터리의 시스템의 구성

(2) BMS(Battery Management System)

차량에서 사용하는 고전압에 대한 가용 파워를 VCU(차량 통합 제어기)와 인버터로 전송해주고 현재 배터리의 상태를 SOC로 계산해 알려주는 기능을 한다. 또한 배터리의 각 셀당 전압 편차를 보정하기 위해 셀 밸런싱 기능과 배터리 온도에 따라 냉각팬을 구동하는 기능이 있다.

(3) 파워 릴레이 어셈블리(PRA, Power Relay Assembly)

고전압 전용 릴레이, 프리차지 릴레이, 전류 센서 등으로 구성되어 있고 고전압 배터리의 전력을 모터로 공급을 하거나 차단하는 역할을 한다.

(4) 안전 플러그(Safety Plug)

배터리 팩 내부에 있는 배터리 모듈간 통로를 차단하여 고전압의 흐름을 차단할 수 있는 부품이다. 고전압 배터리 또는 고전압 관련 부품 취급 시에는 반드시 안전 플러그 탈거를 수(手) 작업으로 해야 한다. 안전 플러그 제거 후라도 인버터 내부의 커패시터(콘덴서)에 충전되어 있는 고전압을 방전시키기 위해 5~10분 가량 대기해야 한다.

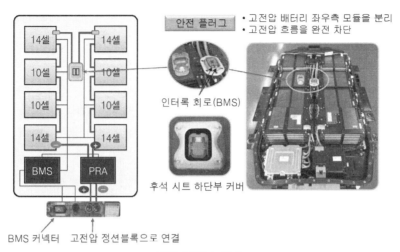

안전 플러그
• 고전압 배터리 좌우측 모듈을 분리
• 고전압 흐름을 완전 차단

인터록 회로(BMS)

후석 시트 하단부 커버

BMS 커넥터 고전압 정션블록으로 연결

안전 플러그 위치

기출문제 유형

✦ 전기 자동차에 적용되는 고전압 인터록(Inter Lock)회로에 대하여 설명하시오(104-1-13)

01 개요

(1) 배경

전기 자동차의 전압은 모터를 구동하기 위해 기존의 12V 전원보다 큰 고전압의 전원을 사용한다. 전기 자동차의 주황색 배선은 고전압 부품(전기 모터, 인버터 등)에 전기를 공급하기 위해 고전압 배터리(300~400V)와 연결되는 배선이다. 고전압 시스템에서 와이어링에 흐르는 순간 전압은 600V 이상으로 노이즈 레벨이 높아 안전을 위해 와이어링 차폐나 커넥터 탈거 시 안전장치가 필요하다. 안전 플러그는 고전압 배터리의 전기를 차단하는 안전장치이며 엔진룸에는 안전성을 위해 인터록 구조가 적용된 커넥터를 적용한다.

(2) 고전압 인터록(Inter Lock) 커넥터의 정의

고전압 시스템에서 커넥터를 분리할 때 분리 전에 신호를 감지하여 고전압 전원을 사전에 차단하고, 조립한 후에 전원을 통전시키는 안전장치

고전압 인터록 커넥터

(3) 고전압 인터록 회로의 정의

고전압 배터리 시스템을 보다 안전하게 연결하기 위한 회로로 인터록 커넥터가 적용된 회로를 말한다.

> **참고** 자동제어(시퀀스 제어) 회로에서 사용되는 '인터록 회로'는 두 대의 모터가 동시에 가동이 안되도록 회로를 구성하는 것으로 한 대의 모터가 동작되고 있을 때 정지된 다른 모터는 스위치를 아무리 눌러도 동작될 수 없도록 강제로 제어하는 회로이다.

02 고전압 인터록 커넥터 종류

(1) Shunt 소자 연결 방식

주 단자와 보조 단자 사이에 Shunt 역할을 하는 소자를 연결하는 구조(신뢰성 상, 편의성 중)

(2) 시간차이 이용방식

신호용 단자를 내재하여 커넥터 이탈 시 신호용 단자가 먼저 작동하여 주전원 차단장치에 신호를 보내는 방식(신뢰성 상, 편의성 최상)

(3) 탄성편 이용방식

하우징 내에 탄성편을 구성하여 커넥터의 조립에 따라 접점을 바꾸는 방식(신뢰성 상, 편의성 상)

(4) 수직, 수평 레버 방식

수직, 수평방향으로 이동하는 레버에 신호용 단자를 내재하여 수평방향으로 완전조립 후에 주전원에 전원이 들어오도록 하는 구조(신뢰성 상, 편의성 중)

03 고전압 인터록 회로 구성

고전압 인터록 커넥터는 고전압 회로에서 변조나 커넥터의 탈거를 확인하기 위해 고전압 시스템에 적용되고 있다. 시스템이 손상 되거나 부품의 탈거 시 제어기로 신호를 전송하여 고전압을 차단할 수 있도록 커넥터나 커버에 구성이 되어 있다.

고전압 인터록 회로의 구성
(자료 : www.slideshare.net/CraigKielb/high-voltage-batteries)

기출문제 유형

◆ 고전압 배터리에서 PRA(Power Relay Assembly)의 구성 요소와 기능을 설명하시오.(113-4-2)

01 개요

(1) 배경

전기 자동차의 고전압 배터리는 고출력 대용량 배터리 시스템으로 모터를 구동시키는 에너지원으로 사용되고 있다. 고전압 배터리 시스템은 매우 큰 고전압 회로로 와이어링이 구성되어 있어서 커넥터 탈거시 안전장치가 필요하며 고전압을 제어해주는 장치(릴레이)가 필요하다.

(2) 파워 릴레이 어셈블리(PRA, Power Relay Assembly)의 정의

고전압 전용 릴레이, 프리차지 릴레이, 전류 센서 등으로 구성되어 있는 부품으로 주로 고전압 배터리의 전력을 공급 및 차단하는 장치이다.

02 고전압 회로 구성

고전압 회로는 그림에서 검정색으로 표시된 점과 선으로 구성된다. 급속 충전 라인, 완속 충전 라인, A/C 컴프레서, PTC 히터, MCU 등이 고전압 회로로 구성된다.

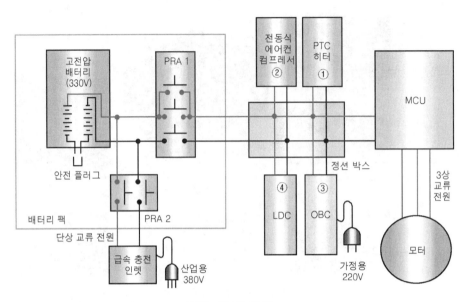

고전압 회로의 구성

03 파워 릴레이 작동 순서

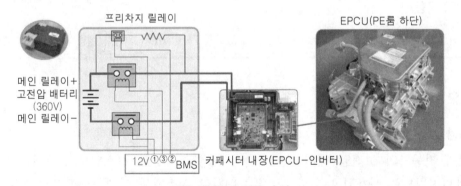

파워 릴레이의 작동 순서

BMS에서 작동을 제어하면 메인 릴레이 (−)단자가 ON이 된다. 이때 메인 릴레이 (+) 단자는 OFF된 상태이고 프리차지 릴레이를 ON이 되도록 제어한다. 인버터에 내장된 커패시터에 충전이 되고 80% 이상 충전이 되면 메인 릴레이 (+) 단자를 ON으로 제어하고 프리차지 릴레이는 OFF로 제어한다.

04 파워릴레이 어셈블리 구성 요소와 기능

(1) 메인 릴레이(고전압 릴레이)

BMS로 제어되며 고전압 배터리의 전압을 인버터로 공급해 준다.

메인 릴레이의 구성

(2) 프리차지 릴레이, 프리차지 저항

고전압 +, − 회로를 고전압 정션 블록에 공급하기 위해 BMS에서 메인 릴레이를 작동시키는데, 이때 고전압을 곧바로 정션 블록에 공급하게 되면 돌입 전류로 인해 인버터가 손상될 수 있다. 이를 방지하기 위해서 프리차지 릴레이와 저항을 통해 정션 블록 내에 있는 커패시터를 우선 충전한 다음 고전압이 공급되도록 한다.

※ 돌입 전류: 변압기·전동기·콘덴서 등의 회로 개폐기를 투입한 경우 순식간에 증가되고 바로 정상상태로 되돌아가는 과도전류

(3) 배터리 전류 센서

배터리의 전류를 측정하여 BMS에 전송하여 배터리의 상태(SOC)를 모니터링 할 수 있도록 해주어 배터리의 과충전 및 과방전을 방지해 준다.

기출문제 유형

✦ 전기 자동차의 탑재형 충전기(On Board Charger)와 외장형 충전기(Off Board Charger)를 비교하고, 외장형 충전기의 주요 구성 부품에 대하여 설명하시오.(116−2−5)

✦ 전기 자동차의 직접 충전방식에서 완속과 급속 충전의 특성을 설명하시오.(107−1−10)

01 개요

(1) 배경

환경 규제가 강화되면서 하이브리드 자동차(HEV : Hybrid Electric Vehicle), 플러그인 하이브리드 자동차(PHEV : PHEV : Plug−In HEV), 전기 자동차(EV : Electric Vehicle) 등 친환경 자동차들이 주목을 받고 있다. 이 중 순수하게 전기에너지만을 사용하는 EV와 배터리 에너지와 엔진을 동시에 사용하며 외부에서 배터리 충전이 가능한 PHEV는 탑재형 충전기와 외장형 충전기를 통해서 배터리를 충전한다.

(2) 탑재형 충전기(On Board Charger)의 정의

탑재형 충전기는 AC 전류를 입력받아 배터리 충전에 필요한 고전압 DC 전류를 직접 변환하여 배터리를 충전하는 장치이다.

(3) 외장형 충전기(Off Board Charger)의 정의

외장형 충전기는 전력망에서 공급받은 고전압(380V) 3상 교류를 전류를 직접 직류로 변환하여 차량에 공급하는 장치이다.

02 친환경 차량 배터리 충전 방식

충전기는 전기를 친환경 자동차의 배터리에 공급하는 역할을 하며 직접 충전, 비접촉식 충전, 전지 교환 방식으로 구분할 수 있다.

(1) 직접 충전

전기 자동차의 충전구와 충전기를 직접 연결하여 전력을 공급하며 전기 자동차 내부에 장착된 배터리를 일정 수준까지 재충전하는 방식으로 충전시간에 따라 완속 충전과 급속 충전으로 구분된다.

1) 완속 충전

충전기에 연결된 케이블을 통해 자동차에 교류 220V를 공급하여 전기 자동차의 배터리를 충전하는 방식, 배터리 용량에 따라 8~10시간 정도 소요되며 약 6~7kW 전력 용량을 가진 충전기가 주로 설치된다.

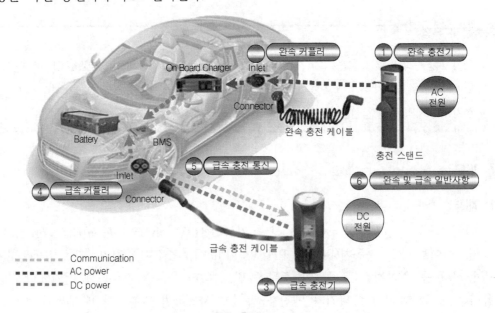

완속 충전

2) 급속 충전

충전기가 자동차와 제어 신호를 주고받으며 직류 100~450V를 가변적으로 공급하여 전기 자동차의 배터리를 충전하는 방식의 고압·고용량 충전으로 충전시간이 적게 소요된다. 배터리 용량에 따라 15~30분 정도 소요된다.

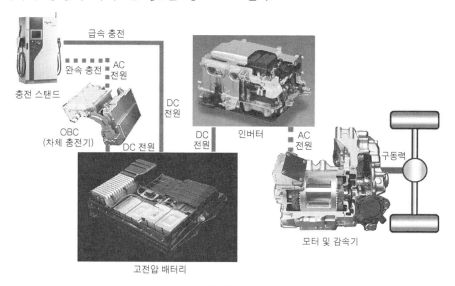

급속 충전

(2) 비접촉식 충전

기존의 주차장 바닥 하부에 교류를 발생시키는 급전 선로를 자성 재료(코어)와 함께 매설하고, 자동차 바닥부에는 지하에서 발생한 교류에 의한 자기장을 받아 유도 전류를 발생시켜 에너지를 전달받는 집전장치가 장착되며, 집전장치에서 발생된 전류는 정류를 거쳐 배터리로 충전이 되는 방식이다.

❶ 전력 공급　　　❹ 차량 패드
❷ 베이스 패드　　❺ 차재 충전기 컨트롤러
❸ 무선 전력 및 데이터 전송　❻ 배터리

정적 무선 충전

(3) 전지 교환 방식

충전소 사업자가 부하율이 낮은 시간대의 전력을 활용하여 예비용 배터리를 충전하고, 운전자가 충전소 스테이션에서 전기 자동차 배터리를 반자동으로 교환 받는 방식이다.

03 외장형 충전기와 탑재형 충전기 작동원리

전기 자동차를 충전하는 방법은 크게 AC(교류) 충전과 DC(직류) 충전으로 나눌 수 있다. 전기 자동차에 탑재되는 배터리는 고전압 DC 배터리로 실제 배터리에 충전되는 전류는 직류여야 한다. 그러나 보통 국가 전력망은 장거리 전송이 유리한 교류 전류를 사용하는데 이 교류 전류를 직류 전류로 바꾸어야만 배터리를 충전할 수 있게 된다. AC 충전은 차량이 AC 전류를 입력 받아 배터리 충전에 필요한 고전압 DC 전류를 직접 만들어서 충전하는 방식이다. 이를 위해 차량에 OBC(On-Board Charger), 전류 변환 장치가 탑재된다. AC 충전을 보통 완속 충전기라고 한다.

DC 충전은 충전기 쪽에서 전력망으로부터 공급받은 380V 3상 교류 전류를 직접 직류로 변환하여 차량 쪽에 공급하는 방식을 사용한다. 차량에 내장된 OBC는 용량에 한계가 있지만 충전기의 경우 50~150kW 까지 충전 용량을 증가시킬 수 있다. 급속 충전은 DC 충전으로 진행되기 때문에 보통 DC 충전기를 급속 충전기라고 한다. 급속 충전기는 50kW급으로 완전 방전상태에서 80% 충전까지 30분이 소요되며, 완속 충전기는 약 6~7kW 급으로 완전방전에서 완전충전까지 4~5시간이 소요된다.

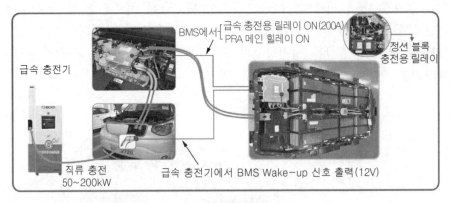

외장형 충전기

04 외장형 충전기의 주요 구성부품

(1) 외장형 충전기 본체

① 외장형 충전기의 본체에는 전력 변환기, 컨트롤러, 사용자 입출력 디스플레이 장치, 정류기용 변압기, 정류기, 자동 정전압 장치, 냉각 장치 등이 있다.

② 한국에서 사용하는 가정용 단상 전력이 220V인 것에 비해 3상은 그 $\sqrt{3}$ 배인 380V이다. 산업 현장에서 동력 모터를 가동하기 위해서는 220V의 전력은 부족하기 때문에 380V의 전원을 사용한다. 외장형 충전기에서는 이 교류 전류를 전력 변환기를 사용하여 450~500V의 DC로 변환해 주고 정류기를 통해 정류해 준다.

(2) 인터페이스

① 충전기에서 전기 자동차에 전기를 공급하기 위해 연결되는 부분으로 커플러, 케이블 등이 포함된다.

② 커플러 : 충전 케이블과 전기 자동차의 접속을 가능하게 하는 장치로, 충전 케이블에 부착된 커넥터와 전기 자동차의 인렛(Inlet)으로 구성된다.

③ 커넥터 : 충전 케이블에 부착되어 있으며, 전기 자동차의 인렛에 접속하기 위한 장치를 말한다.

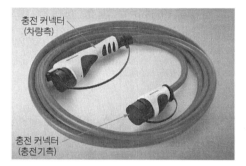

완속 충전 케이블

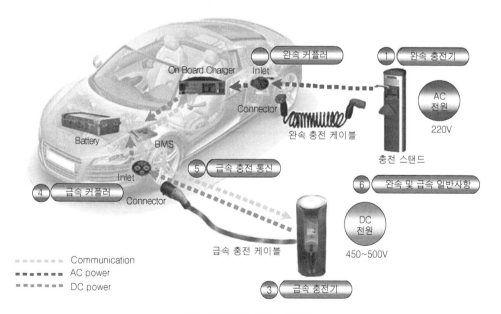

완속 충전기와 급속 충전기

✦ 전기 자동차 급속 충전기에 대하여 설명하시오.(117-1-2)

01 개요

전기 자동차나 플러그인 하이브리드에 장착되는 고전압 배터리를 충전하기 위한 방법으로 직접 충전, 비접촉식 충전, 전지 교환 방식 등이 있다. 이 중에서 직접 충전 방식은 전기 자동차의 충전구와 충전기를 직접 연결하여 전력을 공급하며 자동차 내부에 장착된 배터리를 일정 수준까지 재충전하는 방식으로 충전 시간에 따라 완속 충전과 급속 충전으로 구분된다.

02 급속 충전의 정의

급속 충전은 급속 충전기에서 380V 3상 교류 전류를 직접 직류로 변환하여 차량 쪽에 공급하여 충전하는 방식이다.

03 급속 충전의 원리

① 충전기가 자동차와 제어 신호를 주고받으며 직류 100~450V를 가변적으로 공급하여 전기 자동차의 배터리를 충전한다. 급속 충전 시에는 충전기 내에서 BMS로 12V 전원을 인가하여 BMS가 고전압 정션 블록의 급속 충전 전용 릴레이를 제어할 수 있도록 한다. BMS에서 PRA 릴레이도 제어하면 폐회로가 구성되고 배터리에 DC 100~450V, 200A 충전이 시작된다.

② SOC 80%까지만 충전해주며 충전 시간은 약 15~30분 정도 소요된다.

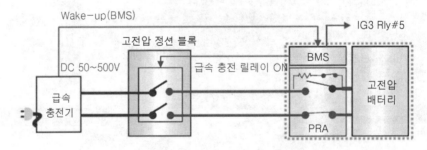

급속 충전시 전원 공급도

04 급속 충전기 구성 요소

(1) 외장형(급속) 충전기 본체

외장형 충전기의 본체에는 전력 변환기, 컨트롤러, 사용자 입출력 디스플레이 장치,

정류기용 변압기, 정류기, 자동 정전압 장치, 냉각 장치 등이 있다. 한국에서 사용하는 가정용 단상 전력이 220V인 것에 비해 3상은 그 $\sqrt{3}$배인 380V이다. 산업 현장에서 동력 모터를 가동하기 위해서는 220V의 전력은 부족하기 때문에 380V의 전원을 사용한다. 외장형 충전기에서는 이 교류 전류를 전력 변환기를 사용하여 450~500V의 DC로 변환해 주고 정류기를 통해 정류해 준다.

(2) 인터페이스

① 충전기에서 전기 자동차에 전기를 공급하기 위해 연결되는 부분으로 커플러, 케이블 등이 포함된다.

② 커플러 : 충전 케이블과 전기 자동차의 접속을 가능하게 하는 장치로, 충전 케이블에 부착된 커넥터와 전기 자동차의 인렛(Inlet)으로 구성된다.

③ 커넥터 : 충전 케이블에 부착되어 있으며, 전기 자동차의 인렛에 접속하기 위한 장치를 말한다.

기출문제 유형

✦ 플러그 인 하이브리드 자동차에 요구되는 배터리의 특징과 BMS에 대하여 설명하시오.(98-3-2)

✦ 전기 자동차의 축전지 에너지 관리 시스템(battery energy management system) 제어 기능에 대하여 설명하시오.(108-2-3)

---

01 개요

(1) 배경

플러그 인 하이브리드 자동차는 외부 충전이 가능한 배터리에서 공급되는 전압에 의해 모터가 구동되어 자동차를 구동을 할 수 있어야 하기 때문에 이를 위해서 충분히 큰 용량의 고전압 배터리가 필요하다. 이러한 대용량의 배터리는 여러 개의 셀로 구성이 되어 있으며 각 셀의 전압을 관리하기 위한 장치가 필요하다.

(2) 플러그 인 하이브리드(PHEV : Plug-in Hybrid Vehicle) 자동차의 정의

플러그 인 하이브리드는 외부 충전이 가능한 대용량 배터리를 주 동력원으로 사용하고 내연기관을 보조 동력원으로 사용하는 하이브리드 차량이다.

02 플러그 인 하이브리드 자동차에 요구되는 배터리의 특징

PHEV는 주동력원이 전기 에너지다. 따라서 일반 주행 시에는 전기 모터로만 운행하지만, 고속 주행 혹은 장거리를 주행하게 되면 내연기관을 함께 사용하게 된다. PHEV는 HEV와 같이 내연기관을 통해 배터리를 충전하기도 하지만 가장 큰 충전 방법은 외부에서 콘센트에 플러그를 꽂아 전기 에너지를 충전한다.

주로 전기 에너지를 사용하기 때문에 PHEV용 배터리는 HEV에 비해서는 출력이 조금 낮아도 되지만, 많은 에너지를 저장할 수 있도록 에너지 밀도가 높거나 용량이 커야 한다. Ni-MH 전지는 니켈-카드뮴 전지에 비하여 에너지 밀도가 크고 공해물질이 없어서 무공해 소형 고성능 전지뿐만 아니라 전기 자동차용 등의 무공해 대형 고성능 전지로 적용되고 있었다.

최근에는 Li-ion 이차 전지가 보급됨으로써 소형 Ni-MH 전지의 시장점유율이 감소하고 있는 실정이다. 리튬 이차 전지는 높은 에너지 밀도와 출력 밀도 특성으로 인하여 하이브리드 및 전기 자동차에 점차 확대 적용되고 있다. 향후에는 리튬 폴리머 전지, 전고체 전지, 리튬황, 리튬 공기 전지 등이 적용될 수 있도록 연구, 개발되고 있다.

(1) 고에너지 밀도

동일 중량, 부피 내에 더 많은 에너지를 저장할 수 있어 제한된 차량의 공간 내에 더 많은 에너지를 저장하고 구동하기 위해 필수적이다.

(2) 고출력 밀도

출력 밀도는 자동차의 동력 성능을 확보하는 데 중요한 요소로 높은 출력의 밀도를 가져야 주행 거리가 늘어나게 된다.

(3) 충방전 수명

PHEV 차량은 배터리를 여러 차례 충전과 방전을 거듭해야 하기 때문에 높은 충방전 수명이 요구된다. 10만km 이상의 주행에서도 주행거리의 저하 없이 유지가 되어야 한다.

(4) 안전성

고전압 배터리이므로 주행 중이나 사고 발생 시 충분한 안전성을 확보할 수 있도록 설계 되어야 한다.

03 BMS(Battery Management System) 상세 설명

(1) 배경

전기 자동차, 하이브리드 자동차, 플러그인 하이브리드 자동차에는 대형 리튬이온 배터리 팩이 사용된다. 이 대형 배터리는 혹독한 환경에서 동작해야 하고 잠재적으로 장시간 사용하지 않았을 경우에도 견딜 수 있어야 한다. 이러한 배터리 팩을 구성하는 수

백 혹은 수천 개의 개별 배터리 셀들은 정밀하게 관리되어야 한다. 셀들 간의 전압은 모니터링 되어야 하고 밸런싱 되어야 한다. 리튬이온 배터리의 수명을 길게 하기 위해서는 어떤 셀이든 100% SOC(state-of-charge)로 충전되거나 0% SOC로 방전되지 않도록 해야 한다. 그렇게 되면 용량(capacity)이 감소되기 때문이다. 따라서 각 셀의 SOC를 정확히 제어하면 배터리 팩의 용량이 감소되지 않고 극대화될 수 있다. 또한 셀 밸런싱은 필수이다. 이것은 모든 셀들의 충전 수준을 권장 SOC 범위 이내로 머물도록 하는 것이다. 배터리 온도를 감시하는 것도 중요하다. BMS는 배터리 팩을 모니터링 할 뿐만 아니라 BMS 하드웨어 및 배터리의 정상 동작을 위한 실시간 진단 기능을 제공한다.

(2) BMS의 정의

배터리의 성능과 수명을 향상시키기 위해서 체계적으로 전압, 전류, 온도를 실시간으로 모니터링하여 충·방전을 제어, 관리하기 위한 시스템

(3) BMS 구성

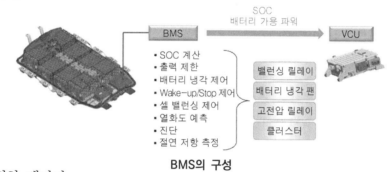

BMS의 구성

① 고전압 배터리
② 전류, 전압, 온도 센서
③ PRA(Power Relay Assembly) : 고전압 배터리 전원 공급, 차단
④ BMS 제어기(CAN 통신) : 배터리 충방전, 냉각 제어, 셀 밸런싱 제어
⑤ 냉각 장치 : 배터리 온도 유지

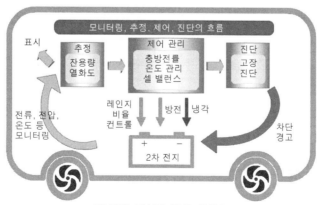

BMS의 구성과 작용 흐름도

(3) BMS의 주요 제어 기능

BMS의 기능을 지원하여 주는 소프트웨어에는 전압, 전류, 온도 등의 계측(Measuring algorithm for voltage, current and temperature) 알고리즘, 충전량 계산(SOC : State of Charge calculation), 수명 예측(SOH : State of Health estimation), 셀 밸런싱 알고리즘(Cell balancing algorithm), 온도 관리(Thermal Management), 진단 알고리즘(Diagnostic algorithm), 방호 알고리즘(Protection algorithm), 차량 내 통신(Communication with vehicle) 등이 있다.

① **배터리 충·방전 제어** : 전류, 전압, 온도 측정을 통해 배터리 팩의 충전 상태(SOC : State-of-Charge)와 노화도(SOH : State-of-Health)를 계산하여 적정 영역으로 제어한다.

$$SOC(\%) = \frac{배터리의\ 사용\ 가능한\ 전류}{배터리\ 정격용량} \times 100$$

② **배터리 출력 제어** : 시스템 상태에 따른 입·출력 에너지 값을 산출하여 배터리 보호, 가용 파워 예측, 과충전, 과방전 방지, 내구 확보 및 충·방전 에너지를 극대화 할 수 있고 자동차의 주행 거리와 예상 수명을 계산할 수 있다.

③ **셀 밸런싱** : 배터리 충·방전 과정에서 셀간 전압 편차를 방지해 주기 위해 밸런싱을 해준다.

④ **파워 릴레이 제어** : 고전압 배터리의 입·출력을 제어하기 위해 PRA(Power Relay Assembly)를 제어한다. 고전압 회로의 고장으로 인한 안전사고를 방지한다.

⑤ **배터리 냉각장치 제어** : 배터리 충·방전 시 생기는 발열로 배터리 온도가 상승하는데, 이로 인한 내부 저항의 증가는 배터리의 수명을 감소시킨다. BMS는 배터리의 냉각 장치(냉각 블로워, 냉각 유로)를 제어하여 배터리 열을 관리하는 역할을 하는데 이로서 배터리 시스템이 최적의 수명을 유지할 수 있도록 한다.

⑥ **고장 진단** : 시스템의 고장 진단을 하며 데이터의 모니터링 및 소프트웨어를 관리한다. Failsafe 레벨을 분류하여 출력을 제한한다.

기출문제 유형

✦ 하이브리드 자동차 배터리의 셀 밸런싱 제어에 대하여 설명하시오.(120-1-11)

✦ 배터리 시스템(BMS : Battery Management System)에서 셀 밸런싱(Cell Balancing)의 필요성과 제어 방법을 설명하시오.(107-1-12)

✦ 리튬이온 폴리머 배터리에 적용되는 셀 밸런싱(Cell Balancing)의 필요성과 제어 방법에 대하여 설명하시오.(119-1-2)

01 개요

(1) 배경

전기 자동차, 하이브리드 자동차, 플러그인 하이브리드 자동차에는 대형 리튬이온 배터리 팩이 사용된다. 이 대형 배터리는 혹독한 환경에서 동작해야 하고 잠재적으로 장시간 사용하지 않았을 경우에도 견딜 수 있어야 한다. 이러한 배터리 팩을 구성하는 수백 혹은 수천 개의 개별 배터리 셀들은 정밀하게 관리되어야 한다. 셀들 간의 전압은 모니터링 되어야 하고 밸런싱 되어야 한다.

(2) 셀 밸런싱(Cell Balancing)의 정의

배터리 관리 시스템에서 배터리 셀 간의 전압을 일정하게 유지시켜 주는 기능

02 셀 밸런싱의 필요성

전기 자동차를 비롯한 2차 전지를 직·병렬 모듈로 사용하는 모든 시스템에는 셀 자체의 미소한 특성 차이 등으로 인해 셀 상호간의 전압 불균형 현상이 발생하게 된다. 이러한 현상은 배터리의 성능을 저하시키는 원인이 된다. 특히 리튬이온 배터리는 Ni-MH 배터리에 비해 과충전 및 과방전의 허용 범위가 아주 좁기 때문에 셀 간 전압이 불균형이 되면 효율이 많이 저하된다. 따라서 셀을 개별적으로 감시할 필요가 있다.

일반적으로 셀 간의 전압차가 1V 이상이면 고장이 기록되기 때문에 에너지 효율 및 배터리 수명을 위해 미세한 셀 간 전압의 관리가 필요하다. 전압의 불균형 현상 : 셀 밸런스가 붕괴되면 전압이 가장 높은 셀 전압에서 보호회로가 충전을 금지함으로써 다른 셀은 만충전이 되지 않은 상태에서 충전이 중지된다. 완전히 충전되지 않았던 셀은 다음 방전시 가장 빨리 방전 금지 진압에 도달한다.

전압이 가장 낮은 셀 전압에서 보호회로가 방전을 금지하면 다른 셀이 완전히 방전되지 않게 된다. 그리고 완전히 방전되지 않았던 셀은 다음 충전시 가장 빨리 만충전에 도달한다. 이러한 과정을 반복함으로써 셀은 과충전 및 과방전으로 인한 노화로 수명이 단축된다.

03 제어 방법

(1) 수동형 셀 밸런싱(Passive Cell Balancing) 방식

충전 시 전압 불균형 현상이 발생되면 완전 충전된 셀의 충전 전류를 저항을 통해 열로 버리는 방식으로 신뢰성이 높고 비용이 적게 드는 장점이 있다. 하지만 방전 저항 내에서 에너지가 열로 손실되기 때문에 전력 소비가 크고 대전류용 스위칭 소자가 필요하며, 방전 시 방열로 인한 온도 관리가 필요하여 효율성이 떨어진다.

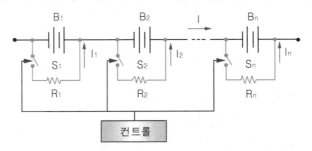

수동형 셀 밸런싱 방식

(2) 능동형 셀 밸런스(Active Cell Balancing) 방식

배터리에 병렬로 연결한 커패시터를 이용하여 순차적으로 $B_1 \sim B_n$으로 이동하면서 전압이 높은 셀로부터 전압을 충전하고, 전압이 낮은 셀에서는 방전을 하여 셀 밸런싱을 취하는 방식이다. 즉, 전압이 가장 높은 셀로부터의 전하를 받아 전압이 가장 낮은 셀로 재분배하는 방식으로 전하의 축적과 재분배에는 콘덴서, 인덕터, 트랜스를 사용해서 셀을 순차적으로 바꿔가면서 상황에 따라 전하를 축적하고 방전 또는 재분배 해준다.

수동 셀 밸런스 방식에 비해서 에너지 보존(효율)이라는 점에서 우수하고 짧은 시간 내에 밸런싱을 할 수 있다는 장점을 가지나, 많은 스위칭 소자가 필요하며, 배터리의 용량이 커지면 대용량의 커패시터가 필요하게 되어 시스템의 비용이 증가하고 구조가 복잡해진다는 단점을 가진다.

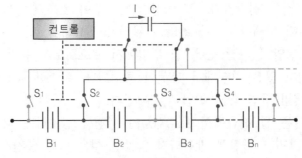

능동형 셀 밸런싱 방식

✦ ISG(Idle Stop & Go) 장착 차량에 적용한 DC/DC Converter에 대하여 설명하시오.(120-1-3)

✦ 전기 자동차용 전력 변환장치의 구성 시스템을 도시하고 설명하시오.(120-3-6)

✦ 전기 자동차에서 인버터(Inverter)와 컨버터(Converter)의 기능에 대하여 설명하시오.(116-1-8)

01 개요

(1) 배경

전기 자동차는 배터리(Battery), 전기 모터(Electric Motor), BMS(Battery Management System), 인버터(Inverter), 컨버터(Converter), 충전기(OBC), 보조기기 등으로 구성되어 있다. 이중에서 인버터는 직류인 배터리 전류를 전기 자동차 모터에 적합한 교류로 변환하고, 모터의 속도와 토크를 제어하는 구성요소이고 컨버터는 전기 자동차 배터리의 고전압 전력과 차량에서 사용 가능한 전압 사이에서 전압을 변환시켜 주는 구성요소이다.

(2) 전기 자동차 인버터의 정의

전기적으로 DC(직류) 성분을 AC(교류) 성분으로 변환하는 장치가 인버터이다. 전기 자동차에서는 고전압 배터리에서 전동기를 구동시키고 제어하기 위한 전력 변환장치이다.

(3) 전기 자동차 컨버터의 정의

AC(교류) 성분을 DC(직류)로 변환하거나 DC 전압을 승압하거나 강압하여 DC로 변환하는 장치이다. 전기 자동차에서는 주로 LDC(Low Voltage DC-DC Converter)로 배터리의 고전압 DC를 차량용 전장품에 사용이 가능한 12V DC로 변환시켜 주는 장치이다.

02 전기 자동차의 구성

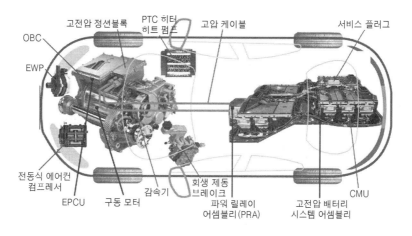

　　전기 자동차의 구성품은 동일한 전력으로 먼 거리를 주행해야 하므로 고효율이어야 하고 가혹한 자동차 주행 환경에서 고 신뢰성이 보장되어야 한다. 온도, 진동, EMC에 대한 내구 특성이 보장되어야 한다.

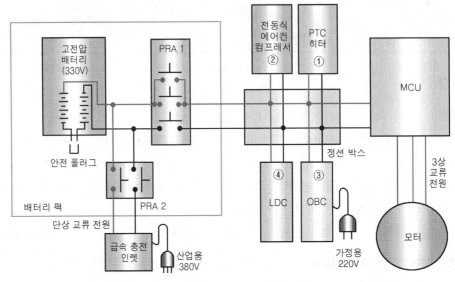

전기 자동차의 구성

(1) 인버터(Inverter)의 구성

　　인버터는 정류된 입·출력을 위한 커넥터, 파워소자(IGBT), 전기를 보관하는 커패시터 등으로 구성된다. 직류 전압을 PWM 제어방식을 이용하여 Inverter부에서 전압과 주파수를 동시에 제어한다.(DC→AC)

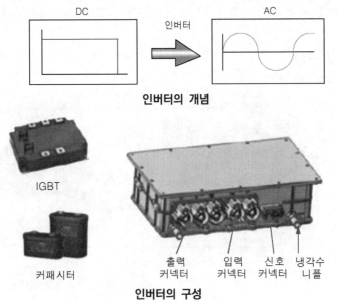

인버터의 구성

(2) 컨버터(LDC : Low Voltage DC-DC Converter)의 구성

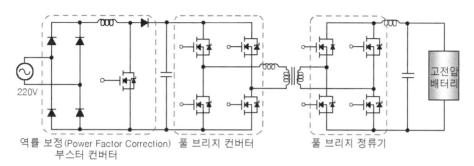

역률 보정(Power Factor Correction) 부스터 컨버터　　풀 브리지 컨버터　　　풀 브리지 정류기

on board charger의 회로도

① Full bridge converter : DC 전압을 풀 브리지 회로를 통해 고주파의 AC로 변환한다. 고주파의 교류 전압은 트랜스포머를 통해 변압을 하는데 저전압으로 변압한다. 트랜스포머를 통해 고전압 배터리와 저전압 배터리를 물리적으로 절연시킨다.

② Full bridge Rectifier : 교류를 정류시킨 뒤 LC 회로를 통해 평활하여 저전압 배터리를 충전한다.

03 인버터와 컨버터의 기능

(1) 인버터 기능

구동 모터의 속도, 토크 제어 : 모터를 고속(약 12000rpm까지)으로 제어한다.(산업용보다 4배 이상 높다.) 토크 지령과 전류 지령 등의 값을 이용해 벡터 제어를 하여 구동모터를 고속, 고정밀로 토크를 제어한다. 단상, 3상 PWM 제어, 벡터 제어 등의 방법을 통해 제어를 한다.

(2) LDC 컨버터 기능

고전압 배터리에서 전압을 변환하여 12V 보조 배터리에 공급해줌으로써 자동차의 전장품들(전조등, 와이퍼, 펌프, 제어보드 등), 제어기들(MCU, BMS, OBC 등)을 사용할 수 있도록 해준다.

✦ 전기 자동차 구동 모터의 VVVF 제어, 구동 모터의 회전수 및 토크 제어 원리에 대하여 서술하시오.(104-2-1)

✦ 전기 자동차 VVVF 인버터의 기본 원리를 설명하시오.(41)

01 개요

(1) 배경

구동 모터를 제어하기 위해서는 자동차의 배터리로부터 전압을 입력받아 이를 적절하게 조절해줄 장치가 필요하다. 인버터는 교류 전력을 입력 받아 전압과 주파수를 가변시켜 전동기에 공급함으로써 전동기의 속도를 제어하는 일련의 장치이다.

(2) 인버터의 정의

전기적으로 DC(직류) 성분을 AC(교류) 성분으로 변환하는 장치로 AC Drive, VFD(Variable Frequency Drive), VVVF(Variable Voltage Variable Frequency), VSD(Variable Speed Drive)라고도 불린다.

02 구동 모터의 제어 방법

(1) 회전수(속도) 제어

모터의 회전속도는 모터의 극수, 주파수에 의해서 제어가 가능하며 이 중 주파수 제어를 하기 위해 인버터를 사용한다. 상용 주파수 60Hz의 전기를 모터에 공급하면, 모터는 최대 속도인 1,800rpm으로 일정하게 회전한다.(4극 모터 기준) 인버터를 사용하여 전원의 주파수를 바꾸면 원하는 속도로 모터를 회전시킬 수 있다.

예를 들어 출력 주파수를 1Hz로 조정하면 모터는 30rpm으로 회전하고, 주파수를 2Hz로 조정하면 모터는 60rpm으로 회전된다. 직류를 이용하여 특정 크기의 전압과 주파수를 갖는 교류를 만들 수 있으므로 유도 전동기의 속도 제어, 효율 제어, 역률 제어가 가능하고 예비 전원, 무정전 전원, 직류 송전 등에 응용되고 있다. 계산 공식은 다음과 같다.

$$N_s = \frac{120 \times f}{P}$$

여기서, N_s : 동기속도, P : 모터 극수

유도 전동기에서는 부하가 걸리면 동기 속도보다 저하가 되는 현상, 슬립이 발생하게 된다. 슬립을 구하는 계산 공식은 다음과 같다.

$$S = \frac{N_s - N}{N_s} \times 100$$

여기서, N_s : 동기속도, N : 회전속도

시동 시는 회전속도가 '0'이기 때문에 '슬립'은 100%이다. 정격 토크가 됐을 때는 약 3~5%가 일반적이다. 부하 토크가 커지면 회전속도가 저하되고 '슬립'이 커져 모터 전류도 커지게 된다. 슬립을 고려한 모터의 회전속도 계산 공식은 다음과 같다.

$$N = \frac{120 \times f}{P} \times (1 - x) \, [\text{rpm}]$$

여기서, N : 회전속도, P : 모터 극수, f : 주파수, x : 슬립

(2) 토크 제어

토크는 물체에 작용하여 물체를 회전시키는 물리량이다. 단위는 N·m 또는 kgf·m를 사용한다. 모터의 토크는 전압과 주파수의 비로 결정된다.

$$\tau = K \times \frac{V}{f} \times I \, [\text{rpm}]$$

여기서, K : 상수, I : 전류

모터의 회전속도를 가변시키기 위해서는 주파수를 변화시켜야 하는데 주파수만 변화시켜 주면 토크가 저감이 되거나 과부하가 발생하기 때문에 출력 주파수를 바꿀 때에는 출력 전압도 동시에 바꿔줘야 한다. 인버터를 통해서 'V/F 제어'를 해주어 출력 토크를 일정하게 만들어 준다.

(3) 회전속도와 발생 토크와의 관계

① 전동기가 회전을 시작하고 속도가 증가하여 일정속도(최대 토크 지점)에 도달하면 토크가 가장 크게 된다. 그 이상 회전속도가 증가하게 되면 슬립이 발생되어 토크는 감소하게 된다.

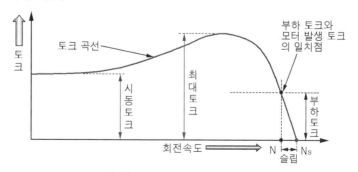

회전속도와 발생 토크와의 관계

② **시동 토크** : 전동기가 기동할 때 발생하는 토크

③ **최대 토크** : 동기속도의 80~90%에서 발생한다.

④ **일치점** : 정격 속도에서의 토크를 정격 토크라고 한다.

⑤ 모터의 정격 속도를 넘어서게 되면 출력 전압이 한계치에 도달하여 더 이상 증가하지 못하고 토크가 저감되는 약계자 영역에 도달하게 된다.

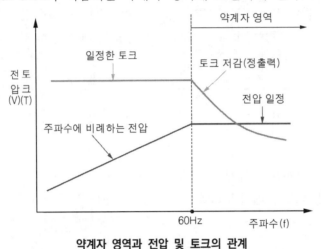

약계자 영역과 전압 및 토크의 관계

03 VVVF 인버터 장치 내부 구조

VVVF 인버터는 컨버터부, 평활회로부, 인버터부로 구성이 되어 있으며 교류측 맥동을 줄이기 위해 LC 필터를 사용한다. 이 LC 필터가 저 임피던스 직류 전압원으로 볼 수 있어서 전압형 인버터라 한다. 교류 전류가 컨버터부로 입력되면 직류로 정류가 되고 평활 회로부에서 맥동을 줄여주게 된다. 이 직류 전류를 이용하여 인버터에서 모터를 제어해준다.

① **컨버터부(입력)** : 다이오드를 이용해 3상 교류를 직류와 같도록 정류해 준다.(AC->DC)

② **평활 회로부** : LC 필터로 교류측 변환기 출력의 맥동을 줄여준다.

③ **인버터부(출력)** : 정류된 직류 전압을 PWM 제어방식을 이용하여 Inverter부에서 전압과 주파수를 동시에 제어한다.(DC→AC)

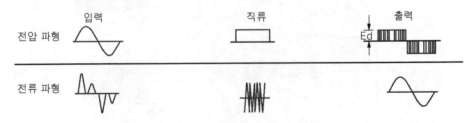

VVVF 제어 전압 파형과 전류 파형

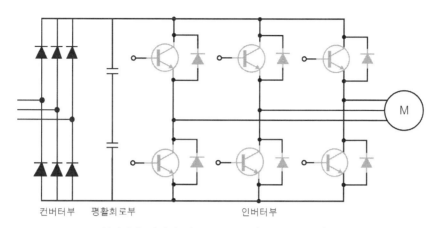

인버터와 컨버터 및 VVVF 제어(전압형 인버터)

04 VVVF 인버터 제어 원리

VVVF 인버터는 주로 전압형 인버터를 이용하고 그 중에서도 PWM 제어를 주로 이용한다. PWM은 펄스 폭 변조(Pulse Width Modulation)의 의미로 펄스의 폭을 변화시켜 출력 측의 전압을 가변한다는 의미이다. VVVF 인버터 제어 원리는 다음과 같다.

(1) 직류로부터 교류를 만드는 방법

스위치 S1과 S4를 ON 하면 램프에는 A의 방향으로 전류가 흐른다. 스위치 S2와 S3를 ON 하면 램프에는 B의 방향으로 전류가 흐른다. 이러한 제어를 일정 간격으로 연속하면 램프에 흐르는 전류의 방향이 교대로 변하는 교류가 된다.

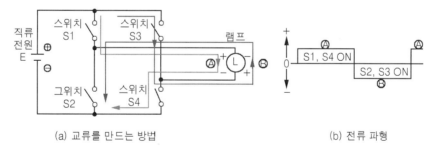

(a) 교류를 만드는 방법   (b) 전류 파형

교류를 생성하는 방법과 전류 파형

(2) 주파수를 변화시키는 방법

스위치를 ON - OFF하는 주기를 변화시켜 주파수를 가변 한다. 스위치 S1~S4의 ON - OFF 되는 시간을 바꾸는 것에 의해 주파수가 변한다. 예를 들면, 스위치 S1과 S4를 0.5초간 ON, 스위치 S2와 S3을 0.5초간 ON으로 하는 조작을 반복하면, 1초간에 1회 반전하는 교류, 즉 주파수가 1Hz의 교류가 된다. 스위칭 시간을 줄여 S1, S4를 0.25 초간 ON, S2와 S3를 0.25초간 ON으로 주면 주파수가 2Hz의 교류가 된다.

(3) 전압을 변화시키는 방법

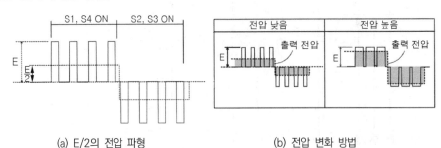

(a) E/2의 전압 파형   (b) 전압 변화 방법

E/2의 전압 파형과 전압 변화 방법

스위치를 ON-OFF하는 듀티비를 변화시켜 전압을 가변한다.(듀티비 제어) 예를 들면, 스위치 S1과 S4가 ON하는 시간을 반으로 동작시키면, 출력전압은 직류 전원 E의 반이되어 E/2의 교류가 된다. 전압을 높게 하려면, ON시간을 길고, 낮게 하려면 ON시간을 짧게 한다. 이러한 제어를 펄스폭으로 제어하기 때문에, PWM(Pulse Width Modulation)이라고 부른다.

기출문제 유형

✦ 전기 자동차의 인휠 드라이브 구동방식에 대하여 설명하시오.(120-1-13)

✦ 전기 자동차의 동력원으로 사용 가능한 인휠 모터(in-wheel motor)의 장점에 대하여 설명하시오.(114-1-11)

✦ 차세대 전기 자동차에서 인휠 모터(In wheel Motor)의 기능과 특성을 설명하시오.(96-4-6)

01 개요

(1) 배경

기존의 전기 자동차 구동 모터는 내연기관의 엔진 위치에 설치되어 드라이버 샤프트를 통해 모터의 파워가 전달되는 구조로 되어 있다. 이는 구동력이 전달과정에서 파워가 감소가 되고 시간이 지연되어 응답성이 저하되는 문제점이 발생하게 된다. 이를 개선하기 위해 바퀴에 직접 모터를 장착시키는 방안이 개발되고 있다.

(2) 인휠 모터의 정의

차량의 바퀴 안에 장착된 모터로서 직접 바퀴에 구동력을 전달하는 모터이다.

02 구성

배터리, 인버터, ECU, 제어기, 인버터, 모터

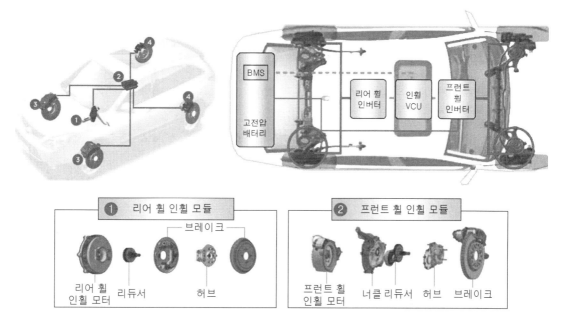

전기 자동차 인휠 모터 시스템의 구성

(1) 모터

① IPMSM(Interior Permanent Magnet Synchronous Motor)를 주로 사용한다.
② 큰 기동 토크, 폭 넓은 속도 구간, 높은 출력의 밀도가 필요하다.

(2) 인버터

① 전원부 : IGBT, 콘덴서, 전류 센서
② 제어부 : IGBT 드라이브 모듈(2개), 제어 보드로 구성되어 있으며, 게이트 보드를 제어하여 직류 전원을 교류 전원으로 변환한다.

03 장·단점

(1) 장점

① **공간 활용성 증대** : 변속기, 축, 차동기어 등을 제거 할 수 있어 구조가 간단해지고 차체를 경량화 시킬 수 있어 차량의 중량이 최소화되고 차량의 레이아웃이나 디자인의 자유도가 향상될 수 있다. 실내의 공간이 확대된다.
② **응답성 향상** : 모터를 직접 제어하여 토크를 얻기 때문에 빠른 응답성을 가진다.
③ **안전성 향상** : 차체 골격의 최적화를 통해 충돌 안전성이 향상될 수 있다.
④ **제어성 향상** : 차량의 선회 시 각각의 독립적인 토크의 발생이 가능하여 최소 회전 반경을 감소시킬 수 있다. 주행 시 향상된 주행 성능이 가능하며 제어성, 안정성이 높아진다.

⑤ 에너지 효율 증대 : 인휠 모터의 회생 제동으로 효율성이 증대된다.

⑥ 실내와 구동계의 NVH 성능이 향상된다.

(2) 단점

① 바퀴에 장착되는 특성 상 노면의 충격이 직접 구동 모터에 가해지고 외부 환경에 직접 노출됨에 따라 내구성이 저하된다.

② 모터가 바퀴마다 장착됨으로 인하여 모터와 피드백 센서의 개수가 많아져 시스템이 복잡해지고 제작비용이 상승된다.

③ 구동 모터의 출력이 높아질수록 발열이 발생된다. 냉각 성능의 개선 및 냉각 장치가 필요하다.

04 인휠 시스템 구분

(1) 단순 인휠 시스템

① 이너 로터 타입 : 영구자석이 부착된 고정자를 모터 내부에 배치하여 회전시키는 시스템으로 감속기를 포함한 형태로 휠 안에 장착한다.

② 아우터 로터 타입 : 영구자석을 모터의 외측 회전부에 설치하여 동력을 얻는 시스템이다.

(2) 통합 인휠 시스템

구동 모터와 함께 제동, 조향, 현가 시스템 전체를 차륜 내부에 장착하는 시스템으로 미쉐린 Active Wheel, 콘티넨탈 e- Corner 등이 있다. 대중화 하는데 아직까진 기술적 장벽이 존재한다.

05 인휠 시스템 적용 모터별 특성

인휠 모터의 구성

전기 자동차에는 DC 모터와 BLDC(Brushless DC) 모터, PMSM(Permanent Magnet Synchronous Motor), 유도기 등이 사용되고 있으나 현재 가장 많이 사용되고 되는 것은 영구자석 모터이며 그 중에서도 고효율 및 고속회전에 큰 장점을 가지고 있는 IPMSM이 주로 사용되고 있다.

06 인휠 모터 요구 성능

① 바퀴 내 장착 공간의 제약에 따른 소형화, 경량화가 필요하다.
② 단위 체적당 발생 출력이 커야 한다.
③ 저속 시 고토크(가속, 등판), 고속 시 저토크가 필요하다.
④ 제품 가격이 합리적인 가격이여야 하고 유지보수 비용이 낮아야 한다.
⑤ 빠른 토크의 응답성, 높은 신뢰성, 견고성이 필요하다.

기출문제 유형

✦ 전기 자동차에 사용되는 PTC 히터에 대하여 설명하시오.(116-1-9)

01 개요

자동차는 시동 후 엔진의 연소열에 의해 엔진의 온도가 올라가고 이 엔진 열을 내려주기 위해 냉각수가 적용된다. 냉각수는 엔진의 실린더 블록을 순환하면서 열 교환을 통해 엔진의 온도를 내려주게 되고 냉각수 자체의 온도는 올라가게 된다. 온도가 올라간 냉각수는 라디에이터를 통해 냉각시켜주게 된다.

일부 냉각수는 히터 코어로 순환하면서 실내 난방에 이용된다. 하지만 냉시동 상태이거나 추운 겨울철에는 엔진의 온도가 올라갈 때까지 시간이 걸리게 되어 난방이 될 때까지 소요되는 시간이 길어지게 되어 이를 보완해 주기 위해 PTC 히터와 같은 보조 난방장치를 적용했다.

02 PTC(Positive Temperature Coefficient) 히터의 정의

자동차의 냉각수 온도가 일정 온도에 도달하기 전에 전기 발열을 통해 난방을 작동하는 시스템으로 온도에 민감한 비례 저항 변화를 가진 소자를 이용하여 실내 난방의 열원을 보충하기 위한 전기식 히터 장치이다.

03 전기 자동차에서 PTC 히터 필요성

일반적으로 가솔린 차량은 냉각수의 온도가 빨리 올라가기 때문에 PTC 히터를 장착하지 않지만 디젤 차량에서는 차량의 냉각수의 온도가 늦게 올라가기 때문에 PTC 히터를 보조 난방 장치로 사용한다. 순수 전기 자동차의 경우 엔진이라는 열원이 없기 때문에 전기를 이용하여 자동차의 시동과 동시에 히터 코어를 통과하는 공기를 직접 가열하여 운전자에게 따뜻한 바람을 신속하게 공급한다.

전기 자동차에서는 난방을 위한 장치로 PTC 히터와 히트 펌프가 사용된다. 히트 펌프는 PTC 히터의 단점을 극복하고자 개발되었다. 히트 펌프의 작동원리는 에어컨과 반대인데 에어컨이 실내의 온도를 실외기를 통해 외부로 열을 버리는데 반해 히트 펌프는 실외의 공기에서 열을 빼앗아 실내로 따뜻한 바람을 공급한다. 히터 펌프는 PTC 히터에 비해 비교적 전력 손실이 적다는 장점이 있지만 부품 단가가 비교적 더 비싸고 영상 5℃ 이하에서는 가동이 불가능하다. 이러한 이유로 전기 자동차에서는 PTC 히터가 주요 부품으로 사용되고 있다.

04 PTC 히터의 작동 원리

PTC 히터에 적용되는 소자인 PTC 서미스터는 온도 상승에 따라 저항이 증가하는 성질을 갖고 있다. 온도가 증가하면서 저항이 증가하기 때문에 특정 온도까지 도달하면 전류가 차단된다. 초기에는 최대 전력을 소모하여 빠르게 가열되고, 온도가 상승하면서 전력 소비가 점차 감소하여 가열 속도가 줄어들기 때문에 외부 피드백 제어가 필요 없다. 메인 히터 코어 뒤쪽에 PTC 서미스터를 장착하여 히터측으로 유입되는 공기를 1차로 가열해 준다.

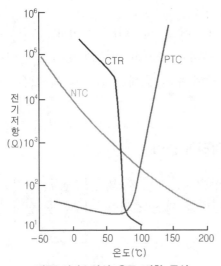

각종 서미스터의 온도-저항 특성

전기 자동차의 PTC 히터

05 TC 히터의 장·단점

(1) 장점

① 일반적인 PTC 가열 온도는 약 250 ~ 280℃ 이고 수명이 약 30,000 시간 이상으로 길다.

② 제어가 편리하고 과도한 에너지 전환이 없기 때문에 완전히 열로 전기 에너지를 변환할 수 있다.

(2) 단점

전기 자동차는 엔진의 열을 이용하여 난방을 할 수 없기 때문에 PTC 히터를 보조 난방이 아닌 주난방으로 사용하는데 실외 온도가 영하인 상태에서 전기 자동차에 PTC 히터를 작동하면 배터리의 최대 40%가 난방에 사용되어 동절기 1회 충전시 주행 가능 거리가 최대 주행거리(약 135km)의 약 60%(80km)에 불과하다.(이런 점을 개선하기 위해 히트 펌프 시스템이 개발, 적용되고 있다.)

기출문제 유형

◆친환경 차량에 히트 펌프 시스템(heat pump system)을 정의하고 특성을 설명하시오.(99-1-2)

01 개요

전기 자동차는 높은 가격과 충전 인프라의 부족, 짧은 주행거리 등 해결해야 할 문제점이 많이 있다. 특히 1회 충전 주행거리가 내연기관 차량에 비해서 짧다. 친환경 차량은 엔진의 열을 이용하여 난방을 할 수 없기 때문에 PTC 히터를 통해 난방을 해주는데 PTC 히터를 가열하기 위해서는 배터리를 사용해야 하기 때문에 추운 겨울철에는 차량의 주행 거리가 30~50% 정도로 급격히 감소한다. 이를 보완하고자 히트 펌프 시스템을 개발하였다.

02 히트 펌프 시스템의 정의

기존 에어컨 시스템에 사용되는 증기 압축식 냉동 사이클을 역으로 이용하는 시스템으로 실내 열교환기의 응축기에서 방출되는 고온의 열을 난방 및 온수에 이용하는 시스템이다.

03 히트 펌프 시스템의 구조 및 원리

(1) 구성

히트 펌프 시스템은 압축기, 증발기, 응축기, 팽창 밸브로 구성되어 있으며 에어컨과 동일한 구조이다.

(2) 작동 원리

운전 시 실외 열교환기에서 공기 중의 열을 회수하여 냉매를 증발시키고, 압축기에서 압축된 냉매를 실내 열교환기로 이송시켜 실내를 냉방한다. 냉각된 액체 상태의 냉매가 낮은 압력 상태인 증발기(3)로 들어가면 액체에서 기체로 증발한다. 압축기(4)에서 압축을 하면 압력이 상승하면서 온도가 상승한다. 고온·고압이 된 냉매를 응축기(1)로 보내 높은 온도의 열을 온도가 낮은 바깥 쪽 공기와 열교환을 시킨다.

냉매는 열에너지를 방출한 후 온도가 하강하며 응축된다. 액체가 된 냉매는 팽창밸브(2)로 흐르게 되고 냉매의 압력과 온도가 감소된다. 저온·저압의 냉매는 증발기로 들어가면서 사이클이 종료되고 다시 사이클이 반복되면서 난방이 된다. 이런 히트 펌프 시스템은 전기 자동차뿐만 아니라 지열, 수열을 이용하여 주택에서도 적용이 가능하다.

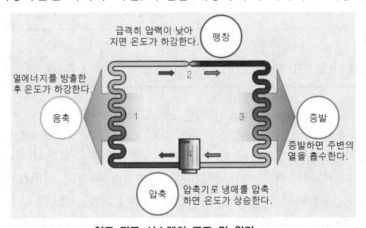

히트 펌프 시스템의 구조 및 원리

04 히트 펌프 시스템의 특징

① 히트 펌프 시스템은 에너지 흐름에서 전기 히터를 사용하는 난방장치보다 효율이 높고 환경문제가 없어 고효율 친환경 시스템이다.

② 에어컨으로 사용되는 증기 압축식 냉동 사이클에서 냉매의 순환 경로만 변경하여 난방을 하는 시스템이기 때문에 기존의 에어컨 사이클에서 단순히 냉매만 전환함으로써 냉방과 난방을 할 수 있다.

③ 추운 겨울철과 같이 외기 온도가 낮은 경우에 요구되는 난방 부하는 높은데 히트 펌프의 난방 능력은 부족해진다. 하지만 난방 부하가 높지 않은 하절기에는 난방

능력이 넘치게 된다. 따라서 저온 시 히트 펌프의 난방 성능을 향상시킬 수 있는 저온 운전성의 향상 기술이 필요하다.

④ 영하의 날씨에서 실외 열교환기의 응축수 빙결로 인한 착상 등의 문제가 발생한다. 착상 방지 및 제상 기술이 필요하다.

기출문제 유형

✦ 최근 전기 자동차의 에너지 저장기로 적용되는 전기 이중층 커패시터(electric double layer capacitor)의 작동 원리와 특성에 대하여 설명하시오.(108-4-2)

---

01 개요

(1) 배경

전기 이중층 커패시터(ELDC, Electric Double Layer Capacitor)는 IC와 LSI 메모리 및 액추에이터의 백업 전원으로서 전자 공업, 가전, 자동차 등 다양한 산업에서 널리 이용되고 있는 전자 부품 중 하나이다. 소형 EDLC는 IC, LSI, 초LSI 등의 소형 메모리 백업용 전원으로 사용 되었으며 카메라, 손목시계 등의 소형 모바일 기기에 응용되고 있다. 전기 자동차에서는 배터리를 대체할 수 있는 용도로 개발되고 있다.

(2) 전기 이중층 커패시터의 정의

고체 전극과 전해질 계면에 생기는 전기 이중층을 이용한 커패시터

02 EDLC의 기본 구성과 동작 원리

고체 전극과 전해질 용액이 접촉하는 계면에서는 매우 짧은 거리를 두고 양·음의 전하가 서로 마주보고 분포한다. 이러한 전하의 배열 분포층을 전기 이중층이라고 한다. 고체 전극은 활성탄으로 구성되어 있으며 이 활성탄과 유기 전해질을 접촉시킨 상태의 전기 이중층에 외부에서 전계(ψ)를 가하면 전하가 축적되고 축적되는 용량 C와 축적 전하량 Q는 다음과 같다.

$$C = \int \varepsilon / (4\pi\delta) \cdot dS$$

$$Q = \int \varepsilon (4\pi\delta) \cdot dS \times (2\Psi_1 - \Psi_0)$$

여기서 ε : 전해액의 유전율, δ는 전극 계면에서 이온의 중심까지의 거리
S : 전극 계면의 표면적, Ψ는 외부 전계로 통상 수 mV이다.

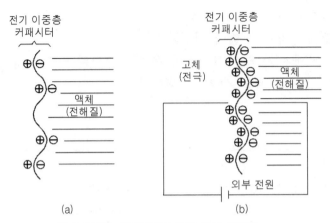

전기 이중층 커패시터의 기본 구조 개념도

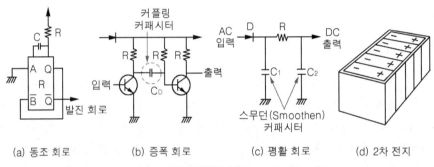

커패시터의 기능

커패시터는 전자회로에서 동조회로, 증폭회로, 평활회로, 충전회로 기능을 한다. EDLC는 주로 충전기능을 위해서 사용한다.

03 전기 이중층 커패시터의 특성

① 전기 이중층 커패시터는 전지와 커패시터의 중간 특성을 갖고 있다. 전지와 비교해 1회 충전당 충전 용량은 작지만 순시 충·방전 특성이 우수하여 10~100만회의 충·방전에도 기본 특성이 열화되지 않고 충·방전 시에 충·방전의 과전압이 없기 때문에 전기회로가 간단하고 저렴하다. 또한 잔존 용량을 알기 쉽고 사용 온도 범위가 넓어 −30~+90℃에서 사용이 가능하다.

② 전지는 충·방전 시에 유도전류 반응에 의해 전류량이 반응 속도가 가장 느린 속도에 맞춰서 반응을 하기 때문에(율속) 순간적인 충·방전에는 한계가 있다. 그러나 EDLC는 이중층 용량을 이용하기 때문에 충·방전시에 전기화학 반응을 동반하지 않아 순간적인 충·방전과 저온 및 고온에서의 충·방전이 가능하다.

③ EDLC는 전지의 충·방전시와 같이 물질 이동을 동반한 산화환원 반응이 아닌 전해액에서 이온의 물리적 흡·탈착 사이클이 충·방전 사이클이 되므로 100만회 이

상 충·방전 사이클을 반복해도 충·방전 특성은 거의 변하지 않는다. EDLC의 1회 충·전당 충전 용량은 Ni-Cd 전지의 약 1/50 정도 이다. 하지만 충·방전 시에 화학반응을 수반하지 않기 때문에 순시 충전이 가능하며 충·방전 과전압이 없고 충·방전 전기회로가 저렴하다. 충·방전 사이클이 반영구적이며 고온, 저온 특성이 우수하며 사용 온도 범위가 전지보다 넓고 단락되어도 파괴될 우려가 없다.

* **율속** : 반응시간을 결정할 때 전체 반응 시간은 구성 요소의 각각의 반응 속도 중에서 가장 느린 반응의 속도에 지배된다는 말로 율속 단계란 한 화학반응이 몇 개의 소과정으로 이뤄질 때 그 중에서 가장 느린 소과정에 의해 화학 반응 속도가 결정된다는 말이다.

기출문제 유형

✦ 가상 엔진 사운드 시스템(VESS : Vritual Engine Sound System)을 정의하고, 동작 가능조건을 설명하시오.(107-1-11)

✦ 소리 발생 장치(AVAS; Acoustic Vehicle Alert System)에 대하여 설명하시오.(114-1-5)

---

01 개요

전기 모터의 힘으로 구동하는 전기 자동차(EV), 플러그인 하이브리드(PHEV), 하이브리드 자동차(HEV)등은 주행 시 엔진에서 소리가 발생하지 않아 보행자가 이를 인식하지 못해 보행자 추돌의 위험성이 있다. 이를 방지하고자 유럽연합(EU)에서는 2019년 7월1일부터 출시되는 4개 이상의 바퀴가 달린 모든 전기 자동차, 하이브리드 자동차, 플러그인 하이브리드 자동차 신차에 반드시 '어쿠스틱 차량 경보 시스템(AVAS)'을 장착해야 한다는 내용의 법을 시행했다.

전기 자동차 소음 발생기의 의무 장착 규정은 '19년까지 신형 모델에 한해서 적용하고 '21년까지 모든 전기 자동차와 하이브리드 자동차로 확대할 예정이다. 미국 도로교통안전국(NHTSA)도 2020년 9월부터 모든 전동화 차량을 대상으로 시속 30km 미만으로 주행할 때 가상의 소리를 내도록 의무화한다고 발표했다. 우리나라 국토교통부 역시 시속 20km이하의 주행 상태에서는 75dB 이하의 경고음을 내야 하고, 전진 주행할 때는 속도 변화를 보행자가 알 수 있도록 주파수 변화를 줘야 한다고 규정했다.

참고 **자동차 및 자동차부품의 성능과 기준에 관한 규칙[시행 2019. 9. 1]**
제53조의3(저소음 자동차 경고음 발생장치) 하이브리드 자동차, 전기 자동차, 연료전지 자동차 등 동력발생장치가 전동기인 자동차(이하 "저소음 자동차"라 한다)에는 별표 6의33의 기준에 따른 경고음 발생장치를 설치하여야 한다.

02 가상 엔진 사운드 시스템(VESS : Virtual Engine Sound System), 어쿠스틱 차량 경보 시스템(Acoustic Vehicle Alerting System)의 정의

차량에 스피커를 장착해 인위적으로 가상의 엔진 소음을 발생시켜 보행자 추돌 위험을 방지하는 시스템이다. AVAS는 저속에서 일정 수준 이상의 인공 소음을 내는 친환경 자동차 한정 안전 기능을 말하며 VESS는 현대자동차에 적용된 가상 엔진 소음 기능의 명칭이다. 음향기기 및 차량 전장 업체인 하만은 차량 외부 음향 솔루션(eESS : external Electronic Sound Synthesis)이라는 명칭을 사용한다.

03 규제 내용

(1) 유럽연합 규정

20km/h 이하에서 56dB 이상의 소리가 출력되어야 한다. 차량의 진행 방향과 상관없이 소음이 발생해야 하며 최대 75dB 까지 지정이 가능하다.

(2) 국내 규정

10km/h 속도 전진 시 최소 50dB, 20km/h 속도 전전 시 최소 56dB, 전진 시 소음의 상한선 최대 75dB, 후진 시 최소 47dB

04 작동 조건

① 차량 속도 1~20km/h 로 주행할 때
② 변속 레버가 "D"에서 "N"으로 바뀔 때
③ 변속 레버가 "R"로 바뀔 때

05 시스템 구성 및 작동 원리

가상 엔진 시스템은 엔진 음 액추에이터(스피커), 차량 정보 수집 장치, 음향 처리 장치(VESS 제어기), 액셀러레이터로 구성되어 있다.

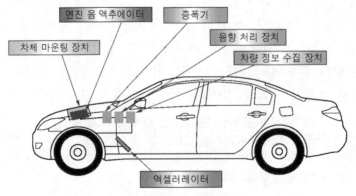

가상 엔진 시스템의 구성

차량의 속도, 액셀러레이터 페달 작동량, 변속기 레버 위치, 엔진 동작 상태 등의 차량 정보를 VESS 제어기가 수신을 받아 저장된 음원을 스피커를 통해 재생해준다.

06 VESS 개발 동향 [1]

① 자동차 전장 전문업체 '하만'은 선도적인 VESS 기술을 보유한 기업으로 '차량 외부 음향 솔루션(eESS)'이라는 자체 AVAS를 개발했다. eESS는 특정 소리를 생성해 차량의 전방과 후방에 위치한 스피커를 통해 재생한다. 속도, 연료 조절 위치 센서를 통해 eESS 신호의 양과 특성을 결정하는 방식으로 보행자에게 차량의 접근을 경고해 준다.

② 재규어(Jaguar)의 전기 자동차 아이 페이스(I-Pace)는 시속 12마일 보다 느린 속도로 운행할 때 경고음을 낸다. 예전에 제작했던 경고음은 자동차 엔진 소리와 동떨어진 음향으로, 경고음을 들은 보행자는 주변을 둘러보는 대신 하늘을 올려다보는 경우가 많았다. 현재는 전기 자동차로 인지할 수 있는 소음을 전 방향으로 방출하며, 후진을 하거나 운전 방향을 변경할 경우 다른 사운드가 발생하도록 음향 시스템을 개발했다.

③ 할리 데이비슨(Harley-Davidson)은 전기 오토바이 라이브와이어(LiveWire)에 가상의 소리를 얹었다. 전기 오토바이 역시 전기 자동차처럼 배기음이나 엔진 구동 소리를 내지 않지만, 할리 데이비슨은 제트기가 내는 소리와 비슷한 음향을 가상 엔진 소리로 적용하고 있다

④ 포르쉐(Porsche)는 기존의 엔진 소리를 증폭하는 방식을 선택하여 과장되거나 고의적인 소리를 합성하지 않고, 전력 장치의 소리를 증폭시킴으로써 자연스러운 소리를 만들어냈다.

⑤ BMW는 다크나이트, 인셉션, 인터스텔라, 라이온 킹 등 영화 OST를 제작한 한스 짐머(Hans Zimmer)와 공동 작업하여 가상 엔진 소리를 만들었다. 이는 차후 출시될 BMW 비전 M넥스트(Vision M Next)에 적용될 예정이다.

⑥ 국내 중소기업인 예일전자는 출력과 크기를 키운 진동 소자를 후드 안쪽에 부착하는 '자동차용 무지향성 가상 엔진 사운드 액추에이터' 방식을 특허 등록 했다. 이 방식은 별도 스피커를 설치할 필요 없이 후드와 VESS 음원을 일체형으로 설계할 수 있기 때문에 사방으로 소리가 퍼져서 보행자 안전도 보장하지만, 엔진룸 설계의 구조도 단순화할 수 있다.

⑦ 이 외에도 ADAS 기술과 연계하여 전방에 보행자를 감지할 경우 인공적으로 엔진음을 발생시키는 시스템도 개발 중이다.

---

1) 테크월드(http://www.epnc.co.kr)

01 개요

(1) 배경

엔진의 연비를 높이기 위해서 ISG(Idle Stop & Go), 정차 중 가변 기통 정지, 주행 중 기통을 정지하고 변속기를 분리하는 e-Clutch 기술 등이 적용되고 있어서 엔진 소음이 점차 줄어들고 있다. 또한 전기 자동차는 내연기관이 없기 때문에 엔진 소음이 발생하지 않는다. 차량의 엔진 소음이 거의 발생하지 않기 때문에 보행자에게 인지가 되지 않아 위험할 수 있고 엔진 소음이 저감되는 것에 비례하여 그 이외의 소음에 더 많이 노출되고 있다.

따라서 현재 제작되는 차량은 원치 않는 실내 소음을 저감시키고 운전자가 원하는 엔진의 사운드를 실내에 제공하고 차량의 외부에는 보행자를 위한 사운드를 만들어주는 것이 요구되고 있다. 액티브 노이즈 컨트롤(ANC, Active Noise Control) 기술은 외부 소음과 반대되는 음원을 내보내 소음을 상쇄시키고 액티브 사운드 디자인(ASD, Active Sound Design) 기술은 기존의 엔진 음에 새로운 음을 덧입혀 풍부하고 다이내믹한 엔진 음을 만든다.(국내 차량에는 제네시스 G80 스포츠, G70, 현대 벨로스터, 기아 스팅어 등에 해당 기술이 적용되어 있다.)

(2) 액티브 사운드 디자인(ASD : Active Sound Design)의 정의

운전자가 원하는 엔진 음 스타일을 선택할 수 있는 기술로 내장 사운드 제어기를 활용하여 동일 차량에서 일반 주행, 스포츠 주행, 정숙 주행 등 다양한 주행모드 사운드 시스템을 선택할 수 있도록 한 기술이다. 전자식 사운드 제너레이터(ESG : Electronic Sound Generator)

(3) 액티브 소음 저감기술(ANCS : Active Noise Control System)의 정의

차량 내 감지 센서를 설치해 실내로 유입되는 엔진 음, 흡·배기 음 등 각종 소리의 주파수, 크기, 음질 등을 분석 한 후, 스피커를 통해 역 파장의 음파를 내보내 소음을 상쇄시키는 기술이다.

02 작동 구성 및 원리

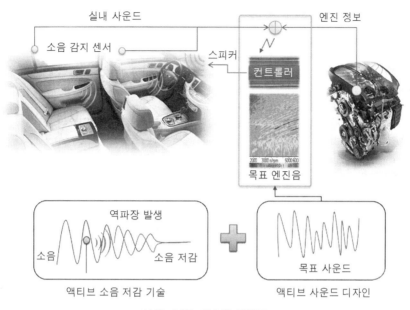

ANC·ASD 시스템 개념도

(1) 액티브 사운드 디자인

엔진의 상태를 CAN으로 입력 받아서 현재 상태에 맞는 사운드를 카 오디오 시스템과 차량 내의 스피커를 통해서 출력시켜 준다. 컴포트 모드에서는 일상 주행에 적합한 엔진 음을 발생시키고 스포츠 모드일 때는 엔진의 가속에 따라 엔진 음이 더욱 강하게 발생된다. 차량이 내는 기본 엔진 음에 새로운 사운드를 발생시켜 스포티한 감성을 극대화시킨다.

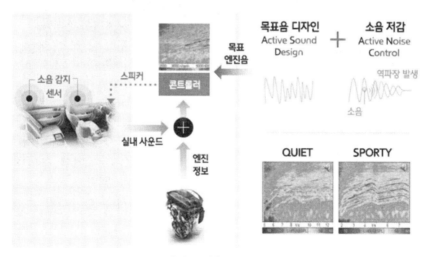

액티브 사운드 디자인

(2) 액티브 소음 저감 기술

소음 감지 센서, 내부 마이크로 실내 노이즈를 샘플링 한다. 제어기를 통해 노이즈 분석을 한 후 실내 스피커를 통해 역 파장의 음파를 발생시킨다. 차량 내부 소음을 약 8dB까지 줄이는 효과가 있다.(Toyota Crown Hybrid)

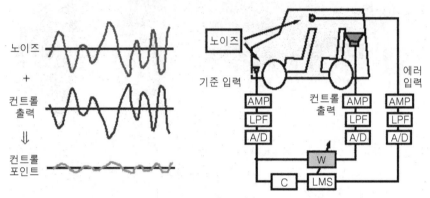

액티브 소음 저감 기술(1)

아래의 그림과 같이 운전석 및 뒷좌석에 우퍼 스피커를 장착하고 차량의 천정 부위에서 소음을 센싱하여 위상이 반대인 음파를 생성시켜 준다.

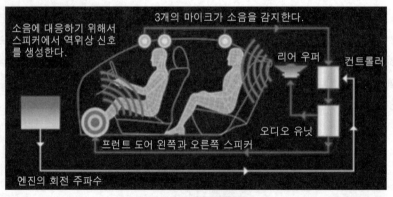

액티브 소음 저감 기술(2)

03 효과, 특징

① 차량의 소음을 줄이기 위해 사용되던 고가의 특수기구나 차체 보강재를 줄일 수 있어 차량 중량 저감이 가능하여 연비의 개선 효과가 있다.

② 실내 소음으로 인한 불편함을 개선할 수 있어 편의성을 향상시킬 수 있고 원하는 사운드의 출력으로 탑승자의 감성을 만족시킬 수 있다.

✦ 12V 전원을 사용하는 일반 승용차에 비해 고전압을 사용하는 친환경 자동차에서 고전원 전기장치의 안전기준에 대해 설명하시오.(101-3-4)

✦ 고전압을 사용하는 친환경 자동차에서 고전원 전기장치를 정의하고, 충돌 안전시험 기준에 대하여 설명하시오.(116-3-6)

01 개요

(1) 배경

전기 자동차, 플러그인 하이브리드 자동차, 수소 연료전지 자동차 등 친환경 자동차에는 기존 내연기관 자동차에 사용되는 12V 또는 24V의 배터리보다 전압이 큰 300V~600V의 고전압 구동 배터리가 사용되고 있다. 사용자가 고전압에 직접 노출되면 감전으로 인해 심각한 상해가 발생할 수 있다.

차체와 고전압 시스템이 완벽하게 절연되어 있지 않아 차체에 고전압이 인가 될 경우 큰 전류가 흐르게 되어 탑승자가 위험해질 수 있고 충돌 사고가 발생하는 경우 구동 배터리의 발화나 폭발이 발생할 수 있다. 이러한 고전압 관련 사고를 미연에 방지하고 안전도를 확보하기 위해 고전원 전기장치에 대한 안전 기준이 규정되어 있다.

자동차 안전기준은 자동차 및 자동차의 부품 또는 장치를 제작함에 있어서 안전운행에 필요한 성능과 기준을 제시하고 이 기준에 적합하지 않으면 도로상을 운행하지 못하도록 하여 자동차 안전상의 결함으로 인한 사고를 최소화할 목적으로 제정된 규정이다.

(2) 고전원 전기장치의 정의

구동 축전지, 전력 변환장치, 구동 전동기 등 작동 전압이 직류 60V 또는 교류 25V를 초과하는 전기장치

(3) 구동 축전지의 정의

자동차의 구동을 목적으로 전기 에너지를 저장하는 축전지 또는 이와 유사한 기능을 하는 전기 에너지 저장매체

02 고전원 전기장치 안전기준

(1) 고전원 전기장치의 안전기준(자동차 안전기준에 관한 규칙 제18조의 2 고전원 전기장치)

① 고전원 전기장치 간 전기 배선의 피복은 주황색으로 할 것
② 고전원 전기장치 간 전기 배선이 차실 내 및 차체 외부에 노출되는 부분에는 보호기구를 설치할 것

③ 고전원 전기장치 간 전기 배선은 노출된 활선 도체부 및 이음부가 없을 것

④ 고전원 전기장치와 전기 배선은 접속 시 극성이 바뀌지 아니하도록 할 것

⑤ 고전원 전기장치에는 감전에 대한 경고 표시를 할 것

⑥ 고전원 전기장치는 공구를 사용하지 아니하면 쉽게 개방, 분해, 제거되지 아니하는 구조일 것

(2) 구동 축전지의 안전 기준(제18조의 3 구동 축전지)

① 구동 축전지는 차실과 벽 또는 보호판 등으로 격리되는 구조일 것

② 자동차의 구동 축전지는 설계된 범위를 초과하는 과충전을 방지하고 과전류를 차단할 수 있는 기능을 갖출 것

③ 구동 축전지는 국토교통부장관이 따로 정하는 물리, 화학, 전기 및 열적 충격 조건에서 발화 또는 폭발하지 않을 것

03 고전원 전기장치에 대한 충돌 안전성 시험

(1) 고전원 전기장치 충돌 안전성 시험

시험조건	기준
1. 시속 48.3km/h의 속도로 자동차를 고장벽에 정면 충돌	가. 화재 및 폭발이 발생하지 않을 것 나. 자동차의 정지순간부터 30분 동안 구동 축전지 전해액 누출량이 5ℓ 이하일 것 다. 차실 내로 구동 축전지 전해액이 유입되지 않을 것 라. 구동 축전지 장치 중의 일부라도 차실 내로 침입하지 않을 것 마. 고전원 활선 도체부와 노출 도전부(전기직 섀시)와의 절연저항은 각각 100Ω/V[DC], 500Ω/V[AC] 이상일 것
2. 시속 48.3km/h의 속도로 이동벽을 자동차의 뒷면에 충돌	
3. 시속 32.3km/h의 속도로 이동벽을 자동차의 옆면에 충돌	
4. 제1호부터 제3호까지 시험 후 자동차를 90°씩 4번을 회전시켜 각 위치에서 5분 동안 정지	

(2) 구동 축전지 충돌 안전성 시험

시험항목	시험방법	시험기준
낙하 안전시험	4.9m 자유낙하	발화/폭발
액중 투입 안전시험	0.6mol 염수에 1시간 동안 침수	발화/폭발
과충전 안전시험	90C 150%까지 과충전	발화/폭발
과방전 안전시험	SOC 0%에서 1C로 과방전	발화/폭발
단락 안전시험	50mΩ 이하로 회로 구성 후 단락	발화/폭발
열 노출 안전시험	80℃ 챔버에 4시간 노출	발화/폭발
연소 안전시험	890~900℃로 2분간 직접가열	폭발

02 하이브리드 자동차

기출문제 유형

- ✦ 하이브리드 자동차의 동력 전달 방식을 분류하고, 장단점을 설명하시오.(92-4-2)
- ✦ 하이브리드 자동차를 동력 장치 배치방식(시리즈 타입, 패럴렐 타입, 파워 스플릿 타입)에 따라 설명하시오.(120-3-1)
- ✦ 하이브리드(Hybrid) 자동차의 종류와 작동 원리를 설명하시오.(62-4-4)
- ✦ 하이브리드 기관의 종류와 그 특징에 대하여 기술하시오.(50)
- ✦ 하이브리드 자동차의 차량 예를 들고 각 요소에 대하여 서술하시오.(39)
- ✦ 하이브리드 전기 자동차의 종류와 직렬 하이브리드 전기 자동차의 체인지 익스텐더와 자립형에 대해서 설명하시오.(86-2-3)
- ✦ 병렬식 하이브리드 자동차(Hybrid Vehicle)를 설명하시오.(75-1-2)
- ✦ 에너지 절약형 하이브리드 차량의 방법을 두 가지 제시하고 그 원리를 설명하시오.(45)

01 개요

(1) 배경

세계 자동차시장은 자동차 배기가스에 대한 국제 환경규제 강화, 석유의 고갈 가능성, 유가 상승, 자원 무기화 등으로 내연기관 자동차에서 친환경 자동차로 이행 중이다. 친환경 자동차는 하이브리드 전기 자동차(HEV : Hybrid Electric Vehicle), 플러그인 하이브리드 전기 자동차(PHEV : Plug-In HEV), 전기 자동차(EV : Electric Vehicle), 수소 연료전지 자동차(FCEV : Fuel Cell Electric Vehicle) 등이 있다.

특히 순수 전기 자동차는 원자력, 수력, 풍력 등의 석유를 대체하는 에너지를 사용할 수 있으며, 주행 중 배기가스를 배출하지 않기 때문에 주목받고 있다. 하지만 높은 배터리 가격과 짧은 충전 주행거리 등의 단점 등이 있기 때문에 이를 보완하기 위해 내연기관 자동차와 전기 자동차를 혼합한 하이브리드 전기 자동차가 개발되었다.

(2) 하이브리드 전기 자동차의 정의

전기의 동력과 내연기관(가솔린, LPG, 디젤 등)이나 그 외의 다른 두 종류의 동력원을 조합하여 탑재하는 자동차로서 가솔린 엔진과 전기 모터, 수소 엔진과 연료전지, 디젤 엔진과 전기 모터 등 2개의 동력원을 함께 이용하는 자동차이다.

02 하이브리드 자동차의 종류 · 분류

(1) 동력 전달 방식(동력원 연결 구조)에 따른 분류

① 직렬형 하이브리드 자동차
② 병렬형 하이브리드 자동차
③ 동력분기형 하이브리드 자동차 · 직병렬 복합형 하이브리드 자동차

(2) 엔진과 모터 구동 비율에 따른 분류

① 마이크로(Micro, Mild) 타입 하이브리드 자동차
② 소프트(Soft, Power Assist) 타입 하이브리드 자동차
③ 하드(Hard, Full, Strong) 타입 하이브리드 자동차

03 직렬형(Series) 하이브리드 시스템

(1) 배경

직렬형 하이브리드 시스템은 원리가 간단하기 때문에 초기 하이브리드 자동차에 많이 적용되었으나 배터리 용량의 한계나 성능, 기술의 한계로 인해 병렬형이나 혼합형(동력 분기형) 보다 활용성은 떨어진 상태였다. 하지만 현재 하이브리드나 플러그인 하이브리드 차량은 전기 자동차에 비해 저렴하나 복잡해진 구동 엔진과 배터리의 무게로 인해 효율이 떨어지고 전기 자동차는 구조가 간단하고 연비가 좋지만 높은 배터리 가격과 낮은 효율, 고가의 비용으로 상용화가 더디게 진행되고 있다.

이러한 상황에서 배터리와 내연기관의 효율을 최대한 확보할 수 있는 대체 용도로 직렬형 하이브리드 시스템이 다시 주목받고 있다. 주로 전기 자동차에 적용이 되어 주행거리를 연장하는 용도로 적용되고 있다.(수소 연료전지 차량에서는 엔진을 연료전지로 대체한 직렬형 하이브리드 시스템을 사용하고 있다고 볼 수 있다.)

(2) 직렬형 하이브리드 시스템의 정의

자동차에 동력을 제공하는 수단으로 전기 모터를 사용하고 엔진은 주로 배터리에 전기를 충전하는 용도로 사용하는 하이브리드 시스템이다.

(3) 직렬형 하이브리드 시스템의 종류

1) 레인지 익스텐더(Range Extender)

레인지 익스텐더(RE-EV : Range Extended Electric Vehicle) 하이브리드 시스템은 차량의 배터리를 충전하기 위해 비교적 소형의 엔진과 발전기를 탑재한 시스템으로 주로 주행거리를 증가시킬 목적으로 사용된다. 모터로만 주행이 가능하므로 전기 자동차로 분류되기도 하며 주행거리 연장형 전기 자동차라고도 한다.

기존의 하이브리드나 플러그인 하이브리드 시스템과 다른 점은 내연기관이 직접 동력에 관여하지 않고 배터리의 충전을 위해서만 사용된다는 것이다. 적용 차량으로는 쉐보레 볼트, BMW i3 등이 있다. 쉐보레 볼트는 배터리만으로 56km 정도 주행이 가능하고 내연기관을 이용하면 총 480km의 거리를 주행할 수 있다. BMW i3는 배터리만으로 130km 주행이 가능하고 내연기관을 활용하면 총 300km 정도 주행이 가능하다.

2) 자립형(Standalone)

차량의 배터리를 충전하기 위해 비교적 출력이 큰 엔진과 발전기, 고용량의 배터리를 조합한 직렬형 하이브리드 시스템으로 주행거리의 확장과 엔진의 저공해화, 연비 향상이 목적이다. 태양광이나 풍력, 퓨얼 셀 등을 이용한 방법의 하이브리드 시스템을 말하기도 한다.

(4) 직렬형 하이브리드 시스템의 구성, 동작원리

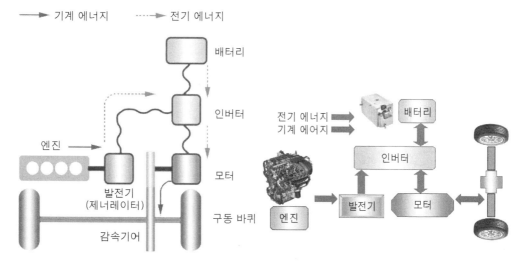

직렬형 하이브리드 시스템의 구성

1) 구성

엔진, 발전기, 인버터, 배터리, 모터, 변속기(감속기어), 하이브리드 제어기(HCU : Hybrid Control Unit)

2) 동작 원리

내연기관, 발전기, 모터, 변속기가 직렬로 연결되어 있다. 내연기관의 구동으로 회전력이 발생하고 이 회전력으로 발전기를 구동시켜 전기를 생성한다. 생성된 전기는 인버터를 통해 배터리에 저장되고 모터에 공급되어 자동차를 구동한다. 순수하게 모터의 구동력만으로 자동차를 구동시킨다.

(5) 직렬형 하이브리드 시스템의 장·단점

1) 장점

① 엔진과 전기 모터 간에 기계적인 연결이 없어서 설계 자유도가 향상되고 기계적 내구성이 향상된다.

② 엔진이 전기를 생산하기 위한 장치로만 사용되므로 배기량이 큰 엔진을 사용하지 않아도 되고 전 운전 조건에서 좁은 rpm 영역에서만 움직여도 되므로 연료 소비율이 저감된다.

③ 도심지와 같이 정지 구간이 많은 곳에서는 병렬형보다 연비가 좋다.

④ 차속과 주행 환경에 따라 연비를 향상시키고 배출가스를 최소화 시킬 수 있다.

2) 단점

① 주행 성능을 만족시키기 위해 고성능의 모터, 고용량의 배터리 개발이 필수적이다.

② 전기 모터와 배터리의 중량 및 크기 증대로 부품의 원가 증가와 공간의 활용성이 저하되고 비용이 증가한다.

③ 고속 주행 시 여러 번의 에너지 변환으로 인해 에너지 효율성이 저하되고, 최고 출력이 낮다.

④ 우리나라에서 레인지 익스텐더 적용 차량은 순수 전기차로 적용되지 않아 정부 보조금 대상에서 제외되고 있다.

> **참고** 국내에서 전기 자동차는 환경부 보조금 1500만원, 지방자치단체 보조금 800만원, 충전기 설치비 700만원 등 최대 3000만원에 달하는 보조금을 지원 받을 수 있지만, 발전 내연기관을 탑재하면 전기 자동차 혜택을 받을 수 없다. 해외에서는 발전 내연기관 차령을 주행거리 확장형 전기 자동차(Extended Range Electric Vehicle)로 분류하고 있지만, 국내는 이에 대한 분류 체계도 아직 나와 있지 않다.
>
> * **적용 차종** : 쉐보레 볼트 1세대 하이브리드, BMW i3

04 병렬형(Parallel) 하이브리드 시스템

(1) 배경

병렬형 하이브리드 시스템은 직렬형 하이브리드 시스템의 단점을 보완하고자 개발된 시스템으로 엔진이 주 동력원으로 사용되고 모터는 보조 동력원으로 사용되는 방식이다. 엔진의 구동력이 약한 출발 시나 가속 시에 모터가 구동력을 보조하여 효율을 높일 수 있다.

(2) 병렬형 하이브리드 시스템의 정의

모터와 내연기관을 병행 사용하여 구동력을 얻는 하이브리드 시스템이다. 변속기의 앞뒤에 엔진 및 모터를 병렬로 배치하여, 주로 엔진으로 자동차를 구동하고 전기 모터는 보조 역할을 하는 방식의 하이브리드 자동차 시스템이다.

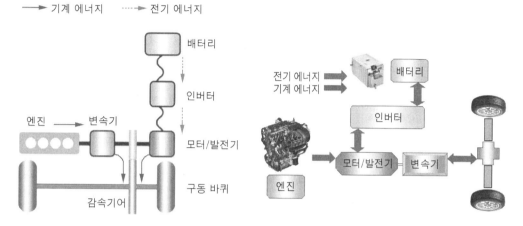

병렬형 하이브리드 시스템의 구성

(3) 병렬형 하이브리드 시스템의 구성, 동작원리

1) 구성

엔진, 발전기, 인버터, 배터리, 모터, 변속기(감속기어), 하이브리드 제어기(HCU : Hybrid Control Unit)

2) 동작원리

병렬형 하이브리드 시스템은 가속 시나 출발 시와 같이 큰 힘이 필요할 때는 엔진과 전기 모터를 같이 구동하고 정속 구간에서는 엔진으로만 주행한다(소프트 타입). 감속과 같이 전기 모터를 구동하지 않을 때는 배터리를 충전한다.

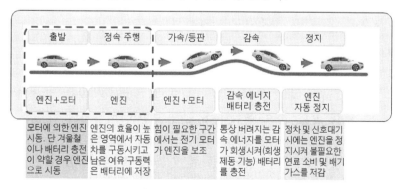

병렬형 하이브리드 동작

(4) 병렬형 하이브리드 시스템의 종류

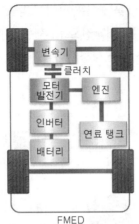

FMED
(Flywheel Mounted Electric Device)

TMED
(Transmission Mounted Electric Device)

FMED와 TMED 형식의 차이

1) FMED(Flywheel Mounted Electric Device)

모터가 엔진의 플라이 휠에 장착되어 있는 구조로 모터와 변속기 사이에 클러치가 배치되어 있으며, 동력을 단속한다. 모터만으로 동력 전달이 불가능하기 때문에 병렬형 소프트 타입 하이브리드 시스템으로도 불린다.

2) TMED(Transmission Mounted Electric Device)

모터는 변속기에 연결되어 있고 클러치는 모터와 엔진 사이에 배치되어 있는 구조로 모터로만 주행하는 EV(Electric Vehicle) 모드가 가능하다. 병렬형 하드 타입 하이브리드 시스템으로도 불린다.

(5) 병렬형 하이브리드 시스템의 장·단점

1) 장점

① 직렬 방식에 비해 고속 주행 시 에너지 변환 손실이 적고 기존 내연기관 차량의 구조에 큰 변화를 주지 않고도 적용이 가능하다.

② 직렬 방식에 비해 비교적 저 성능의 전동기와 소용량의 배터리로도 구성이 가능하다.

③ 주행 상태에 따라 엔진과 모터의 특성을 최적화하여 유해 배출가스의 감소, 소음의 감소, 높은 효율, 낮은 연료 소비율의 운전이 가능하다.

2) 단점

① 직렬형 방식에 비해 구조 및 제어 알고리즘이 복잡하다.

② 엔진이 배터리 충전을 할 때 모터로 사용할 수 없고 배터리가 모터를 구동시킬 땐 충전이 되지 않아 도심에서는 연비가 낮아진다.

③ 엔진의 동력을 전동기가 보조해 주는 방식으로 직렬방식에 비해 제어 방법과 구조가 복잡해진다.

  * **적용 차종** : 혼다 인사이트, 시빅, 현대 쏘나타 하이브리드, 기아 K5 하이브리드

05 동력 분기형(Power-split) 하이브리드 시스템

(1) 배경

동력 분기형 하이브리드 시스템은 직렬형 하이브리드 시스템과 병렬형 하이브리드 시스템의 장점을 결합하여 전 운전 조건에서 연비를 개선하고 배출가스를 저감시킨 시스템이다. 엔진과 모터가 동력 분기 장치에 연결되어 주행 환경에 따라 동력 분배 비율을 다르게 설정하여 직렬, 병렬형 하이브리드 시스템의 장점을 취한 방식으로 직렬과 병렬이 혼합되어 있기 때문에 직병렬 혼합형, 복합형으로 불리기도 한다.

(2) 동력 분기형 하이브리드의 정의

직렬과 병렬 구조를 동력분배기를 통해 혼합하여 운전조건에 따라 최적의 운전모드를 선택하여 구동하는 방식의 하이브리드 시스템이다.

(3) 동력 분기형 하이브리드의 구성 및 동작 원리

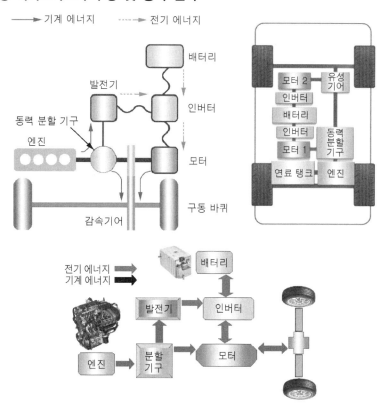

동력 분기형 하이브리드 시스템의 구성

1) 구성

엔진, 발전기, 인버터, 배터리, 모터(2개), 변속기(감속기어), 하이브리드 제어기(HCU
: Hybrid Control Unit)

2) 동작 원리

동력 분기형은 엔진과 모터의 동력을 입력측에서 분기시키는 입력 분기형, 출력측에
서 분기하는 출력 분기형, 입력측과 출력측 모두에서 분기시키는 복합 분기형이 있다.
이들 모두 직렬형과 병렬형의 장점을 통합한 방식으로 동력순환·분기구조를 이용하여
직렬방식이 유리할 시에는 직렬형으로, 병렬 방식이 유리할 때는 병렬형으로 작동한다.

동력 분기형의 대표적인 방식인 입력 분기형은 모터가 2개 적용되어 주행 환경에 따
라 엔진이 구동되면 한 개의 모터가 엔진의 동력을 분기 받아 전기를 발전하는 역할을
담당하고 나머지 한 개의 모터는 발전된 전기나 배터리의 전기를 이용하여 엔진의 구동
력을 보조하는 역할을 담당한다.

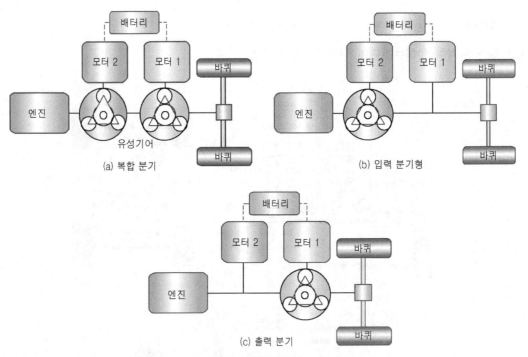

동력 분기형의 종류

저속 주행이나 중속 주행 시에는 배터리의 SOC를 고려하여 SOC가 충분할 경우에는
배터리로만 구동을 하는 직렬형을 사용하고 SOC가 불충분할 경우에는 엔진으로 구동하
는 병렬형을 사용한다. 병렬형을 사용할 때는 엔진에서 발생되는 동력을 2개로 나누어
서 하나는 차량을 직접 구동시키고, 다른 하나는 발전기(Electrical Generator)를 회전
시켜 배터리를 충전시킨다.

차량을 출발시킬 때나 가속, 고속 주행 등과 같이 높은 토크가 요구될 때는 엔진으로만 구동하는 병렬형을 사용하거나 배터리의 전원으로 전기 모터(Electrical Motor)를 구동시켜 엔진의 구동력을 보조하는 방식으로 사용해 준다. 감속 시에는 모터의 회생 제동을 통해 배터리를 충전시켜 준다.

(4) 동력 분기형 하이브리드의 장·단점

1) 장점

① 엔진, 모터 및 발전기의 동력을 분할·통합하는 유성기구를 채택하여 효율적으로 동력을 분배하고 있으며 회생 제동 효율이 우수하고 연비가 높다.

② 모든 운전 영역에서 높은 열효율과 유해 배출가스를 감소시킬 수 있다.

2) 단점

① 제어가 어렵고 병렬형에 비해 고성능의 전동기를 필요로 한다.

 * **적용 차량** : 토요타 프리우스, 렉서스 하이브리드

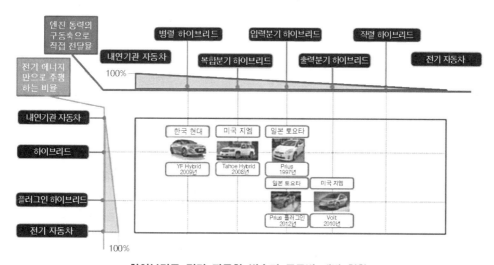

하이브리드 전기 자동차 변속기 종류별 개발 현황

기출문제 유형

✦ 병렬형 하드 타입 하이브리드 자동차의 특징을 설명하시오.(98-1-10)

✦ 소프트 타입 병렬 하이브리드 자동차를 설명하시오.(78-1-2)

✦ HEV(Hybrid Electric Vehicle) 분류에서 소프트 타입과 하드 타입을 설명하고, 하이브리드 시스템 구성을 서술하시오.(90-2-1)

✦ 하이브리드 방식 중 패럴렐 타입(Parallel Type)에서 TMED(Transmission Mounted Electric Device) 형식에 사용되는 하이브리드 기동 발전기(Hybrid Starter Generator)의 기능과 제어 메커니즘을 설명하시오.(120-1-12)

01 개요

(1) 배경

하이브리드 자동차는 동력 전달 방식에 따라서 직렬형, 병렬형, 직병렬 혼합형·동기 분기형 하이브리드 시스템으로 구분된다. 또한 모터의 사용 정도에 따라서 마이크로 (Micro, Mild), 소프트(Soft, Power assist), 하드(Hard, Full) 타입 하이브리드로 구분된다. 모터가 시동 시 단순 보조 역할을 하면 마이크로 타입, 주행 중 엔진의 보조 역할로만 사용되면 소프트 타입, 모터가 자동차의 구동을 위해 독자적으로 사용되면 하드 타입으로 분류된다. 따라서 마이크로, 소프트, 하드 타입 순으로 배기가스와 연비 효율이 좋아진다.

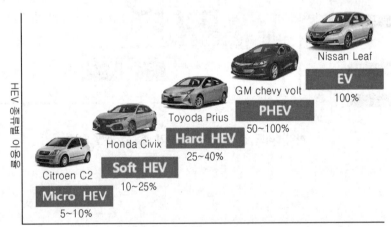

HEV의 종류별 연료효과 및 CO_2 감소율

HEV 종류별 이용율, 연료 효과 및 CO_2 감소율

(2) 소프트(Soft, Power Assist) 타입 HEV의 정의

소프트 타입 HEV는 병렬 방식 하이브리드 시스템으로 모터는 시동이나 가속 시에 엔진의 동력을 보조 해주는 역할을 한다.

HEV 동력 전달의 개념도

(3) 하드(Hard, Full) 타입 HEV의 정의

하드 타입 HEV는 시동, 저속 시에 모터가 동력원이 되어 주행이 가능한 하이브리드 시스템으로 고속 주행이나 등판 시에는 엔진이 주 동력원이 되고 모터는 보조 동력원의 역할을 수행한다.

* 일정 속도 이하에서 모터로만 주행이 가능하다는 측면에서 직렬형, 혼합형이 하드 타입으로 분류될 수 있고 병렬형 중에서 TMED 방식이 하드 타입으로 분류될 수 있다.

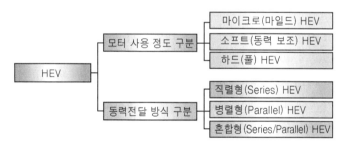

HEV의 분류

02 소프트 타입 병렬 하이브리드 자동차 상세 설명

(1) 구성

엔진, 발전기, 인버터, 배터리, 모터, 변속기(감속기어), 클러치(모터와 변속기 사이에 위치), 하이브리드 제어기(HCU : Hybrid Control Unit)로 구성되어 있다. FMED(Flywheel Mounted Electric Device) 구조로 모터가 엔진의 플라이 휠에 장착되어 있는 구조로 모터와 변속기 사이의 클러치가 동력을 단속한다. 모터만으로 동력의 전달이 불가능하기 때문에 소프트형(Soft Type) 하이브리드 시스템으로도 불린다.

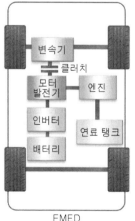

FMED
(Flywheel Mounted Electric Device)

(2) 동작원리(제어 메커니즘)

FMED 방식의 하이브리드 자동차는 가속 시나 출발 시와 같이 큰 힘이 필요할 때는 엔진과 전기 모터를 같이 구동하고 정속구간에서는 엔진으로만 주행한다. 감속과 같이 전기 모터를 구동하지 않을 때는 배터리를 충전한다.

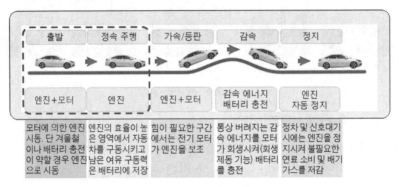

출발	정속 주행	가속/등판	감속	정지
엔진+모터	엔진	엔진+모터	감속 에너지 배터리 충전	엔진 자동 정지
모터에 의한 엔진 시동. 단 겨울철 이나 배터리 충전이 약할경우 엔진력 으로 시동	엔진의 효율이 높 은 영역에서 자동 차를 구동시키고 남은 여유 구동력 은 배터리에 저장	힘이 필요한 구간 에서는 전기 모터 가 엔진을 보조	통상 버려지는 감 속 에너지를 모터 가 회생시켜(회생 제동 기능) 배터리 를 충전	정차 및 신호대기 시에는 엔진을 정 지시켜 불필요한 연료 소비 및 배기 가스를 저감

소프트 타입 HEV의 제어 메커니즘

(3) 장·단점

1) 장점

① 하드 타입 하이브리드 방식에 비해 내연기관 차량의 구조에 큰 변화를 주지 않고도 적용이 가능하다.

② 하드 타입에 비해 비교적 저성능의 전동기와 소용량의 배터리로도 구성이 가능하다.

③ 기존 내연기관에 비해 주행 상태에 따라 엔진과 모터의 특성을 최적화하여 유해 배출가스의 감소, 소음의 감소, 높은 효율, 낮은 연료 소비율의 운전이 가능하지만 TMED 방식보다 효율이 낮다.

2) 단점

① 하드 타입에 비해 연비의 저감 효과나 배출가스의 저감 효과가 적다.

② 엔진이 배터리를 충전할 때 모터로 사용할 수 없고 배터리가 모터를 구동시킬 땐 충전이 되지 않아 도심에서는 연비가 낮아진다.

  * **적용 차종** : 혼다 인사이트, 시빅,

03 병렬형 하드타입 하이브리드 자동차

(1) 구성

엔진, 발전기, 인버터, 배터리, 모터, 변속기(감속기어), HSG(Hybrid Starter Generator), 클러치(엔진과 모터 사이에 위치), 하이브리드 제어기(HCU : Hybrid Control Unit)로 구성되어 있다. TMED(Transmission Mounted Electric Device)

형식으로 모터는 변속기에 연결되어 있고 클러치는 모터와 엔진 사이에 배치되어 있는 구조로 모터로만 주행하는 EV(Electric Vehicle) 모드가 가능한 방식이다.

TMED
(Transmission Mounted Electric Device)

(2) 동작 원리(제어 메커니즘)

TMED 방식의 하이브리드 자동차는 출발이나 저속 시에는 모터로만 주행을 하고 엔진의 효율이 좋은 정속구간에서는 HSG를 이용하여 엔진 시동을 걸어주어 엔진으로만 주행한다. 고속 주행이나 가속·등판 주행과 같이 큰 힘이 필요할 때는 엔진과 전기 모터를 같이 구동한다. 감속과 같이 전기 모터를 구동하지 않을 때는 회생 제동으로 배터리를 충전하고 공회전 시에는 HSG를 이용하여 배터리 충전을 해준다.

① 시동, 저속 시 : 모터 주행
② 정속 주행 : 엔진 주행
③ 가속, 등판 주행 : 엔진, 모터 주행
④ 감속 주행 : 회생 제동 주행

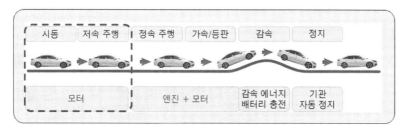

하드 타입 HEV의 제어 메커니즘

(3) 장·단점

1) 장점

소프트 타입 하이브리드 자동차에 비해 모터의 사용 비율을 높여 초기 구동력을 높일 수 있고 엔진의 효율이 좋은 구간에서 엔진을 가동하여 연비, 유해 배출가스를 저감시킬 수 있다.

2) 단점

소프트 타입에 비해 구조가 복잡하며 제어가 어렵고 고성능의 전동기, 큰 용량의 배터리가 필요하다.

* **적용 차종** : 현대 쏘나타 하이브리드, 기아 K5 하이브리드

기출문제 유형

✦ 2 Liter Car에 대해 설명하시오.(69-1-12)

01 개요

자동차 업계는 자동차 배기가스에 대한 국제 환경규제 강화, 석유의 고갈 가능성, 유가 상승, 자원의 무기화 등으로 인해 내연기관에서 석유의 사용을 최소화하기 위해 노력하고 있다. 리터 카는 석유 사용을 최소화 하려는 노력의 일환으로 1990년대부터 나온 개념이다. 초기에는 1리터로 최대한 많은 거리를 가는 개념으로 사용했으나 현재에는 연료 1리터로 100km를 갈 수 있는 자동차라는 의미로 사용된다.

02 2 Liter Car의 정의

연료 1리터로 100km의 거리를 갈 수 있는 고연비 자동차로 현재는 하이브리드 자동차나 플러그인 하이브리드 차량으로 구현이 가능하다.

03 2 Liter Car의 정의

(1) 경량화

차량이 10% 가벼워지면 연비는 3.2% 좋아지고, 이산화탄소 배출량은 같은 비율로 줄어든다. 2리터 카는 차체, 트림, 동력계, 섀시의 경량화로 약 30~40% 정도의 무게를 저감했다. 차체에 탄소섬유 강화플라스틱, 복합 알루미늄-스틸, 알루미늄 적용으로 무게를 감소시켰다. 일부 업체의 차량에서는 차체의 지붕에 마그네슘을 적용하여 기존의 철로 만든 지붕 대비 무게를 절반가량 줄였다.(10kg → 4.5kg).

(2) 공력 성능 개선

공력 성능을 10% 개선할 경우 연비는 고속 주행 모드에서는 7%, 도심 주행 모드에서는 2% 수준 향상된다. 일반 자동차의 공력계수를 개선하여 최소화시킬 경우 공력 성능이 향상된다. 현재 공력계수의 평균은 약 0.32인데 폭스바겐 XL1은 공력계수 0.189로 주행 저항이 개선되어 연비(km/L)가 향상된다. 공력 성능을 개선하기 위해 차체의 형상, 언더 바디, 휠 하우징, 아웃 사이드미러의 형상, 후드의 곡률·경사각 등을 최적화 한다.

04 2 Liter Car의 종류(개발 동향)

(1) 폭스바겐 XL1

폭스바겐 XL1은 1리터당 111.1km를 주행할 수 있는 자동차로 2013년 스위스 제네 바 모터쇼에서 처음으로 공개됐다. 공기 역학의 구조를 개선하고, 탄소섬유 강화플라스틱을 적용하여 무게를 795kg으로 줄였다. 배터리는 리튬이온을 사용했고, 시속 35km까지는 순수 전기 동력으로만 주행이 가능하다. 이산화탄소 배출량은 24g/km에 불과하다. 이 차는 2013년 실제 양산까지 이어졌으며 유럽에서만 250대를 한정 판매했다.

(2) 르노 이오랩(EOLAB)

이오랩은 병렬형 하이브리드 구조로 직렬 3기통 999cc 가솔린 엔진에 50kW 전기 모터를 결합한 차량이다. 2014년 파리모터쇼에서 공개된 연구개발용 차량이다. 이오랩은 높은 효율과 함께 거주성, 실용성, 승차감에 초점을 두고 개발됐다. 경량화와 공기역학, Z.E. 하이브리드로 불리는 당시 최신 동력계가 개발의 핵심이었다. 경량화는 당시 판매 중이던 비슷한 크기의 클리오의 1,205kg보다 400kg 가벼웠다. 차체에서 130kg를 거둬냈고, 트림과 장비에서 110kg, 동력계와 섀시에서 160kg을 덜어냈다. 마그네슘 지붕의 무게는 4.5kg이었다.

기출문제 유형

✦ 48V 마일드 하이브리드 시스템(Mild Hybrid System)을 정의하고, 주요 구성 부품과 작동방식에 대하여 설명하시오.(116-2-3)

✦ 하이브리드 자동차 기술 중 "Mild Hybrid System"에 대해 설명하시오.(69-2-2)

---

01 개요

(1) 배경

자동차회사들은 내연기관의 개량에 많은 공을 들임과 동시에 전동화와의 공존을 위한 아이디어 실현을 강구하고 있다. 그 대표적인 차량이 하이브리드, 플러그인 하이브리드 차량이다. 하이브리드 자동차는 모터의 사용 정도에 따라서 마일드·마이크로(Mild, Micro), 소프트(Soft, Power assist), 하드(Hard, Full) 타입 하이브리드로 구분된다.

마일드 하이브리드 자동차는 마이크로 하이브리드 자동차로도 불리며 기존 12V 전압의 배터리 시스템에서 ISG(Idle Stop & Go) 기능만 활용이 가능해 최대 5% 정도 연비 개선의 효과를 보였다. 48V 마일드 하이브리드 시스템은 기존보다 전압을 높인 48V 전원 체계를 사용해서 주행 중에 에어컨 컴프레서나 워터 펌프 등 동력이 필요한 주요 전자 장비들을 자체적으로 구동시켜 엔진의 출력이 바퀴에 온전하게 전달되도록 하고 출발, 가속 시 전기 모터를 통한 출력 보조를 해주어서 최대 15%의 연비 개선이 가능해지도록 한 시스템이다.

(2) 마일드(Mild), 마이크로(Micro) 하이브리드 시스템의 정의

공회전 시 시동이 자동으로 꺼지고 출발 시 자동으로 켜지는 Idle Stop & Go 시스템을 장착한 차량으로 모터는 엔진 시동 시 보조 역할만 담당하는 하이브리드 시스템이다.

(3) 48V 마일드 하이브리드 시스템의 정의

48V의 차량 배터리로 차량 전장품에 전력을 직접 공급하여 엔진의 구동력을 분산시키지 않고 필요 시 모터로 엔진의 구동력을 보조하는 하이브리드 시스템이다.

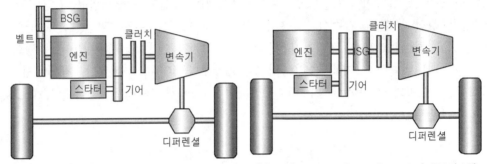

(a) BSG(Belt Starter Generator) 타입 48V 시스템   (b) ISG(Integrated Starter Generator) 48V 시스템

48V 마일드 하이브리드 시스템의 종류

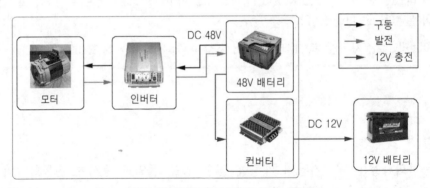

48V 마일드 하이브리드 시스템의 전력 흐름도

02 마일드 하이브리드 시스템의 종류

(1) BSG(Belt-driven Starter Generator)

스타터와 발전기가 기존의 알터네이터 위치에 배치되어 있고 벨트를 통해 동력을 전달하는 시스템으로 벨트의 동력 전달로 인한 출력 손실이 있으나 기존의 엔진 설계 구조에서 최대한 변동이 없도록 적용이 가능하여 상대적으로 저비용으로 적용이 가능한 구조이다.

(2) ISG(Integrated starter generator)

스타터와 발전기가 플라이휠 부근에 위치하여 직접 축을 통해 동력을 전달하는 시스템으로 시동, 회생 제동, 발전 시 동력 손실을 최대한 저감시킬 수 있는 구조이다. ISAD(Integrted Starter Altenator Damper)라고도 불린다.

03 48V 마일드 하이브리드 시스템의 주요 구성품

인버터가 내장된 BSG

DC/DC 컨버터(48V/12V)

리튬이온 배터리

컨티넨털 48V 마일드 하이브리드 시스템의 구성 요소

(1) 48V 시스템용 전동기

BSG(Belt-driven Starter Generator) 방식의 전동기는 최대 20,000rpm 이상의 고속 영역에서 동작해야 하며, 엔진에 장착되므로 주위 온도 110℃ 이상의 조건에서 상시 작동이 가능해야 한다. 매입형 영구자석 동기 전동기(IPMSM), 유도 전동기, SR(Switched Reluctance) 전동기 등이 있다.

(2) 48V 시스템용 인버터

반도체 스위칭 소자, 게이트 드라이버, 직류 커패시터 등으로 구성된다. 스위칭 소자는 MOSFET이 주로 사용되고 있으며 80~100V 내압 성능을 가진다. Idle Stop & Start 모드로 최대 평균 500A 이상의 상전류가 필요하므로 병렬 구성이 적용되고 있다. 직류 커패시터는 고출력 하이브리드 사양과 달리 소형화 및 시스템 가격의 절감을 위해 전해 커패시터 적용이 선호되고 있다.

(3) 고효율 DC-DC 컨버터

48V 전기 에너지를 12V 전원으로 변환하여 12V의 전장 부하에 공급하며 필요시에는 12V 배터리 내의 전기 에너지를 48V로 공급하는 역할을 하는 양방향 전력 변환 장치이다. 전력 변환 과정의 손실로 인한 연비 저감을 최소화하기 위해 전력 변환 효율의 극대화가 필요하다.

(4) 고전압 배터리

48V 리튬이온 배터리가 적용된다. 리튬이온 배터리는 듀얼 전압 구조로 기존의 납 배터리보다 저장 용량도 크지만 보다 빠른 충전이 가능하다. 그만큼 아이들링 스톱 기구의 사용 시간을 증가시킬 수가 있으며 연비 개선의 효과도 15%에 달한다. 기존 EV 및 하이브리드 차량 대비 소용량인 500kW 수준의 충전 및 방전 능력을 필요로 한다. 에너지 용량 대비 출력 증대로 인해 SOC 변화율이 상대적으로 증가하므로 보다 정밀하고 신뢰성 있는 배터리 매니지먼트 기술이 요구된다.

04 48V 마일드 하이브리드 시스템의 작동방식

(1) 차량 가속, 등판 조건

48V 배터리에 저장되어 있는 전기 에너지로 BSG의 모터 기능을 이용하여 엔진 출력을 보조해 준다.

(2) 정속 주행 시

BSG 시스템은 일반적인 교류 발전기의 역할을 수행하며 이를 통해 12V 전장 시스템의 전원 공급 및 필요 시 48V 시스템의 충전을 수행한다.

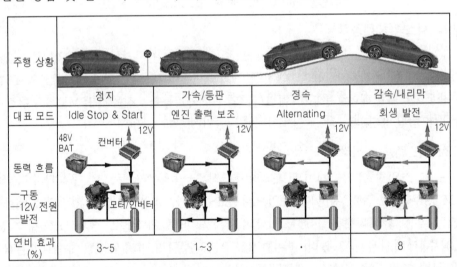

주행 상황	정지	가속/등판	정속	감속/내리막
대표 모드	Idle Stop & Start	엔진 출력 보조	Alternating	회생 발전
동력 흐름 ─구동 ─12V 전원 ─발전				
연비 효과 (%)	3~5	1~3	·	8

48V MHEV 시스템의 동작 모드

(3) 차량 제동 조건, 내리막 주행 조건

차량의 운동 에너지를 BSG의 발전기 기능을 이용하여 전기 에너지로 변환하는 회생 발전 기능을 수행한다. 순간적으로 고출력의 전기 에너지를 저장할 수 있다.

05 48V 마일드 하이브리드 시스템의 장점

① 기존 12V 기반 발전기 대비 발전 용량의 증대 이외에도 이를 모터로 사용하여 엔진 동력을 보조하는 마일드 하이브리드 시스템 기능의 구현이 가능하다.

② 커넥티비티와 ADAS 장비 등으로 인해 전력 소모가 많은 향후 자동차에서 전원을 안정적으로 공급할 수 있다.

③ 차량 정지 시 모터를 통한 Idle Stop and Start 기능의 적용으로 연비가 5~10% 정도 향상된다.

④ 차량 출발·급가속 조건에서의 엔진 구동력 보조로 약 5% 정도의 연비 개선 효과가 있다.

⑤ 내리막, 제동 조건에서는 운동에너지를 전기에너지로 변환하는 회생 발전 기능을 수행하여 연비가 10% 정도 향상된다.

기출문제 유형

✦ 플러그인 하이브리드 차량(plug-in hybrid vehicle)과 순수 전기 자동차(battery electric vehicle)의 장·단점에 대해 비교하시오.(95-1-3)

✦ HEV. PHEV > EV의 특성을 다음 항목에 대하여 설명하시오.(98-2-6)
  1) 엔진 필요 여부　　　　　　　　2) 모터 유무
  3) 배터리 용량(대. 중. 소)　　　　4) 충전기 필요 여부

01 개요

(1) 배경

전기 자동차는 기존 내연기관과 전기 모터의 역할에 따라 하이브리드 전기 자동차(HEV : Hybrid Electric Vehicle), 플러그인 하이브리드 전기 자동차(PHEV : Plug-In HEV), 전기 자동차(EV : Electric Vehicle)로 구분된다. 순수 전기 자동차는 주행 중 배기가스를 전혀 배출하지 않기 때문에 친환경 자동차로써 주목을 받고 있다. 하지만 높은 배터리 가격과 짧은 충전 주행거리 등의 단점 등으로 상용화가 어려워 이를 보완하기 위해 하이브리드나 플러그인 하이브리드 전기 자동차가 개발되고 있다.

(2) 하이브리드 전기 자동차의 정의

전기의 동력과 내연기관(가솔린, LPG, 디젤 등)이나 그 외의 다른 두 종류의 동력원을 조합하여 탑재하는 자동차로서 가솔린 엔진과 전기 모터, 수소 엔진과 연료전지, 디젤 엔진과 전기 모터 등 2개의 동력원을 함께 이용하는 자동차이다.

(3) 플러그인 하이브리드 전기 자동차의 정의

외부 충전이 가능한 대용량의 배터리를 주 동력원으로 사용하고 내연기관을 보조 동력원으로 사용하는 하이브리드 자동차

(4) 전기 자동차의 정의

전기 공급원으로부터 충전 받은 전기 에너지를 동력원(動力源)으로 사용하는 자동차

02 전기 자동차 종류별 특성

분류	하이브리드 (HEV)	플러그인 하이브리드 (PHEV)	전기 자동차 (BEV 혹은 EV)	수소 연료전지 자동차 (FCEV)
구조도				
구동원	엔진(내연기관) 모터	엔진(내연기관) 모터	모터	모터
에너지원	화석 연료 배터리	화석 연료 배터리	배터리	연료 전지
배터리 용량	0.98~1.8kWh	4~16kWh	16~100kWh	1~2kWh
특징	• 엔진과 모터를 조합하여 연비 향상 부분에 중점 • 배터리/모터는 어디까지나 보조적 수단	• 단거리는 전기, 장거리 주행시 엔진 사용 • 배터리가 2차 동력원으로 의미를 가지며 충전 필요	• 충전된 전기 에너지만으로 주행 • 배터리만으로 사용하여 충전 기술이 매우 중요	• 모터를 사용하나 수소를 연료로 전기를 사용 • 배터리는 보조적 수단으로 활용하며 연료 전지가 핵심

전기 자동차 종류별 특성

(1) 하이브리드 전기 자동차(HEV)

엔진과 모터가 모두 있는 방식으로 배터리를 이용한 모터는 보조적인 장치로 사용되고 화석 연료를 사용하는 내연기관이 동력의 중심이 된다. HEV에 적용되는 배터리는 기존 내연기관과 같이 주행 중 엔진이 모터를 작동시켜 충전하는 방식과 차량 제동이나 액셀러레이터 페달을 밟지 않은 상태에서 충전하는 회생 제동 충전 방식을 사용하기 때문에 고 에너지 밀도가 필요하지 않지만 저속 시 모터로만 주행하는 구간이 있기 때문에 출력과 내구성을 갖춘 배터리가 적용된다. 따라서 배터리의 용량이 PHEV나 EV에 비해 크지 않으며 별도의 외부 충전기가 필요하지 않다.(배터리 소용량)

1) 장점

① PHEV 보다 차량 내부 구조가 단순하고 비교적 소용량의 배터리가 적용되어 중량이 적다. 차량의 구매 비용이 저렴하다.

② 내연기관 자동차에 비해 주행 시 엔진의 소음이 크지 않고 연비가 높다. 배출가스가 저감된다.

2) 단점

① 내연기관 자동차에 비해 부품의 교체 비용이 비싸고 고장이 날 확률이 높다. 배터리의 크기가 크고 차량의 뒤쪽에 내장되어 있기 때문에 트렁크 공간이 크게 줄어든다.

② PHEV 차량에 비해 주행거리가 짧고 전기를 이용할 수 없기 때문에 연비가 저하된다.

③ PHEV, EV 차량에 비해 배출가스가 많이 발생된다.

(2) 플러그 인 하이브리드 전기 자동차(PHEV)

엔진과 모터가 있는 하이브리드 방식에 배터리의 용량을 증대시켜 충전이 가능하게 한 방식으로 단거리 주행 시에는 모터를 사용하고 장거리 주행 시에는 엔진을 사용한다. 전기 모터가 구동력의 보조적 수단이었던 HEV와 비교해서 PHEV는 전기 모터만으로 주행하는 구간(CD 구간, Charge Depleting)이 있기 때문에 배터리와 모터의 용량 증대가 필요하다.

높은 에너지 밀도와 출력의 밀도가 적절하게 균형 잡힌 배터리가 필요하다. 또한 배터리를 충전하기 위한 충전기, 인프라가 필요하다.(배터리 대용량) 엔진은 자체적으로 주행이 되는 구간(CS 구간, Charge Sustaining)이 있기 때문에 HEV와 유사한 수준의 용량이 탑재되어야 한다.

1) 장점

① 내연기관 차량이나 HEV에 비해 연비가 높고 배출가스의 배출량이 적다.

② 내연기관과 용량이 큰 배터리를 사용하므로 내연기관 자동차나 EV에 비해 주행거리가 길고 고속 주행의 성능이 좋다.

③ 가정용 콘센트와 같은 전원 플러그가 있어서 외출 시 노트북이나 일반 가전제품을 사용할 수 있다.

2) 단점

① HEV 보다 차량의 내부 구조가 복잡하며 대용량의 배터리가 필요하여 중량이 무거워지고 실내 공간이 줄어든다. 충전 설비 및 충전 인프라가 필요하다. 차량의 가격이 더 비싸다.

② EV 자동차보다 배출가스의 배출량이 많고 소음, 진동이 많이 발생한다.

③ EV 모드로 주행할 수 있는 거리가 짧다.

(3) 전기 자동차(EV), 순수 전기 자동차(BEV : Battery Electric Vehicle)

자동차에 장착된 배터리만으로 모터를 구동시켜 자동차를 움직일 수 있는 자동차로서 동력원은 배터리의 전기 에너지이고 엔진은 존재하지 않는다. 충분한 주행거리를 확보하기 위해 대용량의 배터리가 필요하며 고출력의 성능을 발휘하기 위해 고출력의 모터가 필요하다. 따라서 EV용 배터리 셀은 고 에너지 밀도 특성과 한 번에 많은 힘을 낼 수 있는 고출력 성능을 지녀야 한다.

배터리를 충전하기 위해서는 전력 사용량이 적고 가격이 저렴한 밤에 충전하는 완속 충전 시스템과 휴게소 등에서 낮에 빠르게 충전할 수 있는 급속 충전 장치가 필요하다. 높은 배터리 가격과 짧은 충전 주행거리 등의 단점 등을 극복하면 미래의 주행 환경에 가장 적합한 자동차가 될 것으로 예상된다.

1) 장점

① 기존의 내연기관은 화석 연료를 이용했지만 전기 자동차는 주 동력원인 전기를 다양한 에너지원으로부터 얻을 수 있다. 화석 연료, 원자력 에너지, 신재생 에너지(수력, 풍력, 태양광, 태양열 등)로부터 전기 동력을 얻을 수 있다.

② 배출가스(CO_2, CO, HC, NOx, PM 등)가 전혀 발생하지 않는 자동차(ZEV : Zero Emission Vehicle)로 환경 친화적이고 각종 환경 규제를 만족시킬 수 있다.

③ 구조가 모터, 인버터, 제어기, 배터리 등으로 단순하여 차량의 실내 공간 확보가 가능하고 다양한 설계가 가능해진다. 또한 인휠 모터의 적용으로 주행 성능을 높일 수 있다.

④ 내연기관에서 발생하는 연소 폭발음이 없고 기계 작동 음이 없어서 차량의 NVH (Noise, Vibration, Harshness)가 획기적으로 개선된다.

⑤ 전기 충전 비용이 내연기관 연료의 비용보다 저렴해서 운용비용이 저감된다.

2) 단점

① 고에너지, 고출력 성능의 배터리와 모터가 필요하기 때문에 크기가 크고 중량이 무겁고 가격이 비싸다. 또한 배터리의 성능 저하가 빠르고 수명이 짧다.

② 일반 가솔린 자동차에 비해 속도가 느리고 배터리 1회 충전으로 주행할 수 있는 거리(항속 거리)가 짧다.

③ 완속 충전을 할 경우 충전 시간이 오래 걸린다.

④ 별도의 충전 시설을 위한 인프라가 구축되어야 한다.

기출문제 유형

✦ 액화석유가스 하이브리드 자동차에 대하여 설명하시오.(89-4-2)

01 개요

(1) 배경

하이브리드 자동차는 전기의 동력과 내연기관(가솔린, LPG, 디젤 등)이나 그 외의 다른 두 종류의 동력원을 조합하여 탑재하는 자동차로서 가솔린 엔진과 전기 모터, 디젤 엔진과 전기 모터 등으로 혼합하여 사용되고 있다. 액화석유가스 하이브리드 자동차는 저공해 자동차(2, 3종)로써 대기오염 물질을 저감시킨 자동차로 국내에서 특화된 LPG 기술을 바탕으로 개발되었다.

(2) 액화석유가스 하이브리드 자동차의 정의

LPI(Liquified Petroleum Injection) 엔진과 전기 모터의 동력원을 혼합하여 구동하는 자동차

02 구성

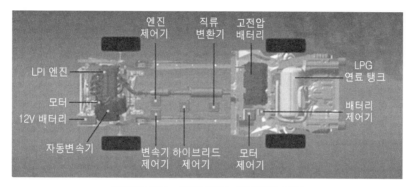

액화석유가스 하이브리드 자동차의 구조

(1) LPI(Liquified Petroleum Injection) 엔진, LPG(Liquified Petroleum Gas) 연료 탱크

LPG 연료 탱크에서 연료 펌프를 통해 고압으로 송출되는 액상연료를 직접 인젝터로 분사하여 구동력을 얻는 엔진으로 모터가 엔진의 구동력을 보조해 주기 때문에 기존보다 작은 엔진으로 큰 출력을 낼 수 있다. 따라서 연비 향상이 가능하고 배출가스가 저감된다.

(2) 전기 모터, 고전압 배터리

고전압 배터리의 전기로 모터를 구동하여 시동 및 가속, 등판 시 엔진의 구동력을 보조해 준다. 시동 시 스타트 모터로 사용할 수 있어서 진동 소음이 최소화 되고 감속 시 에너지를 회생하는 역할을 수행하게 하여 에너지 효율을 높였다.

(3) 직류 변환장치

직류 변환장치는 기존의 차량에 적용되었던 발전기(Alternator)를 삭제하고 고전압 배터리에서 출력되는 고전압을 낮은 전압(12V)로 변환하여 차량의 전장품으로 공급하기 위한 장치이다.

(4) 제어기

하이브리드 제어기(HCU : Hybrid Control Unit), 모터 제어기(MCU : Motor Control Unit), 엔진 제어기(Engine Control Unit), 변속기 제어기(Transmission Control Unit)는 각각 엔진과 모터, 변속기를 제어하여 원활한 주행이 되도록 해준다.

03 작동원리

(1) 시동 모드

① 전기 구동 모터를 이용하여 엔진을 시동시켜 준다.

② ISG(Idle Stop & Go)의 기능 적용 후 재 시동 시 별도 키 조작 없이 부드럽고 정숙한 시동이 가능하다.

(2) 정속 주행 모드

엔진으로만 차량을 구동해 주고 배터리의 충전 상태(SOC : State Of Charge)에 따라 전기 모터를 통해 배터리를 충전시켜 준다.

(3) 가속, 등판 주행 모드

전기 모터를 구동시켜 엔진의 구동력을 보조해 준다. 모터는 토크가 크기 때문에 엔진의 부족한 토크를 보완해 주어 차량의 가속, 등판 성능이 향상된다.

(4) 감속 모드

전기 모터는 회생 제동으로 배터리를 충전시켜 준다.

04 장·단점

(1) 장점

① LPG 연료 특성상 공기와 혼합이 잘 돼 완전 연소가 가능하여 연비가 높고 연소 소음이 적다. 지구 온난화 가스인 CO_2 발생량이 적고 질소산화물, PM의 발생도 적다.

② 가솔린보다 LPG 가격이 저렴하여 유지비가 경제적이다.

(2) 단점

① 가솔린 하이브리드 차량 대비 출력, 토크가 낮다.(약 10~15%)

② 트렁크에 봄베를 설치하기 때문에 트렁크 공간이 협소하다.

③ 장애인, 장기 렌트 차량으로만 판매가 되어 일반인이 구매하기 어렵다.

기출문제 유형

✦ 하이브리드 자동차의 연비 향상 요인을 설명하시오.(93-1-1)

✦ 하이브리드 전기 자동차의 연비 향상 요인에 대해 상세히 설명하라.(77-2-1)

✦ Hybrid 자동차가 기존 내연기관 자동차에 비해 연비 향상 및 배출가스 저감 요인에 대하여 설명하시오.(78-2-3)

✦ 내연기관(가솔린·디젤) 하이브리드 자동차의 연비를 높일 수 있는 동력원이나 전달 장치의 주요 기술을 설명하시오.(72-3-5)

01 개요

(1) 배경

화석연료의 사용에 의한 배출가스 증가로 환경오염이 심각해지자 세계 각국에서는 환경 규제를 통해 자동차의 화석연료 사용을 저감시키고자 노력하고 있다. 이에 자동차 업계는 친환경 자동차를 만들어서 이러한 환경오염에 대비하고 환경 규제에 대응하고 있다. 친환경 자동차는 하이브리드 전기 자동차(HEV : Hybrid Electric Vehicle), 플러그인 하이브리드 전기 자동차(PHEV : Plug-In HEV), 전기 자동차(EV : Electric Vehicle), 수소 연료전지 자동차(FCEV : Fuel Cell Electric Vehicle)등이 있다. 이 중 하이브리드 자동차는 기존의 내연기관에 전기 모터를 추가한 형식으로 기술적인 장벽이 높지 않아 가장 많이 활용되고 있는 저공해 자동차이다.

(2) 하이브리드 자동차의 정의

하이브리드 전기 자동차(HEV : Hybrid Electric Vehicle)는 전기의 동력과 내연기관(가솔린, LPG, 디젤 등)이나 그 외의 다른 두 종류의 동력원을 조합하여 탑재하는 자동차로서 가솔린 엔진과 전기 모터, 수소 엔진과 연료전지, 디젤 엔진과 전기 모터 등 2개의 동력원을 함께 이용하는 자동차이다.

02 연비 향상 요인

(1) 엔진 다운사이징

고용량의 배터리와 전기 모터로 인해 동력원이 추가되어 엔진의 다운사이징이 가능해졌다. 자동차의 발진, 가속 시 전기 모터가 엔진의 동력을 보조해줌으로써 엔진의 크기를 줄여도 출력과 토크는 기존의 배기량 대비 저하되지 않을 수 있게 되었다. 따라서 연료의 절대적인 소모율을 저감시켜 연비를 향상시키고 이로 인해 연료 소모 시 필수적으로 배출되는 배출가스가 저감되는 효과를 가져 올 수 있게 되었다.

(2) 동력원 이원화에 따른 효율성 증대

모터는 저속, 낮은 회전수부터 큰 토크를 내고 엔진은 중·고속에서 토크가 증대된다. 따라서 출발 시에 토크의 성능이 좋은 모터를 이용하면 출발이나 가속 시 효율이 떨어지는 기존의 내연기관에 비해 높은 연비와 주행 성능이 가능해진다. 또한 가솔린 엔진은 약 2000~4000rpm에서 가장 좋은 연료 소비율과 축 토크를 보이는데 전기 모터로 구동력을 보조해 주면 엔진은 이 구간에서만 운전이 가능하므로 연비가 절감될 수 있고 배출가스 또한 저감될 수 있게 된다.

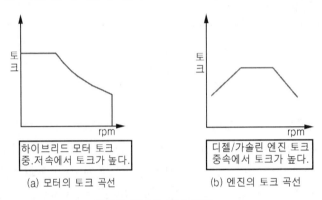

(a) 모터의 토크 곡선　　　(b) 엔진의 토크 곡선

모터와 엔진의 토크 비교

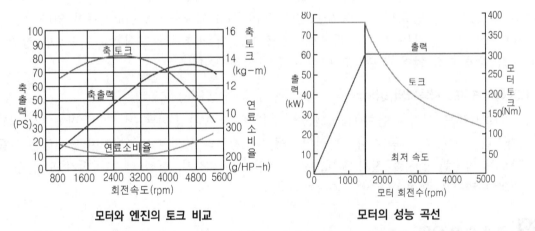

모터와 엔진의 토크 비교　　　　　모터의 성능 곡선

위의 그림은 엔진과 모터의 성능 곡선을 나타낸 것으로 엔진은 약 2000~3200 rpm에서 축 토크가 가장 높고 연료소비율이 낮다. 모터는 시동 초기에 토크가 가장 높으며 회전속도가 빨라질수록 슬립이 발생해 토크가 저하된다.

(3) ISG(Idle Stop & Go) 시스템 적용

고용량 배터리와 전기 모터를 이용해 자동차 정차 시 엔진의 시동을 정지시켜 주어 공회전시 발생할 수 있는 불필요한 연료의 낭비를 방지하고 재시동 시 부드러운 시동이 가능하도록 하여 운전자 편의성을 향상시킬 수 있다.

(4) 회생 제동 시스템(Regenerative Braking System) 적용

주행 시 액셀러레이터 페달에서 발을 떼거나 브레이크 페달을 밟을 때 마찰열로 손실되는 운동 에너지를 전기 에너지로 변환하여 재사용함으로써 엔진 구동력의 손실을 방지하고 배터리의 충전 상태를 유지할 수 있어서 연비가 향상된다.

(5) 자동변속기의 중량 저감

전기 모터의 적용으로 일부 차종에서는 자동변속기 내부의 토크 컨버터를 삭제할 수 있어서 중량이 저감되고 동력 전달 손실이 저감되어 연비가 향상된다.

기출문제 유형

✦ 하이브리드 가솔린 엔진에서 엔진과 모터의 에너지 손실 및 토크 특성을 다음과 같이 비교하여 설명하시오.(107-2-5)
  1. 엔진과 모터에서 손실되는 에너지 항목 3가지 비교
  2. 엔진과 모터의 회전수에 따른 토크 특성에 따른 효율 비교

01 개요

(1) 배경

화석연료의 사용에 의한 배출가스 증가로 환경오염이 심각해지자 세계 각국에서는 환경 규제를 통해 자동차의 화석연료 사용을 저감시키고자 노력하고 있다. 이에 자동차 업계는 친환경 자동차를 만들어서 이러한 환경오염에 대비하고 환경 규제에 대응하고 있다. 친환경 자동차는 하이브리드 전기 자동차(HEV : Hybrid Electric Vehicle), 플러그인 하이브리드 전기 자동차(PHEV : Plug-In HEV), 전기 자동차(EV : Electric Vehicle), 수소 연료전지 자동차(FCEV : Fuel Cell Electric Vehicle) 등이 있다. 이 중 하이브리드 자동차는 기존의 내연기관에 전기 모터를 추가한 형식으로 기술적 장벽이 높지 않아 가장 많이 활용되고 있는 저공해 자동차이다.

(2) 하이브리드 자동차의 정의

하이브리드 전기 자동차(HEV : Hybrid Electric Vehicle)는 전기의 동력과 내연기관(가솔린, LPG, 디젤 등)이나 그 외의 다른 두 종류의 동력원을 조합하여 탑재하는 자동차로서 가솔린 엔진과 전기 모터, 수소 엔진과 연료전지, 디젤 엔진과 전기 모터 등 2개의 동력원을 함께 이용하는 자동차이다.

02 엔진과 모터에서 손실되는 에너지 항목 3가지 비교

(1) 엔진에서 손실되는 에너지 항목

① 펌핑 손실 : 연료의 연소를 위해서는 공기가 필요하다. 실린더에 흡, 배기 밸브를 설치하여 고온, 고압으로 만들어 준 후 연소를 시키는데 이때 펌핑 손실이 발생하여 동력의 손실을 가져온다. 특히 가솔린 엔진은 스로틀 밸브가 있어서 공기 유량을 조절하기 때문에 펌핑 손실이 크게 발생한다.

② 마찰 손실 : 실린더 내부 피스톤 링과 실린더 벽과의 마찰, 커넥팅 로드와 크랭크 축의 베어링 마찰 등으로 동력이 손실된다.

③ 냉각 손실 : 엔진은 압축비가 클수록 열효율이 증가하고 연비가 향상된다. 하지만 압축비를 크게 하면 상대적으로 연소실 형상이 넓어지고(S/V : Surface Volume 비율) 외부로 손실되는 냉각 손실이 증가하게 된다.

④ 배기 손실 : 에너지로 변환되지 않고 배출되는 손실로 연소 에너지의 약 30%를 차지한다.

(2) 모터에서 손실되는 에너지 항목

① 기계 마찰 손실 : 베어링이나 브러시에서 발생하는 마찰에 의한 손실이다.

② 코어의 철손(Hysteresis Loss, Eddy Current Loss) : 철심에 가해지는 자화력의 방향으로 회전자가 주기적으로 변화시키면 철심에 열이 발생하는 히스테리시스 손실이나 와전류가 발생해 나타나는 손실이다.

③ 코일의 저항손(copper Loss, I2R) : 전류가 증가함에 따라 회전속도가 증가하며 이에 비례하여 코일의 저항 손실도 증가한다.

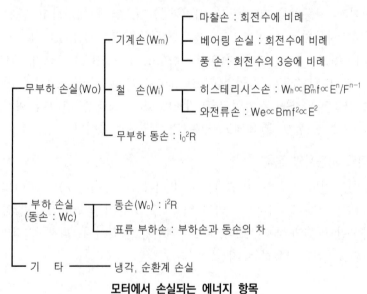

모터에서 손실되는 에너지 항목

(3) 엔진과 모터의 손실 비교

엔진과 모터에서는 기계적 마찰과 열 발생으로 인한 냉각 손실이 모두 발생한다. 하지만 엔진의 내부 열은 모터의 온도보다 훨씬 높게 올라가기 때문에 냉각 손실이 더 심각하게 나타난다. 또한 연료의 연소로 인한 에너지 변환 손실이 크고 흡배기 손실이 발생하기 때문에 모터의 초기 동력 성능이 더 좋다고 볼 수 있다.

모터는 연소 손실, 펌핑 손실이 없기 때문에 실제의 회전속도가 작을 때에는 토크의 효율성이 높다. 하지만 회전수가 증가하면서 기계 마찰 손실과 히스테리시스 손실, 코어의 저항 손실 등으로 인해 효율이 저하되게 된다. 이때에는 엔진의 펌핑 손실이 저감되기 때문에 엔진의 효율이 높아진다.

03 엔진과 모터의 회전수에 따른 토크 특성의 효율 비교

내연기관은 약 2000~3200rpm에서 높은 축 토크를 보이며 가장 낮은 연료 소비율을 보인다. 축 출력은 회전속도에 비례하여 약 4500rpm까지 증가하는 것을 볼 수 있다. 모터는 초기 1500rpm까지 토크가 가장 높다가 그 이후에는 슬립과 각종 저항으로 인해 저하된다. 출력 또한 동일한 rpm에서 증가하지 못한다. 따라서 초기 1500rpm까지 모터로 주행을 하고 그 이후에는 엔진으로 주행을 하는 것이 효율적이라고 할 수 있다.

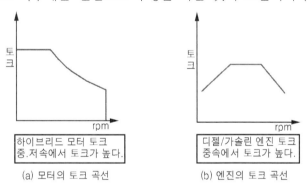

(a) 모터의 토크 곡선   (b) 엔진의 토크 곡선

모터와 엔진의 토크 비교

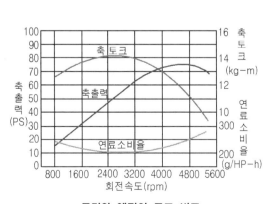

모터와 엔진의 토크 비교

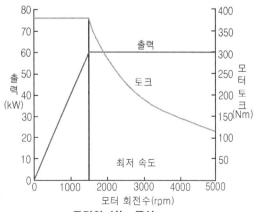

모터의 성능 곡선

01 개요

(1) 배경

전기 자동차는 가솔린 엔진 자동차에 비하여 1회 충전 주행거리가 짧다. 이를 보완하기 위하여 차체 경량화 등으로 에너지 손실을 저감시키고 배터리 자체의 용량을 증대시켜 주행 가능 거리를 확보하고 있다. 또한 에너지 손실을 저감시키고 버려지는 에너지를 재사용하기 위해 회생 제동 시스템을 개발하여 적용하고 있는데, 전기 자동차뿐만 아니라 하이브리드 자동차와 연료전지 자동차에서도 연비 개선의 목적으로 사용되고 있다.

(2) 회생 제동 시스템(RBD : Regenerative Braking System)의 정의

회생 제동 시스템은 제동 시 마찰로 소모되는 차량의 운동 에너지를 전기 에너지로 변환시켜 배터리에 충전하는 시스템이다. 회생 제동량은 차량의 속도, 배터리의 충전량 등에 의해서 결정된다.

02 회생 제동 시스템(RBD : Regenerative Braking System)의 원리

(1) 회생 제동 시스템의 원리, 작동 과정

차량 가속 시 액셀러레이터 페달을 밟으면 모터에 전류가 공급되고 차량은 가속된다. 액셀러레이터 페달에서 발을 떼거나 브레이크 페달을 밟아주면 모터에 공급되는 전류는 차단되고, 모터는 폐회로 상태가 된다. 고정자(스테이터)에 자기장이 형성되어 있는 상태에서 회전자가 계속 회전하게 되면, 모터에는 전기적 저항이 발생하게 되고, 전기가 생성된다.

따라서 모터는 발전기의 기능을 수행하게 되며 발생된 전기는 배터리에 저장한다. 즉, 감속이나 제동 시 열에너지로 손실되던 바퀴의 운동 에너지가 전기 에너지로 변환되어 배터리에 충전된다. 브레이크 신호와 차량 속도, 유압 등을 분석하여 모터에서 발생시킬 수 있는 제동력 범위 내에서는 우선적으로 회생 제동 브레이크를 이용하고, 모터의 제동력 범위 이상에서는 유압 브레이크를 동시에 작동시켜 제동력을 얻는다.

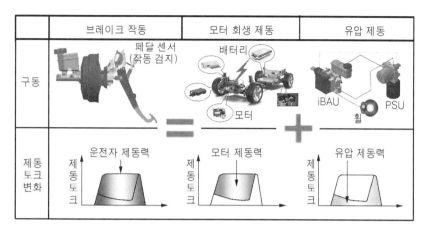

회생 제동 시스템의 원리

(2) 회생 제동 시스템의 구성 요소

모터의 회전자와 조정자의 구조

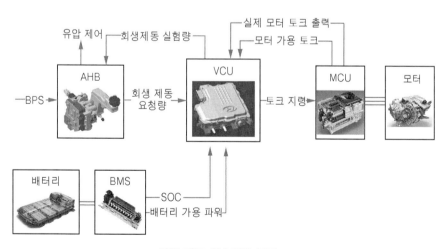

회생 제동 시스탬의 구조

① 모터 : 모터는 회전자와 고정자로 구성되어 있다. 모터로 동작할 때는 고정자에 공급되는 3상 교류 전압에 의해 회전자가 회전하여 동력을 전달하고, 발전기로 동작할 때는 회전자는 바퀴의 구동력에 의해 회전하고, 고정자에서 전기가 형성된다.

② 배터리 : 감속 주행 시 회생 제동으로 발생하는 전기를 충전하고, 가속, 등판 시 모터를 구동한다.

③ AHB(Active Hydraulic Booster) : 기존 진공 부스터를 대신하여 모터를 이용해 필요한 유압을 생성하여 제동력을 확보할 수 있도록 만든 전동식 유압 부스터이다. 회생 제동이 가능한 친환경 차량(하이브리드 자동차 or 전기 자동차) 전용 제동 시스템으로 주행 상태에 따라 모터의 발전량과 연동해 일정한 제동력을 확보한다. 운전자 요구에 따른 총 제동량을 연산하여 유압 제동량과 회생 제동 요청량으로 분배하여 VCU에 전송하고, VCU의 회생 제동 실행량을 참조하여 유압 제동량을 보정한다.

④ VCU(Vehicle Control Unit) : VCU는 모터에서 생성되는 회생 제동 실행량을 모니터링하여 AHB가 유압 제동력을 보정하게 하고, BMS에서 전송되는 배터리 가용량을 고려하여 회생 제동으로 생성된 전기의 충전 비율을 결정한다.

⑤ MCU(Motor Control Unit) : VCU에서 전송 받은 모터 토크 지령대로 모터를 구동하고, 현재 모터의 상태 정보를 VCU로 전송한다.

03 회생 제동 시스템의 특징

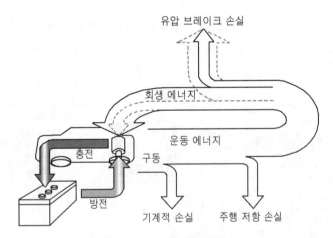

회생 제동 시 에너지 흐름도

(1) 에너지 절감

모터, 배터리의 용량과 적용 대상 자동차의 운전 전략에 따라 달라지지만 30kW급 모터를 장착한 하이브리드 자동차의 경우 도심 주행 시 동급 차량 대비 100% 이상의 연비 향상 중 회생 제동에 의한 개선이 전체의 약 35%를 차지한다. 감속 시 버려지는 에너지를 저장한 후 가속, 등판 시 모터를 구동하여 에너지를 재이용하여 연비가 개선된다. 또한 배터리 충전상태(SOC : State Of Charge)가 증가하기 때문에 정지구간이 많은 도심 주행 모드에서 연비 효율이 높아진다.

(2) 지구온난화 가스, 배기가스 감소

하이브리드 자동차, 전기 및 연료전지 자동차와 같이 에너지 저장 장치를 가지고 있는 전기 자동차에서 에너지 절감과 이에 의한 배기가스 감소 효과를 얻을 수 있다.

(3) 내구성 증대

회생 제동을 사용하기 때문에 유압 마찰 제동량을 줄일 수 있어서, 기계적 제동 부담이 감소하여 브레이크 디스크 로터, 브레이크 패드의 수명이 연장 된다.

(4) 안전성, 응답성 향상

전자식 브레이크 시스템의 확장을 통해 차량 안전성을 얻을 수 있고 제동 응답성이 향상 된다.

(5) 급제동력 발생

회생 제동이 시작되는 시점에서 운전자가 브레이크를 밟는 힘과 회생 제동력이 더해져 급격한 감속력을 유발할 수 있다.

기출문제 유형

✦ 하이브리드 자동차에서 회생 제동을 이용한 에너지 회수와 아이들-스톱(Idle-Stop)에 대하여 설명하시오.(96-3-1)

✦ 하이브리드 자동차에서 아이들(Idle) 정지 모드의 정의와 아이들(Idle) 정지 모드가 수행되는 조건 5가지를 설명하시오.(116-3-3)

✦ 자동차의 연료 향상을 위하여 오토 스톱이 적용된다. 오토 스톱의 만족 조건 5가지를 설명하시오.(98-1-12)

---

01 개요

(1) 배경

하이브리드 차량은 내연기관과 모터의 동력을 혼합하여 적용한 자동차로 연비를 저감시키고 배출가스를 줄일 수 있는 자동차이다. 내연기관과 모터를 혼합하여 사용한다는 특성에 맞게 에너지 효율을 높이기 위해 다양한 기술이 적용되었는데 대표적으로 회생 제동 시스템과 아이들 스톱 시스템이 있다. 회생 제동 시스템은 제동 시 마찰 에너지로 버려지는 운동 에너지를 전기 에너지로 변환하여 재사용하는 시스템이고 아이들 스톱 시스템은 기존 내연기관에서도 사용하고 있는 기술로 차량이 정차 중에 엔진 구동을 정지시켜 연비를 저감시키는 기술이다.

(2) 회생 제동 시스템(RBD : Regenerative Braking System)의 정의

회생 제동 시스템은 제동 시 마찰로 소모되는 차량의 운동 에너지를 전기 에너지로 변환시켜 이를 배터리, 울트라 커패시터와 같은 에너지 저장장치에 저장한 후 구동 시에 다시 이용하는 기술이다.

(3) 아이들-스톱 시스템(Idle Stop & Go System)의 정의

ISG 시스템은 차량이 일정시간 공회전할 때 엔진을 자동으로 정지시켰다가 출발 시 자동으로 시동이 걸리도록 하는 시스템이다.

아이들 스톱 시스템

02 제어 원리, 작동 조건

(1) 회생 제동 시스템

차량 가속 시 액셀러레이터 페달을 밟으면 모터에 전류가 공급되고 차량은 가속된다. 액셀러레이터 페달에서 발을 떼거나 브레이크 페달을 밟아주면 모터에 공급되는 전류는 차단되어 모터는 폐회로 상태가 된다. 고정자(스테이터)에 자기장이 형성되어 있는 상태에서 회전자가 계속 회전하게 되면, 모터에는 전기적 저항이 발생하게 되고, 전기가 생성되게 된다. 따라서 모터는 발전기의 기능을 수행하게 되며 발생된 전기는 배터리에 저장한다. 즉, 감속이나 제동 시 열에너지로 손실되던 바퀴의 운동 에너지가 전기 에너지로 변환되어 배터리에 충전된다.

브레이크 신호와 차량 속도, 유압 등을 분석하여 모터에서 발생시킬 수 있는 제동력의 범위 내에서는 우선적으로 회생 제동 브레이크를 이용하고, 모터의 제동력 범위 이상에서는 유압 브레이크를 동시에 작동시켜 제동력을 얻는다.

(2) 아이들 스톱 시스템 작동 조건

아이들 스톱 시스템은 주행 중 정차 시 엔진이 정지하는 시스템으로 아래의 모든 조건이 만족될 때 작동한다.

① 시속 8km/h 이상으로 주행하다가 정차할 때(8km/h 미만으로 주행하다가 정차한 경우 동작 안함)

② 경사로가 아닌 도로에서 정차할 때(오르막 길(8% 이상), 내리막 길(5% 이하)등 이상 경사로에서는 기능이 제한됨)

③ 운전석의 안전벨트가 채워져 있고 엔진 후드를 포함한 운전석 도어가 닫혀있을 때

④ 외부 온도가 영상 2도~35℃인 조건, 냉·난방 시스템의 과도한 사용 조건이 아닌 조건, 앞 유리 서리제거 버튼이 눌러져 있지 않을 때

⑤ 배터리 전압이 12.1V 이상 충분하고 SOC 상태가 기준(약 75~80%) 이상일 것

⑥ 냉각수의 온도가 30℃ 이상일 때

⑦ ISG 시스템에 문제가 없을 때

⑧ 조향 각도가 크지 않을 때

⑨ 브레이크 부압이 적절할 때

03 구성요소

(1) 회생 제동 시스템

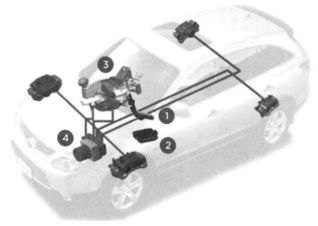

회생 제동 시스템의 구성

① 전자 페달
② 전자 제어 유닛(ECU)
③ 전동 액추에이터
④ 유압식 제동 전자 유닛

(2) 아이들 스톱 시스템

엔진 ECU, 브레이크 신호, 차량 상태(속도 센서, 조향각 센서, 배터리 센서, 에어컨, 냉각수온 센서, 외기온 센서, 안전벨트 신호, 도어 신호 등)

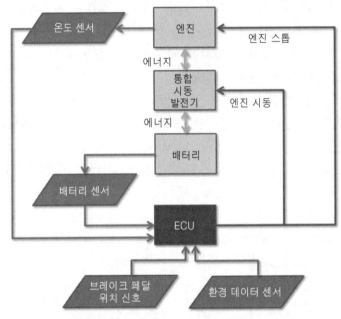

아이들 스타트·스톱 전자제어 시스템

04 특징

(1) 회생 제동 시스템

① 에너지 절감 : 감속 시 버려지는 에너지를 저장한 후 가속, 등판 시 모터를 구동하여 에너지를 재이용함으로써 연비가 개선된다. 또한 배터리 충전 상태(SOC : State Of Charge)가 증가하기 때문에 정지구간이 많은 도심 주행모드에서 연비 효율이 높아진다.

② 지구온난화 가스, 배기가스 감소 : 하이브리드 자동차, 전기 및 연료전지 자동차와 같이 에너지 저장 장치를 가지고 있는 전기 자동차에서 에너지 절감과 이에 의한 배기가스 감소효과를 얻을 수 있다.

③ 내구성 증대 : 회생 제동을 사용하기 때문에 유압 마찰 제동량을 줄일 수 있어서, 기계적 제동 부담이 감소하여 브레이크 디스크 로터, 브레이크 패드의 수명이 연장 된다.

(2) 아이들 스톱 시스템

① 불필요한 공회전을 방지하여 연료를 저감시키고 배기가스를 줄여 준다.

② 엔진 오일 등 각종 소모품의 수명이 증가한다. 엔진이 작동을 중지하는 시간만큼 수명이 연장된다.

③ 엔진 정지 시 차량의 외부 소리를 잘 들을 수 있게 되어 안전사고가 줄어들 수 있다.

④ ISG 시스템 동작 후 재시동 시간이 걸리기 때문에 응답성이 저하된다.

⑤ 경사로에 있을 때는 시스템 동작 후 시동 시 차량이 뒤로 밀릴 수 있다. 엔진이 꺼져 있다가 출발하기 때문에 시동이 켜지는 타이밍이 늦으면 뒤로 밀리게 될 수 있다.

⑥ 시동계통과 배터리 계통의 부품에도 부담을 줄 수 있다. 시동을 자주 ON-OFF 해주기 때문에 시동 모터의 내구성을 저하시키며 배터리의 충·방전 수명을 저하시킨다.

⑦ 전용 AGM 배터리를 사용하기 때문에 배터리 교체 가격이 비싸다.

⑧ 작동 조건이 까다롭다.

기출문제 유형

◆ 하이브리드 자동차에서 모터 시동 금지 조건에 대하여 설명하시오.(101-1-11)

---

01 개요

하이브리드 자동차의 주행 모드는 시동, 발진, 가속, 정속, 감속, 정지의 형태로 엔진에 모터의 동력을 같이 사용하므로 각 주행 모드 별로 엔진과 모터의 작동이 차이가 나며, 이러한 현상은 하이브리드 자동차의 차량 성능 향상에 중요한 영향을 미친다. 시동 시 시동 모터를 이용하는 일반 자동차와 달리 하이브리드 자동차는 전기 모터로 시동을 실시하는데 조건에 따라서 모터로 시동을 걸어주지 않는 때가 있다.

02 하이브리드 차량 시동 방법

(1) 구동 모터 시동

구동 모터의 힘으로만 차량을 구동시킨다. 크랭킹 소리와 엔진 구동 소리가 들리지 않는다. 구동 모터는 주 동력원인 엔진과 변속기(또는 무단변속기 : CVT) 사이에 장착되어, 엔진 시동 및 발진, 가속 시 엔진의 동력을 보조하는 역할과 차량의 감속 또는 제동 시 고전압 배터리의 충전을 위한 발전기의 역할을 수행하게 된다.

(2) 기동 발전기 시동

기동 발전기를 이용해서 엔진의 시동을 걸어주어 차량을 구동시킨다.

하이브리드 기동 발전기

03 구동 모터 시동 금지 조건

① ECU, MCU, HCU, BMS 등 하이브리드 시스템 관련 제어기 고장 시
② 고전압 배터리 충전율(SOC : State of Charge)이 약 20% 이하
③ 하이브리드 모터 고장 시
④ 냉간 시동일 경우 엔진 수온이 −10℃ 이하
⑤ 고전압 배터리 온도 −10℃ 이하, 45℃ 이상, 충전량 18% 이하
⑥ 모터 컨트롤 모듈(MCU) 인버터가 94℃ 이상

기출문제 유형

✦ 하이브리드 차량(Hybrid vehicle)에 적용된 모터의 리졸버 센서(Resolver sensor)의 역할에 대하여 설명하시오.(119-1-7)

---

01 개요

엔진과 모터를 이용한 하이브리드 자동차는 초기 출발 시 구동 모터를 사용하고, 차량이 일정 속도를 갖게 되면 엔진을 시동하여 엔진의 출력과 모터의 출력을 동시에 이용함으로써, 배기가스 저감 및 연비 향상을 시킨다. 모터 구동을 위한 고전압 배터리가

인버터를 통해 구동 모터와 충·방전이 가능하도록 연결되어 있다. 구동 모터의 속도와 회전자 각도를 검출하기 위한 리졸버 센서가 적용되어 있는데 이 리졸버의 센싱 및 고장 검출은 모터 제어에서 매우 중요한 인자 중 하나이다.

02 리졸버 센서(Resolver Sensor)의 정의

리졸버 센서는 모터 회전자의 위치를 검출하기 위한 센서로 기계적 강도가 높고 내구성이 우수하여 전기 자동차, 로봇, 항공, 군사기기 등 고성능, 고정밀 구동이 필요한 분야에서 구동 모터의 위치 센서로 사용되고 있다. 특히, 영구자석 전동기(PMSM : Permanent Magnet Synchronous Motor)의 경우 절대 위치 검출을 통해 모터를 구동시켜야 하기 때문에 리졸버 센서의 사용이 필수적이다.

03 리졸버 센서의 역할

하이브리드 차량에 적용되는 구동 모터를 제어하기 위해서는 모터의 속도와 위치 정보가 필요하다. 회전자의 위치는 고정자의 여자시점을 결정하기 위해 반드시 필요한 정보이며 속도 제어 및 토크 제어를 위해서는 정확한 속도 및 위치 정보가 필요하다. 리졸버 센서는 구동 모터의 회전각과 위치를 검출하여 정밀한 제어를 위한 정보를 제공하는 역할을 한다.

04 리졸버 센서의 구조

리졸버 센서의 구조는 크게 고정자(Stator)와 회전자(Rotor)로 구분한다. 회전자는 모터 축에 연결된 영구자석이고 고정자는 A, B 상의 권선이 감겨있다. 모터 회전 시 위상차가 있는 두 개의 아날로그 파형이 출력되어 계자 위상 값의 변위를 연산하여 설계치에 따라 펄스 값으로 변환한다. 이를 입력 펄스열 값과 비교 연산한다. 임의의 회전축의 회전 변위량을 알기 위해서는 기준 위치(원점)을 설정하여야 하며, 기준 위치로부터 펄스 수를 카운터로 누적 가산한다.

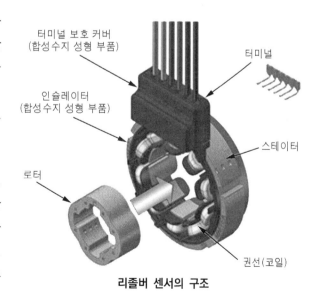

리졸버 센서의 구조

05 리졸버 센서의 위치 계산 방법

여자 권선에 인가되는 여자 신호는 다음과 같이 나타낼 수 있다.

$$E_R = E\sin\omega t \quad \cdots\cdots \text{식①}$$

쇄교 자속에 의한 신호와 여자 신호가 곱해진 출력 신호는 식 ②와 같이 나타낼 수 있다.

$$E_{s1-s2} = KE\sin\omega t \sin\theta$$
$$E_{s3-s4} = KE\sin\omega t \cos\theta \quad \cdots\cdots \text{식②}$$

식 ②를 통해 식 ③과 같이 현재 각도를 추정할 수 있다.

$$\theta = \tan^{-1}\left(\frac{E_{s1-s2}}{E_{s3-s4}}\right) \quad \cdots\cdots \text{식③}$$

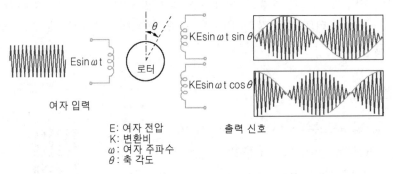

여자 입력 　　　　　　　 출력 신호

E : 여자 전압
K : 변환비
ω : 여자 주파수
θ : 축 각도

리졸버의 원리

06 리졸버 센서의 특징

① 진동, 충격 등의 내환경성이 우수하다.
② 사용 온도 범위가 넓다.
③ 장거리 전송이 가능하다.
④ 형상의 소형화가 가능하다.
⑤ 로터리 엔코더에 비해 고가이다.

03 수소 연료전지

기출문제 유형

✦ 친환경 자동차에 적용된 수소 연료전지(Hydrogen fuel cell)에 대하여 설명하시오.(119-4-4)

✦ 연료전지(Fuel Cell)을 설명하시오.(71-1-12)

✦ 자동차에 적용되는 수소 연료전지(hydrogen fuel cell)에 대하여 설명하시오.(95-4-4)

✦ 연료전지(Fuel Cell) 자동차의 연료전지 작동 원리를 상세히 설명하시오.(65-4-2)

✦ 연료전지(Fuel Cell) 자동차의 연료전지 작동 원리를 서술하시오.(90-2-5)

✦ 수소 연료전지 자동차에 사용되는 수소 연료전지의 작동 원리와 특성을 설명하시오.(107-3-3)

✦ 연료전지 자동차의 연료전지 주요 구성부품 3가지를 들어 그 역할을 설명하고, 연료전지 스택(fuel cell stack)의 발전 원리를 화학식으로 설명하시오.(110-2-6)

✦ 연료전지(Fuel Cell)의 장점을 설명하시오.(81-1-12)

✦ 환경 친화적 특성을 가진 연료전지의 장점과 단점을 각각 설명하시오.(117-1-10)

01 개요

(1) 배경

세계 각국은 자동차 배출가스로 인한 오염을 줄이고자 연비, 온실가스 배출가스 규제를 강화하고 있다. 또한 기존 화석 연료인 석유 자원의 고갈 가능성이 커지면서 유가가 상승하여 석유 생산 국가들이 석유를 이용하여 자원 무기화를 하는 등의 문제점이 노출되고 있다. 이에 세계 자동차 업체는 전기 자동차와 하이브리드 자동차, 수소 연료전지 자동차 등을 개발하여 이를 대응하고 있다.

수소 연료전지 자동차는 수소를 연료로 이용하여 구동력을 발생시키는 자동차로 에너지의 변환 효율이 높고 배출가스가 없는 청정한 자동차로 환경친화형 자동차이다. 수소 연료전지 자동차의 핵심 기술은 수소 연료전지이며 이 장치는 내연기관의 엔진과 같은 역할을 한다고 볼 수 있다.

(2) 수소 연료전지(Hydrogen Fuel Cell)의 정의

수소와 산소의 전기 화학적 반응을 통하여 화학 에너지를 전기 에너지로 직접 변환시켜 주는 장치

02 연료전지의 발전 원리

음극(연료극)에는 수소가 공급되고 양극(공기극)에는 산화제인 산소가 공급된다. 압축된 수소가 연료전지의 전극(Anode)쪽 분리판으로 들어가면 수소는 압력 차이에 의해 가스 확산층을 지나 촉매 쪽으로 이동하게 된다. 수소는 백금 촉매에 의해 산화되어 수소 양이온과 전자로 분해된다. 수소 양이온은 전해질을 통과하여 양극으로 이동하고 전자는 외부회로를 통해 전기를 생성하고 양극으로 이동한다. 양극으로 이동한 수소 양이온과 전자는 양극으로 공급되는 산소와 결합하여 물을 생성한다.

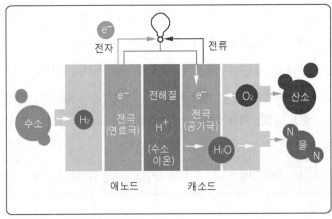

애노드 : H$_2$	2H$^+$+ 2e$^-$
캐소드 : 1/2O$_2$ + 2H$^+$+ 2e$^-$	H$_2$O
TOTAL : H$_2$　　+ 1/2 O$_2$	H$_2$O

연료전지의 발전 원리

03 연료전지의 구성

(1) 셀(Unit Cell)

셀은 연료전지를 만드는 단위로 '단전지'라고도 한다. 샌드위치의 구조를 하고 있으며 양극(공기극)과 음극(연료극), 전해질로 구성되어 있다. 하나의 셀은 약 0.7V 의 전압을 만든다.

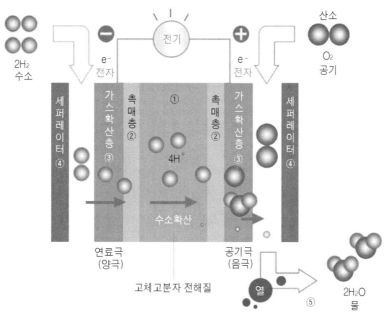

연료전지(고체 고분자형 연료전지 구조도)

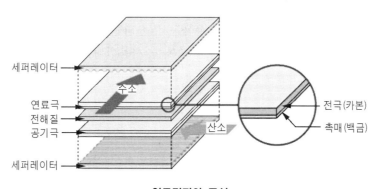

연료전지의 구성

(2) 셀 스택(Cell Stack)

연료전지는 셀이 층층이 적층되어 있는 구조로 이뤄져 있다. 이를 '셀 스택'이라고 하며 연료전지의 본체를 말한다. 셀과 셀 사이에는 분리막(세퍼레이터)가 있다.

(3) 전극

고분자 전해질 연료전지용 전극은 촉매층과 촉매층을 지지해주는 다공질 지지체(탄소막)로 구성되어 있으며 기체의 확산을 최적화시키며 촉매층과 접촉을 용이하게 한다. 고분자 전해질 연료전지(PEMFC : Proton Exchange Membrance Fuel Cell)에 사용되고 있는 전극은 고분자 전해질 막과 일체화 접합된 것으로 '투과막-전극 접합체(MEA : Membrance-Electrode Membrane)라고 부른다.

(4) 분리 막(Seperator)

연료와 공기의 통로가 되는 홈이 파인 플레이트이다. 셀과 셀을 구분하는 역할을 하며 연료극에서는 수분의 보급 통로가 되고 공기측에서는 생성된 물의 제거 통로 기능을 한다. 또한 전자를 외부회로로 전달하는 역할을 한다. 따라서 홈의 깊이와 폭 등 구조적인 인자가 연료전지의 출력 효율에 큰 영향을 미친다.

(5) 전해질

수소와 산소의 반응을 위해 양이온을 투과시키고 전자는 투과시키지 않는 역할을 한다. 전해질의 종류에 따라 연료전지의 특성이 달라진다. 인산, 수산화칼륨, 탄산리튬, 지르코니아 산화물, 수소이온 교환막 등이 있다.

(6) 촉매

촉매 물질은 전극에 포함되어 있으며 저온에서 수소의 산화 및 산소의 환원 반응에 대한 활성이 우수한 백금(Pt)을 주로 사용한다. 음극에서는 수소 분자의 결합을 약하게 만들어 양이온과 전자로 분리가 되도록 만들고 양극에서는 산소를 포집하는 역할을 한다.

촉매의 성능을 향상시키기 위해 표면적 증대, 백금의 미립자화, 입자의 다공질화 등이 요구되며, 연료극의 경우 연료에 잔존하는 일산화탄소와 이산화탄소에 의한 피독을 억제하기 위해 백금-루테늄(Pt-Ru) 합금 촉매를 사용한다.

04 수소 연료전지의 장단점

(1) 장점

① 연소 과정이 없으며 최종 생성물이 이산화탄소가 아닌 물이기 때문에 오염물질, 공해물질 배출이 거의 없는 청정 발전원이다.
② 부분 부하 효율이 좋으며 전부하 효율은 내연기관에 비하여 낮다.
③ 화학 에너지를 전기 에너지로 바로 변환하기 때문에 소음과 진동이 적다.
④ 화학반응으로 전기 에너지가 생성될 때 열에너지도 같이 발생되지만 연소 과정이 있는 내연기관과 다르게 열 발생이 상대적으로 적기 때문에 열손실도 상대적으로 적다.

(2) 단점

① 촉매로 사용되는 백금은 고가의 촉매제이기 때문에 연료전지의 가격이 비싸다. (저렴한 니켈을 촉매로 사용하는 SOFC 고온형 연료전지는 가격이 저렴하다.)
② 온도에 민감하여 적정한 온도로 예열이 필요한데 이는 효율을 감소시킨다. (PEMFC 전지의 경우 작동 온도가 30℃~100℃ 이기 때문에 영하의 기온에서는 예열이 필요하다.)

③ 연료로 사용되는 수소는 폭발성이 있기 때문에 보관에 유의해야 하며 저장 시 고압으로 보관하기 때문에 안전하게 저장, 보관할 기술과 장비가 필요하다.

④ 화석연료 동력원과 비교했을 때 단위 질량당 출력, 단위 체적당 출력이 낮다. 따라서 연료전지의 출력에 비해 무게가 무겁고 넓은 설치 공간을 필요로 한다.

기출문제 유형

✦ 연료전지 자동차를 사용하는 전해질에 따라, 또 사용되는 연료에 따라 분류, 설명하고 환경 영향 측면에서 평가하시오.(69-2-3)

✦ Fuel Cell 차량의 연료전지 종류에 따른 환경 영향 및 특성을 설명하시오.(81-3-5)

✦ 연료전지 자동차의 전지를 고온형과 저온형으로 구분하고 특징을 설명하시오.(92-2-3)

✦ 전해질에 따른 연료전지의 종류 및 특징과 PEM FC(Proton Exchange Membrane Fuel Cell)의 원리에 대하여 설명하시오(89-4-5)

---

01 개요

(1) 배경

수소 연료전지 자동차는 수소 연료전지를 사용하는 자동차로 연료전지는 수소와 산소의 화학반응으로 생기는 화학에너지를 직접 전기에너지로 변환시킨다.(1839년, 영국의 물리학자 그로브는 수소와 산소의 반응을 발견하고 이 반응으로 실제 전지를 만들어 보았다고 한다. 이 연료전지는 100년 넘게 주목을 받지 못하던 중 1965년, 미국의 로켓 제미니 5호에 적재되어 전력과 음료수를 공급하면서부터 각광받기 시작했다.) 1970~1980년대부터 산업화로 인한 환경문제가 대두되면서 연료전지 개발은 발전용, 건물용, 가정용, 차량용 등으로 더욱 다양한 분야로 활성화되었다. 오늘 날의 연료전지는 연료와 반응 온도, 발전 효율 등에 따라 종류와 용도가 다양하다.

(2) 수소 연료전지(Hydrogen Fuel Cell)의 정의

수소와 산소의 전기 화학적 반응을 통하여 화학 에너지를 전기 에너지로 직접 변환시켜 주는 장치

02 연료전지의 분류

연료전지는 작동 온도와 전해질, 촉매에 따라 크게 5가지로 분류할 수 있다. 저온형은 주로 자동차, 우주산업 등 연료전지를 이동하면서 사용하는 경우에 쓰이며(이동식), 고온형은 고출력으로 전기를 생산하는 플랜트 등의 산업현장에서 사용된다(고정식).

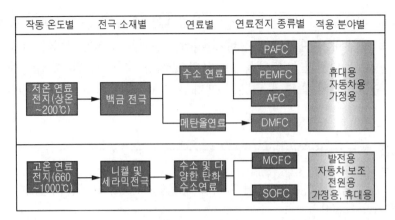

연료전지의 분류

(1) 저온형 연료전지(50~200℃)

200℃ 이하의 저온에서 구동이 되며 시동시간이 짧고 부하 변동성이 뛰어나다. 고가의 백금전극이 필요한 단점이 있다. 저온형에는 알칼리형 연료전지(AFC), 고분자 전해질 연료전지(PEMFC), 인산형 연료전지(PAFC), 메탄올 연료전지(DMFC)가 있다.

(2) 고온형 연료전지(600~1000℃)

600℃ 이상의 고온에서 작동하며 니켈 등 저렴한 금속 촉매를 사용하며 발전 효율이 높고 고출력이다. 시동시간이 길어 발전소나 대형건물 등에 적합하다. 용융 탄산염 연료전지(MCFC), 고체 산화물 연료전지(SOFC)이 있다.

연료전지 기술별 세부 내용

구분	알칼리 (AFC)	인산형 (PAFC)	용융탄산염형 (MCFC)	고체산화물형 (SOFC)	고분자전해질형 (FEMFC)	직접에탄올 (DMFC)
전해질	알칼리	인산염	탄산염	세라믹	이온교환막	이온교환막
동작온도(℃)	120 이하	250 이하	700 이하	1,200 이하	100 이하	100 이하
효율(%)	85	70	80	85	75	40
용도	우주발사체 전원	중형건물 (200kW)	중·대형 건물 (100kW~MW)	소·중·대용량발전 (1kW~MW)	가정·상업용 (1~10kW)	소형이동 (1kW 이하)
특징	–	CO 내구성 큼, 열병합 대용 가능	발전효율 높음 내부개질 가능 열병합 대용 가능	발전효율 높음 내부개질 가능 복합발전 가능	저온작동 고출력 밀도	저온작동 고출력 밀도

(자료 : 에너지관리공단, 메리츠종금증권 리서치센터)

03 연료전지의 분류 상세 설명

(1) 저온형 연료전지

1) 알칼리형 연료전지(AFC : Alkaline Fuel Cell)

1960년대 군사용, 우주선용으로 개발되었다. 전해질로는 수산화칼륨(KOH)을 사용하는데, 수산화칼륨은 연료의 이산화탄소와 반응하여 전해질이 열화되는 단점이 있다. 연료로는 순수 수소(H_2), 순수 산소(O_2)를 사용하며 작동 온도는 50~120℃이다. 연료전지 중에 제작 단가가 가장 저렴하며 효율이 높아 우주에서 적용시 약 60% 정도의 효율을 보인다. 배출 물질이 H_2O 밖에 없어서 환경에 미치는 영향이 거의 없다.

【화학반응식】

$$H_2 + \frac{1}{2}O_2 \rightarrow H_2O$$

$$\cdot\ \text{Anode} : H_2 \rightarrow 2H^+ + 2e^-$$

$$\cdot\ \text{Cathode} : \frac{1}{2}O_2 \rightarrow 2H^+ + 2e^- \rightarrow H_2O$$

2) 인산형 연료전지(PAFC : Phosphoric Acide Fuel Cell)

1970년대 민간 차원 1세대 연료전지로 병원, 호텔, 건물 등에 전원으로 사용된다. 고농도의 인산을 전해질로 사용하며 연료로 수소를 사용한다. 인산은 가격이 싸고 매장량이 많아서 오래전부터 사용해 기술의 발전이 많이 이루어져 있다. 장시간 사용 시에도 성능이 안정적이다. 하지만 액체 전해질이 부식성이 있고 촉매로 사용되는 백금이 고가인 단점이 있다. 작동 온도가 150~250℃ 정도 되는데 이는 배기열 급탕이나 냉난방 등에 이용할 수 있다. 배출 물질이 H_2O 밖에 없어서 환경에 미치는 영향이 거의 없다.

【화학반응식】

$$H_2 + \frac{1}{2}O_2 \rightarrow H_2O$$

$$\cdot\ \text{Anode} : H_2 \rightarrow 2H^+ + 2e^-$$

$$\cdot\ \text{Cathode} : \frac{1}{2}O_2 \rightarrow 2H^+ + 2e^- \rightarrow H_2O$$

3) 고분자 전해질형 연료전지(PEMFC : Polymer Electrolyte Membrane Fuel Cell)

1990년대 개발된 4세대 연료전지로 가정용, 자동차용, 이동용 전원으로 사용된다. 수소이온을 통과 시킬 수 있는 고분자 Polymer막, 고체 고분자 중합체(Membrane)을 전해질로 사용한다. 비교적 저온(50~100℃)에서 작동이 가능하지만 영하의 온도에서는 예열 과정이 필요하기 때문에 겨울철에는 효율이 감소된다.

반응물로 물만을 생성해 공해를 일으키지 않지만 충전 시 많은 시간을 요구하고 에너지 밀도가 낮아 자동차 동력원으로 사용할 경우 주행거리가 짧으며 배터리 수명이 짧다. 배출 물질이 H_2O 밖에 없어서 환경에 미치는 영향이 거의 없다.

【화학반응식】

$$H_2 + \frac{1}{2}O_2 \rightarrow H_2O$$

$$\cdot \text{Anode} : H_2 \rightarrow 2H^+ + 2e^-$$

$$\cdot \text{Cathode} : \frac{1}{2}O_2 \rightarrow 2H^+ + 2e^- \rightarrow H_2O$$

4) 직접메탄올 연료전지(DMFC : Direct Methanol Fuel Cell)

1990년대 말에 개발된 연료전지로 주로 이동용 전원으로 사용된다. 전해질로는 수소 이온 교환막이 사용되며 연료는 메탄올이 사용된다. 작동 온도는 50~100℃로 비교적 저온에서 동작한다. 개질장치가 필요 없기 때문에 연료공급 체계가 단순하고 시스템이 간단하여 소형화가 가능하다. 수소 연료전지에 비해 연료의 운반성과 취급성이 용이하다. 하지만 메탄올을 산화시켜야 하기 때문에 고가의 금속촉매 사용량이 증가하고, 전극의 활성이 낮아서 전력 생산밀도가 작아지는 문제점이 있다. 반응 물질이 이산화탄소와 물이기 때문에 지구 온난화 가스를 배출하는 환경 영향성이 있다고 할 수 있다.

【화학반응식】

$$CH_3OH + 1.5O_2 + H_2O \rightarrow CO_2 + 3H_2O$$

$$\cdot \text{Anode} : CH_3OH + H_2O \rightarrow CO_2 + 6H^+ + 6e^-$$

$$\cdot \text{Cathode} : 1.5O_2 + 6H^+ + 6e^- \rightarrow 3H_2O$$

(2) 고온형 연료전지

1) 융용탄산염형(MCFC : Molten Carbonate Fuel Cell)

1980년대 2세대 연료전지로 대형 발전소, 아파트 단지, 대형 건물의 분산형 전원으로 사용된다. 전해질로 용용 탄산염을 사용한다. 연료로는 수소, 일산화탄소가 사용된다. 550~700℃의 고온에서 작동하기 때문에 고체였던 탄산염이 액체로 용용되어 탄산 이온이 이동하며 전기가 생성된다. 백금 촉매 대신 니켈 촉매를 사용하여 경제성이 높으며 열병합 발전에 유리한 고온의 폐열이 발생한다. 그러나 이산화탄소의 재순환이 필요하고 전해질에 부식성이 있으며 수명이 짧은 단점이 있다. 반응 물질이 이산화탄소와 물이기 때문에 지구 온난화 가스를 배출하는 환경 영향성이 있다고 할 수 있다. 또한 촉매로 사용되는 니켈도 환경에 미치는 영향성이 크다.

【화학반응식】

$$H_2 + \frac{1}{2}O_2 + CO_2 \rightarrow H_2O + CO_2$$

$$\cdot\ \text{Anode}:\ H_2 + CO_3^{2-} \rightarrow H_2O + CO_2 + 2e^-$$

$$\cdot\ \text{Cathode}:\frac{1}{2}O_2 + CO_2 + 2e^- \rightarrow CO_3^{2-}$$

2) 고체산화물형(SOFC : Solid Oxide Fuel Cell)

1980년대 3세대로 연료전지로 MCFC 보다 효율이 우수하며 대형 발전소, 아파트 단지 및 대형 건물의 분산형 전원으로 사용된다. 지르코니아계의 얇은 세라믹 막을 전해질로 사용한다. 작동온도는 600~1000℃ 이며 고정형 시스템 분야에 사용된다.

전해질이 완전한 고체이며 연료로 수소나 일산화탄소를 사용하기 때문에 융통성이 있으며 비 귀금속 촉매를 사용하기 때문에 저렴한 장점이 있다. 하지만 작동 온도가 고온이기 때문에 밀폐가 어려워 시스템의 복잡성이 증가하고 상대적으로 전지 요소와 재료 비용 등이 고가인 단점이 있다. 촉매로 사용되는 니켈의 환경 영향이 크다.

【화학반응식】

$$H_2 + \frac{1}{2}O_2 \rightarrow H_2O$$

$$\cdot\ \text{Anode}:\ H_2 + O_2 \rightarrow H_2O + 2e^-$$

$$\cdot\ \text{Cathode}:\frac{1}{2}O_2 + 2e^- \rightarrow O^{2-}$$

기출문제 유형

✦ PEMFC(Proton Exchange Membrane Fuel Cell)에 대하여 설명하시오.(80-1-13)

✦ 고분자 전해질 연료전지(Polymer Electrolyte Fuel Cell)의 장단점에 대하여 설명하시오.(116-4-5)

01 개요

수소 연료전지(Hydrogen Fuel Cell)는 수소와 산소의 전기 화학적 반응을 통하여 화학 에너지를 전기 에너지로 직접 변환시켜 주는 전지로 공해물질의 배출이 거의 없고 연료로 사용되는 수소가 무한 에너지 자원이라는 장점이 있어서 궁극적인 친환경 자동차라고 인식되고 있다.

수소 연료전지의 종류로는 알칼리형 연료전지(AFC), 고분자 전해질 연료전지(PEMFC), 인산형 연료전지(PAFC), 용융 탄산염 연료전지(MCFC), 고체 산화물 연료전지(SOFC)가 있다. 이 중 고분자 전해질형 연료전지는 1990년대 개발된 4세대 연료전지로 비교적 저온(50~100℃)에서 동작이 가능하기 때문에 가정용, 자동차용, 이동용 전원으로 사용된다.

02 **고분자 전해질형 연료전지(PEMFC**: Polymer Electrolyte Membrane Fuel Cell, Proton Exchange Membrane Fuel Cell**)의 정의**

수소이온교환 특성을 갖는 고분자막을 전해질로 사용하는 연료전지를 말한다.

　* 다른 명칭 : solid polymer electrolyte fuel cell(SPEFC), solid polymer fuel cell(SPFC), polymer electrolyte fuel cell(PEFC), 또는 proton−exchange membrane fuel cell(PEMFC)

03 **고분자 전해질형 연료전지 구조 및 원리**

(1) 구조

분리판(Separator plate or Bipolar plate), 가스 확산층(GDL: Gas Diffusion Layer), 전극(Cathode and Anode), 촉매(Catalyst), 전해질(Electrolyte)로 이뤄져 있으며 전극은 다공질 탄소체를 사용하고 전해질은 수소이온을 통과시킬 수 있는 고분자 Polymer막, 고체 고분자 중합체(Membrane)을 사용하며 촉매로는 백금을 사용한다.

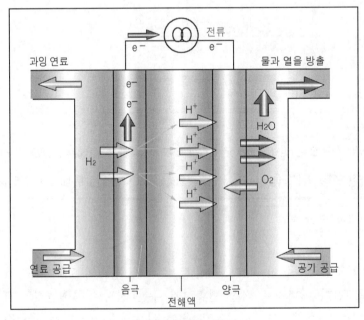

PEM 연료전지의 개략도

(2) 동작 원리

음극(연료극)에는 수소가 공급되고 양극(공기극)에는 산화제인 산소가 공급된다. 압축된 수소가 연료전지의 전극(Anode)쪽 분리판으로 들어가면 수소는 압력 차이에 의해 가스 확산층을 지나 촉매 쪽으로 이동하게 된다. 수소는 백금 촉매에 의해 산화되어 수소 양이온과 전자로 분해된다.

수소 양이온은 전해질을 통과하여 양극으로 이동하고 전자는 외부회로를 통해 전기를 생성하고 양극으로 이동한다. 양극으로 이동한 수소 양이온과 전자는 양극으로 공급되는 산소와 결합하여 물을 생성한다.

【화학반응식】

$$H_2 + \frac{1}{2}O_2 \rightarrow H_2O$$

$$\cdot \, \text{Anode} : \; H_2 \rightarrow 2H^+ + 2e^-$$

$$\cdot \, \text{Cathode} : \frac{1}{2}O_2 + 2H^+ + 2e^- \rightarrow H_2O$$

04 고분자 전해질형 연료전지 장단점

(1) 장점

① 비교적 저온에서 작동이 가능하여 응용할 수 있는 분야가 많다.(자동차 전원, 우주선용 전원 및 물 공급용, 이동기기용 전원 등)

② 다른 연료전지에 비교하여 높은 출력 밀도($3.5 \; W/cm^2$)를 제공하고 중량과 체적이 작다.

③ 배출물질이 H_2O밖에 없어서 환경에 미치는 영향이 거의 없다.

④ 부식 관련된 문제가 거의 없고 효율이 높다.(약 45%)

⑤ 수명이 길다.(40,000시간 이상)

(2) 단점

① 영하의 온도에서는 예열 과정이 필요하기 때문에 겨울철에는 효율이 감소된다.

② 충전 시 많은 시간을 요구하고 내연기관에 비해 에너지 밀도가 낮아 자동차 동력원으로 사용할 경우 주행거리가 짧으며 배터리 수명이 짧다.

③ 촉매 가격과 전해질의 가격이 비싸다.

④ 수소에 함유되어 있는 CO에 의해 활성이 저하된다.

⑤ 동작 중 고분자 막의 수분 함량을 조절하기가 어렵다.

⑥ 낮은 온도로 인해 폐열 활용이 불가능하다.

✦ 메탄올 연료전지에 대하여 설명하시오(93-1-7)

01 개요

환경에 관한 관심이 증가하면서 에너지 효율이 높고 환경오염이 적은 연료전지를 개발하려는 노력이 전 세계적으로 활발히 이루어지고 있다. 연료전지는 연료를 직접 산화시켜서 전기를 발생시키기 때문에 에너지 변환 효율이 높고, 운전 과정에서 오염물을 발생시키지 않는다는 장점이 있다.

연료전지의 종류에는 수소 연료전지와 메탄올 연료전지가 있다. 메탄올 연료전지는 고분자 전해질 연료전지(PEMFC)와 유사한 구조와 작동원리를 갖고 있지만 메탄올을 연료로 사용하는 연료전지로 1990년대 말에 개발되어 주로 이동용 전원으로 사용되고 있다. 소형화가 가능하다는 장점으로 인해 향후 다양한 분야에서 사용될 것으로 전망되고 있다.

02 직접메탄올 연료전지(DMFC : Direct Methanol Fuel Cell)의 정의

메탄올과 물의 전기 화학반응에서 생성되는 수소가 산소와 결합하면서 전기를 만드는 연료전지를 말한다.

03 직접메탄올 연료전지의 구조 및 원리

(1) 구조

분리판(Separator plate or Bipolar plate), 가스 확산층(GDL : Gas Diffusion Layer), 전극(Cathode and Anode), 촉매(Catalyst), 전해질(Electrolyte)로 이뤄져 있으며 전극은 탄소 섬유 종이와 같은 다공성의 탄소체 위에 백금(Pt), 백금-루테늄(Pt-Ru) 등의 촉매를 부착한다. 전해질은 수소이온을 통과시킬 수 있는 고분자 Polymer막, 고체 고분자 중합체(Membrane)를 사용한다.(PEMFC와 동일한 구조, 연료만 메탄올로 사용)

(2) 동작 원리

음극(연료극, Anode)으로 공급된 메탄올과 물은 백금 촉매와 전기 화학적 반응에 의해 산화되어 이산화탄소, 수소이온, 전자로 분리된다. 연료극에서 생성된 수소 이온은 고분자 전해질 막을 통해 양극(캐소드, Cathode)으로 이동하여 산소와 전자가 반응하여 물을 생성시킨다. 연료극에서 생성된 전자는 외부 회로를 통해 이동하면서 화학반응을 통해 얻어진 자유 에너지의 변화량을 전기 에너지로 전환시키게 된다.

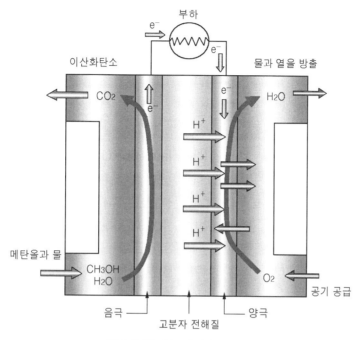

직접메탄올 연료전지의 구조

【화학반응식】

$$CH_3OH + 1.5O_2 + H_2O \rightarrow CO_2 + 3H_2O$$

$$\cdot \text{Anode} : CH_3OH + H_2O \rightarrow CO_2 + 6H^+ + 6e^-$$

$$\cdot \text{Cathode} : 1.5O_2 + 6H^+ + 6e^- \rightarrow 3H_2O$$

04 직접메탄올 연료전지의 장단점

(1) 장점

① 개질 장치가 필요 없기 때문에 연료공급 체계가 단순하고 시스템이 간단하여 소형화가 가능하다.

② 동작 온도가 50~100℃로 비교적 저온에서 동작하여 다양한 용도로 사용이 가능하다.

③ 메탄올만 공급이 되면 사용시간 연장이 가능하여 용량 제한이나 충전 시간에 따른 불편함이 해소될 수 있다.

④ 수소 연료전지에 비해 연료의 운반성과 취급성이 용이하다.

(2) 단점

① 연료극(애노드)에서 메탄올의 산화반응 속도가 매우 느리고, 또한 반응 생성물인 일산화탄소에 의해 백금 촉매가 피독되는 현상이 나타나기 때문에 활성이 크고 내피독성이 좋은 촉매가 요구된다.

② 메탄올이 고분자 전해질의 막을 통해 애노드 쪽에서 캐소드 쪽으로 직접 이동되는 크로스오버 현상으로 인해 전지의 전압 손실이 발생한다. 따라서 이론 전압보다 전지의 실질 전압이 낮고 전력 생산 밀도가 작아진다.

③ 메탄올을 산화시켜야 하기 때문에 고가의 금속 촉매를 사용해야 한다.

기출문제 유형

✦ 수소 연료전지 자동차가 공기 중의 미세먼지 농도를 개선하는 원리에 대하여 설명하시오.(110-1-3)

01 개요

(1) 배경

세계 각국은 자동차 배출가스로 인한 오염을 줄이고자 연비, 온실가스 배출가스 규제를 강화하고 있다. 이에 세계 자동차 업체는 전기 자동차와 하이브리드 자동차, 수소 연료전지 자동차 등을 개발하여 이를 대응하고 있다. 수소 연료전지 자동차는 수소를 연료로 이용하여 구동력을 발생시키는 자동차로 에너지 변환 효율이 높고 배출가스가 없는 청정한 자동차로 환경친화형 자동차이다. 수소 연료전지 자동차의 핵심 기술은 수소 연료전지이며 이 장치는 내연기관의 엔진과 같은 역할을 한다고 볼 수 있다.

(2) 수소 연료전지(Hydrogen Fuel Cell) 자동차의 정의

수소를 사용하여 발생시킨 전기 에너지를 동력원으로 사용하는 자동차로서 연료전지(fuel cell)를 배터리 대신 사용하거나 배터리 또는 슈퍼 커패시터와 함께 사용하여 온보드 모터에 전력을 공급하는 자동차

02 수소 연료전지 자동차의 구조 및 작동원리

① 수소 연료전지 자동차는 크게 연료인 수소를 저장하는 수소 탱크, 공기를 공급해주는 공기 공급장치, 전기를 생성하는 수소 연료전지, 전기를 이용해 구동력을 발생시키는 구동 모터로 구성되어 있다.

② 공기 탱크와 수소 탱크에서 공급되는 공기와 수소를 이용하여 연료전지에서 전기

를 발생시키고 이 전기를 이용해 모터로 구동력을 발생시켜 차량이 주행을 할 수 있게 된다.

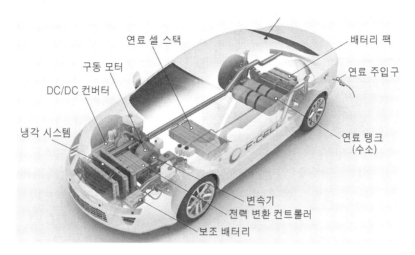

연료 셀 스택

배터리 팩

구동 모터

연료 주입구

DC/DC 컨버터

냉각 시스템

연료 탱크
(수소)

변속기
전력 변환 컨트롤러

보조 배터리

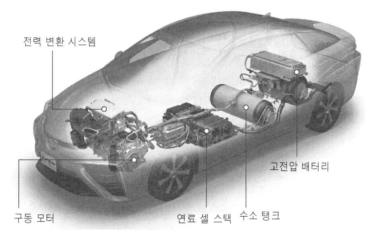

전력 변환 시스템

고전압 배터리

구동 모터

연료 셀 스택　수소 탱크

수소 연료전지 자동차의 구조

고전압 배터리

공기
공급
장치
2

③ 연료전지 시스템

① 수소 탱크

H_2

구동 모터

수소 연료전지 자동차의 구조

03 공기 중 미세먼지 농도를 개선하는 원리

수소 연료전지 자동차는 음극으로 연료인 수소를 공급해서 전기를 발전시키고 양극에서 산소와 결합시켜 물을 생성시킨다. 전지 양극에서 수소와 반응시킬 산소는 외부 공기로부터 얻는데 양극은 다공성 탄소체와 백금 등의 촉매로 이뤄져 있기 때문에 황화합물이나 이산화탄소 등에 쉽게 피독될 수 있고 피독이 되면 내구성이 저하된다.

따라서 연료전지의 내구성 확보를 위해서는 순수한 산소가 요구된다. 이를 위해 수소 연료전지 자동차의 공기 공급기에는 공기정화 시스템을 적용한다. 공기정화 시스템은 공기필터, 막 가습기, 스택 내부의 탄소섬유 종이로 된 기체 확산층이 있으며 이 시스템을 거치면서 외부 공기에 있던 미세 먼지의 99.99% 이상이 제거되게 된다. 최초로 유입된 공기는 공기 필터를 거치며 먼지 및 화학물질이 포집되어 초미세 먼지의 97% 이상이 제거된다. 그 다음에 막 가습기(가습 막을 통한 건조공기 가습)를 통과하며 초미세 먼지가 추가로 제거된다.

마지막으로 연료전지 스택 내부 미세기공 구조의 탄소섬유 종이로 된 기체 확산층(공기를 연료전지 셀에 골고루 확산시키는 장치)을 통과하면서 초미세 먼지의 99.9% 이상이 제거되게 된다. 연료전지에 사용할 청정한 산소를 수집하기 위해 외부의 공기를 정화해서 사용하고 정화된 공기를 다시 배출하는 것으로 대기 중 미세먼지 농도가 낮아지는 효과를 가져올 수 있다.

기출문제 유형

✦ 내연기관에 비해 연료전지 자동차의 효율이 높은 이유를 기술하고 연료 저장기술 방식을 구분하여 설명하시오.(99-2-5)

✦ 수소 자동차에서 수소를 충전하는 방법 4가지를 설명하시오.(105-4-2)

01 개요

(1) 배경

세계 각국은 자동차 배출가스로 인한 오염을 줄이고자 연비, 온실가스 배출가스 규제를 강화하고 있다. 이에 세계 자동차 업체는 전기 자동차와 하이브리드 자동차, 수소 연료전지 자동차 등을 개발하여 이를 대응하고 있다. 수소 연료전지 자동차는 수소를 연료로 이용하여 구동력을 발생시키는 자동차로 에너지 변환 효율이 높고 배출가스가 없는 청정한 자동차로 환경친화형 자동차이다.

(2) 수소 연료전지(Hydrogen Fuel Cell) 자동차의 정의

수소를 사용하여 발생시킨 전기 에너지를 동력원으로 사용하는 자동차로서 연료전지(fuel cell)를 배터리 대신 사용하거나 배터리 또는 슈퍼 커패시터와 함께 사용하여 온 보드 모터에 전력을 공급하는 자동차

02 연료전지 자동차의 효율이 높은 이유

(1) 배경

세계 각국은 자동차 배출가스로 인한 오염을 줄이고자 연비, 온실가스 배출가스 규제를 강화하고 있다. 이에 세계 자동차 업체는 전기 자동차와 하이브리드 자동차, 수소 연료전지 자동차 등을 개발하여 이를 대응하고 있다. 수소 연료전지 자동차는 수소를 연료로 이용하여 구동력을 발생시키는 자동차로 에너지 변환 효율이 높고 배출가스가 없는 청정한 자동차로 환경친화형 자동차이다.

(2) 수소 연료전지(Hydrogen Fuel Cell) 자동차의 정의

수소를 사용하여 발생시킨 전기 에너지를 동력원으로 사용하는 자동차로서 연료전지(fuel cell)를 배터리 대신 사용하거나 배터리 또는 슈퍼 커패시터와 함께 사용하여 온 보드 모터에 전력을 공급하는 자동차

03 연료저장 방식

수소는 단위 질량당 에너지 밀도가 가장 큰 물질이나 단위 부피당 밀도가 매우 낮아 이를 저장, 운송, 활용하기 위해서는 고압 압축 또는 액화 등의 방법을 사용하여야 하며 세심한 주의가 요구된다. 수소 연료 저장 방법은 대략 3 가지로 나뉜다. 기체 상태 수소 저장 방법, 액체 상태 수소 저장 방법, 수소를 저장할 수 있는 재료를 이용하는 방법이다.

(1) 기체 상태 수소 저장 방법(압축 수소 저장 방법)

수소 저장 기술 중 가장 보편적인 방법으로 수소 기체를 고압으로 압축하여 제한된 체적의 용기에 저장하는 방식이다. 압력 용기 내의 수소 저장 밀도를 높이기 위해서 높은 압력으로 가압하는데 저장 압력이 높을수록 용기의 두께가 두꺼워져 무게가 증가하게 되므로 효율이 떨어지게 된다. 초기에는 200bar 정도로 압축을 했으나 현재에는 700bar로 압축하여 저장하고 있다.

이용이 편리하고 장기간 저장에 적합하다는 장점이 있지만 압축과정에서 에너지가 소모되고 안전성 문제로 저장 용기에 대한 엄격한 관리가 필요하다는 단점이 있다. 또한 고압으로 압축해도 700~800bar 이상이 되면 수소가 더 이상 채워지지 않아 기술적 한계치에 도달했다는 단점이 있다. 따라서 주행거리, 연비 향상을 위해서 용기 경량화가 필수적이다.

(2) 액체 상태 수소 저장 방법

수소를 액화 온도인 −253℃까지 냉각시켜 저장 탱크에 저장하는 방식으로 압축 수소 저장 방식보다 약 3배 정도 높은 저장 효율을 보일 수 있고 저장 시스템 효율이 가장 높다는 장점이 있다. 하지만 냉각시키는 과정에서 에너지의 약 40%가 손실되고 저장 탱크 내부에서도 하루에 2~3%의 액체 수소가 증발하여 에너지가 손실되는 단점이 발생하여 장기간 저장에 부적합하다.

(3) 수소 저장 물질에 의한 저장 방법

1) 수소 저장 합금 이용

수소를 가역적으로 흡수, 방출할 수 있는 능력을 갖고 있는 합금을 이용하는 방식으로 대표적인 수소 흡장 합금은 니켈, 마그네슘, 칼슘 등이다.(MgH_2, $NaAlH_4$ $LiAlH_4$, LiH, $LaNi_5H_6$, $TiFeH_2$와 $Pd-H$ 계) 체적당 에너지의 밀도가 높아 압축 저장 방식보다 약 100배 이상의 수소를 저장할 수 있다. 하지만 질량당 에너지 밀도가 종래의 화석연료보다 낮고 저장된 수소를 방출시키려면 120~200℃ 정도의 높은 온도가 필요하게 되는 단점이 발생한다.

2) 수소 흡착 물질 이용

수소 흡착제로는 탄소 나노 튜브 또는 금속을 도포한 탄소 나노 튜브, 여러 가지 나노 탄소 소재 등이 연구되고 있으나 아직은 그 수소 저장 능력을 충분히 검증 받지 못한 상태이다. 탄소 동소체 중 그래핀(Graphene)은 수소를 효율적으로 저장하는데 graphene은 수소를 흡수한 뒤 graphane으로 변하고 450℃ 이상에서 방출한다.

흡수가 쉬운 것은 장점이지만 방출하는 온도는 너무 높아서 graphene 상태 그대로 이용할 수는 없기 때문에 많은 후속 연구가 이루어지고 있다. 불순물을 포함하거나 기능성 그룹을 흡착시킨 물질들도 연구되고 있다.

> **참고** **연료전지의 효율**
>
> 수소와 산소가 반응하여 물이 생성되는 반응에는 저위 발열량과 고위 발열량이 있는데 저위 발열량은 수소와 산소가 반응하여 기체 물(수증기)이 되는 반응이고 고위 발열량은 수소와 산소가 반응하여 액체 물이 되는 반응으로 기체에서 액체로 응축되면서 응축열이 발생하며 더 많은 열량이 방출되는 반응이다.
>
> 수소 연료전지 시스템에서 이론 효율은 고위 발열량을 기준으로 하며 최대 전기 발생량/전기 화학반응 엔탈피로 나타낼 수 있다. 이상적인 상태에서 고분자형 연료전지(PEMFC)가 낼 수 있는 최대 효율은 이론적으로 83%이나 수소 연료전지 자동차는 연료전지 스택에서 발생되는 유체들의 마찰 저항과 열관리, 자체 방전과 스택의 구동에 필수적인 장치들의 에너지 손실까지 감안하면 스택 시스템의 효율은 40% 정도가 된다.

$$\varepsilon ideal = \frac{\text{최대 전지 발생량}}{\text{전기 화학반응 엔탈피}} = \frac{\Delta G}{\Delta H}$$

$$H_2(g) + \frac{1}{2O_2}(g) \rightarrow H_2O\,(Liquid)$$

$$\Delta G = -237 kJ/mol,\ \Delta H = -286 kJ/mol$$

- 이론효율

$$\varepsilon ideal = \frac{-237}{286} = 0.8287 = 83\%$$

- Activation Loss를 고려한 효율

$$\varepsilon \eta = \frac{\text{연료전지의 실제 작동전압}}{\text{연료전지의 이론전압}} = \frac{V}{E}$$

- 실제 반응에서 사용되지 않은 수소연료를 고려한 연료 이용률

$$\varepsilon fuel = \frac{\text{연료전지 스택의 소모량}}{\text{연료전지 스택의 공급량}} = \frac{1}{S.R}$$

(* S.R(Stoichiometric Ratio) : 화학양론비 – 수소 소모량에 대한 수소 공급량 비율)

- 전체적인 효율

$$\varepsilon stack = \varepsilon ideal \times \varepsilon \eta \times \varepsilon fuel$$

기출문제 유형

✦ 연료전지 자동차의 상용화 문제점에 대하여 설명하시오.(89-1-5)

01 개요

급격한 산업의 발달과 일상생활에서의 지속적인 에너지 사용량의 증가에 따라 석유와 같이 유한한 자원의 고갈이 점차 심각해지고 있다. 에너지 고갈에 대비하고자 세계 각국에서 태양광, 태양열, 풍력, 소수력, 지열, 조력발전 등으로 에너지원을 다원화하고 있으나, 이는 여러 가지 측면에서 한계가 드러나고 있다.

원자력은 그 안정성에 대한 우려로 인하여 확대가 어려운 상황이며 대부분의 에너지원들이 전기 에너지의 생산에 관련되어 있어, 전력망에 물리지 않는 자동차와 같은 이동형 장비에 대해서는 큰 역할을 하지 못하고 있는 상황이다. 이러한 난점을 극복할 수 있는 대안으로 전기 자동차, 하이브리드 자동차, 수소 연료전지 자동차, 태양광 자동차 등이 개발되고 있다.

02 수소연료전지(Hydrogen Fuel Cell) 자동차의 정의

수소를 사용하여 발생시킨 전기 에너지를 동력원으로 사용하는 자동차로서 연료전지 (fuel cell)를 배터리 대신 사용하거나 배터리 또는 슈퍼 커패시터와 함께 사용하여 온 보드 모터에 전력을 공급하는 자동차

03 연료전지 자동차 상용화의 문제점

(1) 높은 제조 원가

연료전지 자동차를 구성하는 부품은 수소 연료 탱크, 연료전지 스택, 공기 공급기, 모터 등으로 이뤄진다. 이 중에서 연료전지 스택의 제조 원가가 가장 높은데 이는 연료 전지의 핵심부품인 전해질 막과 백금 촉매의 비용이 비싸기 때문이다. 따라서 차량의 전체적인 가격이 증가하게 된다.

또한 백금의 특성상 촉매 열화가 쉽게 발생하여 내구성이 저하가 될 수 있기 때문에 교체 기간이 짧아지고 교체 비용이 발생하게 되는 단점이 있다. 이는 연료전지의 대량 생산, 백금촉매 대체 기술 개발, 보조금 등으로 저감시킬 수 있다.

> **참고** 현대자동차 넥쏘에 탑재되는 95kW 연료전지 스택의 가격은 대략 10,710달러(한화 약 1200만원 정도), 연료전지 시스템은 약 26000달러(약 3100만원), 수소 연료전지 자동차 제조원가 약 65000달러(약 7800만원),

(자료 : https://www.mk.co.kr/news/business/view/2018/08/518947)

수소 연료전지 자동차의 연료는 수소로 수소는 폭발의 위험성이 크고 부피가 크기 때문에 저장하기가 어렵고 대량으로 값싸게 얻기가 힘들다. 수소는 주로 개질, 촉매반응 으로 천연가스 등의 탄화수소에서 얻을 수 있는데 천연가스의 가격이 쌀 때만 저렴하게 생산이 가능하다.

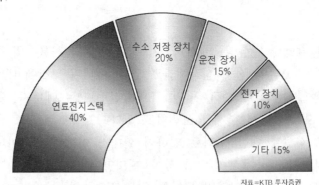

수소 연료전지 자동차 원가 구성

* **수소 생산 방식** : 천연가스(50%), LPG(30%), 석탄(20%)
* 수소 충전 가격은 kg당 8000원 대, 현대자동차 넥쏘 기준 일회 충전 시 총 6.33kg으로 609km 주행 가능, 완충 시 비용은 약 5만원

현재 수소 연료전지 자동차는 700bar의 고압으로 수소를 압축한 수소 탱크를 사용하고 있는데 수소 저장 용량을 더 이상 늘리기 어렵다. 800bar 이상으로 수소를 압축을 해도 고압일수록 운동 에너지가 증가하는 기체의 특성상 수소의 용량은 증가하지 않게 된다.

따라서 연료 탱크를 추가로 설치하지 않는 한 주행거리가 더 이상 증가할 수 없게 되고 연료 탱크를 증가시키는 경우에도 연료 탱크를 설치할 공간이 부족하다는 문제와 연료 탱크의 무거운 중량으로 인해 에너지 효율성이 떨어지게 되는 단점이 발생하게 된다. 액화 수소 저장 방식과 수소 저장 합금 방식이 개발되면 이런 단점을 극복할 수 있을 것으로 예상되지만 기술적 과제가 많이 남아 있는 상태이다.

(3) 에너지 효율의 한계

수소 연료전지 자동차의 효율은 약 40%로 내연기관에 비해 높다. 하지만 전기 자동차의 효율인 90%에는 미치지 못하고 있다. 그 이유는 다음과 같다. 수소 연료전지에서 전기를 생산하려면 다량의 산소를 공급해야 하는데 내연기관은 피스톤이 움직이면서 자연 흡기가 가능하지만 수소 연료전지 자동차는 별개의 공기 압축기가 필요하다. 최대 수십만 rpm으로 회전하며 연료전지가 생산하는 전력 중에 최대 10% 가량을 소비한다.

스택의 내구성은 온도 관리와 잔여 가스 배출 능력에 크게 좌우하는데 연료전지의 반응물로 물이 생산되므로 겨울철에 얼어 버리면 시스템의 성능이 크게 저하된다. 따라서 COD 히터라는 장치가 꼭 필요한데, 전기 에너지를 이용해 스택 온도를 관리하는 역할을 한다. 또한 연료전지에서 발생하는 열을 흡수해 라디에이터에서 방열시켜야 한다.

전기 자동차와 다르게 다량의 냉각수 순환이 요구되어 고전압 모터로 작동하는 워터펌프가 필수적이다. 이 장치는 스택이 생산하는 전력의 1~2% 가량을 소비한다. 이 외에 가습기, 냉각팬, 전열판, 보조 이차전지 등 열효율을 낮추는 많은 장치들이 있다. 따라서 연료전지는 그 특성상 에너지 효율을 높이기 어려워 전기 자동차 대비하여 상용화가 늦어질 수 있다.

기출문제 유형

✦ 수소 연료전지 자동차의 연료 소비율(연비) 측정 방법에 대하여 설명하시오.(89-2-3)

✦ 수소 연료전지(Fuel Cell) 자동차의 연료 소모량 측정법 3가지와 연비 계산법을 설명하시오.(111-2-5)

✦ 수소 전기 자동차에서 수소 연료 소모량 측정 방법 및 측정 장치의 정도에 대하여 설명하시오.(120-2-6)

01 개요

(1) 배경

세계 각국은 자동차 배출가스로 인한 오염을 줄이고자 연비, 온실가스 배출가스 규제를 강화하고 있다. 이에 세계 자동차 업체는 전기 자동차와 하이브리드 자동차, 수소 연료전지 자동차 등을 개발하여 이를 대응하고 있다. 수소 연료전지 자동차는 수소를 연료로 이용하여 구동력을 발생시키는 자동차로 에너지 변환 효율이 높고 배출가스가 없는 청정한 자동차로 환경친화형 자동차이다.

수소 연료전지 자동차는 무공해 친환경 자동차로 각광받고 있지만 내연기관의 연료 소비율 측정 방법인 탄소균형법(cabon balance method)을 적용할 수 없는 문제점이 있다. 탄소균형법이란 연소하기 전 연료의 탄소 양과 연소 후 배출가스의 탄소 양이 같은 원리를 적용하여 연료 소비율을 산출하는 방법인데 수소 연료전지 자동차는 탄소균형법으로 연료 소비율을 측정할 수 없기 때문에 별도의 연료 소비율 시험방법이 필요하다.

(2) 수소 연료전지(Hydrogen Fuel Cell) 자동차의 정의

수소를 사용하여 발생시킨 전기 에너지를 동력원으로 사용하는 자동차로서 연료전지(fuel cell)를 배터리 대신 사용하거나 배터리 또는 슈퍼 커패시터와 함께 사용하여 온보드 모터에 전력을 공급하는 자동차를 말한다.

02 연료 소모량 측정 방식

(1) 중량 측정 방법

시험자동차의 연료 소비율 시험 전후의 연료탱크 무게를 측정하여 수소 사용량을 산정하는 방법으로 가장 간단하며 정확한 측정 결과를 얻을 수 있다는 장점이 있지만 실시간 측정이 어렵다는 단점이 있다.

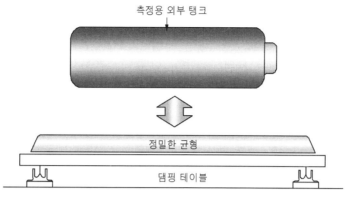

중량 측정법 개요도

$$W = g_1 - g_2$$

여기서, W : 수소 연료 소모량(kg), g_1 : 시험 전 연료 용기 무게(kg)

g_2 : 시험 후 연료 용기 무게(kg)

(2) 유량 측정방법

유량계를 사용하여 수소 연료 라인에서 직접 측정하는 방법으로 실시간 수소 사용량의 측정이 가능하고 공급되는 수소 유량과 압력에 따라 적절한 유량 센서를 선택해야 정확한 측정 결과를 얻을 수 있고 자동차 진동을 고려해야 한다.

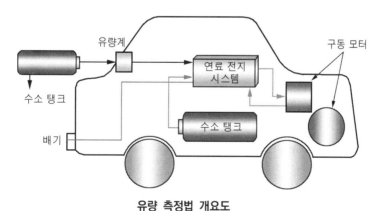

유량 측정법 개요도

$$W = (\Sigma b) \times \frac{m}{22.414}$$

여기서, W : 수소 연료 소모량(kg), b : 표준 상태(273K, 101.3 kPa)에서 수소 유량(ℓ)

m : 수소 몰 질량(2.01588×10^{-3} kg/mol)

(3) 수소 가스용기 압력 온도(압력-체적-온도) 측정 방법

이상기체 상태 방정식은 압력, 체적, 온도로부터 기체의 질량을 계산할 수 있다. 내부 용적(V)이 공개된 수소 연료 탱크의 시험 전, 후 압력(P)과 온도(T)를 측정하는 방법으로 별도의 측정 장비가 필요 없이 온도 압력 센서만 이용하면 되기 때문에 실제 도로에서 운행을 하면서 수소의 사용량을 측정할 수 있다는 장점이 있지만 측정 편차가 다소 높다는 단점이 있다.

압력 및 온도 센서

중량 측정법 개요도

$$W = m \times \frac{V}{R} \times \left(\frac{P_1}{z_1 \times T_1} - \frac{P_2}{z_2 \times T_2} \right)$$

여기서, W : 수소 연료 소모량(kg), m : 수소 몰 질량(2.01588×10^{-3}kg/mol)
V : 수소 가스용기 용적(ℓ), R : 가스 상수(0.008314472MPaℓ/molK)
P_1 : 시험 전 수소 가스용기 압력(MPa), P_2 : 시험 후 수소 가스용기 압력(MPa)
T_1 : 시험 전 수소 가스용기 온도(K), T_2 : 시험 후 수소 가스용기 온도(K)
Z_1 : 시험 전 수소 가스용기 압축인자, Z_2 : 시험후 수소 가스용기 압축인자

03 연비 계산법

(1) 시험 자동차 조건 및 측정 조건

시험 자동차는 6,500km±1,000km 사전 주행(길들이기)을 마친 후에 시험을 실시하여야 한다. 출고시 제작사에 의해 장착된 일반적인 부속장치를 갖춘 상태로 시험하여야 하며, 안전이나 기타 필요에 따라 시험결과에 영향을 주지 않는 범위에서 동력 전달계통의 특정 부분(휠 캡 등)을 제거할 수 있다.

연료 소모량은 중량 측정방법, 유량 측정방법, 수소 가스용기 압력 온도 측정방법을 통해 측정하며 측정정도는 Full Scale의 ±1% 이내이어야 한다.

(2) 측정 에너지 소비효율 및 연료 소비율의 계산

$$\text{도심주행 에너지소비효율 및 연료소비율 (km/kg)} = \frac{1}{0.43 \times \dfrac{M_{UDDS1}}{D_{UDDS1}} + 0.57 \times \dfrac{M_{UDDS2}}{D_{UDDS2}}}$$

여기서, M_{UDDS1} = 저온 시동 시험의 초기 및 안정 단계에서 소모된 수소 질량(kg)
M_{UDDS2} = 고온 시동 시험의 초기 및 안정 단계에서 소모된 수소 질량(kg)
D_{UDDS1} = 저온 시동 시험의 초기 및 안정 단계에서 주행거리(km)
D_{UDDS2} = 고온 시동 시험의 초기 및 안정 단계에서 주행거리(km)

$$\text{고속도로 주행 에너지 소비효율 및 연료 소비율 (km/kg)} = \frac{\text{HWFET 모드 측정 주행단계에서 측정된 주행거리(km)}}{\text{HWFET 모드 측정 주행단계에서 소모된 수소 질량(kg)}}$$

(3) 자동차 에너지 소비효율 및 연료 소비율 표시, 등급 계산 방법

자동차의 에너지 소비효율 및 연료 소비율은 측정 에너지 소비효율 및 연료 소비율을 바탕으로 5-cycle 보정식에 의한 계산을 이용하여 자동차의 에너지 소비효율 및 연료 소비율 표시와 등급에 적용한다.

1) 복합 에너지 소비효율 및 연료 소비율(5-cycle 보정식에 의한 계산)

$$\text{복합 에너지 소비효율 및 연료 소비율} = \frac{1}{\dfrac{0.55}{\text{도심 주행 에너지 소비효율 및 연료 소비율}} + \dfrac{0.45}{\text{고속도로 주행 에너지 소비효율 및 연료 소비율}}}$$

2) 도심 주행 에너지 소비효율 및 연료 소비율

$$\text{수소를 사용하는 연료전지 자동차의 도심 주행 에너지 소비효율 및 연료 소비율(km/kg)} = \text{0.7×FTP-75 모드에서 시가지 동력계 주행 시험계획(UDDS) 2회 반복주행에 따른 에너지 소비효율 및 연료 소비율}$$

3) 고속도로주행 에너지소비효율 및 연료소비율

$$\text{수소를 사용하는 연료전지 자동차의 고속도로 주행 에너지 소비효율 및 연료 소비율(km/kg)} = \text{0.7×HWFET 모드 주행에 따른 에너지 소비효율 및 연료 소비율}$$

기출문제 유형

✦ 수소 연료전지 자동차에 사용되는 수소의 제조법 5가지를 열거하고 설명하시오.(110-3-5)

✦ 수소 자동차의 수소 탑재법의 특징과 수소 생성 방법의 종류에 대하여 설명하시오.(96-4-1)

✦ 수소 자동차의 수소를 생산하기 위하여 물을 전기 분해하는 과정과 방법을 설명하시오.(108-1-13)

01 개요

(1) 배경

세계 각국은 자동차 배출가스로 인한 오염을 줄이고자 연비, 온실가스 배출가스 규제를 강화하고 있다. 이에 세계 자동차 업체는 전기 자동차와 하이브리드 자동차, 수소 연료전지 자동차 등을 개발하여 이를 대응하고 있다. 이중에서 수소 에너지는 공해가 없는 청정에너지이며, 미래 원천 에너지이다.

특히 기후변화협약에 의한 이산화탄소 저감 대책으로서의 대안으로 수소 에너지의 이용 확대가 기대되는 시점에서 수소 에너지 제조기술을 확보함으로서 에너지 문제를 해결하고 국가 경쟁력을 높일 수 있다. 수소는 1개의 양성자와 1개의 전자로 이뤄져 있는데 수소는 자연 상태에서 홀로 존재하지 않고 항상 산소나 탄소 등에 결합되어 있기 때문에 수소를 연료로 이용하기 위해서는 수소를 분리해야 하는 문제가 발생한다.

(2) 수소 자동차(Hydrogen Vehicle)의 정의

동력의 연료로 수소를 사용하는 자동차로서 내연기관을 통해 수소를 연소시켜 동력을 얻는 자동차와 수소 연료전지를 이용해서 동력을 얻는 자동차를 모두 지칭하는 말로 사용되기도 한다.

(3) 수소 에너지 제조 기술 및 특징

수소 에너지는 자연 상태에서 혼합물이나 화합물로 존재한다. 따라서 수소는 물, 석유, 석탄, 천연가스 및 가연성 폐기물로부터 제조할 수 있다. 물을 전기 분해하여 얻거나 화석연료를 수증기 개질 또는 부분 산화하여 얻을 수 있고 바이오매스를 가스화 혹은 탄화시켜 얻을 수도 있다. 즉, 수소 에너지는 태양광, 태양열 화석연료와 같은 1차 에너지를 변환시켜 얻을 수 있는 2차 에너지로 모든 에너지 자원으로부터 에너지 변환에 의하여 얻을 수 있는 효율적인 에너지 변환 매체이며, 화학공업 및 전자공업 등 광범위한 분야에서 사용되는 기초 원료 물질이고, 연료이다. 현재 상용화된 수소 제조방법은 거의 석유나 천연가스를 수증기 개질한 것이다.

02 수소 연료 탑재법의 특징

수소는 단위 질량당 에너지 밀도가 가장 큰 물질이나 단위 부피당 밀도가 매우 낮아 이를 저장, 운송, 활용하기 위해서는 고압 압축 또는 액화 등의 방법을 사용하여야 하며 세심한 주의가 요구된다. 수소 연료 저장 방법은 대략 3 가지로 나뉜다. 기체 상태 수소 저장 방법, 액체 상태 수소 저장 방법, 수소를 저장할 수 있는 재료를 이용하는 방법이다.

03 수소의 생산 기술 분류

수소는 화석연료를 이용하는 방법과 비 화석연료를 이용하는 방법으로 생산이 가능하다. 화석연료를 이용하는 방법은 천연가스나 LPG를 이용하는 방법으로 천연가스는 수소 함유량이 높고 대량 생산에 유리하여 수증기 개질, 직접 분해 등의 다양한 방법을 통해 수소를 제조할 수 있는 물질이다.

화석연료를 이용한 수소 생산 방법에는 수증기 개질, 이산화탄소 개질, 부분 산화법, 직접개질 등이 있고 비화석연료를 이용한 방법에는 물의 전기 분해 방법, 열화학 분해, 생물학적 분해, 광화학적 분해 방법이 있다.

수소 생산기술 분류

구분	방법	원료	에너지원	기술수준
화석연료 이용	· 수증기 개질	· 천연가스, LPG, 나프타	· 열	· 상용
	· 이산화탄소 개질	· 천연가스	· 열	–
	· 부분 산화	· 중질유, 석탄	· 열	· 상용
	· 자열 개질	· 천연가스, LPG, 나프타	· 열	· 상용
	· 직접 개질	천연가스	· 열	· 상용
비화석인료 이용	· 전기 분해	· 물	· 전기	· 상용
	· 열화학 분해	· 물	· 고온열(원자력, 태양열	· 연구 중
	· 생물학적 분해	· 물 또는 바이오매스	· 열, 미생물	· 연구 중
	· 광화학적 분해	· 물	· 태양광	· 연구 중

(자료 : 한국수소산업협회, NH투자증권 리서치본부)

(1) 물의 전기 분해

1) 물의 전기 분해 과정, 원리

물의 전기 분해 과정은 물에 접촉하는 두 전극에 직류 전류를 흘려 전기 분해를 일으켜 양극(cathode)에는 수소를 발생시키고, 음극(anode)에서는 산소를 발생시킨다. 물에 전기를 통하게 하기 위하여, 일반적으로 1기압, 80℃에서 알칼리 수용액(25-30 wt% KOH)을 전해질로 사용한다.

$$\cdot \text{음극} : 2H_2O + 2e^- \rightarrow 2OH + H_2$$

$$\cdot \text{양극} : 2OH^- \rightarrow H_2O + 2e^- + \frac{1}{2}O_2$$

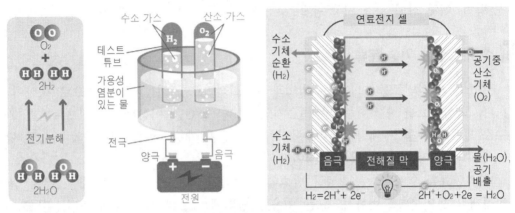

물의 전기 분해 과정 및 원리

수소 이온은 환원되면서 전극에 수소 원자 형태로 흡착하게 된다. 흡착된 원자와 용액의 수소 이온이 반응하거나, 두 개의 흡착 원자의 결합에 의하여 수소가 발생하게 된다. 이때 전극 물질에 따라 수소의 발생 속도가 다르게 되며 그 속도에 따라 수소 발생효율이 결정된다. 백금 등의 귀금속 촉매가 수소 발생 효율이 높다.

2) 물의 전기 분해 특징

물의 전기 분해는 가장 간단하면서도 신뢰성이 높고 대량 생산이 용이한 방법이지만, 물의 전기 분해시 사용되는 전기 에너지의 비용이 높다는 단점이 있다. 따라서 필요한 전기 에너지를 얻기 위하여 태양 에너지 또는 풍력 에너지 등의 대체에너지를 사용함으로써 온실가스의 발생이나 환경부하를 없애고, 기술의 경제성을 확보할 수 있다.

현재 물의 전기 분해를 위한 대체에너지로 풍력, 지열, 태양열, 수력 등이 고려되고 있으며, 최근에는 연료전지의 기술 발전과 함께 전기 분해의 효율이 매우 높은 고분자 전해질 막(PEM)을 이용한 물의 전기 분해 방법이 각광 받고 있다.

(2) 열화학 사이클을 이용한 수소 제조법(물의 저온 열분해)

물의 열화학적 분해에 바탕을 둔 수소 제조 방법에는 열적 분해법, 열화학 사이클법, 열화학 하이브리드 사이클법이 있다. 고온의 가스로 또는 집열된 태양열, 핵반응로, 제철소 용광로 폐열 등를 사용하여 인위적으로 공급한 철광석 등의 금속산화물을 환원시킨다. 생산된 금속은 금속-공기 배터리, 연료전지로 직접 동력을 발생할 수 있으며 물과 반응시켜 수소를 만들어 열과 전기를 얻을 수 있다. 이 반응계는 완전한 닫힌계로 외부로의 오염물 배출도 없다.

$$\cdot Fe_3O_4 \rightarrow 3FeO + \frac{1}{2}O_2$$

$$\cdot 3FeO + H_2O \rightarrow Fe_3O_4 + H_2$$

(3) 수증기 개질법을 이용한 수소 제조

탄화수소를 수증기와 반응시켜 물에 함유된 수소를 추출하는 방식이다. 700~1,100℃의 조건에서 수증기(H_2O)를 메탄과 혼합하고 촉매 반응기에서 압력(3~25bar)을 가하면 수소가 생성된다.

- $CH_4 + H_2O = CO + 3H_2$
- $CH_4 + 2H_2O = CO_2 + 4H_2$

천연가스 수증기 개질은 수소 생산에서 가장 저렴한 방법으로 여겨지고 있으며, 세계 총 수소 생산의 거의 절반을 이 방법으로 제조하고 있다. 이산화탄소 생성비가 낮고 일정량의 탄화수소로부터 많은 양의 수소를 얻을 수 있다는 장점이 있지만, 공정 온도가 750℃ 전후로 높아 에너지 소비가 많다는 단점이 있다. 또한 반응 온도에 따라 차이는 있으나, 수소와 CO 외에 CO_2, C(고체, soot), H_2O 등이 소량 발생되고 공기를 산소원으로 사용할 때는 NOx가 배출되는 단점이 있다.

(4) 부분 산화법을 이용한 수소 제조

천연가스를 약 1000℃의 온도에서 적은 양의 산소와 반응시켜 수소를 얻는 방법으로 수소와 일산화탄소가 주요 산물이다. 발열반응으로 외부가열이 불필요하며, 소정의 온도에 도달할 때까지 가동시간을 단축할 수 있으나 공기를 산소원으로 할 경우에는 질소 혼입에 따라 수소 농도가 저하되는 단점이 있다.

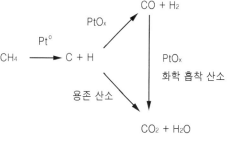

- $CH_4 + \frac{1}{2}O_2 \rightarrow CO + 2H_2$

(5) 직접 분해(Direct Cracking) 수소 제조

천연가스의 직접 분해법은 천연가스(CH_4)를 고온에서 직접 분해시켜 수소와 탄소로 전환시키는 기술이다. 천연가스(CH_4)에 높은 열을 가해주면 열해리 현상이 발생하게 되어 수소 분자와 탄소로 분리가 된다. 가장 큰 장점은 이산화탄소의 발생 없이 수소와 탄소를 만들 수 있다는 것이다. 하지만 고온의 열원이 필요하다는 단점이 있다.

$$\cdot CH_4 = H_2 + C$$

천연가스의 직접 분해 기술은 열분해법과 플라즈마 이용법으로 크게 나누어지며, 이중 열분해 기술은 이산화탄소의 발생 없이 수소를 제조하고 부산물로 carbon black을 고순도로 얻을 수 있어서 공정의 경제성을 높일 수 있다.

기출문제 유형

✦ 공기-수소 직접 연소 방식에 의해 운전되는 Hydrogen ICE(Internal Combustion Engine)의 특징과 운전 시 문제점에 대하여 설명하시오.(81-2-2)

✦ 수소 엔진의 연소 특성에 대하여 설명하시오.(65-3-3)

---

01 개요

(1) 배경

일반적으로 수소 자동차는 수소를 내연기관의 가솔린과 같이 직접 연소시켜 사용하는 자동차와 연료전지(Fuel Cell)에 수소를 사용하여 전기를 얻어 에너지로 사용하는 전기 자동차를 모두 포함한다. 직접 수소를 연소시켜서 동력을 얻는 수소 자동차는 연소식 수소 자동차라고 부르고 연료전지를 장착한 차량은 수소 연료전지 자동차라고 한다.

(2) 수소 내연기관 자동차(Hydrogen ICE)

수소를 내연기관에서 연소시켜 동력을 얻는 자동차를 말한다.

02 수소 자동차의 특징(연소 특성)

(1) 장점

① 넓은 가연 한계 및 저착화 에너지 : 수소가 갖는 가연 한계는 타 내연기관용 연료가 갖는 것보다 범위가 넓어서 이론 공연비가 34 : 1에서 약 180 : 1에 달한다. 또한, 점화에 필요한 에너지가 가솔린의 1/10 정도이기 때문에 보다 넓은 공연비 범위 내에서 엔진의 운전이 가능하다. 기존 연료의 경우 불가능했던 초희박 연소가 가능하다는 장점을 갖고 있다. −253℃ 이상에서는 기체 상태를 유지하므로 웜업이나 냉시동에 대한 문제가 없다.

② 높은 옥탄가, 열효율 : 옥탄가가 높아서 압축비 설정에 보다 높은 자유도를 갖는다. 또한 최종 연소온도가 일반적으로 낮아서 질소산화물(NOx)의 발생이 억제된다. 고온 온도 의존성을 갖는 질소산화물 생성을 엔진 운전조건의 최적화를 통하여 Zero

Emission이 달성 가능하다. 다른 연료보다 열효율이 높다는 장점을 갖고 있다.

(2) 단점

연소 속도가 빠르기 때문에 제어가 어렵고 저점화 에너지로 인하여 실린더 내에 고온 Hot Spot이 발생하고 이로 인한 연소 불안정이 발생할 수 있다. 또한 넓은 가연한계와 저점화 에너지로 인해 조기착화 현상과 Backfire 현상이 발생한다. 이론상 수소가 연소되면 반응물로 물만 나오게 되지만 엔진 윤활유와 높은 연소온도로 인해 소량의 질소산화물(NOx)과 일산화탄소(CO), 이산화탄소(CO_2),탄화수소(HC)가 발생된다.

03 수소 자동차 운전시의 문제점

(1) 낮은 출력 성능

수소 엔진의 경우 가솔린 엔진과 비교하여 연료가 가스 상태로 존재하기 때문에 실린더 내부에서 차지하는 부피(용적)가 커서 동일 형식 대비 에너지가 15% 정도 감소한다. 또한 이론 공연비로 엔진을 운전하는 경우, 연료를 공급하는 방식에 따라 가솔린 엔진 출력의 최저 85% 수준으로부터 최대 120% 정도까지의 출력 성능을 얻을 수 있다고 알려져 있다.

실제 이론 공연비 상에서 운전할 경우 최고 연소 온도가 급격히 증가되고 이로 인해 질소산화물이 생성되는 문제점이 발생한다. 따라서 이론 공연비보다 두 배 정도의 공기량을 사용하게 된다. 그 결과 질소산화물은 거의 Zero에 가까워지게 되나, 같은 용량의 가솔린 엔진에 비하여 출력 성능이 50%로 떨어지게 된다. 이를 극복하기 위해 과급 장치 등을 추가로 장착해 주어야 한다.

(2) 역화 및 조기착화

넓은 가연한계와 빠른 연소 속도, 낮은 착화 에너지로 인해서 역화와 조기착화가 쉽게 발생한다. 이는 흡기구쪽 부품의 내구성을 저해하며 자동차의 안전성도 저해한다. 역화를 방지하기 위해 직접분사방식을 이용하여야 하며 희박 혼합기를 사용하는 것이 좋다. 조기 착화를 방지하기 위해서는 연소계의 냉각이 필수적이다.

(3) 연료 계통 부품 내구성 저하

수소 연료의 윤활성 부족으로 인해 연료펌프, 인젝터 등 연료계통 부품의 내구성이 저하된다. 이를 극복하기 위해 수소 내연기관 전용 인젝터나 부품을 개발해야 한다.

(4) 수소 저장장치의 고중량, 공간

수소 연료는 액화 수소 탱크나 고압 압축 탱크를 이용하여 저장하고 있다. 자동차에서는 700bar의 압력으로 압축하여 저장하는 방식을 사용하고 있다. 수소 연료 탱크는 기밀유지 및 안전성을 위해 고강도로 제작되는데 중량이 많이 나가기 때문에 자동차의 연료 소비율을 저하시킨다.

1. 김재휘, 「**자동차공학백과**」, (주)골든벨
   첨단 자동차가솔린기관 / 자동차디젤기관 / 첨단 자동차전기 전자
   첨단 자동차섀시 / 자동차 전자제어 연료분사장치 / 카 에어컨디셔닝
   자동차 소음·진동 / 친환경 전기동력자동차
2. 三栄書房(Sanei Shobo), 「Motor Fan Illustrated **시리즈**」, (주)골든벨
3. 이승호·김인태·김창용, 「**최신 자동차공학**」, (주)골든벨

차량기술사 SERIES **2**

[변속기·동력전달장치·섀시·주행성능·차체의장·친환경자동차]

초판발행 | 2023년 1월 10일
제1판2쇄발행 | 2024년 4월 5일

지 은 이 | 표상학·노선일
발 행 인 | 김 길 현
발 행 처 | ㈜ 골든벨
등   록 | 제 1987―000018 호
I S B N | 979-11-5806-614-7
가   격 | 50,000원

이 책을 만든 사람들

교   정 | 이상호, 김현하   본 문 디 자 인 | 김현하
편 집 및 디 자 인 | 조경미, 박은경, 권정숙   제 작 진 행 | 최병석
웹 매 니 지 먼 트 | 안재명, 임정현, 김경희   오 프 마 케 팅 | 우병춘, 이대권, 이강연
공 급 관 리 | 오민석, 정복순, 김봉식   회 계 관 리 | 김경아

㉾04316 서울특별시 용산구 원효로 245(원효로1가 53-1) 골든벨 빌딩 5~6F
● TEL : 도서 주문 및 발송 02-713-4135 / 회계 경리 02-713-4137
        내용 관련 문의 070-8854-3656 / 해외 오퍼 및 광고 02-713-7453
● FAX : 02-718-5510   ● http : // www.gbbook.co.kr   ● E-mail : 7134135@naver.com